前言 Preface

放輕鬆！多讀會考的！

（一）瓶頸要打開

肚子大瓶頸小，水一樣出不來！考試臨場像大肚小瓶頸的水瓶一樣，一肚子學問，一緊張就像細小瓶頸，水出不來。

（二）緊張是考場答不出的原因之一

考場怎麼解都解不出，一出考場就通了！很多人去考場一緊張什麼都想不出，一出考場**放輕鬆**了，答案馬上迎刃而解。出了考場才發現答案不難。

人緊張的時候是肌肉緊縮、血管緊縮、心臟壓力大增、血液循環不順、腦部供血不順、腦筋不清一片空白，怎麼可能寫出好的答案？

（三）親自動手做，多參加考試累積經驗

105-109 年度題解出版，還是老話一句，不要光看解答，自己**一定要動手親自做**過每一題，東西才是你的。

考試跟人生的每件事一樣，是經驗的累積。每次考試，都是一次進步的過程，經驗累積到一定的程度，你就會上。所以並不是說你不認真不努力，求神拜佛就會上。**多參加考試**，事後檢討修正再進步，你不上也難。考不上也沒損失，至少你進步了！

（四）多讀會考的，考上機會才大

多讀多做考古題，你就會知道考試重點在哪裡。**九華考題，題型系列**的書是你不可或缺最好的參考書。

祝　大家輕鬆、愉快、健康、進步

九華文教　陳主任

目錄 Contents

106 年地方政府公務人員三等考試

106 年地方政府公務人員四等考試

107 年公務人員高等考試三級考試

107 年公務人員普通考試

107 年專門職業及技術人員考試

107 年地方政府公務人員三等考試

107 年地方政府公務人員四等考試

108 年公務人員高等考試三級考試

108 年公務人員普通考試

目錄

Contents

105
年度

公務人員高等考試三級考試試題／水文學

一、解釋名詞：（每小題 5 分，共 15 分）

（一）流量延時曲線（Flow Duration Curve）

（二）最大可能洪水（Probable Maximum Flood）

（三）水文演算（Hydrological Routing）

參考題解

（一）流量延時曲線（Flow Duration Curve）

利用水文站長期記錄日流量，其流量超過某一特定值出現繪製成縱軸為日流量，橫軸為時間百分率之相關曲線，稱之為流量延時曲線。可推求該河川保證所能提供之最低流量。

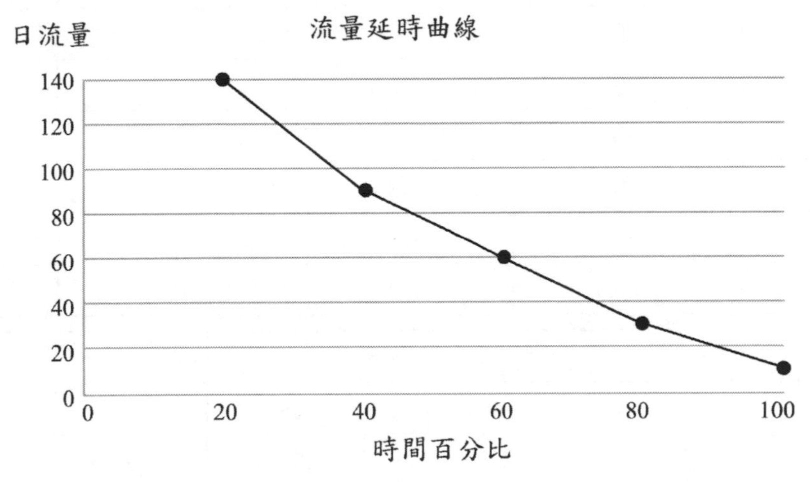

（二）最大可能洪水（Probable Maximum Flood）：

不同於一般重現期回歸的概念，而是依據可能最大暴雨推求其數值，利用氣象數值加上水文分析模擬出極端情況下之假設洪水，雖然控制 PMF 的條件不確定因素高，但在重要工程之防洪上 PMF 仍具一定之參考價值。

（三）水文演算（Hydrological Routing）：

主要採用連續方程式或水文方程式來推算洪水前進的過程，配合實測河段或水庫之貯蓄量與出流量之關係，以進行演算。水文演算又因使用之區域不同，可分成河道演算及水庫演算兩種，常使用之方法包括馬斯金更（Muskingum）法、平池演算法、運動波法等。

二、有一矩形滯洪池，其蓄水體積-水位及出流量-水位之關係式如下：

蓄水體積-水位關係式：$S = 10h$

出流量-水位關係式：$Q = 2h^2$

上二式中，S 為蓄水體積（m^3/s-hr），Q 為出流量（m^3/s），h 為水位（m）。假設滯洪池之初始水位為 0.25 m，其入流歷線如下：

時間（hr）	1	2	3	4	5	6
入流量（m^3/s）	5	20	75	50	15	5

試求其出流歷線。（25 分）

參考題解

$S = 10h$，$Q = 2h^2$

h（m）	S（m^3/s-hr）	Q（m^3/s）	$2S/\Delta t + Q$	
0.25	2.5	0.125	5.125	起始時間
1	10	2	22	
2	20	8	48	
3	30	18	78	
4	40	32	112	
5	50	50	150	
6	60	72	192	

t（hr）	I（m^3/s）	$I_1 + I_2$（m^3/s）	$2S_1/\Delta t - Q_1$	$2S_2/\Delta t + Q_2$	Q（m^3/s）
0	0	5	4.88	5.13	0.13
1	5	25	8.57	9.88	0.65
2	20	95	24.23	33.57	4.67
3	75	125	48.38	119.23	35.42
4	50	65	48.89	173.38	62.25
5	15	20	48.10	113.89	32.89
6	5	5	38.70	68.10	14.70
7	0	0	29.68	43.70	7.01
8	0	0	22.14	29.68	3.77
9	0	0	18.07	22.14	2.03
10	0	0	14.95	18.07	1.56

t（hr）	I（m^3/s）	I_1+I_2（m^3/s）	$2S_1/\Delta t-Q_1$	$2S_2/\Delta t+Q_2$	Q（m^3/s）
11	0	0	12.51	14.95	1.22
12	0	0	10.62	12.51	0.95

三、有一土堤介於兩水道之間，如下圖所示，根據 Dupuit 之假設，試推導經土堤之地下水流量公式如下：

$$q(x)=\frac{K}{2L}\left(h_0^2-h_L^2\right)+w\left(x-\frac{L}{2}\right)$$

上式中，q 為單位土堤長度之地下水流量，K 為土壤傳導係數（Hydraulic Conductivity），w 為降雨強度。（20 分）

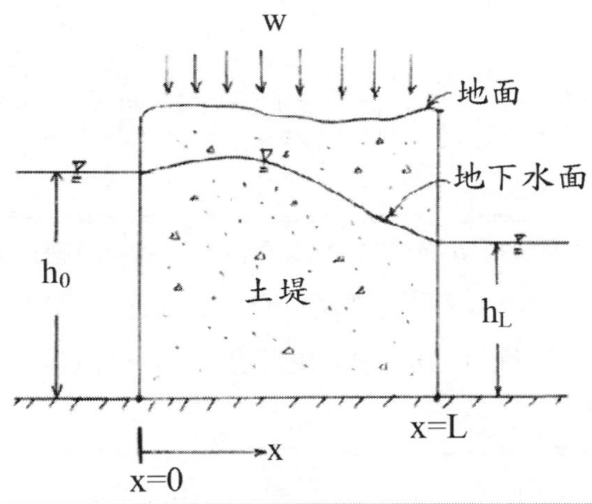

參考題解

$$q=hv=-hk\frac{\partial h}{\partial x}=-\frac{k}{2}\frac{\partial h^2}{\partial x} \quad \cdots\cdots (1)$$

在有補注水 w 的情況下，由連續方程式 $-\frac{\partial q}{\partial x}=S\frac{\partial h}{\partial t}$ 與上式可得

$$-\frac{\partial}{\partial x}\left(-\frac{k}{2}\frac{\partial h^2}{\partial x}\right)=S\frac{\partial h}{\partial t}-w$$

$$=\frac{\partial^2 h^2}{\partial x^2}=\frac{2S}{k}\frac{\partial h}{\partial t}-\frac{2w}{k}$$

定量流（$\frac{\partial h}{\partial t}=0$），且考量均值與等向性

$$\nabla^2 h^2=\frac{\partial^2 h^2}{\partial x^2}=-\frac{2w}{k} \quad \cdots\cdots (2)$$

（2）式積分可得

$$h^2 = -\frac{w}{k}x^2 + ax + b \cdots\cdots (3)$$

代入邊界條件

當 $x=0$ 時，$h=h_0 \Rightarrow {h_0}^2 = b$

當 $x=L$ 時，$h=h_L \Rightarrow {h_L}^2 = -\frac{w}{k}L^2 + aL + b \Rightarrow a = \frac{({h_L}^2 - {h_0}^2)}{L} + \frac{w}{k}L$

a, b 代入（3）式

$$h^2 = -\frac{w}{k}x^2 + \left[\frac{({h_L}^2 - {h_0}^2)}{L} + \frac{w}{k}L\right]x + {h_0}^2 \cdots\cdots (4)$$

將（4）代入（1）式

$$q = -\frac{k}{2}\left[\frac{-2w}{k}x + \left(\frac{{h_L}^2 - {h_0}^2}{L} + \frac{w}{k}L\right)\right] = \frac{k}{2L}\left({h_0}^2 - {h_L}^2\right) + w\left(x - \frac{L}{2}\right)$$ 故得證

四、假設某一集水區之出流量可以線性水庫（Linear Reservoir）模式來加以模擬，即 S＝KQ，其中 S 為集水區蓄水量，K 為蓄水係數，Q 為出流量。已知此集水區之 K 值為 3 hr，今有一場延時為 2 hr 之暴雨，其有效降雨深度為 3 cm，試求此集水區之出流歷線。（20 分）

參考題解

線性水庫 $Q_n(t) = \frac{t^{n-1}}{k^n \Gamma(n)} e^{-\frac{t}{k}}$

假設 2 個線性水庫相連 $n=2$ ，$k=3hr$

$Q_n(t) = \frac{t}{9} e^{-\frac{t}{3}}$

（一）

(1) t	(2) IUH (t)	(3) IUH (t)	(4) IUH (t − 1)	(5) U (1, t)
0	0	0		0
1	0.07	0.17	0	0.24
2	0.08	0.19	0.17	0.5
3	0.07	0.17	0.19	0.5
4	0.06	0.14	0.17	0.43
5	0.05	0.12	0.14	0.36
6	0.03	0.07	0.12	0.26
7	0.02	0.05	0.07	0.17
8	0.02	0.05	0.05	0.14
9	0.01	0.02	0.05	0.1
10	0.01	0.02	0.02	0.06

$\Rightarrow \because \Sigma IUH(t) = \Sigma(2) = 0.42$

$\therefore (3) = (2) \times \frac{1}{0.42}$

$\Rightarrow$ 設集水區：$A\ km^2, P_e = 1\ cm, t = 1\ hr$

$$Q_e = \frac{A \times 10^6 (m^2) \times 0.01(m)}{1(hr) \times 3600(s/hr)} = 2.778 A(m^3/s)$$

設 $A = 1km^2 \Rightarrow \therefore Q_e = 2.778$

$\therefore$表格(5)

$$U = (1,t) = \frac{1}{2}[IUH(t) + IUH(t-1)] \times Q_e$$

$$= \frac{1}{2}[表(3) + 表(4)] \times 2.778$$

（二）

(1) (hr) t	(5) (cms) U (1, t)	(6) (cms) 0.5×U (1, t)	(7) (cms) 0.5×U (1, t – 1)	(8) (cms) U (2, t)	(9) (cm) Pe	(10) (cms) 3×U (2, t)
0	0	0		0	3	0
1	0.24	0.12	0	0.12		0.36
2	0.5	0.25	0.12	0.37		1.11
3	0.5	0.25	0.25	0.5		0.15
4	0.43	0.22	0.25	0.47		1.41
5	0.36	0.18	0.22	0.4		0.12
6	0.26	0.13	0.18	0.31		0.93
7	0.17	0.09	0.13	0.22		0.66
8	0.14	0.07	0.09	0.16		0.48
9	0.1	0.05	0.07	0.12		0.36
10	0.06	0.03	0.05	0.08		0.24

表格(10)即為答案。

五、有一氣象站觀測降雨事件之間隔時間可以指數分佈（Exponential Distribution）來近似，其機率密度函數如下：

$$f(x) = \lambda e^{-\lambda x}$$

上式中，x 為降雨 s 之間隔時間，λ 為參數。已知該氣象站觀測到降雨事件之間隔時間分別為 3.5、6.6、13.5、8.4、15.6、7.8、10.6、2.7 天，試求該站降雨事件間隔時間小於或等於 12 天之機率。（20 分）

參考題解

$$\frac{1}{\lambda} = \frac{3.5+6.6+13.5+8.4+15.6+7.8+10.6+2.7}{8} \Rightarrow \lambda = 0.116$$

$$f(x) = \lambda e^{-\lambda x} \Rightarrow F(x) = \int_0^x \lambda e^{-\lambda x} = -e^{-\lambda x}\Big|_0^x = 1 - e^{-\lambda x}$$

$$F(x \le 12) = 1 - e^{-0.116\times 12} = 0.7514 = 75.14\%$$

105年 公務人員高等考試三級考試試題／流體力學

一、（一）U 型管如圖一所示，受到水平加速度 a 的作用後，則左右兩邊那邊液面較高？高多少？

（二）若此 U 型管以 ω 作等速旋轉（此時沒有水平加速度 a），則左右兩邊那邊液面較高？高多少？（每小題 10 分，共 20 分）

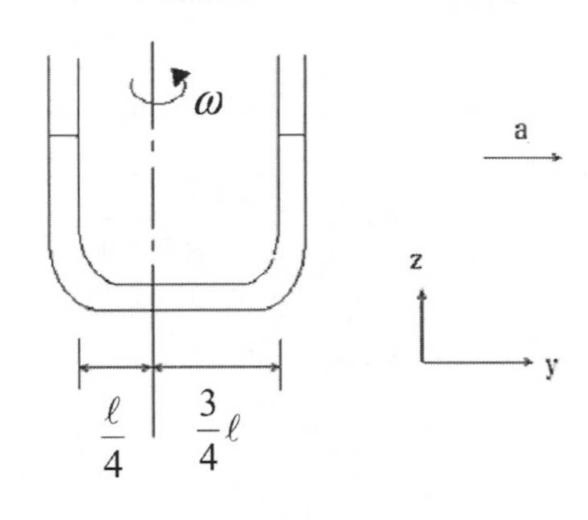

圖一

參考題解

（一）$\tan\theta = \dfrac{a}{g} \Rightarrow \dfrac{h}{\ell} = \dfrac{a}{g} \Rightarrow h = \dfrac{a}{g}\ell \quad \Rightarrow \quad \because h = z_1 - z_2 = \dfrac{a}{g}\ell \Rightarrow \therefore$左邊較高

（二）$p_1 - p_2 = \dfrac{1}{2}\rho(v_1{}^2 - v_2{}^2) + \rho g(z_2 - z_1) = \dfrac{1}{2}\rho\omega^2(r_1{}^2 - r_2{}^2) + \rho g(z_2 - z_1)$

$$0 = \frac{\rho\omega^2}{2}\left[\left(\frac{3}{4}\ell\right)^2 - \left(\frac{\ell}{4}\right)^2\right] - \rho gh$$

$$gh = \frac{\omega^2}{2}\left(\frac{1}{2}\ell^2\right)$$

$$h = \frac{\omega^2\ell^2}{4g}$$

$$\Rightarrow \because z_2 - z_1 = \frac{w^2\ell^2}{4g}$$

$\Rightarrow \therefore$右邊較高

二、流體通過管徑束縮的圓管時壓力會變小，由圖二中給定的條件，推導出點(2)的速度(V_2) 與 D_1、D_2、ρ、ρ_m 及 h 的關係，假設流體為無黏性且不可壓縮。（20 分）

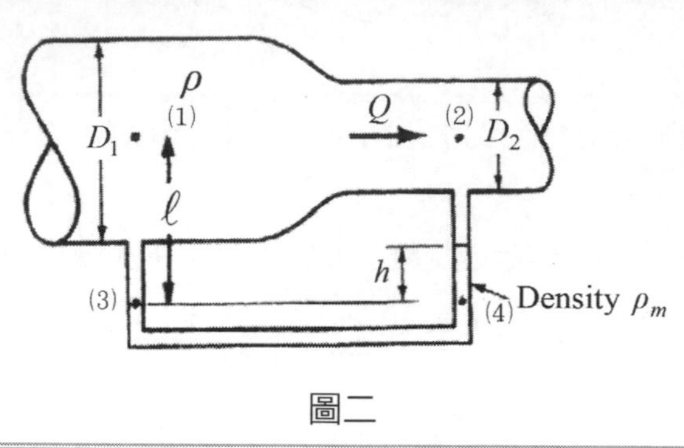

圖二

參考題解

$p_1+\frac{1}{2}\rho v_1^{\ 2}+\rho g h_1=p_2+\frac{1}{2}\rho v_2^{\ 2}+\rho g h_2$，其中 $h_1=h_2$，整理可得

$p_1-p_2=\frac{1}{2}\rho(v_2^{\ 2}-v_1^{\ 2})$ ………………………………（1）

$Q=A_1V_1=A_2V_2\Rightarrow\frac{\pi}{4}D_1^2V_1=\frac{\pi}{4}D_2^2V_2\Rightarrow V_1=\left(\frac{D_2}{D_1}\right)^2V_2$ ………………………………（2）

$p_1+\rho gl=p_2+\rho_w g(l-h)+\rho_m gh$

$p_1-p_2=\rho_m gh-\rho gh=gh(\rho_m-\rho)$ ………………………………（3）

將（2）、（3）代入（1）式

$$\frac{1}{2}\rho v_2^{\ 2}\left[1-\left(\frac{D_2}{D_1}\right)^4\right]=gh(\rho_m-\rho)$$

$$v_2=\sqrt{\frac{2gh\left(\frac{\rho_m}{\rho}-1\right)}{\left[1-\left(\frac{D_2}{D_1}\right)^4\right]}}$$

三、有一自由射流通過重量為 G 的圓球，並使圓球懸浮不會下墜，如圖三所示。假設流體的黏滯性可忽略，且已知自由射流的入射速度為 U_1，入射角為 α_1，則射流通過圓球後的速度 U_2 及角度 α_2 應為何？假設射流通過圓球前後的斷面積皆為 A，如要使圓球不會下降，射流斷面積 A 應為多少？（20 分）

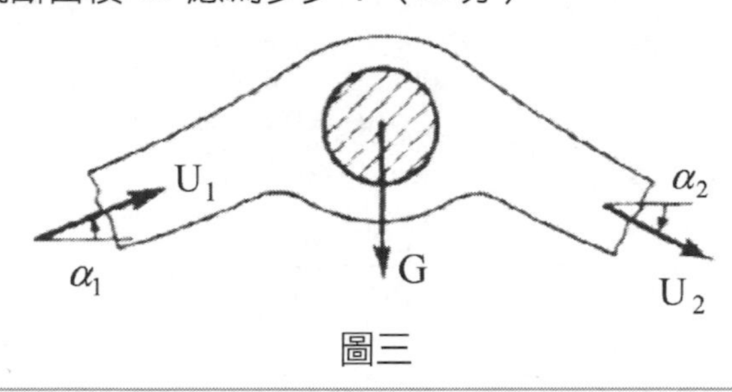

圖三

參考題解

$Q = AU_1 = AU_2 \Rightarrow U_1 = U_2$

令 $\Sigma F_x = 0$

$$0 = U_1 \cos\alpha_1 \times (-\rho Q) + U_2 \cos\alpha_2 \times (\rho Q)$$

$$U_1 = U_2 \Rightarrow \alpha_1 = \alpha_2$$

y 方向：

$$-G = U_1 \sin\alpha_1 \times (-\rho U_1 A) + (-U_2 \sin\alpha_2) \times (\rho U_2 A) = -\rho A U_1^2 \sin\alpha_1 - \rho A U_2^2 \sin\alpha_2$$

$$G = 2\rho A U_1^2 \sin\alpha_1$$

$$A = \frac{G}{2\rho U_1^2 \sin\alpha_1}$$

四、在兩無限長固體邊界（分別為 $y=0$ 及 $y=h$）間，有一穩態的（steady）、不可壓縮的黏性流場，下固體邊界以等速 U 向 $+x$ 方向移動，而上固體邊界為靜止的。兩固體邊界皆為可透水的，且垂直速度為 $v = v_o =$ 常數；試求出此流場的水平速度分布 $u(y)$ 為何？（20 分）

（提示：Navier-Stokes 方程：

$$\rho(\frac{\partial u}{\partial t} + u\frac{\partial u}{\partial x} + v\frac{\partial u}{\partial y}) = -\frac{\partial p}{\partial x} + \mu(\frac{\partial^2 u}{\partial x^2} + \frac{\partial^2 u}{\partial y^2}) + \rho g_x$$

$$\rho(\frac{\partial v}{\partial t} + u\frac{\partial v}{\partial x} + v\frac{\partial v}{\partial y}) = -\frac{\partial p}{\partial y} + \mu(\frac{\partial^2 v}{\partial x^2} + \frac{\partial^2 v}{\partial y^2}) + \rho g_y$$ ）

參考題解

$y=h$ ———————————— $u(y)=0$

$y=0$ ———————————— $u(y)=U$

邊界條件：$\begin{cases} u(h)=0 \\ u(0)=U \end{cases}$

（一）由題目：

$$\begin{cases} \rho\times\left(\dfrac{\partial u}{\partial t}+u\times\dfrac{\partial u}{\partial x}+v\times\dfrac{\partial u}{\partial y}\right)=-\dfrac{\partial P}{\partial x}+\mu\left(\dfrac{\partial^2 u}{\partial x^2}+\dfrac{\partial^2 u}{\partial y^2}\right)+\rho g_x \\ \rho\times\left(\dfrac{\partial v}{\partial t}+u\times\dfrac{\partial v}{\partial x}+v\times\dfrac{\partial v}{\partial y}\right)=-\dfrac{\partial P}{\partial y}+\mu\left(\dfrac{\partial^2 v}{\partial x^2}+\dfrac{\partial^2 v}{\partial y^2}\right)+\rho g_y \end{cases}$$

由條件：

⇒ ①steady flow：$\dfrac{\partial u}{\partial t}$、$\dfrac{\partial v}{\partial t}=0$

②$v=v_o=$常數：$\dfrac{\partial v}{\partial x}$、$\dfrac{\partial v}{\partial y}$、$\dfrac{\partial^2 v}{\partial x^2}$、$\dfrac{\partial^2 v}{\partial y^2}=0$

③水平速度⇒$u(y)$：$\dfrac{\partial u}{\partial x}$、$\dfrac{\partial^2 u}{\partial x^2}=0$

④2 維：g_x、$g_y=0$

⑤無限固體邊界⇒$x\to\infty$:$\dfrac{\partial p}{\partial x}=0$

⇒求水平速度$u(y)$：

$$\rho\times v\times\frac{\partial u}{\partial y}=\mu\times\frac{\partial^2 u}{\partial y^2}\Rightarrow\mu\times\frac{\partial^2 u}{\partial y^2}-\rho\times v\times\frac{\partial u}{\partial y}=0$$

$$\Rightarrow\frac{\partial^2 u}{\partial y^2}-\frac{\rho v}{\mu}\times\frac{\partial u}{\partial y}=0\Rightarrow \text{因} v=v_o$$

$$\Rightarrow\text{所以}\frac{\partial^2 u}{\partial y^2}-\frac{\rho v_o}{\mu}\times\frac{\partial u}{\partial y}=0\ldots(1)$$

令（1）：$u''(y)-\dfrac{\rho v_o}{\mu}\times u'(y)=0$

⇒令$u(y)=e^{\lambda y}$代入

$$\Rightarrow\lambda^2\times e^{\lambda y}-\frac{\rho v_o}{\mu}\times\lambda\times e^{\lambda y}=0$$

$$\Rightarrow \lambda\left(\lambda - \frac{\rho v_o}{\mu}\right) = 0$$

$$\Rightarrow \lambda = 0 \text{ or } \frac{\rho v_o}{\mu}$$

$$\Rightarrow \therefore u(y) = c_1 + e^{\frac{\rho v_o}{\mu} \times y} \times c_2 \ldots（2）$$

（二）（2）代入邊界條件：$\begin{cases} u(h) = 0 \\ u(c) = U \end{cases}$

$$\Rightarrow \begin{cases} u(h) = c_1 + e^{\frac{\rho \times v_o}{\mu} \times h} \times c_2 = 0 \Rightarrow c_1 = -e^{\frac{\rho \times v_o \times h}{\mu}} \times c_2 \\ u(o) = c_1 + c_2 = U \qquad \Rightarrow -e^{\frac{\rho \times v_o \times h}{\mu}} \times c_2 + c_2 = U \end{cases}$$

$$\Rightarrow c_2(1 - e^{\frac{\rho \times v_o \times h}{\mu}}) = U$$

$$\Rightarrow \begin{cases} c_2 = \dfrac{U}{1 - e^{\frac{\rho \times v_o \times h}{\mu}}} \\ c_1 = \dfrac{-U}{1 - e^{\frac{\rho \times v_o \times h}{\mu}}} \times e^{\frac{\rho \times v_o \times h}{\mu}} \end{cases}$$

$$\Rightarrow \therefore u(y) = \frac{U}{1 - e^{\frac{\rho \times v_o \times h}{\mu}}}\left(e^{\frac{\rho \times v_o \times y}{\mu}} - e^{\frac{\rho \times v_o \times h}{\mu}}\right)$$

五、當圓管流中的流場為完全發展紊流（fully-developed turbulent flow）時，已知影響流場壓力降 Δp 的變數有：管徑（D）、管長（ℓ）、流體密度（ρ）、黏滯係數（μ）、平均速度（V）及管壁粗糙度（ε）。利用 Buckingham π Theorem 求出所需之 π 參數（請列出詳細計算過程）。（20分）

參考題解

變數如下：Δp、D、ℓ、ρ、μ、v、ε

$$\pi_1 = \rho^{a_1} v^{b_1} D^{c_1} \Delta p = \left(\frac{M}{L^3}\right)^{a_1} \left(\frac{L}{T}\right)^{b_1} (L)^{c_1} \frac{M}{LT^2} = M^0 L^0 T^0$$

$$M: a_1 + 1 = 0 \Rightarrow a_1 = -1$$

$$L: -3a_1 + b_1 + c_1 - 1 = 0 \Rightarrow 3 - 2 + c_1 - 1 = 0 \Rightarrow c_1 = 0$$

$$T: -b_1 - 2 = 0 \Rightarrow b_1 = -2$$

$$\pi_1 = \frac{\Delta p}{\rho v^2}$$

$$\pi_2 = \rho^{a_2} v^{b_2} D^{c_2} \ell = \left(\frac{M}{L^3}\right)^{a_2} \left(\frac{L}{T}\right)^{b_2} (L)^{c_2} L = M^0 L^0 T^0$$

$$M: a_2 = 0$$

$$L: -3a_2 + b_2 + c_2 + 1 = 0 \Rightarrow c_2 = -1$$

$$T: -b_2 = 0$$

$$\pi_2 = \frac{\ell}{D}$$

$$\pi_3 = \rho^{a_3} v^{b_3} D^{c_3} \mu = \left(\frac{M}{L^3}\right)^{a_3} \left(\frac{L}{T}\right)^{b_3} (L)^{c_3} \frac{M}{LT} = M^0 L^0 T^0$$

$$M: a_3 + 1 = 0 \Rightarrow a_3 = -1$$

$$L: -3a_3 + b_3 + c_3 - 1 = 0 \Rightarrow 3 - 1 + c_3 - 1 = 0 \Rightarrow c_3 = -1$$

$$T: -b_3 - 1 = 0 \Rightarrow b_3 = -1$$

$$\pi_3 = \frac{\mu}{\rho v D} = \frac{1}{\mathrm{Re}}$$

$$\pi_4 = \rho^{a3} \times v^{b3} \times D^{c3} \times \varepsilon = \left(\frac{M}{L^3}\right)^{a3} \left(\frac{L}{T}\right)^{b3} (L)^{c3} \times L = M^0 L^0 T^0$$

$$M: a_2 : 0$$

$$L: -3a_2 + b_2 + c_2 + 1 = 0 \Rightarrow c_2 = -1$$

$$T: -b_2 = 0$$

$$\pi_4 = \frac{\varepsilon}{D}$$

$$\therefore \pi_1 = f(\pi_2, \pi_3, \pi_4) \Rightarrow \frac{\Delta p}{\rho v^2} = f\left(\frac{\ell}{D}, \frac{1}{R_e}, \frac{\varepsilon}{D}\right)$$

公務人員高等考試三級考試試題／土壤力學（包括基礎工程）

一、對於 Terzaghi 淺基礎承載力理論：

（一）畫出全面破壞圖並標示各破壞區名稱與位置。（10 分）

（二）計算中需要那些基礎幾何與土壤參數？（15 分）

參考題解

（一）Terzaghi 連續基礎底面土壤極限承載力理論之全面剪力破壞區，如下圖

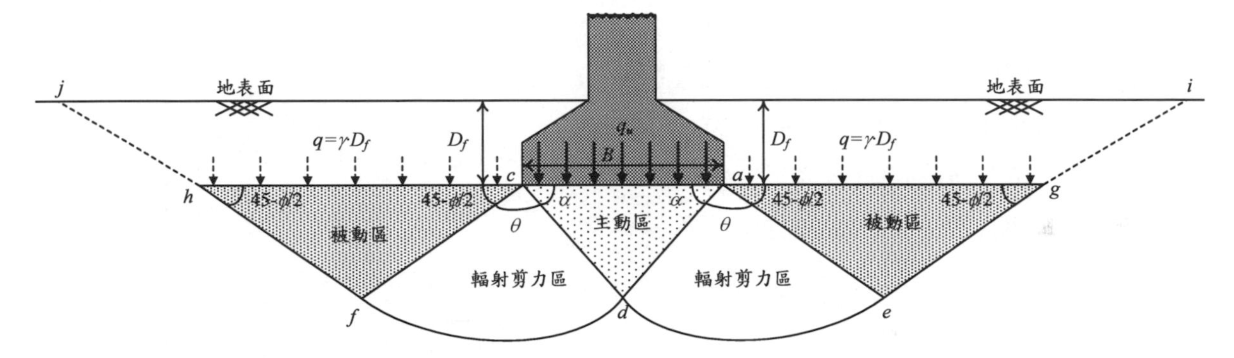

1. 彈性平衡區：基礎正下方Δacd 區，處於彈性平衡狀態，又可稱為主動破壞區，破壞面與基礎粗糙底面夾角（α）等於ϕ。
2. 輻射剪力破壞區：在Δacd 區兩側 ade 區及 cfh 區，曲線 de 或 df 為對數螺旋曲線（$r = r_0 e^{\theta \tan\phi}$）。
3. 被動破壞區：在Δacd 區兩側各有一平面剪力破壞區（aeg 區或 cfh 區），破壞面與水平夾角為$45-\phi/2$。
4. 基礎底面上土壤重量以等值載重（q）來取代，且沿 gi 或 hj 平面破壞面的剪力阻抗及基礎土壤與覆土間的摩擦力，均可忽略。

（二）計算時所需基礎幾何參數計有基礎寬度（B）、長度（L）與埋入深度（D_f）；土壤參數則有土壤單位重（γ）、剪力強度參數視凝聚力（c）及內摩擦角（ϕ）、地下水位深度（D）。

二、請詳述三種求取土層透水係數之室內試驗方法。（13 分）及寫出其個別的計算方程式。（12 分）

參考題解

（一）定水頭（contant-head test）試驗：

在實驗過程入口處與出口處的水頭差（Δh），保持定值。並由量筒計量在時間（t）內，流經截面積 A、長度 L 土壤之總滲流水量（Q）。根據穩定流流量式來推得土壤滲透係數（k），$k=\dfrac{QL}{A\Delta ht}$，定水頭試驗較適用於推估具較高滲透性的粗粒土壤，一般大於 10^{-2} cm/sec。

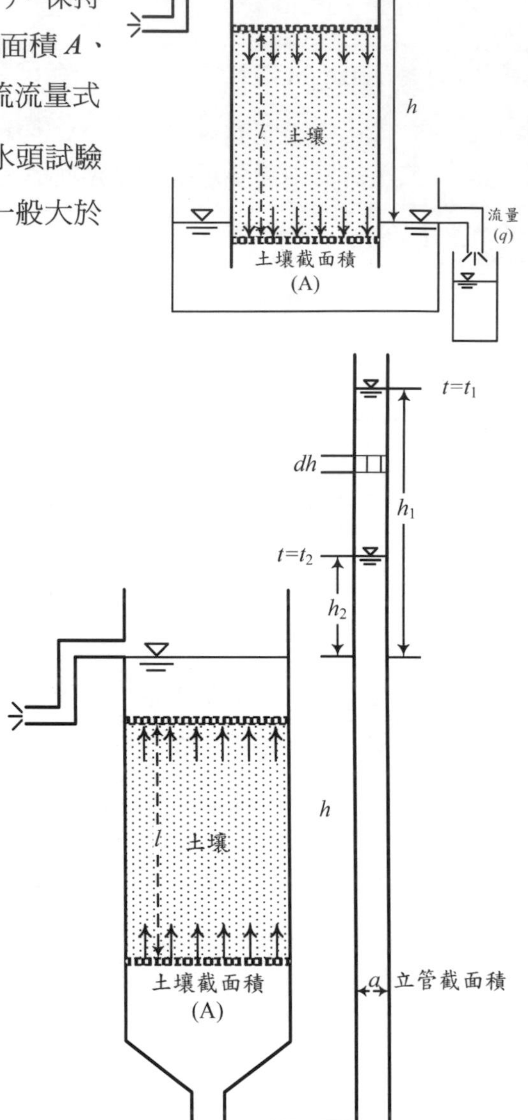

（二）變水頭（falling-head test）試驗：

水由立管流入土壤支零量，經一段時間（t）後，紀錄試驗於立管中的最初（t_1）與最後（t_2）水位高，表當時對應的總水頭（位），分別為 h_1 與 h_2。

試驗期間立管內水位的下降速度為（$-dh/dt$），經由積分立管流入或流出土壤的水流量，可推得

$$-a\int_{h_1}^{h_2}\frac{dh}{h}=k\frac{A}{l}\int_0^t dt\Rightarrow a\ln\frac{h_1}{h_2}=k\frac{A}{l}t$$

$$\Rightarrow k=\frac{al}{At}\ln\frac{h_1}{h_2}=2.303\frac{al}{At}\log_{10}(\frac{h_1}{h_2})$$

再依此計算土壤滲透係數（k）值。

試驗過程中須量測不同時間所對應立管總水頭高，但因立管截面積較小，則單位時間流入到土壤內的水流量不大，因此變（落）水頭試驗較適用於低滲透性土壤的滲透係數量測，k 值一般小於 10^{-5} cm/sec，土壤多為沉泥或黏土等細粒土壤。

（三）單向度壓密試驗：

土壤滲透係數（k）也可由實驗室單向度壓密試驗結果所求得土壤體積壓縮係數 m_v 與壓密係數 c_v，根據 Terzaghi 單向度壓密理論所推得 $k=m_v\cdot c_v\cdot\gamma_w$ 之關係式來求得。

三、假定某擋土牆背填砂之莫爾庫倫破壞準則為 $\tau = \sigma_n \times \tan\phi$：

（一）畫出該破壞準則分別與主動土壓、被動土壓莫爾圓的關係。（10分）

（二）由第一小題的圖分別推導郎金（Rankine）主動與被動土壓係數。（10分）

（三）由第一小題的圖利用極點法，推出郎金（Rankine）主動土壓的破壞面傾角。（5分）

參考題解

（一）破壞準則主動、被動土壓力 Mohr 圓之對應關係：

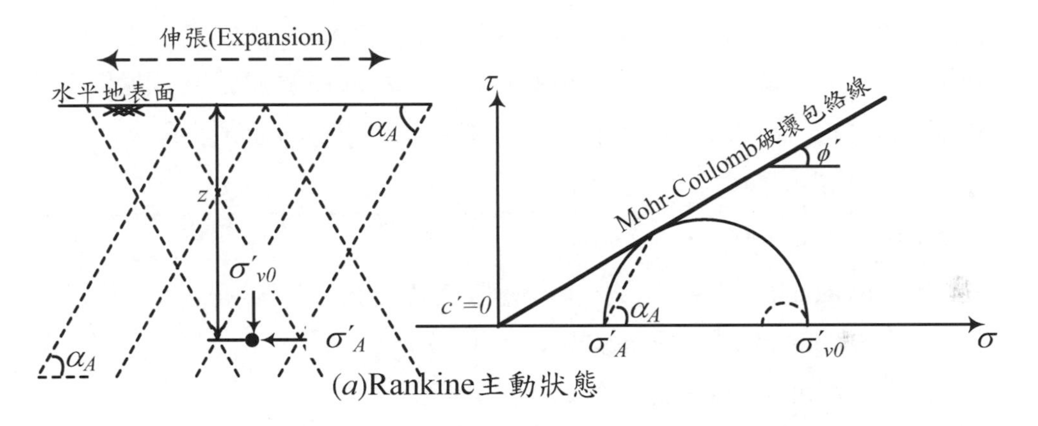

(a)Rankine主動狀態

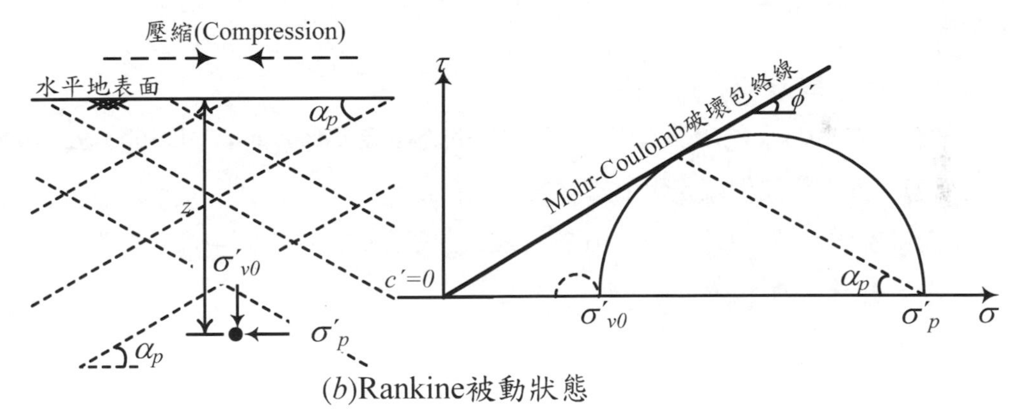

(b)Rankine被動狀態

（二）主、被動土壓力係數推導：

1. 主動狀態：

$$\sin\phi = \frac{\frac{\sigma'_{v0} - \sigma'_A}{2}}{\frac{\sigma'_{v0} + \sigma'_A}{2}} \text{，} \frac{\sigma'_{v0} + \sigma'_A}{2}\sin\varphi = \frac{\sigma'_{v0} - \sigma'_A}{2} \Rightarrow (1-\sin\varphi)\sigma'_{v0} = \sigma'_A(1+\sin\varphi)$$

$$\sigma'_A = \sigma'_{v0} \cdot \frac{1-\sin\phi}{1+\sin\phi} \Rightarrow \frac{\sigma'_A}{\sigma'_{v0}} = K_A = \frac{1-\sin\phi}{1+\sin\phi}$$

2. 被動狀態：

$$\sin\phi=\frac{\frac{\sigma'_p-\sigma'_{v0}}{2}}{\frac{\sigma'_p+\sigma'_{v0}}{2}}\Rightarrow\frac{\sigma'_{v0}+\sigma'_p}{2}\sin\varphi=\frac{\sigma'_p-\sigma'_{v0}}{2}\Rightarrow(1+\sin\varphi)\sigma'_{v0}=\sigma'_p(1-\sin\varphi)$$

$$\sigma'_p=\frac{1+\sin\phi}{1-\sin\phi}\sigma'_{v0}\Rightarrow\frac{\sigma'_p}{\sigma'_{v0}}=K_p=\frac{1+\sin\phi}{1-\sin\phi}$$

（三）主、被動破壞面傾角推導：

主動狀態下，該應力 Mohr 圓的極點位於（σ'_A,0）應力點上，再根據對同弧之圓心角為圓周角的兩倍，$2\alpha_A=(90+\phi)\Rightarrow\alpha_A=45+\phi/2$，與水平面的夾角。

另被動狀態下，該應力 Mohr 圓的極點則位於（σ'_p,0）應力點上，同樣依對同弧圓心角為圓周角的兩倍，$2\alpha_p=(90-\phi)\Rightarrow\alpha_p=45-\phi/2$，與水平面的夾角。

四、在土壤壓密試驗中，如何：

（一）以 Casagrande 圖解法求取土壤預壓密應力。（9 分）

（二）以平方根時間法求取壓密係數 C_v。（8 分）

（三）以對數時間法求取壓密係數 C_v。（8 分）

參考題解

（一）Casagrande 預壓密應力圖解法：

預壓密應力（σ'_p）的求法當中，最常使用的方法為 Casagrande（1936b）法，步驟說明可參考下圖。相關程序說明，如下：

1. 先目視選定壓密曲線中最小半徑（最大曲率）的點，下圖中標示點 A。
2. 由 A 點繪一水平線。
3. 繪出點 A 的切線。
4. 繪出步驟 2 與步驟 3 二線交角的角平分線。
5. 延伸原壓密曲線中後半段直線部份，與步驟 4 所得直線相交，則該交點所對應的有效壓密應力，即為預壓密應力（σ'_p），如圖中所示標示 B 點。

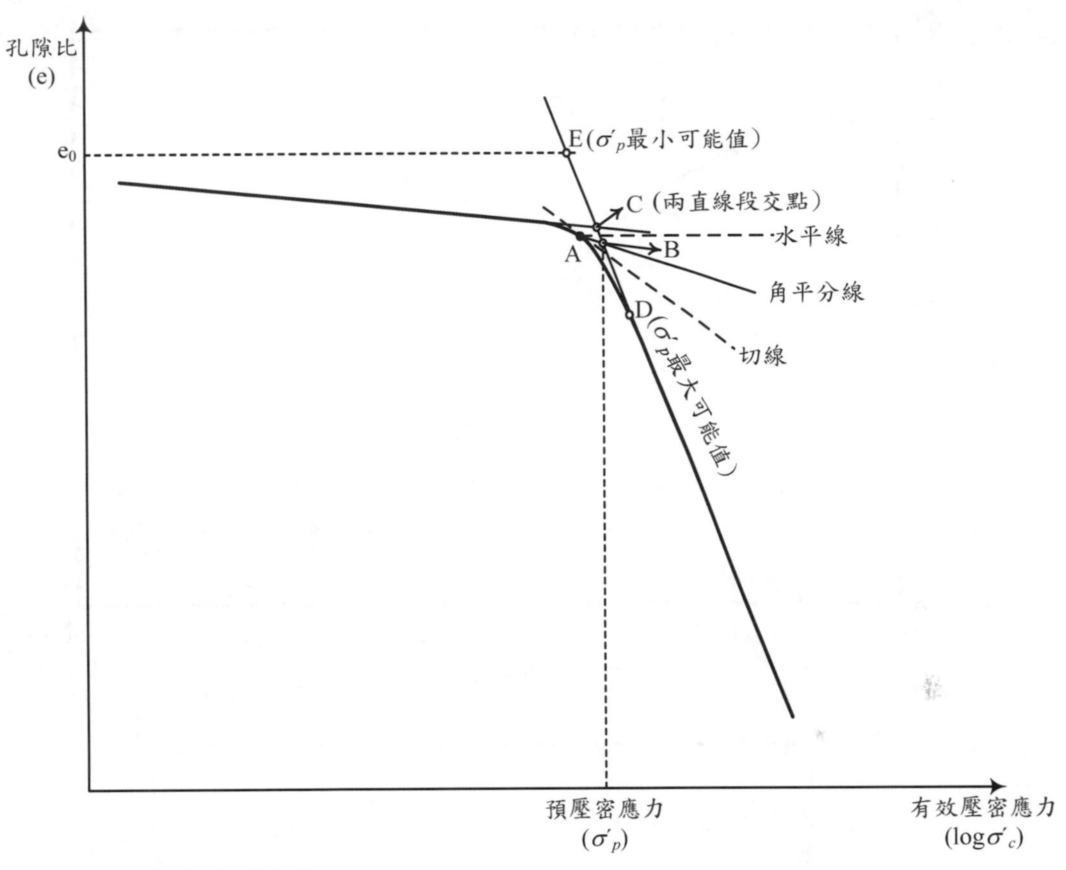

（二）Casagrande 對數時間法：

Casagrande 以半對數座標描繪出變形測微計讀數與時間對應關係圖，如下頁圖所示。

藉由圖形曲線中漸近線段與切線段交點約略為 100% 壓密度 R_{100}。

再任意選定二時間 t_1 及 t_2 且兩時間比值為 4：1，記錄分別對應的測微計讀數 R_1 及 R_2。

再依 $R_0 - R_1 = R_1 - R_2$ ； $t_2 = 4t_1 \Rightarrow R_0 = 2R_1 - R_2$，經幾次嘗試後，可得 R_0 合理平均值。

$$R_{50} = \frac{1}{2}(R_0 - R_{100})$$

則 R_{50} 所對應的時間值，便是 t_{50}，此時對應時間因素 $T_{v,50} = 0.196$

後在代入 $T_{v,50} = 0.196 = \dfrac{c_v t_{50}}{H_{dr}^2}$ 等式來求得 c_v。 H_{dr} 可壓縮土壤最長排水路徑。

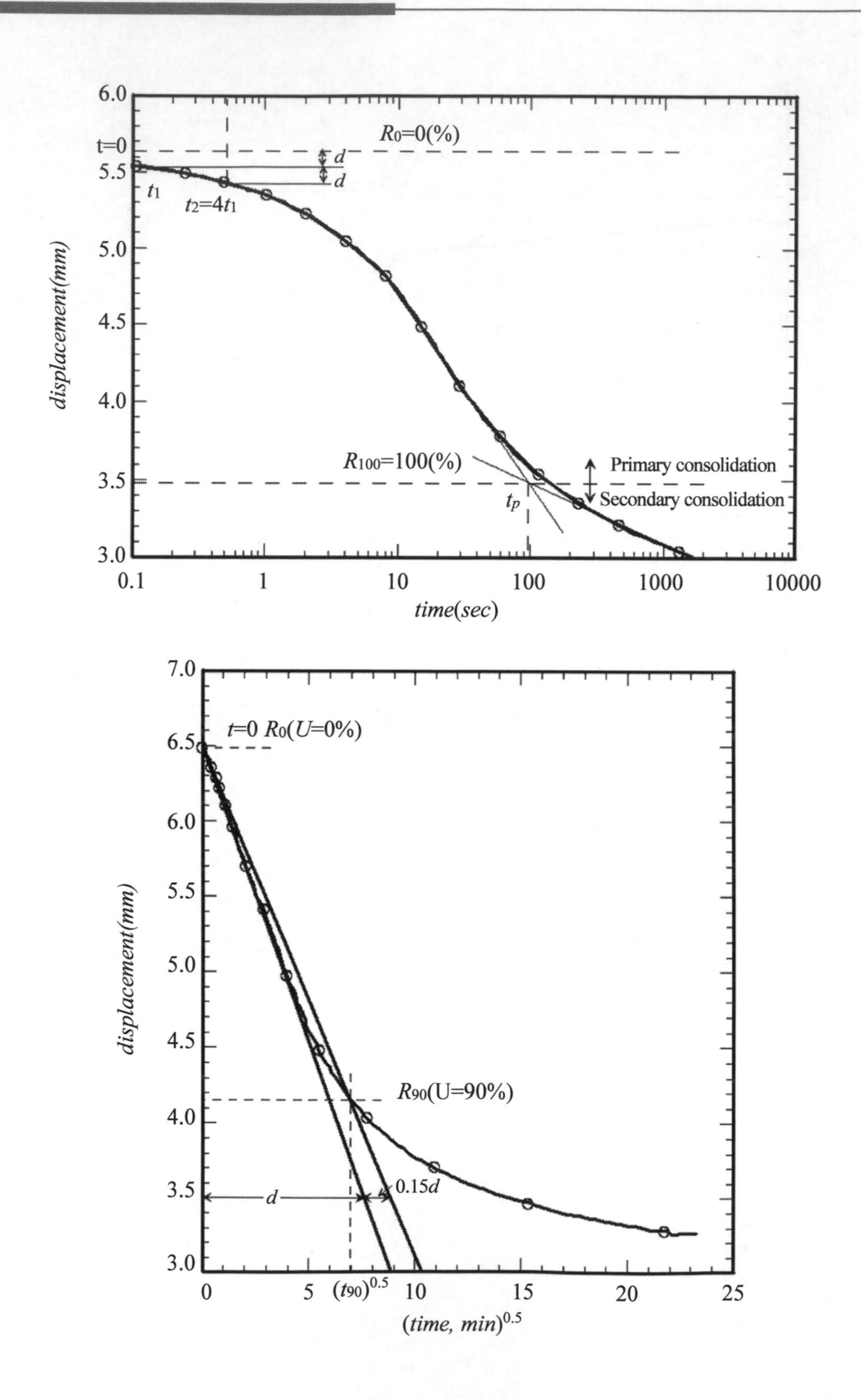

t=0
R_0=0(%)
d
d
t_1
$t_2=4t_1$
displacement(mm)
R_{100}=100(%)
Primary consolidation
Secondary consolidation
t_p
time(sec)
t=0 R_0(U=0%)
R_{90}(U=90%)
d
0.15d
$(t_{90})^{0.5}$
(time, min)$^{0.5}$

（三）Taylor 平方根時間法：

Taylor（1948）另發展以時間平方根來表示變形測微計讀數與時間對應關係圖，如下圖所示。

由圖中顯示理論曲線前半部近似一直線。Taylor 發現 90% 壓密度的橫座標（t_{90}）約為該直線段延長橫座標的 1.15 倍。由此所得線與試驗室求得曲線交點，即為 R_{90}，其對應的時間即為 t_{90}。

同樣帶入時間因素 T_v 求得 $T_{v,90} = 0.848 = \dfrac{c_v t_{90}}{H_{dr}^2}$

105年 公務人員高等考試三級考試試題／渠道水力學

一、給定一水平矩形渠道之上游水流條件為：渠寬 B、水深 y_1 及流量 Q，且流況為穩定、亞臨界流（$F_{r1}\left(=\dfrac{Q}{B\sqrt{gy_1^3}}\right)<1, g$ 為重力加速度）。假設渠壁及底床的阻抗力可忽略，請由能量方程式推求下列因渠道下游斷面改變造成上游壅水的臨界條件（即水流在下游斷面為臨界流況）。

（一）求渠道下游斷面因底床淤積達 dz 造成上游壅水的臨界條件，即 $\dfrac{dz}{y_1}=f_1(F_{r1})$ 的關係式為何？（8 分）

（二）求渠道下游斷面因渠寬束縮至 $B_c\,(B_c<B)$ 造成上游壅水的臨界條件，即 $\dfrac{B_C}{B}=f_2(F_{r1})$ 的關係式為何？（7 分）

（三）分別於比能曲線中繪出上述（一），（二）流況時，上、下游的點位。（10 分）

參考題解

（一）∵①下游抬升

②choke→下游臨界流況

1. $\therefore E_1=E_2+dz=E_c+dz$

$$\Rightarrow y_1+\frac{v_1^2}{2g}=\frac{3}{2}y_c+dz$$

$$\Rightarrow y_1+\frac{Q_1^2}{2gB^2\times y_1^2}=\frac{3}{2}\sqrt[3]{\frac{q^2}{g}}+dz=\frac{3}{2}\sqrt[3]{\frac{Q^2}{gB^2}}+dz$$

$$\underset{\div y_1}{\Rightarrow} 1+\frac{Q_1^2}{2gB^2\times y_1^3}=\frac{3}{2}\sqrt[3]{\frac{Q^2}{gB^2\times y_1^3}}+\frac{dz}{y_1}\cdots①$$

2. $F_{r1}=\dfrac{Q}{B\sqrt{gy_1^3}}\Rightarrow F_{r1}^2=\dfrac{Q^2}{B^2\times g\times y_1^3}\cdots②$

②代①→$\therefore 1+\dfrac{1}{2}{F_{r1}}^2=\dfrac{3}{2}{F_{r1}}^{\frac{2}{3}}+\dfrac{dz}{y_1}$

$$\Rightarrow\therefore \frac{dz}{y_1}=1+\frac{1}{2}{F_{r1}}^2-\frac{3}{2}{F_{r1}}^{\frac{2}{3}}$$

（二）∵①下游束縮

②choke→下游臨界流況

$E_1=E_2=E_c$

$$\Rightarrow y_1+\frac{v_1^2}{2g}=\frac{3}{2}y_c$$

$$\Rightarrow y_1+\frac{Q^2}{2g\times B^2\times y_1^2}=\frac{3}{2}\sqrt[3]{\frac{q^2}{g}}=\frac{3}{2}\sqrt[3]{\frac{Q^2}{gB_c^2}}$$

$$\underset{\div y_1}{\Rightarrow}1+\frac{Q^2}{2g\times B^2\times y_1^3}=\frac{3}{2}\sqrt[3]{\frac{Q^2}{g\times B_c^2\times y_1^3}}$$

$$\times\left(\frac{B}{B}\right)^{\frac{2}{3}}=\frac{3}{2}\times\left(\frac{1}{B_c^2}\right)^{\frac{1}{3}}\times\left(\frac{B}{B}\right)^{\frac{2}{3}}\times\sqrt[3]{\frac{Q^2}{g\times y_1^3}}$$

$$=\frac{3}{2}\times\left(\frac{B}{B_c}\right)^{\frac{2}{3}}\times\sqrt[3]{\frac{Q^2}{g\times y_1^3\times B^2}}\ \cdots③$$

$$\underset{②代③}{\Rightarrow}1+\frac{1}{2}{F_{r1}}^2=\frac{3}{2}\left(\frac{B}{B_c}\right)^{\frac{2}{3}}\times{F_{r1}}^{\frac{2}{3}}$$

$$\Rightarrow\left(\frac{B}{B_c}\right)^{\frac{2}{3}}=\left(1+\frac{1}{2}{F_{r1}}^2\right)\times\frac{2}{3}\times{F_{r1}}^{-\frac{2}{3}}=\left(\frac{2+{F_{r1}}^2}{3{F_{r1}}^{\frac{2}{3}}}\right)$$

$$\Rightarrow\therefore\frac{B_c}{B}=\left(\frac{3\,{F_{r1}}^{\frac{2}{3}}}{2+{F_{r1}}^2}\right)^{\frac{3}{2}}$$

（三）

水位Y
上游
壅水(上游水深)
淤積(下游水深)
比能E

（一）流況上下游的點位

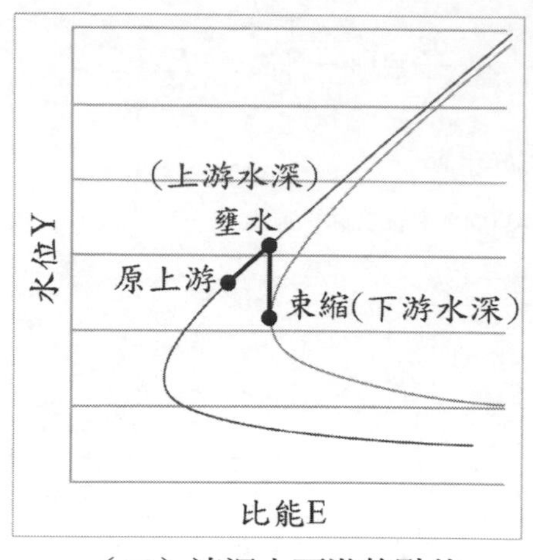

（二）流況上下游的點位

二、河道中的水流經一單階自由跌水工（free fall）的水平頂點，產生一水舌（nappe flow）沖向下方岩盤河床，已知其跌水高度為 20 m，並假設空氣對水的阻力及空氣捲增量可忽略。

（一）由動量方程式推求此一單階跌水工之邊緣水深（brink depth）與臨界水深（critical depth）的關係。（15 分）

（二）給定此一河道的單寬流量為 3.13 m^2/s，水流經此單階跌水的頂點後產生水舌，並忽略下方河床上的水深對水舌的水墊作用。求水舌下緣撞擊到下方河床時的速度及求該撞擊點與跌水工頂點的水平距離為何？（10 分）

參考題解

（一）

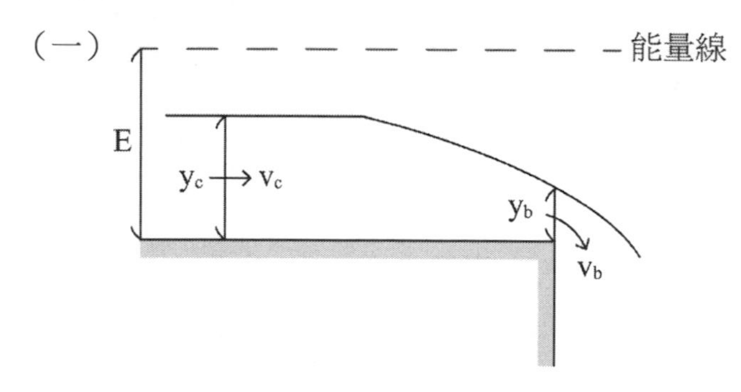

由 M-E：

$$F_{p,c} - F_{p,b} = \rho \times q(v_b - v_c)$$

$\Rightarrow$ 設 $F_{p,b} = 0$

$$\Rightarrow \frac{1}{2}\gamma\times y_c^2=\rho\times q^2\left(\frac{1}{y_b}-\frac{1}{y_c}\right)$$

$$\left(\because y_c=\sqrt[3]{\frac{q^2}{g}}\Rightarrow q^2=g\times y_c^3\right)=\rho\times g\times y_c^3\left(\frac{y_c-y_b}{y_b\times y_c}\right)$$

$$\Rightarrow \frac{1}{2}y_b=y_c-y_b$$

$$\Rightarrow y_b=\frac{2}{3}y_c$$

（二）

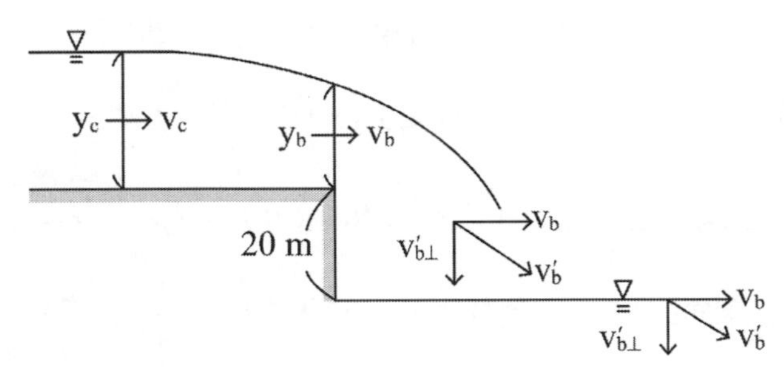

1. $y_c=\sqrt[3]{\frac{q^2}{g}}=\sqrt[3]{\frac{3.13^2}{9.81}}=1\,(m)$

   $y_b=\frac{2}{3}y_c=\frac{2}{3}$

2. $v_b=\frac{q}{y_b}=\frac{3.13}{\frac{2}{3}}=4.7\ m/s$

3. 由運動學：$\vec{v}^2=\vec{v}_o^2+2\vec{a}s$

   可知：$S=20\ m$，$a=-g$，$v_o=0$，$v=v'_{b,\perp}$

   $\Rightarrow \left(v'_{b,\perp}\right)^2=-2\times g(-20-0)$

   $\Rightarrow v'_{b,\perp}=19.81(m/s)$

4. 撞擊到河床速度：

   $v_b''=\sqrt{v_b^2+(v_{b,\perp}'')^2}=\sqrt{4.7^2+(19.81)^2}=20.36\,(m/s)$

5. 由運動學$\vec{v}=\vec{v}_o+\vec{a}t$

$v = v''_{b,\perp}, v_o = 0, a = -g$

$\Rightarrow -v''_{b,\perp} = 0 - gt$

$\Rightarrow -19.81 = -gt$

$\Rightarrow t = 2.02\ (sec)$

6. 水平距離

$x = v_b \times t$

$= 4.7 \times 2.02 = 9.49\ (m)$

三、水流在一水平矩形渠道的光滑與粗糙底床面交界處發生水躍現象，即水躍前緣（上游端）位於渠床為光滑與粗糙面的交界處，水躍的滾浪及主體則皆位於粗糙底床上。給定流量為 Q，水躍前、後的共軛水深分別為 $y_1, y_2(\eta = \frac{y_2}{y_{1x}})$，水躍前、後的斷面平均流速分別為 V_1、V_2，水躍前之福祿數（Froude Number）為 $F_{r1} = \frac{V_1}{\sqrt{gy_1}}$。考慮粗糙底床的阻力效應，並假設底床面的平均剪應力 τ 可表示為（$\tau = \frac{f}{8}\varrho V_1^{\ 2}$），$f$ 為粗糙底床的阻抗係數，ϱ 為水密度，且粗糙面上的水躍長度 l 與水深差（$y_2 < y_1$）成正比（給定 $l = \alpha(y_2 - y_1)$），α 為一常數。

（一）求水躍共軛水深比 η (η = $\frac{y_2}{y_1}$) 與 f, α, F_{r1} 的關係式為何？（15 分）

（二）比較發生在光滑面（即不計底部阻抗）與粗糙面上的水躍高度及其消能效果的差異。（10 分）

參考題解

（一）設單寬：

底面積：$l \times 1$

$F = \tau \times 底面積 = \frac{f}{8} \times \rho \times v_1^2 \times l$

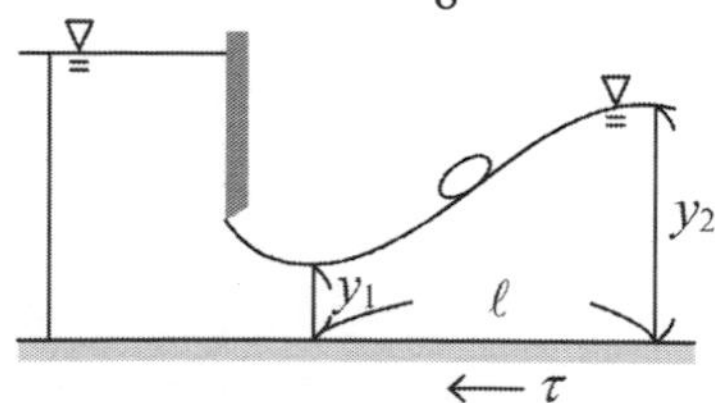

$\eta = \frac{y_2}{y_1}$，$F_{r1} = \frac{v_1}{\sqrt{g \times y_1}}$，$\tau = \frac{f}{8} \times \rho \times v_1^2$

$l = \alpha(y_2 - y_1)$

由 M-E：

$$P_1 \times A_1 - P_2 \times A_2 - F = \rho Q(v_2 - v_1)$$

$$\Rightarrow \frac{1}{2}\gamma\left(y_1^2 - y_2^2\right) - \frac{f}{8}\rho \times v_1^2 \times l = \rho \times q\left(\frac{q}{y_2} - v_1\right)$$

$$= \rho \times v_1 \times y_1\left(\frac{v_1 \times y_1}{y_2} - v_1\right) = \rho \times v_1^2 \times \frac{y_1}{y_2}(y_1 - y_2)$$

$$\Rightarrow \frac{1}{2}g(y_1 - y_2)(y_1 + y_2) - \frac{f}{8}v_1^2 \times \alpha(y_2 - y_1) = v_1^2 \times \frac{y_1}{y_2}(y_1 - y_2)$$

$$\Rightarrow \text{可得 } y_2^2 + \left(y_1 + \frac{f \times \alpha \times v_1^2}{4g}\right)y_2 - \frac{2v_1^2 \times y_1}{g} = 0$$

$$\Rightarrow y_2 = \frac{-y_1 - \frac{f \times \alpha \times v_1^2}{4g} \pm \sqrt{\left(y_1 + \frac{f \times \alpha \times v_1^2}{4g}\right)^2 + 4 \times \frac{2 \times v_1^2 \times y_1}{g}}}{2}$$

$$= \frac{-y_1 - \frac{f \times \alpha \times v_1^2 \times y_1}{4g \times y_1} \pm \sqrt{y_1^2\left(1 + \frac{f \times \alpha \times v_1^2}{4 \times g \times y_1}\right)^2 + y_1^2\left(\frac{8 \times v_1^2}{g \times y_1}\right)}}{2}$$

$$\left(\text{因 } F_{r1} = \frac{v_1}{\sqrt{gy_1}}\right) = \frac{-y_1 - y_1 \times \frac{f \times \alpha}{4} \times F_{r1}^2 \pm y_1 \times \sqrt{\left(1 + \frac{f \times \alpha}{4} \times F_{r1}^2\right)^2 + 8 \times F_{r1}^2}}{2}$$

$$\underset{\substack{\div y_1 \\ \text{且取正}}}{\Rightarrow} \frac{y_2}{y_1} = \eta = \frac{-1 - \frac{f \times \alpha}{4} \times F_{r1}^2 + \sqrt{\left(1 + \frac{f \times \alpha}{4} \times F_{r1}^2\right)^2 + 8 \times F_{r1}^2}}{2}$$

（二）比較發生在光滑面 $\frac{f \times \alpha}{4} \times F_{r1}^2$，共軛水深比變成 $\eta = \frac{-1 + \sqrt{1 + 8Fr_1}}{2}$

在光滑面的共軛水深比大於在粗糙面的共軛水深比。

四、有一水壩構於水平之寬河槽上，已知壩前蓄水深為 20 m，壩上游蓄水區的長度極長且壩下游為乾河床。假設此水壩瞬間完全潰決，並產生一洪水波以壩為原點同時向上、下游傳遞，且壩寬及底床阻抗的效應可忽略。壩下游 1 公里處的河槽中設置有一觀測站（A 點）以即時記錄流況。

（一）求潰壩後，洪水波前（leading edge）傳遞到 A 點的時間。（10 分）

（二）求潰壩後，A 點水深達 2 m 的時間及當時 A 點的水流速度。（15 分）

參考題解

假設主要為負湧浪：

1. 下游水位 $y_3=0(m)$（壩下游為乾河床），流速 $V_3=0(m/s)$
2. 向上游之負湧浪（Type D）水深為 y_2，流速 V_2，波前速度 V_{w2}
3. 上游水位 $y_1=20(m)$（壩前蓄水深為 20 m），流速 $V_1=0(m/s)$

（一）求潰壩後，洪水波前（leading edge）傳遞到 A 點的時間

以 Type D 洪水波前公式可得

$$V_{w2}=3\sqrt{gy_3}-\underbrace{V_1}_{=0}-2\sqrt{gy_1}=3\sqrt{gy_3}-2\sqrt{20\times g}$$

洪水波前傳遞到 A 點的時間設傳遞到時高度為 $y_3=0$，因此

$$-\frac{1000}{t}=3\sqrt{g\underbrace{y_3}_{=0}}-2\sqrt{20\times g}$$

$$t=35.7143(\text{sec})$$

（二）求潰壩後，A 點水深達 2 m 的時間及當時 A 點的水流速度

以 Type D 洪水波前公式，設水深為 $y_3=2$，可得

1. $$V_{w2}=3\sqrt{gy_3}-\underbrace{V_1}_{=0}-2\sqrt{gy_1}$$

$$-\frac{1000}{t}=3\sqrt{gy_3}-2\sqrt{gy_1}=3\sqrt{2g}-2\sqrt{20g}$$

$$t=67.942(\text{sec})$$

2. $$V_w=3\sqrt{2g}-2\sqrt{20g}=-14.73$$

$$=-V_A+C_A=-V_A+\sqrt{9.81\times2}$$

$$\Rightarrow V_A=19.16(m/s)$$

105年 公務人員高等考試三級考試試題／水資源工程學

一、有一完全貫入厚度為 10 m 拘限含水層之抽水井，以固定每分鐘 50 公升抽水 120 分鐘後距抽水井 5 m 處觀測井之水位洩降為 1.8 m，如此時關閉抽水機，再經過 30 分鐘後該觀測井仍有 0.3 m 之殘餘洩降，求解下列問題：

（一）推估此拘限含水層之滲透係數（coefficient of permeability）及蓄水係數（coefficient of storage）值分別為何？（15 分）

（二）當抽水機關閉 50 分鐘後其殘餘洩降為何？（5分）

（三）在求解此問題時，做了那些假設？（5分）

參考題解

（一）已知流量 $Q=\frac{50L}{\min}=\frac{50}{1000\times 60}=0.000833(cms)$，依題意可繪製如下圖以線性組合解之

$Q_1 = 0.000833\text{CMS}$ $\quad Q_2 = -0.000833\text{CMS}$

$t_1 = 120min \quad t_1 = 150min$

$z_1 = 1.8m \quad z_2 = 0.3m$

時間（分鐘）	Q_1（CMS）	Q_2（CMS）	Q（CMS）
0-120	0.000833	0	0.0000833
120-150	0.000833	－0.000833	0

由 Jacob 公式 $z=\frac{Q}{4\pi T}\left\{-0.5772-\ln\frac{r^2 s}{4Tt}\right\}$ …………………（1）其中，

z：洩降（m），Q：流量（cms），r：距離（m），

T：導水係數 ＝Kb（m^2/s），t：時間間隔（s）

當 $t_1=120\min$ 時，洩降 $z_1=1.8m$，代入（1）式，得：

$$1.8=\frac{0.000833}{4\pi T}\left\{-0.5772-\ln\frac{5^2 S}{4T(120\times 60)}\right\} \quad \text{…………………（2）}$$

當 $t_2=150\min$ 時，洩降 $z_1=0.3m$，代入（1）式，得：

$$0.3=\frac{0.000833}{4\pi T}\left\{-0.5772-\ln\frac{5^2 S}{4T(150\times 60)}\right\}+\frac{-0.000833}{4\pi T}\left\{-0.5772-\ln\frac{5^2 S}{4T(30\times 60)}\right\}\ldots(3)$$

由（3）可直接計算得 $T=3.56\times 10^{-4}=Kb$，故得滲透係數 $K=\frac{T}{b}=3.56\times 10^{-5}\left(\frac{m}{s}\right)$

再將 T 代回（2）式，可求得蓄水係數 $S=1.46\times 10^{-5}$

（二）依題意，即求 $t_3=170\,\text{min}$ 時之洩降 Z_3

$$Z_3=\frac{0.000833}{4\pi T}\left\{-0.5772-\ln\frac{5^2 S}{4T(170\times 60)}\right\}+\frac{-0.000833}{4\pi T}\left\{-0.5772-\ln\frac{5^2 S}{4T(50\times 60)}\right\}$$

（即 Q_2 作用時間 50 分鐘），將 $T=3.56\times 10^{-4}\left(\frac{m^2}{s}\right)$ 及 $S=1.46\times 10^{-5}$ 代入上式，解得

$Z_3=0.23(m)$

（三）本題為井之非平衡公式+簡化解（Jacob 公式），假設如下：

1. 可適用 Darcy's law。
2. 水層為均質等向性，滲透係數為常數。
3. 水層面積無限度延展。
4. 水井完全貫穿含水層取水，水井直徑為無窮小。
5. 含水層厚度為一定值，且洩降與含水層厚度比值很小。
6. 以變量徑向流的方式流向水井。
7. 水層之流通係數為一定值。

又 Jacob 公式假設為：

8. 離抽水井距離 r 很小。
9. 抽水時間很長。

上述 9 項即為本題之所有假設。

二、某計畫區開發前、後在相同降雨條件下其直接逕流為三角形歷線如下表，依開發後洪峰流量不大於開發前設計原則，將所有逕流導入滯洪池並採用圓形放流孔口控制排放量。

（一）依逕流總量、洪峰到達時間及基期等，說明為何開發前後有所差異？（6分）

（二）此滯洪池滯洪體積至少需要多少立方公尺方能滿足設計？（8分）

（三）如滯洪池其溢流口與排放口中心高差 3 m，求放流口設計直徑（假設孔口流量係數值 0.6）？（6分）

項目 \ 時間（分）		0	15	30	45	60	75	90	105	120	135	150
流量（m3/s）	開發前	0.00	0.15	0.30	0.45	0.60	0.50	0.40	0.30	0.20	0.10	0.00
	開發後	0.00	0.50	1.00	0.80	0.60	0.40	0.20	0.00	0.00	0.00	0.00

參考題解

開發前後流量歷線如下圖：

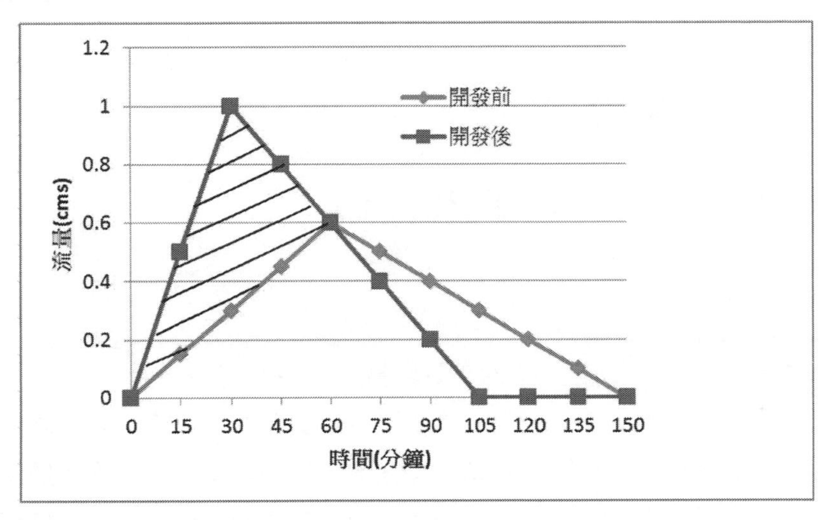

（一）開發前後差異

1. 逕流總量

開發前：$V_1 = \dfrac{1}{2} \times 150\ \ min \times 0.60 \dfrac{m^3}{sec} \times \dfrac{60sec}{min} = 2700m^3$

開發後：$V_2 = \dfrac{1}{2} \times 105\ \ min \times 1.00 \dfrac{m^3}{sec} \times \dfrac{60sec}{min} = 3150m^3$

開發後逕流總量增加，因為樹林草地減少，鋪面增加，入滲等逕流損失減少，逕流總量增加。

2. 洪峰到達時間

洪峰到達時間由降雨後 60 分鐘提早到 30 分鐘。因為開發增加舖面，使雨水在地面流速增加，造成流入時間縮短，故洪峰到達時間提早。

3. 基期

基期由 150 分鐘縮短為 105 分鐘。因為開發增加舖面，使雨水在地面流速增加，造成流入時間縮短，故基期縮短。

（二）滯洪池滯洪體積

令滯洪池出流歷線與開發前逕流歷線相同，則滯洪池滯洪體積需求為上圖斜線面積

$$V = \frac{1}{2} \times 105\ min \times (1.0 - 0.60)\frac{m^3}{sec} \times \frac{60sec}{min} = 1260m^3$$

若依水土保持設施規範要求：

永久滯洪池體積 $= 1.1V = 1.1 \times 1260m^3 = 1386\ m^3$。

（三）放流口設計直徑

滿池時，排放口理論流速 $v = \sqrt{2gh} = \sqrt{2 \times 9.81 \times 3} = 7.67\frac{m}{sec}$

假設放流口設計直徑為 D，則

$$0.6 \times \frac{\pi}{4}D^2(m^2) \times 7.67\frac{m}{sec} = 0.60\frac{m^3}{sec}$$

$\therefore D = 0.407m$

三、某河段根據長期紀錄洪峰流量年平均及標準偏差分別為 2,000 及 1,500 m^3/sec，且流量符合 Gumbel Type I 機率分布函數。今提出 4 組新建堤防方案，其保護標準、新建費用、溢堤損失等資料整理如下表。假設堤防經濟壽命期 20 年，年操作維護費用為新建費用之 8%及年利率 5%情況下，依年計成本及災損期望值總和最小為評選方案標準，則何方案中選？（25 分）

方案	保護標準（m^3/sec）	新建費用（$\times10^6$ 元）	溢堤災損（$\times10^6$ 元）
A	2,500	200	150
B	4,000	250	130
C	5,000	350	120
D	6,000	420	100

參考題解

（一）統計分析

已知頻率因子公式 $X_T = \overline{X} + K_T\sigma$ ………………………………………………（1）

其中 X_T=重現期為 T 之水文量，$\overline{X}$=水文量平均值，K_T=頻率因子，σ=標準偏差

又因符合 Gumbel Type I 機率分布函數，故 $K_T = \frac{-\sqrt{6}}{\pi}\left\{0.5772 + \ln\ln\left(\frac{T}{T-1}\right)\right\}$ ⋯⋯（2）

（二）經濟分析

$$P = A\left\{\frac{(1+i)^n - 1}{i(1+i)^n}\right\} \text{，} A = P\times\left\{\frac{i(1+i)^n}{(1+i)^n - 1}\right\}\text{，其中}$$

A＝年值，P＝現值，n＝分析年限，i＝年利率

採用年值法分析，$A = P\times\left\{\frac{0.05(1.05)^{20}}{(1.05)^{20}-1}\right\} = 0.08P$ ……………………………… （3）

結合（一）、（二）可表列如下：

年計成本＝年災損期望值＋年操作花費＋年新建費用

	X_T (CMS)	K_T	T (年)	年災損機率 P＝(1/T)	年災損期望值＝溢堤災損×災損機率	年操作花費 (新建費用×0.08)	年新建費用 A (A＝0.08P)	總和 (10^6)
A	2500	0.33	3.26	0.307	=150×0.307 =46.1	=200×0.08 =16	=200×0.08 =16	=46.1+16+16 =78.1
B	4000	1.33	10	0.1	=0.1×130 =13	=250×0.08 =20	=250×0.08 =20	=13+20+20 =53
C	5000	2	23.7	0.042	=0.042×120 =5.04	=350×0.08 =28	=350×0.08 =28	=5.04+28+28 =61.04
D	6000	2.67	56.6	0.0177	=0.0177×100 =1.77	=420×0.08 =33.6	=420×0.08 =33.6	=1.77+33.6+33.6 =68.91

故由上表結果，B 方案之年計成本總和最小，為最佳方案。

四、渠道中常使用量水槽推估流量，請說明：

（一）巴歇爾渡槽（Parshall flume）之構造及量水原理（可配合圖示說明）。（7分）

（二）與其他量水堰（如矩形、三角或梯形堰等）比較其優點與缺點為何？（8分）

參考題解

（一）構造：此槽分為三個部份：收縮導水部、喉道及放大導水部（見圖）

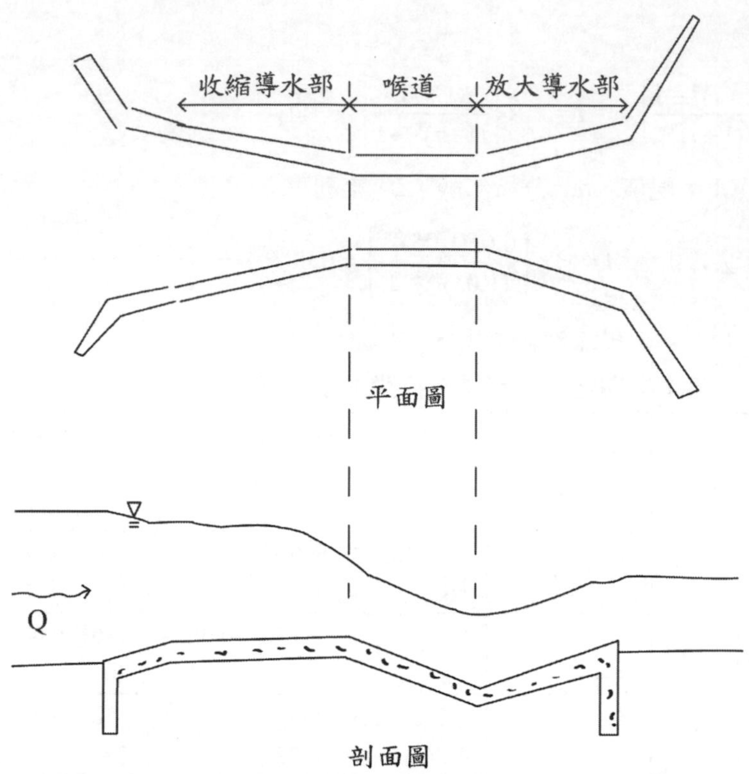

剖面圖

（二）1. 其量水原理：此種構造物可使水流經過喉道時產生臨界水深（critical depth），再量測特定位置之水深，藉著水深間之關係，推求流量大小，隨著不同尺寸的量巴歇爾渡槽，有不同之水深關係。

2. 比較如下表：

比較表	巴歇爾量水槽	一般量水堰（矩形、三角、梯形）
優點	1. 精度最高。 2. 自由流範圍大，受尾水影響小。 3. 潛流時仍可測定流量。 4. 不易淤積。 5. 不易變形。 6. 流量測定範圍較大。	1. 測量簡易方便。 2. 構造簡單。 3. 可與分水建築物合併建造。
缺點	1. 工程費高。 2. 不可接近分水門或分水口設置。 3. 量水井通水管易堵塞。	1. 需較大水頭差。 2. 引渠易淤積。 3. 流量測定範圍小。

五、說明何謂「丁壩」，其設置條件與功用分別為何？（15 分）

參考題解

（一）丁壩：指由河岸向河心方向構築，藉以達到掛淤、造灘、挑流或護岸之構造物。（如示意圖）

（二）設置條件：一般設置於河川中下游之凹岸處，因中下游坡度變緩，下切力變弱，若遇到阻礙，河水自然會彎曲前進，致使凹岸因不斷侵蝕而愈變愈凹，凸岸則愈變愈凸，河道愈來愈彎，此時便需要設置丁壩，防止水流直接沖蝕河岸，以減緩河道侵蝕淤積作用。

（三）功用：避免因水流持續直沖造成河道被河水切穿，利用丁壩挑流特性在原水流直沖處（凹岸），適當挑離直沖水流減緩堤防基腳掏刷以達到掛淤、造灘挑流及護岸之功效。

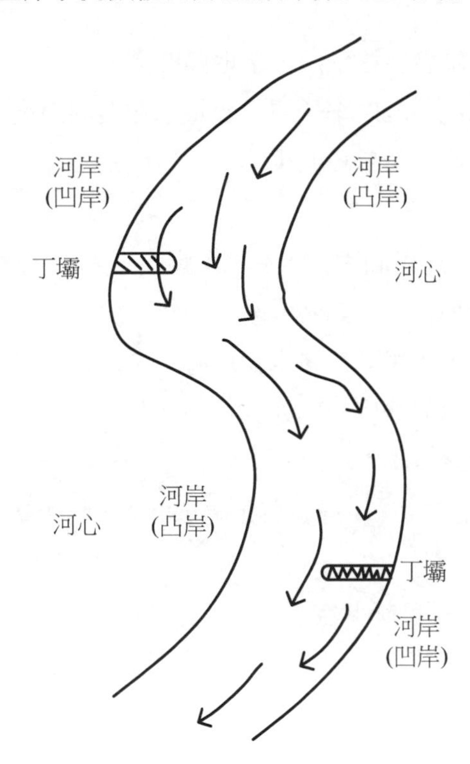

105年 公務人員高等考試三級考試試題／營建管理與工程材料

一、水泥混凝土（簡稱混凝土）與瀝青混凝土為常用之營建材料，請依據水泥混凝土與瀝青混凝土之學理與實務，逐一回答下列問題：

（一）請說明水泥細度（fineness）對於強度發展之影響與原因。（13 分）

（二）請說明瀝青混凝土鋪面滾壓之目的。（12 分）

參考題解

（一）水泥細度對於強度發展影響與原因：

1. 影響：

（1）細度高，強度發展速率快，早期強度高。

（2）細度高，水泥強度效率（單位質量水泥發展最高強度）高，同強度水泥砂漿或混凝土之水泥用量可減少。

2. 原因：

（1）水泥細度高，比表面積大，水化反應面積大，反應速率快，水化熱高。因此、強度發展速率快，早期強度高。

（2）水泥細度高，水泥顆粒未水化核心小，水化較易完全。強度發展速率快，早期強度高；水泥強度效率亦高。

（二）瀝青混凝土鋪面滾壓之目的：

1. 提高鋪面強度與穩定性：使鋪面有足夠抗剪力，防止塑性變形與再壓密產生之車轍現象。

2. 增加鋪面耐久性：適度降低空隙率，有效減緩鋪面之瀝青材料氧化及老化。

3. 降低鋪面滲透性：確保鋪面之瀝青混合料的防水性，減少水損害發生。

二、材料設備送審與抽試驗乃是工程品質管控之重點項目之一，故在公共工程之監造計畫書與施工計畫中皆需研擬管制表，並據以落實執行。請說明在施工計畫中之材料設備管制總表，應記載之項目為何？（25 分）

參考題解

1. 表單號碼。

2. 契約詳細表項次。

3. 材料（設備）名稱。
4. 契約數量。
5. 是否取樣試驗。
6. 預定送審日期。
7. 實際送審日期。
8. 是否驗廠。
9. 驗廠日期。
10.預定試驗單位。
11.送審資料：（1）協力廠商資料；（2）型錄；（3）相關試驗報告；（4）樣品；（5）其他。
12.審查日期。
13.審查結果。
14.備註（歸檔編號）。

三、公共建設需進行財務可行性評估與成本分析，以確保投資效益與方案選擇。請依據財務可行性評估與成本分析之學理與實務，逐一回答下列問題：

（一）成本分析常使用單價分析表，其中一欄為『工料數量』。請說明其物理意義，以及此工料數量之主要資料來源。（13分）

（二）某投資案之期初投入成本為1000萬，回收期限為4年，每年回收之淨收入金額預估為 400 萬。假設年利率為 10%，且無殘值。請計算該投資之淨現值（Net Present Value, NPV）。（12分）

參考題解

（一）「工料數量」物理意義與資料來源

1. 物理意義：完成該工作項目每單位所需之各種機具、勞務（工）與材料之數量，即工料數量。所有工料數量乘單價後之總和即為該工作項目之單價。
2. 資料來源：以公共工程為例，通常工料數量之主要資料來源，依序如下：
   （1）公共工程委員會之「公共工程經費電腦估價系統（PCCES）」。
   （2）各機關編修之「工料分析手冊」。
   （3）營建研究院出版之「營建物價」。
   （4）已完工之工程資料。
   （5）工程於某時段內，該工作項目實際完成工作量之工料數量。

（二）投資之淨現值：本投資之收支，以現金流量表表示於下：

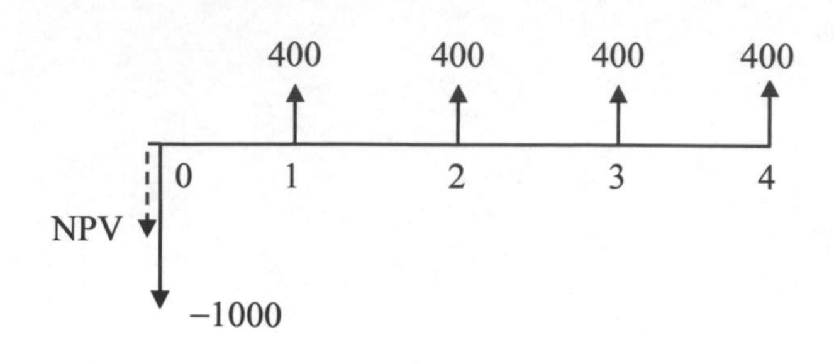

$$-NPV-1000+AV\times\frac{(1+i)^n-1}{(1+i)^n i}=0$$

$$NPV=-1000+AV\times\frac{(1+i)^n-1}{(1+i)^n i}$$

$$=-1000+400\times\frac{(1+0.1)^4-1}{(1+0.1)^4\times0.1}$$

$=267.9462$（萬元）

四、進度管理為專案管理之關鍵項目之一，請依據進度管理之理論與實務，逐一計算與回答下列問題：

（一）某工程進度網圖如下圖，作業關係皆為結束-開始（Finish to Start, FS）。其中 A 作業需時（activity duration）為 7，B 作業需時為 5，C 作業需時為 5，D 作業需時為 6，E 作業需時為 9，F 作業需時為 5，G 作業需時為 8，H 作業需時為 7。請計算該工程專案之工期與列舉要徑作業。（13 分）

（二）該工程因受風險因子影響，故擬以計畫評核術（Program Evaluation Review Technique, PERT）評估該工程專案之進度。設作業需時最樂觀估計：a，最可能估計：m，最悲觀估計：b，並以序列（a, m, b）表示。則 A 為（3, 7, 11），B 為（2, 5, 8），C 為（3, 5, 7），D 為（4, 6, 8），E 為（9, 9, 9），F 為（4, 5, 6），G 為（4, 8, 12），H 為（5, 7, 9）。請計算該工程專案之期望工期與標準偏差。（12 分）

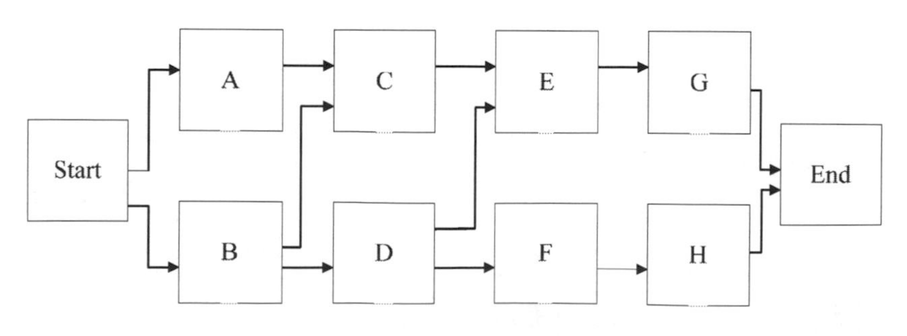

參考題解

（一）工程專案之工期與要徑作業：

PDM 網圖計算於下圖中。

1. 工程專案之工期為 29
2. 要徑作業：A→C→E→G

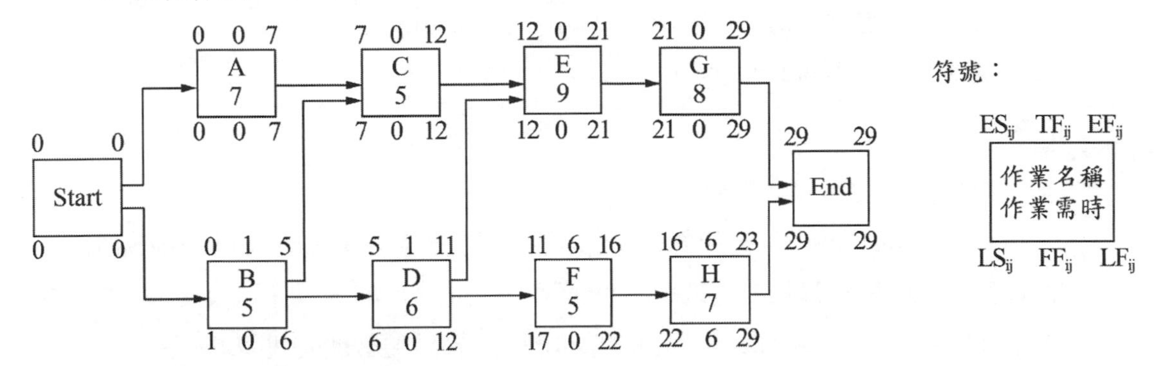

（二）工程專案之期望工期與標準偏差：

各作業期望工期 $T_E = \dfrac{a+4m+b}{6}$

各作業標準偏差 $\sigma = \dfrac{b-a}{6}$

各作業期望工期與標準偏差，列表計算於下：

作業 / 項目	最樂觀估計需時 a	最可能估計需時 m	最悲觀估計需時 b	作業期望工期 T_E	作業標準偏差 σ
A	3	7	11	7	1.333
B	2	5	8	5	1
C	3	5	7	5	0.667
D	4	6	8	6	0.667
E	9	9	9	9	0
F	4	5	6	5	0.333
G	4	8	12	8	1.333
H	5	7	9	7	0.667

各作業期望工期與（一）之作業需時相同，要徑作業未改變，

為 A→C→E→G。

1. 專案之期望工期

$$T_{TE} = T_{EA} + T_{EC} + T_{EE} + T_{EG} = 7+5+9+8 = 29$$

2. 專案之標準偏差

$$\sigma_{TE} = (\sigma_A{}^2 + \sigma_C{}^2 + \sigma_E{}^2 + \sigma_G{}^2)^{1/2} = (1.333^2 + 0.667^2 + 0^2 + 1.333^2)^{1/2} = 2$$

105年 公務人員普通考試試題／水文學概要

一、解釋名詞：

（一）合成單位歷線（Synthetic Unit Hydrograph）（8分）

（二）重現期距（Return Period）（7分）

參考題解

（一）合成單位歷線（Synthetic Unit Hydrograph）：

為 1938 年，Mc Carthy 以統計方式分析單位歷線三參數（尖峰流量 Qp、稽延時間 tl 與總基期 t_b）與集水區地文三參數（流域面積 A、主流坡度 S 及主流長度 L）求其間之統計相關性。同年，Snyder 創出合成單位歷線。其重要數理公式如下：

$tl = Ct \cdot (L \cdot Lc)^{0.3}$

$tr = tc / 5.5$

$Qp = 640Cp \cdot A / tp$

$tp' = tp + (tr' - tr) / 4$

$T = 3 + tp / 8$

其中 tl：有效降雨中心至單位歷線尖峰流量之稽延時間（hr）

tr：有效降雨延時（hr）

Qp：具標準延時 t 之單位歷線尖峰流量（ft/sec）

A：集水面積（mile）

tr'：不具標準之有效降雨延時（hr）

tp'：不具標準之有效降雨延時 t' 至單位歷線尖峰流量之稽延時間（hr）

Lc：由集水區之重心至水文站之距離（mile）

L：由集水區最上游至水文站之距離（mile）

Ct：待定係數（1.8～2.2）

Cp：待定係數（0.56～0.69）

Tb：單位歷線之時間基期（hr）

（二）重現期距：水文資料加以頻率分析之主要目的為決定某水文量發生之重現期距。重現期距為大於或等於平均時間間隔，亦稱回歸週期。以 T 表示（T 常以年表示）。某水文事件週期為 T 則在一年內發生機率為 $P(x \geq X) = 1/T$

二、有一集水區之 4 小時單位歷線如下：

時間（hr）	0	2	4	6	8	10	12	14
UH（$m^3/s/cm$）	0	15	45	65	50	25	10	0

（一）該集水區之面積為多少？（10 分）

（二）今發生一場延時為 4 小時之暴雨，其前 2 小時之有效降雨深度為 1 cm，後 2 小時之有效降雨深度為 2 cm，試求此場暴雨造成之直接逕流歷線。（15 分）

參考題解

（一）$(15+45+65+50+25+10)\times 2\times 3600 = A\times 0.01$

$A = 151.2\ km^2$

（二）

t(hr)	u(4,t)	s(t)	s(t − 2)	s(t)− s(t − 2)	U(2,t)	P = 1cm	P = 2cm	Q
0	0	0		0	0	0		0
2	15	15	0	15	30	30	0	30
4	45	45	15	30	60	60	60	120
6	65	80	45	35	70	70	120	190
8	50	95	80	15	30	30	140	170
10	25	105	95	10	20	20	60	80
12	10	105	105	0	0	0	40	40
14	0	105	105	0	0	0	0	0
16	0	105	105	0	0	0	0	0

三、我國中央管河川一般係以重現期距 100 年之洪水來設計其堤防，則堤防未來 30 年內發生百年一遇之洪水而潰敗之風險（Risk）有多少？（15 分）

參考題解

$$R = 1-(1-\frac{1}{100})^{30} = 26.03\%$$

四、有一抽水井貫穿非受限（Unconfined）含水層，抽水前之地下水位為 25 m，當以抽水量 0.05 m^3/s 持續抽水至平衡狀態，距離抽水井分別為 50 m 及 150 m 之二口觀測井，其洩降分別為 3 m 及 1 m，試求此含水層之水力傳導係數（Hydraulic Conductivity）。（20 分）

參考題解

$$Q=\pi\times K\times(h_2^2-h_1^2)\Big/\ln(\frac{r_2}{r_1})$$

$$0.05=\pi\times K\times(24^2-22^2)\Big/\ln(\frac{150}{50})$$

$$K=0.00019\,m/s$$

五、某一面積為 36 km^2 之集水區，在一場暴雨下之累積雨量及出流量如下：

時間（分）	0	15	30	45	60	75	90	105	120
累積雨量（mm）	0	10	50	75	90	100			
出流量（m^3/s）	10	30	160	360	405	305	125	35	10

假設基流量為 10 m^3/s。試求此場暴雨下，土壤之入滲 Φ 指數。（25 分）

參考題解

t（min）	累積雨量（mm）	雨量 P（mm）	流量（cms）	基流（cms）	出流量（cms）
0	0	0	10	10	0
15	10	10	30	10	20
30	50	40	160	10	150
45	75	25	360	10	350
60	90	15	405	10	395
75	100	10	305	10	295
90		0	125	10	115
105		0	35	10	25
120			10	10	0

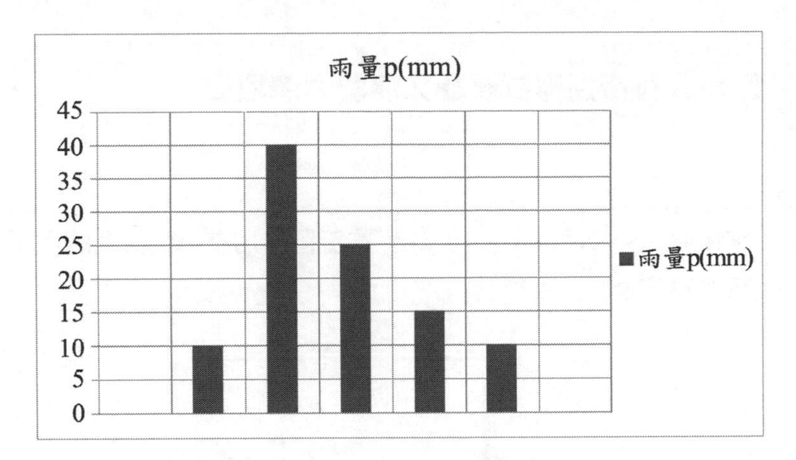

出流總體積為（20 + 150 + 350 + 395 + 295 + 115 + 25）× 15 × 60 = 1,215,000

假設 $\varphi\Delta t > 15mm$

$$[(40-\varphi\Delta t)+(25-\varphi\Delta t)]\times 0.001\times 36\times 10^{6}=1,215,000$$

$$\phi\Delta t = 15.625mm$$

$$\phi = 15.625mm/15\min = 1.04\,mm/\min$$

105年 公務人員普通考試試題／流體力學概要

一、如圖所示，求比重（specific weight）為 γ 的流體作用在 AB 板上的水平及垂直分力為何？（假設板的寬度為 1）（20 分）

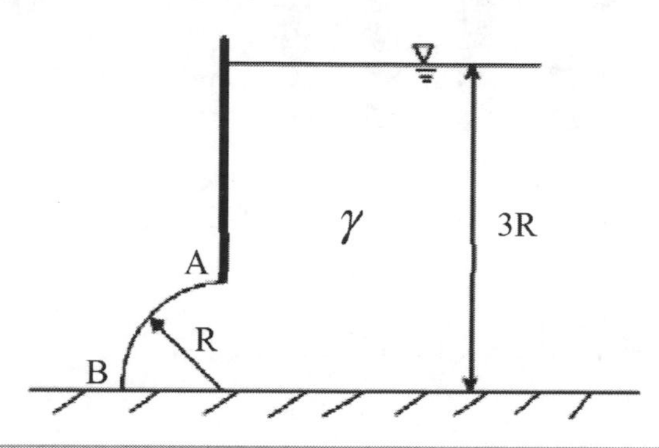

參考題解

$$F_H = \gamma h_c A_v = \gamma\left(2R+\frac{R}{2}\right)\times R\times 1 = \frac{5}{2}\gamma R^2$$

$$F_V = \gamma V = \gamma\left(2R\times R\times 1-\frac{1}{4}\pi R^2\right) = \gamma R^2\times\left(3-\frac{\pi}{4}\right) = 2.215\ \gamma R^2$$

二、如圖所示，試由壓力計所測結果求出流體的流量 Q 為何？（壓力計內流體的比重為水的 1.07 倍）（$g = 9.81\ m/s^2$）（25 分）

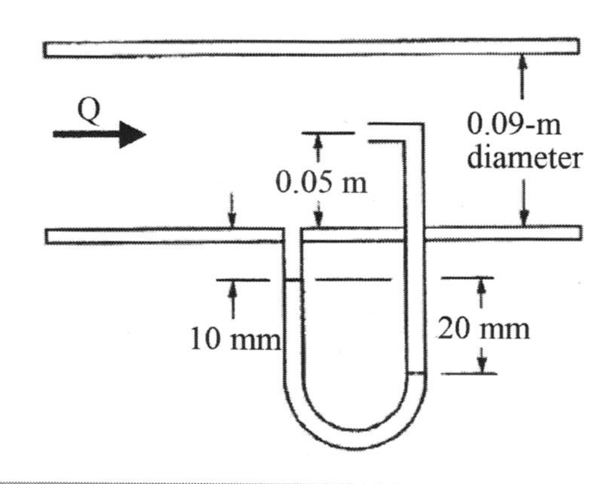

參考題解

$$\frac{p_1}{\gamma}+\frac{{v_1}^2}{2g}+z_1=\frac{p_2}{\gamma}+\frac{{v_2}^2}{2g}+z_2$$ ，$v_2\approx 0$（停滯點），$z_1=0$，$z_2=0.05$

$$\frac{p_1}{\gamma}+\frac{{v_1}^2}{2g}=\frac{p_2}{\gamma}+0.05\Rightarrow\frac{{v_1}^2}{2g}=\frac{p_2-p_1}{\gamma}+0.05 \cdots\cdots (1)$$

$p_1+\rho_w g\times 0.01+1.07\rho_w g\times 0.02=p_2+\rho_w g\times(0.05+0.01+0.02)$

$p_1-p_2=-0.0486\rho_w g$ 代入（1）式

$$\frac{{v_1}^2}{2g}=-0.0486+0.05\Rightarrow v_1=0.166\,m/s$$

$$Q=0.166\times\frac{\pi}{4}(0.09)^2=1.06\times 10^{-3}(m^3/s)$$

三、有一固定的導流葉片，如圖所示，將穩態（steady）射流偏轉 60°。若射流的速率及直徑分別為 20 *m/s* 及 4 *cm*，試求射流作用在導流葉片上的水平及垂直分力為何？（$\rho=1000\ kg/m^3$）（25 分）

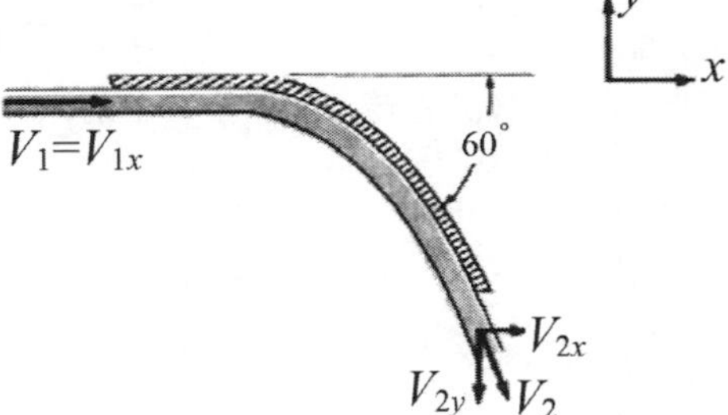

參考題解

設導流葉片對水：F_x：向左，F_y：向下

$-F_x\vec{i}-F_y\vec{j}=(v_1\vec{i})\times(-\rho Q)+\left[v_2(\cos 60^\circ\vec{i}-\sin 60^\circ\vec{j})\right]\times(\rho Q)$

$Q=A_1V_1=A_2V_2=\frac{\pi}{4}\times 0.04^2=0.025\,m^3/s$

$-F_x\vec{i}-F_y\vec{j}=-500\vec{i}+(10\vec{i}+17.32\vec{j})\times(25)$

$-F_x\vec{i}=(-500+250)\vec{i}$

$F_y\vec{j}=(25\times 17.32)\vec{j}$

$F_x=250N(\leftarrow)$，$F_y=433N(\downarrow)$

則水對導流葉片：$F_x=250N(\rightarrow)$

$F_y=433N(\uparrow)$

四、有二不同管流，其雷諾數（$\mathrm{Re} = \dfrac{\rho V d}{\mu}$）分別為 2,000 及 10,000：（每小題 10 分，共 30 分）

（一）上述管流為層流或紊流？

（二）已知在光滑管壁的情況下，兩者的摩擦係數的值約略相同，試問其值應為多少？

（三）若增加管壁粗糙度，對上述兩種不同的管流，摩擦係數會增加還是減少？

參考題解

（一）當雷諾數 $\mathrm{Re} > 4000$ 視為紊流，$R_e < 2100$ 層流

$\mathrm{Re} = 2000$（層流）

$\mathrm{Re} = 10000$（紊流）

（二）層流時 $f = \dfrac{64}{\mathrm{Re}}$

題目表示兩者摩擦係數約略相同則 $f = \dfrac{64}{2000} = 0.032$

（三）ε 增加，則 $\dfrac{\varepsilon}{D}$ 增加

層流 f 不受粗糙度影響，f 不變，紊流當 $\dfrac{\varepsilon}{D}$ 增加，f 增加

公務人員普通考試試題／土壤力學概要

一、以統一土壤分類法進行土壤分類時：

（一）需進行那些試驗？（8分）

（二）代號 S、Pt、H、P 分別代表什麼意義？（12分）

參考題解

（一）統一土壤分類需執行試驗計有阿太堡限度試驗中液性限度（LL）試驗與塑性限度（PL）試驗，以及土壤固體顆粒之粒徑分析試驗中篩分析試驗與比重計分析試驗。

（二）S：土壤主成份為砂顆粒。Pt：含高有機含量的泥炭土。H：具高塑性（LL>50）的土壤。P：土壤級配狀態屬不良級配。

二、解釋名詞：（每小題4分，共20分）

（一）標準貫入試驗

（二）土壤靈敏度

（三）差異沉陷

（四）過壓密比

（五）莫爾（Mohr）破壞準則

參考題解

（一）標準貫入試驗：係藉固定錘重自一定落距落下，而將取樣器敲擊貫入至一定深度（30cm），其所需敲擊次數來表示現場土壤貫入阻抗的一種現地試驗。

（二）土壤靈敏度：土壤於未擾動與重模後的無圍壓縮強度比值，$S_t = q_{u(\text{未擾動})} / q_{u(\text{重模})}$，用以評量土壤對擾動的敏感程度。

（三）差異沉陷：基礎底部不同位置因壓密或其他原因所導致不同大小沉陷的相差值。

（四）過壓密比（OCR）：土壤現今垂直有效覆土應力（σ'_{vo}）與預壓密應力（σ'_p）之比值，$OCR = \sigma'_p / \sigma'_{vo}$。

（五）莫爾（Mohr）破壞準則：當破壞面上剪應力（τ_{ff}）達該面上正應力（σ_{ff}）的某一函數值大小時，材料便發生破壞，兩者對應關係曲線的函數式為$\tau_{ff} = f(\sigma_{ff})$，式中第一個符號$f$是指應力作用面編號，即是破壞面，第二個符號$f$則是指材料已達“破壞”階段。

此時應力 Mohr 圓相切於 Mohr 破壞包絡線，且當應力 Mohr 圓位於該破壞包絡線下時，指材料處於穩定而未達破壞狀態。

另超越包絡線的應力 Mohr 圓，因材料在達破壞應力 Mohr 圓（與包絡線相切）時，應已破壞，應力 Mohr 圓理應無法再增加，故此應力 Mohr 圓應不會存在。

三、（一）請詳述三種可以利用擾動土樣進行的土壤力學試驗。（10 分）
（二）請詳述三種不可以利用擾動土樣進行的土壤力學試驗。（10 分）

參考題解

（一）擾動土樣的土壤力學試驗：土壤比重試驗、土壤含水量試驗與土壤篩分析試驗。

1. 土壤比重試驗：主要量測乾土重及與乾土重同體積的水重，兩者比值即是。實驗室內，將已知乾土重（W_s）

   放入至比重瓶中，再搭配煮沸法來排除原存於乾土孔隙內空氣，確保乾土的孔隙內充滿水，再無任何氣體存在，分別秤得各試驗階段之重量後，計算得

   $$G_s = \frac{W_s}{W_{s,V_s}} = \frac{W_s}{W_s + W_1 - W_2}$$

2. 含水量（w）試驗：本試驗在求取土壤內所含水重量或其百分比（%）。試驗方法，係將土壤放置於溫度保持在$110 \pm 5°C$恆溫烘箱內，烘乾，時間至少達 16hr，但不得超過 24hr，試驗規範一般建議以 24hr 為基準。量度試驗前後土樣重量，分以W_1與W_2（或W_s）來表示，可計算得土壤含水量（w）。

   $$w(\%) = \frac{W_1 - W_2}{W_2} \times 100(\%)$$

3. 篩分析試驗：篩分析適用於土壤中粗顆粒分類（土壤顆粒粒徑＞#200 美國標準篩）。篩分析試驗過程中，須先依篩網網孔大小，由大到小，從上到下排成一組篩網組，後將經烘乾後的已知總重乾土樣（固體顆粒），放置到最上層篩網（網孔最大），配合搖篩機固定震動頻率的震動與敲擊，促使該土樣通過或停留於各篩網中。後計算得停留於各個篩網上乾土樣總重、停留百分比、累積停留百分比及累積通過百分比。

（二）不可用擾動土樣的土壤力學試驗：單向度壓密試驗、直接剪力試驗與土壤三軸試驗。

1. 單向度壓密試驗：該試驗通常將直徑為 5cm，徑高比介於 2.5 到 5.0 間的未擾動土樣，放入壓密固定環（confined ring）內，並於土樣頂、底部放置多孔石，以確保壓

密過程中水可單向自試樣上方、下方或雙向排出。後軸向施加壓密應力，待壓密完成後，一般為 24hr，藉由試體高度變化計算得土壤在不同壓密應力下應力與孔隙比對應曲線，再依此獲得土壤相關壓密參數值。

2. 直接剪力強度試驗：直剪試驗可能是最早的土壤剪力強度參數試驗。試體直徑一般為 5cm。儀器設備相當簡單，係以水平分成上、下兩半的剪力盒，一半固定，另一半則可自由於水平向移動，並利用槓桿原理將預定正向應力施加剛性頂蓋，再傳遞至盒內土壤試樣上方。試驗過程中直接於水平向施加水平力至試體破壞為止，同時量測水平向剪動位移、垂直位移量，依此獲得不同正向應力下，試體破壞時所需剪應力，繪得破壞包絡線與剪力強度參數。

3. 三軸剪力強度試驗：Csasgrande（1930）另提出圓柱體試樣的土壤剪力強度壓縮試驗方法，簡稱三軸試驗（triaxial test），現今已成為土壤剪力強度試驗方法中，最為常用的一種。原理係用橡皮模將圓柱試樣包覆其中，阻隔三軸室內流體（一般為水）因施加室壓而流入試樣之土壤孔隙。並經軸桿、頂蓋傳遞軸向荷重或剪應力於試樣內，直至試體沿其最弱面發生破壞，才停止。

   同時可藉試樣底部排水閥來控制試體排水與否，並以體積量測管來計量試驗過程中的試體體積改變量，又或依水壓計量測試驗所激發超額孔隙水壓及其消散行為，以此模擬土壤因不同應力狀態而破壞的力學行為與剪力強度參數值。

四、如圖所示，有三層地層，總厚度為 H，每層厚度為 H1、H2、H3，每層透水係數為 k1、k2、k3，請推導：

（一）水平流之等效透水係數。（10 分）

（二）垂直流之等效透水係數。（10 分）

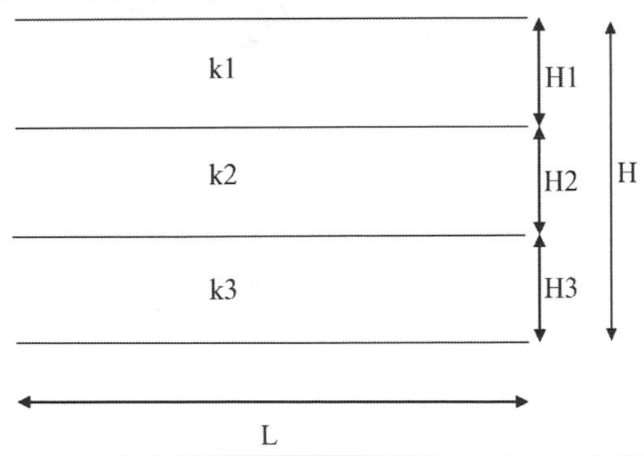

參考題解

（一）水平流之等效透水係數$k_{h,eq}$

水流以水平方式來流經過 3 層水平地層的連續穩定流，流經任一處截面總流量（q_T）等於各單一土層流量的總和。

$$H_T = H_1 + H_2 + H_3$$

$$q_T = q_1 + q_2 + q_3 \Rightarrow v_T \cdot 1 \cdot H_T = v_1 \cdot 1 \cdot H_1 + v_2 \cdot 1 \cdot H_2 + v_3 \cdot 1 \cdot H_3$$

$$v_T = k_{h,eq} i_T \;;\; v_1 = k_1 i_{1_1} \;;\; v_2 = k_2 i_2 \;;\; v_3 = k_3 i_3$$

因各單一土層總水頭損失量（Δh）且與流線長度（L），都相同。

換言之$\Delta h_T = \Delta h_1 = \Delta h_2 = \Delta h_3$ ；$i_T = i_1 = i_2 = i_3$

代回上述流量關係式，推導得

$$k_{h,eq} i_T \cdot H_T = k_1 i_1 \cdot H_1 + k_2 i_2 \cdot H_2 + k_3 i_3 \cdot H_3$$

$$k_{h,eq} \cdot (H_1 + H_2 + H_3) = k_1 H_1 + k_2 H_2 + k_3 H_3$$

（二）垂直流之等效透水係數$k_{v,eq}$：

當地下水流以垂直層狀地層流過 3 層水平土層，水流仍為連續穩定流，各單一土層流量（q）與等值總流量（q_T）均相同。

$$q_T = q_1 = q_2 = q_3 \Rightarrow v_T \cdot L_T \cdot 1 = v_1 \cdot L \cdot 1 = v_2 \cdot L \cdot 1 = v_3 \cdot L \cdot 1$$

由此可見，各單一土層的流速都會相同

$$v_T = v_1 = v_2 = ... = v_n \Rightarrow k_{v,eq} i_T = k_1 i_1 = k_2 i_2 = k_3 i_3$$

因此 $i_1 = \dfrac{k_{v,eq}}{k_1} i_T$ ；$i_2 = \dfrac{k_{v,eq}}{k_2} i_T$ ；$i_3 = \dfrac{k_{v,eq}}{k_3} i_T$

由於等值地層整體總水頭損失（Δh_T）為各單一土層水頭損失（Δh）之總和。並且單一土層流線長度會等於單一土層層厚（H）。

$$\Delta h_T = \Delta h_1 + \Delta h_2 + \Delta h_3$$

$$i_T = \frac{\Delta h_T}{H_T} \;;\; i_1 = \frac{\Delta h_1}{H_1} \;;\; i_2 = \frac{\Delta h_2}{H_2} \;;\; i_3 = \frac{\Delta h_3}{H_3}$$

$$\Delta h_T = i_T H_T \;;\; \Delta h_1 = i_1 H_1 \;;\; \Delta h_2 = i_2 H_2 \;;\; \Delta h_3 = i_3 H_3$$

$$i_T H_T = \frac{k_{v,eq}}{k_1} i_T H_1 + \frac{k_{v,eq}}{k_2} i_T H_2 + \frac{k_{v,eq}}{k_3} i_T H_3$$

$$\frac{H_T}{k_{v,eq}} = \frac{H_1}{k_1} + \frac{H_2}{k_2} + \frac{H_3}{k_3}$$

五、請分別說明土壤三軸試驗之：
（一）名稱種類。（6分）
（二）試驗步驟的差異。（8分）
（三）可以獲得的參數。（6分）

參考題解

（一）名稱種類：三軸壓縮壓密-排水（CD）試驗、三軸壓縮壓密-不排水（CU）試驗以及三軸壓縮不壓密-不排水（UU）試驗。

（二）試驗步驟差異：

1. 三軸CD與CU試驗差異在於施加圍壓階段時，均允許試體排水，當施加軸差應力階段時，前者試體仍舊允許排水，後者則不允許排水。
2. 三軸CU與UU試驗差異在於施加軸差應力階段時，均不允許試體排水，而在前面施加圍壓階段，前者試體允許排水，後者則不允許排水。

（三）1. 三軸壓縮壓密-排水（CD）試驗：土壤在排水狀態下之土壤有效剪力強度參數、試體分別於壓密與施加軸差應力階段之體積變化量，也可獲得土壤相關壓密試驗參數。

2. 三軸壓縮壓密-不排水（CU）試驗：土壤在不排水狀態下，土壤有效應力剪力強度參數及總應力剪力強度參數、試體分別於壓密階段之體積變化量與相關壓密試驗參數。
3. 三軸壓縮不壓密-不排水（UU）試驗：土壤在不排水狀態下之土壤總應力剪力強度參數。

105年 公務人員普通考試試題／水資源工程概要

一、有一空地如下圖，該區開發前逕流係數及漫地流速度分別為 0.65 及 0.3 m/sec；開發整地後逕流係數及漫地流速度變為 0.9 及 0.5 m/sec。在不考慮區外逕流下，開發後新設水路其假設流速為 2 m/sec，並於出口設置滯洪池以降低基地開發所增加逕流，其出流控制以不超過開發前洪峰流量為設計原則，設計滯洪深度 2.0 m，並以一圓形排放口控制出流。

（一）求該排水路迴歸周期為 5 年之設計流量及放流口管徑。（15 分）

（二）如該排水路為混凝土矩形溝底寬 50 cm，渠底坡度為 0.01，其設計流速及水深分別為何？（10 分）

（三）如計算出來之設計流速與假設流速有過大之差異時該如何處理？（5 分）

（該區 5 年降雨強度-延時公式 $i=\dfrac{850}{(t+33)^{0.54}}$，降雨強度 i 之單位為 mm/hr 及時間 t 之單位為分鐘；混凝土之曼寧係數值為 0.013；及假設孔口流量係數值 0.6。）

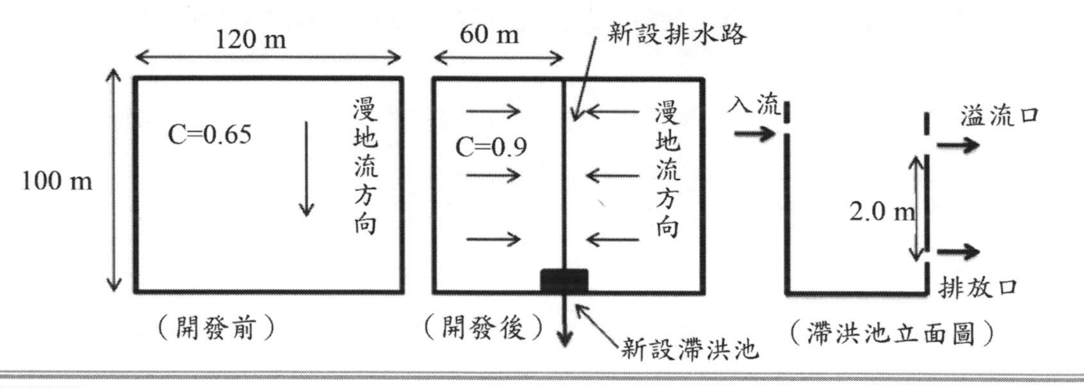

參考題解

（一）開發前

$$t=\frac{100}{0.3\times 60}=5.55\text{ ，}i=\frac{850}{38.55^{0.54}}=118.3$$

$$Q=\frac{1}{360}CIA=\frac{1}{360}0.65\times 118.3\times 1.2=0.256$$

開發後

$$t=\frac{60}{0.5\times60}+\frac{100}{2\times60}=2.833 \text{ ，} i=\frac{850}{35.83^{0.54}}=123.1$$

$$Q=\frac{1}{360}CIA=\frac{1}{360}0.9\times123.1\times1.2=0.369CMS$$

$$Q=0.256=VA=\sqrt{2gh}\times\frac{\pi}{4}D^2 \text{ ，} h=2 \text{ ，解 } D=0.228m$$

（二）$Q=\frac{1}{n}R^{\frac{2}{3}}S^{0.5}\times A=\frac{1}{0.013}\left(\frac{0.5y}{0.5+2y}\right)^{\frac{2}{3}}(0.01)^{\frac{1}{2}}0.5y=0.369$

試誤法解 $y=0.347m$ ，$v=2.13m/s$

（三）調整寬度或坡度，重新計算流速

二、護岸工程依施設位置可區分為「高水護岸（堤防護岸）」與「低水護岸」，其功能分別為何？其與堤防工程有何差異？一般護岸包括護坡工（坡面工）、基礎工（基腳工）及護腳工（護坦工），試繪出前述設施之渠道大斷面構造示意圖。（20分）

參考題解

高水護岸興建高度高於計畫洪水位。

低水護岸與河岸地盤等高，於颱風季節時容納暴雨逕流。

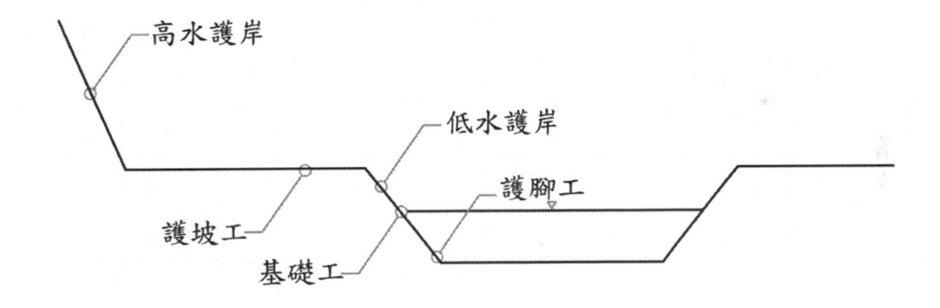

三、某一地區由調整池水力發電廠供電，此水力電廠總落差為 120 m，水力損失水頭為 10m。如水輪機與發電機綜合總效率為 85%，且其系統負載如下表所示，求：

時間（時）	0:00~6:00	6:00~12:00	12:00~15:00	15:00~21:00	21:00~24:00
負載	8,000	10,000	12,000	10,000	8,000

（一）平均負載及負載因數。（10分）

（二）調整池之平均進水量與各時段之放水量分別為多少 m^3/sec？（10分）

（三）調整池所需容量最少需為多少 m^3？（5分）

參考題解

（一）平均附載 $=\dfrac{8000\times6+10000\times6+12000\times3+10000\times6+8000\times3}{24}=9500kw$

負載因數 = 平均負載 / 尖峰負載 = 9500 / 12000 = 0.79

（二）$P=rQHe$

$9500=9.81\times Q\times(120-10)\times0.85$ ，$Q=10.4cms$

時間	0-6	6-12	12-15	15-21	21-24
放水量（cms）	8.7	10.9	13.1	10.9	8.7

$8000=9.81\times Q\times110\times0.85$ ，$Q=8.7cms$

（三）

t	D	Q	D − Q	ΣD − Q	t	D	Q	D − Q	ΣD − Q
1	8.7	10.4	−1.7	−1.7	13	13.1	10.4	2.7	−4.5
2	8.7	10.4	−1.7	−3.4	14	13.1	10.4	2.7	−1.8
3	8.7	10.4	−1.7	−5.1	15	13.1	10.4	2.7	0.9
4	8.7	10.4	−1.7	−6.8	16	10.9	10.4	0.5	1.4
5	8.7	10.4	−1.7	−8.5	17	10.9	10.4	0.5	1.9
6	8.7	10.4	−1.7	−10.2	18	10.9	10.4	0.5	2.4
7	10.9	10.4	0.5	−9.7	19	10.9	10.4	0.5	2.9
8	10.9	10.4	0.5	−9.2	20	10.9	10.4	0.5	3.4
9	10.9	10.4	0.5	−8.7	21	10.9	10.4	0.5	3.9
10	10.9	10.4	0.5	−8.2	22	8.7	10.4	−1.7	2.2
11	10.9	10.4	0.5	−7.7	23	8.7	10.4	−1.7	0.5
12	10.9	10.4	0.5	−7.2	24	8.7	10.4	−1.7	−1.2

$3.9-(-10.2)=14.1$

容量 $=14.1\times60\times60=50760\ m^3$

四、（一）説明拱壩如何傳遞上游水壓與土壓力，其壩址適用之地質條件與其型式有那幾種？（15分）

（二）列舉臺灣地區三座大型拱壩之名稱，及説明其分別位於那條河川（或流域）。（10分）

參考題解

（一）1. 壩體兩端支撐在河谷兩側之霸座上，借拱作用及懸臂作用，分別將水庫龐大壓力傳送至兩岸壩墩及壩基岩體上。

2. 壩積極兩側岩體具有足夠之強度及較小之壓縮性。

3. 定心拱壩、變心拱壩。

（二）1. 翡翠拱壩-新店溪。

2. 榮華壩-大漢溪。

3. 谷關大壩-大甲溪。

專門職業及技術人員高等考試試題／水文學

一、某場延時 7 小時之降雨，其每小時之降雨量紀錄如下：

時間（小時）	0	1	2	3	4	5	6	7
降雨深度（mm）	0	10	15	25	30	10	5	2

試決定該場降雨之最大降雨深度與延時，及最大降雨強度與延時關係？（20分）

參考題解

T	最大降雨深度	最大降雨強度
1	30	30 / 1 = 30
2	30 + 25 = 55	55 / 2 = 27.5
3	55 + 15 = 70	70 / 3 = 23.5
4	70 + 10 = 80	80 / 4 = 20
5	80 + 10 = 90	90 / 5 = 18
6	90 + 5 = 95	95 / 6 = 15.8
7	95 + 2 = 97	97 / 7 = 13.9

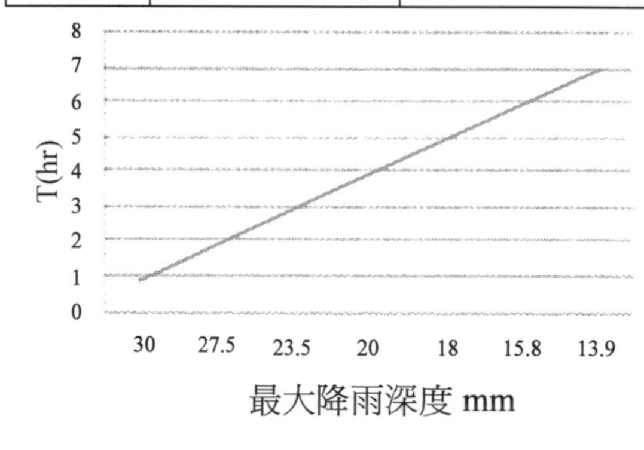

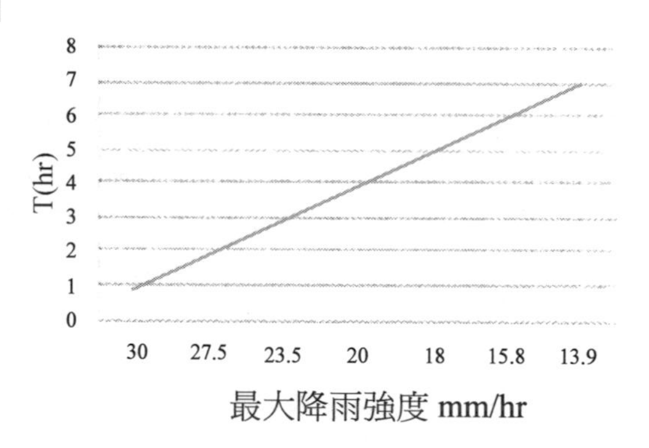

二、在面積 50 公頃之集水區，下了一場 5 小時延時之降雨，總降雨量為 125 公釐（mm），產生直接逕流（direct runoff）體積為 50,000 立方公尺。假設該集水區入滲 Φ 指數維持不變之情況下，試問降雨延時 10 小時，總降雨量 190 公釐（mm）之降雨事件，可產生多少直接逕流體積？（20分）

參考題解

（一）求ϕ

$$A = 50ha = 5\times10^5 m^2$$

$$R_5 = (P - \phi\cdot T)\cdot A$$

$$50000 = (125 - \phi\times5)\times10^{-3}\times5\times10^5$$

$$\Rightarrow \phi = 5mm/hr$$

（二）求R_{10}

$$R_{10} = (190 - 5\times10)\times10^{-3}\times5\times10^5$$

$$= 70000m^3$$

三、某水庫水位、蓄水量與出水量關係如表一。在水庫水位為 110 公尺（m）時，有一洪水流入水庫，其入流歷線如表二。試求該水庫在洪水事件中何時會達到最高水位？此時水庫出流量為多少？（20 分）

表一：水位、蓄水量與出水量關係

水位（m）	蓄水量（10^6m^3）	出水量（m^3/s）
110.0	3.0	0.0
111.0	3.2	20.0
112.0	3.4	50.0
113.0	4.0	80.0
114.0	4.5	120.0

表二：入流歷線

時間（hr）	0	1	2	3	4	5	6
流量（m^3/s）	40	120	200	160	100	60	40

參考題解

Plus 水庫演算

$$(I_1 + I_2) - \left(\frac{2S_1}{t} - Q_1\right) = \left(\frac{2S_2}{t} - Q_2\right)$$

H	S	Q	2S + Q
110	3	0	1667
111	3.2	20	1798
112	3.4	50	1939
113	4	80	2302
114	4.5	120	2620

t	I	I1 + I2	2S1/t + Q1	2S2/t + Q2	Q
0	40	160	1666.67	0	0
1	120	320	1774.39	1826.67	26.14
2	200	360	1968.71	2094.39	62.84
3	160	260	2162.05	2328.71	83.33
4	100	160	2231.89	2422.05	95.08
5	60	100	2209.31	2391.89	91.29
6	40	40	2147.53	2309.31	80.89

T = 4 時會達到最高水位，出流量 $Q = 95.08\,m^3/s$

四、當雨量站之站址因故移動位置時，雨量紀錄在移動前與移動後會造成不一致（inconsistency）現象，請敘述如何校正雨量資料？（20 分）

參考題解

因更換測站位置所產生的誤差的降雨資料偏差，可使用雙累積曲線法（double mass curve method）校正。

$$P_a = P_o(S_a/S_o)$$

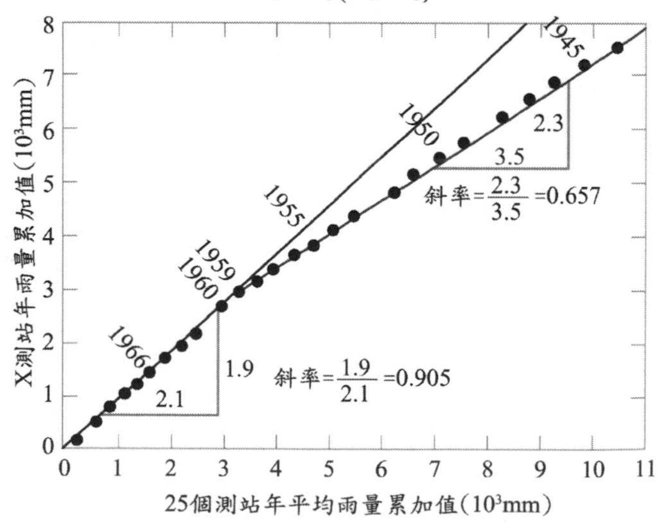

五、水文設計在推求不同重現期距（return period）的水文量時，經常利用歷史水文統計資料，來進行水文頻率分析。試敘述使用之歷史水文統計資料需要滿足那些假設條件？（20 分）

參考題解

（一）對時間之均勻分布：超滲降雨在 T 時刻下均勻分佈。

（二）對空間之均勻分布：超滲降雨在整個集水區為均勻分佈。

（三）基期為一定值：在任一時刻下，相同的超滲降雨延時，則基期相同。

（四）線性假設：任兩場大小不一的同樣降雨延時之超滲降雨，其歷線大小呈現性關係。

（五）非時變性：單位歷線不隨時間改變。

105年 專門職業及技術人員高等考試試題／流體力學

一、（一）説明液體與固體的力學差異，於受力時在變形上的不同行為。尤其是受到剪應力時，是如何的不同？（10分）

（二）説明何謂牛頓流體？何謂非牛頓流體？基礎工程所用的“皂土漿”或土石流中的“泥漿”是否屬牛頓流體？其理由為何？（10分）

參考題解

（流體及牛頓流體）

（一）1. 流體：物質受到剪應力作用下，將產生連續不斷之變形，無法達到靜力平衡狀態，即使將剪應力除去，亦無法恢復初始狀態之物質稱為「流體」。

2. 固體：物質受剪應力作用下且在彈性限度內時，應力與應變呈現線性關係，當應力解除後即回復至初始狀態，具此特性之物質稱為「固體」。

3. 綜上，受剪應力後，流體無法恢復初始狀態，而固體可回復初始狀態（在彈性限度內），此即為兩者受剪應力後之差異。

（二）1. 牛頓流體：如流體之剪應力與剪應變率呈線性關係，則稱此流體為「牛頓流體」，數學表示式為：$\tau = \mu \dfrac{\partial u}{\partial n}$，其中 τ 為剪應力，μ 為黏滯係數；

2. 剪應力與剪應變率呈非線性關係者則稱為「非牛頓流體」，數學表示式為 $\tau = k\left[\dfrac{\partial u}{\partial n}\right]^m$，依 m 大小又可分為偽塑性（m<1）及擴大性（m>1）非牛頓流體，將剪應力與剪應變率作圖可得下列圖形：

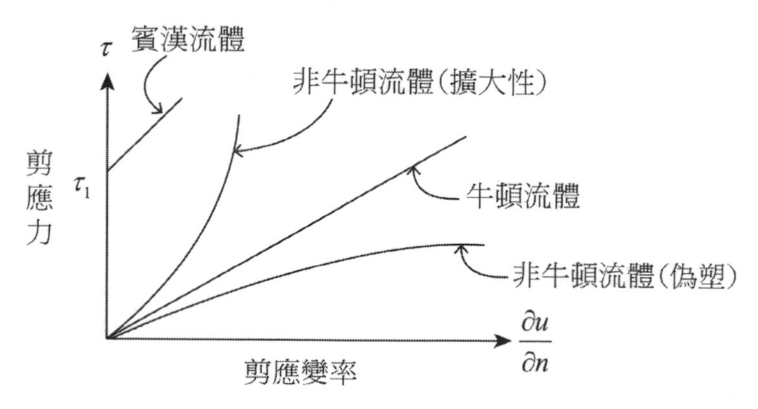

3. 皂土漿及泥漿不屬於牛頓流體，因兩者之剪應力與剪應變率關係為非線性關係。

二、已知速度場 $\boldsymbol{v} = x\hat{\boldsymbol{i}} + x(x-1)(y+1)\hat{\boldsymbol{j}}$，其中 u 與 v 的單位為 m/s；x 與 y 的單位為 m。試描繪出通過 $x=0$ 與 $y=0$ 的流線，並請將此流線與通過原點的煙線做一比較。（20 分）

參考題解

（流線方程式）

（一）已知 X 方向速度分量 u 為 x；Y 方向速度分量 v 為 x（x−1）（y+1）

將 u.v 代入流線方程式 $\dfrac{dx}{u} = \dfrac{dy}{v}$ …………………………………………（1）

可得 $\dfrac{dx}{x} = \dfrac{dy}{x(x-1)(y+1)} \Rightarrow (x-1)dx = \dfrac{dy}{y+1}$ 同取積分

可得 $\int (x-1)dx = \int \dfrac{dy}{y+1} \Rightarrow \dfrac{1}{2}x^2 - x = \ln(y+1) + C$ …………………………（2）

且該流線通過（0,0），帶入（2）式可解得常數 C = 0

故流線方程式為：$\dfrac{1}{2}x^2 - x = \ln(y+1)$，可改寫為：$y = e^{\frac{1}{2}x^2 - x} - 1$

採描點作圖，可得流線圖形如下：

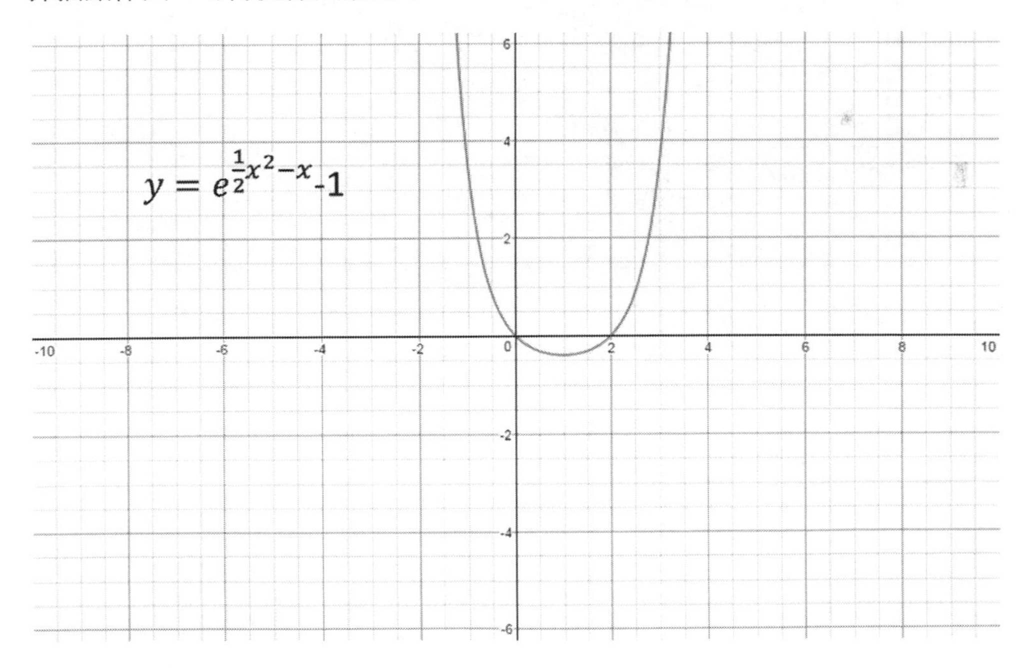

（二）由於該速度場為穩態（不為時間之函數），因此流線、徑線及煙線三線重合，故通過原點之煙線圖形同上。

三、水以 8.0 L/min 的流率流入盥洗盆排水管，如圖所示。倘若排水孔蓋住，則水將從溢流孔排出，而不會滿出盥洗盆。假設忽略黏性效應，請問不讓水滿出盥洗盆，則需要多少個直徑為 1 cm 的溢流孔？（20 分）

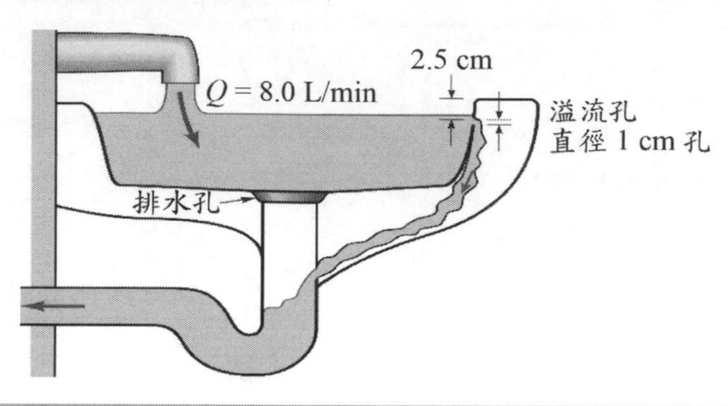

參考題解

（控制體積及連續方程式）

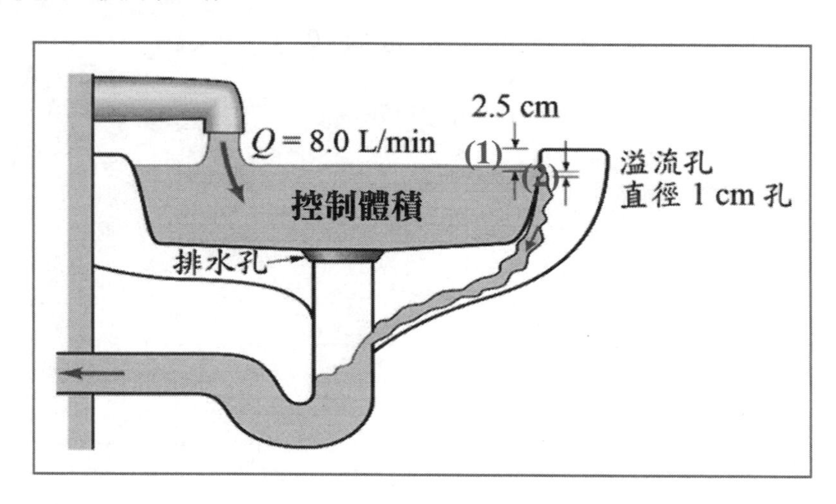

取如上圖之控制體積，由連續方程式：

$$Q_{in} = Q_{out} \cdots\cdots (1)$$

其中 $Q_{in} = \dfrac{8.0L}{\min} = 8 \times \dfrac{10^{-3}}{60} = 1.33 \times 10^{-4} (cms)$

又 Q = AV $\cdots\cdots$ (2)

其中 Q_{out} 之截面積 $A = n \times \dfrac{1}{4} \pi \times D^2$

n 為溢流孔數，D 為溢流孔直徑 = 1cm = 0.01m

故（1）式可整理為$1.33\times10^{-4}=\left(n\times\frac{1}{4}\pi\times D^2\right)\times V_{out}$ ……………………………… （3）

再取圖中（1）.（2）兩點代入白努利方程式

註：（1）為盥洗盆水面；（2）為與溢流孔高度等高處。

$$\frac{P_1}{\gamma}+\frac{V_1^2}{2g}+Z_1=\frac{P_2}{\gamma}+\frac{V_2^2}{2g}+Z_2 \quad \cdots\cdots (4)$$

其中：

（一）P_1 . P_2 因接觸大氣，為一大氣壓力 = 0

（二）V_1 因水面靜止，速度為 0

（三）假設 Z_2 為基準面，則 $Z_1=2.5cm=0.025m$

綜上，可解得 $V_2=V_{out}=0.7\left(\frac{m}{s}\right)$，將其代入（3）式，可解得 n = 2.43

故至少需 3 個溢流孔。

四、作用在 1 m × 1 m 平板上的平均壓力與剪應力值如圖所示，試計算所形成的升力與阻力；倘若其中剪應力忽略不計，則此時的升力與阻力各為若干？試比較這前後組問題的最後結果，並說明其增減的原因。（20 分）

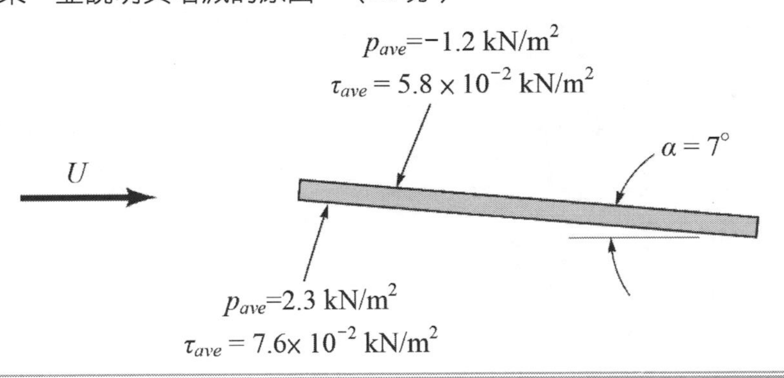

參考題解

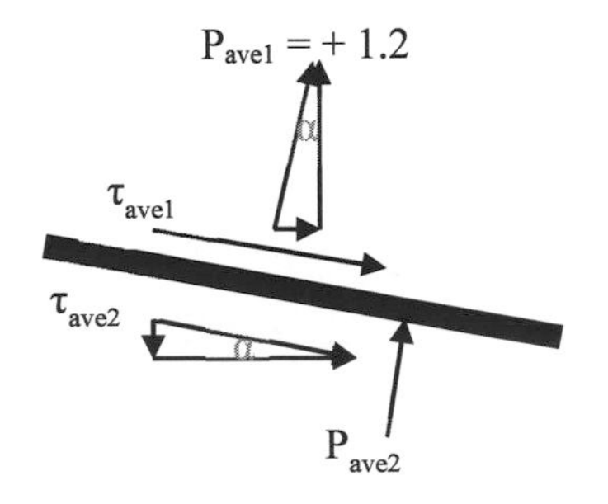

（一）升力與阻力

升力（流體對平板在 y 方向向上作用力）

$$F_L = \mathrm{P}\cos\alpha \times \mathrm{A} - \tau \sin\alpha \times \mathrm{A}$$
$$= (P_{ave1} + P_{ave2})\cos\alpha \times A - (\tau_{ave1} + \tau_{ave2})\sin\alpha \times A$$
$$= (1.2 + 2.3)\cos 7°(1 \times 1) - (5.8 \times 10^{-2} + 7.6 \times 10^{-2})\sin 7°(1 \times 1)$$
$$= 3.474 - 0.0163$$
$$= 3.458(kN)$$

阻力（流體對平板在 x 方向向右作用力）

$$F_D = \mathrm{P}\sin\alpha \times \mathrm{A} + \tau \cos\alpha \times \mathrm{A}$$
$$= (P_{ave1} + P_{ave2})\sin\alpha \times A + (\tau_{ave1} + \tau_{ave2})\cos\alpha \times A$$
$$= (1.2 + 2.3)\sin 7°(1 \times 1) + (5.8 \times 10^{-2} + 7.6 \times 10^{-2})\cos 7°(1 \times 1)$$
$$= 0.427 + 0.133$$
$$= 0.560(kN)$$

（二）剪應力忽略不計，升力與阻力變化

升力

$$F_L = \mathrm{P}\cos\alpha \times \mathrm{A}$$
$$= (P_{ave1} + P_{ave2})\cos\alpha \times A$$
$$= (1.2 + 2.3)\cos 7°(1 \times 1)$$
$$= 3.474(kN)$$

所以不計剪應力時，升力增加。

阻力

$$F_D = \mathrm{P}\sin\alpha \times \mathrm{A}$$
$$= (P_{ave1} + P_{ave2})\sin\alpha \times A$$
$$= (1.2 + 2.3)\sin 7°(1 \times 1)$$
$$= 0.427(kN)$$

所以不計剪應力時，阻力降低。

五、已知二支矩形管路具有相同截面積，但有不同的縱橫比（寬／高）2 與 4，於相同流量條件，試問何者將有較大的摩擦損失？請說明理由。（20分）

參考題解

（摩擦損失）

（一）若考慮主要損失，由摩擦損失公式 Dray-Weisbach 公式：

$$h_L = f \times \frac{L}{D} \times \frac{\overline{V^2}}{2g}$$

其中：

1. D＝ 水力直徑＝4 倍水力半徑＝4×（A／P），A 為通水斷面面積，P 為濕周（非圓形）
2. f 為摩擦係數

   假設縱橫比（寬／高）＝2 為下標 1，縱橫比＝4 為下標 2

   則兩者之摩擦損失比計算如下：

$$\frac{h_{L1}}{h_{L2}} = \frac{f \times \frac{L_1}{D_1} \times \frac{\overline{V^2}}{2g}}{f \times \frac{L_2}{D_2} \times \frac{\overline{V^2}}{2g}} \quad \cdots\cdots (1)$$

   假設 L（管長）相等，流速 V＝Q／A，因流量及截面積相等，故流速相等，(1) 式可改寫為：

$$\frac{h_{L1}}{h_{L2}} = \frac{D_2}{D_1} = \frac{4R_2}{4R_1} = \frac{\frac{A}{P_2}}{\frac{A}{P_1}} = \frac{P_1}{P_2} \quad \cdots\cdots (2)$$

（二）假設寬為 X，高為 Y，則依題意

$$\begin{cases} \frac{X_1}{Y_1} = 2 \text{ , } \frac{X_2}{Y_2} = 4 \quad \cdots\cdots (3) \\ X_1 \times Y_1 = X_2 \times Y_2 \quad \cdots\cdots (4) \end{cases}$$

將 (3)．(4) 之關係式代入 (2) 式：

$$\frac{h_{L1}}{h_{L2}} = \frac{P_1}{P_2} = \frac{2(X_1+Y_1)}{2(X_2+Y_2)} = \frac{3Y_1}{5Y_2}(\text{由 (3) 式，} X_1 = 2Y_1 \text{ ； } X_2 = 4Y_2) = \frac{3 \times \sqrt{2}Y_2}{5Y_2}$$

（由 (3)．(4) 式聯立得 $Y_1 = \sqrt{2}Y_2$），約 0.85

故得知 $\frac{h_{L1}}{h_{L2}}$ 之值約為 0.85，即寬／高比為 4 之矩形管路有較大損失，因其濕周較大。

專門職業及技術人員高等考試試題／大地工程學（包括土壤力學、基礎工程與工程地質）

一、有一粘土質土壤樣品得自標準貫入取樣，其標準貫入 SPT N 值為 2，經試驗單位重為 17 kN/m^3，含水量為 42%，比重（G_S）為 2.7，液性限度為 40，塑性限度為 20，請說明何謂標準貫入試驗，計算其乾密度、孔隙比、飽和度，並推測其不排水剪力強度及其工程性質。（20 分）

參考題解

$$17=\frac{2.7+2.7\times0.42}{1+e}\times9.81\Rightarrow e=1.21\ ;\ S=\frac{2.7\times0.42}{1.21}\times100\%=93.5\%$$

$$\gamma_d=\frac{2.7\times1}{1+1.21}=1.22\,g/cm^3$$

標準貫入試驗係以錘重 63.5 kg，固定落距 76 cm 來將劈管取樣器貫入土壤內 30 cm 所需敲擊總數。當黏土 SPT-N = 2，$q_u\approx50\sim100\,kPa$，軟弱，具高壓縮，低剪力強度與近乎不透水等工程性質。

二、請說明流網之原理、流網之邊界條件與原則，並繪製如下圖所示混凝土壩下方流網。下圖中壩長 10 m、水力傳導係數 k = 1 × 10^{-4} cm/s，求單位壩寬每日的滲漏量，請指出何處最易發生管湧現象，並判斷是否會發生管湧，另討論此一隔幕灌漿牆的主要功用。（20 分）

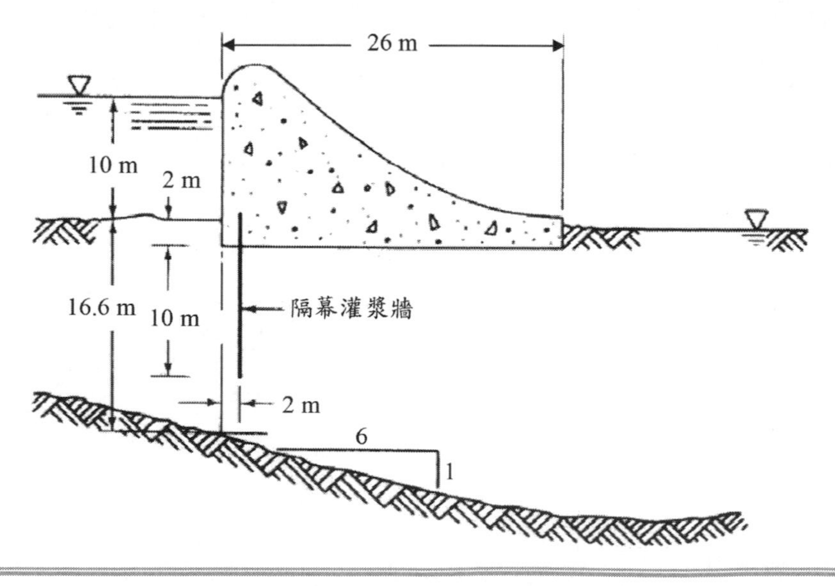

參考題解

（一）流線網原理，係推導一連續穩定不可壓縮流體，流經二維度飽和土體內之連續流動方程式，可稱 Laplace 連續方程式，該方程式結果可以兩組正交連續曲線，一組等勢能線，另一組流線來表示。

（二）流線網邊界與描繪要點應切記，內容如下：

1. 等勢能線與流線應以平滑曲線來描繪且使曲線成直角相交。
2. 所描繪完成的流網元素應近似於正方形。
3. 可透水層的上、下游表面為等勢能線。
4. 由於可透水層為一等勢能線，所以任何流線應與其以直角相交。
5. 不透水層面為一流線邊界，所以等勢能線與不透水層成直角，例如鈑樁表面。
6. 可先以較大尺寸網格描繪流網，再進一步細分成較小網格。

（三）$N_F=3$ ，$N_d=10$ ，$\Delta h_T=10m$ ，單位壩寬之土壤滲流量

$$q=1\times10^{-4}\times10^{-2}\times3\times\frac{10}{10}\times3600\times24\approx2.6m^3/day/m$$

（四）壩出口處最易發生管湧現象，出口處水力坡度 $i=\dfrac{10/10}{2}\approx0.5$ ，$i_c=1.0$，滲流安全係數約 $FS_i=\dfrac{1}{0.5}=2.0<6$，有可能發生管湧現象。

（五）隔幕灌漿牆主要功用在於可增加滲流路徑長度，進而降低作用於壩底之上舉水壓力以及出口處水力坡度，減少發生管湧現象造成壩體損壞。

三、何謂海埔地泥土（estuarine）？請說明其產狀與工程地質特性。（10分）

參考題解

此為河海口沖積土末端邊緣，由沉積原理知土壤顆粒會較沖積土固體顆粒更為細小，但其壓密度一般並不大。若該土壤不具塑性或非凝聚性可能呈蜂巢結構，須防因震動而液化；若具塑性，則為膠凝結構，但因近海內含鹽分，一旦沖水清洗有可能轉變成分散結構，此時需注意會有大量變形量產生。

四、水庫工程規劃設計時所須考慮的重要工程地質因素為何？並列舉國內外水庫案例對應說明。（20分）

參考題解

水庫工程中壩址調查重點項目有地形、地質條件、壩址岩石或土壤力學性質及施工材料，等

調查重點。

（一）水庫水密性的調查，主要查明水庫兩側山內地下水位與水壓，任何水庫均甚重要。

（二）河谷邊坡穩定的調查，避免因邊坡崩塌而減少水庫的蓄水量，或造成巨量的水溢流壩頂，奔向下游而造成災害，任何水庫均重要。

（三）施工材料的調查，尤以重力壩與土石壩，如石門、南化水庫，因構築壩體所需土石材料非常大，故特別須調查。

（四）活動斷層的調查，特別是採水庫蓄水之高水壓傳遞至兩側壩翼與壩基的拱壩，如翡翠水庫與德基水庫。

（五）淤積速率的調查，以南化水庫為例，因座落於泥岩區，而泥岩表面沖蝕溝發達。

五、如下圖所示之建築在砂性土壤的正方形（邊長為 B）基礎，受外力作用 $F_v = 400$ MN、$F_h = 200$ MN、$H = 1$ m、$D_f = 4$ m、$\gamma = 17$ kN/m^3、$\phi' = 30°$、$\gamma_{sat} = 20$ Kn/m^3、$c' = 0$ kN/m^2、$N_c = 24.7$，$N_q = 17$，$N_\gamma = 13.7$，下表為建築技術規則建築構造編-建築物基礎構造設計規範中有關淺基礎極限支承力計算所需之形狀影響因素、埋置深度影響因素、載重傾斜影響因素。所需之安全係數 FS 為 3，請設計該正方形基礎。如果該基礎因沖刷問題，所有埋置土深 D_f 完全被沖刷不見，請問該基礎是否承載破壞？（30 分）

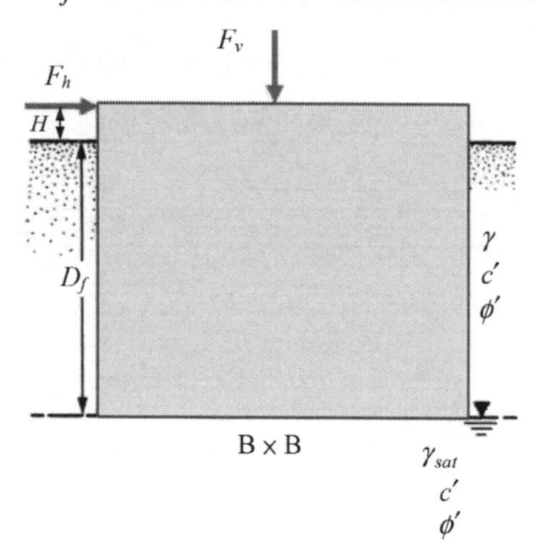

形狀影響因素、埋置深度影響因素、載重傾斜影響因素

考慮影響項目 ＼ 提供支承力項目		凝聚力（c）	超載（q）	土重（γ）
形狀影響因素（s）	$\phi=0$ 法	$F_{cs}=1+0.2\left(\dfrac{B}{L}\right)\le 1.2$	$F_{qs}=1.0$	$F_{\gamma s}=1.0$
	($\phi\ge 10°$)	$F_{cs}=$ $1+0.2\left(\dfrac{B}{L}\right)\tan^2\left(45°+\dfrac{\phi}{2}\right)$	$F_{qs}=$ $1+0.1\left(\dfrac{B}{L}\right)\tan^2\left(45°+\dfrac{\phi}{2}\right)$	$F_{\gamma s}=$ $1+0.1\left(\dfrac{B}{L}\right)\tan^2\left(45°+\dfrac{\phi}{2}\right)$
埋置深度影響因素（d）	$\phi=0$ 法	$F_{cd}=1+0.2\left(\dfrac{D_f}{B}\right)\le 1.5$	$F_{qd}=1.0$	$F_{\gamma d}=1.0$
	($\phi\ge 10°$)	$F_{cd}=$ $1+0.2\left(\dfrac{D_f}{B}\right)\tan\left(45°+\dfrac{\phi}{2}\right)$	$F_{qd}=$ $1+0.1\left(\dfrac{D_f}{B}\right)\tan\left(45°+\dfrac{\phi}{2}\right)$	$F_{\gamma d}=$ $1+0.1\left(\dfrac{D_f}{B}\right)\tan\left(45°+\dfrac{\phi}{2}\right)$
載重傾斜影響因素（i）	($\beta\ge\phi$)	$F_{ci}=\left(1-\dfrac{\beta}{90°}\right)^2$	$F_{qi}=\left(1-\dfrac{\beta}{90°}\right)^2$	$F_{\gamma i}=0$
	($\beta<\phi$)			$F_{\gamma i}=\left(1-\dfrac{\beta}{\phi}\right)^2$

參考題解

載重作用傾斜角度 $\beta=\tan^{-1}(200/400)\approx 26.6°$，偏心距 $e=\dfrac{5\times 200}{400}=2.5m$

假設不考慮偏心距影響，並依所附影響因素公式初步估算修正值推估土壤容許乘載力

$q=17\times 4=68kPa$，$\gamma_{sub}=20-9.81=10.19\,kN/m^3$，$\phi'=30°$，$c=0kPa$，並以保守估算各修正值，得 $F_{qs}=1+0.1\times 1\times\tan^2(45+30/2)=1.3$、$F_{qd}=1$、$F_{qi}=(1-26.6/90)^2=0.50$；

$F_{\gamma s}=1+0.1\times 1\times\tan^2(45+30/2)=1.3$、$F_{\gamma d}=1$、$F_{qi}=(1-26.6/30)^2=0.013$，代入得

土壤極限力 $q_u=0+68\times 17\times 1.3\times 1\times 0.5+0.5\times 10.19B\times 13.7\times 1.3\times 1\times 0.013=751.04+1.18B$

忽略基礎寬度項 $q_a=\dfrac{751-68}{3}+68\approx 296kPa\ge\dfrac{400\times 1000}{B^2}\Rightarrow B\ge 36.8m$

現考量偏心載重效應，建議取 $B=45m$ 來進行檢核基礎土壤承載力是否足夠。

假設為單向偏心，$B'=45-2\times 2.5=40m$，$L=B=45m$，$D_f=4m$，重新計算各修正值。

$F_{qs}=1+0.1\times\frac{40}{45}\times\tan^2(45+30/2)=1.267$ ，$F_{qd}=1+0.1\times\left(\frac{4}{45}\right)\times\tan(45+30/2)=1.015$

$F_{\gamma s}=1+0.1\times\frac{40}{45}\times\tan^2(45+30/2)=1.267$ ，$F_{qd}=1+0.1\times\left(\frac{4}{45}\right)\times\tan(45+30/2)=1.015$

重新估算 $q_u'=68\times17\times1.267\times1.015\times0.5+0.5\times10.19\times40\times13.7\times1.267\times1.015\times0.013$

$q_u'=743.3+46.67$

$q_u'=790kPa$

$q_a'=\frac{790-68}{3}+68\approx308.7kPa\geq q_{\max}=\frac{400\times1000}{45^2}\left(1+\frac{6\times2.5}{45}\right)=263.4kPa$ ，合乎要求。

根據前述 q_u' 估算式中，可明確知曉一旦因沖刷致 $D_f=0\Rightarrow q=0$，則基礎土壤將無法承載，發生破壞。

專門職業及技術人員高等考試試題／渠道水力學

一、有一梯形渠道，其渠底寬為 2 m，岸壁之垂直與水平比為 1：1.5，已知此一渠道之流量為 13.5 m^3/s，假設在此渠道上發生水躍（hydraulic jump），水躍前之水深為 0.5 m，試求經此水躍後之水頭損失（head loss）。（25 分）

參考題解

（一）$Q=13.5m^3/s$，$y_1=0.5\,m$，$\bar{y}=\dfrac{2y+y^2}{4+3y}$，$T=2+3y$，$A=\dfrac{(4+3y)\times y}{2}$

1. 水躍前：

$$\bar{y}_1=\frac{2.05+0.5^2}{4+3.05}=0.23$$

$$A_1=\frac{(2+2+3\times0.5)\times0.5}{2}=1.38$$

$$v_1=\frac{Q}{A_1}=\frac{13.5}{1.38}=9.78$$

2. 由 M-E 守恆：

$$\gamma_w\times\bar{y}_1\times A_1-\gamma_w\times\bar{y}_2\times A_2=\rho Q(v_2-v_1)$$

$$\underset{\div\rho}{\Rightarrow}9.81\times0.23\times1.38-9.81\times\bar{y}_2\times A_2=13.5\times v_2-13.5\times9.78$$

$$\Rightarrow13.5\times v_2+9.81\times\bar{y}_2\times A_2=135.14$$

$\Rightarrow\bar{y}$、A、$v=\dfrac{Q}{A}$ 代入，整理可得

$$\Rightarrow\frac{364.5}{4y_2+3y_2^2}+9.81\times y_2^2+4.91\times y_2^3=135.14$$

$\Rightarrow$試誤法得 $y_2=2.38\,m$

$$\therefore A_2=\frac{(4+3\times2.38)\times2.38}{2}=13.26$$

$$v_2=\frac{Q}{A_2}=\frac{13.5}{13.26}=1.02$$

3. $E_1 = E_2 + h_L$

$$\Rightarrow y_1 + \frac{v_1^2}{2g} = y_2 + \frac{v_2^2}{2g} + h_L$$

$$\Rightarrow 0.5 + \frac{9.78^2}{2\times 9.81} = 2.38 + \frac{1.02^2}{2\times 9.81} + h_L$$

$$\Rightarrow h_L = 2.94(m)$$

二、有一寬矩形混凝土渠道，其單位寬度流量為 2 $m^3/s/m$，曼寧值為 0.013，渠底坡降為 0.001。該渠道下游端設置一低堰，堰高為 1.25 m，則從低堰往上游多遠處可出現正 常水深（normal depth）之流況？（25 分）

參考題解

已知：

流量 $q = 2m^2/s$

寬矩形渠道 $R = y$

曼寧值 $n = 0.013$

坡降 $S = 0.001$

堰高 $W = 1.25(m)$

由曼寧公式 $q = \frac{y_n}{n} {y_n}^{2/3} \sqrt{S}$

可知：

(1) $y_n = 0.8892(m)$

(2) $v_n = q/y_n = 2.24929(m/s)$

(3) $E_n = y_n + \frac{v_n^2}{2g} = 1.1473(m)$

(4) $E_c = 1.5y_c = 1.5\times\left(\frac{q}{g^{0.5}}\right)^{2/3} = 1.11268(m)$

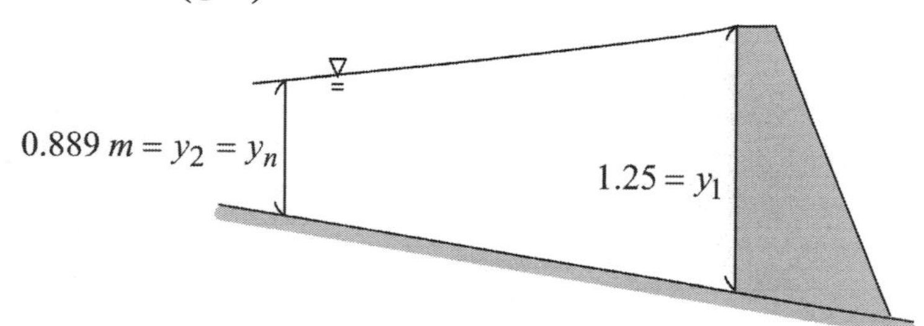

（一）$E_1 = 1.25 + \frac{V_1^2}{2g}$

$$= 1.25 + \frac{q^2}{2 \times g \times y_1^2} = 1.25 + \frac{2^2}{2 \times 9.81 \times 1.25^2} = 1.38$$

（二）$E_2 = 0.889 + \frac{v_2^2}{2g}$

$$= 0.889 + \frac{q^2}{2g \times y_2^2} = 0.889 + \frac{2^2}{2 \times 9.81 \times 0.889^2} = 1.15$$

（三）$\overline{S_f}$

$$V = \frac{2}{1.25} = 1.6 = \frac{1}{0.013} \times 1.25^{\frac{2}{3}} \times S_{f,1}^{\frac{1}{2}}$$

$$\Rightarrow S_{f,1} = 3.21 \times 10^{-4}$$

$$V = \frac{2}{0.889} = 2.25 = \frac{1}{0.013} \times 0.889^{\frac{2}{3}} \times S_{f,2}^{\frac{1}{2}}$$

$$\Rightarrow S_{f,2} = 10^{-3}$$

$$\overline{S_f} = \frac{S_{f,1} + S_{f,2}}{2} = \frac{3.21 \times 10^{-4} + 10^{-3}}{2} = 6.61 \times 10^{-4}$$

（四）$L = \frac{E_2 - E_1}{S_0 - \overline{S_f}} = \frac{1.15 - 1.38}{6.61 \times 10^{-4} - 0.001} = 678.47(m)$

三、有一矩形渠道之水流流速為 1 m/s，水深為 2 m，位於該渠道下游處之閘門瞬間關閉，試求所造成之湧浪（surge）往上游移動之速率為多少？（25 分）

參考題解

已知 $y_1 = 2m$ ， $V_1 = 1\frac{m}{s}$

假設發生湧浪後之水深為 y_2，湧浪速率為V_w

連續方程式：

$(V_1 + V_w)by_1 = V_w b y_2$（b 為渠道寬度）

$(1 + V_w) \times 2 = V_w y_2$

$$\therefore V_w = \frac{2}{y_2 - 2} \qquad (1)$$

動量方程式

$$\frac{1}{2}\gamma(y_1^2 - y_2^2) = \rho(V_1 + V_w)y_1(V_w - V_1 - V_w)$$

$$y_2^2 - y_1^2 = \frac{2}{g}(V_1 + V_w)y_1V_1$$

$$y_2^2 - 4 = \frac{2}{9.81}(1 + V_w) \times 2 \times 1 \qquad (2)$$

將（1）代入（2）可得

$$(y_2 - 2)^2(y_2 + 2) = 0.4077y_2$$

$$y_2 = 2.475(m)$$

$$V_w = \frac{2}{y_2 - 2} = \frac{2}{2.475 - 2} = 4.211\left(\frac{m}{s}\right)$$

所以湧浪（surge）往上游移動之速率為 $4.211\left(\frac{m}{s}\right)$

四、如下圖所示之混凝土渠道水流，其曼寧值為 0.013，底床坡降為 0.007，試問該水流為超臨界流（supercritical flow）或亞臨界流（subcritical flow）？（25 分）

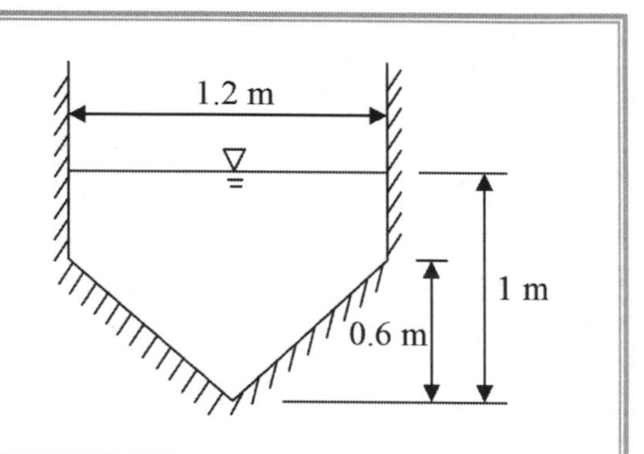

參考題解

通水面積 $A = \frac{1.2 \times 0.6}{2} + 1.2 \times (1 - 0.6) = 0.84\ (m^2)$

$$P = 2 \times 0.4 + 2 \times (0.6^2 + 0.6^2)^{0.5} = 2.49706\ (m)$$

$$Q = \frac{A}{n}\left(\frac{A}{P}\right)^{2/3} S^{1/2} = 2.61488\ (cms)$$

$$Fr^2 = \frac{Q^2 B}{gA^3} = 1.4126$$

$\Rightarrow F_r = 1.19$（超臨界流）

專門職業及技術人員高等考試試題／水資源工程與規劃

一、（一）請說明何謂「再生水」？（4分）
（二）分述「系統再生水」與「非系統再生水」。（4分）
（三）為何要使用再生水？（4分）
（四）全球再生水主要之用途標的。（4分）
（五）我國推動再生水的重點與所面臨的困難有那些？（4分）

參考題解

（一）廢水、汙水及放流水經處理後可再利用之水。

（二）系統再生水：指取自下水道系統之廢（污）水或放流水，經處理後可再利用之水。
非系統再生水：指取自未排入下水道系統之廢（污）水或放流水，經處理後可再利用之水。

（三）為確保長期穩定的水資源供應，多元水資源開發極為重要，從汙廢水再生所取得的再生水來源不受天受影響，讓一滴水至少使用兩次以上，使水資源獲得最大利用。

（四）工業用水優先利用再生水。

（五）建構再生水友善環境，吸引民間投入開發再生水。

二、有一甚長的混凝土矩形渠道，已知其糙度係數為 0.015，其上游 A 點的渠寬為 3 m，坡度為 0.0004，今輸水流量為 4 cms，試回答下列問題：
（一）請問 A 點的正常水深為何？（7分）
（二）如果下游 1 公里處的 B 點正好形成臨界流況，請問 B 點的水深為何？（6分）
（三）假設下游的能量損失為上游流速水頭的 0.2 倍，請問 B 點的渠寬為何？（7分）

參考題解

（一）曼寧公式

$$4=\frac{1}{0.015}\left(\frac{3y}{3+2y}\right)^{2/3}0.0004^{0.5}3y\text{，試誤法 }y=1.28m$$

（二）$y_c=\sqrt[3]{\frac{q^2}{g}}=\sqrt[3]{\frac{\left(4/3\right)^2}{9.81}}=0.5659m$

（三）$E = y + (1-0.2)\dfrac{V^2}{2g} = 1.5\sqrt[3]{\dfrac{q^2}{g}}$

$1.28 + 0.8\dfrac{\left(\frac{4}{3\times1.28}\right)^2}{2\times9.81} = 1.5\sqrt[3]{\dfrac{\left(\frac{4}{B}\right)^2}{9.81}}$ ，$B = 1.54$

三、有一管網分布構造（如下圖），所有管線長度皆為 60 m，其中 AB 與 BD 管線的直徑為 0.6 m，BC 管線的直徑為 0.4 m，AC 與 CD 管線的直徑為 0.7 m。今一水流 0.5 cms 流進入接頭 A 點後分成兩部分，分別是 0.2 cms 流經 AB 管線，而 0.3 cms 流經 AC 管線。忽略管線接頭的水頭損失，請回答下列問題：

（一）假設管網的摩擦損失滿足達西-威士巴（Darcy-Weisbach）方程式，其摩擦係數為 0.02，請計算其它管線的流向及流量為何？（10 分）

（二）假設管網的摩擦損失滿足曼寧（Manning）公式，且其曼寧係數為 0.015，請計算其它管線的流向及流量為何？（10 分）

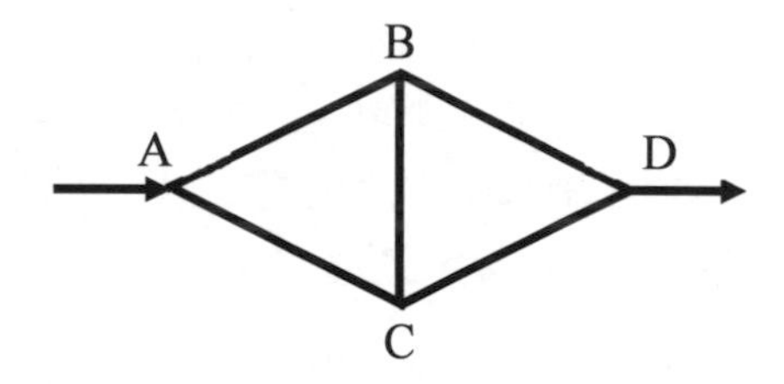

參考題解

（一）達西-威士巴（Darcy-Weisbach）方程式

$$h_L = f\frac{L}{D}\frac{V^2}{2g}$$

假設 AB 及 BD 管徑$0.6\ m = D_1$，AC 及 CD 管徑$0.7\ m = D_2$

流速 $V = \dfrac{Q}{A} = \dfrac{Q}{\frac{1}{4}\pi D^2}$ ，$\rightarrow V^2 = \dfrac{16Q^2}{\pi^2 D^4}$

水由 A 點到 D 點之總損失水頭相等，

$$h_{AB} + h_{BD} = h_{AC} + h_{CD}$$

$$f\frac{L}{D_1}\frac{1}{2g}\left(\frac{16Q_{AB}^2}{\pi^2 D_1^4}\right) + f\frac{L}{D_1}\frac{1}{2g}\left(\frac{16Q_{BD}^2}{\pi^2 D_1^4}\right) = f\frac{L}{D_2}\frac{1}{2g}\left(\frac{16Q_{AC}^2}{\pi^2 D_2^4}\right) + f\frac{L}{D_2}\frac{1}{2g}\left(\frac{16Q_{CD}^2}{\pi^2 D_2^4}\right)$$

上式可簡化為

$$\frac{Q_{AB}^2+Q_{BD}^2}{D_1^5}=\frac{Q_{AC}^2+Q_{CD}^2}{D_2^5} \qquad (1)$$

已知

$Q_{AB}=0.2\ \text{cms}$，$Q_{AC}=0.3\ \text{cms}$

$D_1=0.6m$，$D_2=0.7m$

$Q_{BD}+Q_{CD}=0.5\ \rightarrow Q_{BD}=0.5-Q_{CD}$

代入（1）式，可解得

$Q_{CD}=0.2953\ cms$（由C流向D）

$Q_{BD}=0.2047\ cms$（由B流向D）

$Q_{BC}=0.3-0.2953=0.0047\ cms$（由C流向B）

（二）曼寧（Manning）公式

$$V=\frac{1}{n}R^{2/3}S^{1/2}$$

其中 $S=\frac{h}{L}$，$R=\frac{D}{4}$

$$Q=AV=\frac{\pi}{4}D^2\left[\frac{1}{n}\left(\frac{D}{4}\right)^{2/3}\left(\frac{h}{L}\right)^{1/2}\right]$$

$$\therefore h=\frac{10.3n^2LQ^2}{D^{16/3}}$$

假設AB及BD管徑 $0.6\ m=D_1$，AC及CD管徑 $0.7\ m=D_2$

水由A點到D點之總損失水頭相等，

$$h_{AB}+h_{BD}=h_{AC}+h_{CD}$$

$$\frac{10.3n^2LQ_{AB}^2}{D_1^{16/3}}+\frac{10.3n^2LQ_{BD}^2}{D_1^{16/3}}=\frac{10.3n^2LQ_{AC}^2}{D_2^{16/3}}+\frac{10.3n^2LQ_{CD}^2}{D_1^{16/3}}$$

上式可簡化為

$$\frac{(Q_{AB}^2+Q_{BD}^2)}{D_1^{16/3}}=\frac{(Q_{AC}^2+Q_{CD}^2)}{D_2^{16/3}} \qquad (2)$$

已知

$Q_{AB}=0.2\ \text{cms}$，$Q_{AC}=0.3\ \text{cms}$

$D_1=0.6m$，$D_2=0.7m$

$Q_{BD}+Q_{CD}=0.5\ \rightarrow Q_{BD}=0.5-Q_{CD}$

代入（2）式，可解得

$Q_{CD} = 0.3012\ cms$（由 C 流向 D）

$Q_{BD} = 0.1988\ cms$（由 B 流向 D）

$Q_{BC} = 0.2 - 0.1988 = 0.0012\ cms$（由 B 流向 C）

四、設一圓柱形的有蓋蓄水塔（如下圖），底面（圓形）的單位面積成本為 3，柱面（長方形）的單位面積成本為 2，頂蓋（圓形）的單位面積成本為 1，若蓄水體積為 $10\,m^3$，求半徑 r 與高 h 各為多少（m）可達到最小的建造成本？（20分）

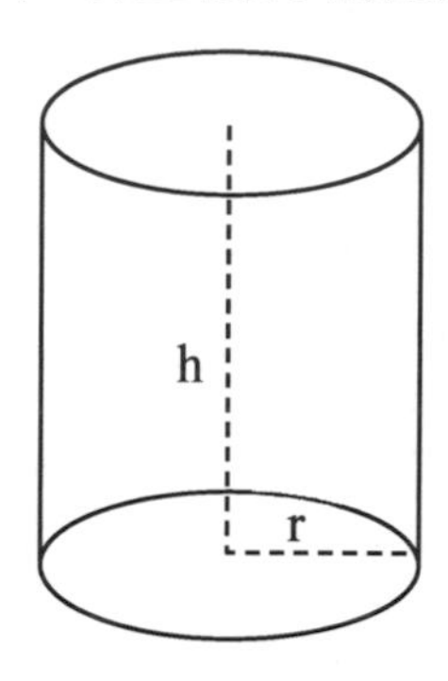

參考題解

$\pi r^2 h = 10$ ，$h = \dfrac{10}{\pi r^2}$

$\$ = \pi r^2 \times 3 + \pi r^2 \times 1 + 2\pi r h \times 2 = 4\pi r^2 + \dfrac{40}{r}$

$\dfrac{d\$}{dr} = 8\pi r - 40 r^{-2} = 0$

$r = 1.1675m$ ，$h = 2.33m$ 時可達最小的建造成本

五、某離島自來水系統主要依賴傳統水源（x）或是新興水源（y），新興水源的成本是傳統水源的三倍，新興水源的可擴充性為 4 單元；傳統水源的可擴充性為 1 單元，希望能維持 30 單元以上的可擴充性，假設某自來水系統至少需要供應 10 單位的水，而自來水的多元性考量為 $4x + y \geq 25$，彈性管理需求為 $2x - y \leq 5$，請解出欲求最少成本之傳統水源（x）與新興水源（y）各為多少單位的水？（20分）

參考題解

目標函數：

$\text{Min} \quad C = x + 3y$

限制函數：

$$x + 4y \geq 30$$
$$x + y \geq 10$$
$$4x + y \geq 25$$
$$2x - y \leq 5$$
$$x \geq 0，y \geq 0$$

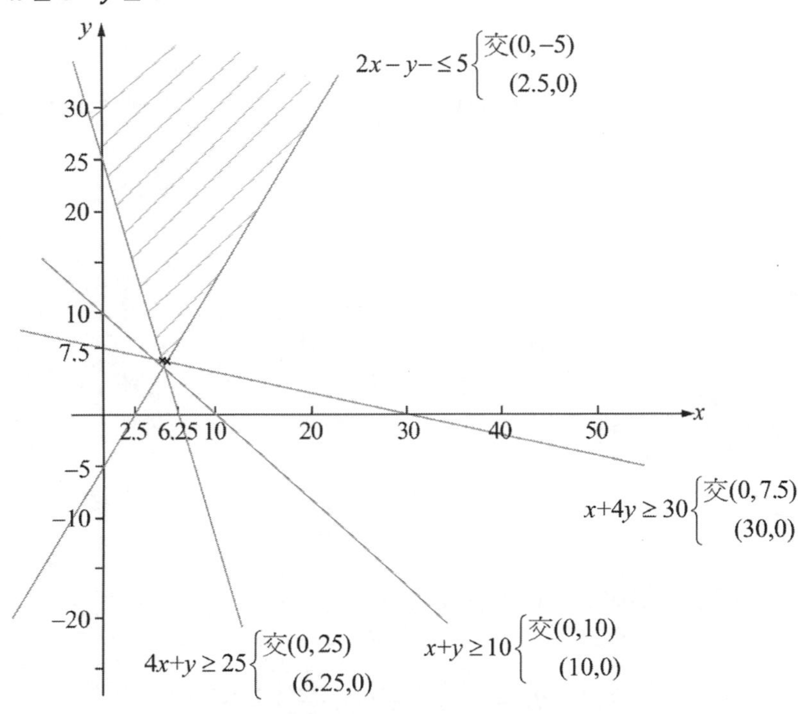

$$\begin{cases} x+4y=30 \\ 2x-y=5 \end{cases} \Rightarrow \begin{cases} y=6.11 \\ x=5.56 \end{cases} \Rightarrow (5.56, 6.11)$$

$$\begin{cases} x+4y=30 \\ 4x+y=25 \end{cases} \Rightarrow \begin{cases} y=6.33 \\ x=4.68 \end{cases} \Rightarrow (4.68, 6.33)$$

$\therefore \begin{matrix} x=5.56 \\ y=6.11 \end{matrix}$ or $\begin{matrix} x=4.68 \\ y=6.33 \end{matrix} \Rightarrow$ 分別在上圖 2 個「×」處

代入目標函數

$$C_1 = x + 3y = 5.66 + 3(6.11) = 23.89$$
$$C_2 = x + 3y = 4.68 + 3(6.33) = 23.67$$

所以最少成本之組合為：

傳統水源 $x = 4.68$ 單位

新興水源 $y = 6.33$ 單位。

105年 專門職業及技術人員高等考試試題／水利工程（包括海岸工程、防洪工程與排水工程）

一、若波高（H）之機率密度函數（probability density function）表為：

$$f(H)=\frac{\pi}{2}\frac{H}{\overline{H}^2}\exp\left[-\frac{\pi}{4}(\frac{H}{\overline{H}})^2\right]$$

其中$\overline{H}$為平均波高。試求示性波高（significant wave height）被超越之機率（probability of exceedance）。（30 分）

參考題解

平均波高$\overline{H}=\int_0^\infty Hf(H)dH$

示性波高為$HS=\dfrac{\int_{X_N}^\infty Hf(H)dH}{\int_{X_N}^\infty f(H)dH}$

其中X_N表示，大於某特定

波高值X_N的機率為$\frac{1}{3}$，亦即$f(H>X_N)=\int_{X_N}^\infty f(H)dH=\frac{1}{3}$

今欲求超越示性波的機率，即為 $\int_{H_S}^\infty f(H)dH=\int_{HS}^\infty \frac{\pi}{2}\frac{H_S}{\overline{H}^2}\exp\left[-\frac{\pi}{4}\left(\frac{H_S}{\overline{H}}\right)^2\right]$

二、某一公路排水渠道之設計流量為 30 m³/s，若採用底寬為 8 m 之梯形斷面，梯形邊坡為 1H：1V，渠底坡度為 0.01，曼寧係數（Manning's coefficient）為 0.02。試判斷該排水渠道為陡坡或緩坡。（30 分）

參考題解

$Q=30m^3/s$

$Q=A\times V$

$=\left[y\times\frac{8+(8+y+y)}{2}\right]\times\left[\frac{1}{n}\times R^{\frac{2}{3}}\times S^{\frac{1}{2}}\right]$

$R=A/P$

其中 $P=8+\sqrt{2}y+\sqrt{2}y=8+2\sqrt{2}y$

$Q=30$ ，$n=0.02$ ，$S=0.01$

代入可解得 $y_n=0.85m$

再依臨界流公式 $Q^2T=gA^3$

可解得 $y_c=1.13m$

由於 $y_n<y_c$ 故為陡坡

三、已知各種尖峰水位、該水位下所導致之損失，以及堤防設計時保護各種水位洪水所需之計畫成本如下表所述。若可投入之成本無限制，試求最佳之堤防設計水位。（30分）

水位（公尺）	3	4	5	6	7	8	9
損失（億元）	0	4	10	20	32	44	58
計畫成本（億元）	0.4	0.6	0.8	0.95	1.3	1.6	1.8

已知水位和相對應之重現期距如下表。

水位（公尺）	3.5	4.5	5.5	6.5	7.5	8.5
重現期距（年）	10	15	20	30	60	140

參考題解

將已知水位和對應重現期距，以內插方式獲得

水位(公尺)	3.5	4.0	4.5	5.0	5.5	6.0	6.5	7.0	7.5	8.0	8.5
重現期距(年)	10	12.5	15	17.5	20	25	30	45	60	100	140
每年發生機率	0.1	0.08	0.0667	0.0571	0.05	0.04	0.0333	0.0222	0.0167	0.01	0.00714

每年發生機率＝1／重現期距（年）

各種水位對應之損失、機會損失、投資成本與投資報酬率

(1)水位(公尺)	3.5	4.0	4.5	5.0	5.5	6.0	6.5	7.0	7.5	8.0	8.5
(2)每年發生機率	0.1	0.08	0.0667	0.0571	0.05	0.04	0.0333	0.0222	0.0167	0.01	0.00714
(3)損失(億元)	2	4	7	10	15	20	26	32	38	44	51
(4)機會損失(億元)	0.2	0.32	0.467	0.571	0.75	0.8	0.866	0.710	0.635	0.44	0.364
(5)計畫成本(億元)	0.5	0.6	0.7	0.8	0.875	0.95	1.125	1.3	1.45	1.6	1.7
(6)機會投資報酬率	0.4	0.53	0.67	0.71	0.86	0.84	0.77	0.55	0.44	0.28	0.21

上表中，

假設(5)計畫成本為攤提後之年值成本

(4)機會損失＝(3)損失×(2)發生機率

(6)機會投資報酬率＝(4) 機會損失／(5)計畫成本

由上表中之投資報酬率可知，堤防設計水位在 5.5 公尺時有最高之投資報酬率。

所以最佳之堤防設計水位為 5.5 公尺。

四、試說明堤內排水之處理方法。（10分）

參考題解

排水路斷面改善以暢通水流，增加河槽通水能力及降低洪水位；以背水堤或閘門防止外水倒灌，內水問題則以堤岸改善、截流或分流、窪地填高、設置滯洪池及機械抽排等設施處理。

（一）排水路整治：排水路斷面改善（疏浚、拓寬或加深排水路）、裁彎取直或改善彎道、穩定水路等，以暢通水流，增加河槽通水能力及降低洪水位。

（二）背水堤：在低地興建堤岸，將高地排水約束在固定之排水路內，順利將其導引排出，以減輕低地之浸水災害。一般若排水集水區之高地排水區（能藉重力自然排出之區域）較低地排水區佔大部分面積或地面坡降較大之地區，採背水堤方法較經濟可行。背水堤無大型閘門之操作維護問題，但因採高堤佈置，對低地之景觀有不利之影響，且跨越低地排水路之橋樑樑底須抬高，影響附近居民之出入。

（三）閘門：在區域末端低窪處之排水路出口設置閘門，當洪水發生時，外水位高於內水位，為防止外水倒灌，將閘門關閉；反之，內水位高於外水位，則將閘門打開，以順利排除內水。

（四）截流或分洪：截流係在適當地點設置截水路，將能自然排出之高地雨水截流經由放水路導引排出，避免其流向低地，增加低地之洪水災害。分洪係將主流給予分流以降低主流之洪水量。

（五）滯洪或蓄洪：在排水出口或適當地點設置滯洪池（遊水池）或蓄洪池，以調蓄洪水，降低洪峰，減少淹水災害。滯洪池可具有多功能之用途，它可以設置在排水系統中或公園內當親水之遊憩場所，亦可設置在綠地及停車場之底下，滯洪池不但能降低洪峰流量，亦能蓄存水加以利用、增加入滲（涵養地下水源）與蒸發量、沈澱泥砂、減少排水路淤積並改善水質。

（六）機械抽排：在重力自然排水無法排除時，以抽水機將低地內積水抽除。為使機械抽排較為經濟可行，常須配合截流、圍堤等措施。

（七）地貌改造：以土將低窪地填高，在小面積、無建物之淹水區較為可行。惟填土將造成滯洪空間減少，增加逕流，亦可能增加鄰近地區排水之困難，故填土應有完整之計畫，以免對下游及周邊排水造成不利之影響。

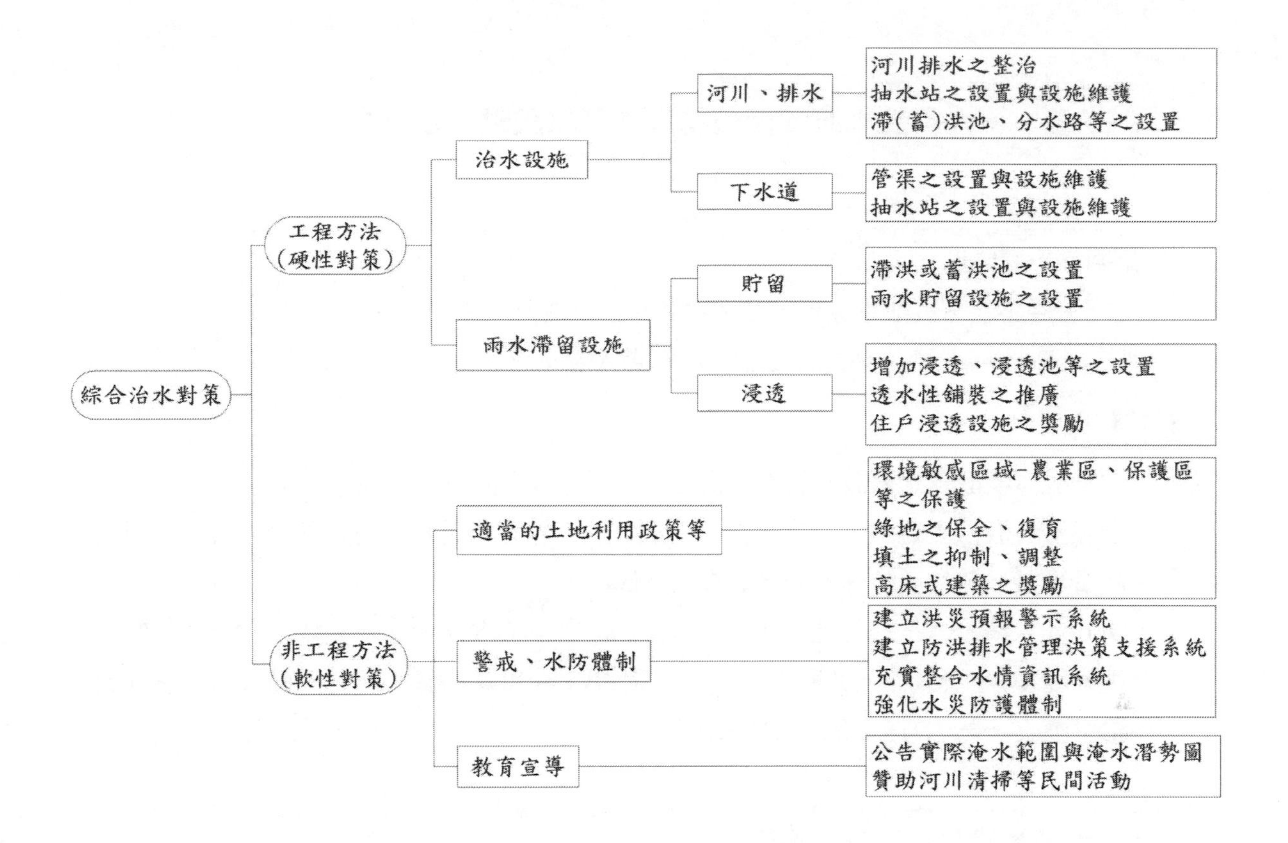
綜合治水對策
工程方法
(硬性對策)
治水設施
河川、排水
河川排水之整治
抽水站之設置與設施維護
滯(蓄)洪池、分水路等之設置
下水道
管渠之設置與設施維護
抽水站之設置與設施維護
雨水滯留設施
貯留
滯洪或蓄洪池之設置
雨水貯留設施之設置
浸透
增加浸透、浸透池等之設置
透水性鋪裝之推廣
住戶浸透設施之獎勵
非工程方法
(軟性對策)
適當的土地利用政策等
環境敏感區域-農業區、保護區等之保護
綠地之保全、復育
填土之抑制、調整
高床式建築之獎勵
警戒、水防體制
建立洪災預報警示系統
建立防洪排水管理決策支援系統
充實整合水情資訊系統
強化水災防護體制
教育宣導
公告實際淹水範圍與淹水潛勢圖
贊助河川清掃等民間活動

105年 特種考試地方政府公務人員考試試題/水文學

一、請回答下列問題：

（一）潛勢能蒸發散量與實際蒸發散量的差異為何？（10分）

（二）Horton 公式推估之入滲容量與實際入滲率之關係為何？（10分）

參考題解

（一）潛勢能蒸發散量是假設水份充分供應情況下，所可能發生的蒸發散量。

實際蒸發散量：實際上，集水區內之環境並不容易滿足水份充分供給之條件，因此實際蒸發散量往往又較潛勢能蒸發散量為低。

（二）Horton 入滲公式是描述地表產生積水情況下之土壤水分入滲率 $f_p(t)$，若是 t 時刻的降雨強度 $i(t)$ 小於入滲公式所得的 $f_p(t)$，則當時的土壤入滲率 $f(t)$ 應等於 $i(t)$。故實際入滲率應表示為 $f(t)=\min[f_p(t),\ i(t)]$

二、請就氣候變遷回答下列相關問題：

（一）氣候變遷對臺灣氣象與水文的可能影響為何？（10分）

（二）應用水文頻率分析於工程設計，是假設具有統計定常性，試論氣候變遷之影響。（10分）

參考題解

（一）對台灣而言，其造成豐水期愈豐，枯水期愈枯的情況發生，因此在水資源管理上必須考慮水災及旱災越來越頻繁的兩種極端情況，另外氣候在策略選擇上有調適及控制兩種策略。

（二）氣候變遷對於水文頻率分析結果之影響之不確定性較大，若採極端氣候，雨量、流量會有增加的趨勢。

三、已知一集水區面積為 50 平方公里，某場 6 小時延時暴雨導致河川流量與河川基流量給定如下表所示：

（一）集水區有效降雨量深度（cm）為何？（10分）

（二）試決定單位歷線。（10分）

時間	0	2	4	6	8	10	12	14	16
河川流量（cms）	4	4	30	102	154	206	124	52	4
河川基流量	4	4	6	8	10	12	10	6	4

參考題解

（一）

時間	0	2	4	6	8	10	12	14	16	
河川流量 cms	4	4	30	102	154	206	124	52	4	
河川基流量	4	4	6	8	10	12	10	6	4	加總
直接逕流	0	0	24	94	144	194	114	46	0	616

$$深度\ h=\frac{616\times2\times60\times60}{50\times1000000}=0.088704m=8.8704cm$$

（二）有效降雨量 $P_e=8.8704cm$，將直接逕流除以 8.8704 即為 6 小時單位歷線

T	0	2	4	6	8	10	12	14	16
U_6（t）	0	0	2.71	10.60	16.23	21.87	12.85	5.19	0

四、已知有一個圓形集水區，集水區圓心座標為（0,0），集水區半徑為 10 公里。利用徐昇氏法計算的集水區平均雨量為 20 cm，已知集水區有三個雨量站，其中 A、B、C 雨量站座標與雨量紀錄如下表。試計算雨量站 C 的雨量紀錄 P 應該是多少？（20分）

雨量站	A	B	C
座標	（0, 5.00）	（4.33, -2.50）	（-4.33, -2.5）
雨量紀錄	16.5	18.8	P

參考題解

A、B、C 三雨量站到圓心座標距離均為 5，表 A、B、C 三雨量站均分此集水區，故

$$\frac{16.5+18.8+P}{3}=20 \text{，} P=24.7$$

五、已知一旱作作物之潛勢能蒸發散量為 6 mm/day，其作物係數為 0.8，土壤可利用水分含量為 3 cm，若不考慮土壤水分對蒸發散量的打折效應，試問連續幾天不下雨，此作物會瀕臨枯死？（20 分）

參考題解

$\frac{30}{6\times0.8}=6.25$，故連續 7 天不下雨，此作物會瀕臨枯死。

特種考試地方政府公務人員考試試題／流體力學

註：重力加速度為 9.81 m/s^2

一、40℃甘油（glycerin）（其密度為 1252 kg/m^3，黏性為 0.27 kg/(m．s)）在一直徑 4 cm 的水平光滑圓管內流動。若其管內之平均流速為 3.5 m/s，試求每 10 公尺長，（一）管內的壓力降（pressure drop）為何？（10 分）（二）求所需功率（pumping power）為何，以克服此壓力降？（10 分）

參考題解

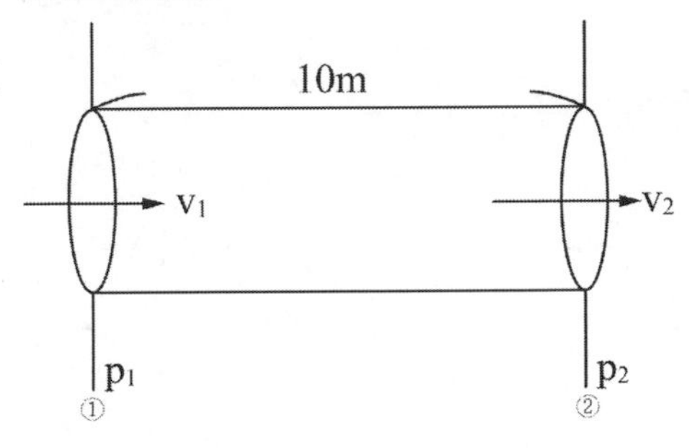

設 $v_1 = v_2 = \overline{v}\ , z_1 = z_2$

$$\text{E-E} \Rightarrow \frac{p_1}{\gamma}+\frac{v_1^2}{2g}+z_1=\frac{p_2}{\gamma}+\frac{v_2^2}{2g}+z_2+h_f$$

$$\Rightarrow \frac{p_1-p_2}{\gamma}=h_f \Rightarrow p_1-p_2=h_f\times\gamma\ldots①$$

（一）$h_f = f\times\frac{L}{D}\times\frac{v^2}{2g}$

$$f=\frac{64}{\text{Re}}\text{（圓管）}\Rightarrow \text{Re}=\frac{\rho vD}{\mu}=\frac{1252\times3.5\times0.04}{0.27}=649.19$$

$$\Rightarrow \therefore h_f=\frac{64}{649.19}\times\frac{10}{0.04}\times\frac{3.5^2}{2\times9.81}=15.39$$

h_f 代入① $\therefore p_1-p_2=h_f\times\gamma$

$$=15.39\times1252\times9.81=189000\,(pa)$$

（二）因功率＝力×速度，其中力＝克服壓力差所造成的力

$$\text{功率}=(\Delta P\times A)\times\overline{V}=189000\times\frac{1}{4}\pi\times(0.04)^2\times3.5=831\text{（瓦）}$$

二、考慮穩態、二維、不可壓縮的速度場$\vec{V}=(u,v)=(x+1)\vec{i}+(-y+x)\vec{j}$，試求此速度場之壓力 $P(x,y)$ 為何？（20 分）

參考題解

（尤拉方程式）

已知尤拉方程式：$\rho\vec{a}=-\nabla P+\rho\vec{g}$，因考慮二維，故加速度 g = 0

（一）由 x 方向尤拉方程式展開

$$\rho\left(u\frac{\partial u}{\partial x}+v\frac{\partial u}{\partial y}+\frac{\partial u}{\partial t}\right)=-\frac{dp}{dx} \cdots\cdots (1)$$

其中$\frac{\partial u}{\partial t}=0$（Steady），將 u.v 代入（1）式：

$$\rho[(x+1)\times(-y+x)\times 0]=-\frac{dp}{dx}\Rightarrow\rho(x+1)=-\frac{dp}{dx}$$，積分可得 P（x,y）

$$=-\rho\int(x+1)dx=-\rho\left(\frac{1}{2}x^2+x\right)+P(y)+c_1 \cdots\cdots (1)$$

（二）由 y 方向尤拉方程式展開

$$\rho\left(u\frac{\partial v}{\partial x}+v\frac{\partial v}{\partial y}\right)=-\frac{dp}{dx} \cdots\cdots (2)$$

將 u.v 代入（2）式：

$$\rho[(x+1)\times 1+(-y+x)\times -1]=-\frac{dp}{dy}\Rightarrow\rho(y+1)=-\frac{dp}{dy}$$，積分可得 P（x,y）

$$=-\rho\left(\frac{1}{2}y^2+y\right)+P(x)+c_2 \ldots\ldots (2)$$，比較（1）.（2）兩式可得 P（x,y）

$$=-\rho\left(\frac{1}{2}x^2+x+\frac{1}{2}y^2+y\right)+c$$，c 為常數

三、一直徑 1 m 高 2 m 之圓柱形容器內充滿汽油（密度為 740 kg/m³），容器對其中心軸以 130 rpm 的速率旋轉，並以 5 m/s² 的加速度垂直向上運動（如圖所示），試求容器頂部中心及底部邊緣液體之壓力差。（20 分）

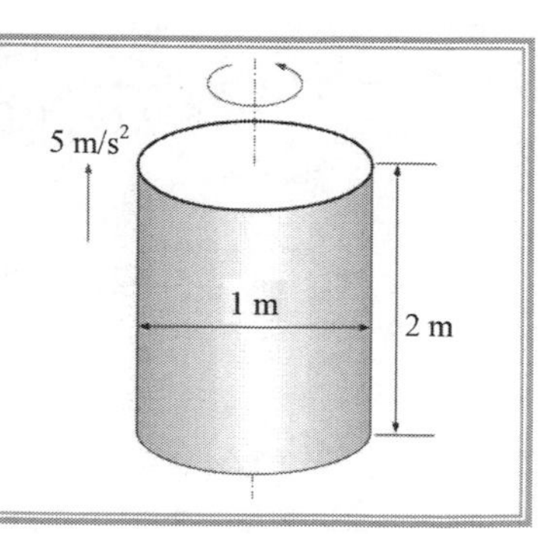

參考題解

（尤拉方程式-旋轉型）

已知尤拉方程式：$\rho\vec{a}=-\nabla P+\rho\vec{g}$，依圓柱座標展開

$$\begin{cases}\rho a_r=-\dfrac{\partial p}{\partial r}+\rho g_r\\ \rho a_\theta=-\dfrac{\partial p}{\partial \theta}+\rho g_\theta \;\ldots\ldots\;(1)\text{，其中}\\ \rho a_z=-\dfrac{\partial p}{\partial z}+\rho g_z\end{cases}\begin{cases}a_r=-r\omega^2,g_r=0\\ a_\theta=g_\theta=0\\ a_z=a_z,g_z=-g\left(\dfrac{m}{s^2}\right)\end{cases}$$

故（1）式可改寫為

$$\begin{cases}\dfrac{\partial p}{\partial r}=\rho(r\omega^2)\\ \dfrac{\partial p}{\partial z}=-\rho(g+a_z)\end{cases}\;\ldots\ldots\;(2)$$

又微小壓力 dP 可展開為$dP=\dfrac{\partial p}{\partial r}dr+\dfrac{\partial p}{\partial z}dz$ ……（3），將（2）代入（3）可得

$$dP=\rho(r\omega^2)dr-\rho(g+a_z)dz\;\ldots\ldots\ldots\;(4)$$

令 P_1＝容器頂部中心之壓力，P_2＝容器底部邊緣液體之壓力

將（4）改寫$\int_{P_2}^{P_1}dP=\int_{r_2}^{r_1}\rho(r\omega^2)dr-\int_{z_2}^{z_1}\rho(g+a_z)dz$

$$\Rightarrow P_1-P_2=\frac{1}{2}\rho\omega^2(r_1^2-r_2^2)-\rho(g+a_z)(z_1+z_2)\;\ldots\ldots\ldots\;(5)$$

將$r_1=0$，$r_2=0.5$，$z_1=2$，$z_2=0$及其他已知參數代入（5）式

$$\Rightarrow P_1-P_2=\frac{1}{2}(740)\left(130\times\frac{2\pi}{60}\right)^2(0^2-0.5^2)-(740)(9.81+5)(2-0)$$

$$\Rightarrow P_1-P_2=-39061.75(pa)$$，壓力差為$39061.75(pa)$

四、給定流場之速度向量分布，如$\vec{V}=(4x)\vec{i}+(3t^2)\vec{j}$，請問：

（一）此流場是否為穩態（steady）？（3 分）

（二）在時間 t =1 秒，一粒子位置在(1 m, 4 m)，試求 t > 1 秒時，此粒子之徑線（pathline）函數為何？（17 分）

參考題解

（流體運動學）

（一）該流場為時間之函數，故不為穩態

（二）由 Lagrange 描述法

$$u=\frac{dx}{dt}=4x \Rightarrow \int\frac{dx}{x}=\int 4dt \xrightarrow{\text{積分}} \ln x=4t+c_1 \cdots\cdots (1)$$

$$v=\frac{dy}{dt}=3t^2 \Rightarrow \int dy=\int 3t^2dt \xrightarrow{\text{積分}} y=t^3+c_2 \cdots\cdots (2)$$

且已知當 t=1 時，通過（x,y）=（1,4），分別代入（1）.（2）兩式解得：

$c_1=-4$ ；$c_2=3$，故徑線方程式為 $\begin{cases}\ln x=4t-4 \Rightarrow x=e^{4t-4}\\ y=t^3+3\end{cases}$ （t>1s）

五、一 1/16 的模型跑車在風洞內做阻力實驗，而其實體跑車長 (L) 4.37 m，寬(W) 1.69 m，高(H) 1.30 m，在不同的風速下，量得模型跑車所受之空氣阻力 (F_D) 如表所示。今知跑車之阻力係數 (C_D) 是雷諾數 (Re) 的函數，試求實體跑車在速度 (V) 31.3 m/s 時，所受之空氣阻力為何？（20 分）

V, m/s	F_D, N
10	0.29
15	0.64
20	0.96
25	1.41
30	1.55
35	2.10
40	2.65
45	3.28
50	4.07

註：$C_D=\dfrac{F_D}{\dfrac{\rho V^2A}{2}}$, $\mathrm{Re}=\dfrac{\rho VW}{\mu}$，A 為跑車截面積 $=W\times H$，ρ 和 μ 為空氣密度及黏性。

（模型及實體跑車皆在室溫 25℃下運動，此時空氣密度為 1.184 kg/m^3，黏性為 1.849 × 10^{-5} kg/(m · s)）

參考題解

$\rho_{air}=1.184(kg/m^3)$，$\mu=1.849\times10^{-5}(kg/m\cdot s)$

設實體：P；模型：m

（一）$\frac{Lm}{Lp}=\frac{1}{16}=\frac{Lm}{4.37} \Rightarrow Lm=4.37\times\frac{1}{16}=0.27$

$=\frac{W_m}{1.69} \Rightarrow W_m=1.69\times\frac{1}{16}=0.11$

$=\frac{H_m}{1.3} \Rightarrow H_m=1.3\times\frac{1}{16}=0.08$

$$C_D=\frac{F_D}{\frac{\rho v^2 A}{2}}=\frac{F_D}{\frac{1.184\times v^2\times A}{2}}=1.69\times\frac{F_D}{v^2\times A}$$

$$\mathrm{Re}=\frac{\rho VW}{\mu}=\frac{1.184\times V\times W}{1.849\times10^{-5}}=64034.61\,VW$$

$$A_m=W_m\times H_m=0.11\times0.08=8.8\times10^{-3}$$

V	F_D	$C_D=1.69\times\frac{F_D}{V^2\times(8.8\times10^{-3})}$	$\mathrm{R_e}=64034.61\times V\times0.11$
30	1.55	0.33	211314.21
35	2.1	0.33	246533.25
40	2.65	0.32	281752.28
45	3.28	0.31	316971.32
50	4.07	0.31	352190.36
55	4.91	0.31	387409.39

$\Rightarrow$ 由表可知Re↗，$C_D\simeq0.31$

（二）相似定理$\Rightarrow\therefore C_{D,m}=C_{D,p}\quad R_{e,m}=R_{e,p}$

$$R_{e,m}=R_{e,p} \Rightarrow \frac{\rho V_m D_m}{\mu}=\frac{\rho V_p D_p}{\mu}$$

ρ、μ同 $\Rightarrow \frac{V_m}{V_p}=\frac{D_p}{D_m}=16 \Rightarrow V_m=16\,V_p$

（三）$C_{D,m}=C_{D,p} \Rightarrow \frac{F_{D,m}}{\frac{1}{2}\times\rho\times A_m\times V_m^2}=\frac{F_{D,p}}{\frac{1}{2}\times\rho\times A_p\times V_p^2}$

$$\Rightarrow \frac{F_{D,m}}{F_{D,p}} = \frac{A_m \times V_m^2}{A_p \times V_p^2} = \frac{W_m \times H_m \times V_m^2}{W_p \times H_p \times V_p^2}$$

$$= \frac{1}{16} \times \frac{1}{16} \times (16)^2 = 1$$

$$\Rightarrow \therefore F_{D,p} = F_{D,m} = C_{D,m} \times \frac{1}{2} \rho \times A_m \times V_m^2$$

（四）$V_m = 16 \times V_p = 16 \times 31.3 = 500.8$

由上述表可知

$\Rightarrow$ $V \nearrow$，$C_{D,m} \simeq 0.31$

$\therefore V_m = 500.08(m/s) \Rightarrow C_{D,m} = 0.31$

（五）$\therefore F_{D,p} = 0.31 \times \frac{1}{2} \times 1.184 \times (0.11 \times 0.08) \times 500.8^2$

$$= 405.04(N)$$

特種考試地方政府公務人員考試試題／土壤力學與基礎工程

一、統一土壤分類法（USCS）中，過多少號篩的土重比例，稱為細料含量（Fines Content）？（5 分）這個篩號孔徑是多少 mm？（5 分）細料含量大於 50%以上，稱為細粒土壤（Fine Grained Soils），若其液性限度（Liquid Limit）大於 50，塑性指數（Plasticity Index）在 A 線之上之土壤是何種土壤，其符號為何？（5 分）若其液性限度在 30 - 50 之間，塑性指數在 A 線之下之土壤可能是何種土壤，其符號為何？（10 分）

參考題解

200 號篩，孔徑 0.075mm

假設土壤非屬有機土，依 USCS 分類判斷如下：

（一）細粒土壤，LL>50，PI 在 A 線之上：CH（高塑性黏土）

（二）細粒土壤，LL 在 30-50，PI 在 A 線之下：ML（低塑性粉土）

二、如下圖之地層剖面與方形淺基礎，假設基礎接觸應力之影響線是以 1 : 2(H : V) 往下傳遞，試計算此基礎黏土層之主要壓密沉陷量，（15 分）黏土層之初始孔隙比 $e_0 = 0.8$，前期最大壓密應力 $p_c' = 100\ kN/m^2$，該黏土之壓縮參數列於圖中。若取黏土層試體進行傳統標準室內壓密試驗，在正常壓密階段之主要壓密時間需要 1 小時，試問現地黏土層之主要壓密完成時間為何？（10 分）

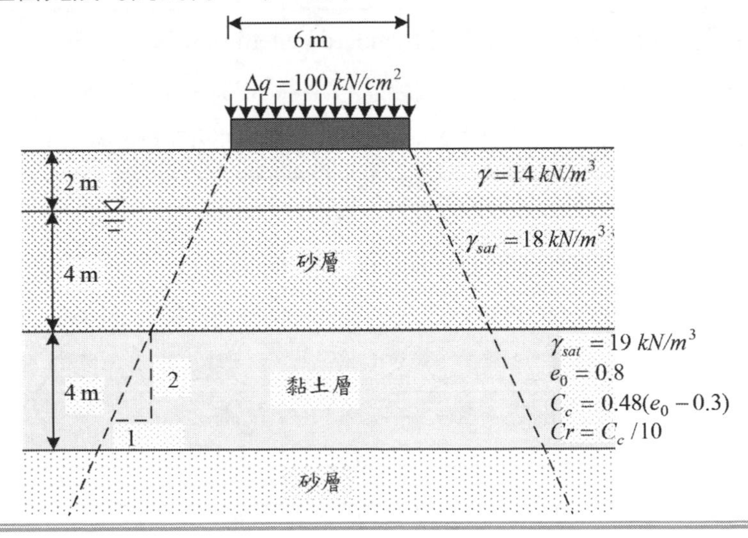

參考題解

（一）取黏土層中間分析

加載前有效應力：$\sigma_0' = 14\times2+(18-9.8)\times4+(19-9.8)\times2 = 79.2\,kN/m^2$

加載後有效應力增量 $\Delta\sigma' = \dfrac{100\times6\times6}{(6+8)(6+8)} = 18.37\,kN/m^2$

【題意 $\Delta q = 100\,kN/cm^2$，數據不合理，單位似有誤，遂以 $\Delta q = 100\,kN/m^2$ 計算】

加載後 $\sigma' = 79.2+18.37 = 97.57\,kN/m^2 < P_c' = 100\,kN/m^2$

$C_c = 0.48\times(e_0-0.3) = 0.48\times(0.8-0.3) = 0.24$

$C_r = C_c/10 = 0.24/10 = 0.024$

主要壓密沉陷量 $\Delta H = H\dfrac{C_r}{1+e_0}\log\dfrac{\sigma'}{\sigma_0'} = 400\times\dfrac{0.024}{1+0.8}\times\log\dfrac{97.57}{79.2} = 0.483cm$

（二）傳統標準室內壓密試驗，試體厚度 $H_1 = 2.5cm$，雙向排水

現地土層厚度 $H_2 = 400cm$，雙向排水

$T_v = \dfrac{C_v t}{(H/n)^2}$ 現地與試驗室壓密度相同，式中 T_v 值相同。土樣相同，C_v 相同。皆雙向排水，n 相同。

得 $\dfrac{t_1}{(H_1)^2} = \dfrac{t_2}{(H_2)^2}$

現地黏土層主要壓密完成時間 $t_2 = \dfrac{(H_2)^2}{(H_1)^2}t_1 = \dfrac{(400)^2}{(2.5)^2}\times1 = 25{,}600$小時 $= 2.922$年

三、土層鑽探時都會進行標準貫入試驗（Standard Penetration Test, SPT），請問該試驗如何施作？（10 分）如何計算標準貫入試驗之打擊數 SPT-N 值？（5 分）一般每隔幾 m 深度要做一次 SPT-N 試驗？（5 分）N = 8 之砂土層屬於何種緊密程度之砂土？（5 分）

參考題解

SPT，標準貫入試驗：以 63.5kg（140 磅）重的夯錘（hammer），落距 76.2cm（30in），打擊劈管取樣器（standard split-spoon sampler）貫入土層 45cm（或打擊數達 100 次為止），每循環打擊分三段（每段 15cm）記錄次數，後二段（30cm）之打擊次數總合即為 SPT-N 值。

一般每隔 1.5m 深度（或土層變化處）施作一次 SPT-N 試驗。

【SPT 同時取得之劈管擾動土樣，可進行一般物理性質試驗之用】

N = 5~10，Dr = 5~30，故判斷砂土 N = 8 時，屬疏鬆（Loose）程度。

【以 N 值評估 Dr 有不同版本，上述資料參考 Das 基礎工程一書】

四、如下圖之重力式擋土牆與地層剖面，計算所需之土壤參數亦列於圖中，牆底與基礎土壤之交界面黏著力（adhesion）$c_a = (2/3) \cdot c'$，介面摩擦係數 $\tan\delta = (2/3)\tan\phi'$。試以 Rankine 土壓理論，計算其主動土壓力與水壓力之分布、（5 分）其側向合力之大小與作用位置，（10 分）及其抗翻覆與水平滑動之安全係數。（10 分）

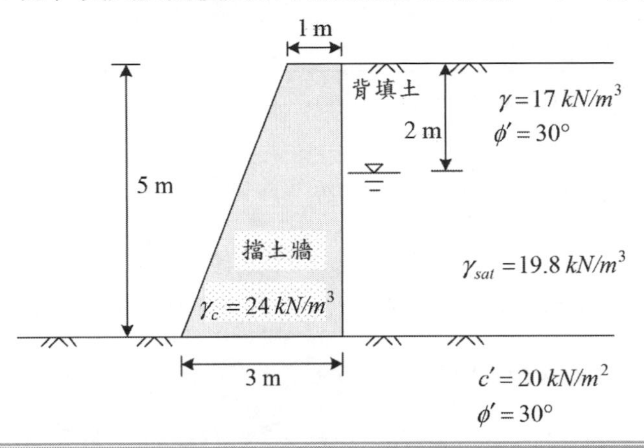

參考題解

（一）背填土 $k_a = \tan^2(45 - \varphi'/2) = 1/3$

以 Rankine 土壓計算，應力分布如圖（含浮力 U 及混凝土重）

圖上 $\sigma_1 = 17 \times 2 \times 1/3 = 11.33 kN/m^2$

$\sigma_2 = \sigma_1 = 11.33 kN/m^2$

$\sigma_3 = (19.8 - 9.8) \times 3 \times 1/3 = 10 kN/m^2$

$\sigma_4 = 9.8 \times 3 = 29.4 kN/m^2$ (水壓力)

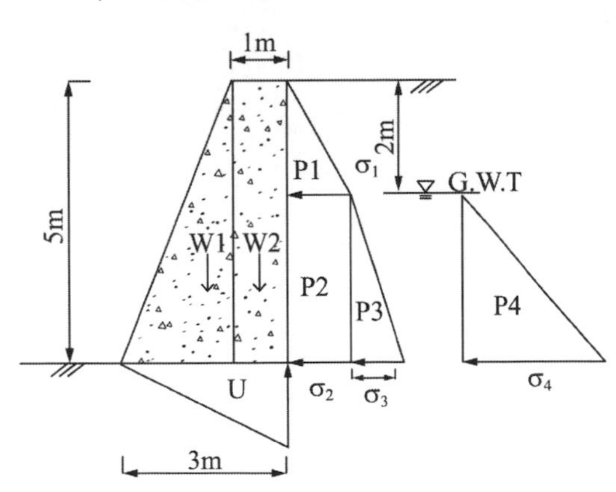

每米作用力 $P(kN/m)$	作用點距牆底 $y(m)$	$Py(kN-m/m)$
$P_1 = 11.33 \times 2 \times 0.5 = 11.33$	$y_1 = 3 + (1/3) \times 2 = 3.67$	41.581
$P_2 = 11.33 \times 3 = 33.99$	$y_2 = 3/2 = 1.5$	50.985
$P_3 = 10 \times 3 \times 0.5 = 15$	$y_3 = 3 \times (1/3) = 1$	15
$P_4 = 29.4 \times 3 \times 0.5 = 44.1$	$y_4 = 1$	44.1

側向合力 $P = \sum P_i = \underline{104.42\,kN/m}$

作用位置 $y = \dfrac{\sum P_i y_i}{P} = \dfrac{151.666}{104.42} = \underline{1.4525m}$（距離擋土牆底）

（二）混凝土單位重 $\gamma_c = 24\,kN/m^3$，假設牆前地下水位在地表面

混凝土牆重 $W_1 = 2 \times 5 \times 0.5 \times 24 = 120\,kN/m$，$\overline{x_{W1}} = 2/3 \times 2 = 1.33m$（距牆趾）

$W_2 = 1 \times 5 \times 24 = 120\,kN/m$，$\overline{x_{W2}} = 2 + 1 \times 0.5 = 2.5m$（距牆趾）

水浮力 $U = 29.4 \times 3 \times 0.5 = 44.1\,kN/m$，$\overline{x_U} = 3 \times 2/3 = 2m$（距牆趾）

抗翻覆安全係數 $FS = \dfrac{\sum M_r}{\sum M_0} = \dfrac{120 \times 1.33 + 120 \times 2.5}{151.666 + 44.1 \times 2} = \dfrac{459.6}{239.866} = \underline{1.916}$

抗滑安全係數 $FS = \dfrac{\sum F_r}{\sum F_d}$

$F_d = 104.42\,kN/m$

$F_r = \left(\sum W - U\right)\tan\delta + c_a \times B = (240 - 44.1)(2/3)\tan(30) + (2/3) \times 20 \times 3 = 115.40\,kN/m$

$FS = \dfrac{115.40}{104.42} = \underline{1.105}$

特種考試地方政府公務人員考試試題／渠道水力學

一、一梯形渠道，底寬 b＝6 m，側坡 z＝2（水平 2：垂直 1），試求流量 Q＝17 m³/s 的臨界水深 y_c，及臨界流速 U_c。（25 分）

參考題解

已知：

渠底寬 $b=6m$

流量 $Q=17m^3/s$

臨界流 $Fr=1$

可求得：

高度與水位的關係 $B(y)=6+4y$

通水面積 $A(y)=6y+2y^2$

$$Fr^2=1=\frac{Q^2B}{gA^3}=\frac{17^2(6+4y_c)}{9.8\times(6y_c+2y_c{}^2)^3}$$

$$y_c=0.847082(m)$$

$$U_c=Q/A(y_c)=2.60833(m/s)$$

二、一矩形渠道，斷面寬度由上游的 1.5 m 平滑地漸寬至下游的 3.0 m，若上游水深 y_1 = 1.5 m，流速 u_1 = 2.0 m/s，試估計變寬以後的水深 y_2 及流速 u_2。說明你的假設，並於比能曲線上繪出兩斷面間的變化關係。（25 分）

參考題解

假設：沒有能量損失

已知：

渠寬上游 $B_1=1.5\ m$，下游 $B_2=3.0\ m$

上游水深 $y_1=1.5\ m$

上游流速 $u_1=2.0\ m/s$

流量 $Q=y_1u_1=3\ cms$

上游 $Fr=\frac{u_1}{\sqrt{gy_1}}=0.521641(sub)$

利用比能守衡

$$y_1+\frac{u_1^2}{2g}=y_2+\frac{u_2^2}{2g}=y_2+\frac{Q^2}{2gB_2^2y_2^2}\Rightarrow y_2=1.68614(m)$$

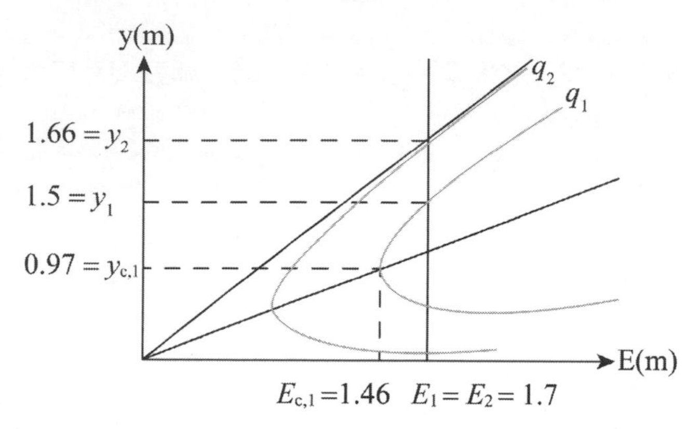

三、如圖，水庫水位 EL. 200m，以一 30 m 寬的溢洪道，排下流量 Q = 800 m³/s，下游河川水位 EL. 100 m，若下游靜水池寬度與溢洪道相同，試決定靜水池池底高程 z，使水躍如圖發生於靜水池開端。假設流過溢洪道的能量損失可忽略。（25 分）

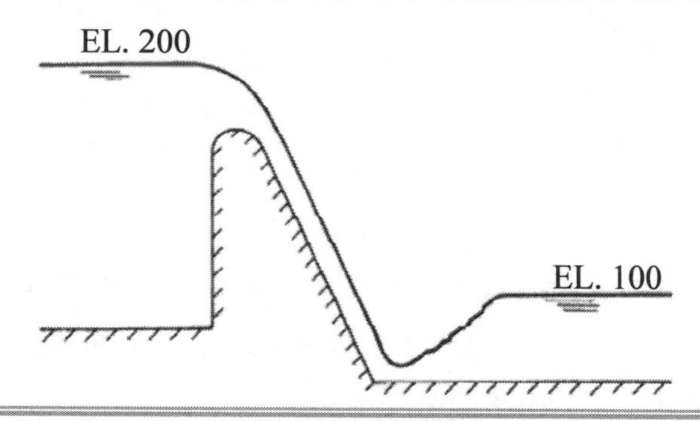

參考題解

（一）假設靜水池池底高程z，並假設流過溢洪道的能量損失可忽略

$$y_1+\frac{Q^2}{2gB^2y_1^2}+z=200(m) \quad \cdots\cdots (1)$$

（二）下游河川水位 EL. 100 m，可得 $y_2+z=100(m)$ ⋯⋯ (2)

（三）水躍前後水深關係，可得 $\frac{y_2}{y_1}=\frac{-1+\sqrt{1+8\frac{Q^2}{gy_1^3B^2}}}{2}$ ⋯⋯ (3)

最後解（1）（2）（3）可得

$y_1 = 0.56109(m)$
$y_2 = 15.8044(m)$
$z = 84.1956(m)$

四、試推導出 Darcy-Weisbach 的管流摩擦係數 f 與曼寧 n 的關係式。

註：($h_f = f\frac{L}{D}\frac{V^2}{2g}$)（25 分）

參考題解

Darcy-Weisbach 為$h_f = f\frac{L}{D}\frac{V^2}{2g}$，其中 D 為直徑與 R 關係為

$$R = \frac{A}{P} = \frac{D^2\pi}{4}\frac{1}{D\pi} = \frac{D}{4}$$

因此水面線斜率$S_f = \frac{h_f}{L} = \frac{f}{4R}\frac{V^2}{2g}$ ……（1）

來自 Manning Eq 水面線斜率為 $S_f = \frac{V^2 n^2}{R^{4/3}}$ ……（2）

利用（1）=（2）可得 $fR^{1/3} = 8gn^2$ 即為 f 與 n 之關係式

105年 特種考試地方政府公務人員考試試題／水資源工程學

一、（一）試說明水力發電渦輪機的原理，（5 分）（二）種類及代表類型，（10 分）（三）並說明其適用的條件。（5 分）

參考題解

（一）利用水位的落差，配合水輪發電機產生電力，也就是利用水的位能轉為水輪的機械能，再以機械能推動發電機，而得到電力。

（二）衝擊式水輪機-伯爾頓輪機（Pelton Turbine）

螺旋槳水輪機、法蘭西斯式水輪機。

（三）法蘭西斯式水輪機多用在中水頭，大流量的地方。

螺旋槳水輪機多用在低水頭。

衝擊式水輪機多用在高水頭，小流量的地方。

二、（一）試說明懸浮載量測方法（10 分）及（二）相關量測儀器。（10 分）

參考題解

懸浮載泥砂含量觀測方法可分為「直接取樣量測法」與「間接量測法」兩大類。其量測方法與相關量測儀器簡介如下：

（一）直接取樣量測法，包括「取樣瓶法」及「泵浦取樣法」。

1. 取樣瓶法

   取樣瓶法以採樣器（瓶）瞬間採取水樣。其結構比較簡單，能在各種水深、流速、泥砂濃度情況下應用，用拉索或錘擊方式關閉前後蓋板進行取樣。瞬時式採樣器中，最廣泛使用者為雙口採樣器。其缺點是所測泥砂濃度是瞬時值，與時均值比較，具有較大偶然誤差，為了減少誤差，需要重覆取樣。

2. 泵浦取樣法

   泵浦取樣法又可分為：

   （1）積點式在測點上吸取水樣，測出某一時段內時均泥砂濃度的儀器。

   （2）積深式懸移載採樣器則是一種沿垂線連續吸取水樣，測取垂線平均泥砂濃度的儀器。

以上直接取樣法皆須將樣本攜回試驗室測定其含砂量。測定的方法，是通過水樣處理，求出水樣中的乾砂質量，得出含砂量。常用的處理方式有三種：

（1）烘乾法：用烘杯盛裝濃縮水樣烘乾秤重，此法精度高，適用於少砂河流或含砂量很小的枯水期，黏土顆粒含量較多的砂樣，此法最為適合。

（2）過濾法：用過濾材料濾去樣品中水分後烘乾秤重，求出乾砂質量，若過濾材料選擇適當，可以用於各種泥砂樣品。

（3）置換法：此法不直接秤出砂的質量，而是透過測定渾水體積與質量，用計算方式求出含砂量，此法設備簡單，功效高，但只適用含大量泥砂的樣本。

（二）間接量測法係利用光學或音波等物理性質與含砂濃渡之相關性推估泥砂濃度。相關方法研發甚多，以下介紹重要幾種：

1. 超音波傳輸衰減（Acoustic transmission attenuation）則是利用一對超音波發射與接收探頭，藉以分析因泥砂濃度增加所造成之超音波接收衰減量，再利用事先完成之衰減量與濃度率定關係以推估現場泥砂濃度。
2. 振動式密度計（Vibrating tube）元件採用電磁方式使其振動，當通過其元件之液體密度不同，則其元件共振頻率隨之改變，透過率定方法，可求得待測液體密度。能反應泥砂濃度變化。
3. 時域反射法（Time Domain Reflectometry, TDR）利用置於水面上的時域反射儀探測置於水面下的感應導波器，TDR 儀器發射一電磁方波並接收反射訊號，電磁波之速度由介電度決定（光速除以介電度開根號），由於水的介電度約為 80，土的介電度約為 5 左右，渾水的整體介電度與含砂濃度具有高度相關性，因此 TDR 反射波形在感應導波器中之走時與含砂濃度具有良好線性關係，可藉以推估懸浮質濃度。

三、河川斷面形狀及曼寧 n 值如下圖，長度單位為公尺，渠道坡度為 0.0002，當水深為 1.6 m 時，試利用曼寧公式及分散河道法（Divided Channel Method）推估流量。（20 分）

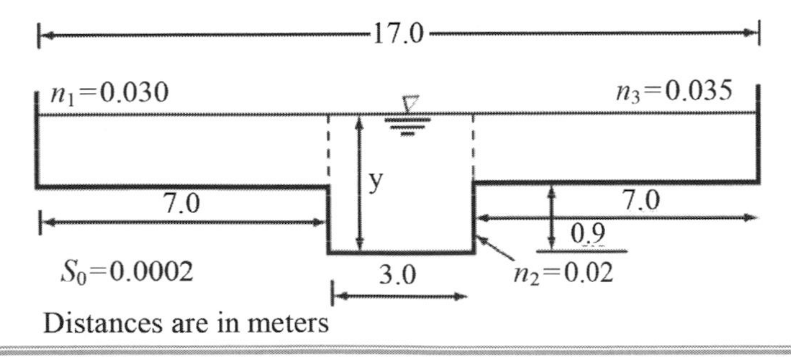

參考題解

曼寧公式：$V=\frac{1}{n}R^{\frac{2}{3}}S^{\frac{1}{2}}$

① ② ③

	1	2	3
A	4.9	4.8	4.9
P	7.7	4.8	7.7
R	0.64	1	0.64
$R^{2/3}$	0.74	1	0.74
n	0.03	0.02	0.035
v	0.35	0.71	0.30

$\sum Q=\sum V\times A=0.35\times4.9+0.71\times4.8+0.3\times4.9=\underline{6.6\ cms}$

四、下表為 4 小時的單位歷線，請利用此 4 小時單位歷線推求 1 小時之單位歷線。（20 分）

時間（h）	0	4	8	12	16	20
流量（m^3/s）	0	80	150	90	27	0

參考題解

t（hr）	u（4,t）	S（t）	S（t－4）	S（t）－S（t－4）	u（1,t）
0	0	0		0	0
4	80	80	0	80	320
8	150	230	80	150	600
12	90	320	230	90	360
16	27	347	320	27	108
20	0	347	347	0	0
24	0	347	347	0	0

其中 $u(1,t)=\frac{4}{1}[s(t)-S(t-4)]$

五、該月某水庫平均蓄水面積為 20 km^2，平均入流量及出流量分別為 10 m^3/s 及 15 m^3/s，且該月庫容少了 1 千 6 百萬 m^3。若滲流損失為 1.8 cm，試推算該月的蒸發量。（20 分）

參考題解

$A=20\times10^6\,m^2$

$I=10\,m^3/s$

$Q=15\,m^3/s$

入滲損失$=1.8\times10^{-2}\,m$

水文方程式$I-Q=\dfrac{ds}{dt}$，假設一個月 30 天

$(10-15)\times30\times24\times60\times60-(1.8\times10^{-2}\times20\times10^6)-y\times20\times10^6=-16\times10^6$

$y=0.134m=\underline{13.4cm}$

特種考試地方政府公務人員考試試題／營建管理與土木施工學（包括工程材料）

一、由於工程複雜變異頻繁，風險不易完全掌控，又契約訂定也無法事先將所有可能發生的問題全部涵括，即使契約規定鉅細靡遺，亦可能發生用詞模糊、資料認證困難情事，所以發生工程糾紛是很難避免。請說明四種工程糾紛解決模式，並就處理時效、約束力及後續再處理方式等方面比較其差異性。（25分）

參考題解

（一）工程糾紛解決模式：

1. 和解：當事人於審判外或審判上，約定相互讓步，以終止爭執發生。
2. 調解：經由第三者之努力，使當事人相互達成和議者。公共工程因具較高專業性，多透過公共工程委員會或各直轄市、縣市政府之「採購申訴審議委員會」，進行調解與受理廠商申訴。
3. 仲裁：當事人雙方以口頭或書面同意，將彼此之間由一定關係所產生或將來可能產生之糾紛，交由第三者或奇數之多數人，依約定或法律規定之程序，執行事實調查或事實判斷，而對當事人產生約束力藉以解決爭議。
4. 訴訟：當事人雙方向法院提出請求主張自己法律上之權利，經一定國家司法程序之管轄，當事人得到一可強制執行之判決，以解決當事人彼此間的爭議。

（二）工程糾紛解決模式差異性比較：

方式	處理時效	約束力	後續再處理方式
和解	1. 取決於當事人之目的、態度及其他因素。 2. 可迅速解決。	1. 接受或拒絕（無強制約束力）。 2. 可能達成協議。	1. 仲裁 2. 訴訟
調解	1. 取決於當事人之目的、態度及其他因素。 2. 可能受限於調解人或機關之時間安排。 3. 通常可迅速解決。	1. 接受或拒絕（無強制約束力，但雙方同意，效力等同判決）。 2. 因道德上的壓力而達成協議。	1. 仲裁 2. 訴訟

方式	處理時效	約束力	後續再處理方式
仲裁	1. 較訴訟迅速。 2. 可能受限於仲裁規則。 3. 可能受限於仲裁人之時間安排。	1. 具約束力（效力等同判決，但有撤銷仲裁判斷之可能性）。 2. 需待法院裁定（約定不待法院裁定除外）與強制執行核定，方有執行效力。	1. 一審終結，無訴。 2. 提起撤銷仲裁判斷(有仲裁法第40條各款情節)，逕行或續行訴訟。
訴訟	1. 判決有時耗時數年。 2. 解決時效長。	具約束力	有上訴之權利

二、試說明品管七大手法與用途，並請將下表資料分析計算與繪製柏拉圖（Pareto Diagram）。（30分）

混凝土工作不良項目	不良數
坍度不足	15
坍損過大	40
泌水或粒料析離	25
均勻性不良	10
其他	10

參考題解

（一）七大手法與用途

1. 特性要因圖（魚骨圖、石川圖）：
   （1）意義：將一個問題的特性或結果，與造成該特性之重要原因整理而成之圖形。
   （2）用途：分析、整理原因與結果。
2. 柏拉圖：
   （1）意義：將一個問題的原因，依發生多寡依序排列，並標示品質特性質與百分比繪成之圖形。
   （2）用途：探求問題原因。
3. 直方圖：
   （1）意義：將一組數據之分佈情形繪製而成之柱狀圖。
   （2）用途：了解資料（計量值）之分佈形態（集中與離散趨勢）。

4. 查驗（檢）表：

（1）意義：記錄與分析事實之統計表。

（2）用途：了解資料（計數值）之分佈形態。

5. 散佈圖：

（1）意義：將對應的兩種品質特性資料或數據繪成二維圖形（XY 座標圖）以觀測該二種品質特性之相關性與相關程度。

（2）用途：了解一對資料之相對應關係（相關性與相關程度）。

6. 管制圖：

（1）意義：以統計分析方法計算其中心值與管制界限，並分析其變異性，掌握管制狀況。

（2）用途：調查施工過程是否穩定或成為維持施工穩定而使用之圖形。

7. 層別：

（1）意義：將群體資料分層，品質特性相近劃分於同一分層，使層內差異變小，層間差異變大，以便於分析。

（2）用途：了解群體資料履歷之影響，利於進行分析（通常須配合圖形法）。

（二）柏拉圖繪製

1. 計算數據：

不良項目依不良數大小排序，計算數據如下：

混凝土工作不良項目	不良數	不良百分率（%）	不良累積百分率（%）
坍損過大	40	40	40
泌水或粒料析離	25	25	65
坍度不足	15	15	80
均勻性不良	10	10	90
其他	10	10	100
總計	100	100	

2. 柏拉圖：

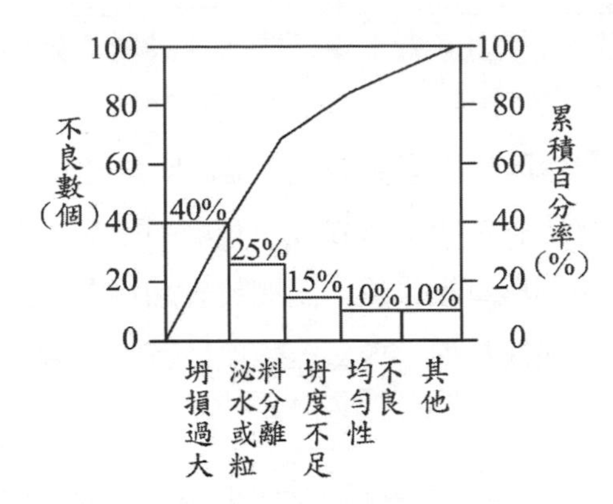

三、營建職業災害為重大職災之首，根據近十年內營建職業災害統計，墜落、滾落為發生率最高，請說明墜落災害防止計畫之前提與規定。（15分）

參考題解

（一）墜落災害防止計畫之前提

依「營造安全衛生設施標準」第17條規定：

雇主對於高度二公尺以上之工作場所，勞工作業有墜落之虞者，應訂定墜落災害防止計畫。

（二）墜落災害防止規定

依「營造安全衛生設施標準」第17條同條之規定：

…應訂定墜落災害防止計畫，依下列風險控制之先後順序規劃，並採取適當墜落災害防止設施：

1. 經由設計或工法之選擇，儘量使勞工於地面完成作業，減少高處作業項目。
2. 經由施工程序之變更，優先施作永久構造物之上下設備或防墜設施。
3. 設置護欄、護蓋。
4. 張掛安全網。
5. 使勞工佩掛安全帶。
6. 設置警示線系統。
7. 限制作業人員進入管制區。
8. 對於因開放邊線、組模作業、收尾作業等及採取第一款至第五款規定之設施致增加其作業危險者，應訂定保護計畫並實施。

四、人類的活動大量排放溫室氣體，嚴重影響地球氣候。請針對下列相關問題作答：（每小題 15 分，共 30 分）

（一）請說明卜特蘭水泥之製造原料與產製過程，並說明生產水泥高排碳量的原因。

（二）氣候變遷使得暴雨與乾旱發生頻率與強度均有增加趨勢，而暴雨產生大洪水會對混凝土結構物產生沖刷與磨損作用。請問於該結構混凝土，其所使用粗粒料要特別注意何種性質？限制為何？並敘述該項性質的試驗方法。

參考題解

（一）卜特蘭水泥之製造原料與產製過程，及生產水泥高排碳量的原因

1. 製造原料：

（1）石灰質原料：為主原料，以碳酸鈣為主，例如石灰石、大理石與泥灰石等，煆燒後分解形成 CaO ，與粘土質原料比例約 4：1。

（2）粘土質原料：為主原料，以氧化矽與氧化鋁為主，前者如粘土、石英岩與砂頁岩等，後者如粘土、頁岩與礬土等，煆燒後分解形成 SiO_2 與 Al_2O_3 。

（3）鐵質原料：為副原料，作為降低燒結溫度之用，例如各式鐵礦、含鐵熔碴與爐石等，煆燒後分解形成 Fe_2O_3 。

（4）石膏：亦為副原料，為二水石膏（ $CaSO4 \cdot 2H_2O$ ），作為調節凝結時間之用，於熟料粉磨後加入。

2. 產製過程：有乾式法、濕式法與半濕式法等三種，以國內目前最常用之半濕式法說明於下（如圖示）：

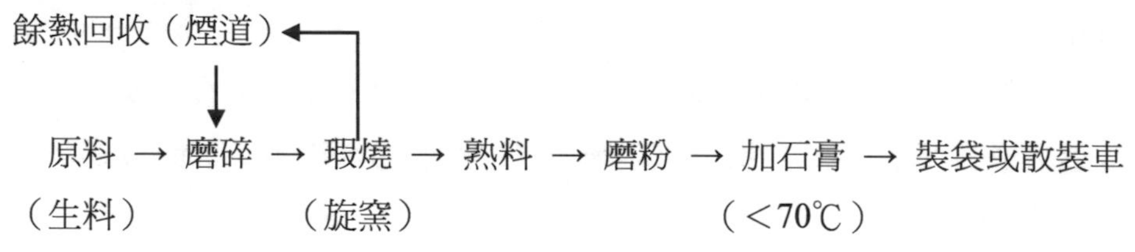

3. 高碳排量原因：水泥之碳排係數高達 $0.94 \sim 0.95\ kgCO_2-e/kg$ ，高碳排量主要來自下列兩方面：

（1）燃料釋出方面：原料中石灰質原料於 800℃以上分解出 CaO ，粘土質與鐵質原料需於 600℃以上分解出 SiO_2 、 Al_2O_3 、 Fe_2O_3 ，再於約 1400℃的加熱過程中，完成煆燒成水泥熟料。各種燃料燃燒後除產生熱源外，同時放出大量 CO_2（尤其是煤）。

（2）原料分解方面：原料中石灰質原料以碳酸鈣為主，於 800℃以上分解成 CaO 與 CO_2，如下式所示：

$$CaCO3 \rightarrow CaO + CO2 \uparrow$$

（二）混凝土結構物產生沖刷與磨損作用時，粗粒料特別注意性質與試驗

1. 粗粒料特別注意性質：混凝土結構物產生沖刷與磨損作用時，與一般結構物比較，粗粒料需注意性質，包括粒形、標稱最大粒徑、健性與磨損率等，其中磨損率係硬度指標，為需特別注意性質。
2. 限制：依施工綱要規範第 03701 章（壩用混凝土）之規定，磨損率之限制為：
   洛杉磯磨損試驗 100 轉磨損率≦10%；500 轉磨損率≦40%。
   （目前一般結構物 500 轉磨損率≦50%；路面混凝土 500 轉磨損率≦40%）
3. 試驗方法：粗粒料洛杉磯磨損試驗法（CNS 490 A3009），流程如下：
   （1）取具代表性粗粒料試樣，烘乾（110±5℃）至恒重。
   （2）依實際粗粒料級配，選擇試樣組別（分 A～G 七組）。
   （3）依選定組別準備試樣（總量 E 與 F 組為 10000g，其餘各組為 5000g）。
   （4）試樣與規定數量之 1 7/8” 鋼球，置於洛杉磯磨損試驗儀滾筒中。
   （5）滾筒轉動至規定回轉數（500 轉、1000 轉或其他規定轉數）。
   （6）取出試樣，以#12 篩（1.7CNS386 篩）篩分。
   （7）停留#12 篩部份試樣，洗淨並烘乾至恒重，再稱重。
   （8）計算磨損率。

$$\text{磨損率} = \frac{\text{試樣原重} - \text{停留\#12篩試樣重}}{\text{試樣原重}} \times 100\%$$

特種考試地方政府公務人員考試試題／水文學概要

一、請回答下列問題：
（一）如何利用徐昇氏法決定無雨量站位置之雨量？（10分）
（二）何謂積水開始時間（Ponding time）？（10分）

參考題解

（一）假設集水區內有三雨量站 A、B、C，但 P_A 遺失

1. 內插法：$P_A=\frac{1}{2}(P_B+P_C)$，適用於各雨量站與 A 站之年雨量差值小於 A 站年雨量 10%。

2. 正比法：$P_A=\frac{1}{2}\left(\frac{N_A}{N_B}P_B+\frac{N_A}{N_C}P_C\right)$，適用於地形變化較大之地區。

（二）當降雨強度大於土壤入滲能力時，地表會發生積水，定義為積水開始時間，亦即是底表產生慢地流之時刻。

二、（一）氣候變遷應變分成減緩（Mitigation）與調適（Adaptation）措施，試分別說明兩者內涵為何？（10分）
（二）國際常用推估未來氣候工具為何？（10分）

參考題解

（一）減緩類似於減量，主要直接針對溫室氣體減量的因應作為。
「調適」是針對未來氣候可能產生的衝擊與改變，以縝密規劃、完整裝備與執行調適措施的堅決態度與行動，適應充滿挑戰的新環境。

（二）「氣候系統數值模式」是推估未來氣候如何變遷的工具。

三、降雨強度-延時-頻率（Intensity-Duration-Frequency curve, IDF）曲線之五年重現週期資料如下表。若要接入現有排水系統之五年重現週期之尖峰流量不得超過 0.2 cms。已知都市某一開發基地排水面積為 10,000 平方公尺，整地後坡度所決定漫地流流速為每分鐘 2 公尺與最長逕流長度為 60 公尺。外水不會流入此區域。利用合理化公式進行設計，若視為單一土地類別，試問此區域逕流係數設計最大值是多少？（20 分）

延時（小時）	0.5	1	2	3	6
降雨強度（mm／小時）	120	118	115	113	105

參考題解

$Q=\dfrac{1}{360}CiA$ ，$A=1ha$ ，$T=60/2=30\,\text{min}$ ，$i=120$

$0.2=\dfrac{1}{360}C\times120\times1$ ，$\underline{C=0.6}$

四、（一）已知 2 小時延時之單位歷線 U(2, t)，畫圖說明如何推求 6 小時延時之單位歷線 U(6, t)？（10 分）

（二）若有兩場 2 小時延時之不連續降雨，中間間隔 1 小時，有效雨量深度分別為 P1 與 P2，利用 U(2, t)、P1 與 P2 推估此降雨事件之流量歷線？（10 分）

參考題解

（一）畫圖說明如何推求 6 小時延時之單位歷線

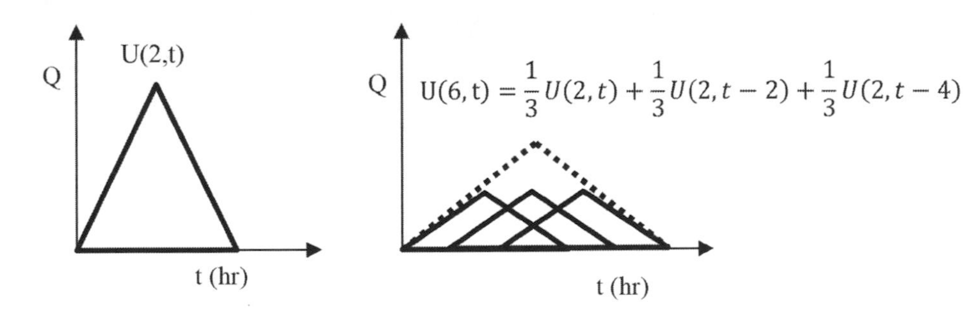

（二）降雨事件之流量歷線

假設 U (2, t)如下表第(2)欄位，第一及第二場降雨分別如第(3)及第(4)欄位，第(5)欄位則為總直接逕流量。

(1) 時間(hr)	(2) U(2,t)	(3) $P1 \times U(2,t)$	(4) $P2 \times U(2,t-3)$	(5) Q=(3)+(4)
0	0	0	-	0
1	Q_1	$P1 \times Q_1$	-	$P1 \times Q_1$
2	Q_2	$P1 \times Q_2$	-	$P1 \times Q_2$
3	Q_3	$P1 \times Q_3$	0	$P1 \times Q_3$
4	Q_4	$P1 \times Q_4$	$P2 \times Q_1$	$P1 \times Q_4 + P2 \times Q_1$
5	Q_5	$P1 \times Q_5$	$P2 \times Q_2$	$P1 \times Q_5 + P2 \times Q_2$
6	Q_6	$P1 \times Q_6$	$P2 \times Q_3$	$P1 \times Q_6 + P2 \times Q_3$
7	0	0	$P2 \times Q_4$	$P2 \times Q_4$
8			$P2 \times Q_5$	$P2 \times Q_5$
9			$P2 \times Q_6$	$P2 \times Q_6$
10			0	0

五、（一）綠屋頂是節能與蓄留雨水的主要措施，試說明綠屋頂如何蓄留雨量？（10分）
（二）最多蓄留雨量如何決定？（10分）

參考題解

（一）綠屋頂的綠化植物對雨水的截留和蒸散作用，以及介質層對雨水的吸收作用，使綠屋頂可在一段時間內將雨水儲存在屋頂上，並逐漸通過水分蒸發和植物蒸散擴散到大氣中。

（二）最多蓄留雨量＝蓄留面積×有效水深。

特種考試地方政府公務人員考試試題／流體力學概要

註：水密度為 1000 kg/m^3，重力加速度為 9.81 m/s^2。

一、一 30 cm × 30 cm 的薄平板在一 3.6 mm 厚的油層中，以 3 m/s 的速度水平向右拖動（如圖所示），油層由上下兩層水平平板限制，上層水平板固定，而下層水平板以 0.3 m/s 的速度水平向左移動。油的動力黏性係數（dynamic viscosity）為 0.027 Pa．s。假設速度在油層中是線性變化，試求 3 m/s 速度的薄平板上所受的摩擦力是多少？（20 分）

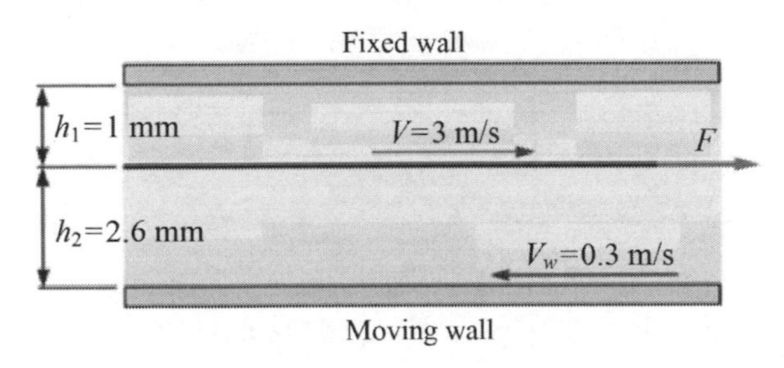

參考題解

$$\tau(y)=\frac{U_w}{h}\mu$$

$$\tau_1(y)=\frac{U_w}{h_1}=\frac{3-(-0.3)}{2.6\times10^{-3}}\times0.027=34.27Pa$$

$$\tau_2(y)=\frac{U_w}{h_2}=\frac{3}{1\times10^{-3}}\times0.027=81Pa$$

$$\tau=\tau_1+\tau_2=34.27+81=115.27Pa$$

$$F=\tau\times A=115.27\times0.3\times0.3=10.37N$$

二、一蓄水池的放水是由一 L 型的閘門控制，閘門寬 1.5 m，閘門的轉軸在 A 點（如圖所示），如果希望當蓄水池內水位達 3.6 m 時，閘門自動打開放水，試求在 B 點的重量 W 需為多少？（AB 的距離為 2.4 m）（20 分）

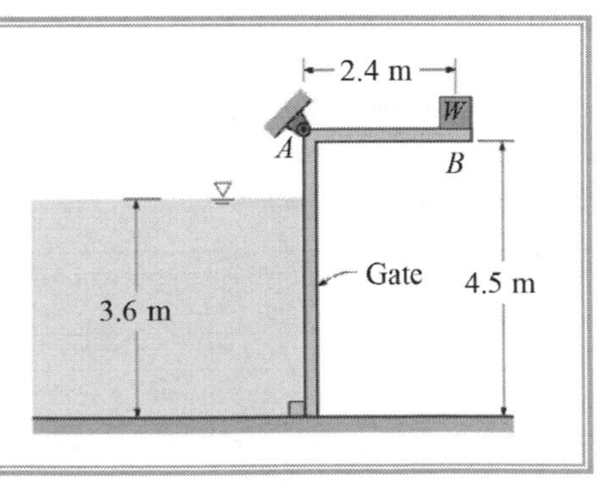

參考題解

$$F=\frac{1}{2}\gamma by^2=\frac{1}{2}\times 9.81\times 1.5\times 3.6^2=95.35kN$$

$$95.35\times(\frac{2}{3}\times 3.6+0.9)=2.4\times W$$

$$W=131.12kN$$

三、水波在自由液面以 c 的速度移動（如圖所示），移動速度 c 會是水深(h)、重力加速度(g)、液體密度(ρ)及黏性(μ)的函數，請以因次分析法推導出無因次關係（dimensionless relationship）。假設以 ρ、h 和 g 為重複參數。（20分）

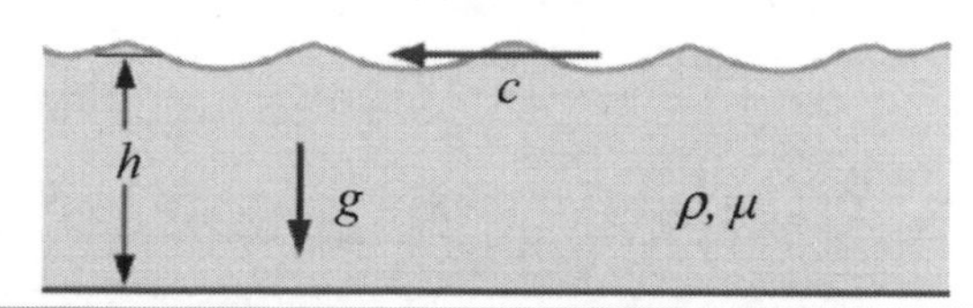

參考題解

變數如下：c、h、g、ρ、μ，其中 ρ、h、g 為重複參數

$$\pi_1=\rho^{a_1}g^{b_1}h^{c_1}c=\left(\frac{M}{L^3}\right)^{a_1}\left(\frac{L}{T^2}\right)^{b_1}(L)^{c_1}\frac{L}{T}=M^0L^0T^0$$

$$M:\ a_1=0$$

$$L:\ -3a_1+b_1+c_1+1=0\Rightarrow 0-\frac{1}{2}+c_1+1=0\Rightarrow c_1=-\frac{1}{2}$$

$$T:\ -2b_1-1=0\Rightarrow b_1=-\frac{1}{2}$$

$$\pi_1=g^{-\frac{1}{2}}h^{-\frac{1}{2}}c=\frac{c}{\sqrt{gh}}$$

$$\pi_1=\rho^{a_2}g^{b_2}h^{c_2}\mu=\left(\frac{M}{L^3}\right)^{a_2}\left(\frac{L}{T^2}\right)^{b_2}(L)^{c_2}\frac{M}{LT}=M^0L^0T^0$$

$$M:\ a_2+1=0\Rightarrow a_2=-1$$

$$L:\ -3a_2+b_2+c_2-1=0\Rightarrow c_2=-\frac{3}{2}$$

$$T:\ -2b_2-1=-\frac{1}{2}$$

$$\pi_2=\rho^{-1}g^{\frac{-1}{2}}h^{\frac{-3}{2}}\mu=\frac{\mu}{\rho\sqrt{gh^3}}$$

$$\Rightarrow\ \pi_1=f(\pi_2)\Rightarrow\frac{c}{\sqrt{gh}}=f\left(\frac{\mu}{\rho\sqrt{gh^3}}\right)$$

四、可壓縮的空氣在圓管內穩定流動（如圖所示），若位置①的錶壓力 $P_1 = 60$ kPa（gage），位置②的錶壓力 $P_2 = 20$ kPa（gage），且位置①的截面直徑 D 為位置②的截面直徑 d 的 3 倍，大氣壓力 $P_{atm} = 100$ kPa，空氣溫度固定在 40℃，若位置②的平均速度 $\overline{V}_2 = 30$ m/s，試求位置①的平均速度 $\overline{V}_1$ 是多少？（20 分）

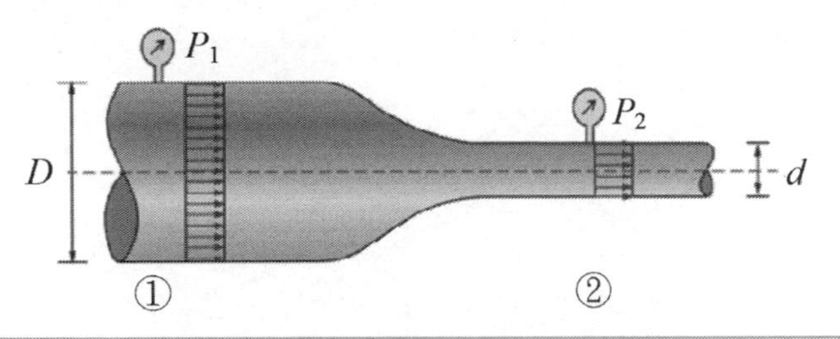

參考題解

$\because$ 可壓縮 $\Rightarrow \therefore \rho_1 \neq \rho_2$

（一）C-E：$\rho_1 Q_1 = \rho_2 Q_2$

$$\Rightarrow \rho_1 A_1 V_1 = \rho_2 A_2 V_2$$

$$\Rightarrow V_1 = \frac{\rho_2}{\rho_1}\frac{A_2}{A_1}V_2$$

$$\left(\because A = \frac{\pi}{4}D^2\right) = \frac{\rho_2}{\rho_1}\left(\frac{D_2}{D_1}\right)^2 \times V_2$$

（二）由理想氣體 eq：$p = \rho RT$

$$\rho_1 = \frac{p_1}{RT_1} = \frac{(60+100)\times 10^3}{287\times(40+273)} = 1.78(kg/m^3)$$

$$\rho_2 = \frac{p_2}{RT_2} = \frac{(20+100)\times 10^3}{287\times(40+273)} = 1.34(kg/m^3)$$

$$V_1 = \frac{1.34}{1.78}\left(\frac{1}{3}\right)^2 \times 30 = 2.57(kg/m^3)$$

五、密度為 850 kg/m³，運動黏性係數（kinematic viscosity）為 0.00062 m²/s 之油品儲存在油槽中（如圖所示）。靠近槽底距離液面 4 m 處，有一直徑為 5 mm 長度為 40 m 之水平圓管連接到外，油槽內氣壓與大氣連通，此時油品經由管路流到槽外，假設不考慮次要損耗（minor losses），且管內為完全發展層流（fully developed laminar flow），試求流量（flow rate）為多少？（20 分）

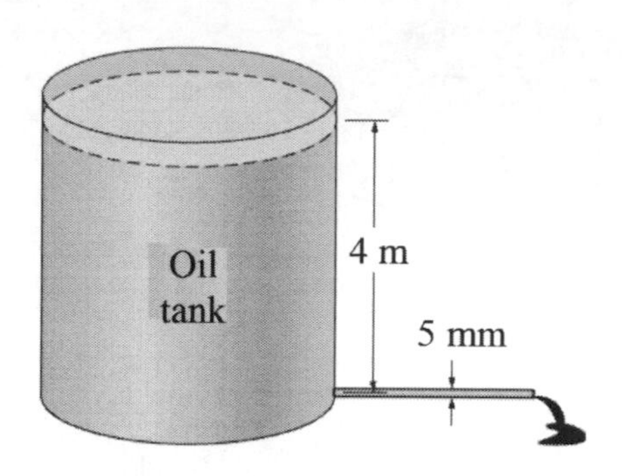

參考題解

$$\frac{p_1}{\gamma}+\frac{v_1^2}{2g}+z_1=\frac{p_2}{\gamma}+\frac{v_2^2}{2g}+z_2+h_L$$

$p_1=p_2=p_0$ ，$v_1=0$ ，$v_2=V$ ，$z_1=4$ ，$z_2=0$

$$z_1=\frac{V^2}{2g}+f\frac{L}{D}\frac{V^2}{2g}$$

$$\mathrm{Re}=\frac{\rho VD}{\mu}=\frac{VD}{\nu}=8.0645V$$

假設 $\mathrm{Re}<4000$ 為層流（V<496m/s）

$$f=\frac{64}{\mathrm{Re}}=\frac{7.936}{V}$$

$$V=\sqrt{\frac{8gD}{D+fL}}=\sqrt{\frac{8\times 9.81\times 0.005}{0.005+\frac{317.44}{V}}}$$

試誤法可得 $V=0.001236\,m/s$

$$Q=AV=\frac{\pi}{4}D^2V=2.43\times 10^{-8}\,m^3/s$$

特種考試地方政府公務人員考試試題／土壤力學概要

一、某一未擾動凝聚性土壤的比重為 2.70，含水量為 18%。夯實後該土壤體積為 944 cm^3，質量為 1955 g。請計算該土壤夯實後的：（每小題 5 分，共 25 分）

（一）孔隙比。

（二）孔隙率（porosity）。

（三）飽和度。

（四）單位重。

（五）乾土單位重（請以 SI 單位作答）。

參考題解

（一）$\dfrac{1955}{944}=\dfrac{2.7+2.7\times0.18}{1+e}\times1 \Rightarrow e=0.538$

（二）$n=\dfrac{0.538}{1+0.538}\times100\%=35.0\%$

（三）$S=\dfrac{2.7\times0.18}{0.538}\times100\%=90.3\%$

（四）$\gamma_m=\dfrac{1955\times10^{-3}\times9.81\times10^{-3}}{944\times10^{-6}}=20.3\ kN/m^3$

（五）$\gamma_d=\dfrac{1955\times10^{-3}}{1+0.18}\times\dfrac{9.81\times10^{-3}}{944\times10^{-6}}=17.2\ kN/m^3$

二、某一土層剖面如下圖所示，黏土層的上下皆為砂土層。地下水位以上砂土單位重為 14.0 kN/m^3，地下水位以下砂土單位重為 18.0 kN/m^3。黏土單位重為 19.0 kN/m^3，孔隙比為 0.75，液性限度為 42，壓縮指數 $C_C=0.009(LL-10)$，膨脹指數是壓縮指數的 1/5。黏土層的預壓密壓力（pre-consolidation pressure）為 200 kN/m^2，試計算由於均勻分布地表載重 Δσ 增加 100 kN/m^2，造成黏土層的主壓密沉陷量。（25 分）

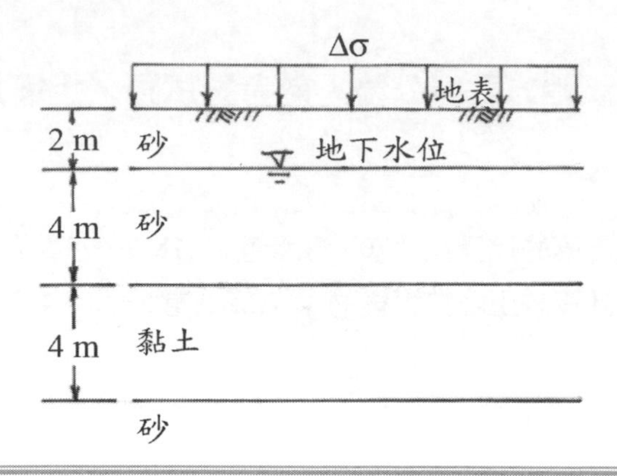

參考題解

$\sigma'_{v0} = 2\times14 + 4\times(18-9.81) + 2\times(19-9.81) = 79.14 < \sigma'_p = 200\ kPa$

$\Delta\sigma = 100\ kPa$ ； $\sigma'_{v0} + \Delta\sigma = 179.14 < \sigma'_p = 200\ kPa$

$C_c = 0.009\times(42-10) = 0.288$ ； $C_r = 0.288/5 = 0.0576$

$$S_c = \frac{400\times0.0576}{1+0.75}\log\left(\frac{179.14}{79.14}\right) = 4.67cm$$

三、某非凝聚性砂土進行壓密排水（consolidated-drained）三軸試驗，施加之圍壓為 100 kPa。至試體破壞時，施加之軸差應力為 200 kPa。試求破壞時：

（一）在破壞面上的正應力與剪應力。（10 分）

（二）破壞面與水平面的夾角。（5 分）

（三）試體內的最大剪應力。（5 分）

（四）最大剪應力面與水平面的夾角。（5 分）

參考題解

（一）$\sigma'_{3f} = 100\ kPa$ ， $\sigma'_{1f} = 100 + 200 = 300kPa$

由斜角公式推得 $300 = 100\tan^2\left(45 + \frac{\phi'}{2}\right) \Rightarrow \phi' = 30°$

破壞面上剪應力 $\tau_f = \frac{200}{2}\times\cos30 = 86.6\ kPa$

破壞面上正向應力 $\sigma_n = \frac{100+300}{2} - \frac{200}{2}\times\sin30 = 150\ kPa$

（二）$\alpha_f = 45 + \frac{30}{2} = 60°$

（三）$\tau_{\max}=\dfrac{200}{2}=100\ kPa$

（四）$\alpha_{\tau\max}=45°$

四、某一條形淺基礎之寬度為 1.5 m，埋置深度為 1.0 m，如下圖所示。地下水位以上土壤之單位重為 17.0 kN/m^3，飽和土壤單位重為 19.0 kN/m^3，內摩擦角為 25 度，凝聚力為 0。假設垂直載重造成土壤發生全面剪力破壞（general shear failure），依據 Terzaghi 的支承力公式，若安全係數為 3.0，試計算此條形淺基礎在下列兩種狀況下的允許總支承力（gross bearing capacity）：

（一）地下水位在地表面。（15 分）

（二）地下水位在淺基礎底面。（10 分）

（註：當土壤內摩擦角為 25 度，$N_c=25.13$，$N_q=12.72$，$N_\gamma=8.34$）

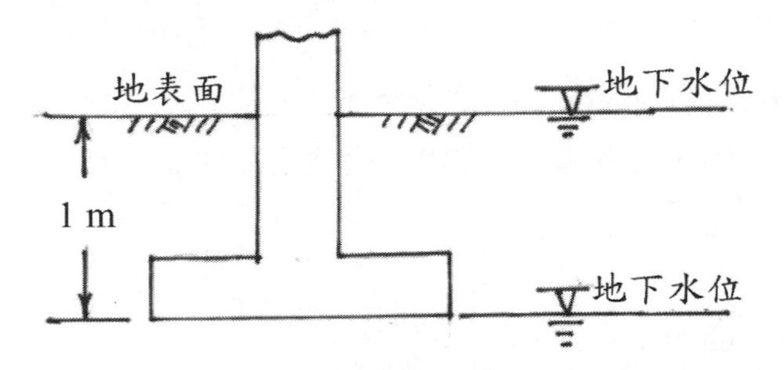

參考題解

（一）地下水位於地表面

$q=1\times(19-9.81)=9.19\ kPa$ ，$\gamma_{sub}=19-9.81=9.19\ kN/m^3$ ，$B=1.5m$

$q_u=0+9.19\times12.72+0.5\times9.19\times1.5\times8.34=174.38\ kPa$

$q_a=\dfrac{174.38-9.19}{3}+9.19=64.3\ kPa$

（二）地下水位於基底面

$q=1\times17=17\ kPa$ ，$\gamma_{sub}=19-9.81=9.19\ kN/m^3$ ，$B=1.5m$

$q_u=0+17\times12.72+0.5\times9.19\times1.5\times8.34=273.7\ kPa$

$q_a=\dfrac{273.7-17}{3}+17=102.6\ kPa$

105年 特種考試地方政府公務人員考試試題／水資源工程概要

一、（一）管流經常利用文氏管（Venturi meter）量測流量，請說明其原理。（10分）
（二）為何文氏管喉部前的水管收縮角度往往會大於喉部後的擴張角度？（10分）

參考題解

對一個斷面變化的圓錐管（大→小→大），氣體流過時，由於管的截面縮小，流速增大而壓強降低，流體流經文氏管，因截面積變化產生速度變化，便產生壓力差，測出壓力差即可求出流量。

二、矩形渠道寬 1.3 m，流量 1.10 m^3/s，水深 0.85 m。若有一 30 cm 寬的橋墩位於渠道中央：
（一）請問橋墩面對上下游兩側的水深為何？（10分）
（二）不會引起上游水面壅塞上升的最小橋墩寬度為何？（10分）

參考題解

（一）$V=\dfrac{Q}{by}=\dfrac{1.1}{1.105}=0.9955$，$y_c=\sqrt[3]{\dfrac{q^2}{g}}=\sqrt[3]{\dfrac{(\frac{1.1}{1.3})^2}{9.81}}=0.42$

$E=y+\dfrac{v^2}{2g}=0.9005$

$0.9005=y+\left(\dfrac{1.1}{1.3\times y}\right)^2\dfrac{1}{2\times 9.81}$，試誤法解$\underline{y=0.23\ m}$（下游），上游：$y=0.85\ m$

（二）$q=\dfrac{1.1}{B}$，$y_c=\sqrt[3]{\dfrac{q^2}{g}}$，$E_c=1.5y_c$

$E_c=0.9005=1.5\sqrt[3]{\dfrac{(\frac{1.1}{B})^2}{9.81}}$，解 $B=0.755$

橋墩寬度 $=1.3-0.755=0.545=\underline{54.5\ cm}$

三、一個集水區的荷頓（Horton）入滲參數如下：$f_0 = 100$ mm/h，$f_c = 20$ mm/h，k = 2 min^{-1}。
一場暴雨的降雨組體圖如下：

間隔（min）	平均雨量（mm/h）
0-10	10
10-20	20
20-30	80
30-40	100
40-50	80
50-60	10

請推估積水何時開始發生？（20分）

參考題解

$f_t = f_c + (f_0 - f_c)e^{-kt}$

$f_{10} = 20 + 80e^{-20} = 20$

$f_{20} = 20 + 80e^{-40} = 20$

$f_{30} = 20 + 80e^{-60} = 20$

當 t = 20 時，平均雨量大於入滲量，為積水發生時間。

四、水力發電設備的基本要素為何？（20分）

參考題解

（一）擋水建築物（壩）。
（二）洩洪建築物（溢洪道或閘）。
（三）引水建築物（引水渠或隧道，包括調壓井）。
（四）電站廠房（包括尾水渠、升壓站）。

五、（一）何謂河川基流量（baseflow）？（10分）
（二）如何推估河川基流量？（10分）

參考題解

（一）流渠在自然狀態下的流量。
（二）基流分離模式，可由河川流量歷線分離出。

106
年度

公務人員高等考試三級考試試題／水文學

一、請試述下列名詞之意涵：（每小題 5 分，共 20 分）

（一）單位河川功率（Unit stream power）

（二）分岔比（Bifurcation ratio）

（三）主要河川長度

（四）流域的形狀因子

參考題解

（一）單位河川功率（Unit stream power）：

單位重量水體之位能的時間變率，即 $\frac{dy}{dt}=\frac{dy}{dx}\times\frac{dx}{dt}=SV$

其中 y 為基準點以上之位能；x 為距離；t 為時間；S 為能量坡度；V 為水流平均速度。

（二）分岔比（Bifurcation ratio）：

「第 u 級序的河溪數目」與「第 u+1 級序的河溪數目」之比值，以 R_b 表示，即 $R_b=\frac{N_u}{N_{u+1}}$，

每一級序分岔比不盡相同，但會趨近一定值。分岔比越大，集水區形狀愈狹長，反之，則愈寬扁。

（三）主要河川長度：

流域中最大、最常河川之長度稱為主要河川長度，以 L_0 表示。

其中，是否為主流之判斷方式：

1. 流域面積最廣闊者。
2. 流路較長者。
3. 洪水來時，流量較大者。

（四）流域的形狀因子：

即流域之平均寬度 W 除以主要河川長度，以 F 表示，即 $F=\frac{W}{L_0}=\frac{A}{L_0^2}$

其中平均寬度 W＝流域面積 A / 主要河川長度 L_0

二、你是負責烏嘴潭人工湖設計的工程師，若要你去評估該人工湖的日蒸發量，假設你取得的某一天相關自由水面的能量收支參數如下：（20分）

1. 當天的射入水中的太陽輻射熱能為 $Q_s = 800\ cal/cm^2\ day$，且其中有 12% 被反射。由大氣至水受長波輻射後，水的淨能量損失為 $Q_b = 333\ cal/cm^2\ day$
2. 空氣溫度 $T_a = 4℃$，水體溫度 $T_w = 10℃$，且此時大氣壓力 P = 1,005 mb，相對溼度為 Hr = 60%。
3. 倘若，當此時儲存於水中的能量增量為零（$Q_q = 0$），於水中對流的淨能量也為零（$Q_v = 0$），且水體溫度不變。

相關公式：

蒸發潛熱 $L = 597.3 - 0.564\ T_w$，其中 T_w 為水體溫度（單位：℃）

飽和蒸汽壓 $e_w = 2.745 \times 10^8\ exp\left(\dfrac{-4278.6}{T_a + 242.8}\right)$，其中 T_a 為空氣溫度（單位：℃）

包文值（Bowens ratio）$R = \dfrac{0.61P}{1000}\left(\dfrac{T_w - T_a}{e_w - e_a}\right)$，其中 e_a 為空氣的水汽壓力（單位：mb）

參考題解

由能量平衡法 $Q_s - Q_r - Q_b - Q_h - Q_e = Q_q - Q_v$ ……………………………… （1）

其中：

射入水中的太陽輻射熱能 $Q_s = 800\ cal/cm^2$（已知）

反射之太陽短波輻射能 $Q_r = 800 \times 12\% = 96\ cal/cm^2$

水向外射出的長波輻射能 $Q_b = 333\ cal/cm^2\ day$（已知）

儲存於水中的能量增量 $Q_q = 0$（已知）

水中對流的淨能量 $Q_v = 0$（已知）

被用於水面蒸發之能量 $Q_e = E\rho L$

經熱傳導，從水跑至大氣之有感熱能 $Q_h = RQ_e$，其中 R 為包文比

將上述因子代入（1）式：

$$800 - 96 - 333 - (R\ E\rho L) - E\rho L = 0$$

$\Rightarrow 371 = E\rho L(R+1)$，則 $E = \dfrac{371}{\rho L(R+1)}$ ……………………………… （2）

其中 $L = 597.3 - 0.564\ Tw = 597.3 - 0.564(10) = \dfrac{591.66cal}{g}$

包文比 $R=\dfrac{0.61P}{1000}\left(\dfrac{T_w-T_a}{e_w-e_a}\right)$ ……………………………………………………………（3）

其中 $e_w=2.749\times10^8\exp\left(\dfrac{-4278.6}{T_a+242.8}\right)$，則

當水面的溫度為 10℃時，$e_w=2.749\times10^8\exp\left(\dfrac{-4278.6}{10+242.8}\right)=12.269mb$

當水面的溫度為 4℃時，$e_s=2.749\times10^8\exp\left(\dfrac{-4278.6}{4+242.8}\right)=8.13mb$，則

$e_a=Hr\times e_s=60\%\times8.13=4.878mb$，代入（3）式得

$R=\dfrac{0.61\times1005}{1000}\left(\dfrac{10-4}{12.269-4.878}\right)=0.4977$ ……………………………………………（4）

代入（2）式可得 $E=\dfrac{371}{1\times591.66(0.4977+1)}=\dfrac{0.419cm}{day}=4.19\ mm/day$

三、已知一受壓含水層，為供應一都市抗旱期間的用水，但是，因為在設計階段，對此含水層的水文地質狀況完全不清楚，所以，設計了一口抽水井，兩口觀測井（編號為 A 及 B 的兩口井，分別距抽水井：65 公尺及 500 公尺），今抽水井進行定量單井抽水試驗，其抽水量為 0.45 m^3/s，且連續抽水 5 小時後，發現該兩口觀測井（A 及 B）的洩降量為 7.07 公尺及 3.82 公尺。試以 Copper & Jacob 的近似解來求此含水層的流通係數（Transmissivity）及儲水係數（Storativity）。（10 分）並解釋為何此分析方式合理。（10 分）（註：Copper & Jacob 近似解 $z=\dfrac{Q}{4\pi T}(-0.5772+\ln\dfrac{4Tt}{\gamma^2S})$）

參考題解

（一）依題意，採 Copper & Jacob 近似解

$7.07=\dfrac{0.45}{4\pi T}\left[-0.5772+\ln\dfrac{4T(5\times3600)}{(65)^2S}\right]$ ……………………………………………（1）

$3.82=\dfrac{0.45}{4\pi T}\left[-0.5772+\ln\dfrac{4T(5\times3600)}{(500)^2S}\right]$ ……………………………………………（2）

將（1）式減（2）式，可得：

$\Rightarrow3.25=\dfrac{0.45}{4\pi T}\left(-0.5772+0.5772+\ln\dfrac{4\times T\times5\times3600}{65^2\times S}-\ln\dfrac{4\times T\times5\times3600}{500^2\times S}\right)$

$$\Rightarrow 3.25=\frac{0.45}{4\pi T}\times\ln\left(\frac{500^2}{65^2}\right)$$

$$\Rightarrow T=0.045\left(m^2/s\right)$$ ………………… 代（1）

$$\Rightarrow 7.07=\frac{0.45}{4\pi\times0.045}\times\left(-0.5772+\ln\frac{4\times0.045\times3600}{65^2\times S}\right)$$

$$\Rightarrow S=5.96\times10^{-5}$$

（二）Copper & Jacob 近似解之簡化條件

1. 抽水井距離 r 很小
2. 抽水時間極長

如符合以上原則，則$u=\frac{S}{4T}\frac{r^2}{t}$應小於 0.01，因此$r=65$之$u<0.01$本題

$$u=\frac{5.96\times10^{-5}}{4(0.0449)}\frac{65^2}{5\times60\times60}=7.78\times10^{-5}<0.01$$

符合簡化條件，此分析合理。

四、已知一集水區的集水區面積 100 km^2，在某一次有效降雨延時為 1 小時的直接逕流歷線如下表所示：

時間（小時）	0	1	2	3	4	5	6	7	8	9	10	11	12	13	14	15	16	17
直接逕流（cms）	0	8	19	31	43	57	68	81	96	113	101	82	65	51	38	21	9	0

今年五月若有一場降雨其降雨強度如下表所示：

時間（小時）	1	2	3	4	5
降雨強度（cm/hr）	0.5	1.5	2.5	1.0	0.5

若該集水區的 ϕ 指數為 0.5 公分／小時，

（一）試求該集水區，在 1 小時有效降雨延時下的單位歷線。（10 分）

（二）試繪製有效降雨組體圖。（5 分）

（三）試求該場降雨的有效降雨，所產生的直接逕流歷線。（15 分）

參考題解

（一）本場降雨造成之有效雨量

$$\not{V}=(0+8+19+31+43+\cdots+38+21+9)(m^3/s)\times1(hr)\times3600(s/hr)=3178800(m^3)$$

$$P_e = \frac{V}{A} = \frac{3178800(m^3)}{100\times10^6(m^2)} = 0.032\ m = 3.2\ cm \simeq 3\ cm$$

故 1 小時有效降雨延時下的單位歷線 $U(1,T) = \frac{\text{直接逕流歷線}}{\text{有效雨量}} = \frac{\text{直接逕流歷線}}{3}$，如下表所示：

時間 t（hr）	直接逕流（cms）	U（1,t）（CMS）
0	0	0.00
1	8	2.67
2	19	6.33
3	31	10.33
4	43	14.33
5	57	19
6	68	22.67
7	81	27
8	96	32
9	113	37.67
10	101	33.67
11	82	27.33
12	65	21.67
13	51	17
14	38	12.67
15	21	7
16	9	3
17	0	0

（二）有效降雨組體圖如下圖所示

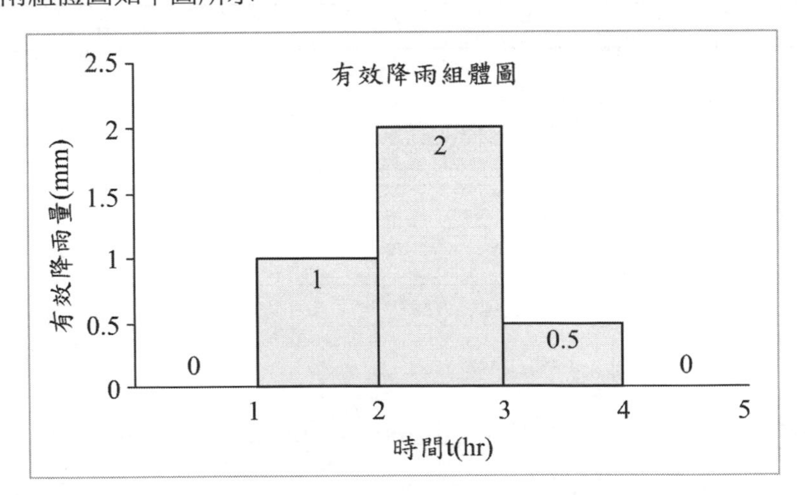

（三）不同之有效雨量視為不同場之降雨，由上圖可知第一場暴雨有效雨量 $p_{e1}=1cm$（t：1~2 小時），第二場暴雨有效雨量 $p_{e2}=2cm$（t：2~3 小時），第三場暴雨有效雨量 $p_{e3}=0.5cm$（t：3~4 小時），則該降雨之有效雨量所造成之直接逕流歷線如下表所示：

時間 t(hr)	U(1,t)(CMS)	Q1=1×U(1,t−1)	Q1=2×U(1,t−2)	Q3=0.5×U(1,t−3)	直接逕流量 =Q1+Q2+Q3
0	0				0
1	2.67	0			0
2	6.33	2.67	0		2.67
3	10.33	6.33	5.34	0	11.67
4	14.33	10.33	12.66	1.34	24.33
5	19	14.33	20.66	3.17	38.16
6	22.67	19	28.66	5.17	52.83
7	27	22.67	38	7.17	67.84
8	32	27	45.34	9.5	81.84
9	37.67	32	54	11.34	97.34
10	33.67	37.67	64	13.5	115.17
11	27.33	33.67	75.34	16	125.01
12	21.67	27.33	67.34	18.84	113.51
13	17	21.67	54.66	16.84	93.17
14	12.67	17	43.34	13.67	74.01
15	7	12.67	34	10.84	57.51
16	3	7	25.34	8.5	40.84
17	0	3	14	6.34	23.34
18		0	6	3.5	9.5
19			0	1.5	1.5
20				0	0

五、有一個 15 年洪水頻率的洪水，在未來第 80 年，發生第 5 次洪水之機率為何？（10 分）

參考題解

前 79 年發生四次洪水的機率 $C_4^{79}\times\left(\frac{1}{15}\right)^4\times\left(1-\frac{1}{15}\right)^{75}\cong 0.168$

第 80 年發生洪水的機率 $\left(\frac{1}{15}\right)$

故在未來第 80 年發生第五次洪水的機率 $=0.168\times\left(\frac{1}{15}\right)\times 100\%\cong 1.12\%$

106年 公務人員高等考試三級考試試題／流體力學

一、利用水管或壓力管導水使用為相當普遍的水力應用，流體在管內的水流特性為基本的概念。若把問題描述簡化為直角座標，則為考慮上下兩平行板之間的流動。採用水平座標為 x，垂直座標為 z，座標原點定在兩平板中間。水平流速 u 垂直流速 v，流況考慮層流（laminar flow），流體黏性係數 μ、壓力 p、重力常數 g，平板的間距 h：

（一）寫出描述流體運動的動量方程式（momentum equation），說明各項的來源和物理意義。（5 分）

（二）若考慮水流僅有 x 方向，流況為穩定（steady）、均勻（uniform），若水平方向的壓力梯度（gradient）為-5 $\left[\frac{F/L^2}{L}\right]$，推導兩平板間流速分布，以及水平和垂直方向的壓力分布（$x=0$ 壓力為 p_0），並說明結果的物理意義。（15 分）

參考題解

（一）流體運動的動量方程式 Navier-stokes equation：

$$\rho\frac{D\vec{V}}{Dt}=-\nabla P+\rho\vec{g}+\mu\nabla^2\vec{v}$$

其中：$\rho\frac{D\vec{V}}{Dt}$ = 單位體積之慣性力

∇P = 單位體積之壓力

$\rho\vec{g}$ = 單位體積之物體力

$\mu\nabla^2\vec{v}$ = 單位體積之黏滯力

（二）

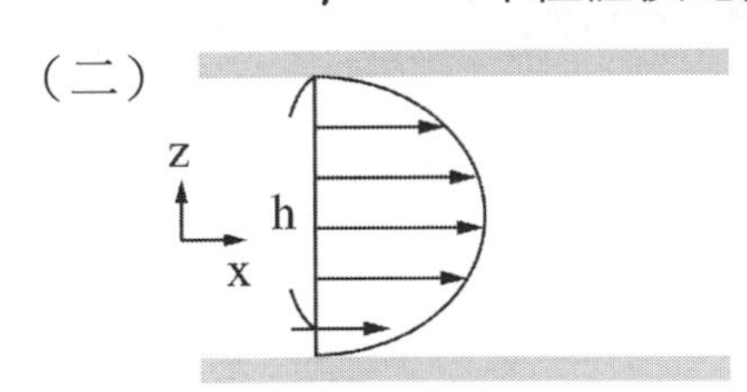

邊界條件：$\begin{cases} u\left(\frac{h}{2}\right)=0 \\ u\left(-\frac{h}{2}\right)=0 \end{cases}$

如圖，將 Navier-stokes equation 沿 x 方向展開：

$$\rho\left(u\frac{\partial u}{\partial x}+v\frac{\partial u}{\partial y}+w\frac{\partial u}{\partial z}+\frac{\partial u}{\partial t}\right)=-\frac{dp}{dx}+\rho\vec{g}_x+\mu\left(\frac{\partial^2 u}{\partial x^2}+\frac{\partial^2 u}{\partial y^2}+\frac{\partial^2 u}{\partial z^2}\right)\cdots\cdots\cdots(1)$$

其中：

1. $\frac{\partial u}{\partial t}=0$（穩態）
2. $v=0$（完全展開流），$w=0$（二維），$u=u(z)$（完全展開流）
3. $\frac{\partial^2 u}{\partial x^2},\frac{\partial^2 u}{\partial y^2}=0[u=u(z)only]$
4. $\frac{dp}{dx}=$ 水平方向壓力梯度 $=-5\left[\frac{\frac{F}{L^2}}{L}\right]$（已知）
5. $\vec{g}_x=0$
6. 不可壓縮流 $\rho=const$

則(1)式可改寫為 $0=-(-5)+\mu\frac{\partial^2 u}{\partial z^2}\Rightarrow 0=5+\mu\frac{\partial^2 u}{\partial z^2}$

（1）$\because u=u(z)$

$\therefore 0=5+\mu\cdot\frac{d^2u}{dz^2}$

$\Rightarrow 0=5+\mu\cdot\frac{d(du)}{dz^2}$

$\Rightarrow\int d\left(\frac{du}{dz}\right)=-\int\frac{5}{\mu}dz\Rightarrow\frac{du}{dz}=-\frac{5}{\mu}z+c_1$

$du=-\frac{5}{\mu}z\,dz+c_1\,dz$

（2）$\int du=-\frac{5}{\mu}\int z\times dz+C_1\times\int dz$

$\Rightarrow u=-\frac{5}{\mu}\times\frac{1}{2}\times z^2+C_1\times z+C_2$

$\Rightarrow u=\frac{-5}{2\mu}z^2+C_1\times z+C_2$

⇒邊界條件代入：

$$\begin{cases} 0=-\dfrac{5}{2\mu}\left(\dfrac{h}{2}\right)^2+C_1\times\dfrac{h}{2}+C_2 & \cdots\cdots(2) \\ 0=-\dfrac{5}{2\mu}\left(-\dfrac{h}{2}\right)^2+C_1\times\left(-\dfrac{h}{2}\right)+C_2 & \cdots\cdots(3) \end{cases}$$

$$\underset{(2)-(3)}{\Rightarrow} 0=C_1\times h\Rightarrow C_1=0$$

$$\therefore C_2=\frac{5}{2\mu}\left(\frac{h}{2}\right)^2=\frac{5h^2}{8\mu}$$

$$\Rightarrow\therefore U=\frac{-5}{2\mu}Z^2+\frac{5h^2}{8\mu}$$

$$\Rightarrow\quad U=\frac{5}{2\mu}\left(\frac{h^2}{4}-Z^2\right)$$

（3）$\rho\left(\dfrac{\partial w}{\partial t}+u\dfrac{\partial w}{\partial x}+w\times\dfrac{\partial w}{\partial z}\right)=-\dfrac{\partial p}{\partial z}+\rho\vec{g}_y+\mu\left(\dfrac{\partial^2 w}{\partial x^2}+\dfrac{\partial^2 w}{\partial z^2}\right)$

$\Rightarrow$① steady flow $\Rightarrow \dfrac{\partial w}{\partial t}=0$

② 完全發展層流：$\begin{cases} u=u(z) \\ w=0 \end{cases}$

③ $\vec{g}_y=-g$

④ 不可壓縮流：$\rho=const$

$$\Rightarrow\therefore 0=-\frac{\partial p}{\partial z}-\rho g$$

$$\Rightarrow\frac{\partial p}{\partial z}=-\rho g$$

$$\Rightarrow\int_{p_0}^{p(z)}dp=-\rho g\int_0^z dz$$

$$\Rightarrow P\Big|_{p_0}^{p(z)}=-\rho g\, z\Big|_0^z$$

$$\Rightarrow p(z)=p_0-\rho gz$$

二、平面理想流流速 U 通過半徑為 a 的圓形斷面，如圖一所示。

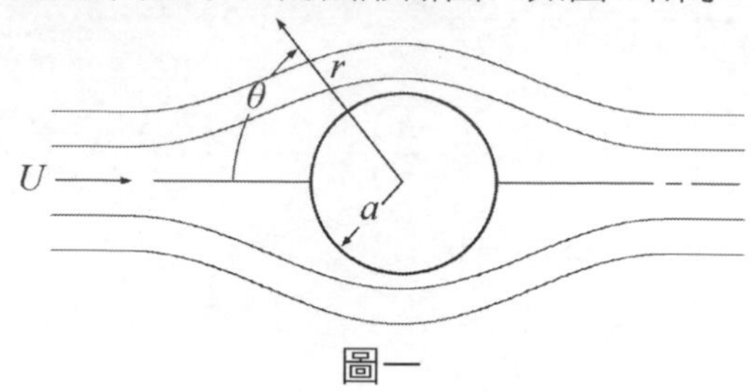

圖一

其流場勢函數解析解可以表示為

$$\Phi(r,\theta)=U\cdot r\left(1+\frac{a^2}{r^2}\right)\cos\theta$$

流場勢函數與流速的關係定義為 $u_r=-\Phi_r$，$u_\theta=-\frac{1}{r}\Phi_\theta$，下標表示微分。説明

（一）圓形斷面受到的流體作用力。（5 分）

（二）若考慮流速具有時間變化，則圓形斷面受力為何？（5 分）

（三）若考慮黏性流體，斷面上分離點（separation point）後方的壓力為 p_w 則圓形斷面受力為何？（10 分）

參考題解

速度分布

$$u_r=-\frac{\partial\Phi}{\partial r}=-U\left(1-\frac{a^2}{r^2}\right)cos\theta$$

$$u_\theta=-\frac{1}{r}\frac{\partial\Phi}{\partial\theta}=U\left(1+\frac{a^2}{r^2}\right)sin\theta$$

（一）流體作用力

由於圓形斷面上壓力分佈左右、上下皆為對稱，所以水平及垂直作用力皆為 0。

$F_x=0, F_y=0$

（二）流速具有時間變化，圓形斷面受力

流速具有時間變化，但是圓形斷面上壓力分佈左右、上下皆為對稱，所以水平及垂直作用力皆為 0。

（三）考慮黏性圓形斷面受力

若考慮流體黏性，則圓形斷面將受到壓力及黏滯力作用，且已知之勢函數將不再適用，故圓形斷面受力必須利用實驗量測求得。

三、如圖二所示，平面水流藉由分流板來分流。已知流量 Q_0，求分流板分出的流量 Q_1 和 Q_2，以及作用在分流板上的水平和垂直分力。（20 分）

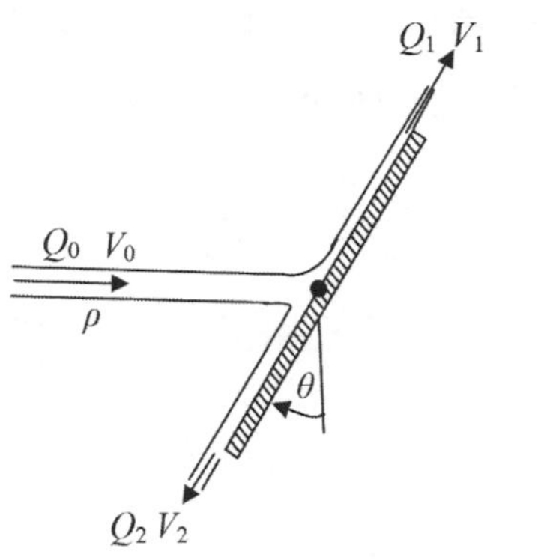

圖二

參考題解

基本假設：

1. 流場為穩態，故 $\frac{\partial}{\partial t}\iiint_{c.v}\vec{v}\rho d\forall$ 項為零
2. 流體以 jet 方式流動，暴露於大氣中，因此錶壓力為 0
3. 設作用在分流板上的水平分力：$A_{//}$（向左）or F_x(↗)

   垂直分力：$A_{\perp}$（向上）or F_y(↖)

   （由於題目沒說明白方向為何，故寫 2 組答案）
4. 分流板上 $F_x = 0$

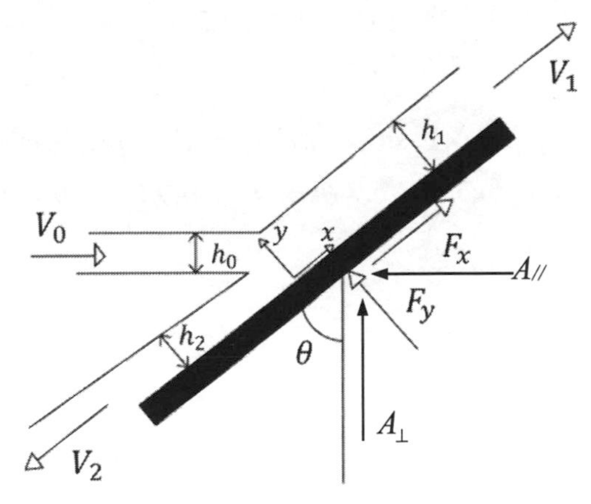

（一）如上圖，取 0.1.2 三點代入白努利方程式：

$$\frac{P_0}{\gamma}+\frac{V_0^2}{2g}+Z_0=\frac{P_1}{\gamma}+\frac{V_1^2}{2g}+Z_1=\frac{P_2}{\gamma}+\frac{V_2^2}{2g}+Z_2 \quad \cdots\cdots (1)$$

其中：

1. $P_0 = P_1 = P_2 = 0$（暴露於大氣中）

2. $Z_0 = Z_1 = Z_2$（平面流場）

   將上述兩式代入（1）式，可得 $V_0 = V_1 = V_2$ ⋯⋯⋯⋯⋯⋯⋯⋯⋯⋯⋯⋯⋯⋯（2）

（二）由連續方程式可得 $Q_0 = Q_1 + Q_2 \Rightarrow V_0(h_0 \cdot 1) = V_1(h_1 \cdot 1) + V_2(h_2 \cdot 1)$（垂直紙面寬度為 1）

→ 再將（2）式代入可得

$h_0 = h_1 + h_2$ ⋯⋯⋯⋯⋯⋯⋯⋯⋯⋯⋯⋯⋯⋯⋯⋯⋯⋯⋯⋯⋯⋯⋯⋯⋯⋯⋯（3）

（三）令平板對系統之作用力方向如圖所示，由穩態動量方程式

$$\sum \vec{F}_{sys} = \oiint \vec{V}(\rho \vec{V} \cdot d\vec{A})$$

可得

$$F_x \vec{i} + F_y \vec{j} = [V_0(\sin\theta \vec{i} - \cos\theta \vec{j})][-\rho V_0(h_0 \cdot 1)] + (V_1 \vec{i})[\rho V_1(h_1 \cdot 1)] + (-V_2 \vec{i})[\rho V_2(h_2 \cdot 1)]$$

整理得

$F_x = -\rho V_0^2 \sin\theta h_0 + \rho V_1^2 h_1 - \rho V_2^2 h_2 = 0$（無摩擦）⋯⋯⋯⋯⋯⋯⋯⋯⋯⋯（4）

$F_y = \rho V_0^2 \cos\theta h_0$ ⋯⋯⋯⋯⋯⋯⋯⋯⋯⋯⋯⋯⋯⋯⋯⋯⋯⋯⋯⋯⋯⋯⋯⋯（5）

將（3）.（4）式聯立可得 $h_1 = \dfrac{h_0}{2}(1+\sin\theta)$；$h_2 = \dfrac{h_0}{2}(1-\sin\theta)$ ⋯⋯⋯⋯⋯⋯⋯（6）

再由 $Q_0 = V_0 h_0 \Rightarrow h_0 = \dfrac{Q_0}{V_0}$ ⋯⋯（7），將（2）.（6）.（7）式代入 $Q_1 = V_1 h_1$

可得 $Q_1 = V_0 \dfrac{h_0}{2}(1+\sin\theta) = \dfrac{Q_0}{2}(1+\sin\theta)$；同理 $Q_2 = \dfrac{Q_0}{2}(1-\sin\theta)$

故，第一組答案：水平分力 $F_x = 0$；垂直分力 $F_y = \rho V_0^2 \cos\theta h_0 = \dfrac{\rho}{h_0}\cos\theta Q_0^2$

第二組答案：

水平分力 $-A_{//} = \rho Q_1 V_1 \sin\theta - \rho Q_2 \times V_2 \sin\theta - \rho Q_0 V_0 \Rightarrow A_{//} = \rho Q_0 V_0 \left(1 - \sin^2\theta\right)$

垂直分力 $A_{\perp} = \rho \times Q V_1 \cos\theta - \rho Q_2 \times V_2 \cos\theta \Rightarrow A_{\perp} = \rho Q_0 V_0 \sin\theta \times \cos\theta$

四、考慮一個導水器，如圖三所示，上方為直徑 d_1 的圓柱體，水面高度 h_1，下方為直徑 d_2 的圓管，$d_1 >> d_2$，不考慮任何的能量損失。若為純重力式，則出水口流速為多少？若圓柱體水面上方為封閉加壓，則希望流速增加為兩倍，壓力應為多少？（20分）

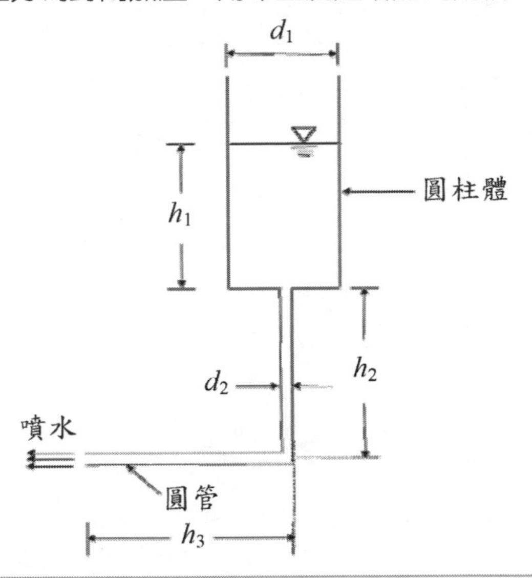

圖三

參考題解

（一）如上圖，取水面上一點（點1）與出水口一點（點2），令點2之高程= 0 代入白努利方程式：

$$\frac{P_1}{\gamma}+\frac{V_1^2}{2g}+Z_1=\frac{P_2}{\gamma}+\frac{V_2^2}{2g}+Z_2 \Rightarrow 0+0+(h_1+h_2)=0+\frac{V_2^2}{2g}+0$$

可解得 $V_2=\sqrt{2g(h_1+h_2)}$

（二）令 $V_2=2\sqrt{2g(h_1+h_2)}$ 代入白努利方程式求 P_1

$$\Rightarrow \frac{P_1}{\gamma}+\frac{V_1^2}{2g}+Z_1=\frac{P_2}{\gamma}+\frac{V_2^2}{2g}+Z_2 \Rightarrow \frac{P_1}{\gamma}+0+(h_1+h_2)=0+\frac{\left[2\sqrt{2g(h_1+h_2)}\right]^2}{2g}+0$$

$\Rightarrow$ 解得 $P_1=3\gamma(h_1+h_2)$

五、平面管流系統如圖四所示，A 點的直徑 0.2 m 壓力 10^6 N/m^2，B 點的直徑 0.15 m 壓力 9×10^6 N/m^2，C 點的直徑 0.1 m 壓力 85×10^4 N/m^2，求 A、B、C 三個位置的流量。（20分）

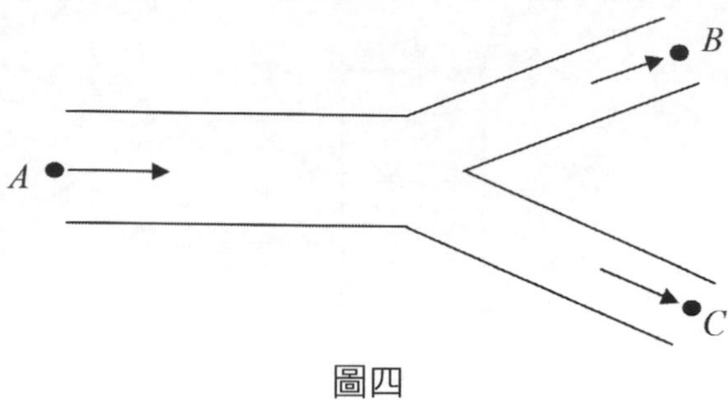

圖四

參考題解

假設流體為水

由連續方程式

$$Q_A = Q_B + Q_C \qquad (1)$$

由柏努力方程式

$$P_A + \frac{1}{2}\rho V_A^2 = P_B + \frac{1}{2}\rho V_B^2 = P_C + \frac{1}{2}\rho V_C^2$$

$$P_A + \frac{1}{2}\rho \frac{Q_A^2}{A_A^2} = P_B + \frac{1}{2}\rho \frac{Q_B^2}{A_B^2} = P_C + \frac{1}{2}\rho \frac{Q_C^2}{A_C^2}$$

其中

$$A_A = \frac{\pi}{4}(0.2)^2 = 0.031416(m^2)$$

$$A_B = \frac{\pi}{4}(0.15)^2 = 0.01767(m^2)$$

$$A_C = \frac{\pi}{4}(0.1)^2 = 0.007854(m^2)$$

代入上式

$$10^6 + \frac{1}{2}(1000)\frac{Q_A^2}{(0.031416)^2} = 9\times10^6 + \frac{1}{2}(1000)\frac{Q_B^2}{(0.01767)^2}$$

$$= 85\times10^4 + \frac{1}{2}(1000)\frac{Q_C^2}{(0.007854)^2}$$

$$\rightarrow 10^6 + 506606Q_A^2 = 9\times10^6 + 1601125Q_B^2 = 85\times10^4 + 8105695Q_C^2 \qquad (2)$$

由(1)式及(2)式聯立理論上可解得 Q_A、Q_B、Q_C，但本題實際上無解。

106年 公務人員高等考試三級考試試題／土壤力學（包括基礎工程）

一、某飽和土壤之比重 Gs = 2.72，孔隙比 e = 0.70，試求：

（一）乾土單位重。（5分）

（二）飽和單位。（5分）

（三）浮水（浸水）單位重。（5分）

若土壤飽和度為 Sr = 75% 時，試求：

（四）濕土單位重。（5分）

（五）含水量。（5分）

參考題解

（一）乾土單位重 $\gamma_d = \dfrac{\gamma_s}{1+e} = \dfrac{2.72\times1}{1+0.7} = 1.6\ t/m^3$

（二）飽和單位重 $\gamma_{sat} = \dfrac{G_s+e}{1+e}\gamma_w = \dfrac{2.72+0.7}{1+0.7}\times1 = 2.01\ t/m^3$

（三）浮水（浸水）單位重 $\gamma' = \dfrac{G_s-1}{1+e}\gamma_w = \dfrac{2.72-1}{1+0.7}\times1 = 1.01\ t/m^3$

（四）飽和度 $S_r = 75\%$

濕土單位重 $\gamma_m = \dfrac{G_s+Se}{1+e}\gamma_w = \dfrac{2.72+0.75\times0.7}{1+0.7}\times1 = 1.91\ t/m^3$

（五）飽和度 $S_r = 75\%$，含水量 $w = \dfrac{Se}{G_s} = \dfrac{0.75\times0.7}{2.72} = 19.3\%$

二、某對稱長條形鋼版樁圍堰，其剖面圖如圖一所示，土壤之滲透係數為 4.0×10^{-7} m/s。
（一）試繪此圍堰之流網圖。（15 分）
（二）求每秒每單位公尺流入此圍堰中間之滲流量為何？（10 分）

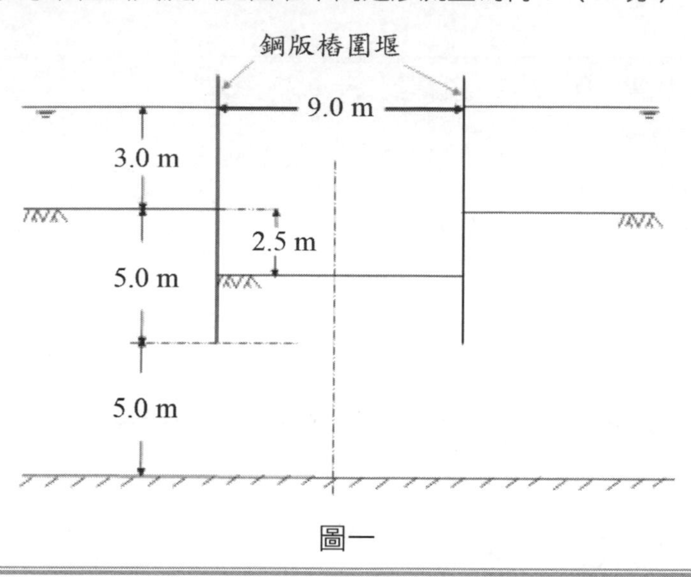

圖一

參考題解

（一）繪流網圖（流線網左右對稱，圖上僅繪製左半部，右半部對稱圖上虛線軸）

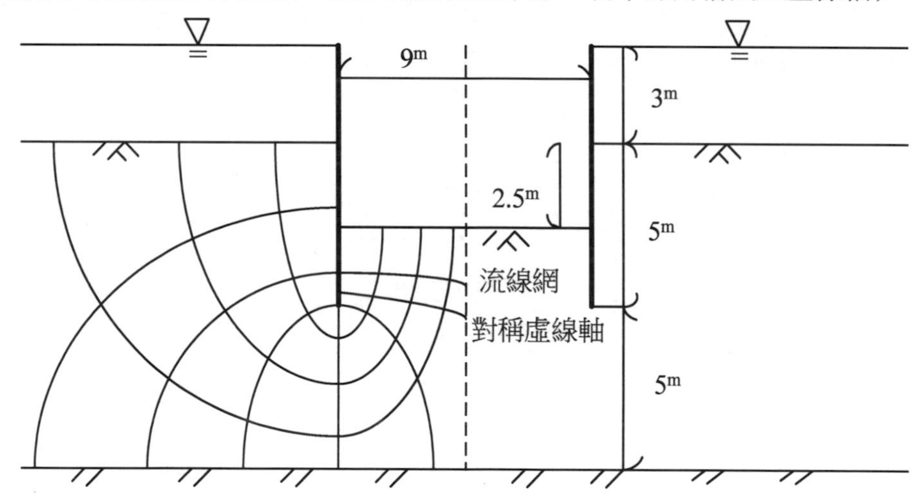

（二）左半部，流槽 $N_f = 3.5$，等勢能間隔數 $N_d = 8$

上下游水頭差 $h = 5.5m$，$q = k\dfrac{N_f}{N_d}h$

每秒每單位公尺滲流量（含左右半部）：

$$q = k\frac{N_f}{N_d}h \times 2 = 4.0 \times 10^{-7} \times \frac{3.5}{8} \times 5.5 \times 2 = 1.925 \times 10^{-6}\, m^3/s/m$$

三、請回答下列問題：

（一）在何種狀況下基礎會使用基樁？（15分）

（二）依施工方式，試說明基樁之兩大種類為何？並說明其施工方式與特性。（10分）

參考題解

（一）基樁使用時機

1. 淺層為軟弱土壤，傳遞結構物荷重至承載層。
2. 表層土壤有液化之虞。
3. 避免基礎差異沉陷。
4. 基礎須抵抗水平力或上揚力。
5. 避免沖刷的危險。
6. 增加高樓穩定性。

（二）依施工方式，基樁可分為打入式基樁及鑽掘式基樁兩大種類

1. 打入式基樁：採用打擊方式將基樁埋置於地層中者

   特性：打入式樁於打擊過程中產生大位移者，因打樁振動及樁體貫入擠壓之影響，樁間土壤若為砂土層，則砂土將更趨於緊密，使樁群之支承力遠大於各樁單樁支承力之總和。打設於粘土層中樁行為則較為複雜，樁周附近黏土受樁體貫入擠壓及打樁擾動之影響而產生超額孔隙水壓，此水壓將隨時間而逐漸消散，土壤強度亦隨之粘土之復原性及壓密效應漸遞恢復，因此粘土層中打入式基樁之支承力通常隨時間增長而昇高。此外，於飽和粘土層中密集打設基樁，亦容易造成鄰樁上浮之情形，若打設完成後未執行檢測及再次打擊，則可能因樁底懸空而失去端點支承力。

2. 鑽掘式基樁：採用鑽掘機具依設計孔徑鑽掘樁孔至預定深度後，吊放鋼筋籠，安裝特密管，澆置混凝土至設計高程而成者。

   特性：鑽掘式基樁施工後，鑽孔內之碎屑將沉積於孔底形成底泥，其清理相當費時、費事，若因疏忽而未加以清除乾淨，將使得原設計時預期之樁底端點支承力無法發揮出來。基樁底部土層之水壓若高於鑽掘孔內之水壓，即可能在基樁底部產生局部管湧現象，樁底土壤受破壞後將失去端點支承力。台灣地區之沖積平原常為砂與粘土之互層，若採用全套管樁方式施工時，很容易發生此種情形。此外，於近山地帶，若地層中有壓力水層存在，則不論是採全套管或反循環之施工方式都很容易發生這種情形。

   不論打入式樁或鑽掘式樁之施工都將對周邊環境產生影響，如噪音、振動、地層變位等，規劃、設計時應就周邊環境條件審慎選擇適宜之樁種，以減少實際施工時之

影響或避免因無法施工而臨時變更樁種。依規範所述於台灣西部海岸之海埔新生地打設 PC 樁時之實際振動監測結果，顯示打樁所引起之地盤振動可傳至相當遠之距離，在採用 PC 樁時應特別注意打樁振動對周邊環境之影響。

四、某試體做三軸試驗，在可完全壓密條件下，施加圍壓 200 kN/m²，然後在不排水條件下，再將圍壓增加到 350 kN/m²，並量到孔隙水壓力為 144 kN/m²。而後在不排水條件下，再開始對試體施加軸差應力，直到試體破壞為止，並同時得到下列結果：

軸向應變（%）	0	2	4	6	8	10
軸差應力（kN/m²）	0	201	252	275	282	283
孔隙水壓力（kN/m²）	144	244	240	222	212	200

（一）試求孔隙水壓參數 B 為何？（10 分）

（二）試求出不同應變值下所對應之孔隙水壓參數 A 各為何？並繪出孔隙水壓參數 A（縱座標）對軸向應變（橫座標）之關係圖。（10 分）

（三）並說明破壞時孔隙水壓參數 A 為何？（5 分）

參考題解

（一）孔隙水壓參數$B=\dfrac{\Delta u}{\Delta\sigma_3}=\dfrac{144}{350-200}=0.96$

（二）$\Delta u=B\left[\Delta\sigma_3+A\left(\Delta\sigma_1-\Delta\sigma_3\right)\right]=B\Delta\sigma_3+AB\Delta\sigma_d$，$B=0.96$，$B\Delta\sigma_3=144$

$A=\Delta u_d/B\Delta\sigma_d$，不同應變之 A 值列表計算如下：

軸向應變（%）	0	2	4	6	8	10
軸差應力（kN/m^2）	0	201	252	275	282	283
孔隙水壓力（kN/m^2）	144	244	240	222	212	200
因軸差引起之孔隙水壓力（kN/m^2）	0	100	96	78	68	56
孔隙水壓力 A	0	0.518	0.397	0.296	0.251	0.206

繪 A 值（縱座標）對軸向應變（橫座標）之關係圖如下：

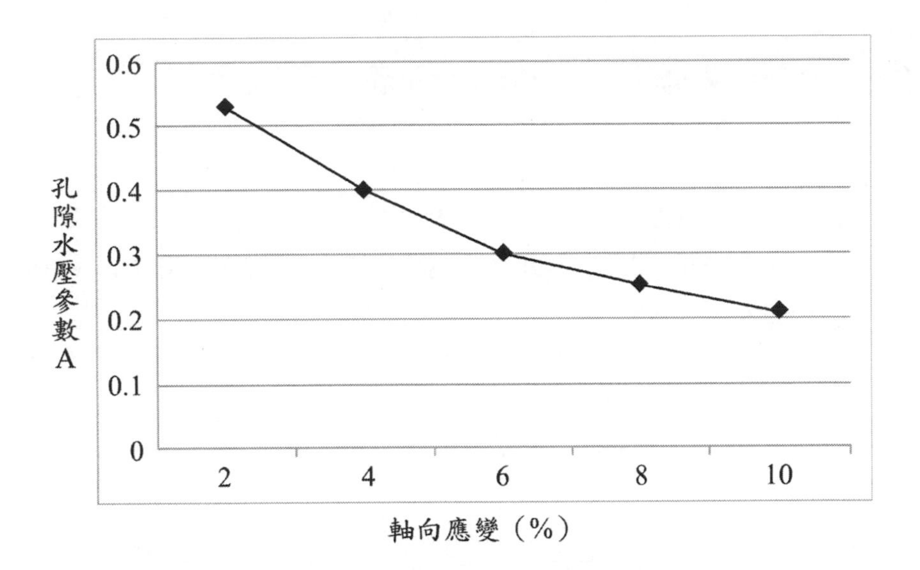

（三）本試驗得該土壤破壞時孔隙水壓參數 $A_f = 0.206$ ，該參數係飽和試體先受均勻圍壓壓密後，在不排水與允許側向變形下，受軸差作用破壞時，軸差應力與所引起孔隙水壓力增量之關係，$A = \Delta u / \Delta\sigma_d$ 。若前開試體在未飽和狀況下，軸差應力與所引起孔隙水壓力增量之關係則為 $\Delta u = AB\Delta\sigma_d$ ，$B \neq 1$ 。

106年 公務人員高等考試三級考試試題／渠道水力學

一、有一矩形渠道，其岸壁高為 2.5 m，起始均勻流之水深為 2 m，流速為 2 m/s。該渠道設有一閘門以控制流量，當閘門瞬間部分關閉，試求不致造成閘門上游渠道溢流之最大允許之流量減少量。（25 分）

參考題解

如下圖，為正湧浪向上游，負湧浪向下游之形式

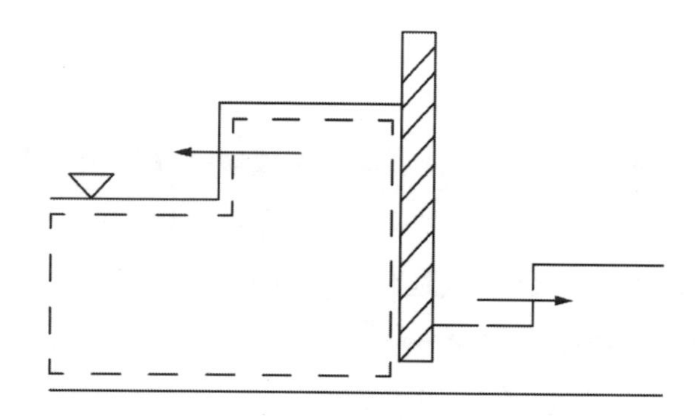

（一）分析上游正湧浪之湧浪速度，如下圖

由題意知 $y_1 = 2m$，$y_2 = y_{max} = 2.5m$（岩壁高度），$v_1 = 2\,m/s$

初始流量 $q = y_1 \cdot v_1 = 4\dfrac{m^2}{s}$

由正湧浪向上游公式：

$$V_\omega = \sqrt{\frac{1}{2}g(y_1+y_2)\left(\frac{y_2}{y_1}\right)} - v_1 = \sqrt{\frac{1}{2}g(2+2.5)\left(\frac{2.5}{2}\right)} - 2 = \frac{3.25m}{s} \;.........\;(1)$$

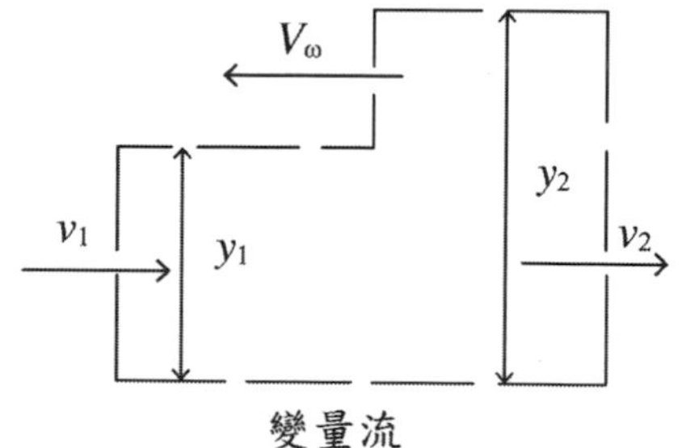

變量流

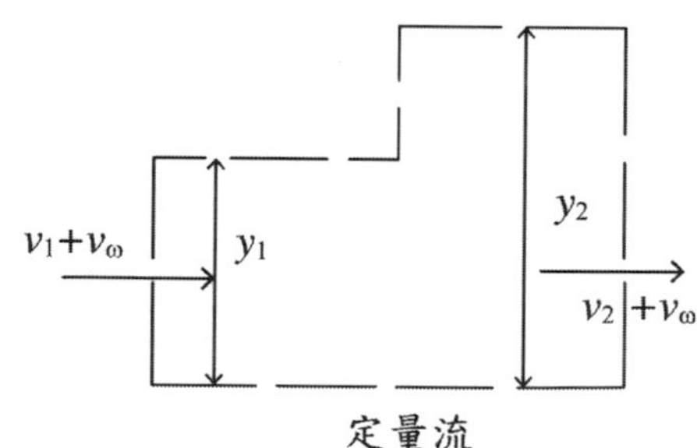

定量流

（二）不致造成閘門上游渠道溢流，最大允許水深：$y_2 = 2.5\,m$

$\Rightarrow$ 由 C-E：

$$(V_2 + V_w) \times y_2 = (V_1 + V_w) \times y_1$$

$$\Rightarrow (V_2 + 3.25) \times 2.5 = (2 + 3.25) \times 2$$

$$\Rightarrow 2.5\,V_2 = 2.38$$

$$\Rightarrow V_2 = 0.95$$

$$\therefore q_2 = V_2 \times y_2 = 0.95 \times 2.5 = 2.38$$

$\therefore$ 流量減少量：$q_1 - q_2$

$$\Rightarrow 4 - 2.38 = 1.62 (m^2/s)$$

二、有一渠道系統係由二條矩形但渠寬不同之渠道，中間以一短漸變渠道銜接而成，如圖一所示。已知上游端渠道之單寬流量為 1.0 m²/s，正常水深為 0.8 m，下游端渠道之單寬流量為 1.5 m²/s，其正常水深為 0.5 m，假設在短漸變渠道內之能量損失可忽略不計，試分析並畫出此一渠道系統可能之水面線。（25 分）

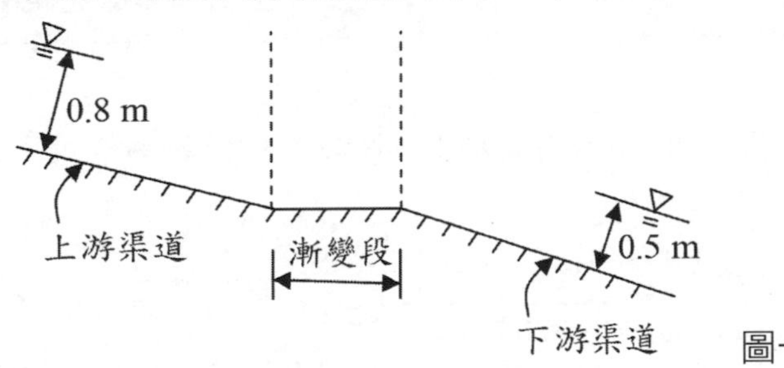

圖一

參考題解

（一）判斷曲線類型

求水面線→應先判斷曲線類型

上游端臨界水深 $y_c = \sqrt[3]{\frac{q^2}{g}} = \sqrt[3]{\frac{1^2}{9.81}} = 0.467m$，正常水深 $y_n = 0.8m$

因 $y_n > y_c$，故上游端為 M 曲線

下游端臨界水深 $y_c = \sqrt[3]{\frac{q^2}{g}} = \sqrt[3]{\frac{1.5^2}{9.81}} = 0.612m$，正常水深 $y_n = 0.5m$

因 $y_c > y_n$，故上游端為 S 曲線。

（二）繪製水面線

因水面有將趨於正常水深之傾向，故此渠道系統水面線應為 M2-S2，水面線繪製如下：

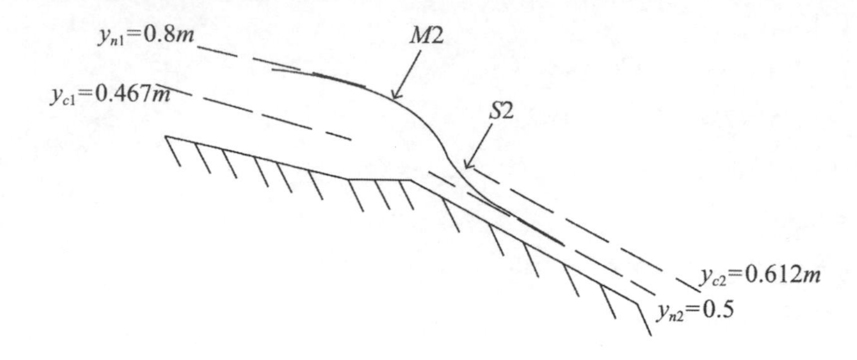

三、有二座蓄水庫以一長為 70 km 之矩形渠道銜接，假設該渠道為水平且摩擦損失可忽略不計。剛開始之渠道水流為均勻流，水深為 1.5 m，流速為 1.0 m/s。在時間 $t=0$ 時，下游端水庫之水位以 0.30 m/ hr 速率下降，而上游端水庫在 $t=2$ hr 時，水位以 0.15 m /hr 速率下降。試求：

（一）渠道水深全面受到影響之時間及位置。（15 分）

（二）當水深全面受影響之時，水深 0.6 m 處距上游端水庫之距離為多少？（10 分）

參考題解

依題意，繪製 x-t 平面圖，令向下游方向為正，假設於 t1 時渠道全面受到影響，則：

（一）求 t1.x

上游段反斜率：$\left(\dfrac{dx}{dt}\right)_{上}=\dfrac{x}{t1-7200}=v_0+c_0=1+\sqrt{9.81\times1.5}=4.836$ ……………………（1）

下游段反斜率：$\left(\dfrac{dx}{dt}\right)_{下}=\dfrac{70000-x}{t1}=-v_0+c_0=-1+\sqrt{9.81\times1.5}=2.836$ ………………（2）

令 $x=4.836(t1-7200)$，代入（2）式可解得 $t1=13663(s)=3$ 小時 47 分 43 秒，此時 x = 31.25 km（距上游 31.25km）

即水深最慢受到水庫水位下降影響位置在距上游水庫 31.25 km 處

（二）下游端水庫 3 小時後，其水深 $=1.5-0.3\times3=0.6m$

$$\left(\frac{dx}{dt}\right)_{下}=-v+c=-(-2c+v_0+2c_0)+c=3c-v_0+2c_0$$

$$=3\times\sqrt{9.81\times0.6}-1-2\times\sqrt{9.81\times1.5}=-1.39$$

$$\Rightarrow\left(\frac{-x'}{13663-3600\times3}\right)=-1.39\Rightarrow x'=3.98\text{（距下游端水庫}12.16\ km\text{）}$$

故距上游端水庫之距離為 $70km - 3.98\ km = 66.02\ km$

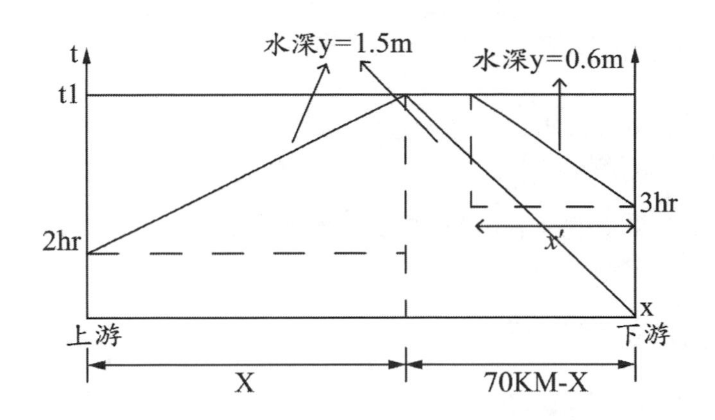

四、如圖二所示為設有閘門之矩形渠道，渠寬為 10 m，閘門開度為 0.5 m，假設閘門處水流之局部束縮及能量損失可忽略不計，底床坡降 S_0 為 0.001，渠道之曼寧糙度值 n = 0.02，試求發生水躍（hydraulic jump）處距閘門之距離。（25 分）

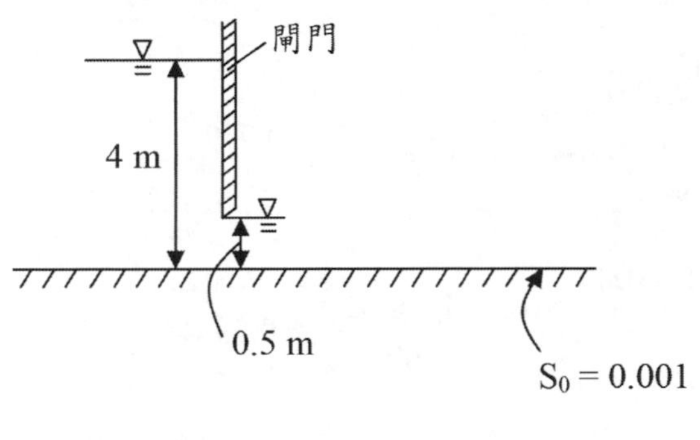

圖二

參考題解

如上圖，即求緊鄰閘門之（1）處與（2）間之距離 L

（一）由比能相等求單位寬度流量

$$E_0 = E_1 \Rightarrow 4 + \frac{q^2}{2g \times 4^2} = 0.5 + \frac{q^2}{2g \times 0.5^2} \Rightarrow q = 4.176\, m^2/s$$

（二）由曼寧公式求水躍後之正常水深 y_3

$$q = v \cdot y = \left(\frac{1}{n} R^{\frac{2}{3}} S_0^{\frac{1}{2}}\right) y_3 \Rightarrow 4.176 = \left(\frac{1}{0.02}\right)\left(\frac{10 \cdot y_3}{10 + 2 \cdot y_3}\right)^{\frac{2}{3}} (0.001)^{\frac{1}{2}} y_3$$

$$\Rightarrow y_3 = 2.06m$$

（三）由水躍公式求水躍前之水深 y_2

由水躍公式 $y_2 = \frac{y_3}{2}(-1+\sqrt{1+8F_3^2}) = 0.639m$

其中 $F_3^2 = \frac{q^2}{gy^3} = \frac{4.176^2}{9.81\cdot(2.06)^3} = 0.2$

（四）求出 E_1 、E_2 、$\overline{s}_f$ 並帶入 $L = \frac{E_1 - E_2}{S_0 - \overline{s}_f}$ 求兩點間距離

$$E_1 = y_1 + \frac{q^2}{2g\times(y_1)^2} = 4.055m$$

$$E_2 = y_2 + \frac{q^2}{2g\times(y_2)^2} = 2.82m$$

$$R_1 = \frac{By_1}{B+2y_1} = \frac{10\cdot(0.5)}{10+2\cdot(0.5)} = 0.455 \Rightarrow R_1^{\frac{4}{3}} = 0.35$$

$$R_2 = \frac{By_2}{B+2y_2} = \frac{10\cdot(0.639)}{10+2\cdot(0.639)} = 0.567 \Rightarrow R_1^{\frac{4}{3}} = 0.469$$

$$S_{f1} = \frac{v_1^2 n^2}{R_1^{\frac{4}{3}}} = \frac{\left(\frac{q}{y_1}\right)(0.02)^2}{R_1^{\frac{4}{3}}} = \frac{(8.352)^2(0.02)^2}{0.35} = 0.0797$$

$$S_{f2} = \frac{v_2^2 n^2}{R_2^{\frac{4}{3}}} = \frac{\left(\frac{q}{y_2}\right)(0.02)^2}{R_2^{\frac{4}{3}}} = \frac{(6.535)^2(0.02)^2}{0.469} = 0.0364$$

$$\Rightarrow \overline{s}_f = \frac{S_{f1}+S_{f2}}{2} = 0.0581$$

將上述參數帶入 $L = \frac{E_2 - E_1}{S_0 - \overline{s}_f} \Rightarrow L = \frac{2.82-4.055}{0.001-0.0581} = 21.63M$

公務人員高等考試三級考試試題／水資源工程學

一、灌溉渠道常利用堰來量測流量，通常種類有三角形堰及矩形堰。此兩者有何差異，且優缺點為何？若利用三角形堰量測流量，為何流量與水頭 h（溢流水深）的 2.5 次方成正比？（20 分）

參考題解

（一）依堰之缺口形狀可分為三角形堰及矩形堰，如圖，其流量與水位之關係將因形狀不同而改變，優缺點如表列所示：

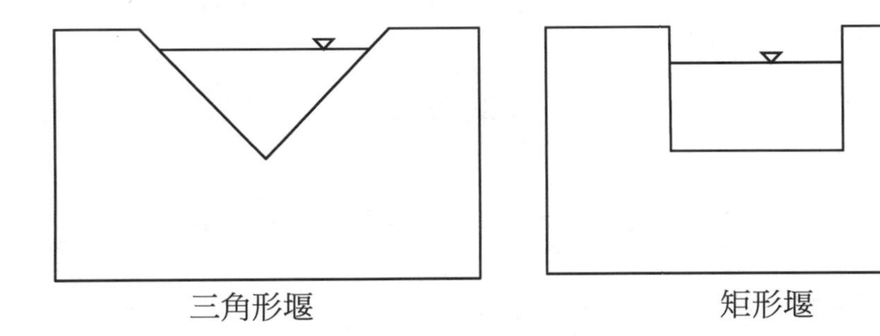

三角形堰　　　　矩形堰

	優點	缺點
三角形堰	在同一流量下，三角堰所讀得之水頭較矩形堰為高，誤差較小，可用於精確量水	較矩形堰易淤積，維護不易
		計算較繁瑣
		應用限制大
矩形堰	量測容易	誤差較三角堰大
	維護方便	
	應用較廣	

（二）如圖，三角形堰流公式推導如下：

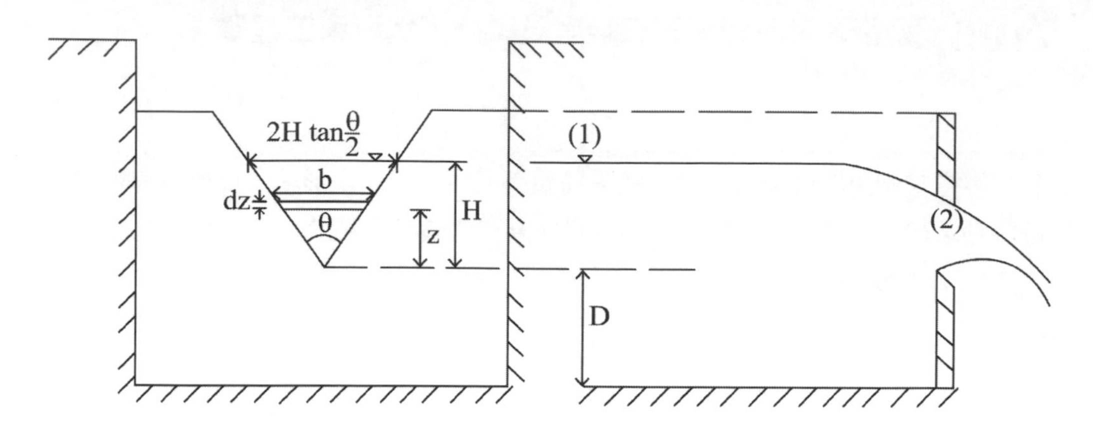

取點 1 為水面上一點，點 2 為水舌上任一點，由 $EE: H+D=D+Z+\frac{v_2^2}{2g}$

$\Rightarrow V_2=\sqrt{2g(H-z)}$，再由 $Q=AV=\int_0^H\sqrt{2g(H-z)}dA$，其中 $dA=2z\tan\frac{\theta}{2}dz$

$\Rightarrow$ 故 $Q=\int_0^H\sqrt{2g(H-z)}\left(2z\tan\frac{\theta}{2}\right)dz=2\times\tan\frac{\theta}{2}\times\sqrt{2g}\int_0^H\sqrt{H-z}dz$

令 $k=H-z$，$z=H-k$，$dk=-dz$ 代入上式

可解得 $Q=\frac{8}{15}\sqrt{2g}\tan\frac{\theta}{2}H^{\frac{5}{2}}$……即流量 Q 與水頭 H 的 2.5 次方成正比，得證

二、有一大型集水區，下游因都市開發需設置防洪牆，其設計標準為 200 年洪水。該集水區設有數個雨量站，且下游設有一個流量站，因此已收集到各雨量站 20 年的時雨量資料及 3 年流量站的流量資料。試問如何推求 200 年洪水量？請具體說明推估的步驟流程及可能用到的相關理論與方法。（20 分）

參考題解

（一）利用已知之時雨量（20 年）、流量資料（3 年），配合合理化公式 $Q_p=CiA$，推求其餘 17 年之流量資料。

（二）利用（一）所推得之流量資料，計算其平均值、標準差等統計參數。

（三）計算極端值第一類分布之頻率因子，即 $K_T=-\frac{\sqrt{6}}{\pi}\left[0.5772+\ln\left\{\ln\frac{T}{T-1}\right\}\right]$，

$K_{200}=3.679$，代入 $Q_{200}=\overline{Q}+K_{200}\times\sigma$，即可求得 200 年之洪水量

三、若需水量是固定的，為 30 m^3/s。水庫預定地點的入流量如下，試問最小庫容應為多少？（20分）

月	1	2	3	4	5	6	7	8	9	10	11	12
流量 m^3/s	48	42	23	11	14	22	45	55	43	35	27	21

參考題解

利用尖峰序列法，設每月：30天

月	I（m^3/s）	D（m^3/s）	I－D	ΣI－D
1	48	30	18	18
2	42	30	12	30
3	23	30	–7	23
4	11	30	–19	4
5	14	30	–16	–12
6	22	30	–8	–20 T_1
7	45	30	15	–5
8	55	30	25	20
9	43	30	13	33
10	35	30	5	38 P_1
11	27	30	–3	35
12	21	30	–9	26
1	48	30	18	44
2	42	30	12	56
3	23	30	–7	49
4	11	30	–19	30
5	14	30	–16	14
6	22	30	–8	6 T_2
7	45	30	15	21
8	55	30	25	46
9	43	30	13	59
10	35	30	5	64 P_2

月	I（m^3/s）	D（m^3/s）	I－D	ΣI－D
11	27	30	−3	61
12	21	30	−9	52

$\because \max\{P_1-T_1, P_2-T_2\}$

$=\max\{38-(-20), 64-6\}$

$=\max\{58, 58\}$

$=58\ (m^3/s)$

$\therefore$最小庫容：$58(m^3/s)\times 30(day)\times 86400(s/day)$

$=150336000\ (m^3)$

四、兩河川平行且相距 1000 m，其間含水層的 K 值為 0.5 m/ day，該區域每年降雨量 15 cm，蒸發量每年 10 cm，若一邊河川的水位為 20 m，另一邊河川的水位為 18 m，兩條河流間單位寬度的流量為何？（20 分）

參考題解

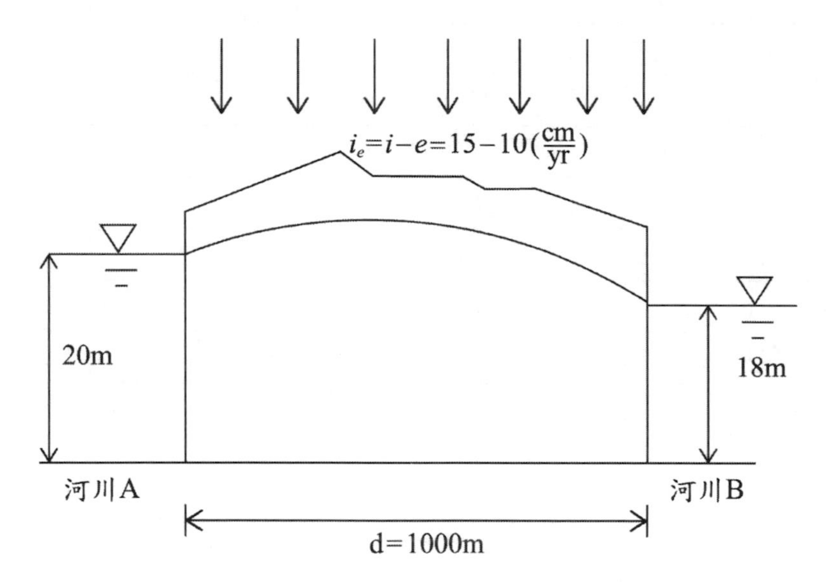

如圖，由 Dupuit equation：$q=\dfrac{K}{2L}(h_1^2-h_2^2)+i_e(x-\dfrac{L}{2})$

其中$i_e=15-10=5\left(\dfrac{cm}{yr}\right)=1.37\times10^{-4}\left(\dfrac{m}{day}\right)$

將 X = 0 代入 Dupuit equation 可得河川 A 之單位寬度流量

$$q_A = \frac{0.5}{2\times1000}(20^2-18^2)+1.37\times10^{-4}\left(0-\frac{1000}{2}\right)=-0.0495\left(\frac{m^2}{day}\right)$$

將 X = 1000m 代入 Dupuit equation 可得河川 B 之單位寬度流量

$$q_B = \frac{0.5}{2\times1000}(20^2-18^2)+1.37\times10^{-4}\left(1000-\frac{1000}{2}\right)=0.0875\left(\frac{m^2}{day}\right)$$

五、水力發電乃利用流量及落差達到發電的目的，試問水力發電的方式大致可分為幾種，並説明其個別的特性及條件？（20分）

參考題解

水力發電之種類、特性及條件整理如下表：

		特性	條件
慣常式水力發電	水庫式水力發電	以堤壩儲水形成水庫，其最大輸出功率由水庫容積及出水位置與水面高度差距決定。此高度差稱為揚程又叫落差或水頭，而水的勢能與揚程成正比。	需有足夠之水庫容積及高程差。
	川流式水力發電	利用河川之比降及彎道，開掘引水路以獲得落差之發電方式。	河川需具有穩定流量及足夠坡降。
	調整池式水力發電	介於水庫式水力發電及川流式水力發電之間的發電方式，和水庫式水力發電一樣會興建攔水壩，形成的湖泊稱為調整池，但調整池只容納一天的水量，因此規模比一般水庫要小。	做為調整水庫式及川流式水力發電之中間調整發電方式。
潮汐發電		潮汐發電是以因潮汐引致的海洋水位升降發電。	具有潮差明顯之海洋適用。
抽水蓄能式水力發電		將低價值之電力，轉換為高價值之電力。	當電力需求低時，多出的電力產能繼續發電，推動電泵將水泵至高位儲存，到電力需求高時，便以高位的水作發電之用。此法可以改善發電機組的使用率。

106年 公務人員高等考試三級考試試題／營建管理與工程材料

一、工程專案之預定與實際進度百分比，常須透過價值曲線（或稱「S 曲線」或「成本累積曲線」）之計算，以做為評估工程進度超前或落後之依據。請說明價值曲線之建立步驟，並請說明其關鍵步驟為何？（25 分）

參考題解

（一）價值曲線之建立步驟：

1. 作業預定開始與完成時間計算：由進度圖表（桿狀圖、網狀圖等）計算求得預定最早（晚）開始及完成時間，並依需求採用最早或最晚計畫。
2. 累積成本計算：固定時間間隔計算各種成本之累積值。又可細分以下三種：

（1）計畫預算（計畫值；BCWS；PV）：

累積成本＝預定完成數量×預算單價

（2）可動用預算（實際完成預算；實獲值；BCWP；EV）：

累積成本＝實際完成數量×預算單價

（3）實際成本（ACWP；AC）：

累積成本＝實際完成數量×實際單價

3. 價值曲線繪製：橫軸為時間標尺，縱軸為累積成本，連結各數據點，即價值曲線（S 曲線；成本累積曲線）。並依管制手法需求繪製所需各種價值曲線（進度方面通常僅採用 BCWS 與 BCWP 兩種曲線）。

（二）價值曲線之關鍵步驟：

價值曲線之關鍵步驟主要在各種累積成本計算。其中預定完成數量與實際完成數量兩項參數控制預定進度與實際進度之準確性，應依據進度圖表與施工狀況，正確計算（即相同計量方式）。

預定進度＝（預定完成數量／總數量）×100%

＝（BCWS / BAC）×100%

實際進度＝（實際完成數量／總數量）×100%

＝（BCWP / BAC）×100%

式中：BAC 為總預算。

進度檢討：

1. 傳統方法

   進度變異＝實際進度－預定進度

2. Cost / Schedule Control System 法（EVM；實獲值法）

   進度變異 SV＝BCWP － BCWS

   進度變異＞0 ⇨ 進度超前或進度績效佳。

   進度變異＜0 ⇨ 進度落後或進度績效差。

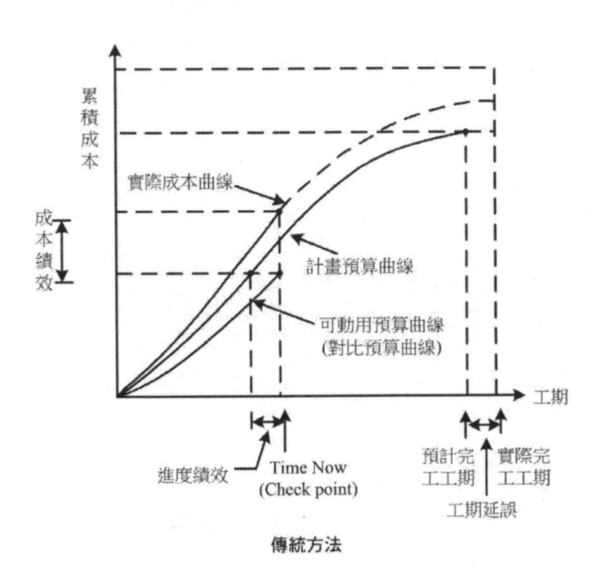

傳統方法

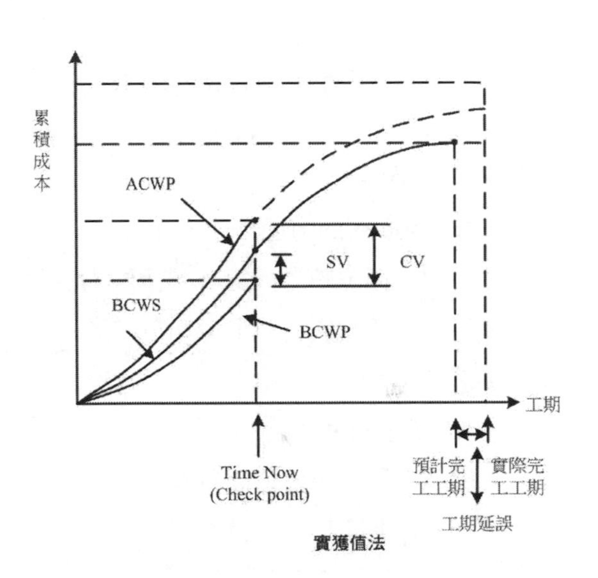

實獲值法

二、數量計算（quantity takeoffs）為工程專案管理之重要基礎，請說明數量計算成果（bill of quantity）於規劃、設計、招標、投標與施工等各階段，可應用之各種管理項目為何？（25分）

參考題解

（一）規劃階段（包括可行性研究）

■ 業主方面：

1. 可行性分析。
2. 工程成本概估。
3. 效益評估（價值工程分析）及最適方案選擇。
4. 風險分析。
5. 總進度表與綱要進度表擬定。
6. 工程計畫編製。

（二）設計階段

■ 業主方面：

1. 定案成本估算。
2. 各標發包預算。
3. 建立財務計畫。
4. 工程預算編列。
5. 細部進度表擬定。

（三）招標階段

■ 業主方面：

1. 分標契約項目數量計算。
2. 工程發包底價擬定。
3. 業主供應材料與配合資源估算。
4. 各分標工期之估計。

（四）投標階段

■ 營造廠商方面：

1. 資源數量計算，承攬能力評估。
2. 契約項目單價分析。
3. 契約項目數量核算。
4. 工程投（競）標價格之決定。

（五）施工階段

■ 業主方面：

1. 契約項目估驗計價。
2. 進度報告與檢討。
3. 品質管制。
4. 變更設計數量計算。
5. 完工驗收（含階段性）結算。

■ 承包廠商方面：

1. 施工計畫編製。
2. 分包數量規劃。
3. 現金流程分析及資金調度。
4. 主要材料與設備採購。
5. 成本控制。
6. 資源調配。
7. 品質管制。
8. 進度檢討與細部施工進度表修正。
9. 績效評估。

三、骨材為混凝土必須之材料，具有抗壓性、耐蝕性與耐磨性等特性，請說明骨材依其大小、材質與重量，各有那些分類？（25 分）

參考題解

（一）依大小分類

依 CNS 與 ASTM 規範分粗骨材與細骨材：

1. 粗骨材：停留於#4 篩（4.76mm）上。

2. 細骨材：通過#4 篩（4.76mm）者，產業界依細度模數（FM）細分為：
（1）粗砂：FM 介於 3.1～3.7。
（2）中砂：FM 介於 2.3～3.0。
（3）細砂：FM 介於 1.6～2.2。
（4）特細砂：FM 介於 0.7～1.5。

（二）依材質分類

1. 天然骨材：
係天然產出（僅限篩分處理），不改變其原有天然材質之骨材。依來源又可細分為：
（1）河川骨材。
（2）陸地骨材。
（3）海濱骨材。

2. 人造骨材：
係人為製造產品，依製造方式分為：
（1）機軋骨材：天然骨材或岩塊以機軋方式破碎成所需粒徑（尺寸）者。以機軋碎石與碎石砂等較常見。
（2）燒結型骨材：經高溫燒製者。以具膨脹性粘土、頁岩、板岩、飛灰與水庫淤泥等燒製較常見。
（3）冷結型骨材：以少量膠結材料膠結粉體，並經常溫或催化硬化而成。以飛灰冷結較常見。
（4）工業副產型骨材：工業製程產生副產品再利用，如燃煤底灰、爐碴等。
（5）再生骨材：營建廢棄物經破碎或其他處理而成。

（三）依重量分類

依單位重分：
1. 輕質骨材：乾搗鬆單位重≦1,120 kg/m^3（70pcf）（依 CNS 3691 或 ASTM C33 規定）。
2. 常重骨材：乾搗鬆單位重介於 1,520～1,680 kg/m^3（95～105pcf）。
3. 重質骨材：乾搗鬆單位重≧2,400（150pcf）。

四、鋼筋乃是鋼筋混凝土中主要的抗拉與抗彎材料。請說明鋼筋依 1.抗拉強度等級、2.外表形狀以及 3.受力情況，分別有那些不同的分類？（25 分）

參考題解

（一）依抗拉強度等級分類：

1. 中拉（力）鋼筋：降伏點超過 280N/mm^2，未滿 420N/mm^2 之鋼筋。CNS 560 規範中包括 SR300、SD280 與 SD280W 三種。
2. 高拉（力）鋼筋：降伏點或降伏強度超過 420N/mm^2，未滿 625N/mm^2 之鋼筋。CNS 560 規範中包括 SD420、SD420W 與 SD490 三種。
3. 超高拉（力）鋼筋：降伏點或降伏強度超過 550N/mm^2 之鋼筋，包括 SD550W、SD685 與 SD785 三種（草案尚未通過 CNS 國家標準；施工綱要規範第 03210 章已列入 SD550W）。

註：另有普通級鋼筋等級之稱呼，係指降伏點超過 240N/mm^2，未滿 420N/mm^2 鋼筋。包括 CNS 560 規範中之 SR240、SR300、SD280 與 SD280W 等四種。

（二）依外表形狀分類：

1. 光面鋼筋：鋼筋表面光滑，無凸起紋理者。又分圓形、方形、扁形（長方形）與方扭鋼筋等，國內以圓形光面鋼筋居多。
2. 竹節鋼筋：又稱異形鋼筋，表面有凸起紋理，以增加與混凝土間握裹力者。依花紋不同有竹節紋（橫紋），螺旋紋（斜紋）與雙螺旋紋（網紋）等，國內目前以有脊螺旋紋居多。另配合螺紋式鋼筋續接器專用，尚有無脊螺旋紋竹節鋼筋。

（三）依受力情況分類：

1. 主筋：

   承受構材主要作用力之鋼筋，又細分：

   （1）抗壓鋼筋：承受壓力之鋼筋。

   （2）抗拉鋼筋：承受拉力之鋼筋。

2. 副筋：

   承受構材次要作用力或固定其他鋼筋位置之鋼筋，又細分：

   （1）抗剪鋼筋：承受剪力之鋼筋。

   （2）抗扭鋼筋：承受扭力之鋼筋。

   （3）箍筋：提供構材（主筋）圍束效應之鋼筋，依形狀有閉合型箍筋，非閉合型箍筋與繫筋等；閉合型箍筋又分橫箍筋與螺旋箍筋等兩種。通常兼具抗剪鋼筋之功用。

   （4）補強筋：防止因局部應力產生裂縫或局部破壞而配置之鋼筋。

   （5）溫度鋼筋：防止因溫差，發生漲縮，產生內應力而配置之鋼筋。

   （6）固定筋：避免因施工鋼筋變形而配置之鋼筋。

公務人員普通考試試題／水文學概要

一、請試述下列名詞之意涵：（每小題4分，共20分）

（一）日雨量（Daily rainfall）

（二）最大時雨量

（三）孔隙率（porosity）

（四）比出水量（Specific yield）

（四）河溪的蜿曲度（sinuosity）

參考題解

（一）日雨量：日累積總雨量稱之。

（二）最大時雨量：一段觀測時間中，單位小時內最大累積雨量稱之。

（三）孔隙率：多孔介質中，孔隙體積與介質總體積之比值，即孔隙率 $n=V_V/V_T$

（四）比出水量：定義：單位面積的含水層，每降單位總水位時，所排出水分的體積，稱為比出水量。比出水量與土壤顆粒大小、形狀、孔隙分佈、水層的壓縮、及排水時間有關。比出水量一般介於0.01至0.30之間。

（五）河溪的蜿曲度：為河道水流長度與山谷最短距離之比，用以表示河溪彎曲之程度。

二、已知近日梅雨鋒面帶來臺灣地區豐沛的水氣，今在嘉義民雄地區由地表到離地表5,000公尺空氣柱高的氣象條件如下：

離地表高度（公尺）	0	500	1,000	1,500	2,000	2,500	3,000	3,500	4,000	4,500	5,000
大氣壓力（千帕）	101.1	95.0	89.3	84.7	82.5	77.2	72.4	67.3	60.3	55.6	50.7
水汽壓（千帕）	4.30	3.53	2.89	2.21	1.88	1.67	1.38	1.17	0.98	0.81	0.64

（註：1 帕 ＝1 牛頓／公尺 ^{2}）

試求該處離地表高 5,000 公尺空氣柱高的可降水量（precipitable water）。（20分）

（註：比濕度 $Hs=0.622\dfrac{e}{P_a}$，其 e 為水汽壓，P_a 為大氣壓力）

參考題解

可降水量為 $w_p = \frac{1}{\gamma_w}\sum \overline{H}_S \Delta P$ ，$H_S = 0.622\frac{e}{P_a}$ ，$\overline{H}_S = \frac{H_{S1}+H_{S2}}{2}$ ，$\Delta P = P_1 - P_2$，列表計算如下：

離地表高度 (m)	大氣壓力 p(kpa)	水汽壓 e(kap)	比濕度 H_S	$\overline{H}_s$	ΔP	$\overline{H}_s\Delta P(kpa)$
0	101.1	4.3	0.026455			
500	95	3.53	0.023112	0.0247836	6.1	0.15118
1,000	89.3	2.89	0.02013	0.02162094	5.7	0.1232394
1,500	84.7	2.21	0.016229	0.01817948	4.6	0.0836256
2,000	82.5	1.88	0.014174	0.01520167	2.2	0.0334437
2,500	77.2	1.67	0.013455	0.01381462	5.3	0.0732175
3,000	72.4	1.38	0.011856	0.01265549	4.8	0.0607464
3,500	67.3	1.17	0.010813	0.01133459	5.1	0.0578064
4,000	60.3	0.98	0.010109	0.01046108	7	0.0732276
4,500	55.6	0.81	0.009062	0.00958515	4.7	0.0450502
5,000	50.7	0.64	0.007852	0.00845659	4.9	0.0414373
					合計	0.7429739

代入 $w_p = \frac{1}{\gamma_w}\sum \overline{H}_S \Delta P = \left(\frac{1}{9810N/m^3}\right)(0.7429739kpa)$

$$= \frac{1}{9810N/m^3}(0.7429739\times 1000\,N/m^3) = 0.07574m = 75.74mm$$

三、已知舊濁水溪的集水區有五個雨量站分別 A、B、C、D 及 E，此五站過去 20 年平均雨量分別為 1,750 mm、1,820 mm、1,650 mm、1,600 mm 及 1,850 mm。今年 5 月的一場大雨，帶來的累積雨量在 A、B、C、D 四站分別為 50 mm、80 mm、40 mm、70 mm，而 E 站因為自記式雨量計故障，未量測到此次大雨的累積雨量。試由 A、B、C 及 D 四站的累積雨量，推估 E 站在該次大雨的累積雨量。（20 分）

參考題解

依題意，各雨量站資料可整理如下表：

雨量站	年平均雨量 Ni（i = A,B,C,D,E）（mm）	某次降雨所造成雨量 Pi（i = A,B,C,D,E）（mm）
A	1750	50
B	1820	80
C	1650	40
D	1600	70
E	1850	X

（一）因$\left|N_C - N_E\right| = 200$，大於 10% $N_E(185)$，故不適用內插法，應採正比法

（二）由正比法：

$$P_E = \frac{1}{4}\left(\frac{N_E}{N_A}P_A + \frac{N_E}{N_B}P_B + \frac{N_E}{N_C}P_C + \frac{N_E}{N_D}P_D\right)$$

$$= \frac{1}{4}\left(\frac{1850}{1750}\times 50 + \frac{1850}{1820}\times 80 + \frac{1850}{1650}\times 40 + \frac{1850}{1600}\times 70\right) = 65mm$$

四、已知一集水區的集流面積為 2,000 公頃，在一場暴雨發生後，雨量站所測得到的累積雨量如下表：

時間（hr）	1	2	3	4	5	6	7	8	9	10
累積雨量（mm）	2	15	32	60	103	135	152	162	167	171

若在集水區下游出流口的水文站量得的直接逕流體積為 $2.5\times 10^6 m^3$，試求此場暴雨的

（一）繪降雨組體圖（5分）

（二）有效降雨深度（5分）

（三）ϕ 指數（5分）

（四）有效降雨延時 T_e（5分）

參考題解

（一）降雨組體圖如右所示：

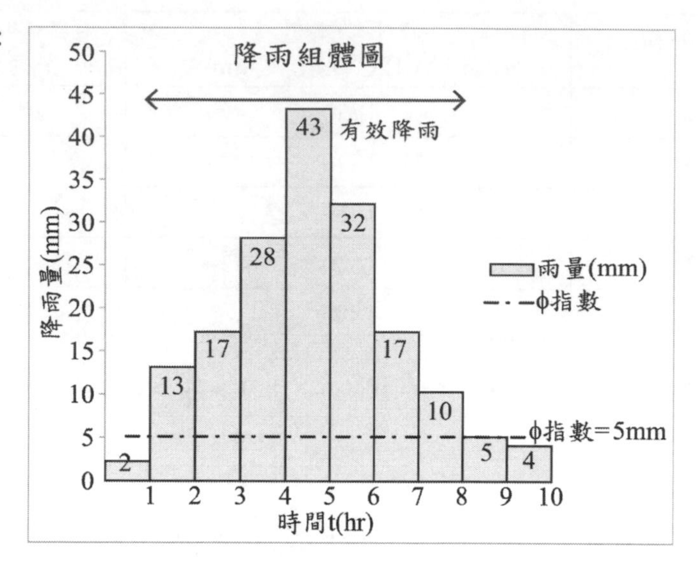

（二）有效降雨深度 ＝ 直接逕流體積／集流面積$=2.5\times10^{6}\times\dfrac{1}{2000\times10000}=0.125m=125mm$

（三）採試誤法，令 φ 指數$=5mm/hr$ ，則 $\Sigma(P-\varphi)\times\Delta t=125(mm)$

$\Rightarrow[(13-5)+(17-5)+(28-5)+(43-5)+(32-5)+(17-5)+(10-5)]\times1$

$=(8+12+23+38+27+12+5)\times1=125mm$（符合假設）

故 φ 指數$=5mm/hr$

（四）由圖一可知有效降雨延時T_e共 7 小時

五、已知一農場因極端氣候的影響，其原先地面水源發生供水不足之情形；其缺水量約為每日 550 公噸。今欲以抽取地下水方式來補足其缺水量。該農場內的地下水層特性為未受壓含水層（unconfined aquifer），且其厚度為 48 公尺；含水層的水力傳導係數（hydraulic conductivity）為 0.0035 公尺／分鐘。假設你是地下水井設計者，你設計的抽水井直徑是 15 公分，且為了不影響鄰近其他地下水井所有權人的用水權利，你只允許抽取抽水井為中心，半徑最大為 80 公尺內的農場區內的地下水，若欲將每日缺水量均由該抽水井抽取時，試問最小穩態洩降量為何？（20 分）

參考題解

（一）已知抽水量$Q=550$公噸$/Day=550\,m^3/Day$

水力傳導係數$K=0.0035m/\min=5.04m/Day$

假設當$r_2=80m$時，$h_2=48m$（即影響半徑$r=80m$，此時有最小洩降量），含水層屬非拘限含水層。

（二）由非拘限含水層之井平衡公式：

$Q=\dfrac{\pi k(h_2^2-h_1^2)}{\ln\left(\dfrac{r_2}{r_1}\right)}$……(1)，將上述已知代入（1）式

$\Rightarrow 550=\dfrac{\pi\times 5.04\times(48^2-h_1^2)}{\ln\left(\dfrac{80}{\frac{0.15}{2}}\right)}$，解得 $h_1=45.4=48-z$，其中Z為洩降量

解得 $z=48-45.4=2.6\ m$，故最小穩態洩降量 $z=2.6\ m$

106年 公務人員普通考試試題／流體力學概要

一、說明黏性和非黏性流體其流動在邊界上的條件分別為何？有否考慮流體黏性對於兩平板間流速分布有何不同？其產生的原因為何？其對於流量的影響為何？（20分）

參考題解

（一）黏性流在流體與管壁的邊界，必須考慮無滑移邊界條件，即邊界上流速＝0，無黏性流則不必。

（二）由兩平板間流速分布：

$$u(y)=\frac{1}{2\mu}\left(\frac{dp}{dx}-\rho g\sin\theta\right)(y^2-ly)+\frac{U}{l}y\text{（黏性流）}$$

$$u(y)=\frac{U}{l}y\text{（非黏性流）}$$

其中U為上平板之速度，簡言之，如不考慮黏性，則不需考慮黏滯係數項。

（三）產生差異之原因為流體之黏滯力。

（四）如考慮黏性，則流體將因黏性抵抗而降低流速，進而減少流量。

二、如圖一所示，蓄水池排水，考慮二維斷面問題，垂直於紙面單位厚度。水池寬度 a，出水口寬度 d。若蓄水池寬度遠大於出水口寬度，則出水口流速多少？若蓄水池寬度和出水口寬度相當，則出水口流速多少？（20分）

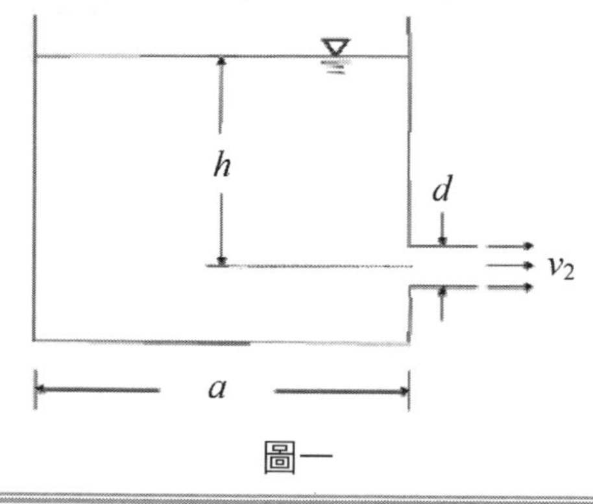

圖一

參考題解

取蓄水池上一點（1）及出水口一點（2），且令（2）之高程為0，代入白努利方程式

（一）假設蓄水池寬度遠大於出水口寬度：

$$\frac{P_1}{\gamma}+\frac{V_1^2}{2g}+Z_1=\frac{P_2}{\gamma}+\frac{V_2^2}{2g}+Z_2 \Rightarrow 0+0(\text{蓄水池下降速度可忽略})+h=0+\frac{V_2^2}{2g}+0 \Rightarrow V_2=\sqrt{2gh}$$

（二）蓄水池寬度和出水口寬度相當，則V_1不可忽略，代入白努利方程式：

$$\frac{P_1}{\gamma}+\frac{V_1^2}{2g}+Z_1=\frac{P_2}{\gamma}+\frac{V_2^2}{2g}+Z_2 \Rightarrow 0+\frac{V_1^2}{2g}+h=0+\frac{V_2^2}{2g}+0$$

$$\Rightarrow \frac{V_1^2}{2g}+h=\frac{V_2^2}{2g} \Rightarrow V_2=\sqrt{V_1^2+2gh} \quad \cdots\cdots (1)$$

且由連續方程式：$Q_1=Q_2 \Rightarrow V_1\times(a\times1)=V_2\times(d\times1) \Rightarrow V_1=\frac{d}{a}V_2$ ⋯⋯（2）

將（2）式代回（1），可得$V_2=\sqrt{\frac{2gh}{\left(1-\frac{d^2}{a^2}\right)}}$

三、正方形理想流體流場，如圖二所示，長和寬各為 10。假設均勻流由左側流向右側，給定左邊流速勢函數 $\Phi_{AB}=300$，右邊流速勢函數 $\Phi_{CD}=0$，則 E、F、H、I 四點的勢函數多少，G 點的流速為何？（20分）

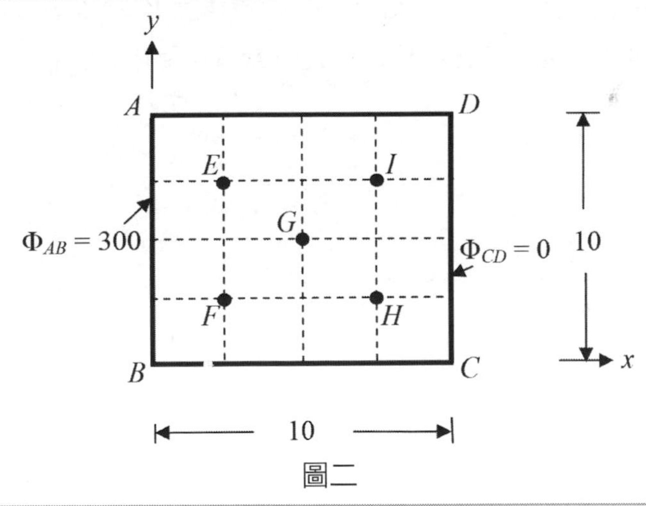

圖二

參考題解

理想流場：流體具有無黏性及不可壓縮特性之流場。

由流速勢函數 Φ 定義及由左側向右側流動之均勻流可知：

$u = -\frac{\partial \Phi}{\partial x} = V_0 \quad (1)$

$v = -\frac{\partial \Phi}{\partial y} = 0$

將(1)式積分，可得

$\int_{300}^{\Phi} d\Phi = -V_0 \int_0^x dx$

$\rightarrow \ \Phi = -V_0 x + 300$

$\Phi(x = 10) = 0$, 代入上式 $\therefore V_0 = 30$

$\therefore \Phi = -30x + 300$

E、F、H、I 四點的勢函數

$\Phi_E = \Phi_F = \Phi(x = 2.5) = -30 \times 2.5 + 300 = 225$

$\Phi_H = \Phi_I = \Phi(x = 7.5) = -30 \times 7.5 + 300 = 75$

G 點的流速

$u = -\frac{\partial \Phi}{\partial x} = V_0 = 30$

$v = 0$

四、田園灑水器擺置地面上，如圖三所示，給定出流速度 $V = 10$ m/sec，角度為水平向上 30°。出水口直徑 50 mm，距離地面高度 3 m。計算作用在 A 點的力矩為多少？（20 分）

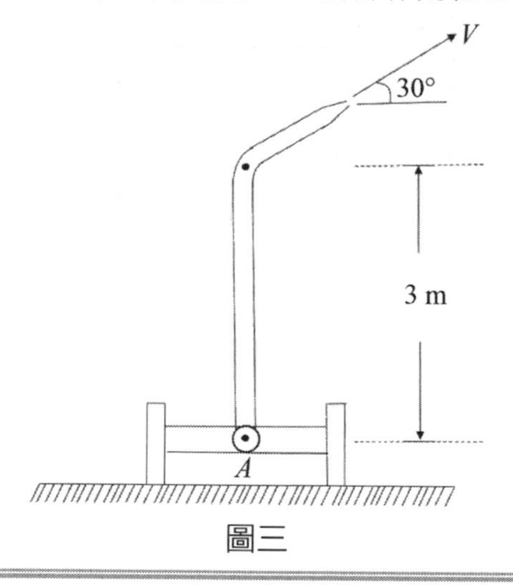

圖三

參考題解

由動量矩守恆：$\sum \overrightarrow{M}_{sys} = \oiint_{c.s} (\vec{\gamma} \times \vec{v})(\rho \vec{v} \cdot d\vec{A})$

其中$(\vec{r}\times\vec{v})=-3\times(10\cos 30°)=-25.98$（順時針）；$(\rho\vec{v}\cdot d\vec{A})=1000\times[10\cdot\frac{1}{4}\pi(0.05)^2]=19.63$（流出為正），故該系統所受之力矩為$-25.98\cdot 19.63=-509.9(N-M)$（灑水器作用在水的力矩）
水作用在灑水器的力矩：509.9 (N-m)（逆時針）

五、天氣酷熱到游泳池戲水應該也是消暑方式之一。人在游泳池快步走比在地面上走比較困難的原因為何？（20分）

參考題解

因水之阻力遠大於空氣阻力，水之阻力可寫作$P=\gamma h$，水深越深造成之阻力（水壓）越大，故在泳池內行走遠較地面上困難。

106年 公務人員普通考試試題／土壤力學概要

一、試說明下列問題：

（一）何謂主動土壓力？試舉一發生主動土壓力之工程案例。（5分）

（二）何謂被動土壓力？試舉一發生被動土壓力之工程案例。（5分）

（三）何謂靜止土壓力？試舉一發生靜止土壓力之工程案例。（5分）

（四）淺基礎極限承載力因子有那些？極限承載力因子有何用途？（10分）

參考題解

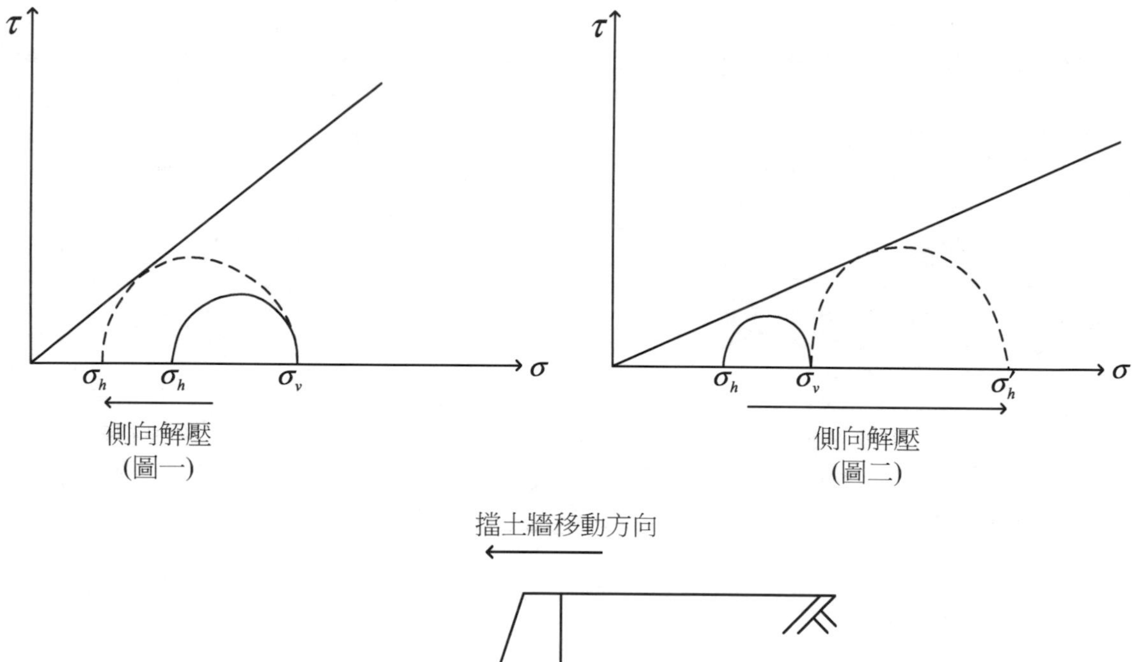

(圖一)　(圖二)

(圖三)

（一）當土壤呈現側向解壓之狀態（前提是側向已達一定之位移量，土體元素之側向應變已不可忽視），土體元素之側向壓力不斷變小直到極限平衡狀態，如上圖一莫爾圓碰觸破壞包絡線，此時之側向壓力（σ_h'）即為主動土壓力，工程案例如圖三當土牆工程之A區因受被填土之擠壓有向左側移之傾向，故被填土區即為主動土壓力區。

（二）承上，若當土壤呈現側向加壓之狀態（前提一樣是側向已達一定之位移量，土體元素之側向應變已不可忽視），土體元素之側向壓力不斷變大直到極限平衡狀態，如上圖二莫爾圓碰觸破壞包絡線，此時之側向壓力（σ'_h）即為被動土壓力，工程案例如圖三當土牆工程之B區因遭受擋土牆向左側移之擠壓，故為被動土壓力區。

（三）若土體受到束制，任何之加載所造成側向位移量即小，其應變幾乎可忽略，此時土體元素中所產生之側向應力即為靜止土壓力；任何可將土壤側向應變視為零者之工程案例皆為靜止土壓力，這包含時間或距離因素，比如地下室開挖所使用之板樁牆，監測其位移隨時間趨於穩定而不再有應變時，此時板樁牆背填土即為靜止土壓力狀態；抑或基樁施打，在一定距離外其側向應變量幾乎視為零，該區土壤亦為靜止土壓力狀態。

（四）Terzaghi 在推導淺基礎承載力公式所得之結論，大致上將土壤承載力之來源分為三者，分別是土壤本身凝聚力、基礎周圍覆土重量抑制破壞面延伸以及基礎底下土壤被激發之被動土壓力，而上述每一項皆含有對應之承載力因素分別為N_c、N_q、N_γ，承載力因素皆為土壤摩擦角ϕ之函數，Terzaghi 亦將其整理繪製成圖供後人查用。承載力因素的存在，大幅的簡化了 Terzaghi 推導出的淺基礎承載力公式，使用者僅需透過查圖即試驗求得土壤之基本物性便可推估其承載力，於工程上亦被廣泛使用。

二、某一飽和黏土土樣，其含水量為 35.0%，比重 Gs = 2.70，試求：（每小題 5 分，共 25分）
（一）孔隙比。
（二）孔隙率。
（三）乾土單位重。
（四）飽和單位重。
（五）浸水單位重。

參考題解

（一）$se = G_s w \Rightarrow 1\times e = 0.35\times 2.7 \Rightarrow e = 0.945$

（二）$n = \dfrac{v_v}{v} = \dfrac{v_v}{v_v + v_s}$ 分子分母都除以v_s後

$$n = \frac{e}{1+e} = \frac{0.945}{1.945} = 0.486 = 48.6\%$$

（三）$r_d = \dfrac{r_s}{1+e} = \dfrac{G_s r_w}{1+e} = \dfrac{2.7\times 9.81}{1+0.945} = 13.61\ KN/m^3$

（四）$r_{sat}=\dfrac{G_s+se}{1+e}\times r_w=\dfrac{2.7+0.945}{1+0.945}\times 9.81=18.38\ KN/m^3$

（五）$r'=r_{sat}-r_w=8.57\ KN/m^3$

三、試回答下列問題：（每小題 5 分，共 25 分）

（一）何謂 Skempton 孔隙水壓參數 B？

（二）孔隙水壓參數 B 值可能的範圍為何？

（三）何謂 Skempton 孔隙水壓參數 A？

（四）孔隙水壓參數 A 值可能的範圍為何？

（五）施作三軸不排水試驗，為何也可得到排水剪力強度參數？

參考題解

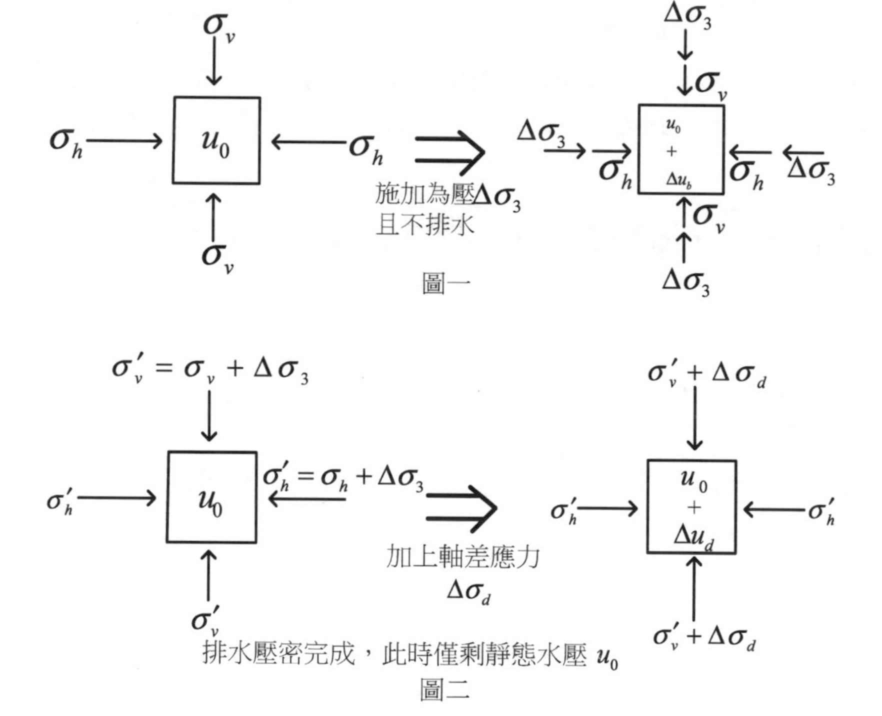

圖二

（一）如圖一所示，進行三軸試驗，重模試體之初始應力及靜態水壓如左側，在不排水之條件下開始施加圍壓達定值後，此時水壓增加與圍壓增加之比值即為 Skempton 孔隙水壓參數 B。

（二）Skempton 孔隙水壓參數 B 會隨著土體飽和度變化，介於 0~1 之間，當土體飽和度為 0%時，施加之圍壓全由土壤有效應力承受，水壓不會有變化，孔隙水壓參數 B 為 0。

當土體飽和度為 100%時，施加之圍壓全由水壓所承受，孔隙水壓參數 B 為 1。

（三）先將試體施打反水壓至飽和狀態，在排水條件下施加圍壓進行壓密，壓密完成後因施加圍壓所造成之超額孔隙水壓消散，此時試體如圖二左側維持飽和狀態並且僅存初始之靜態水壓，接著開始施加軸向之軸差應力並且改為不排水條件，則由軸差應力所激發之超額孔隙水壓與軸差應力比值即為 Skempton 孔隙水壓參數 A。

（四）Skempton 孔隙水壓參數 A 於一般性土壤一樣會介於 0~1 之間，但特殊情況時會小於 0 或大於 1：

A<0：發生於過壓密粘土或緊密砂土，且 OCR 或相對密度越大則 A 會負值越大，此乃因過緊密土壤的受剪膨脹特性，會激發負值的超額孔隙水壓。

A>1：與 A<0 剛好是相反的極端，太過疏鬆的土壤在承受外來壓力時會被打散並重新排列，打散之瞬間土壤粒子間幾乎無接觸，使得原本尚存在土壤粒子間的有效應力也消失，此時除了增加的外力，連同原存在之有效應力一併轉架全由超額孔隙水壓承受，便會造成 A>1 之結果。

（五）三軸試驗排水與否，在於超額孔隙水壓是否持續存在，然在不排水條件下可透過水壓監測技術得知隨加載狀況而改變之孔隙水壓，進而得知外壓加載時土壤間之有效應力變化；最後透過有效應力莫爾圓之回歸分析便可求得有效應力參數，也就是排水剪力參數 c'、ϕ' 值。

四、試回答下列問題：（每小題 5 分，共 25 分）

（一）何謂流線？

（二）何謂等勢能線？

（三）何謂流線網？

（四）流線網有何用途？

（五）試舉一例繪出流線網。

參考題解

（一）土壤中之水因水頭差而產生流動之現象，土壤中之水在透水層中由上游流至下游所經過路徑稱流線。

（二）承上，水分布於土壤中有不同之水頭，連接各水頭相等點所成之線稱等勢能線，流線與等勢能線必為正交關係。

（三）由流線與等勢能線所交織而成之網格圖形稱為流線網。

（四）流線網是一種用來估測水流路徑的實用方法，應用流線網不但可以求得滲流力，若以達西定律配合流線網，可用來估計土壤中水之滲流量。

（五）同樣區域同樣條件之流線網不存在唯一性，網格有大有小，取決於不同之流線及等勢能數量；流線網之繪製，須掌握以下原則進行試繪：

1. 流線與等勢能線須為正交。
2. 流線網雖不可避免的由曲線所組成，但每一網格應略似為正方形（即恰可放置一正圓於其中）。
3. 各流線與各等勢能線不可交錯。

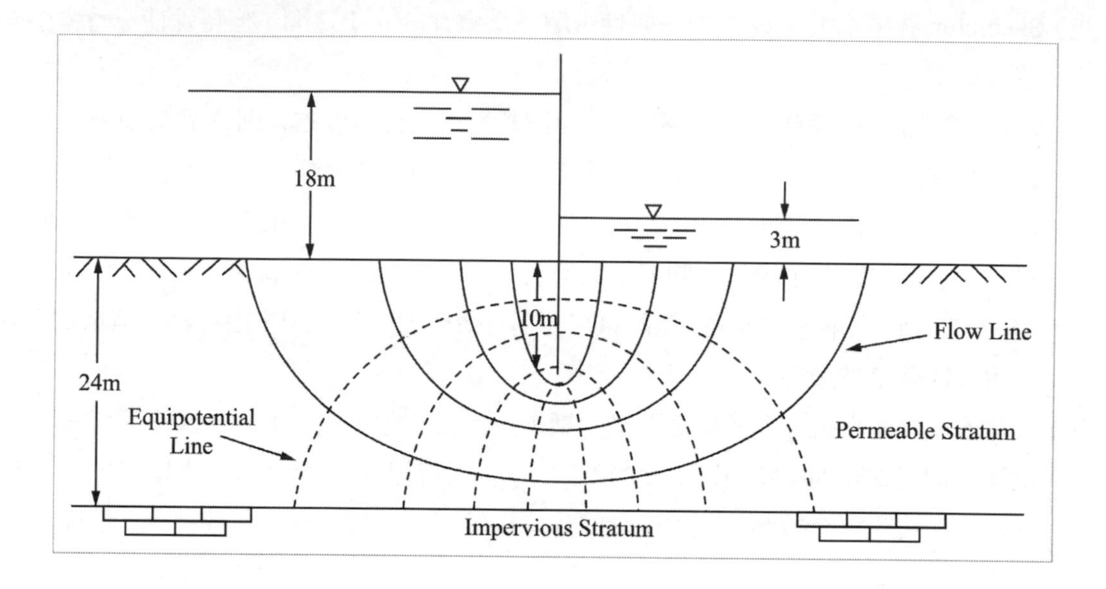

106年 公務人員普通考試試題／水資源工程概要

一、（一）為何穴蝕（Cavitation）會造成管壁的破壞？（10分）
（二）如何防止穴蝕的發生？（10分）

參考題解

（一）穴蝕為在流體流動過程中因速度變化產生局部之低壓區。若低壓區之壓力等於或低於該流體之蒸氣壓力時，則使該流體產生汽化，產生氣泡。隨後，因周遭速度場與壓力場變化，可能導致氣泡破裂，受壓破裂的氣泡將直接衝擊管壁，造成管壁破壞。

（二）預防穴蝕發生：

1. 於管壁表面塗防穴蝕材料和吸振物質，並盡量降低表面之粗糙度。
2. 定期保養幫浦，使其維持正常性能，避免因過度運作而耗損零件，導致裂縫或孔洞之形成。
3. 控制零件、幫浦及液體在正常工作溫度內。
4. 控制流體流速，因流速過快將導致壓力下降，液體汽化機率上升。

二、水庫預定地點連續15個月乾旱時期的流量如下表，而同時期需要的取水量亦如下表。若要滿足供水需求，則預定新蓋水庫的最小庫容為多大？流量及需求的單位為百萬立方公尺（M-m^3）。（20分）

月	6	7	8	9	10	11	12	1	2	3	4	5	6	7	8
流量	500	700	800	400	300	300	200	100	300	600	800	900	300	400	900
需求	300	300	400	500	700	800	500	400	300	300	200	500	700	600	200

參考題解

由$D-Q=\Delta S$（D：需水量，Q：入流量，ΔS：蓄水量），故最小庫容

$$=\Sigma(D-Q)\ ,\begin{cases} D-Q<0\ ,0\text{（水分足夠不須供給）} \\ D-Q>0\ ,\Delta S\text{（不足之水量由水庫供給）} \end{cases}$$

月份	D（M–m³）	Q（M–m³）	D – Q（M–m³）	水庫供給量(M–m³）
6	300	500	–200	0
7	300	700	–400	0
8	400	800	–400	0
9	500	400	100	100
10	700	300	400	400
11	800	300	500	500
12	500	200	300	300
1	400	100	300	300
2	300	300	0	0
3	300	600	–300	0
4	200	800	–600	0
5	500	900	–400	0
6	700	300	400	400
7	600	400	200	200
8	200	900	–700	0
總和				2200

故水庫最小庫容為 2200（$M-m^3$）

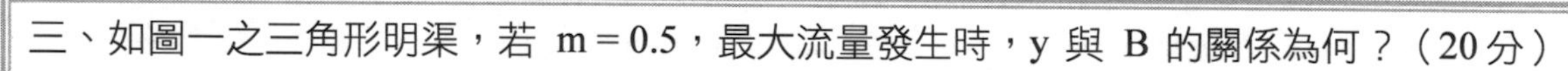
三、如圖一之三角形明渠，若 m = 0.5，最大流量發生時，y 與 B 的關係為何？（20分）

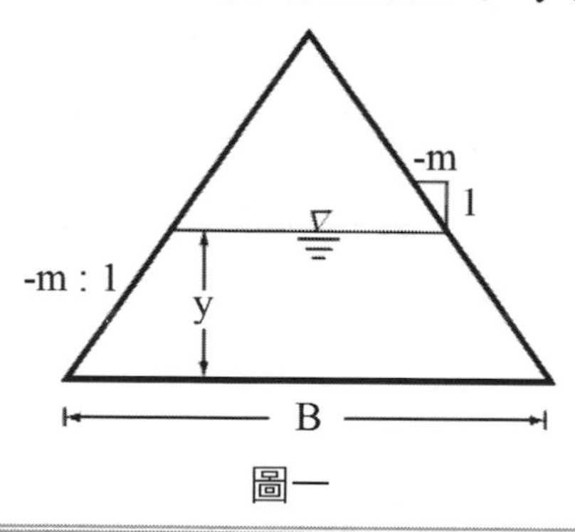

圖一

參考題解

（一）上底＝B－y；下底＝B，斷面面積 $A=[B+(B-y)]\times\frac{y}{2}=y(B-0.5y)$

濕周 $P = 2\times\sqrt{y^2+(0.5y)^2}+B \cong 2.24y+B$

水力半徑 $R=\dfrac{A}{P}=\dfrac{y(B-0.5y)}{2.24y+B}$ ……………………（1）

（二）因 $A=y(B-0.5y)\Rightarrow B=\dfrac{A}{y}+0.5y$，代入（1）式，可得 $R=\dfrac{A}{2.74y+\dfrac{A}{y}}=\dfrac{Ay}{2.74y^2+A}$

（三）$\dfrac{dR}{dy}=0$ 時有最大流量（A 為一定值），即 $\dfrac{dR}{dy}=\dfrac{A(2.74y^2+A)-5.48y\times(Ay)}{(2.74y^2+A)^2}=0$

可解得 $A=2.74y^2$，即 $y(B-0.5y)=2.74y^2\Rightarrow B=3.24y$

四、某河川 100 年的洪水量為 435 m³/s，50 年的洪水量為 395 m³/s，試利用極端值第一型分布（EVI）推估回歸期（return period）為 1000 年的洪水量。（20 分）

參考題解

（一）求平均年洪水量 $\overline{X}$、洪水量標準偏差 σ

已知 100 年洪水量為 $435m^3/s \Rightarrow 435=\overline{X}+K_{100}\sigma$ ……………………（1）

50 年洪水量為 $395m^3/s \Rightarrow 395=\overline{X}+K_{50}\sigma$ ……………………（2）

由（1）式-（2）式，可得 $40=(K_{100}-K_{50})\sigma$ ……………………（3）

其中 $K_{100}=-\dfrac{\sqrt{6}}{\pi}\left[0.5772+\ln\left\{\ln\dfrac{100}{99}\right\}\right]\cong 3.14$

$K_{50}=-\dfrac{\sqrt{6}}{\pi}\left[0.5772+\ln\left\{\ln\dfrac{50}{49}\right\}\right]=2.59$

代回（3）式可解得 $\sigma\cong 72.73m^3/s$ ，$\overline{X}\cong 206.6m^3/s$

（二）求 1000 年洪水量

1000 年洪水量 $X_{1000}=\overline{X}+K_{1000}\sigma$

其中 $K_{1000}=-\dfrac{\sqrt{6}}{\pi}\left[0.5772+\ln\left\{\ln\dfrac{1000}{999}\right\}\right]\cong 4.94$，將 K_{1000}、$\overline{X}$ 及 σ

代回上式即可得 $X_{1000}=206.6+4.94\times 72.73\cong 565.9m^3/s$

五、自來水管網系統各管路的管徑及長度如圖二，水管由 1 分為 3 再合為 1。若各管路的摩擦因子皆相同，A 點的流量為 0.7 m³/s。試推求中間 3 段水管的流量。（20分）

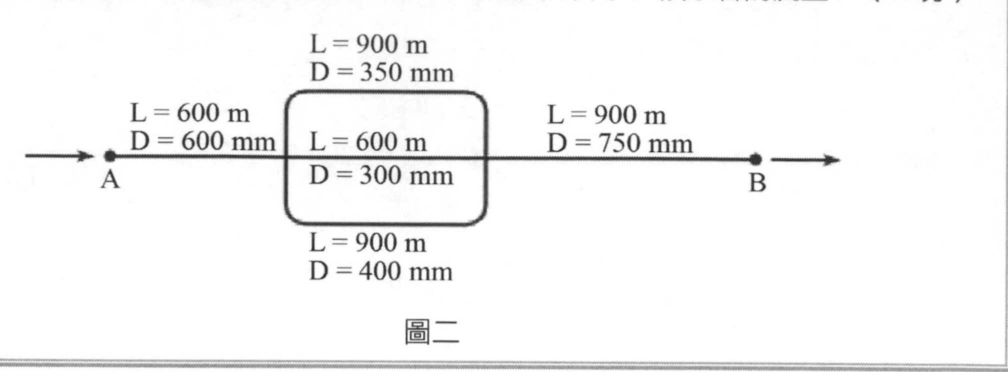

圖二

參考題解

中間三段水管所造成之主要損失 H_L 相同，

其中主要損失 $H_L = f\times\dfrac{L}{D}\times\left(\dfrac{v^2}{2g}\right) = f\times\dfrac{L}{D}\times\left(\dfrac{Q^2}{2gA^2}\right) \cong 0.083\dfrac{f\times L\times Q^2}{D^5}$

假設由上至下之管流流量分別為 Q_1、Q_2、Q_3

則可得 $\begin{cases} \dfrac{L_1Q_1^2}{D_1^5} = \dfrac{L_2Q_2^2}{D_2^5} \\ \dfrac{L_2Q_2^2}{D_2^5} = \dfrac{L_3Q_3^2}{D_3^5} \\ \dfrac{L_1Q_1^2}{D_1^5} = \dfrac{L_3Q_3^2}{D_3^5} \end{cases}$ ， 即 $\begin{cases} \dfrac{900Q_1^2}{(350)^5} = \dfrac{600Q_2^2}{(300)^5} \\ \dfrac{600Q_2^2}{(300)^5} = \dfrac{900Q_3^2}{(400)^5} \\ \dfrac{900Q_1^2}{(350)^5} = \dfrac{900Q_3^2}{(400)^5} \end{cases}$

可得 $Q_1 = 1.2\,Q_2$；$1.68\,Q_2 = Q_3$；$1.4\,Q_1 = Q_3$ ……（1）

且 $Q_1 + Q_2 + Q_3 = 0.7$ ……（2）

將（1）代入（2），可解得 $Q_1 = 0.216$ ，$Q_2 = 0.18$ ，$Q_3 = 0.3024\,(cms)$

106年 專門職業及技術人員高等考試試題／水文學

一、水庫集水區氣象站的皿蒸發量通常利用皿係數進行修正以估計水庫蒸發量。有一水庫，經實際量測計算後，發現夏季之皿係數與冬季之皿係數不同，假設量測誤差已控制在可接受範圍，請回答以下問題。（每小題 5 分，共 20 分）

（一）請說明水庫蒸發量與皿蒸發量不同之原因與常用之皿係數為多少？

（二）請說明皿係數季節性差異成因，並指出那一個季節的皿係數較小。

（三）若要以皿蒸發量為參考值來估計集水區蒸發散，請說明除微氣象因子（如淨輻射、風速、相對溼度、氣溫等）外，還有那些影響因子？

（四）截留（Interception），又稱為截留損失（Interception Loss），請說明什麼是截留及為何又稱為截留損失？

參考題解

（一）蒸發皿中之水量體積較小，上下對流容易，造成蒸發皿中水面溫度較水庫水面溫度高，故蒸發皿蒸發量較水庫蒸發量大。常用之蒸發皿係數為 0.7。

（二）夏季氣溫高，水面溫度大，對流旺盛造成蒸發皿易過度高估；反之，冬天氣溫低，水面溫度低，對流較不旺盛，蒸發皿水面與湖中水面溫度差異較小，綜上，故夏季之蒸發皿係數較小。

（三）影響因子包含氣壓、水質、水深及水面形狀與大小。

（四）截留：天空中所降下的水，於尚未達到地面之前，即被樹葉或建築物所攔截，再經由蒸發返回空中，稱之；因截留會造成有效雨量減少，故又稱作截留損失。

二、有一集水區某場降雨延時 T_p 之降雨組體圖，P(t)，如圖一所示；圖二為此降雨事件在集水區出口之流量歷線，Q(t)。

（一）繪圖說明如何從圖一推求超滲降水（Excess Rainfall, ER）？（8分）

（二）繪圖說明如何從圖二推求直接逕流（Direct Runoff, DR）？（8分）

（三）請以數學式說明 ER 與 DR 的關係，並標註式中各變數單位因次。（4分）

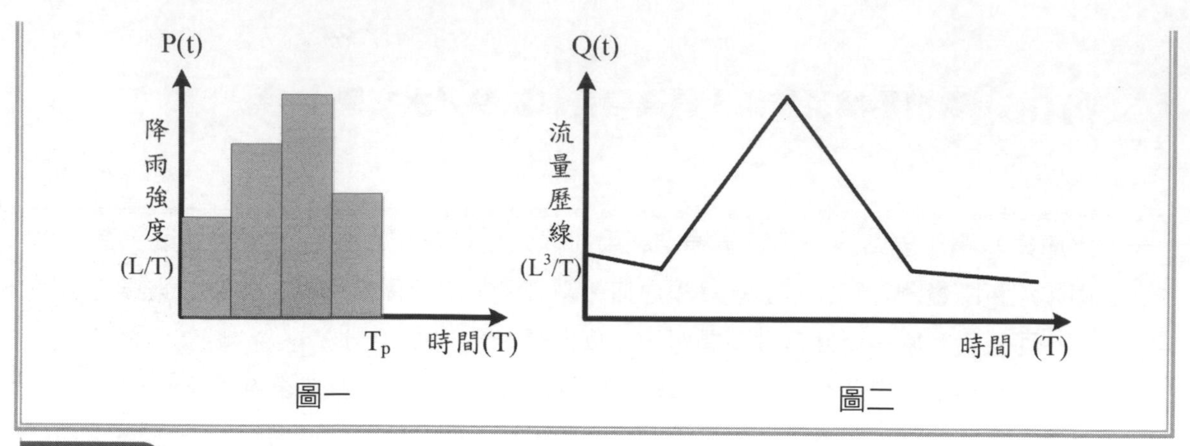

圖一　　　　　　　　　　　　　　　圖二

參考題解

（一）（二）

1. 求得ϕ入滲指數，即暴雨時段之平均入滲率，則在該線以上之體積即為超滲雨量，如下圖一所示。
2. 求出基流歷線，再將基流與流量分離，則基流歷線以上之體積即為直接逕流，如下圖二所示。

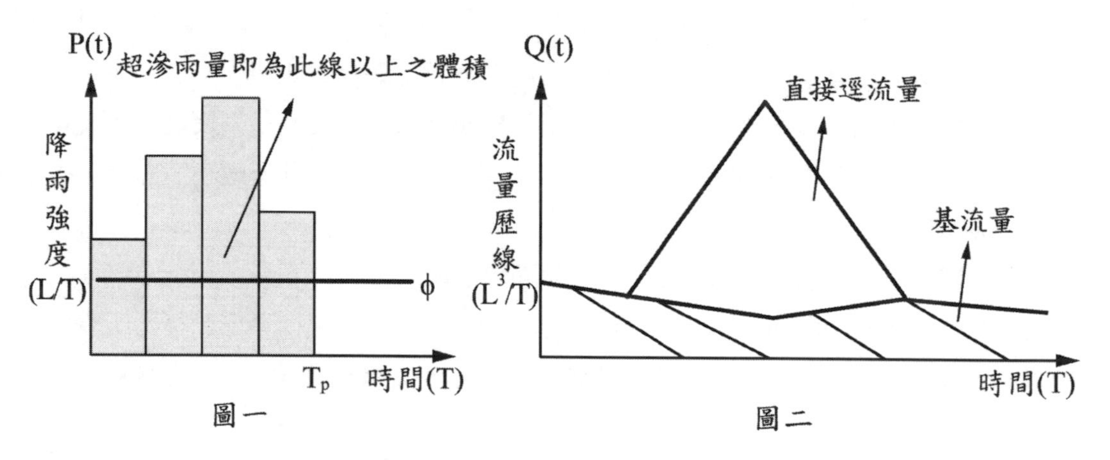

圖一　　　　　　　　　　　　　　　圖二

（三）直接逕流量（DR）與超滲雨量（ER）之關係：

$\Rightarrow ER \times U(T,t) \times \Delta t = DR$，其中 $U(T,t)$ = 有效降雨延時 T 所形成之單位歷線

其中各項次之因次：$ER = [L]; U(T,t) = \left[\frac{L^2}{T}\right]; \Delta t = [T]; DR = \left[\frac{L^3}{T}\right]$

三、有一集水區在一場延時為 1 小時，有效降雨量為 20 mm，所產生之流量歷線如下表。今有一場 2 小時暴雨，時雨量依序為 43 mm 與 26 mm，入滲量依序為 8 mm 與 6 mm，截留依序為 5 mm 與 0 mm，假設此集水區基流量為定值 5 cms，請計算集水區面積與此 2 小時暴雨之流量歷線。（20 分）

時間（hr）	0	1	2	3	4	5	6
流量（cms）	5	65	65	25	25	5	5

參考題解

（一）由集水區面積 A × 有效降雨量 = 總逕流體積

$$\Rightarrow \text{集水區面積 A} = \frac{\text{總逕流體積}}{\text{有效降雨量}} = \frac{(5+65+65+25+25+5+5)\times 3600}{20\times 10^{-3}}$$

$$= 35.1km^2$$

（二）計算經歷題目之 2 小時暴雨後之流量歷線：

1. 第一小時之有效雨量＝43－(8＋6)＝30m＝3cm；

   第二小時之有效雨量＝26－6＝20mm＝2cm

2. 計算結果如下表：

t(hr)	(cms) 流量	(cms) 直接逕流	(cms) 有效降雨	(cms) U (1, t)	有效 降雨	3×U(1,t)	2×U(1,t-1)
0	5	0	2	0	3	0	
1	65	60		30	2	90	0
2	65	60		30		90	60
3	25	20		10		30	60
4	25	20		10		30	20
5	5	0		0		0	20
6	5	0		0		0	0

t(hr)	(cms) 直接逕流	(cms) 流量歷線
0	0	5
1	90	95
2	150	155
3	90	95
4	50	55
5	20	25
6	0	5

四、有一均質受壓含水層，含水層厚度為 100 m，由水文地質鑽井資料研判此受壓含水層包含二種不同材質，第一種材質厚度為 40 m，第二種材質厚度為 60 m，以穩定抽水量 5 m^3/min 進行抽水，未抽水前所有觀測井的水壓力面為 160 m，經長時間抽水後，在 50 m 處之觀測井的洩降為 4 m，在 120 m 處之觀測井無洩降，若已知第一種材質的水力傳導係數為 0.15 m/day，請計算第二種材質的水力傳導係數。（20 分）

參考題解

（一）令兩含水層之等效水力傳導係數為 K，則由拘限含水層定量流抽水量公式：

$$Q = 2\pi Kb\frac{h_2 - h_1}{\ln\left(\frac{r_2}{r_1}\right)} \Rightarrow 5 \times 60 \times 24 = 2\pi K \times 100\frac{4}{\ln\left(\frac{120}{50}\right)}$$

$\Rightarrow$ 得 $K = 2.508\text{m/day}$

（二）由等效水力傳導係數公式：

$$K = \frac{K_1h_1 + K_2h_2}{h_1 + h_2}(\text{水流平行含水層}) \Rightarrow 2.508 = \frac{0.15 \times 40 + K_2 \times 60}{40 + 60}$$

$\Rightarrow$ 解得 $K_2 = 4.08\text{m/day}$

五、分析某一集水區長期雨量資料，得到現況條件下之年最大時雨量的機率密度函數分布如圖三，假設依據氣候變遷資料推估，年最大時雨量的機率密度函數分布改變成圖四。（每小題 10 分，共 20 分）

（一）計算現況 10 年重現期降水的時雨量。

（二）有一排水設施採用現況 10 年重現期之時雨量進行設計，計算依據氣候變遷資料推估的降水改變對此排水工程的保護標準有何影響及說明可透過那些工程手段降低衝擊及其原因。

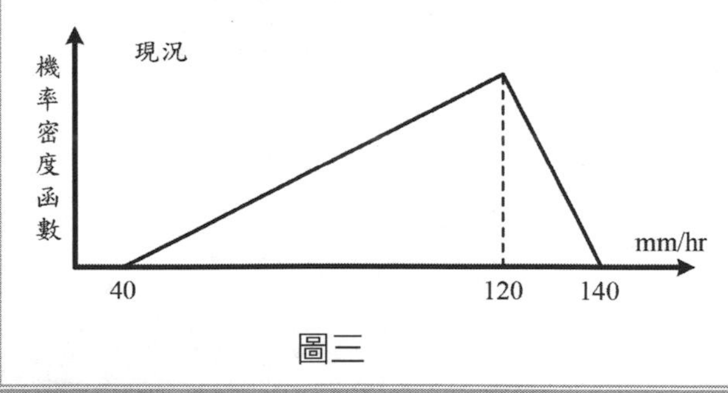

圖三

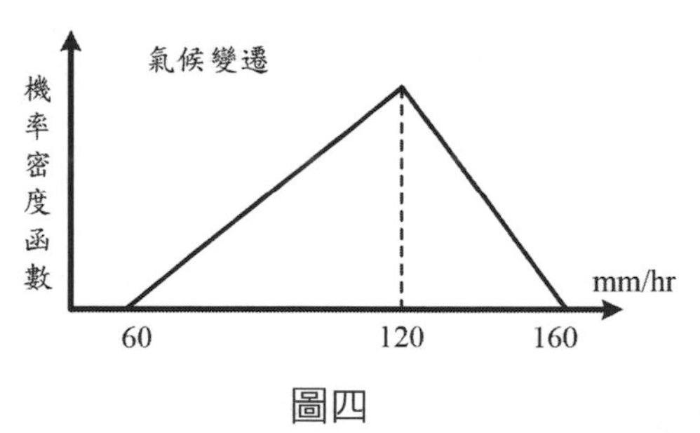

圖四

參考題解

（一）由機率密度函數定義：其所包含面積 =1

故假設圖三三角形高為 h，⇒ $(140-40)\times h\times\frac{1}{2}=1$，得 $h=0.02$

又 10 年重現期降水機率 $P=\frac{1}{10}=0.1$ ⇒ 即計算累積面積達 0.9 時之降雨強度

首先計算降雨強度 40-120 區間面積：$(120-40)\times 0.02\times\frac{1}{2}=0.8$（如圖三）

故右半邊梯形之累積面積為 0.9－0.8＝0.1（如下圖），則

$$\frac{(y+0.02)(X-120)}{2}=0.1;\frac{y}{0.02}=\frac{140-x}{20}\Rightarrow \text{得 } X=\frac{125.86\text{mm}}{\text{hr}},y=0.01414$$

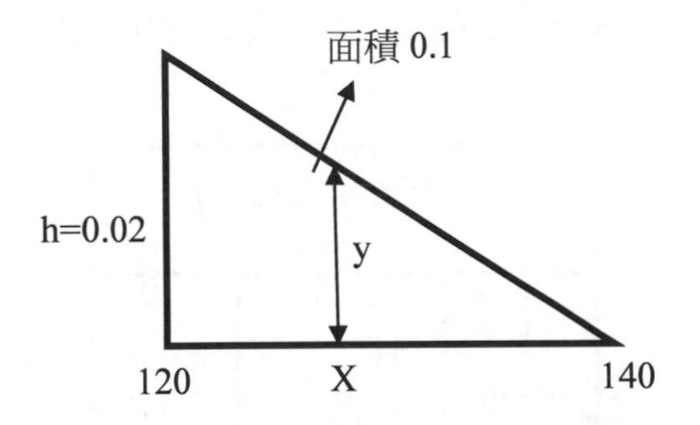

（二）1. 同理，假設圖四三角形高為 h，⇒ $(140-40)\times h\times\frac{1}{2}=1$，得 $h=0.02$

又 10 年重現期降水機率 $P=\frac{1}{10}=0.1$ ⇒ 即計算累積面積達 0.9 時之降雨強度

首先計算降雨強度 60－120 區間面積：$(120-60)\times 0.02\times\frac{1}{2}=0.6$（如圖四）

故右半邊梯形之累積面積為 0.9－0.6=0.3（如下圖），則

$$\frac{(y+0.02)(X-120)}{2}=0.3；\frac{y}{0.02}=\frac{160-x}{40}\Rightarrow \text{得 } X=\frac{140\text{mm}}{\text{hr}}，y=0.01$$

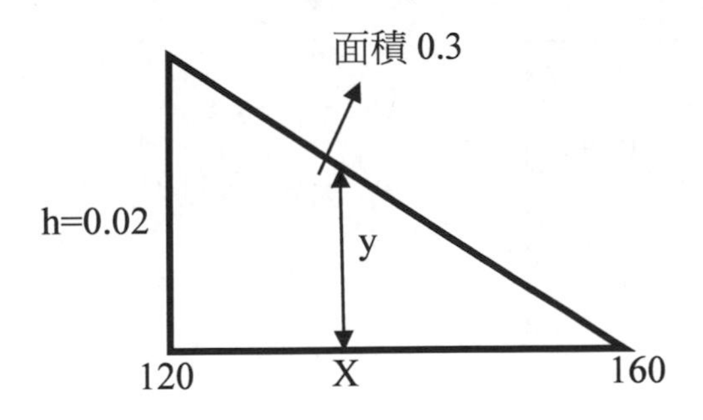

2. 由以上結果可知，氣候變遷後之 10 年重現期時雨量由原先的 125.86mm/hr 上升至 140mm/hr，意即代表氣候變遷後，極端降雨之強度增加，瞬間雨量增多，此影響與全球暖化有關。故應朝降低全球暖化方向之措施改進，例如增加植生工程之比例、降低溫室氣體排放…等措施。

106年 專門職業及技術人員高等考試試題／流體力學

一、矩形閘門設置於一個密閉式水箱，其寬度為 0.6 m，高度為 0.9 m，沿閘門下端設有旋轉鉸鏈（hinge），可供水箱開啟之用，如下圖所示。今注水達閘門上緣端 A 處，並知水面上之水箱壓力為 3.15 kPa（gage），試計算確保閘門封閉時，在閘門 A 處最少需要施作之力。（20 分）

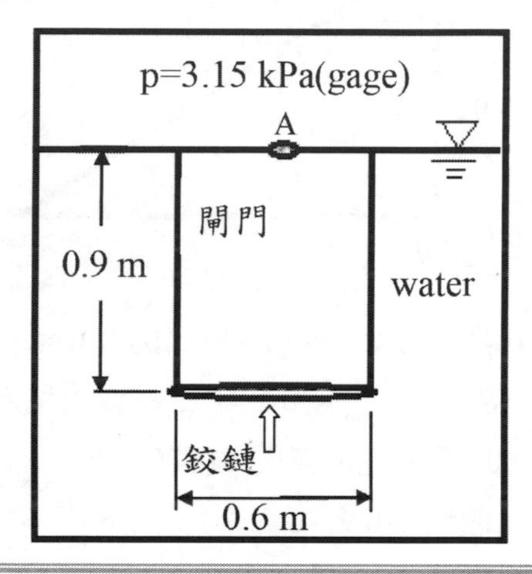

參考題解

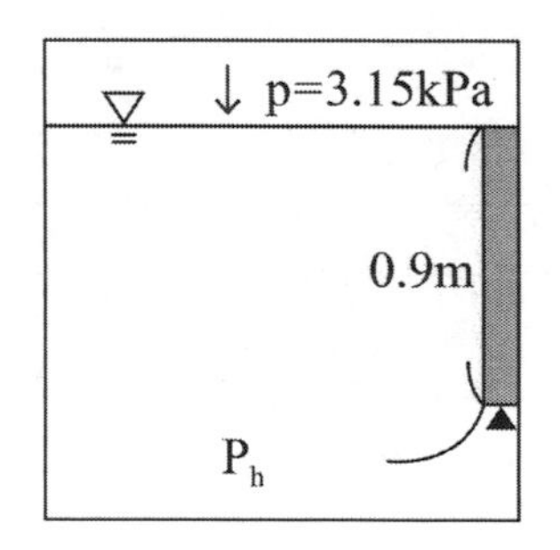

$p = 3.15\, kPa$

$p_h = \gamma_w \times 0.9 + P$

（一） F_W： F_P：

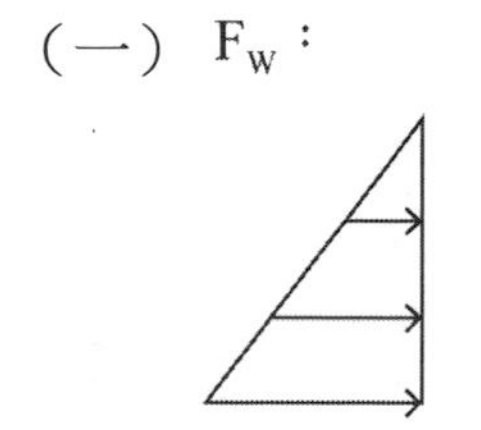

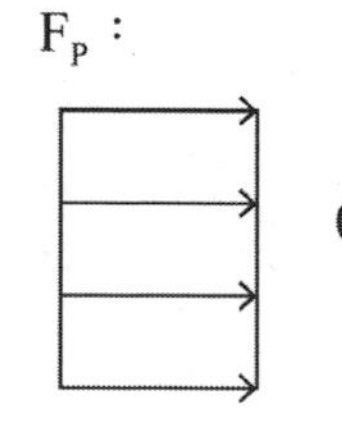

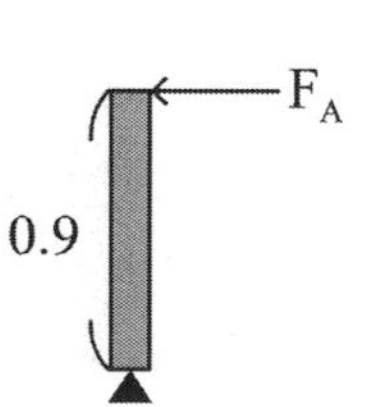

$$F_w = \gamma_w \times \frac{1}{2} \times h \times (h \times 0.6)$$

$$= 9.81 \times \frac{1}{2} \times 0.9^2 \times 0.6 = 2.38(kN)$$

$$F_p = \left[3.15(kN/m^2) \times (0.9 \times 0.6) \right] = 1.701(kN)$$

（二）$2.38 \times \frac{1}{3} \times 0.9 + 1.701 \times \frac{0.9}{2} = 0.9 \times F_A$

$\Rightarrow F_A = 1.64(kN)$

二、兩個底部為正方形且側牆面相鄰的長方體水箱 A 及 B，其底部邊長分別為 3.0 m 及 1.5 m，兩長方體水箱共同相鄰牆面設有一個圓形孔口，孔口面積為 0.10 m^2，孔口之流量係數為 0.60。若 A 及 B 兩水箱之起始水位分別高於圓形孔口中心 5.0 m 及 1.0 m，試計算兩水箱達到相同水位的時間。（20 分）

參考題解

（一）如圖，假設水箱 A 下降 X 公分，水箱 B 上升 y 公分

則由 A 水箱下降水量=B 水箱上升水量⇒ $x \cdot (3)^2 = y \cdot (1.5)^2 \Rightarrow y = \frac{9}{2.25}x = 4x$ ...（1）

且當 A.B 兩水箱水面高度相同時，水位即不再變化⇒ $5 - x = 1 + y$，將（1）代入

可解得 $x = 0.8$；$y = 3.2(cm)$

（二）本題即求 A 水箱水面距孔口中心高度降為 5－0.8＝4.2 公分之到達時間

由水面下降流量＝孔口流流出流量（質量守恆定率）

$$Q = A_{A\,水箱底面積} \cdot V_{水面下降速率} = 完全浸沒孔口流流量$$

$$\Rightarrow (3)^2 \cdot \left(-\frac{d(5-x)}{dt}\right) = C_d\sqrt{2g\Delta h} \cdot A_d\text{；}\Delta h = A.B\ 兩水箱水面高度差$$

$$= 5 - x - (1 + y) = 4 - 5x$$

$$9 \cdot \left(-\frac{d(5-x)}{dt}\right) = 0.6\sqrt{2g(4-5x)} \cdot 0.1$$

$$\Rightarrow (-33.864)\int_0^{0.8}\left[\frac{d(5-x)}{\sqrt{4-5x}}\right] = \int_0^t dt \Rightarrow (-33.864) \times \frac{2}{5}\left[(4-5\times0.8)^{\frac{1}{2}} - 4^{\frac{1}{2}}\right] = t$$

解得 $t = 27.09(s)$

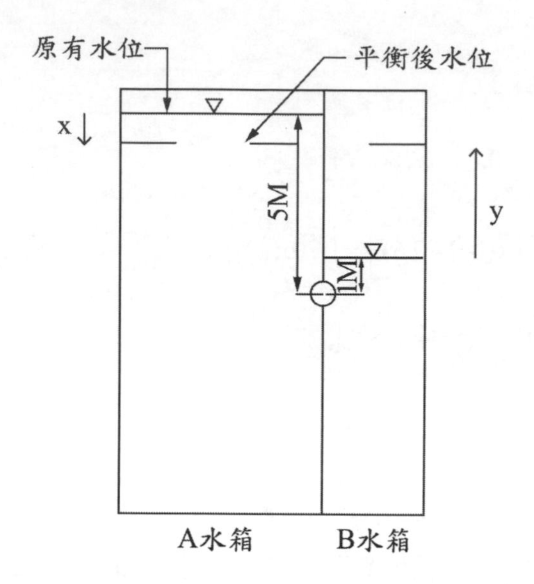

三、管流的管徑為 r_0，速度分布為：

$$v_r = v_{max} \times \left(\frac{r_0^2 - r^2}{r_0^2} \right), \quad r_0 \le r \le 0$$

式中，v_{max} 為管中心（$r = 0$）之流速，試計算：

（一）管流的平均流速。（10分）

（二）動能修正係數 α（kinetic energy correction coefficient）。（10分）

參考題解

（一）平均流速 $\overline{V} = \dfrac{Q}{A}$，其中 $Q = \int_0^{r_0} v_r dA = \int_0^{r_0} v_{max} \left(\dfrac{r_0^2 - r^2}{r_0^2} \right) 2\pi r dr = \dfrac{1}{2} \pi v_{max} r_0^2$

故 $\overline{V} = \dfrac{\frac{1}{2}\pi v_{max} r_0^2}{\pi r_0^2} = \dfrac{1}{2} v_{max}$

（二）$\alpha = \dfrac{\int_0^{r_0} v^3 dA}{\overline{V}^3 A} = \dfrac{{v_{max}}^3 \times 2\pi \times \frac{1}{{r_0}^6} \int_0^{r_0} (r_0^2 - r^2)^3 r dr}{\frac{1}{8} {v_{max}}^3 \pi r_0^2}$

$$= \frac{\frac{2}{{r_0}^6} \int_0^{r_0} (r_0^6 r - 3r_0^4 r^3 + 3r_0^2 r^5 - r^5 - r^7) dr}{\frac{1}{8} r_0^2} = \frac{2 \times \left(\frac{1}{2} - \frac{3}{4} + \frac{3}{6} - \frac{1}{8} \right)}{\frac{1}{8}} = 2$$

四、尺度比為 1：16 的模型水槽進行河川橋墩受力試驗，已知原型河川橋墩為圓形，其直徑為 2.0 m。河川水深為 3.0 m，水流速度為 2.5 m/s。試驗水槽量測得橋墩所受力量為 5.0 N，試計算：
（一）河川橋墩所受之力量。（10 分）
（二）模型水槽之流速。（5 分）
（三）橋墩受力的拖曳力係數（drag coefficient）。（5 分）

參考題解

設實際：P，模型：m

$\frac{L_p}{L_m}=\frac{16}{1}$，圓形，$D_p=2m$，$y_p=3m$，$V_p=2.5\,m/s$，$F_m=5N$

∵非完全沉浸流　∴ F_r 相似

$F_{rp}=F_{rm}$

（一）$\because F=ma=\rho V\!\!\!/ \times a$

$\because \rho$ 同

$\therefore F\ \alpha\ \underset{(m^3)}{V\!\!\!/} \times \underset{(m/s^2)}{a} \rightarrow L^3\times L\times T^{-2}$

$=L^4\times T^{-2}$

$\Rightarrow \frac{F_p}{F_m}=\frac{L_p^4\times T_p^{-2}}{L_m^4\times T_m^{-2}}=\frac{L_p^4}{T_p^2}\times\frac{T_m^2}{L_m^4}$

$=L_p^2\times V_p^2\times L_m^{-2}\times V_m^{-2}$

$=\frac{L_p^2\times V_p^2}{L_m^2\times V_m^2}$（已知 $\frac{L_p}{L_m}=\frac{16}{1}$，$\frac{V_p}{V_m}=4$）

$\Rightarrow F_p=(16)^2\times 4^2\times F_m$

$=4096\times 5=20480(N)$

（二）$\frac{V_p}{\sqrt{gL_p}}=\frac{V_m}{\sqrt{gL_m}}\Rightarrow\frac{V_p}{V_m}=\sqrt{\frac{L_p}{L_m}}=\sqrt{16}=4=\frac{2.5}{Vm}$

$\Rightarrow\therefore V_m=0.625$

（三）$C_D=\dfrac{F}{\frac{1}{2}\rho AV^2}=\dfrac{20480}{\frac{1}{2}\times1000\times\frac{\pi}{4}\times2^2\times2.5^2}$

$\Rightarrow C_D=2.09$

五、長度為 L = 1.0 m 之平板，上方有自由流速 $U=1.0\,\text{m/s}$ 沿平板長度方向吹過。已知沿著平板方向（x）之壓力梯度為零。若經過平板上方為亂流流場，其速度分布為 $u/U(y/\delta)^{1/7}$。y 為距平板上方之距離（垂直於流速方向），δ為邊界層厚度。流體之運動黏滯係數（kinematic viscosity）$v=10^{-6}\,m^2/s$，試計算在 $x=L$ 處：

（一）邊界層厚度。（10分）

（二）替代厚度（displacement thickness）。（10分）

參考題解

（一）$\delta=0.378\left(\dfrac{\mu}{\rho U}\right)^{\frac{1}{5}}\times X^{\frac{4}{5}}=0.378\left(\dfrac{\gamma}{U}\right)^{\frac{1}{5}}\times X^{\frac{4}{5}}$

$$\Rightarrow\begin{cases}\gamma=10^{-6}\ (m^2/s)\\ X=L=1\,(m)\end{cases}$$

$$\Rightarrow\delta=0.378\left(\frac{10^{-6}(m^2/s)}{1(m/s)}\right)^{\frac{1}{5}}\times1^{\frac{4}{5}}=0.024\,(m)$$

（二）$\delta^*=\int_0^\delta\left(1-\dfrac{u}{V_0}\right)dy=\int_0^\delta\left[1-\left(\dfrac{y}{\delta}\right)^{\frac{1}{7}}\right]dy=\int_0^\delta\left(1-\delta^{-\frac{1}{7}}\times y^{\frac{1}{7}}\right)dy$

$$=y-\delta^{-\frac{1}{7}}\times\frac{1}{\frac{8}{7}}\times y^{\frac{8}{7}}\Big|_0^\delta=\delta-\delta^{-\frac{1}{7}}\times\frac{7}{8}\times\delta^{\frac{8}{7}}$$

$$=\delta-\frac{7}{8}\delta=\frac{1}{8}\delta=\frac{1}{8}\times0.024=0.003\,(m)$$

專門職業及技術人員高等考試試題／大地工程學（包括土壤力學、基礎工程與工程地質）

一、請敘述下列名詞之意涵：（每小題 5 分，共 30 分）

（一）逆向坡

（二）順向坡

（三）剪裂帶（Shear zone）

（四）岩心品質指標（RQD）

（五）呂琴漏水試驗（Legeon test）

（六）震測折射法

參考題解

（本解部分為詳細解，考生於考試時可斟酌減少）

（一）逆向坡：依水土保技術規範第 31 條規定，凡坡面與層面、坡面與劈理面之走向交角不超過二十度，且傾向相反者稱之。

（二）順向坡：依水土保技術規範第 31 條規定，凡坡面與層面、坡面與劈理面之走向交角不超過二十度，且傾向一致者稱之。

（三）剪裂帶（Shear zone）：有數組的滑動面或剪動面交會於相當的厚度，且剪切面之岩石磨成軟泥並夾碎岩塊，是為剪裂帶（Shear Zone）。通常在斷層附近或山崩地區常有剪裂帶，工程上，有時為了避免誤判的困擾而將不明的小斷層以剪裂帶稱之。

（四）岩心品質指標（RQD）：乃指在每公尺鑽探岩心中 10 公分以上完整岩心塊所佔的比例。通常用來判斷岩體破碎或完整性的程度，數值愈高，表示岩體愈完整；數值愈低，表示岩體愈破碎。國際上的標準分級為：當 RQD 值在 90 至 100 間，表示岩體完整性非常好；75 至 90 間表示好；50 至 75 間表示中等；25 至 50 間表示差；25 至 0 間則為非常差。簡單的公式如下：

$$RQD = \frac{\sum（個別岩心長度 \geq 10cm）}{該次鑽孔長度} \times 100\%$$

（五）呂琴漏水試驗（Legeon test）：又稱栓塞水力試驗（Packer Test），主要目的是於鑽探進行中量測岩層孔內多裂隙面滲漏量及其透水性（Permeability），進行方式係於鑽孔後於試驗段（長度為 L）安裝封塞，並以水壓貫入鑽孔，依預定壓力梯度順序，逐階提高水壓，並記錄其流量，試驗結果以流量 Q 為橫軸、孔內實際量測到的水壓力 P 為縱軸，繪得 P-Q 曲線，以曲線上$P = 10kg/cm^2$所對應之流量 Q，則該試驗段的 Lugeon 值為

$L_u = \frac{Q}{L}$。1 Lugeon 值定義：在$10kg/cm^2$之水壓力下，每公尺試驗深度之每分鐘滲漏量為 1 公升時稱之，換算約為$1.0 \times 10^{-7} m/sec$。Lugeon 值與透水特性、岩層的不連續狀況之關係如下表所示：

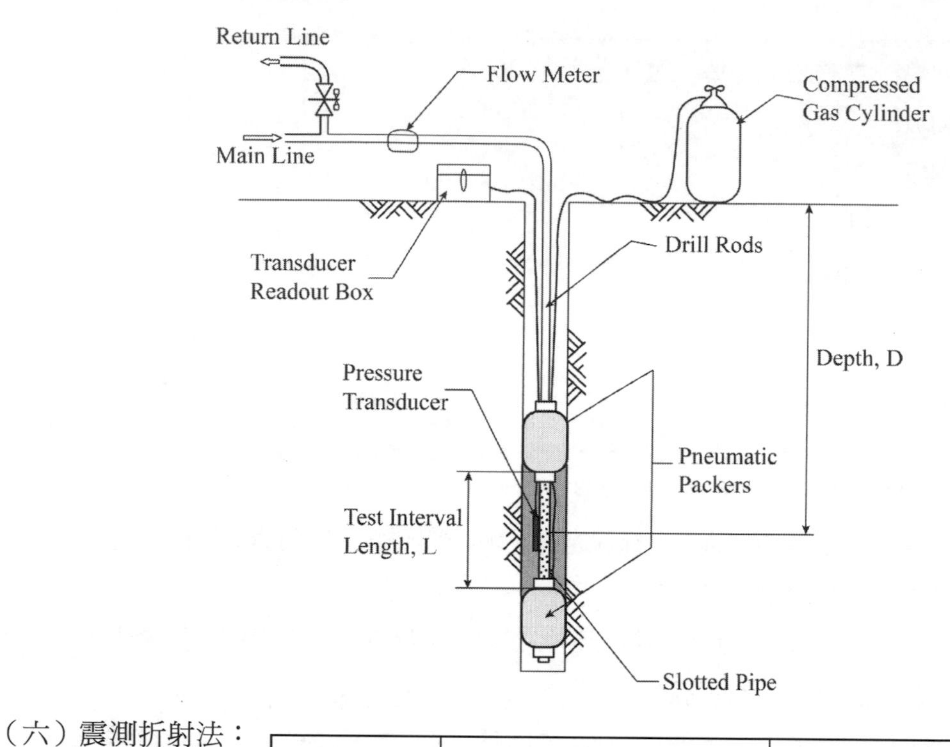

（六）震測折射法：

係利用炸藥或重錘產生人造震波，藉地層間因傳遞波速的介質不同、波的折射速度不同，震波於地層界面處依 Snell 定律發生折射現象返回地表，利用埋設於地表之受波器接收，再根據震波傳遞之時間距離關係繪製震波走時曲線，可獲得地層的速度分布，進而求出地層厚度。一般來說本法可經濟且準確地探測出地質構造，且是以震波速度表示之速度層，而岩層之波速與岩層之彈性係數有直接關係，因此所探測出之速度層剖面，是工程設計及施工上之重要參考資料。經此探測可得：

Lugeon value	Conductivity classification	Rock discontinuity condition
<1	Very low	Very tight
1-5	Low	Tight
5-15	Moderate	Few partly open
15-50	Medium	Some open
50-100	High	Many open
>100	Very high	Open closely spaced or voids

1. 尋找地層層面位置、岩盤面位置。
2. 淺層地層厚度調查、地質構造狀況調查。

3. 提供土層與岩層之震波傳遞速度（壓力波）。
4. 協助大範圍之工址調查減少鑽探數目與調查經費。

惟該探測有其限制：

1. 探測深度：0~100m；依使用之震源形式決定。
2. 解析度：為震波波長之 1/4；約為 3~10m。
3. 適用基地：寬度 24m 以上；地面傾斜度在 40 度以下。

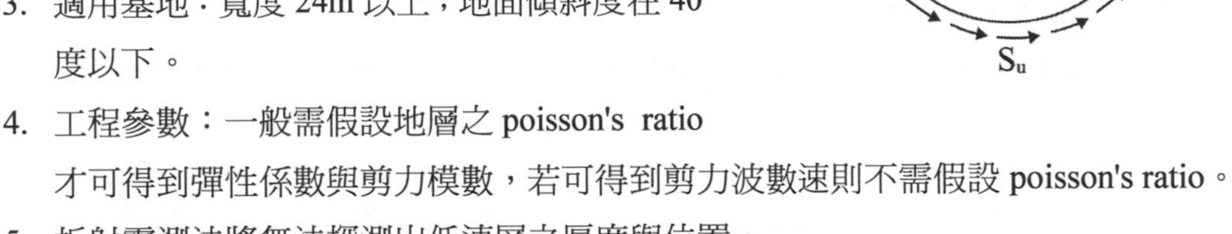

4. 工程參數：一般需假設地層之 poisson's ratio 才可得到彈性係數與剪力模數，若可得到剪力波數速則不需假設 poisson's ratio。
5. 折射震測法將無法探測出低速層之厚度與位置。

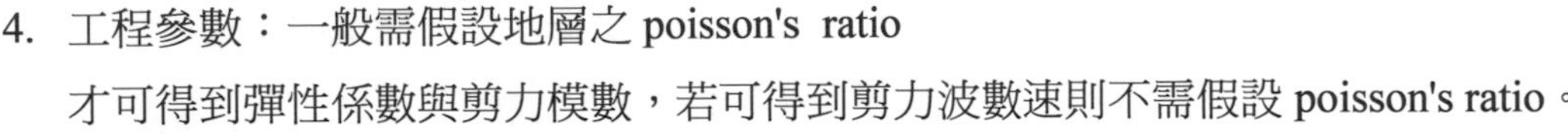

二、何謂流砂（Quick sand）？何謂隆起（Heaving）？（10分）

參考題解

（一）流砂（Quick Sand，或稱 Sand Boiling）：

對於無凝聚性土壤，也就是砂土，受到向上滲流壓力時，使得砂土的有效應力變成零時，造成土壤顆粒間無法傳遞應力，剪力強度消失，土壤呈液體狀且因滲流壓力產生噴出或湧出的狀態，稱之為流砂；其狀似液體沸騰，又稱砂湧（Sand Boiling）。如右圖，依建築物基礎構造設計規範第八章解說內容，流砂安全分析規定抵抗砂湧安全係數：

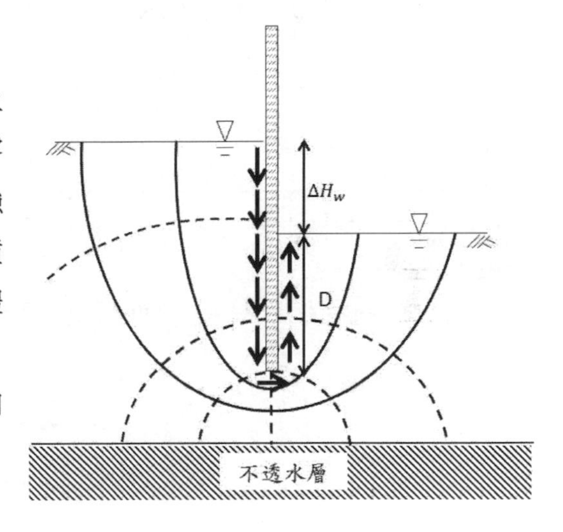

$$F.S = \frac{i_{cr}}{i_{av}} = \frac{\dfrac{\gamma'}{\gamma_w}}{\dfrac{\Delta H_w}{2D + \Delta H_w}} \geq 2.0$$

其中： $i_{av} = \frac{\Delta H_w}{2D+\Delta H_w}$，$2D + \Delta H_w$ 為沿著地下壁體的流線距離

（二）隆起（Heaving）：（本解答係依據建築物基礎構造設計規範第八章解說內容）

隆起破壞之發生，係由於開挖面外土壤載重大於開挖底部土壤之抗剪強度，致使土壤產生滑動而導致開挖面底部土壤產生向上拱起之現象。工程上用於檢討隆起之極限分

析計算公式有許多，例如 Terzaghi and Peck（1948），Peck（1969），Bjerrum and Eide（1965），Tschebotarioff（1973）等，下式係採用日本建築學會（1974）之修正式。

$$FS = \frac{M_r}{M_d} = \frac{X\int_0^{\frac{\pi}{2}+\alpha} S_u\,(Xd\theta)}{W \times \frac{X}{2}} \geq 1.2$$

其中

M_r = 抵抗力矩（tf − m/m），　M_r = 傾覆力矩（tf − m/m）

S_u = 黏土不排水剪力強度（tf/m^2），X = 半徑（m）

W =開挖底面以上，於擋土設施外側 X 寬度範圍內土壤重量與地表上方載重(q)之重量和（tf/m）

三、（一）試繪圖說明三軸室設備及試體之剖面圖。（10 分）

（二）對某黏土試體施作一系列壓密不排水試驗（CU），並量測孔隙水壓，得到如下表所列結果。試計算此黏土之有效應力之剪力強度參數 c′ 及 ϕ′。（20 分）

	圍壓（kN/m^2）	主要軸差應力（kN/m^2）	孔隙水壓（kN/m^2）
試體 1	150	192	80
試體 2	300	341	154
試體 3	450	504	222

參考題解

（一）三軸室設備及試體之剖面圖如下圖：

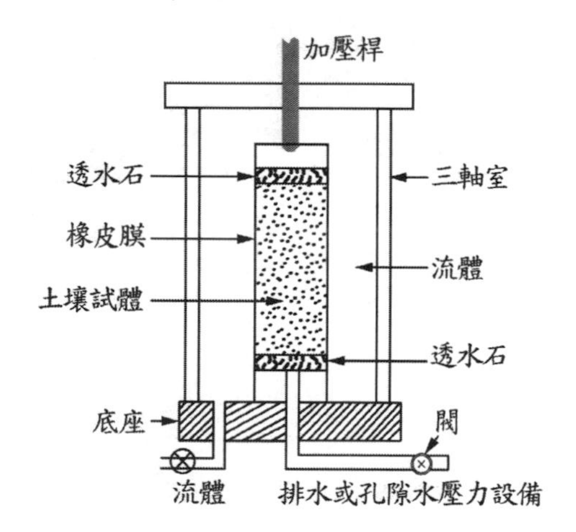

三軸試驗設備及試體剖面示意圖

（二）為求最佳解，已知三組試驗數據利用線性回歸之最小平方法求解之：

	σ_3	$\Delta\sigma_d$	σ_1	u_f	σ_3'	σ_1'
試體 1	150	192	342	80	70	262
試體 2	300	341	641	154	146	487
試體 3	450	504	954	222	228	732

已知應力路徑 $q = p \times \tan\alpha + a$

$p_i = \dfrac{\sigma_1' + \sigma_3'}{2}$	$q_i = \dfrac{\sigma_1' - \sigma_3'}{2}$	$\bar{p} = \dfrac{\sum p_i}{n}$	$\bar{q} = \dfrac{\sum q_i}{n}$	$p_i - \bar{p}$	$(p_i - \bar{p})^2$	$q_i - \bar{q}$	$(p_i - \bar{p}) \times (q_i - \bar{q})$
166	96	320.83	172.83	–154.83	23972.33	–76.83	11895.59
316.5	170.5			–4.33	18.75	–2.33	10.09
480	252			159.17	25335.09	79.17	12601.49
				Σ	49326.17	Σ	24507.17

$$\Rightarrow \tan\alpha = \frac{\sum(p_i - \bar{p}) \times (q_i - \bar{q})}{\sum(p_i - \bar{p})^2} = \frac{24507.17}{49326.17} = 0.49684$$

$$\Rightarrow \alpha = 26.42°$$

已知 $\tan\alpha = \sin\varphi'$，$a = c' \times \cos\varphi'$

$$\Rightarrow \varphi' = \sin^{-1}(\tan\alpha) = 29.79° \ldots\ldots\ldots\ldots\ldots \text{Ans.}$$

再利用 $\bar{q} = \bar{p}\tan\alpha + a$（即最小平方法之最佳解）

$$172.83 = 320.83 \times 0.49684 + a$$

$$\Rightarrow a = 13.429 \Rightarrow c' = \frac{a}{\cos\varphi'} = 15.47\text{kPa} \ldots\ldots\ldots\ldots\ldots \text{Ans.}$$

四、（一）試說明基樁在那些情況會產生負摩擦力？（15 分）
（二）如何計算基樁之負摩擦力？（15 分）

參考題解

本解答係依據建築物基礎構造設計規範第五章解說內容。

（一）基樁產生負摩擦力作用之機制：

樁表面之摩擦阻力係因樁體與地層之相對位移而產生，當樁體向下移動之趨勢大於土體之下沉速率時，土體對樁表面可提供一向上之阻力，此阻力即一般計算樁支承力時之正摩擦力（positive skin friction）；而當樁基周邊地層，因地表填土或抽取地下水等情形以致樁周邊地層發生大量壓縮及沉陷時，地層之移動趨勢大於樁體下沉速度，此時樁表面受一向下摩擦力作用，使樁軸向之作用力增加，此摩擦力即稱為負摩擦力（negative skinfriction）。

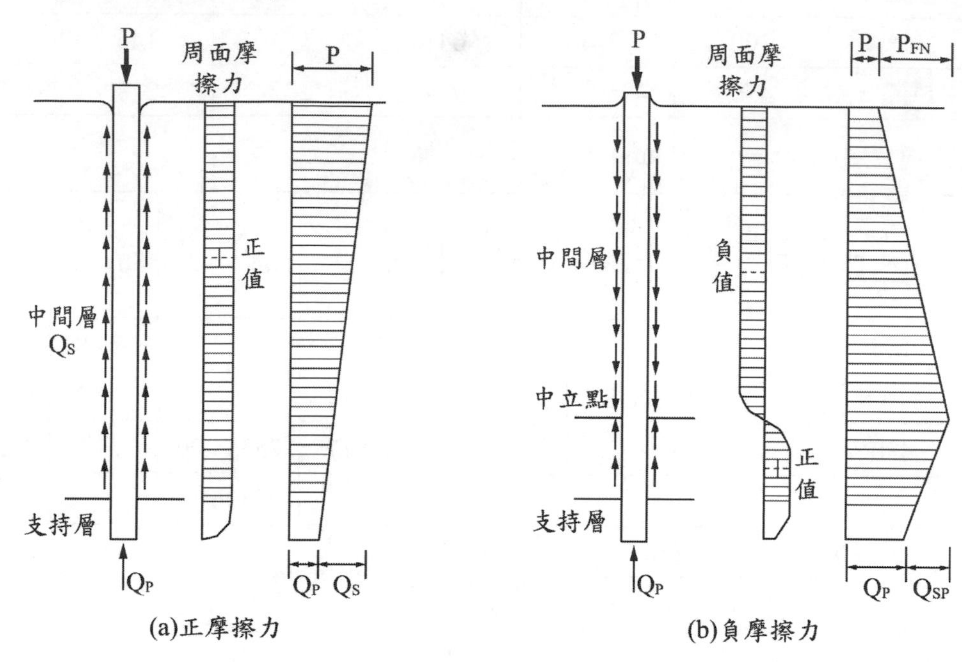

基樁支承力機制示意圖（歐晉德，1987）

一般而言，基樁在下列情況會產生樁身負摩擦力：

1. 基樁座落於回填土地層中，當樁周圍之壓縮性土壤受回填土之載重而發生壓縮沉陷現象，導致負摩擦力之發生。如一貫入砂土層基樁周邊回填黏土，黏土逐漸壓密過程對基樁產生向下的拉力作用；或如一貫入黏土層基樁周邊回填砂土，因砂土重量使得黏土逐漸產生壓密，對基樁產生向下的拉力作用。
2. 基樁座落於高敏感性之黏土地層中，於打樁過程中，樁體四周土層發生擾動，完工後逐步壓密而生負摩擦力。
3. 由於抽取地下水，而產生區域性的地盤下陷，此現象在正常壓密或輕度過壓密的黏土地層中最為明顯。

（二）計算負摩擦力若以有效應力法估算則可依下式計算：

$$f_n = \sigma_v' \times K \times tan\delta_f = \beta\sigma_v'$$

式中，$f_n =$ 樁身負摩擦力（tf/m^2）

$K =$ 土壤側壓係數

$\delta_f =$ 土壤與基樁表面間之有效摩擦角（度）

$\sigma_v' =$ 地層之有效覆土壓力（tf/m^2）

$\beta = K \times tan\delta_f$，為無單位係數，其值大小不僅與地層特性有關，亦受基樁施工方式之影響，打入式基樁之 β 值即較鑽掘式基樁為大。Garlanger（1974）對於 β 建議值如下表。

β 建議值（Garlanger, 1974）

土層	β
粘土	0.2-0.25
粉土	0.25-0.35
砂土	0.35-0.50

106年 專門職業及技術人員高等考試試題／渠道水力學

一、請說明總能量線（total energy line）和水力梯度線（hydraulic grade line）之異同？一般緩坡情況下，自由水面（free surface）和水力梯度線有何關係？（20分）

參考題解

（一）總能量線（total energy line）和水力梯度線（hydraulic grade line）之異同

1. 總能量線：此線代表各點壓力水頭(P/γ)、速度水頭$(V^2/2g)$及相對於基準高程(Z)之總和。
2. 水利梯度線：此線代表各點壓力水頭(P/γ)及相對於基準高程（Z）之總和。
3. 綜上，兩線間之差距即為速度水頭$(V^2/2g)$之值。

（二）緩坡與水力梯度線之關係：

由定量緩變速方程式$\dfrac{dy}{dx}=\dfrac{S_0-S_f}{1-F_r^2}$

當$y_n>y_c$時，即為緩坡，水面剖線為M曲線，可分為M1、M2及M3曲線

1. M1曲線：$y>y_n>y_c$
2. M2曲線：$y_n>y>y_c$
3. M3曲線：$y_n>y_c>y$

其自由水面與水力梯度線之相對關係繪如下圖：

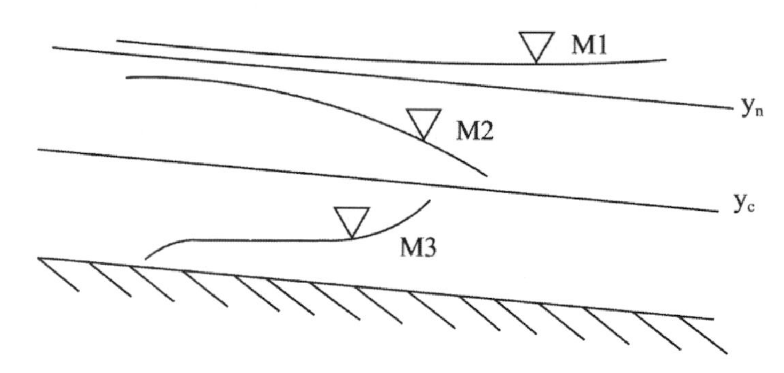

二、某一具梯形斷面之渠道，已知其底寬為 2 公尺，兩側側壁之水平垂直比為 1.5：1，若該渠道恰發生正常臨界流，水深為 1.2 公尺，渠坡為 0.0016，試求：
（一）曼寧糙度係數 n =？相當之摩擦因子 f =？（10 分）
（二）試判斷若該渠段受某一干擾時產生之水波如何傳播？其波速又為每秒多少公尺？（10 分）

參考題解

（一）求曼寧糙度係數 n 及摩擦因子 f

1. 已知此時恰為臨界流，故福祿數 $F_r = \dfrac{V}{\sqrt{\dfrac{gA}{T}}} = 1 \Rightarrow V^2 = g \cdot A / T \cdots (1)$

   其中 $A = [2+(2+18\times 2)]\times\dfrac{1.2}{2} = 4.56m^2$ ，$T = 2+1.8\times 2 = 5.6m$

   代入（1）式可解得 V = 2.83（m/s），再由曼寧公式 $V = \left(\dfrac{1}{n}R^{\frac{2}{3}}S_0^{\frac{1}{2}}\right)$，解得 $n \cong 0.01135$

2. 摩擦因子 f

   由 Chezy 及曼寧公式關係式：$C = \dfrac{R^{\frac{1}{6}}}{n}$ 、阻力係數與摩擦因子關係式 $C = \sqrt{\dfrac{8g}{f}}$

   可解得 $f \cong 0.01128$

（二）判斷若該渠段受某一干擾時產生之水波如何傳播、求解波速

1. 因此時恰為臨界流，表水流流速 V 與波速 $C(=\sqrt{gy})$ 恰相同，如水面受到干擾（EX. 丟一塊小石子至水中），則漣漪將同時以相同波形往上游及下游傳播。

2. 由淺水波波速公式 $C = \sqrt{gy} = 3.43(\dfrac{m}{s})$

三、若一具底床水平矩形渠道之寬度不固定，請推導並證明臨界流況將會發生在何處？（需要之假設條件請自行說明）（20 分）

參考題解

假設無能量損失，且為定量流（Q = const）即：

$$\frac{dH}{dx} = \frac{d}{dx}\left(z + y + \frac{q^2}{2gy^2}\right) = 0 \Rightarrow \frac{dz}{dx} + \frac{dy}{dx} + \frac{d}{dx}\left(\frac{q^2}{2gy^2}\right) = 0 \quad \cdots\cdots (1)$$

因底床水平，$\therefore \dfrac{dz}{dx}=0$，且因 $Q=q\cdot B(x)=const$，$\therefore \dfrac{dQ}{dx}=\dfrac{dq}{dx}\cdot B+\dfrac{dB}{dx}\cdot q$

又因 Q = const，$\therefore \dfrac{dQ}{dx}=0$，由上式可得 $\dfrac{dq}{dx}=-\dfrac{q}{B}\cdot\dfrac{dB}{dx}$ ……………………………… (2)

將（1）式展開：$\dfrac{dy}{dx}-\dfrac{q^2}{gy^3}\dfrac{dy}{dx}+\dfrac{q}{gy^2}\dfrac{dq}{dx}=0$，將（2）式代入，可得

$$(1-F_r^2)\frac{dy}{dx}+\frac{q}{gy^2}\left(-\frac{q}{B}\cdot\frac{dB}{dx}\right)=0 \Rightarrow (1-F_r^2)\frac{dy}{dx}-F_r^2\frac{y}{B}\frac{dB}{dx}=0$$

令 $F_r=1$（恰發生臨界流況）代入上式，得 $\dfrac{dB}{dx}=0$

⇒渠寬有相對極（小）值時，將產生臨界流

四、已知某一寬廣河道係由 A、B 二不同縱坡河段所構成，A 段在上游，B 段在下游，且坡度分別為 $S_A=0.016$ 及 $S_B=0.001$。若河道之流量為每秒 10 立方公尺，並假設以等速流視之，曼寧糙度係數為 0.025，請應用比力原理判斷水躍發生在 A 段或 B 段河道，並說明水躍發生後將產生何種水面縱剖線。（其他方法不給分）（20 分）

參考題解

（一）利用比力原理判斷水躍發生位置：

假設為矩形渠道，取單位渠寬之比力方程式：$F=\dfrac{q^2}{gy}+\dfrac{1}{2}y^2$

1. A 渠段（SA = 0.016，較陡）：

由曼寧公式：$q=v\cdot y=\left(\dfrac{1}{n}y^{\frac{5}{3}}S_0^{\frac{1}{2}}\right)\Rightarrow y=\left(\dfrac{n\cdot q}{s_0^{\frac{1}{2}}}\right)^{\frac{3}{5}}=1.505m$

代入 $F=\bar{y}A+\dfrac{Q^2}{gA}=\dfrac{q^2}{gy}+\dfrac{1}{2}y^2\Rightarrow F=7.906\,(m^2)$

2. B 渠段（SB = 0.001，較緩）：

由曼寧公式：$q=v\cdot y=\left(\dfrac{1}{n}y^{\frac{5}{3}}S_0^{\frac{1}{2}}\right)\Rightarrow y=\left(\dfrac{n\cdot q}{s_0^{\frac{1}{2}}}\right)^{\frac{3}{5}}=3.458m$

代入$F=\bar{y}A+\frac{Q^2}{gA}=\frac{q^2}{gy}+\frac{1}{2}y^2 \Rightarrow F=8.925(m^2)$

因陡坡段（A 渠段）之比力 F_A（7.906）小於緩波段（B 渠段）之比力 F_B（8.925），故水躍發生於陡坡段。

（二）判斷水面剖線：

因發生於陡坡段，故水面剖線為 S1 曲線，如下圖：

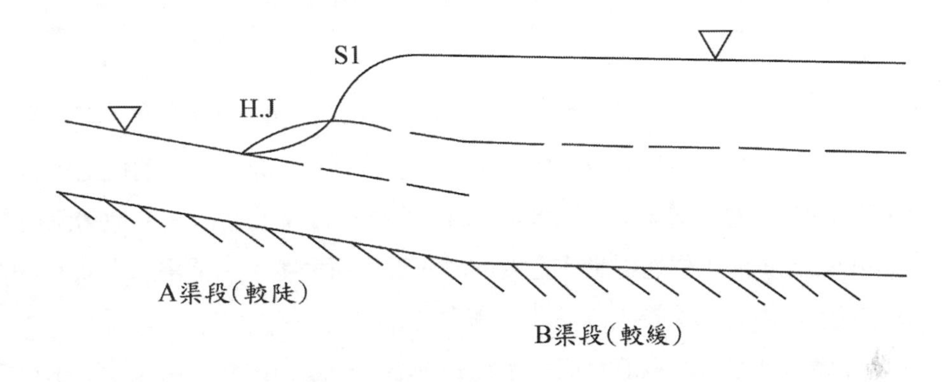

五、一矩形渠道中有一下射式閘門，今該閘門放水，且其下游達等速流時之水深為 1 公尺，流速為每秒 0.6 公尺。若流量突然增為 2.5 倍時，求閘門下游變化後達等速流時之水深和流速各為多少？（20 分）

參考題解

如圖，判斷題意為正湧浪向下游前進之型式

已知 $y_1=1$, $v_1=0.6$, $q_1=1\times0.6=0.6m^2/s$ ； $q_2=q_1\times2.5=1.5m^2/s$

由 C.E： $y_2(v_w-v_2)=y_1(v_w-v_1)\Rightarrow v_w=\frac{0.9}{y_2-1}$ ……………………………………………（1）

M.E： $\frac{\gamma}{2}(y_2^2-y_1^2)=\rho(v_w-v_1)y_1[-(v_w-v_2)-(v_w-v_1)]$

$\Rightarrow\frac{1}{2}g(y_2^2-y_1^2)=(v_w-v_1)y_1\left[\frac{q_2}{y_2}-\frac{q_1}{y_1}\right]$ ，將（1）式及已知代入可解得 $y_2=1.21m$

$\Rightarrow$ 再將 $y_2=1.21m$ 代回 C.E 可求得 $v_2\cong1.24m$, $v_w=4.286m/s$

故變化後之水深為 1.21m；變化後之流速為 1.24 m/s

106年 專門職業及技術人員高等考試試題／水資源工程與規劃

一、請回答下列問題：（每小題 10 分，共 20 分）

（一）試述抽蓄發電（pumped storage）之原理與主要設備及優點。

（二）試述拱壩之力學作用及其所採用之型式與適用之壩址。

參考題解

（一）1. 抽蓄發電之原理：使用水力抽蓄發電，利用離峰電力將水抽回來，再將水放出做水力發電。當電力生產過剩時，剩電便會供予電動抽水泵，把水輸送至地勢較高的蓄水庫，待電力需求增加時，把水閘放開，水便從高處的蓄水庫依地勢流往原來電抽水泵的位置，借水位能推動水道間的渦輪機重新發電，達至蓄能之效。亦即抽蓄發電為將離峰電力轉換為尖峰時段之電力之方式。

2. 主要設備：高處蓄水池進水口↔水路↔平壓塔↔壓力鋼管↔發電廠（水輪機、抽水機）↔低處蓄水池（向右為發電，向左為抽水）

3. 優點：可將離峰便宜之電力，轉換為尖峰高價值之電力，具經濟效益。

（二）1. 拱壩之力學作用及型式：壩體兩端支撐在河谷兩側之壩座上，藉拱作用及懸臂作用，將水庫旁大壓力傳送至兩岸壩墩及壩基岩體上。

2. 適用之壩址：於侵蝕性峽谷最適合建拱壩，因拱壩體積小，故岩體需具足夠之強度及較小之壓縮性。

二、有一銳緣矩形溢流堰寬為 100 m，最大溢流量為 500 m^3/sec，若已知流量係數為 2.22，試求：

（一）考慮流速水頭下之溢流水深（m）？（6分）

（二）已知溢洪道高為 8 m，試求忽略流速水頭情況下之溢流水深（m）？（6分）並比較兩者間（考慮流速水頭與忽略流速水頭）溢流水深與溢流量之誤差百分比（%）？（8分）

參考題解

（一）考慮流速水頭下之銳緣堰溢流公式：

$$Q = C_d \times L \times \left[(H + H_V)^{\frac{3}{2}} - H_V^{\frac{3}{2}}\right] \text{ , } H_V = \frac{V_0^2}{2g} \cdots\cdots\cdots\cdots\cdots\cdots\cdots\cdots\cdots\cdots (1)$$

另由連續方程式：$q = V_0(H+W) \Rightarrow \frac{500}{100} = V_0(H+W) \Rightarrow V_0 = \frac{5}{(H+W)}$

（其中 W 為溢洪道高度，假設 W=8（m）），解得溢流水深 H = 1.705m

（二）1. 忽略流速水頭下之銳緣堰溢流公式：

$$Q = C_d \times L \times H^{\frac{3}{2}} \Rightarrow 500 = 2.22 \times 100 \times H^{\frac{3}{2}} \Rightarrow H = 1.718\ (m)$$

2. 溢流水深之誤差百分比= $\frac{|1.718-1.705|}{1.705} \times 100\% = 0.762\%$；無論是否考慮流速水頭，流量均以 500CMS 計算，故溢流量之誤差百分比= 0。

三、設有一防洪河堤以保護城市，工程師共提出 6 種方案，皆為原堤防之加高加長。若經濟分析年限為 50 年，並無殘值，設年利率為 5%，請以益本比法評析最佳方案。（20 分）

方案	興建成本（10^3 元）	年運轉成本（10^3 元）	估計年淹水成本（10^3 元）
1	6,900	160	700
2	10,900	200	500
3	12,400	230	300
4	15,000	270	125
5	16,000	280	46
6	17,000	290	15

參考題解

採年值法，計算還本因子 $CRF = \frac{0.05\,(1.05)^{50}}{(1.05)^{50}-1} \cong 0.05478$，年值 = CRF × 現值

方案	興建成本 (10^3元)	年興建成本(10^3元)	年運轉成本(10^3元)	估計年洪水成本(10^3)元	年防洪效益(10^3元)	遞增效益(△B)	年計成本 (10^3元)	遞增成本(△C)	遞增本益比 (△B/△C)
1	6900	377.98	160	700	D-700		537.98		
2	10900	597.10	200	500	D-500	200	797.10	259.12	0.77
3	12400	679.27	230	300	D-300	200	909.27	112.17	1.78
4	15000	821.70	270	125	D-125	175	1091.70	182.43	0.96
5	16000	876.48	280	46	D-46	79	1156.48	64.78	1.22
6	17000	931.26	290	15	D-15	31	1221.26	64.78	0.48

計算如上表，其中年運轉成本（年值）＝興建成本（現值）× CRF

D＝未採用任何防洪方案下之年洪水成本

由上表可得方案 3 之遞增本益比（△B／△C）最大，故方案 3 為最佳方案

四、有一灌溉系統之田區長度為 100 m，寬度為 20 m，田間容水量（field capacity）為 25%（重量百分比），灌溉前之土壤水分為 15%（重量百分比），假比重為 1.5，作物有效根系深度為 40 cm 土壤，今引灌水量為 0.015 m^3/sec，灌溉 2 小時後之土壤水分為 20%（重量百分比）且無排水量，試求：（每小題 10 分，共 20 分）

（一）該灌區之施灌效率（efficiency of application）及蓄水效率（efficiency of storage）？

（二）已知上述灌溉水質之電導度值（EC）為 1500 μs/cm 25℃，土壤之電導度值（EC）為 3000 μs/cm 25℃，試問該田區是否會有鹽分累積現象？

參考題解

（一）灌區之施灌效率及蓄水效率

1. 施灌效率

$$施灌效率=\frac{W_s}{W_f}=\frac{灌入水在根系土層儲留之水量}{灌入田間之水量}$$

$$W_s=(20-15)\%\times 100m\times 20m\times 0.4m\times 1.5\times 1000\frac{kg}{m^3}=60{,}000\ \ kg$$

$$W_f=0.015\frac{m^3}{sec}\times 2hr\times\frac{3600sec}{hr}\times 1000\frac{kg}{m^3}=108{,}000\ \ kg$$

$$施灌效率=\frac{W_s}{W_f}=\frac{60{,}000\ \ kg}{108{,}000\ \ kg}=56\%$$

2. 蓄水效率

$$蓄水效率=\frac{W_s}{W_n}=\frac{灌溉後根系土層實際儲留之水量}{灌溉前根系土層需要補充水量}$$

$$W_s=(20-15)\%\times 100m\times 20m\times 0.4m\times 1.5\times 1000\frac{kg}{m^3}=60{,}000\ \ kg$$

$$W_n=(25-15)\%\times 100m\times 20m\times 0.4m\times 1.5\times 1000\frac{kg}{m^3}=120{,}000\ \ kg$$

$$蓄水效率=\frac{W_s}{W_n}=\frac{60{,}000\ \ kg}{120{,}000\ \ kg}=50\%$$

（二）鹽分累積現象

在上述灌溉情況下

灌溉水在根系土層殘留之鹽分

$= W_s \times$ 灌溉水鹽度

$= 60{,}000 \times 1{,}500$

$= 90 \times 10^6$

灌溉水從根系土層洗出之鹽分

$= (W_f - W_s) \times$ 土壤鹽度

$= (108{,}000 - 60{,}000) \times 3{,}000$

$= 144 \times 10^6$

殘留之鹽分 ＜ 洗出之鹽分

所以不會有鹽分累積現象。

五、有一灌溉系統計有 3 個灌區（如圖 1），該灌區之灌溉面積、作物類別、種植期距、作物係數、參考作物需水量（ET_0）、有效雨量（AR）等基本資料如表 1 及表 2，試求：

（一）在未產生滲漏量之精進灌溉下，各灌區作物生長時期之田間灌溉需水量（ℓ / sec）？（12 分）

（二）已知灌溉分線系統之輸水損失 $L_{AB} = 0.1$，$L_{BC} = 0.2$（如圖 1），請設計滿足灌區作物生長用水需求之分線系統渠道流量（ℓ / sec）？（8 分）

表 1　灌區基本資料表

灌區別	作物別	灌溉面積（ha）	種植期距	作物係數平均值（Kc）
1	玉米	100	3 月 1 日~5 月 31 日	0.8
2	大豆	100	4 月 1 日~6 月 30 日	0.8
3	高粱	50	3 月 1 日~5 月 31 日	0.8

表 2　參考作物需水量（ET_0）及有效雨量（AR）一覽表

月　別	1	2	3	4	5	6	7	8	9	10	11	12
ET_0（mm/day）	4.2	4.8	5.0	6.0	7.0	7.5	6.3	5.5	5.6	5.2	4.5	4.1
AR（mm/day）	0.0	0.1	1.0	0.8	1.6	2.0	2.2	2.5	1.1	0.2	0.1	0.0

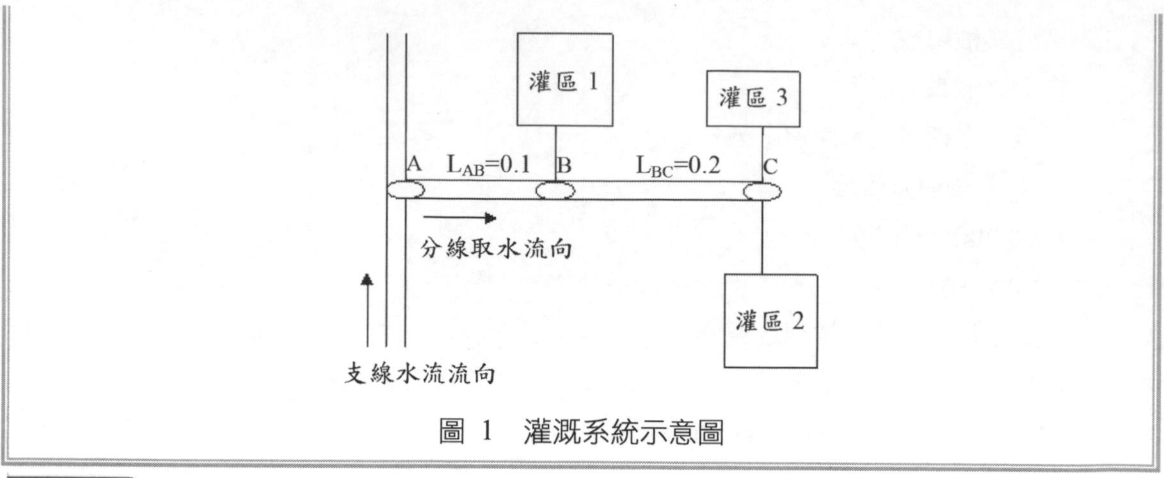

圖 1　灌溉系統示意圖

參考題解

從水量平衡可知，在土壤含水率穩定不變情況下，進入田間土壤水量＝離開田間土壤水量，亦即

灌溉水量（FIR）＋有效降雨量（AR）＝作物蒸散量（ET_{crop}）＋滲漏排水量

而其中，作物蒸散量（ET_{crop}）＝作物係數平均值（Kc）×參考作物需水量（ET_0）

參考作物需水量（ET_0）係由氣象條件及環境條件決定。

作物係數（Kc）係由作物種類、種植時間、生長階段、生長周期及耕作型態決定。

依提示：在未產生滲漏量之精進灌溉下，所以

作物生長時期之田間灌溉需水量＝$K_c \times ET_0 - AR$

（一）田間灌溉需水量（FIR）

1. 第一灌區（玉米）

三月：

$$\text{FIR} = (0.8 \times 5.0 - 1)\frac{mm}{day} \times 100ha \times \frac{m}{10^3 mm} \times \frac{10^4 m^2}{ha} \times \frac{day}{86400sec} \times \frac{10^3 L}{m^3}$$

$$= 34.7\frac{L}{sec}$$

四月：

$$\text{FIR} = (0.8 \times 6.0 - 0.8)\frac{mm}{day} \times 100ha \times \frac{m}{10^3 mm} \times \frac{10^4 m^2}{ha} \times \frac{day}{86400sec} \times \frac{10^3 L}{m^3}$$

$$= 46.3\frac{L}{sec}$$

五月：

$$FIR=(0.8\times 7.0-1.6)\frac{mm}{day}\times 100ha\times \frac{m}{10^3mm}\times\frac{10^4m^2}{ha}\times\frac{day}{86400sec}\times\frac{10^3L}{m^3}$$

$$=46.3\frac{L}{sec}$$

2. 第二灌區（大豆）

四月：

$$FIR=(0.8\times 6.0-0.8)\frac{mm}{day}\times 100ha\times \frac{m}{10^3mm}\times\frac{10^4m^2}{ha}\times\frac{day}{86400sec}\times\frac{10^3L}{m^3}$$

$$=46.3\frac{L}{sec}$$

五月：

$$FIR=(0.8\times 7.0-1.6)\frac{mm}{day}\times 100ha\times \frac{m}{10^3mm}\times\frac{10^4m^2}{ha}\times\frac{day}{86400sec}\times\frac{10^3L}{m^3}$$

$$=46.3\frac{L}{sec}$$

六月：

$$FIR=(0.8\times 7.5-2.0)\frac{mm}{day}\times 100ha\times \frac{m}{10^3mm}\times\frac{10^4m^2}{ha}\times\frac{day}{86400sec}\times\frac{10^3L}{m^3}$$

$$=46.3\frac{L}{sec}$$

3. 第三灌區（高粱）

三月：

$$FIR=(0.8\times 5.0-1)\frac{mm}{day}\times 50ha\times \frac{m}{10^3mm}\times\frac{10^4m^2}{ha}\times\frac{day}{86400sec}\times\frac{10^3L}{m^3}$$

$$=17.4\frac{L}{sec}$$

四月：

$$FIR=(0.8\times 6.0-0.8)\frac{mm}{day}\times 50ha\times \frac{m}{10^3mm}\times\frac{10^4m^2}{ha}\times\frac{day}{86400sec}\times\frac{10^3L}{m^3}$$

$$=23.1\frac{L}{sec}$$

五月：

$$\text{FIR} = (0.8 \times 7.0 - 1.6)\frac{mm}{day} \times 50ha \times \frac{m}{10^3 mm} \times \frac{10^4 m^2}{ha} \times \frac{day}{86400sec} \times \frac{10^3 L}{m^3}$$

$$= 23.1\frac{L}{sec}$$

（二）分線系統渠道流量

三月：

需水區為灌區 1+灌區 3

BC 段渠道流量（灌區 3）

$$Q_{BC} \times (1 - L_{BC}) = 17.4\frac{L}{sec}$$

$$Q_{BC} = \frac{17.4}{1 - 0.2} = 21.75\left(\frac{L}{sec}\right)$$

AB 段渠道流量（灌區 1+Q_{BC}）

$$Q_{AB} = \frac{34.7 + 21.75}{1 - 0.1} = 62.72\left(\frac{L}{sec}\right)$$

四月：

需水區為灌區 1+灌區 2+灌區 3

BC 段渠道流量（灌區 2+灌區 3）

$$Q_{BC} \times (1 - L_{BC}) = 46.3 + 23.1$$

$$Q_{BC} = \frac{69.4}{1 - 0.2} = 86.75\left(\frac{L}{sec}\right)$$

AB 段渠道流量（灌區 1+Q_{BC}）

$$Q_{AB} = \frac{46.3 + 86.75}{1 - 0.1} = 147.83\left(\frac{L}{sec}\right)$$

五月：

需水區為灌區 1+灌區 2+灌區 3

BC 段渠道流量（灌區 2+灌區 3）

$$Q_{BC} \times (1 - L_{BC}) = 46.3 + 23.1$$

$$Q_{BC} = \frac{69.4}{1 - 0.2} = 86.75\left(\frac{L}{sec}\right)$$

AB 段渠道流量（灌區 1+Q_{BC}）

$$Q_{AB} = \frac{46.3 + 86.75}{1 - 0.1} = 147.83\left(\frac{L}{sec}\right)$$

六月：

需水區為灌區 2

BC 段渠道流量（灌區 2）

$$Q_{BC} \times (1 - L_{BC}) = 46.3$$

$$Q_{BC} = \frac{46.3}{1 - 0.2} = 57.88\left(\frac{L}{sec}\right)$$

AB 段渠道流量（Q_{BC}）

$$Q_{AB} = \frac{57.88}{1 - 0.1} = 64.31\left(\frac{L}{sec}\right)$$

專門職業及技術人員高等考試試題／水利工程（包括海岸工程、防洪工程與排水工程）

一、颱風過後，臺灣河川經常嚴重受損。請分類說明造成臺灣河川受損的原因並說明復建整治的基本原則。（20分）

參考題解

（一）災害原因探討：

1. 地文因素：

（1）地形：台灣地質年代輕，坡陡流急，河川流速快，侵蝕能力強，容易侵蝕河岸及河床。

（2）地質：河川上游集水區之岩層，常因受到風化而破碎，且 921 地震造成岩層破碎，土石鬆動，增加坡面崩塌之潛在危險性，當較大雨勢侵襲時，容易造成山崩或地滑、土石流，大量泥沙及岩塊由上游沖向下游時，就容易造成河岸的破壞。

2. 水文因素：

（1）豪雨集中、雨量大：颱風帶來之豪雨集中且雨量大、範圍廣，容易形成山崩、地滑、土石流等坡地災害，坡地災害所形成的土砂，容易造成河道淤積，形成洪患。

（2）逕流量大：由於颱風雨量大，所形成之逕流量大，此時河川挾砂能力將提高，因此容易侵蝕河岸及河床。

3. 人為因素：任意佔用河道、與水爭地：佔用河道，迫使河川改道，縮小排洪斷面，引發洪水溢流氾濫。

（二）處理原則：

1. 復健整治以就地整建為災害復建原則。
2. 土石淤積嚴重，影響人民生命財產安全之河道，立即疏濬。
3. 需緊急搶修搶通工程，立即辦理。
4. 防止二次災害工程，優先辦理。
5. 其他復建新增災害整治工程，以上、中、下游整體治理原則，加速辦理。

二、排水工程設計經常會用到合理化公式（rational formula）、曼寧（Manning）公式及達西-威斯巴哈（Darcy-Weisbach）方程式：

（一）請寫出公制的合理化公式，並説明各符號的單位及代表的意義。（10分）

（二）請寫出公制的曼寧公式，並説明各符號的單位及代表的意義。（10分）

（三）請寫出 Darcy-Weisbach 方程式，並説明各符號代表的意義。（10分）

參考題解

（一）$Q_P = \dfrac{1}{360}CIA$

式中，Q_p：洪峰流量，單位是立方公尺／秒

C：逕流係數，無單位

I：降雨強度，單位是公釐／小時

A：集水區面積，單位是公頃。

（二）$V = \dfrac{1}{n}R^{2/3}S^{1/2}$

$R = \dfrac{A}{P}$

式中，V：平均流速（公尺／秒）

n：曼寧粗糙係數

R：水力半徑，單位是公尺。

A：通水斷面積，單位是平方公尺。

P：潤周長，與水接觸週邊之長度，單位是公尺。

S：水力坡降或渠底坡度，無單位。

（三）$h_f = f\dfrac{L}{D}\dfrac{V^2}{2g}$

h_f：是摩擦損失，單位是公尺（m）。

L：是管路長，單位是公尺（m）。

D：是管路的水力半徑，若是圓形管路，為管路的內直徑，單位是公尺（m）。

V：是流體的平均速率，單位是 m/s

g：是重力加速度，單位是（m/s^2）

f：達西摩擦因子，無單位。

三、詳細說明一般採用那些工法治理河川，並說明各種工法的適用情況。（20 分）

參考題解

（一）滯洪：在適當地點設置滯洪池（Detention Pond），一般均設置於水道中上游，而在洪水過程中截蓄滯尖峰流量及延滯時間為目標，其位置容量均視地形、地勢視機而得，再以其位置及容量做流入、流出之規劃設計。

（二）蓄洪：蓄洪池（Retention Pond）多設置於下游低地，降雨積水不易或受限難以適時排入水道之地區，因此蓄洪池常需視防災標準及區位先做流入設計，在據以計算其必需之容量、位置作規劃設定，然後作適當流量、時間及地點之流出設計。

（三）分洪、減洪：對於河道通洪容量不足時，河川通水斷面無法增加情況下，其可行之替代方法即可另闢人工或天然水道排放，對於洪水來臨時無法宣洩之水流即可經由疏洪道的疏流效應，減緩河道流量負荷。

但是分洪道、疏洪道分洪入其他河流、海洋或繞過保護區回歸原河道等，都會改變沿途或承洩區的水環境與生態系統，因此對這些情況要事先研究、認真規劃，確保實際效率、減少對環境生態的影響，不能將洪水問題從一個地區轉移到另一個地區。

（四）河槽治導：河道斷面改善（疏浚、拓寬）、裁彎取直或改善彎道、穩定水路等，以暢通水流，增加河槽通水能力及降低洪水位。

1. 疏浚或拓寬：增加通水斷面積降低洪水位，但其適用地點亦有限制；尤其在大河川，所費通常較高堤防為昂貴，流經都市之河川，拓寬更因補償費之高而不合經濟原則，而且，設河岸沖刷率與泥砂輸下值不變，河道之寬深自有其極限，故拓寬與疏浚之效果常不大。

2. 截彎取直：因其縮短流路，增加水面坡降，故可顯著降低洪水位，但其效果僅限於截彎上游段，其下游段因洪水量（河槽負荷）大增，反有上位之上漲；截彎取直後因能量之平衡遭受破壞，因此，截彎取直須注意：

（1）截彎下游段河槽，能抗禦因水面坡降之增加導致之沖刷，且有充分之能力輸送上游增加之土砂。

（2）避免截彎上游段沖刷及下游段淤積：截彎段應先僅放流洪水上層較清水流，洪水底層流則仍流經舊彎道。

（4）截彎直線段不宜過長，以免中低水時發生蜿蜒流。

（5）控制輸砂量之流下，可藉攔砂壩、水土保持及增加河川輸砂能力達成，但需長期實施始能見效。

（五）束洪：台灣最常用的工程方法，將洪水束範在預定的河道之中，設置堤防、防洪牆等結構物，以保護土地免於洪水氾濫，然而在於堤防工程設計上所考慮的問題有本身堤防結構安定的問題、位置的選取、堤內排水設計、未來堤防維護的進行與堤防對河川水位影響評估等，皆須周詳的計畫。

四、臺灣大部分地區海岸都因為侵蝕而造成海岸線後退，請依災害形成原因詳細分類說明。（30分）

參考題解

（一）自然原因：

1. 如河流改道或大海泥砂減少、海面上升或地面沉降、海洋動力作用增強等都將導致海岸侵蝕。
2. 氣候變遷影響：颱風等極端氣候過多，加強海洋等對海岸的侵蝕力，導致海岸侵蝕。

（二）人為原因：

1. 河川上游興建水庫及防砂壩等設施攔砂，導致海岸的砂源補充不足，而使海岸遭受侵蝕。
2. 河川砂遭盜採，無足夠砂源補充海岸，而使得海岸侵蝕。
3. 超抽地下水，導致海岸下降，海岸遭受侵蝕。
4. 海岸防風林遭砍伐，海岸砂源流失，形成侵蝕。
5. 設置突堤攔砂，阻擋沿岸流之砂源補充，導致海岸遭受侵蝕。
6. 港灣興建，設置海工結構物，阻擋砂源，導致海岸遭受侵蝕。

106年 特種考試地方政府公務人員考試試題／水文學

一、試述下列名詞之意涵：可降水量（Precipitable water）、最大降雨 DAD（Maximum rainfall depth-area-duration）分析、可能最大降水量（Probable maximum precipitation）、可能最大暴雨（Probable maximum storm）、標準規劃暴雨（Standard project storm）。（25分）

參考題解

（一）可降水量：指單位面積空氣柱裡含有的水汽總數量稱之，意即空氣中的水分全部凝結成雨、雪降落所能形成的降水量。

（二）最大降雨 DAD 分析：以最大降雨深度（mm）為橫軸，流域面積（km^2）為橫軸，不同曲線則代表不同延時（hr），以此圖形分析降雨深度-流域面積-延時三者間關係之分析，稱為 DAD 分析。

（三）（四） 可能最大降水量：是指在特定氣候條件下，某一流域或某一地區，一定延時內的最大降水，亦可稱為可能最大暴雨量。

（五）標準規劃暴雨：於考慮某一地區之降雨紀錄下，所可能發生之最大暴雨，此暴雨並非最大暴雨量。

二、試說明在水文統計學應用上採用「移動平均法」的目的，並以下列表格為例，詳述「移動平均法」計算之過程與計算結果。（25分）

年序	1	2	3	4	5	6	7	8	9	10
雨量（mm）	250	280	200	180	195	240	235	285	270	210

參考題解

簡單移動平均法計算過程：

（一）設定移動年數（本例為 5 年，根據時間序列的序數和變動周期來決定。如果序數多，變動周期長，則可以採用每 6 年甚至每 12 年計算）

（二）假設已知前五年降雨，則可計算前五年降雨平均值 $=(250+280+200+180+195)/5$，餘依此類推。

（三）則可計算出如下表之結果，預測得第 6 年開始之降雨值

年序	1	2	3	4	5	6	7	8	9	10
雨量(mm)	250	280	200	180	195	240	235	285	270	210
移動平均值					221	219	210	227	245	248
預測值						221	219	210	227	245

（四）單純移動平均法的優點是簡單易行，且可在一定程度上消除某些偶然因素的影響。但它也存在著比較明顯的缺點：由於這種方法直接將第 t 期的移動平均值作為第 t-1 期的預測值，因而當實際觀察值的時間序列具有明顯的變化趨勢時，預測值就會出現滯後於這種趨勢的現象。

三、適用杜普特假定（Dupuit assumption）之非拘限含水層抽水井達定量抽水時之洩降影響半徑內有一可充分涵養地下水之河流經過時，將可如何利用映像法（images）來描繪在河川水流影響下，該抽水井與河川之距離延長線上垂直剖面的平衡洩降曲線。（25分）

參考題解

以原地下水位為界線，將河川視為一個補助地下水的井，則實際的水井洩降為抽水井與假想井所造成的洩降差，如下圖中實線所示：

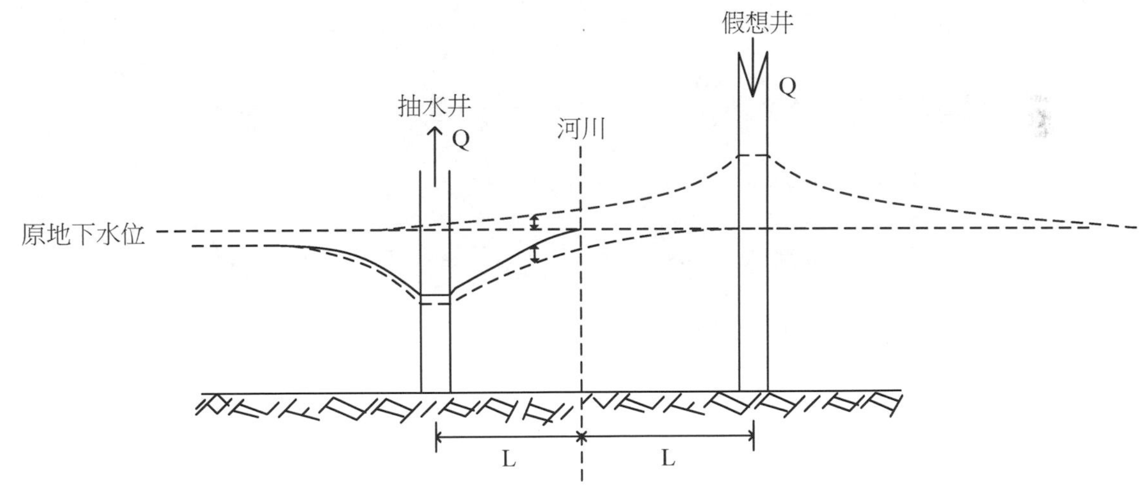

圖片來源：水文學500題，王定欽、陳文福

四、以小河川為適用對象，試繪圖說明其水位－流量率定曲線是利用何種校正方式，以及如何透過主要與輔助水文站之歷年流量及水位紀錄來校正該河川之水位－流量關係曲線，進而依據曼寧公式求出流量與水位落差之基本公式的待定係數。（25 分）

參考題解

（一）小河川之率定曲線校正方法採恆定落差法進行修正：即在河川主要水文站之下游再設一輔助水文站，若兩站之水位落差不大，可採用其平均落差值為 F_0（通常可取該值為 30cm）。將歷年來主要水文站之水位 H 與流 Q 繪圖並標註其所對應之 $\frac{F}{F_0}$。再用觀察法將 $\frac{F}{F_0}=1$ 的各點加以連線，即為恆定落差率定曲線。此時可由歷年來河川原主要水文暫的水位找出相對應落差 F_0 之流量 Q_0。再計算歷年來之 $\frac{F}{F_0}$ 與 $\frac{Q}{Q_0}$ 的值，並繪於雙對數紙上，可得一條直線。此時可由圖中看出下列關係：

$$\ln\left(\frac{Q}{Q_0}\right) = k\ln\left(\frac{F}{F_0}\right)\text{，或}\frac{Q}{Q_0} = \left(\frac{F}{F_0}\right)^k$$

求得 k 值後，主水文站之流量 Q 即可由落差 F 加以修正。

（二）由曼寧公式 $Q = \frac{1}{n}R^{\frac{2}{3}}S_0^{\frac{1}{2}}A \to Q\sim S_0^{\frac{1}{2}}\sim\left(\frac{h_f}{L}\right)^{\frac{1}{2}}$ ...（1）

又由能量方程式 $Z_1+y_1+\frac{V_1^2}{2g} = Z_2+y_2+\frac{V_2^2}{2g}+h_f$，又因 $v_1\cong v_2$，

故 $h_f = Z_1+y_1-Z_2+y_2 =$ 落差 F ...（2）

由（1）（2）兩式可推得：$Q\sim S_0^{\frac{1}{2}}\sim F^k \to \ln\left(\frac{Q}{Q_0}\right) = \frac{1}{2}\ln\left(\frac{S}{S_0}\right) = \ln\left(\frac{F}{F_0}\right)^k$ ...

即可利用流量及坡度與落差關係求得 k 值

106年 特種考試地方政府公務人員考試試題／流體力學

一、試說明何謂徑線（pathline）及煙線（streakline）？假設在時間 $t=0\,s$ 到 $t=8\,s$，有一速度場為 $\vec{v}=(u,v)=(0\text{ m/s}, 2\text{ m/s})$，$u$ 為速度 $\vec{v}$ 在 x 方向的分量，v 為速度 $\vec{v}$ 在 y 方向的分量。而在時間 $t=8$ s 到 $t=20$ s，該速度場改變為 $\vec{v}=(u,v)=(2\text{ m/s},-2\text{ m/s})$。假如在時間 $t=0$ s 時，一個染劑被放入流場的原點做流體標記，從此時開始流體質點被追蹤記錄。試畫出在時間 $t=12$ s，從原點開始所形成的徑線及煙線。（20分）

參考題解

（一）$t=0\sim 8(\text{sec}) \rightarrow \vec{v}=(u,v)=(0,2)$

$t=8\sim 20(\text{sec}) \rightarrow \vec{v}=(u,v)=(2,-2)$

1. 徑線：

t (s)	位置
0	(0, 0)
2	(0, 4)
4	(0, 8)
6	(0, 12)
8	(0, 16)
10	(4, 12)

t (hr)	位置
12	(8, 8)
14	(12, 4)
16	(16, 0)
18	(20, -4)
20	(24, -8)

$\therefore t=12\text{s}$

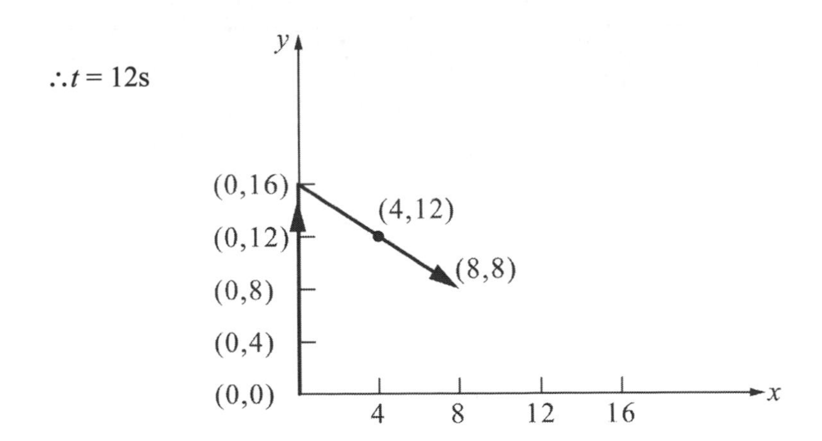

2. 煙線：$\begin{cases} t=0\sim 8 \rightarrow \vec{v}=(0,2) \\ t=8\sim 20 \rightarrow \vec{v}=(0,-2) \end{cases}$

t (s)	點												
0	(0, 0)												
1	(0, 2)	(0, 0)											
2	(0, 4)	(0, 2)	(0, 0)										
3	(0, 6)	(0, 4)	(0, 2)	(0, 0)									
4	(0, 8)	(0, 6)	(0, 4)	(0, 2)	(0, 0)								
5	(0, 10)	(0, 8)	(0, 6)	(0, 4)	(0, 2)	(0, 0)							
6	(0, 12)	(0, 10)	(0, 8)	(0, 6)	(0, 4)	(0, 2)	(0, 0)						
7	(0, 14)	(0, 12)	(0, 10)	(0, 8)	(0, 6)	(0, 4)	(0, 2)	(0, 0)					
8	(0, 16)	(0, 14)	(0, 12)	(0, 10)	(0, 8)	(0, 6)	(0, 4)	(0, 2)	(0, 0)				
9	(2, 14)	(2, 12)	(2, 10)	(2, 8)	(2, 6)	(2, 4)	(2, 2)	(2, 0)	(2, -2)	(0, 0)			
10	(4, 12)	(4, 10)	(4, 8)	(4, 6)	(4, 4)	(4, 2)	(4, 0)	(4, -2)	(4, -4)	(2, -2)	(0, 0)		
11	(6, 10)	(6, 8)	(6, 6)	(6, 4)	(6, 2)	(6, 0)	(6, -2)	(6, -4)	(6, -6)	(4, -4)	(2, -2)	(0, 0)	
12	(8, 8)	(8, 6)	(8, 4)	(8, 2)	(8, 0)	(8, 2)	(8, -4)	(8, -6)	(8, -8)	(6, -6)	(4, -4)	(2, -2)	(0, 0)

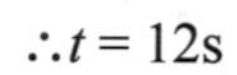

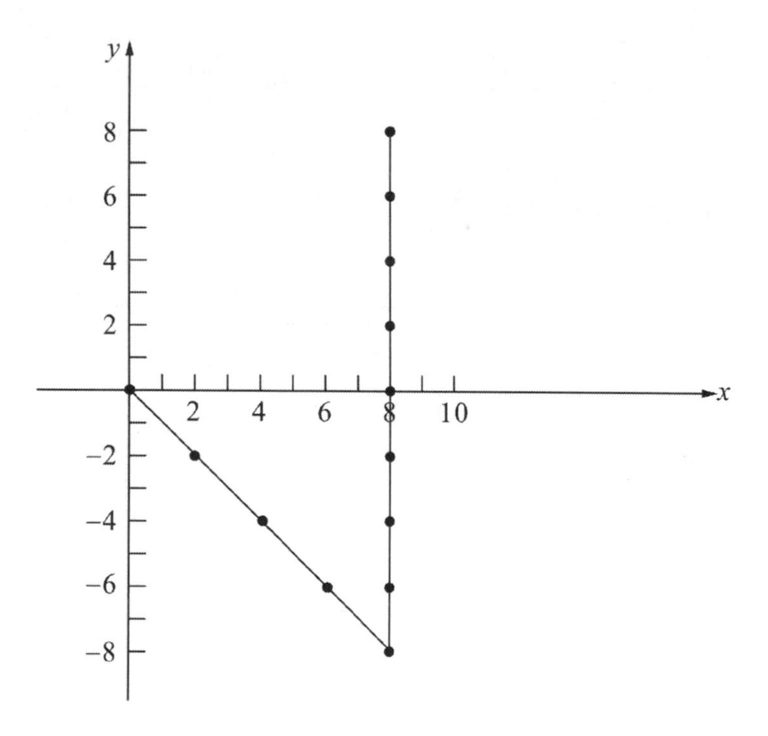

二、一個 1:100 模型比例(模型尺寸是原型尺寸的 1/100)的船體置於比重(specific gravity)為 0.95 的某流體 A 中，用以模擬一艘原型 120 m 長而航行於水中的船體。試計算如果要同時滿足雷諾數（Reynolds number）及福祿數（Froude number）的模擬相似律，流體 A 的運動黏滯係數(kinematic viscosity)應為何？假如模型中的船體須要 5N 的推進力，那原型的船體須要的推進力應為何？（20分）

參考題解

設原型：P，模型：M

$L_m : L_p = 1:100$

流體 $m : G_{s,m} = 0.95 \rightarrow \rho_m = 0.95 \times \rho_w = 0.95 \times 1000 = 950 (kg/m^3)$

①滿足 F_r 相似

$$F_{rm} = F_{rp} \Rightarrow \frac{v_m}{\sqrt{gL_m}} = \frac{v_p}{\sqrt{gL_p}} \Rightarrow \frac{v_m}{v_p} = \sqrt{\frac{L_m}{L_p}} = \sqrt{\frac{1}{100}} = \frac{1}{10}$$

②滿足 R_e 相似

$$R_{e,m} = R_{e,p} \Rightarrow \frac{\rho_m v_m D_m}{\mu_m} = \frac{\rho_p v_p D_p}{\mu_p}$$

$$\Rightarrow \frac{v_m D_m}{\gamma_m} = \frac{v_p D_p}{\gamma_p}$$

$$\Rightarrow \frac{\gamma_p}{\gamma_m} = \frac{v_p D_p}{v_m D_m} = \frac{v_p L_p}{v_m L_m} = \sqrt{\frac{L_p}{L_m}} \times \frac{L_p}{L_m} = \left(\frac{L_p}{L_m}\right)^{\frac{3}{2}}$$

$$\Rightarrow \gamma_m = \gamma_p \times \left(\frac{L_p}{L_m}\right)^{-\frac{3}{2}}$$

（一）已知 $\gamma_{H_2O,\,250L} = 8.9 \times 10^{-4}\ (p_a \cdot s)$

$$\Rightarrow \gamma_m = 8.9 \times 10^{-4} \times \left(\frac{100}{1}\right)^{-\frac{3}{2}} = 8.9 \times 10^{-7} (p_a \cdot s)$$

（二）$F = ma \Rightarrow kg \cdot m/s^2 \Rightarrow \rho \cdot \forall \cdot L/T^2$

$$\Rightarrow \rho \cdot L^4 \cdot T^{-2}$$

1. $\dfrac{v_m}{v_p}=\dfrac{1}{10}=\dfrac{L_m}{T_m}\times\dfrac{T_p}{L_p}=\dfrac{1}{100}\times\dfrac{T_p}{T_m}$

$\Rightarrow \therefore \dfrac{T_p}{T_m}=10 \quad \Rightarrow \dfrac{T_m}{T_p}=\dfrac{1}{10}$

2. $\dfrac{F_m}{F_p}=\dfrac{\rho_m L_m^4 T_m^{-2}}{\rho_p L_p^4 T_p^{-2}}=\dfrac{\rho_m}{\rho_p}\times\left(\dfrac{L_m}{L_p}\right)^4\times\left(\dfrac{T_m}{T_p}\right)^{-2}$

$=\dfrac{950}{1000}\times\left(\dfrac{1}{100}\right)^4\times\left(\dfrac{1}{10}\right)^{-2}$

$\Rightarrow \dfrac{5}{F_p}=9.5\times10^{-7}$

$\Rightarrow F_p=\dfrac{5}{9.5\times10^{-7}}=5263\,kN$

三、如下圖所示，一個矩形開口的貯槽其內有一層 1 m 厚的水，其上方為一層 1 m 厚的油，其比重量（specific weight）為 6.6 kN/m^3。假設貯槽受到一個往右的加速度為 $a=0.3$ g。貯槽為 6 m 長，在加速運動時沒有任何流體溢出。試計算在此加速度運動下貯槽內產生最大的壓力為何？（20 分）

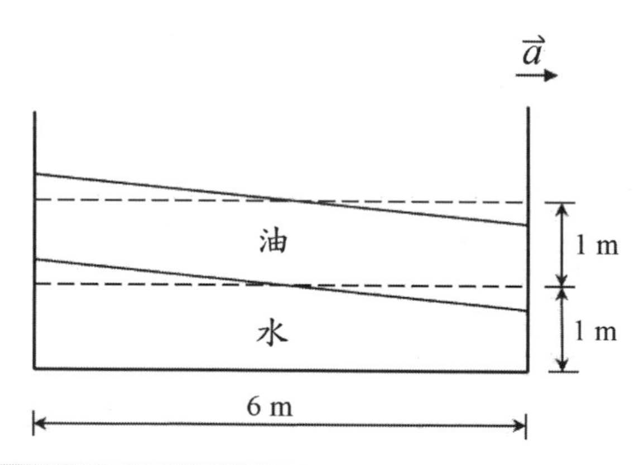

參考題解

（一）由微量之微量變化 dP $=-\rho[(a_x-g_x)dx+(a_y-g_y)dy]$（只考慮 XY 方向）

沿等壓面（dP = 0）：$(a_x-g_x)dx+(a_y-g_y)dy=0$

$$\frac{dy}{dx}=\text{水面斜率}=\frac{g_x-a_x}{a_y-g_y}=\frac{-a_x}{-g}=\frac{a}{g}=0.3$$

（二）因$\gamma_{油} = 6.6$；$\gamma_{水} = 9.81$，故 1m 油與 $\frac{6.6}{9.81} = 0.673$m 水視同等效

令平衡後左側水面高為 h_1；右側水面高為 h_2

則由斜率相等 $\frac{(h_1 - h_2)}{6} = 0.3 \rightarrow h_1 - h_2 = 1.8$ ...（1）

又由平衡前後體積相等

$$(h_1 + h_2) \times \frac{6}{2} = (1 + 0.673) \times \frac{6}{2} \rightarrow h_1 + h_2 = 3.346 \text{ ...（2）} \rightarrow$$

由（1）.（2）兩式可解得 $h_1 = 2.573m$；$h_2 = 0.773m$

最大壓力 $= 2.573\gamma_{水} = 25.24KN/m^2$

四、假設有一層流位在一個以頻率 ω 左右振盪的平板上。在 $y = 0$，其速度為 $u(y, t) = U_0 \cos(\omega t)$；在 $y = +\infty$，其速度為 $u(y,t) = 0$。試利用 Navier-Stoke 方程式計算在 $y = \sqrt{\frac{2\upsilon}{\omega}}$ 所產生的黏滯剪應力（viscous shear stress），請以 U_0、ω、υ 及 ρ 表示之。

υ 是流體的運動黏滯係數（kinematic viscosity）、ρ 是流體的密度（density）。（20 分）

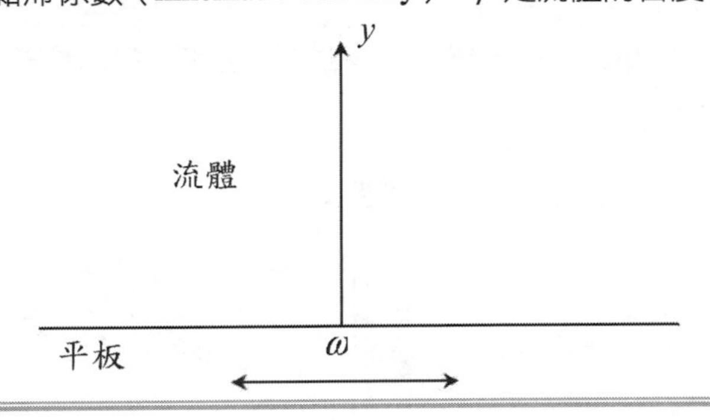

參考題解

x 方向 Navier-Stokes 方程式：

$$\rho\left(u\frac{\partial u}{\partial x} + v\frac{\partial u}{\partial y} + w\frac{\partial u}{\partial z} + \frac{\partial u}{\partial t}\right) = -\frac{\partial P}{\partial x} + \rho g_x + \mu\left(\frac{\partial^2 u}{\partial x^2} + \frac{\partial^2 u}{\partial y^2} + \frac{\partial^2 u}{\partial z^2}\right)$$

因為 $u(y, t) = U_0 cos(\omega t)$

$\frac{\partial P}{\partial x} = 0$， $g_x = 0$

所以 Navier-Stokes 方程式可簡化為

$$\frac{\partial u}{\partial t} = \nu\frac{\partial^2 u}{\partial y^2}$$

令 $u(y, t) = \text{f}(y)e^{i\omega t}$ ， $i = \sqrt{-1}$ ，代入上式可得

$$\frac{d^2 f}{dy^2} - \frac{\rho i\omega}{\mu} f = 0$$

其中　$f(y) = e^{-y\sqrt{\frac{i\omega}{\nu}}}$

所以

$$u(y,t) = U_0 e^{-y\sqrt{\frac{\omega}{2\nu}}} cos\left(\omega t - y\sqrt{\frac{\omega}{2\nu}}\right)$$

剪應力為

$$\tau = \mu\frac{\partial u}{\partial y}$$

$$= -U_0\sqrt{\frac{\omega}{2\nu}} e^{-y\sqrt{\frac{\omega}{2\nu}}} cos\left(\omega t - y\sqrt{\frac{\omega}{2\nu}}\right) + U_0\sqrt{\frac{\omega}{2\nu}} e^{-y\sqrt{\frac{\omega}{2\nu}}} sin\left(\omega t - y\sqrt{\frac{\omega}{2\nu}}\right)$$

在 $y = \sqrt{\frac{2\nu}{\omega}}$ 之剪應力

$$\tau = -U_0\sqrt{\frac{\omega}{2\nu}} e^{-1} cos(\omega t - 1) + U_0\sqrt{\frac{\omega}{2\nu}} e^{-1} sin(\omega t - 1)$$

$$= -U_0\sqrt{\frac{\omega}{2\nu}} e^{-1}[cos(\omega t - 1) + sin(\omega t - 1)]$$

五、如下圖所示，在水中內有一閘門 AB，其寬度為 2 m 而重量為 18000 N。閘門被鉸鏈固定在 B 點，而其 A 點靠在無摩擦的牆面上。試計算左邊水位高 h 為何時將造成閘門 AB 開始開啟？（20 分）

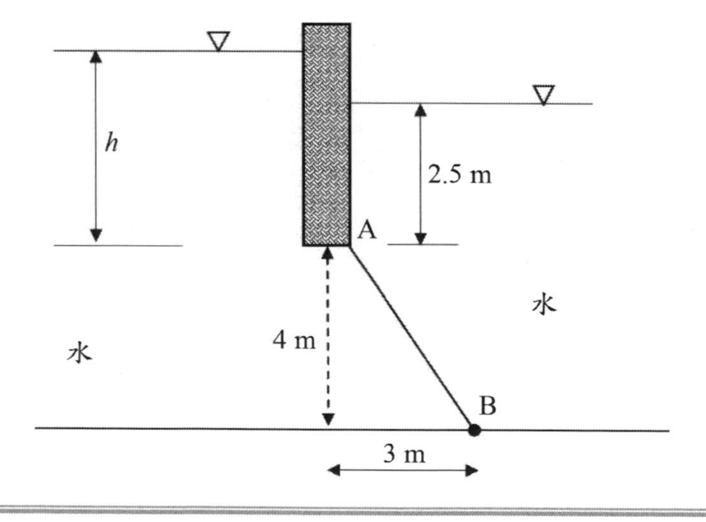

參考題解

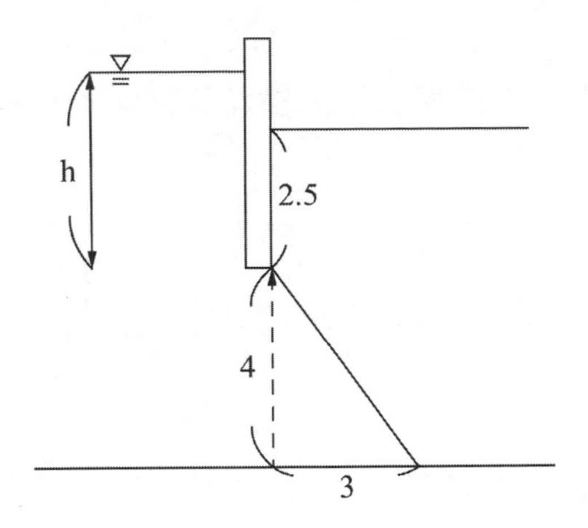

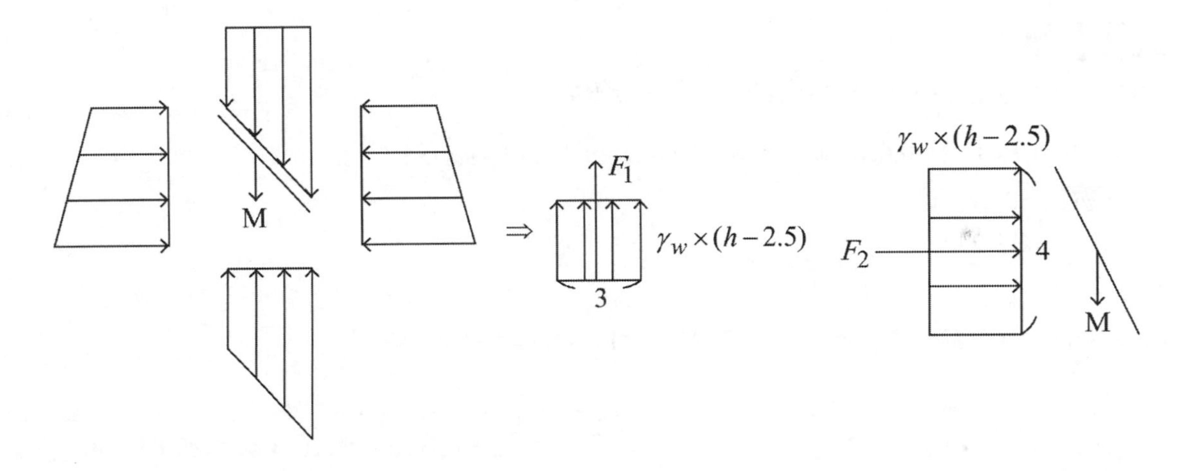

$F_1 = 9.81 \times (h-2.5) \times 3 \times 2 = 58.86\,h - 147.15$

$F_2 = 9.81 \times (h-2.5) \times 4 \times 2 = 78.48\,h - 196.2$

$M = 18000\,N = 18\,kN$

$\therefore M \times \dfrac{3}{2} = F_1 \times \dfrac{3}{2} + F_2 \times \dfrac{4}{2}$

$\Rightarrow 18 \times 3 = (58.86\,h - 147.15) \times 3 + (78.48\,h - 196.2) \times 4$

$\Rightarrow 1280.25 = 490.5\,h$

$\Rightarrow h = 2.61\,(m)$

特種考試地方政府公務人員考試試題／土壤力學與基礎工程

一、一方形基角如下圖所示，若地下水位在地表處，請計算該基角在承載力安全係數為 3 之情況下，所能承受之最大垂直荷重 P。（25 分）

$q_{ult} = 1.3c'N_c + \sigma'_{zD} N_q + 0.4\gamma' BN_\gamma$

$N_c = 37.2, N_q = 22.5, N_\gamma = 20.1$ for $\phi' = 30^\circ$

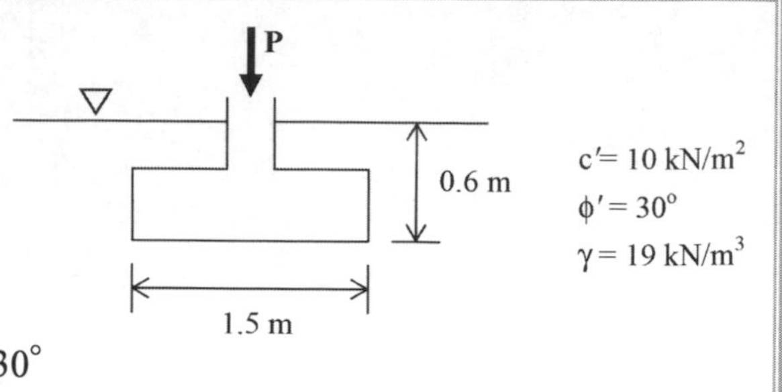

參考題解

依圖所示，得 $q_{net} = 1.3c'N_c + \sigma'_{zD}(N_q - 1) + 0.4\gamma' BN_\gamma$

$$q_{net} = 1.3\times10\times37.2 + 0.6\times(19-9.8)\times(22.5-1) + 0.4\times(19-9.8)\times1.5\times20.1$$
$$= 713.232\,kN/m^2$$

$$q_a = \frac{q_{net}}{FS} = \frac{713.232}{3} = 237.744\,kN/m^2$$

可承受最大垂直荷重 $P_{max} = q_a \times A = 237.744\times1.5\times1.5 = 534.924kN$

二、一土層之剖面如下圖所示，其地下水位在地表下 5 公尺處。若在 A 點處水平方向之總應力為 415 kPa，請求得該砂土層靜止時之側向土壓力係數。（25 分）

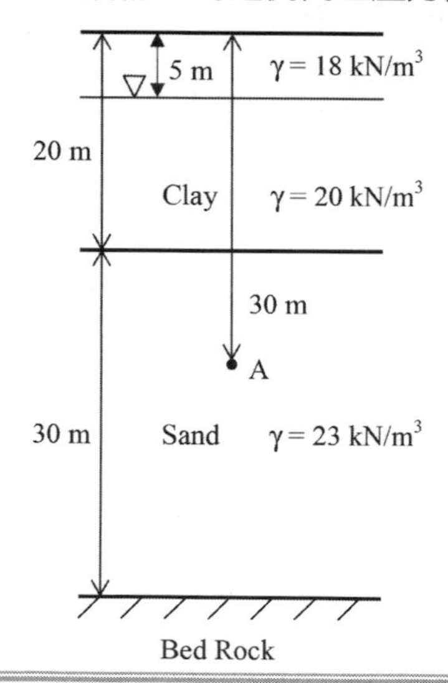

參考題解

A 點垂直向有效應力 $\sigma_v' = 5\times18+15\times(20-9.8)+10\times(23-9.8) = 375\,kN/m^2$

A 點處水壓力 $u_w = 25\times9.8 = 245\,kN/m^2$

A 點水平向有效應力 $\sigma_h' = \sigma_h - u_w = 415-245 = 170\,kN/m^2$

靜止時之側向土壓力係數 $K_0 = \dfrac{\sigma_h'}{\sigma_v'} = \dfrac{170}{375} = 0.453$

三、從一個土壤的標準夯實試驗中，所得到的結果如下表所示：

試體質量（含水）(g)	2010	2092	2114	2100	2055
含水量（%）	12.8	14.5	15.6	16.8	19.2

該土顆粒之比重（specific gravity）為 2.67，請畫出「乾單位重」對「含水量」之圖，並找出該土壤夯實後之最佳含水量（optimum water content）與最大乾單位重（maximum dry unit weight）。夯實試驗之模具體積為 1000 cm³。（25 分）

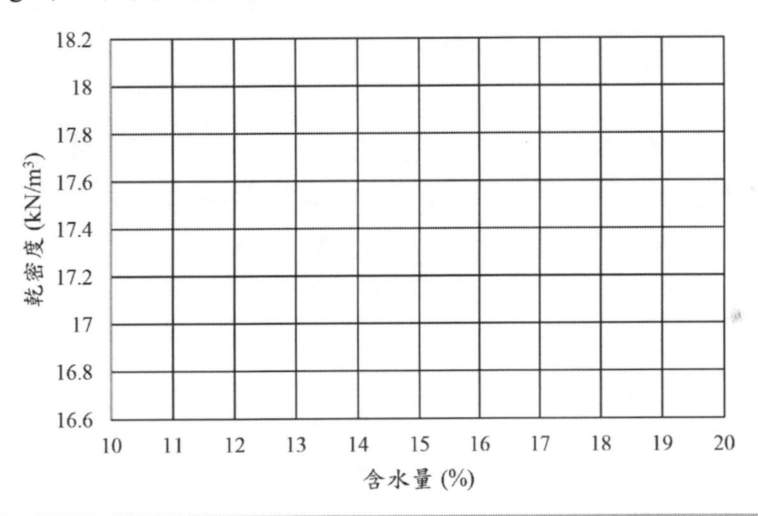

參考題解

濕土單位重 $\gamma_m = W/V$ ，$V = 1000cm^3$ ，W 為試體含水質量，如格內數值。

乾單位重 $\gamma_d = \gamma_m/(1+w)$，可計算得個試體乾單位重如下：

試體質量（含水）(g)	2010	2092	2114	2100	2055
含水量（%）	12.8	14.5	15.6	16.8	19.2
γ_m（$g/cm^3 = t/m^3$）	2.010	2.092	2.114	2.100	2.055
γ_d（$g/cm^3 = t/m^3$）	1.782	1.827	1.829	1.798	1.724
γ_d（kN/m^3）	17.464	17.905	17.924	17.620	16.895

畫出「乾單位重」對「含水量」之圖如下：

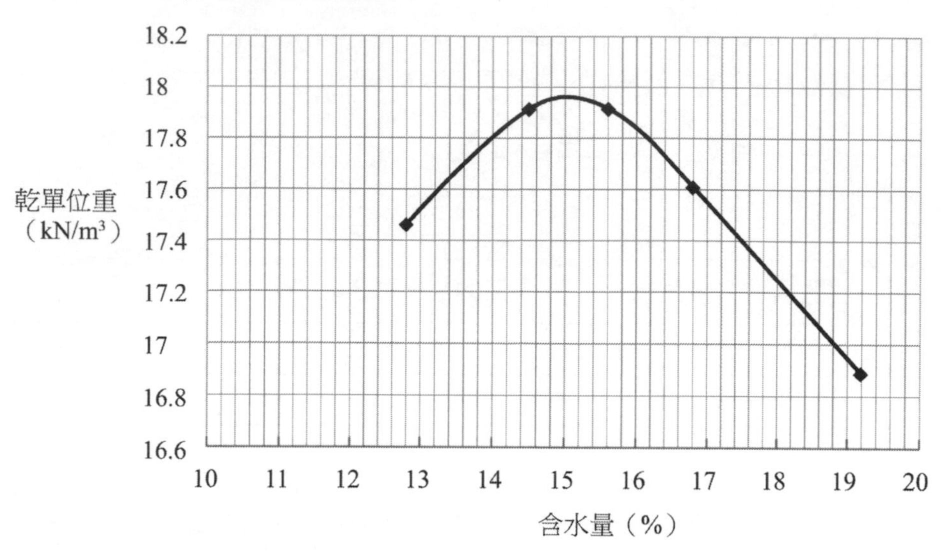

由圖可得夯實後之最佳含水量 $w_{OMC} = 15.1\%$

最大乾單位重 $\gamma_{d,\max} = 17.93\,kN/m^3$

四、一個 800 kN 的垂直壓力作用在一 400 mm 直徑，15 m 長之鋼管樁，其土層之剖面如下圖所示。樁身所受之點淨承載與樁壁之摩擦已標示於圖上。請計算安全係數在 3 的情況下，樁的工作承載力。該樁之設計是否得當？（25 分）

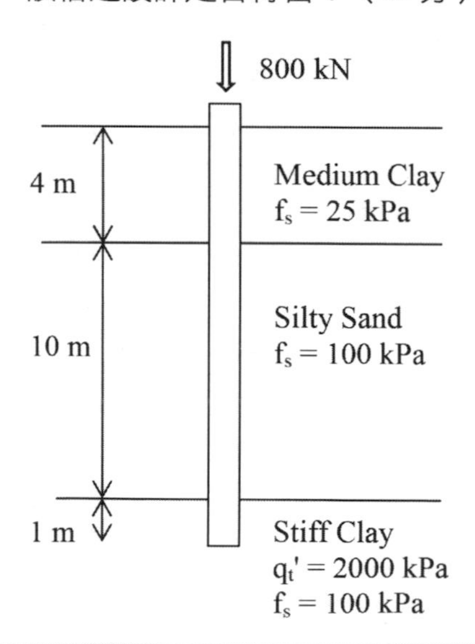

參考題解

單樁極限承載力 $Q_{ult} = Q_p + Q_s = q_t' A_p + \sum f_s A_s$

其中 $A_p = \frac{\pi D^2}{4}$ ，$A_s = \pi D \times L_i$

$$Q_{ult} = \frac{\pi \times 0.4^2}{4} \times 2000 + \pi \times 0.4 \times 4 \times 25 + \pi \times 0.4 \times 10 \times 100 + \pi \times 0.4 \times 1 \times 100$$

得 $Q_{ult} = 1759.29kN$

單樁容許承載力 $Q_a = \frac{Q_{ult}}{FS} = \frac{1759.29}{3} = 586.43kN < 800kN$ ，NG

該樁設計不當。

106年 特種考試地方政府公務人員考試試題／渠道水力學

一、有一矩形渠道，寬度 4.0 m，水深 2.0 m，流量 16.0 m³/s，至下游渠段，渠道寬度束縮成 3.5 m，且底床上升 0.20 m。若忽略能量損失，試推求下游渠段之水深。（25 分）

參考題解

（一）$q_1 = \frac{16}{4} = 4\left(\frac{m^2}{s}\right)$；$q_2 = \frac{16}{3.5} = 4.57\left(\frac{m^2}{s}\right) \rightarrow y_{c2} = \sqrt[3]{\frac{q_2^2}{g}} = 1.287m$

$E_{c2} = 1.5y_{c2} = 1.93m$

（二）$E_1 = y_1 + \frac{q_1^2}{2gy_1^2} = \frac{16}{4\times2} + \frac{4^2}{2\times9.81\times2^2} = 2.204$

$E_2 = E_1 - \Delta Z = 2.204 - 0.2 = 2.004 < E_{c2}$.......

故不會發生阻塞現象，由$E_2 = y_2 + \frac{q_2^2}{2gy_2^2} = 2.004 \rightarrow$以試誤法解得 $y_2 = 1.575\ m$

二、有一梯形渠道，縱向坡度 S_0 = 0.002，底寬 2.0 m，兩邊側坡 m = 1.5（水平：垂直），曼寧糙度 n = 0.015。若流量為 5.0 m³/s，試計算臨界水深。（25 分）

參考題解

當福祿數 =1 時有臨界水深，即$Q^2T = gA^3$......（1），其中上底 T = 2 + 3y，下底 = 2，

面積$A = \frac{(2+3y+2)y}{2} = (2+1.5y)y$，將已知代入（1）式求解

$y_c \rightarrow 5^2(2+3y_c) = 9.81\times[(2+1.5y_c)y_c]^3 \rightarrow$解得$y_c \sim 0.72$

三、有一矩形渠道，寬度 12.0 m，縱向坡度 S_0 = 0.0028，流量 25.0 m³/s。渠道之水流為非均勻流，渠道之曼寧糙度 n = 0.030。若在渠道之 A、B 兩處分別測得水深為 1.36 m 及 1.51 m。試計算 A、B 兩處之距離。（25 分）

參考題解

由直接步推法，上下由兩點之距離$X = \frac{E_1 - E_2}{S_f - S_0}$，下標 1 為上游，下標 2 為下游

（一）計算$E_1.E_2$（因本題僅需求距離，無須區分上下游，故假設 $y_1 = 1.36m$）

則$E_1 = y_1 + \frac{q_1^2}{2gy_1^2} = 1.36 + \frac{\left(\frac{25}{12}\right)^2}{2\times9.81\times1.36^2} = 1.4796$

$$E_2 = y_2 + \frac{q_2^2}{2gy_2^2} = 1.51 + \frac{\left(\frac{25}{12}\right)^2}{2\times9.81\times1.51^2} = 1.607$$

（二）$\overline{S_f} = \frac{S_{f1}+S_{f2}}{2}$，$S_{f1} = \left(\frac{V_1 n}{R_1^{\frac{2}{3}}}\right)^2$，其中$V_1 = \frac{25}{12\times1.36} = 1.532\left(\frac{m}{s}\right)$，

$R_1 = \frac{A_1}{P_1} = \frac{12\times1.36}{12+2\times1.36} = 1.109$，代入得$S_{f1} = 1.84\times10^{-3}$

同理 $S_{f2} = \left(\frac{V_2 n}{R_2^{\frac{2}{3}}}\right)^2$

其中 $V_2 = \frac{25}{12\times1.51} = 1.38\left(\frac{m}{s}\right)$，$R_2 = \frac{A_2}{P_2} = \frac{12\times1.51}{12+2\times1.51} = 1.206$

代入得$S_{f2} = 1.335\times10^{-3}$

代入$\overline{S_f} = \frac{S_{f1}+S_{f2}}{2} = 1.5875\times10^{-3}$

（三）將E_1、E_2、$\overline{S_f}$及S_0代回$X = \frac{E_1-E_2}{\overline{S_f}-S_0}$，則距離

$X = \frac{1.4796-1.607}{1.5875\times10^{-3}-0.0028} = 105.07m$（>0，假設正確）

四、有一矩形渠道，寬度 3.0 m，曼寧糙度 n = 0.013，流量 11.6 m^3/s。水流至 A 處時，渠道縱向坡度從 $S_0 = 0.0150$ 突然改變成 $S_0 = 0.0016$，因此在 A 處附近有水躍產生，試計算水躍產生前後之共軛水深（conjugate depths）。（25 分）

參考題解

（一）臨界水深$y_c = \sqrt[3]{\frac{q^2}{g}} = \sqrt[3]{\frac{(\frac{11.6}{3})^2}{9.81}} = 1.15$，由曼寧公式：$q = vy = \frac{1}{n}R^{\frac{2}{3}}S_0^{\frac{1}{2}}y$

令$S_0=0.015$，$S_1=0.0016$，可分別求出不同坡度下之正常水深

y_{n1}(上游)$=0.67m$，y_{n2}(下游)$=1.52m$，故$y_{n1}<y_c\rightarrow$陡坡；$y_{n2}>y_c\rightarrow$緩坡

（二）由比力公式：

$\dfrac{y_1'}{y_1}=\dfrac{1}{2}(-1+\sqrt{1+8F_{r1}^2})$，$y_1=y_{n1}=0.67$，$F_{r1}^2=\dfrac{q^2}{gy_1^3}=\dfrac{(\frac{11.6}{3})^2}{9.81\times0.67^3}=5.067$，故可解得$y_{n1}$之

共軛水深$y_1'=\dfrac{0.67}{2}[-1+\sqrt{1+8(5.067)}]=1.824>y_{n2}$，故水躍發生於緩坡（下游段）

（三）綜上，故水躍後之水深為$y_{n2}=1.52m$，

水躍前之水深$y_{n2}'=\dfrac{y_{n2}}{2}(-1+\sqrt{1+8F_{rn2}^2})=\dfrac{1.52}{2}\left[-1+\sqrt{1+8\dfrac{(\frac{11.6}{3})^2}{9.81\times1.52^3}}\right]=0.847m$

特種考試地方政府公務人員考試試題／水資源工程學

一、（一）有一抽水系統，設計抽水量為 2.0 m^3/min，總動水頭為 50 m，假定抽水機及馬達效率各為 80%，試求理論水馬力（註：常數 = 0.163，1 KW = 1.34 Hp）及馬達所需之馬力數（Hp）？（10 分）

（二）若須在 1.2 km 內埋設一輸水管線，輸送自來水（攝氏 20 度）流量為 0.04 cms，其允許之管流能量損失液頭 2.4 m（註：$h_f = f\dfrac{L}{D}\dfrac{v^2}{2g}$），試設計應採購之鑄鐵管直徑應為若干（mm）？

（$v_{20℃, water} = 1.011 \times 10^{-6}$ m^2/sec，鑄鐵管之管壁粗糙高度 $K_s = 0.000259$ m，$\dfrac{1}{\sqrt{f}} = 2.0\ \log\dfrac{D}{K_s} + 1.14$）（15 分）

參考題解

（一）1. 理論水馬力 (KW) ＝常數 × 比重 × 揚程(總動水頭) × 流量$\left(\frac{m^3}{s}\right)$ = 0.163 × 1 × 50 × 2 = 16.3KW = 21.842HP

2. 實際所需馬力數 $= \dfrac{21.842}{0.8 \times 0.8} = 34.13\text{HP}$

（二）1. 由 $h_f = f \times \frac{L}{D} \times \frac{v^2}{2g} \rightarrow h_f = f \times \frac{L}{D} \times \frac{Q^2}{2gA^2} = f \times \frac{L}{D} \times \frac{Q^2}{2g\left(\frac{1}{4}\pi D^2\right)^2}$

$$\rightarrow 2.4 = f \times \frac{1200}{D} \times \frac{0.04^2}{2 \times 9.81 \times \left(\frac{1}{4}\pi D^2\right)^2} \rightarrow 2.4 = 0.15864 \times f \times \frac{1}{D^5} \ldots（1）$$

2. 且由 $\frac{1}{\sqrt{f}} = 2.0 \times \log\frac{D}{0.000259} + 1.14 \ldots$（2）

3. 由（1）.（2）可試誤求得 D = 0.264 m = 264 mm

二、何謂在槽水庫、離槽水庫？優缺點為何？請從國內水庫中列舉二個水庫及其所屬水系分別屬於在槽水庫、離槽水庫。（25 分）

參考題解

（一）定義：

1. 在槽水庫：主壩直接興建於集水河川上，透過集水河川的集水區集水，河水自然流入主槽，形成可蓄水的水庫。
2. 離槽水庫：主壩興建於非集水河川上，因集水河川與主槽有段距離，以引水隧道或引水渠道等方法進行集水，便可引入主槽來蓄水。

（二）優缺點：

1. 在槽水庫：

   優點：水量較離槽水庫大。

   缺點：淤積量大，需建造攔砂壩，水庫壽命較短。

2. 離槽水庫：

   優點：可減少淤積量、水質問題較容易監控與排除。

   缺點：水量較小、需另興建要增建引水隧道或引水渠道、易受地形限制。

（三）國內水庫舉例：

1. 在槽水庫：曾文、石門水庫（大型水庫）。
2. 離槽水庫：湖山水庫、烏山頭水庫。

三、試推導等向（isotropic）、均質（homogeneous）之拘限含水層（confined aquifer）之三維地下水水流方程式（flow equation）為：

$$\left(\frac{\partial^2 h}{\partial x^2}+\frac{\partial^2 h}{\partial y^2}+\frac{\partial^2 h}{\partial z^2}\right)=\frac{S_0}{k}\frac{\partial h}{\partial t}$$

（h = piezometric head 測壓管水頭，k = hydraulic conductivity 滲透係數，S_0 = specific storage，t = time；其餘定義詳見附圖）（25 分）

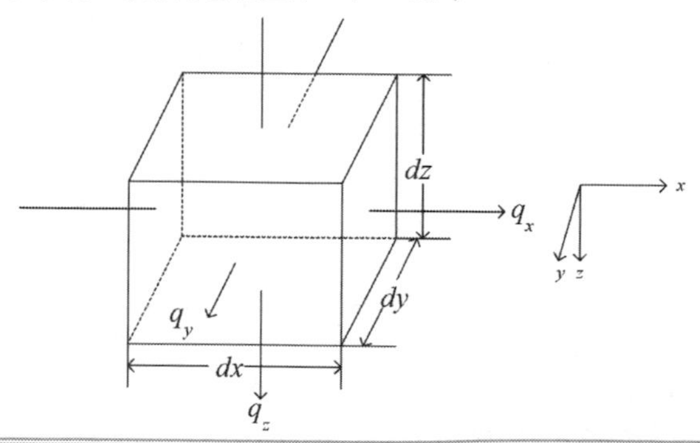

參考題解

（一）蓄水係數 S 之定義：當壓力水頭下降一單位高度時，單位體積含水層所釋出之水體積，則水流連續方程式：$-\frac{\partial q}{\partial x}=S\frac{\partial h}{\partial t}$...（1）

（二）由達西定律，可得單位寬度之滲流流量 $q=bV=-bK_x\frac{\partial h}{\partial x}$...（2），其中 K_x 為 x 方向之水力傳導度。

（三）合併（1）.（2）兩式可得 $\frac{\partial}{\partial x}\left(bK_x\frac{\partial h}{\partial x}\right)=S\frac{\partial h}{\partial t}$...（3），又因含水層之水力傳導數具均質性與等向性，則可將上式推衍為：

$$\frac{\partial^2 h}{\partial x^2}+\frac{\partial^2 h}{\partial y^2}+\frac{\partial^2 h}{\partial z^2}=\frac{S}{bK}\frac{\partial h}{\partial t}\text{...（4）}$$

（四）再由比佇率 S_0（specific storage）及蓄水係數 S 之關係：$S=b\times S_0$

代回（4）式，即可推得 $\frac{\partial^2 h}{\partial x^2}+\frac{\partial^2 h}{\partial y^2}+\frac{\partial^2 h}{\partial z^2}=\frac{S_0}{K}\frac{\partial h}{\partial t}$.... 得證

四、臺灣年平均總降雨量約 930 億噸，請說明如何估算？因水資源不足所以需要水庫，試從森林水庫、人工水庫及地下水庫觀點闡述永續水庫的真諦。（25 分）

參考題解

（一）由各氣象站之雨量計（包含自記雨量計與量筒式雨量計）求得每日雨量深度，配合統計分析求取各雨量站影響範圍，將影響範圍乘上雨量高度則可求得各影響範圍之降雨量，各雨量站之降雨量累加則可求得總降雨量。

（二）1. 森林水庫：由樹木之蓄水能力自然涵養水源，為天然水庫。

2. 人工水庫：由人工興建之水庫（多半為混凝土結構），會因淤砂量而導致庫容減少，直至廢棄。

3. 地下水庫：設置地下截水牆攔截水源，將水庫佇存於地表下，仍有一定之容量，需避免地下水遭受汙染。

以上述三種水庫而言，森林水庫為接近永續水庫的概念，因樹木吸收陽光而成長茁壯，根部有足夠保水能力，而由樹木釋出之芬多精可使空氣保持清淨，保證生活元素之品質。

特種考試地方政府公務人員考試試題／營建管理與土木施工學（包括工程材料）

一、在營建工程專案中，進度管理常需要執行網狀圖的繪製與分析，而先行式網狀圖法（Precedence Diagram Method；簡稱為 PDM）則是一種常用的進度管理分析圖法；請詳述 PDM 之意涵，並舉一圖例說明應用此種圖形進行日程計算時之運算程序。（25分）

參考題解

（一）PDM 之意涵

PDM（Precedence Diagram Method）為先行式網狀圖法，又稱結點式網狀圖（AON；Activity on node）。係以「結點」表示作業，「箭線」表示作業間順序關係之網狀圖表示方法。其與 ADM 網狀圖（箭線式網狀圖法）採用符號意義剛好相反。結點上除註記作業名稱與作業工期（Duration）外，另依需求註記作業時間（施工時程）與浮時，並標示要徑。

在 PDM 網圖之作業間關係共有四種方式，若有延時（Lag Time；LT）則直接註記於箭線上，包括：

1. Start To Start（SS）
2. Start To Finish（SF）
3. Finish To Start（FS）
4. Finish To Finish（FF）

常用格式與符號，如下圖：

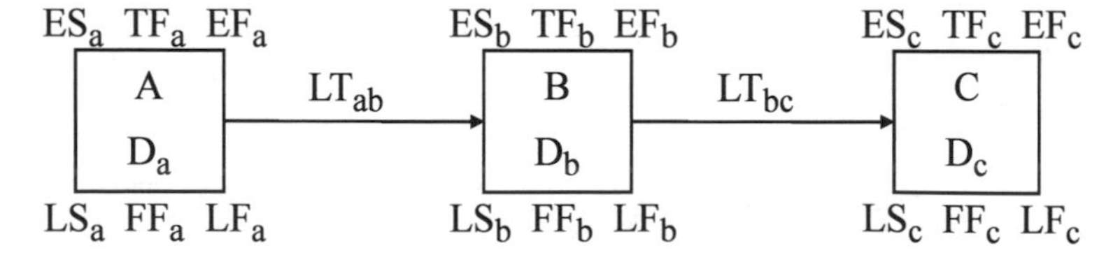

A, B, C：作業名稱，A 作業為 B 作業先行作業，C 作業為 B 作業後續作業。

D_a, D_b, D_c：分別為 A, B, C 作業工期。

ES_a, ES_b, ES_c：分別為 A, B, C 作業最早開始時間。

LS_a, LS_b, LS_c：分別為 A, B, C 作業最遲開始時間。

EF_a, EF_b, EF_c：分別為 A, B, C 作業最早完成時間。

LF_a, LF_b, LF_c：分別為 A, B, C 作業最遲完成時間。

TF_a, TF_b, TF_c：分別為 A, B, C 作業總浮時。

FF_a, FF_b, FF_c：分別為 A, B, C 作業自由浮時。

LT_{ab}：A 與 B 作業間延時。

LT_{bc}：B 與 C 作業間延時。

（二）運算程序

1. ES 與 EF 運算：

（1）起始作業 A 之作業最早開始時間 ES_a 為 0；最早完成時間 $EF_a = ES_a + D_a$。

（2）後續作業 B 之作業最早開始時間 $ES_b = EF_a + LT_{ab}$，多路徑則取最大值。其後作業依序類推（前進運算），直至最終作業。

2. LS 與 LF 運算：

（1）最終作業 C 之作業最遲完成時間 LF_c 為 EF_c（需壓縮總工期時為契約工期）；多重最終作業之作業最遲完成時間 LF，則均取 EF 最大值（需壓縮總工期時為契約工期）。

（2）最終作業 C 之作業最遲開始時間 $LS_c = LF_c - D_c$。

（3）作業 C 之先行作業 B 之作業最遲完成時間 $LF_b = LS_c - LT_{bc}$，多路徑取最小值。其前作業依序類推（後退運算），直至起始作業。

3. 浮時運算：

（1）總浮時 TF：

作業總浮時 TF 為本作業 LF－本作業 EF。

$TF_c = LF_c - EF_c$

$TF_b = LF_b - EF_b$

$TF_a = LF_a - EF_a$

（2）自由浮時 FF：

作業自由浮時 FF 為後續作業 ES－作業間 LT－本作業 EF，多路徑則取最小值。

其前作業依序類推（後退運算），直至起始作業。

FF_c = EF 最大值 $- EF_c$

$FF_b = ES_c - LT_{bc} - EF_b$

$FF_a = ES_b - LT_{ab} - EF_a$

（3）干擾浮時 IF：

作業干擾浮時 IF 為本作業 TF－本作業 FF。（通常為精簡多不註記於圖上）

4. 要徑：總浮時 $TF \leqq 0$ 之路徑。（通常以粗線或雙線註記於圖上）

二、機關於辦理工程採購之招標作業時，可依該工程專案之特性，考量容許採用聯合承攬（Joint Venture；簡稱為 JV）或統包（Turnkey）之方式；請詳述聯合承攬與統包之意涵，並分別說明其應用時機。（25 分）

參考題解

（一）聯合承攬（Joint Venture）

1. 意涵：係指二家以上之綜合營造業共同承攬同一工程之契約行為。（依營造業法第 3 條之定義）
2. 應用時機：
   （1）國際標工程：國際標工程，國外廠商為資源取得或使國內廠商獲取經驗，國外廠商結合國內廠商共同承攬。
   （2）特殊工程：特殊工程需結合數種特殊工程技術廠商共同施作，以完成工程。
   （3）規模龐大工程：大型工程其不易分標時或考慮廠商融資能力，單一廠商無能力承攬。

（二）統包（Turnkey）

1. 意涵：
   （1）係指基於工程特性，將工程規劃、設計、施工及安裝等部分或全部合併辦理招標。（依營造業法第 3 條之定義）
   （2）指將工程或財物採購中之設計與施工、供應、安裝或一定期間之維修等併於同一採購契約辦理招標。（依政府採購法第 24 條之定義）
2. 應用時機：
   （1）具有高度技術性或專利權工程：特種機電、化工廠等工程，其規劃、設計、施工及安裝，多具有高度技術性或專利權，宜以單一廠商承攬。
   （2）異質性工程：具文化、藝術內涵比重大異質性工程，為工程品質，其規劃、設計、施工及安裝等宜部分或全部合併辦理招標。
   （3）緊急性工程：工期緊迫之災害搶修等工程，為提升效率，宜以單一廠商承攬，減少界面，以利採用並行方式，減少專案總工期。

三、在都市中於地下部分進行開挖作業時，採取連續壁擋土作業係一種常見的施工方法；請說明連續壁施工時若使用抓戽式鑽挖機配合穩定液來挖掘連續壁之單元壁體時，可能產生鑽挖機具卡在壁槽內之事故原因及其防止措施分別為何？（25 分）

參考題解

（一）事故原因

1. 開挖壁面凸出。
2. 開挖方向偏斜嚴重。
3. 開挖中壁面大量崩坍。
4. 地盤中障礙物卡住－以腐木、孤石居多。
5. 穩定液中粘泥沉積於開挖機周圍－以開挖機置放於槽溝內最常發生。
6. 開挖機緊貼壁面－以粘土層停止開挖時最常發生。
7. 開挖機鋼索斷裂。

（二）防止措施

1. 共同防止措施：

（1）穩定液品質控制。

（2）以高壓噴水、唧筒除泥或鐵板刷處理，不可勉強抽拔。

（3）開挖機無法抽拔時，採下列措施處置收回：

①開挖豎坑收回。

②該段採用其他擋土工法，俟其他壁體完成後，內部開挖時收回。

（4）經常檢查開挖機刃口，並適時修補，確保刃口尺寸正確。

2. 個別防止措施：

（1）開挖壁面凸出：

①減少壁體單元長度。

②增加穩定液比重。

③抽排水等降低地下水位作業。

（2）開挖方向偏斜嚴重：加強施工精度控制。

（3）開挖中壁面大量崩坍：

①注意槽溝逸水造成穩定液面降低過多。

②避免地下水位快速上昇或流速過快。

③減少壁體單元長度。

④避免鄰接地表載重過大與工址鄰近過大之振動。

（4）地盤中障礙物卡住：先施作臨時擋土措施或以其他適宜方法除去障礙物後，再行連續壁開挖作業。

（5）穩定液中粘泥沉積於開挖機周圍：開挖機停止開挖施工，不置放於槽溝內。

（6）開挖機緊貼壁面：粘土層開挖時，穩定液採低限粘度。

（7）開挖機鋼索斷裂：

①經常檢查鋼索狀況。

②開挖機不可勉強抽拔。

四、瀝青混凝土是柔性路面主要的鋪面材料，請說明於瀝青混凝土面層進行滾壓作業時，其施工作業程序與應注意事項之內涵。（25 分）

參考題解

（一）施工作業程序

依工程會「施工綱要規範第 02742 章瀝青混凝土鋪面」之規定：

瀝青混凝土混合料鋪設後，應以適當之壓路機徹底滾壓，直至均勻並達到所需之壓實度時為止。滾壓分為下列 6 個步驟：

1. 橫向接縫。
2. 縱向接縫。
3. 車道外側邊緣。
4. 初壓。
5. 次壓（主壓）。
6. 終壓（平坦壓）。

（二）應注意事項

1. 接縫：

（1）除彎道處之縱向接縫外，所有接縫應成平直之直線，橫向接縫並應儘量與路中心線成垂直，除使用模板者外，所有已冷卻之接縫接合面均應切成平整之垂直面。

（2）鋪築時，鋪築機應置於能使瀝青混合料緊密擠塞於接縫垂直接合面之處，並使其有適當之厚度，俾於壓實後，能與鄰接路面齊平。

2. 車道邊緣：

（1）瀝青混凝土之邊緣，如不用木料支撐時應稍予鋪高並以熱夯充分夯緊，使能承受壓路機之輪重後，立即開始滾壓。滾壓時，壓路機之後輪應伸出邊緣 5～10 cm。

（2）瀝青混凝土路面與緣石或邊溝接攘時，其鋪築及滾壓工作應特別小心，以免損及緣石及邊溝。

3. 初壓：

（1）時機：瀝青混凝土混合料鋪設後，當其能承載壓路機而不致發生過度位移或毛細裂縫時（約為 110℃～125℃），應即開始初壓。

（2）滾壓機具：8～10 噸鐵輪壓路機。

（3）滾壓速度：每小時不得超過 3 km。

（4）要求：符合設計圖說所示之路面之厚度、路拱、縱坡及表面平整度等（均於初壓後檢查之），如有厚度不足、高低不平、粒料析離及其他不良現象時，均應於此時修補或挖除重鋪及重新滾壓，直至檢查合格時為止。

4. 次壓（主壓）：

（1）時機：緊隨初壓之後，通常與初壓壓路機之距離為 60 m，滾壓時瀝青混合料之溫度約為 82℃～100℃。

（2）滾壓機具：膠輪壓路機。

（3）滾壓速度：每小時不得超過 5 km。

（4）要求：至少四遍，務使瀝青混凝土混合料達到規定密度時為止。

5. 終壓（平坦壓）：

（1）時機：主壓後，在路面仍有足夠餘溫時滾壓（瀝青混合料之溫度不得低於 65℃）。

（2）滾壓機具：6～8 噸二輪壓路機。

（3）滾壓速度：每小時不得超過 5 km。

（4）要求：路面平整及無輪痕時為止。

6. 其他：

（1）滾壓應自車道外側邊緣開始，再逐漸移向路中心，滾壓方向應與路中心線平行，每次重疊後輪之半。在曲線超高處，滾壓應自低側開始，逐漸移向高側。

（2）滾壓時，壓路機之驅動輪須朝向鋪築機，並與鋪築機同方向進行，然後順原路退回至堅固之路面處，始可移動滾壓位置，再向鋪築機方向進行滾壓。每次滾壓之長度應略有參差。

（3）壓路機應經常保持良好之情況，以免滾壓工作中斷。

（4）壓路機之輪應以水保持濕潤，以免瀝青混合料黏附輪上，但水分不得過多，以免流滴於瀝青混合料內。

（5）滾壓速度均應緩慢，且不得在滾壓路段急轉彎、緊急煞車或中途突然反向滾壓，以免瀝青混合料發生位移。

（6）混合料發生位移時，應立即以熱齒耙耙平，或挖除後換鋪新瀝青混合料予以改正。

（7）壓路機不能到達之處，應以小型振動機充分夯實。

(8) 滾壓時，應儘可能使整段路面得到均勻之壓實度。

(9) 滾壓後路面，應符合設計圖說所示之路拱、高程及規定平整度。如有孔隙、蜂窩及粒料集中等紋理不均勻現象，應於滾壓時及時處理，否則應予挖除，並重鋪新料重新壓實。

(10) 滾壓後路面應禁止交通至少 6 小時或至溫度降至 50℃以下。

特種考試地方政府公務人員考試試題／水文學概要

一、試述下列名詞之意涵：反照率（Albedo）、都市熱島效應（Urban heat island effect）、太陽常數（Solar constant）、暫棲水（Perched water）、合理化公式（Rational formula）。（25分）

參考題解

（一）反照率：指物體反射太陽輻射與該物體表面接收太陽總輻射的兩者比率或分數度量，即指反射輻射與入射總輻射的比值。

（二）都市熱島效應：都市環境由於綠地不足、地表不透水化、人工發散熱大、地表高蓄熱化，使都市有如一座發熱的島嶼，其發熱量在都心區域產生上昇氣流，再由四周郊區留入冷流補充氣流，使都心區呈現日漸高溫化的現象，此即稱為都市熱島效應。

（三）太陽常數：太陽常數是太陽電磁輻射的通量，也就是距離太陽一天文單位處（約為地球離日平均距離），單位面積受到垂直入射的平均太陽輻射強度。

（四）暫棲水：地下水面上有一不透水層，此層上方入滲水無法下達地下水位，造成暫時駐留而迅速流失，此即稱為暫棲水。

（五）合理化公式：用以估算小集水區內洪峰流量之公式，$Q_p = \frac{1}{360}CIA$

式中，Q_p：洪峰流量（立方公尺／秒）

C：逕流係數（無單位）

I：降雨強度（公釐／小時）

A：集水區面積（公頃）

二、降雨延時、總降雨量、尖峰降雨強度均相同，僅尖峰降雨強度發生位置不同之A（前峰型降雨）、B（中央型降雨）、C（後峰型降雨）三種類型降雨，若降在土壤水分及現地條件完全相同之同一集水區時，試比較說明那一型降雨較不易釀成水災，其原因為何。（25分）

參考題解

後峰型降雨較不易造成水災，其原因為降雨後，逕流量達到最大值之時間較晚，使人們有充足時間做防洪準備，亦有充分時間可排除逕流量。

三、降雨事件過後在河川某處進行調查可知洪峰發生時之水位高、河床斷面、河床坡降與河床粗糙程度等，若加上河川調查處之集水面積及雨量站紀錄，請問基於上述數據要如何推估該場降雨事件的逕流係數。（25 分）

參考題解

由合理化公式： $Q_p = CIA \rightarrow$ 逕流係數 $C = \frac{Q_p}{IA}$

依題意：

（一）已知水位高 y、河床斷面（面積 A、濕周 P 及水力半徑 R）、河床坡降S_0、河床粗糙度 n，即可利用曼寧公式： $Q_p = AV = A\left(\frac{1}{n}R^{\frac{2}{3}}S_0^{\frac{1}{2}}\right)$ 求得洪峰流量

（二）配合已知之集水區面積 A 及雨量站記錄（求得降雨強度 I）

（三）結合（一）、（二）兩點代入合理化公式可得逕流係數 C 值。

四、某集水區發生連續且降雨延時均為 2 小時之兩場降雨強度分別為 60 mm 及 80 mm，所造成之逕流歷線如下：時間(hr)：0, 2, 4, 6, 8, 10, 12, 14, 16；河川流量(cms)：25, 125, 375, 485, 385, 265, 135, 55, 25。假設降雨損失率 $\Phi = 10$ mm/hr，河川基流量為 25 cms，試求由 10 mm 有效降雨，降雨延時 2 小時之單位歷線 U(2,t)(cms)。（25 分）

參考題解

如題，兩場降雨所造成之有效雨量分別為 $60 - 10 \times 2 = 40$ mm = 4 cm，$80 - 10 \times 2 = 60$ mm = 6 cm，依題意可知該兩場降雨與基流所造成之流量歷線可列表如下：

T（hr）	U（2, t）	4U（2, t）= Q1	6U（2,t − 2）= Q2	基流量（cms）	河川流量（cms）
0	U0	4U0		25	25
2	U2	4U2	6U0	25	125
4	U4	4U4	6U2	25	375
6	U6	4U6	6U4	25	485
8	U8	4U8	6U6	25	385
10	U10	4U10	6U8	25	265
12	U12	4U12	6U10	25	135
14	U14	4U14	6U12	25	55
16	U16	4U16	6U14	25	25

且由 Q1 + Q2 + 基流量 ＝ 河川流量，可列式如下：

T = 0：U0 + 4U0 + 25 = 25，解得 U0 = 0

T = 2：4U2 + 6U0 + 25 = 125，解得 U2 = 25

T = 4：4U4 + 6U2 + 25 = 375，解得 U4 = 50

T = 6：4U6 + 6U4 + 25 = 485，解得 U6 = 40

T = 8：4U8 + 6U6 + 25 = 385，解得 U8 = 30

T = 10：4U10 + 6U8 + 25 = 265，解得 U10 = 15

T = 12：4U12 + 6U10 + 25 = 135，解得 U12 = 5

T = 14：4U14 + 6U12 + 25 = 55，解得 U14 = 0

T = 16：4U16 + 6U14 + 25 = 25 解得 U16 = 0，此即為兩小時單位歷線 U（2, t）

106年 特種考試地方政府公務人員考試試題／流體力學概要

一、如下圖所示，一個明渠水流其原先水深為 2 m，其流速為 3 m/s。當其流過一個束縮導槽後，其水深變為 1 m，其渠道寬變為原先 1/4。假設為無摩擦流，試計算其高度差△y？（20 分）

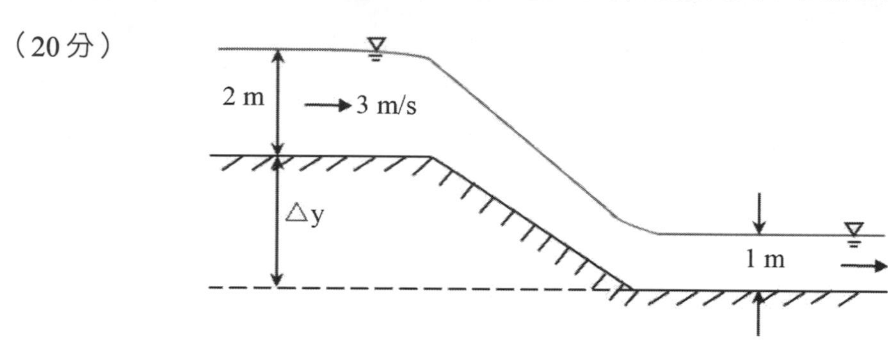

參考題解

（一）由白努利方程式：$y_1+\frac{v_1^2}{2g}+\Delta y=y_2+\frac{v_2^2}{2g}+0$......(1)（假設下游為基準高程）

（二）由連續方程式：

$$Q_1=Q_2\rightarrow A_1V_1=A_2V_2\rightarrow(B\times2)\times3=\left(\frac{B}{4}\times1\right)\times V_2\text{，解得}V_2=24\left(\frac{m}{s}\right)$$

（三）將V_2代入（1）式$\rightarrow\Delta y=y_2+\frac{v_2^2-v_1^2}{2g}-y_1=1-2+\frac{24^2-3^2}{2\times9.81}=27.9m$

二、一個 5：1 實驗室模型比例（模型尺寸是五倍於原型尺寸）使用來測試原型在 20℃薄水膜的毛細壓力波（capillary waves）。實驗室所使用比重 SG＝0.7 的油體。在模擬中，福祿數（Froude number）和韋伯數（Weber number）是兩個重要的參數。根據動態相似性（dynamic similitude），試計算油體的表面張力值（假設 20℃水的表面張力為 0.073 N/m）（20 分）

參考題解

由題意可知實驗室（模型）液體為油，現場（實體）液體為水

（一）由韋伯數相似：

$$(We)_m=(We)_p\rightarrow\frac{\rho_m v_m^2 l_m}{\sigma_m}=\frac{\rho_p v_p^2 l_p}{\sigma_p}\rightarrow\sigma_m=\frac{\rho_m}{\rho_p}\left(\frac{v_m}{v_p}\right)^2\times\left(\frac{l_m}{l_p}\right)\sigma_p\text{......(1)}$$

（二）由福祿數相似：

$$(F_r)_m=(F_r)_p \rightarrow \frac{v_m}{\sqrt{l_m}}=\frac{v_p}{\sqrt{l_p}} \rightarrow \frac{v_m}{v_p}=\sqrt{\frac{l_m}{l_p}} ....(2)$$

（三）將（2）式帶回（1）式：

$$\rightarrow \sigma_m=\frac{\rho_m}{\rho_p}\left(\frac{l_m}{l_p}\right)\left(\frac{l_m}{l_p}\right)\sigma_p=0.7\times5^2\times0.073=1.2775\left(\frac{N}{m}\right)$$

三、如下圖所示，一個圓錐形的栓塞置於受壓的貯槽底部防止其槽內流體 A 的滲漏。假如水槽的空氣壓力是 50 kPa，貯槽內流體 A 其比重量（specific weight）為 15 kN/m^3。試計算在空氣及此流體作用下，此圓錐形物體浸潤在流體表面其所受到水平與垂直方向力量的大小與方向？（20分）

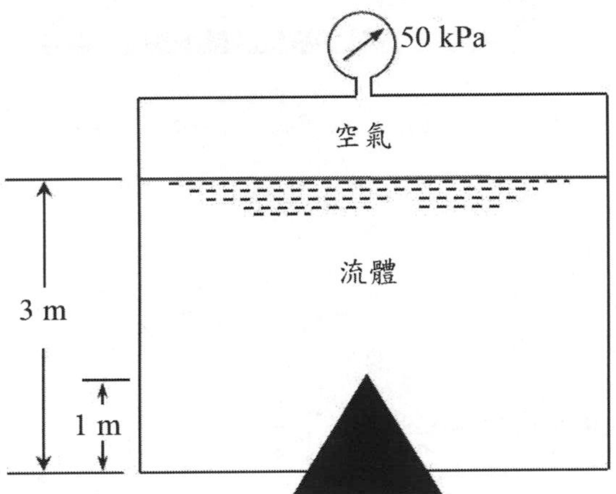

參考題解

（一）水平力因左右對稱，故合力 =0

（二）垂直力（假設單位寬度直徑 = 1 m）：

1. 氣體造成壓力$=50\times\left[\frac{\pi}{4}(1)^2\right]=39.27(kN)$

2. 液體造成壓力 = 液重 = $\gamma\times$液體體積$=\gamma\times\left[\frac{\pi}{4}D^2\times H-\frac{1}{3}\pi R^2\times h\right]$

$$=15\left[\frac{\pi}{4}\times(1)^2\times3-\frac{1}{3}\pi\left(\frac{1}{2}\right)^2\times1\right]=31.42\ (kN)$$

故垂直力總和 = 70.69 kN（向下）

四、如下圖所示，有一管中的水從斷面①通過流到斷面②，斷面①為直徑 $D_1 = 4$ cm 的管路而其流速為 5 m/s；斷面②為直徑 $D_2 = 2$ cm 的管路而其壓力等於大氣壓力，斷面①到斷面②間壓力計（其流體為水銀）的讀計 h 為 75 cm。試計算凸緣螺栓施給水流的阻力。（20 分）

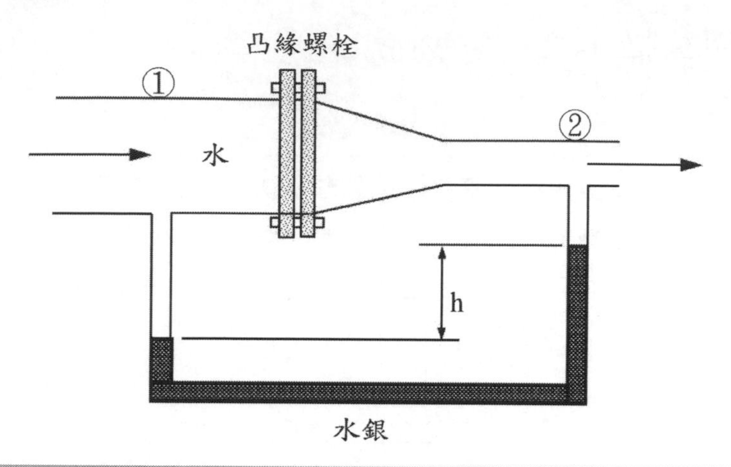

參考題解

（一）連續方程式：

$$A_1V_1 = A_2V_2 \to \frac{1}{4}\pi\times4^2 = \frac{1}{4}\pi\times2^2\times V_2 \to V_2 = 20\,m/s$$

故流量 $Q = \frac{1}{4}\pi\times(0.04)^2\times5 = 6.28\times10^{-3}\left(\frac{m^3}{s}\right)$

（二）由壓力平衡：

設 U 形管管頂至水銀面高度：

左側：x　　右側：y

$x - y = h$

$\therefore P_2 + \gamma_w\times y + \gamma_{水銀}\times h - \gamma_w\times x = P_1$

$\Rightarrow P_1 - P_2 = \gamma_{水銀}\times h + \gamma_w(y-x) = \gamma_{水銀}\times h - \gamma_w\times h$

$= h(\gamma_{水銀} - \gamma_w) = h\times(\rho_{水銀} - \rho_{水})\times g$

$= 0.75\,(13.6-1)\times9.81 = 92.7(kPa)$

$\Rightarrow \because P_2 = P_{atm} = 0$

$\Rightarrow \therefore P_1 = 92.7(kPa)$

（三）取 1.2 兩點間液體為控制體積，由動量方程式（假設向右為正）：設 F 向左

$\sum F = \rho Q(V_{out} - V_{in}) \to P_1A_1 - F = \rho Q(V_{out} - V_{in})$

故 $F = P_1A_1 - \rho Q(V_{out} - V_{in}) = 9.27 \times \frac{1}{4}\pi \times (0.04)^2 - 1 \times 6.28 \times 10^{-3} \times (20-5)$

$= 0.02229KN = 22.29N$（向左）

五、如下圖所示，有一水槽在斷面①及斷面③各以速度 $v_1 = 5$ m/s 及流量 $Q_3 = 0.02$ m³/s 注水，而水槽內的水從斷面②流出的速度為 $v_2 = 10$ m/s，斷面①及斷面②分別為直徑 $D_1 = 4$ cm 及 $D_2 = 6$ cm 的管路。假如水槽的直徑 d 為 100 cm，試計算在這些條件下，其水位 h 是上升或下降，且其時間的改變率 $(\frac{dh}{dt})$ 為何？（20 分）

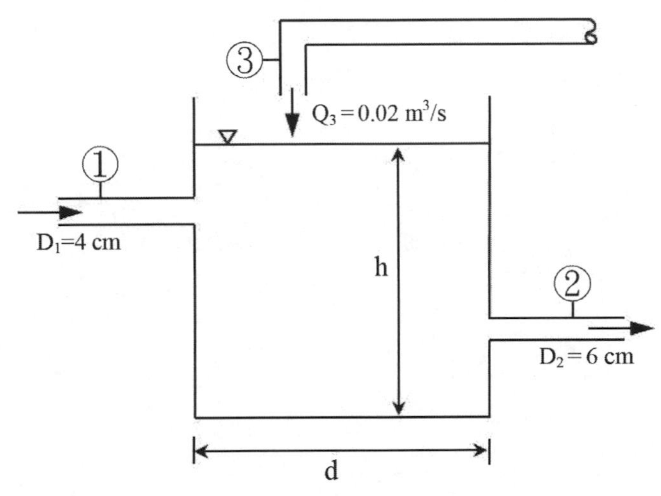

參考題解

（一）比較流入、流出量：

1. 流入 $= Q_1$、Q_3

$Q_1 = A_1V_1 = [\frac{1}{4}\pi \times (0.04)^2] \times 5 = 6.283 \times 10^{-3} (m^3/s)$

$Q_3 = 0.02 (m^3/s)$

總流入 $= Q_1 + Q_3 = 0.02628 (m^3/s)$

2. 流出 $= Q_2$

$Q_2 = A_2V_2 = [\frac{1}{4}\pi \times (0.06)^2] \times 10 = 0.0283 (m^3/s)$

3. 因流入量(0.026228cms)小於流出量(0.0283cms)，故水槽水位 h 將下降

（二）由連續方程式：流入＝流出

$\rightarrow 0.026283 = 0.0283 + \frac{\pi}{4} \times (1)^2 \left(-\frac{dh}{dt} \right)$，其中因水位下降故速率小於0

由上式可解得 $\left(\frac{dh}{dt} \right) = 2.568 \times 10^{-3} \left(\frac{m}{s} \right)$

特種考試地方政府公務人員考試試題／土壤力學概要

一、試詳述下列各問題：（每小題 5 分，共 20 分）

（一）標準貫入試驗（standard penetration test）之 N 值如何決定？

（二）為何含蒙脫土（montmorillonite）土壤容易成為膨脹性土壤（expansive soil）？

（三）手繪二向度流網（flow net）時應注意那幾項準則（criteria）？

（四）何謂極限平衡法（limit equilibrium）？

參考題解

（本解部分為詳細解，考生於考試時可斟酌減少）

（一）標準貫入試驗（standard penetration test）之 N 值決定方式：

當達預定之鑽探深度時，取下鑽頭並將取樣器置於鑽孔底部，鑽桿頂端以夯錘打擊將取樣器貫入土中。夯錘標準重為 63.5kg（140 磅），且每次打擊鎚的落高為 76cm（30in）。取樣器每次貫入 15cm（6in），共貫入三次，將最後兩次累加所需之打擊數，即為該深度之標準貫入次數（standard penetration number），簡稱為 N 值。

（二）蒙脫土土壤容易成為膨脹性土壤（expansive soil）之原因：

蒙脫土礦物其片與片之間係以氧原子相對，以微弱的凡得瓦爾力結合。但因相對之氧原子均帶負電易產生排斥力而分開，其排斥分開之孔隙以水或可交換之陽離子填充，導致吸附水層厚，故而極不穩定；吸收大量的水後將使各矽片分離而導致膨脹，故其回脹性大，土壤將呈現高度膨脹性及高度壓縮性，且吸水或受擾動後其剪力強度大幅下降。

（三）手繪二向度流網（flow net）時應注意那幾項準則（criteria）：

將一群流線和等勢線組合在一起稱之為流網（flow net）。以圖形的方法繪出流網，需要遵循以下方法來畫流線和等勢能線：

1. 流線與等勢能線以直角相交。
2. 流線與等勢能線相交形成曲邊正方形（即該曲邊正方形可內切一個圓形）。
3. 繪製流網邊界條件：

   條件 1：透水層上游與下游之邊界（水與土壤的界面）都是等勢能線。

   條件 2：所有流線都與等勢能線垂直。

   條件 3：不透水層之邊界為一流線。

   條件 4：等勢能線與擋土壁體（板樁）和不透水層邊界以直角相交。

（四）何謂極限平衡法（limit equilibrium）：

極限平衡法係用以評估邊坡穩定，其主要假設為所考慮的可能滑動土體範圍內均達極限塑性狀態，安全係數一般可由力平衡或力矩平衡求得（FS = 滑動面之抵抗力（抵抗力矩）／滑動面之驅動力（驅動力矩）），較為著名的極限平衡方法學者如 Bishop、Spencer 以及 Janbu 等。極限平衡方法之所以能為工程界所接受並加以使用，主要是其簡易且可得到不錯之結果。但該法無法確切反應邊坡之行為，除非邊坡已接近臨界狀態，即安全係數接近或甚至小於 1.0。隨著數值分析方法之演進及計算能力之提昇，極限平衡方法之有效性逐漸受到存疑。（由於極限平衡法假設沿邊坡滑動面上的每一點均同時達到極限狀態，即滑動面上每一點安全係數均相同，與實際邊坡破壞並不相符。其所假設與分析之適用性均有不盡合理的地方，因此，極限平衡法在使用上有其限制。）

二、一土方借方之體積為 V_b，其孔隙比（void ratio）為 1.5，若此借方將作為孔隙比要達 0.75 的填方，則此填方之體積 V_f 與借方之體積 V_b 之比值為何？（20 分）

參考題解

填方與借方前後不變的是土壤顆粒的體積V_s

借方之體積 $V_b = V_s + V_v$，且 $e = \dfrac{V_v}{V_s} = 1.5$

$\Rightarrow$ 借方之體積 $V_b = V_s + V_v = V_s + 1.5V_s = 2.5V_s$

填方之體積 $V_f = V_s + V_{vf}$，且$e_f = \dfrac{V_{vf}}{V_s} = 0.75$

$\Rightarrow$ 填方之體積 $V_f = V_s + V_{vf} = V_s + 0.75V_s = 1.75V_s$

$\Rightarrow$ 此填方之體積 V_f 與借方之體積 V_b 之比值 $= \dfrac{V_f}{V_b} = \dfrac{1.75V_s}{2.5V_s} = 0.7$ ……………Ans.

三、黏土無圍壓縮強度（unconfined compressive strength）試驗結果若要得到與不壓密不排水（Unconsolidated Un-drained）試驗強度結果相等，在何種假設條件下才能成立？（20 分）

參考題解

為了使黏土無圍壓縮強度試驗結果與不壓密不排水試驗強度結果相等，則必須要先滿足以下假設：

（一）試體必須是100%飽和狀態，否則孔隙中的空氣將會被壓縮、且造成孔隙比的減少（此將與UU試驗所需的假設前提相違背）和強度的增加。

（二）試體不能含有任何的裂隙、沉泥薄層、沖積層或其它缺陷，意即試體必須是保持原狀的（intact）、均質的黏土。常見過壓密黏土很少能保持原狀，即使是正常壓密黏土意存在些微裂隙。

（三）土壤必須是極細顆粒的，無圍壓縮試驗初始有效圍壓乃是殘餘毛細應力，其為殘餘孔隙水壓 $-u_r$ 的函數，其意思是指只有黏土才適合進行無圍壓縮試驗。

（四）試體必須迅速受剪直到破壞，因為此為總應力試驗且整個試驗中必定是不排水的狀況，如果進行破壞的時間過長，則試體表面水分蒸發、乾燥勢必導致圍壓的增加，試驗結果將會得到一個比較高的應力。一般試驗開始到破壞所需的時間為5-15分鐘。

四、（一）有一土壤其濕土之單位重(wet unit weight)為18.8 kN/m^3，比重(specific gravity)為2.67，含水量（moisture content）為12%。試計算此土壤之乾土單位重（dry unit weight）及飽和度（degree of saturation）。（10分）

（二）請於τ（剪應力）與σ（垂直應力）分別為垂直與水平座標之關係圖，畫出一莫爾圓與破壞包絡線，並據以推導出砂土之主動土壓力係數之數學式。（10分）

參考題解

（一）$\gamma_d = \dfrac{\gamma_{moist}}{1+w} = \dfrac{18.8}{1+0.12} = 16.79\text{kN/m}^3$ …………… Ans.

$$\gamma_{moist} = \frac{G_s(1+w)}{1+e_0}\gamma_w$$

$$18.8 = \frac{2.67\times(1+0.12)}{1+e_0}\times 9.81 \Rightarrow e_0 = 0.5604$$

$$S\times e_0 = G_s\times w$$

$\Rightarrow S\times 0.5604 = 2.67\times 0.12 \Rightarrow S = 0.5717 = 57.17\%$ …………… Ans.

（二）砂土之莫爾庫倫破壞準則為 $\tau = \sigma\times\tan\varphi$（代表已知 $c=0$），主動土壓力破壞莫爾圓與破壞包絡線關係如下圖：

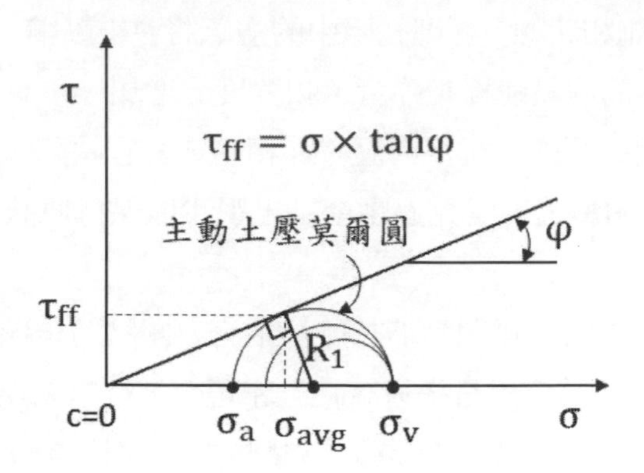

主動土壓力係數 $K_a = \sigma_a/\sigma_v = \sigma_3/\sigma_1$

破壞時 $\sigma_v = \sigma_1$，$\sigma_a = \sigma_3$

$$\Rightarrow \ \sigma_{avg} = \frac{\sigma_1 + \sigma_3}{2}\text{，}R_1 = \frac{\sigma_1 - \sigma_3}{2}$$

$$\sin\varphi = \frac{R_1}{\sigma_{avg}} = \frac{\sigma_1 - \sigma_3}{\sigma_1 + \sigma_3}$$

$$\Rightarrow \sigma_3 = \sigma_1 \times \frac{1 - \sin\varphi}{1 + \sin\varphi}$$

$$\Rightarrow K_a = \frac{\sigma_a}{\sigma_v} = \frac{\sigma_3}{\sigma_1} = \frac{1 - \sin\varphi}{1 + \sin\varphi} = \tan^2\left(45° - \frac{\varphi}{2}\right) \cdots\cdots\cdots\text{Ans.}$$

五、引起地層過壓密可能的原因有那些？（20 分）

參考題解

參考資料：參考 Holtz & Kovacs（1984）“An Introduction to Geotechnical Engineering”。

由於總應力或孔隙水壓的改變、由於表面乾燥造成上層土壤脫水作用、土壤結構的改變、堆積土壤化學環境的變化等。整理如下：

原因（現象）		備註
1. 總應力改變	覆土的移除作用	地質侵蝕作用或人工開挖
	以前的結構物	
	冰河作用	

<table>
<tr><th colspan="2">原因（現象）</th><th>備註</th></tr>
<tr><td rowspan="5">2. 孔隙水壓的改變</td><td>地下水位的改變</td><td>海平面改變或人為抽水</td></tr>
<tr><td>水井壓力</td><td>冰河區常見</td></tr>
<tr><td>深部抽水，流入隧道</td><td>城市區常見</td></tr>
<tr><td>表面乾燥引致上層土壤脫水作用</td><td rowspan="2">可能在堆積時發生</td></tr>
<tr><td>植物造成的脫水作用</td></tr>
<tr><td>3. 土壤結構改變</td><td>二次壓縮（老化）</td><td>成熟自然高塑性堆積黏土尤其明顯</td></tr>
<tr><td colspan="2">4. 因 PH、溫度、酸鹼度等環境因素改變</td><td>Lambe（1958）</td></tr>
<tr><td colspan="2">5. 因風化、降水、膠結劑、離子交換的化學變化</td><td>Bjerrum（1967）</td></tr>
<tr><td colspan="2">6. 荷重時應變率的變化</td><td>Lowe（1974）</td></tr>
</table>

【另解】

如依國內主流論述：指粘土曾受過比目前之有效應力更大之應力者，例如土層上層土壤被移去或受沖刷作用，則下層粘土即為過壓密粘土。故現狀之有效應力小於預壓密壓力者為過壓密粘土。提出原因如下：

（一）地下水超抽：承載應力減小，導致地盤沉陷。

（二）地下水水位下降：承載負荷增加，造成土壤壓密。

（三）地面構造物：由於高樓的建造，引起承載負荷的增加。

（四）地震：砂性土壤因地震而引起沉陷。

（五）深基礎開挖及採礦：引起地盤移動，而導致地層，下陷。

（六）淺覆蓋開挖：隧道、涵洞、管線設施所作的淺覆蓋開挖等。

（七）地盤本身之上升或下沉現象。

106年 特種考試地方政府公務人員考試試題／水資源工程概要

一、國內對水太多、水太少、水太髒的傳統措施一般為何？有何創新的做法？（25 分）

參考題解

（一）傳統措施：

1. 水太多：一般為遭遇連日豪大雨才會發生，應循適當時機洩洪，並做好預警及防洪措施。
2. 水太少：重新調配水權用量、重新調整水費價格，加強上游水土保持（以減少水庫淤積量）、宣導節約用水之重要性。
3. 水太髒：以淨水廠淨水改善水質、加強上游水土保持（以減少水庫泥砂量）。

（二）創新做法：研發再生水及人工造雨科技、並提升清淨濾水技術。

二、臺北市河川防洪設計洪水頻率為 200 年，而都市排水設計暴雨頻率為 5 年，合理嗎？請評述。（25 分）

參考題解

（一）防洪設計：台灣的防洪工程，例如堤防，設計主要以百年（或以上）發生一次的洪水為設計標準，其原因為每當提防潰堤時，災情均相當慘重（防洪之第一道防線），故頻率年需設定較高值。

（二）都市排水：一般如遇暴雨導致市區無法負荷時，市區將造成淹水，惟因市區排水功能較佳，如抽水站及臨時排水設施與防洪演練較為齊全，故淹水時所造成之災損遠較提防潰堤時為少，為免設計頻率年過高導致不夠經濟，故一般頻率年為 5～10 年。

（三）綜上，此種設計頻率實屬合理，惟因氣候變遷迅速，且因各地環境因素不一，仍有調整之空間。

三、（一）試推導平衡公式拘限含水層之水井流量為 $Q=2\pi Kb\dfrac{H-h}{\ln(\frac{R}{r})}$。（10分）

（h = piezometric head 測壓管水頭，K = hydraulic conductivity 滲透係數，b = 含水層厚度；其餘定義詳見附圖）

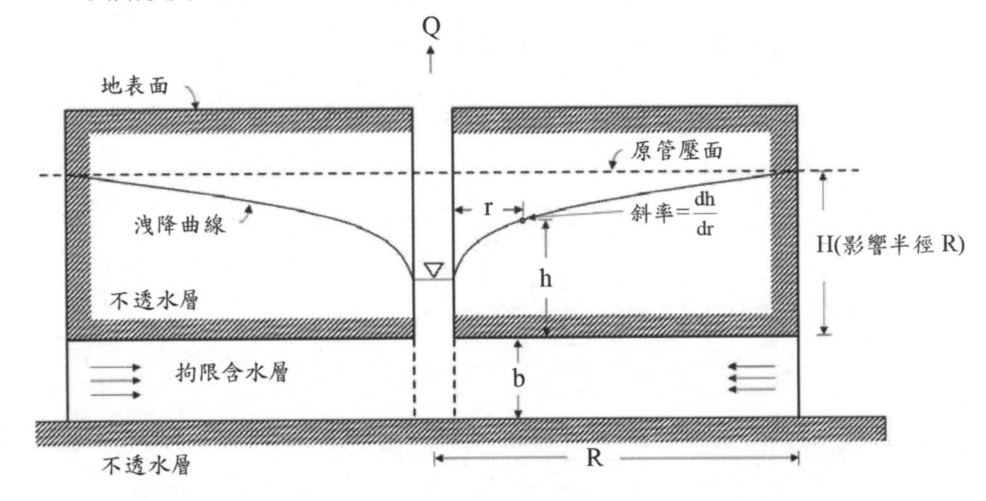

（二）試推導平衡公式非拘限含水層之水井流量為 $Q=\dfrac{\pi K(H^2-h^2)}{\ln(\frac{R}{r})}$。（15分）

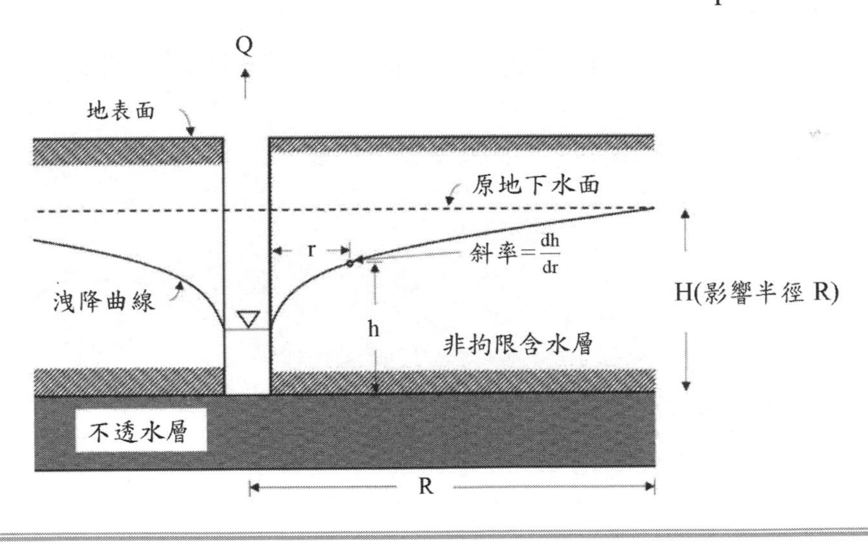

參考題解

（一）如圖，當距離為影響半徑 R 時，水井高度為 H

由達西定律：$V=Ki$，$Q=AV=A(Ki)$，其中 $A=2\pi rb$（拘限含水層），$i=\dfrac{dh}{dr}$

$\rightarrow Q \times \dfrac{dr}{r} = 2\pi Kbdh$，兩邊積分，得 $Q\int_{r}^{R}\dfrac{1}{r}dr = 2\pi Kb\int_{h}^{H}dh$

上式整理後即可得 $Q = 2\pi Kb\dfrac{H-h}{\ln\left(\frac{R}{r}\right)}$

（二）同（一），距離為影響半徑 R 時，水井高度為 H

由達西定律：$V = Ki$，$Q = AV = A(Ki)$，其中 $A = 2\pi rh, i = \dfrac{dh}{dr}$

$\rightarrow Q \times \dfrac{dr}{r} = 2\pi Khdh$，兩邊積分，得 $Q\int_{r}^{R}\dfrac{1}{r}dr = 2\pi K\int_{h}^{H}hdh$

上式整理後即可得 $Q = \pi K\dfrac{(H^2-h^2)}{\ln\left(\frac{R}{r}\right)}$

四、試從治本及治標論述減少水庫淤砂策略。（25 分）

參考題解

（一）治本方法：解決上游泥沙量的問題→如做好整體水土保持規劃、加強植生工程、整治野溪及集水區治理等方法。

（二）治標方法：陸地挖砂、庫底抽泥船、水力排砂、機械式清運等被動式清理淤砂方式。

107
年度

公務人員高等考試三級考試試題／水文學

一、請說明下列名詞之意涵：（每小題 5 分，共 20 分）

（一）拘限地下水（Confined groundwater）

（二）河川流量測定之中斷面法（Middle section method）

（三）常日溫度（Normal daily temperature）

（四）截留（Interception）

參考題解

（一）拘限地下水：介於兩層不透水層間之含水層稱為拘限地下水。

（二）中斷面法：依地形將河川斷面分為 n 個大小不同之矩形。求各矩形之面積及平均流速之乘積，各乘積加總後即為該河川斷面之流量。

（三）常日溫度：自然狀態下之每日均溫。

（四）截流：降雨在未達地面之前，有一部份的水會被樹葉或建築物所攔截，在經由蒸發返回空中，此現象稱為蒸發。

二、請回答下列問題：（每小題 10 分，共 20 分）

（一）一般而言，在洪水流量頻率分析時，常以 Q_{50} 代表 50 年頻率洪水。請說明 $Q_{2.33}$ 除了代表 2.33 年頻率洪水外，還有何其他物理意義？

（二）利用合理化公式推估尖峰流量時，為何要假設此推估值之迴歸期與用來推估之降雨強度的迴歸期相同？

參考題解

（一）$Q_{2.33}$表示重現期距為 2.33 年之洪水，或每年發生機率 $f=\frac{1}{T}=\frac{1}{2.33}=0.429$ 之洪水。

（二）當降雨強度與其所產生逕流之重現期一致時，此時即發生尖峰流量，故作此假設。

三、有一小鄉間集水區原本之 1 小時三角形單位歷線之基期為 9 小時，洪峰流量 3.6cms 發生在第 3 小時。經過都市開發後，原來之入滲率 Φ 指數從 0.7cm/hr 降為 0.4cm/hr，1 小時三角形單位歷線之基期縮短為 6 小時，洪峰流量增為 6 cms 發生在第 1.5 小時。今有連續兩場 1 小時之暴雨，其降雨強度分別為 5 cm/hr 及 4cm/hr。請推求因為都市化因素造成此降雨事件之逕流量體積及洪峰流量增加之百分比為多少？（20 分）

參考題解

依題意，可表列出都市前後之 1 小時單位歷線，及兩場暴雨於都市前後所造成之有效降雨，分別計算該兩場降雨造成之逕流歷線如下：

都市化前					
t(hr)	U(1,t)	Q1=4.3*U(1,t)	Q2 = 3.3*U(1,t-1)	Q	
0	0	0.00		0.00	
1	1.2	5.16	0.00	5.16	
2	2.4	10.32	3.96	14.28	
3	3.6	15.48	7.92	23.40	
4	3	12.90	11.88	24.78	尖峰流量
5	2.4	10.32	9.90	20.22	
6	1.8	7.74	7.92	15.66	
7	1.2	5.16	5.94	11.10	
8	0.6	2.58	3.96	6.54	
9	0	0.00	1.98	1.98	

有效降雨(cm)	第一小時降雨	第二小時降雨
都市化前	5–0.7=4.3	4–0.7=3.3
都市化後	5–0.4=4.6	4–0.4=3.6

都市化後：

$$0 \sim 1.5\ hr : \frac{\Delta Q}{\Delta t} = \frac{6-0}{1.5-0} = 4(cms/hr) = 2(cms/0.5\ hr)$$

$$1.5 \sim 6\ hr : \frac{\Delta Q}{\Delta t} = \frac{0-6}{6-1.5} = -1.33(cms/hr) = -0.67(cms/0.5\ hr)$$

$t = 2hr$之Q：$6 - 0.67 = 5.33$

t (hr)	U(1, t) (cms)	P (mm)	P_e (mm)	4.6 U(1, t) (cms)	3.6 U(1, t-1) (cms)	直接逕流 (cms)
0	0	5	4.6	0		0
0.5	2			9.2		9.2
1	4	4	3.6	18.4	0	18.4
1.5	6			27.6	7.2	34.8
2	5.33			24.52	14.4	38.92

t (hr)	U(1, t) (cms)	P (mm)	P_e (mm)	4.6 U(1, t) (cms)	3.6 U(1, t-1) (cms)	直接逕流 (cms)
2.5	4.66			21.44	21.6	43.04→洪峰流量
3	3.99			18.35	19.19	37.54
3.5	3.32			15.27	16.78	32.05
4	2.65			12.19	14.36	26.55
4.5	1.98			9.11	11.95	21.06
5	1.31			6.03	9.54	15.57
5.5	0.64			2.94	7.13	10.07
6	0			0	4.72	4.72

（一）徑流量體積：

都市化前：

$$(0+5.16+14.28+23.4+24.78+20.22+15.66+11.1+6.54+1.98)(m^3/s)\times 1(hr)\times 3600(s/hr)$$
$$=443232\ (m^3)$$

都市化後：

$$(0+9.2+18.4+34.8+38.92+43.04+37.54+32.05+26.55+$$
$$21.06+15.57+10.07+4.72)(m^3/s)\times 0.5(hr)\times 3600(s/hr)$$
$$=525456\ (m^3)$$

逕流量增加百分比：$\dfrac{525456-443232}{443232}\times 100\%=18.55\%$

（二）洪峰流量增加百分比：$\dfrac{43.04-24.78}{24.78}\times 100\%=73.69\%$

四、假設某一流域之出流量可以線性水庫模式來模擬，且令洪水演算連續方程式之 $I_1=I_2$，則流域出流量可以 $Q_2=2C_1I_1+C_2Q_1$ 來推算。若此流域面積為 155 平方公里，集流時間為 9 小時，蓄水常數 K＝6 小時，等時線與面積關係如下表：

運行時間（hr）	0-1	1-2	2-3	3-4	4-5	5-6	6-7	7-8	8-9
等時線區間面積（km^2）	8.0	14.0	25.0	27.0	21.0	23.0	15.0	13.0	9.0

請利用 Clark's 時間面積法推求該流域之瞬時單位歷線。（20 分）

參考題解

已知K = 6hr，Δt = 1hr，故時間面積之參數為：

$$C_1 = \frac{\Delta t}{2K + \Delta t} = \frac{3600}{2 \times 6 \times 3600 + 3600} = 0.0769$$

$$C_2 = \frac{2K - \Delta t}{2K + \Delta t} = \frac{2 \times 6 \times 3600 - 3600}{2 \times 6 \times 3600 + 3600} = 0.846$$

其中：面積 $\times 0.01 \times 10^6/3600$ 即換算為 1cm 水深所產生之流量歷線 I

計算如下表列所示：

時間(hr)	面積(km^2)	流量 I(cms)	$2C_1I_1 = 0.1538I1$	$C_2Q_1 = 0.846Q1$	Q_2
0	0	0.0	0.0	0.0	0
1	8	22.2	3.4	0.0	0
2	14	38.9	6.0	2.9	3.4
3	25	69.4	10.7	7.5	8.9
4	27	75.0	11.5	15.4	18.2
5	21	58.3	9.0	22.8	26.9
6	23	63.9	9.8	26.9	31.8
7	15	41.7	6.4	31.0	36.7
8	13	36.1	5.6	31.7	37.5
9	9	25.0	3.8	31.5	37.2
10	0	0.0	0.0	29.9	35.4

五、某流域利用單筒式入滲計試驗獲得之土壤入滲容量與實驗時間之關係如下表：

實驗時間（hr）	0.25	0.50	0.75	1.0	1.25	1.50	1.75	2.0
入滲容量（cm/hr）	6.6	4.2	3.1	2.5	2.2	2.1	2.0	2.0

請利用上述實驗數據，應用作圖方法替代最小二乘法得出入滲容量與時間之最契合關係線，推導求該流域之 Horton's 入滲容量公式。（20 分）

參考題解

作圖如下所示，故推得 $f_0 = 9\left(\frac{cm}{hr}\right)$，$f_c = 2.0\left(\frac{cm}{hr}\right)$

⇒ 所以 $f = f_c + (f_0 - f_c) \times e^{-kt}$

以 $t = 1,\ f = 2.5$ 代入

$\Rightarrow 2.5 = 2 + (9-2) \times e^{-k \times 1}$

$\Rightarrow k = 2.64$

$\Rightarrow f = 2 + (9-2) \times e^{-2.64t}$

$\Rightarrow f = 2 + 7 \times e^{-2.64t}$

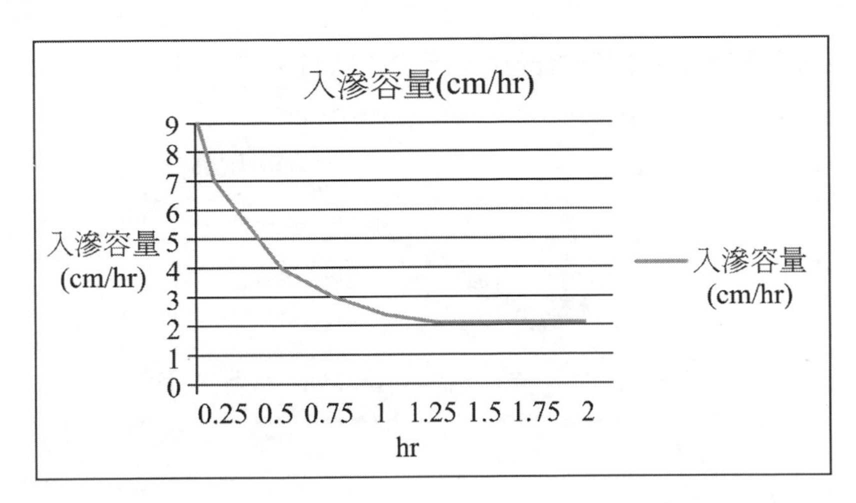

107年 公務人員高等考試三級考試試題／流體力學

一、如圖一所示，在壓力計中，當在管 A 的壓力增加 34.4 kPa，而在管 B 的壓力維持固定。試求左側柱水銀的高度改變值為若干？（15 分）

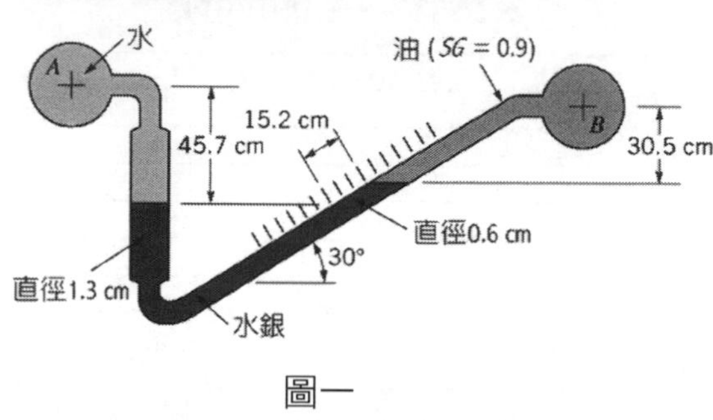

圖一

參考題解

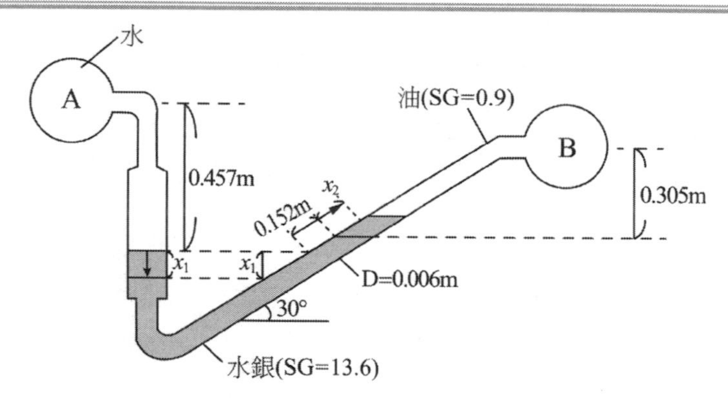

$$\frac{\pi}{4}\times 0.013^2\times x_1=\frac{\pi}{4}\times 0.006^2\times x_2\Rightarrow x_1=0.21x_2$$

原：

$$P_A+\gamma_w\times 0.457-0.152\times\sin 30°\times\gamma_w\times 13.6-0.305\times 0.9\times\gamma_w=P_B$$

$$\Rightarrow P_A-P_B=8.35 \cdots\cdots\cdots\cdots\cdots\cdots\cdots \quad (1)$$

後：

$$P_A+34.4+\gamma_w\times 0.457+\gamma_w\times x_1-x_1\times\gamma_w\times 13.6-0.152\times\sin 30°\times\gamma_w\times 13.6-x_2\times\sin 30°\times\gamma_w\times 13.6$$
$$-(0.305-x_2\times\sin 30°)\times 0.9\times\gamma_w=P_B$$

$$\Rightarrow P_A-P_B+26.06-88.25\,x_2=0$$

$$\underset{(1)代入}{\Rightarrow} 可得\ x_2=0.39\Rightarrow x_1=0.21\times 0.39=0.08\ m$$

二、已知水從直徑 $D = 0.20$ m 的水槽流出，其出流口的直徑為 $d = 0.01$ m，如圖二所示。若水槽中的水位維持固定高度 $h = 0.20$ m，試求流入水槽之流量應為若干？（15 分）

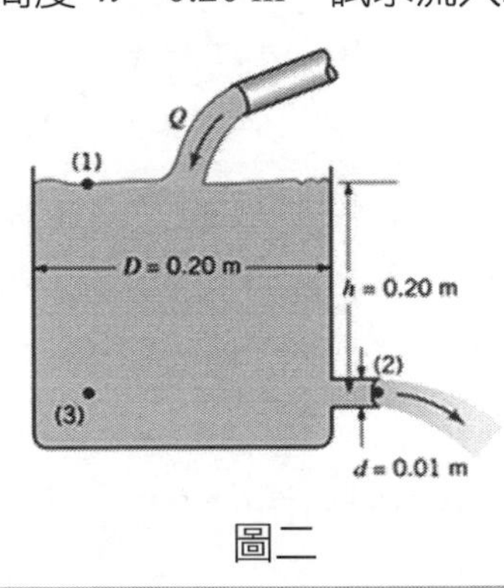

圖二

參考題解

（一）取（1）、（2）兩點之白努利方程式：$\frac{P_1}{\gamma}+\frac{v_1^2}{2g}+0.2=\frac{P_2}{\gamma}+\frac{v_2^2}{2g}+0$(假設高程為 0)

$\rightarrow 0$(大氣壓) $+\ 0$(水面速度為 0) $+\ 0.2 = 0$(大氣壓) $+\frac{v_2^2}{2g}+0$

$\rightarrow$解得$v_2 = 1.98\left(\frac{m}{s}\right), Q_2=\frac{\pi}{4}(0.01)^2\times 1.98 = 1.55\times 10^{-4}cm$

（二）因水位恆定，故流入流量 = 流出流量$\rightarrow Q_1 = Q_2 = 1.55\times 10^{-4}cms$

三、水躍是在明渠中水深突然改變的一種現象，如圖三所示。水深由 z_1 變至 z_2，對應的速度由 V_1 變至 V_2。已知 $V_1 = 1.0$ m/s，$z_1 = 0.4$ m，試求發生水躍後之水深 z_2 及速度 V_2。（15 分）

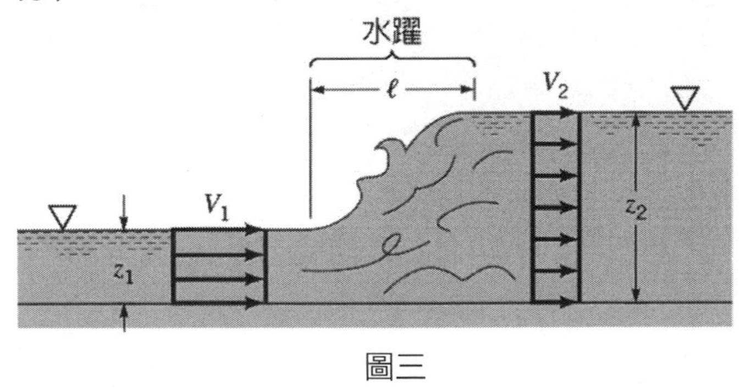

圖三

參考題解

由水躍前後公式：

$$y_2 = \frac{y_1}{2}\left(-1+\sqrt{1+F_{r1}^2}\right)，其中 F_{r1}^2 = \frac{v_1^2}{gy_1} = 0.255 < 1$$

（本題似乎有誤，因福祿數小於 1，不會發生水躍現象）

四、水庫的溢洪道寬度為 20 m（圖四），在滿水位時期的設計洩洪量為 125 m³/s，若以 1：15 的比例建造一座模型用以研究溢洪道的水流動力特性，水流動力特性滿足福祿數相似（Froude number similarity）。試求：（每小題 10 分，共 20 分）

（一）模型寬度與流量。

（二）相對於原型 24 小時的模型試驗時間為若干？

圖四

參考題解

由福祿數相似：$(F_r)_m = (F_r)_P \rightarrow \frac{v_m}{\sqrt{gl_m}} = \frac{v_p}{\sqrt{gl_p}} \rightarrow \frac{v_m}{v_p} = \sqrt{\frac{l_m}{l_p}}$

（一）求模型寬度與流量：

1. 模型寬度：$\frac{B_m}{B_P} = \frac{l_m}{l_p} \rightarrow B_m = \frac{l_m}{l_p} \times B_P = \frac{1}{15} \times 20 = 1.33m$

2. 流量：由 $\frac{Q_m}{Q_P} = \frac{q_m B_m}{q_P B_P} = \frac{\frac{2}{3}c_d\sqrt{2g}H_m^{\frac{3}{2}}}{\frac{2}{3}c_d\sqrt{2g}H_P^{\frac{3}{2}}} \times \frac{B_m}{B_P} = \frac{H_m^{\frac{3}{2}}}{H_P^{\frac{3}{2}}} \times \frac{B_m}{B_P} = \left(\frac{l_m}{l_p}\right)^{\frac{5}{2}}$

$$\rightarrow Q_m = Q_P \times \left(\frac{l_m}{l_p}\right)^{\frac{5}{2}} = 0.143cms$$

（二）求試驗時間（原型時間 24 小時）：

由 $\frac{v_m}{v_p} = \sqrt{\frac{l_m}{l_p}} \rightarrow \frac{\frac{l_m}{t_m}}{\frac{l_P}{t_P}} = \sqrt{\frac{l_m}{l_p}} \rightarrow \frac{t_P \times l_m}{t_m \times l_p} = \sqrt{\frac{l_m}{l_p}} \rightarrow t_m = t_P \frac{l_m}{l_p \times \sqrt{\frac{l_m}{l_p}}} = 6.197$ 小時

五、水流經平面裝置的圓弧管，如圖五所示，其管徑為 0.6 m。倘若水排出至大氣，大氣壓力 p = 101.3 kPa，管中水流的流量為 85 m3/min。在截面（1）與（2）之間的流體摩擦而產生的壓力損失為 415 kPa。試決定水流在截面（1）與（2）的水平和垂直作用力。（20 分）

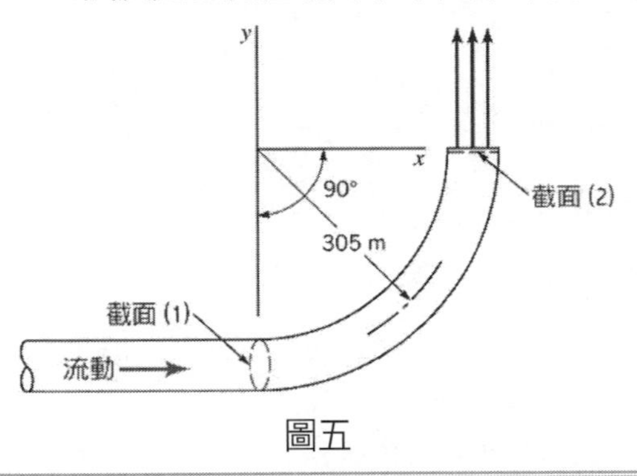

圖五

參考題解

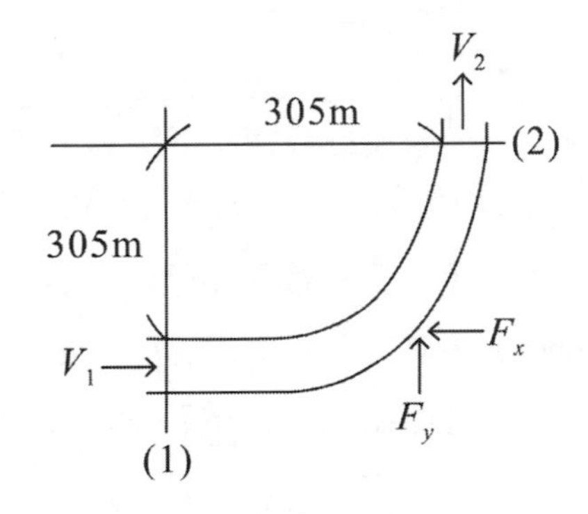

$D=0.6\,m$, $Q=85(m^3/\text{min})$, $P_L=h_L\times\gamma_w=415$

由 E-E：$(V_1=V_2$、$Z_1=Z_2)$

$$\frac{P_1}{\gamma_w}+\frac{V_1^2}{2g}+Z_1=\frac{P_2}{\gamma_w}+\frac{V_2^2}{2g}+Z_2+h_L$$

$$\Rightarrow\frac{P_1-P_2}{\gamma_w}=\frac{415}{\gamma_w}$$

$\Rightarrow P_1-P_2=415$ ……………（1）

$\Rightarrow$因為 $P_2=101.3\,kPa$ 代入（1）

所以 $P_1=516.3\,kPa$

P 以錶壓表示

$P_1'=P_1-101.3\Rightarrow P_1=415$

$P_2'=P_2-101.3=0$

（1）x 方向：

$$F_1 - F_x = \rho Q(0 - V_1) \quad V_1 = \frac{Q}{A_1}$$

$$\Rightarrow 415(kN/m^2)\times\frac{\pi}{4}\times0.6^2 - F_x$$

$$=1\times\left[85(m^3/min)\times\frac{1}{60}(min/s)\right]^2\times\left(-\frac{1}{\frac{\pi}{4}\times0.6^2}\right)$$

$$\Rightarrow \underline{F_x = 124.44(kN)}\text{（水平力）}$$

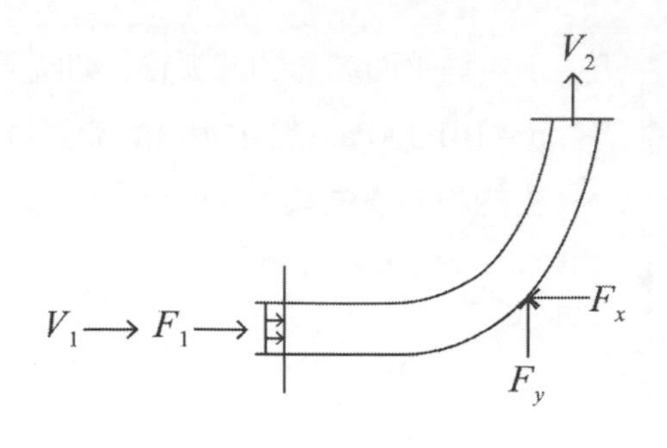

（2）y 方向：

$$0 + F_y = \rho\times Q(V_2 - 0) \quad V_2 = \frac{Q}{A}$$

$$\Rightarrow F_y = 1\times\left[85(m^3/min)\times\frac{1}{60}(min/s)\right]^2\times\left(\frac{1}{\frac{\pi}{4}\times0.6^2}\right)$$

$$\underline{= 7.1kN}\text{（垂直力）}$$

六、欲求圓形砂粒之沉降速度，圓形砂粒以等速向下移動，如圖六所示。其速度係由砂粒重量 $\mathcal{W}$、水的浮力 F_B 以及水作用在砂粒的拽引力（drag force）$\mathcal{D}$ 之間的平衡作用。假設拽引力係數 $C_D = 24/Re$，Re 為雷諾數（Reynolds number），其定義為 $Re = \rho UD/\mu$，μ 為水的粘性係數。假設砂粒比重為 S，粒徑為 D，水的密度為 ρ_w，重力加速度為 g，證明圓形砂粒的沉降速度為 $U = \dfrac{(S-1)\rho_w g D^2}{18\mu}$。（15 分）

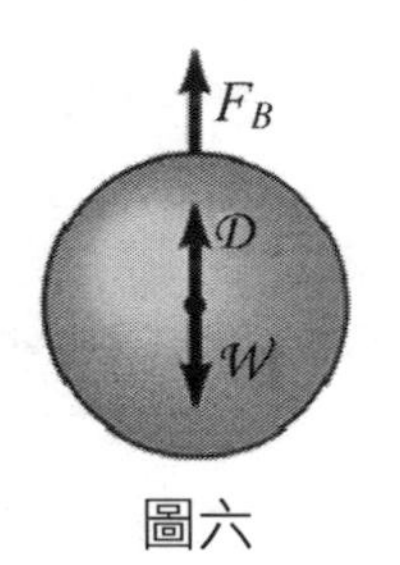

圖六

參考題解

當力平衡時有終端速度（即沉降速度）$\rightarrow F_B + F_D$（阻力）$= W$ ...（1）

球體體積 $V = \frac{1}{6}\pi D^3$，$F_B = \rho_W g\times\frac{1}{6}\pi D^3$

$$F_D = \frac{1}{2}\rho U^2 C_D A,\ A = \frac{1}{4}\pi D^2\text{，其中 } C_D = \frac{24}{R_e} = \frac{24\mu}{\rho UD}\text{，代入得 } F_D = 3\pi\mu DU$$

$W = \rho_W g\times S\times\frac{1}{6}\pi D^3$，將以上參數代入（1）式，整理如下：

$$\frac{1}{6}\rho_W g\pi D^3 + 3\pi\mu DU = \frac{1}{6}\rho_W g\pi D^3 S \rightarrow U = \frac{(S-1)\rho_W g D^2}{18\mu}\text{，得證}$$

107年 公務人員高等考試三級考試試題／土壤力學（包括基礎工程）

一、繪製土壤顆粒體積為一單位之土壤三相圖（Three phase diagram），詳細標註其各相之體積及重量（5 分），並據以推導下列公式：

（一）推導夯實理論中零空氣孔隙曲線(zero-air-void curve) $\gamma_{zav}=\dfrac{\gamma_w}{w+1/G_s}$，式中 γ_{zav} = 零空氣孔隙單位重，γ_w = 水單位重，w = 重量含水量，G_s = 土壤顆粒比重。（10 分）

（二）定義土壤體積含水量 θ 為孔隙水體積（V_w）對總體體積（V_T）之比值（$\theta=\dfrac{V_w}{V_T}$），試推導體積含水量與重量含水量（W）之轉換公式。（10 分）

參考題解

（一）繪製土壤顆粒體積為一單位之土壤三相圖如下：

設空氣重量 $W_a=0$

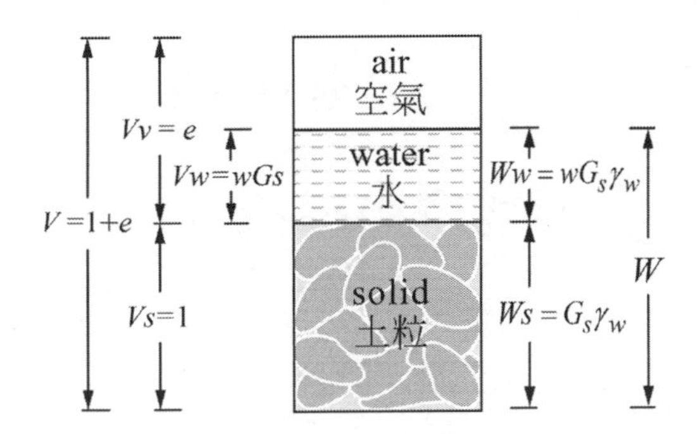

（二）由三相圖可知 $\gamma_d=\dfrac{W_s}{V}=\dfrac{G_s\gamma_w}{1+e}$，

因孔隙體積為零，$V_v=V_w$，得 $e=wG_s$，代入上式

$\gamma_{zav}=\dfrac{G_s\gamma_w}{1+wG_s}=\dfrac{\gamma_w}{w+1/G_s}$，得解。

（三）$\theta=V_w/V_T$，由圖可得 $\theta=\dfrac{wG_s}{1+e}$

二、一砂土試體進行三軸飽和壓密不排水試驗（SCU test），試體壓密完成之反水壓為 $100kP_a$，圍壓為 $200kP_a$，達到破壞時之軸差應力為 $200kP_a$，Skempton 孔隙水壓參數 $\bar{A}_f = 0.2$，依上述條件回答下列問題：

（一）計算總應力與有效應力強度參數$(c,\ \phi)$及$(c',\ \phi')$。（10 分）

（二）依 Lambe（1964）之定義，繪製此試體可能之總應力與有效應力之應力路徑。（10 分）

（三）推論此試體為緊砂或鬆砂狀態，並說明推論之依據。（5 分）

參考題解

（一）SCU 試驗含反水壓之各階段總應力、孔隙水壓力及有效應力

	總應力σ	孔隙水壓力 u_w	有效應力σ′
加圍壓	$\sigma_v = \sigma_h = 200$	$u_{back} = 100$	$\sigma'_v = \sigma'_h = 100$
加軸差	$\sigma_3 = \sigma_h = 200$ $\sigma_1 = \sigma_v = 400$	$u_f = 0.2 \times 200 + 100$ $= 140$	$\sigma'_3 = \sigma'_h = 60$ $\sigma'_1 = \sigma'_v = 260$

反水壓 $u_{back} = 100kP_a$；飽和$B = 1.0$，$\overline{A_f} = 0.2$，單位kP_a

總應力：$\sigma_1 = \sigma_3 tan^2\left(45 + \frac{\phi_{cu}}{2}\right) + 2c_{cu}tan\left(45 + \frac{\phi_{cu}}{2}\right)$

有效應力：$\sigma'_1 = \sigma'_3 tan^2\left(45 + \frac{\phi'}{2}\right) + 2c'tan\left(45 + \frac{\phi'}{2}\right)$

砂土，$c = 0$，$c' = 0$

$400 = 200tan^2\left(45 + \frac{\phi}{2}\right)$，得$\phi = 19.47^\circ$，

總應力強度參數$(c, \phi) = (0, 19.47^\circ)$

$260 = 60tan^2\left(45 + \frac{\phi'}{2}\right)$，得$\phi' = 38.68^\circ$，

有效應力強度參數$(c', \phi') = (0, 38.68^\circ)$

（二）依 Lambe（1964）定義於 $p - q$ 座標系統（$p - q$ diagrams）之應力點（stress point），p 為莫爾圓圓心，q 莫爾圓半徑，以常見土壤使用狀況以水平向應力 σ_v 及垂直向應力 σ_h 表示：（σ_v及σ_h為主應力）

總應力：$p = \dfrac{\sigma_v + \sigma_h}{2}$，$q = \dfrac{\sigma_v - \sigma_h}{2}$；有效應力：$p' = \dfrac{\sigma'_v + \sigma'_h}{2}$，$q' = \dfrac{\sigma'_v - \sigma'_h}{2} = q$

破壞包絡線 K_f $Line$，由有效應力控制，在 $p - q$ 座標上方程式 $q' = p'tan\alpha'$

$sin\phi' = tan\alpha'$，得 $\alpha' = 32^\circ$（控制破壞）；$sin\phi = tan\alpha$，得 $\alpha = 18.43^\circ$

繪製可能之應力路徑如圖

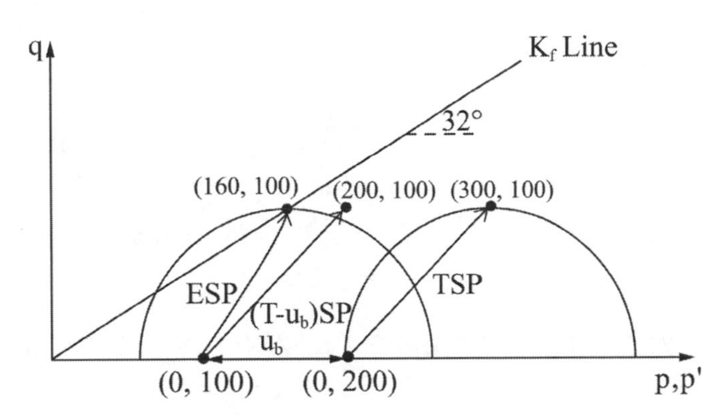

圖上，u_b 為反水壓，TSP 為總應力之應力路徑，ESP 為有效應力之應力路徑，另軸差階段孔隙水壓參數多非為定值，題目僅知初始有效圍壓及破壞時有效應力，中間過程無法確認，故 ESP 以曲線表示。圖上並將總應力莫爾圓及有效應力莫爾圓繪出供參，另 $(T-u_b)SP$ 為扣除反水壓後總應力之應力路徑。

（三）加軸差時為不排水狀態，至破壞時產生正的超額孔隙水壓，依此判斷較可能屬於鬆砂。

三、試以 Terzaghi 淺基礎承載力理論，回答下列問題：

（一）繪出當土壤摩擦角 $\phi = 0$ 時，其條狀基礎破壞面且詳細標註其幾何參數。（10 分）

（二）以 Terzaghi 承載力理論，列出於地表進行圓形平鈑載重試驗（plate load test），所得平鈑極限承載力與實際基礎承載力於黏土及砂土層需如何修正，並說明其原由。（10 分）

（三）考慮土壤摩擦角= 0且埋置深度 D 之條狀基礎，計算淨極限承載力（net ultimate bearing capacity）時，如何進行地下水位修正?（5 分）

參考題解

（一）以 Terzaghi 淺基礎承載力理論繪條狀基礎破壞面，設基底為光滑面

土壤摩擦角 $\phi = 0$，並設為飽和黏土採不排水剪力強度參數 $c = c_u$

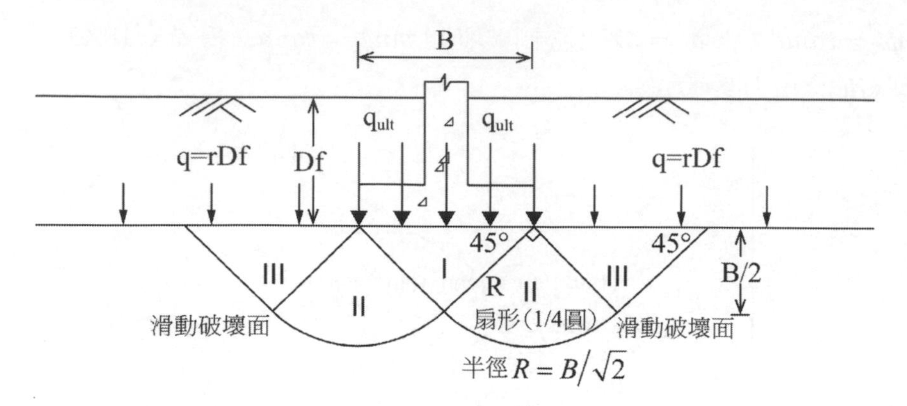

I 區為主動土壓力區，II 區為輻射區，為對數螺旋曲線型式，因 $\phi = 0$，故呈扇形，III 區為被動土壓力區

$$q_{ult} = c_u N_c + \gamma D_f$$

可導出$N_c = 5.14$，若採用粗糙基底，$N_c = 5.7$，其為 Terzaghi 採用。

（二）依 Terzaghi 承載力理論

圓形基礎承載力 $q_{net} = 1.3cN_c + q(N_q - 1) + 0.3B\gamma N_\gamma$

B_P：平鈑尺寸，B_F：基礎尺寸，$q_{net(P)}$：平鈑淨極限承載力

$q_{ult(F)}$：基礎極限承載力，$q_{net(F)}$：基礎淨極限承載力，另 $q = \gamma D_f$

黏土層：$N_q = 1$，$N_\gamma = 0$

平鈑置於地表上（無覆土），理論平鈑試驗值 $q_{net(P)} = 1.3c_u N_c$

尺寸大小及埋置深度不影響黏土層承載力 $q_{net(F)} = q_{net(P)}$

$$q_{ult(F)} = q_{net(F)} + \gamma D_f = q_{net(P)} + \gamma D_f$$

$$q_{net(F)} = q_{net(P)}$$

砂土層：$c = 0$

平鈑置於地表上（無覆土），理論平鈑試驗值 $q_{net(P)} = 0.3B_P\gamma N_\gamma$

尺寸（B）大小影響承載力，另$N_q > 1$，埋置深度亦影響承載力

$$q_{ult(F)} = \gamma D_f N_q + q_{net(P)} \frac{B_F}{B_P}$$

$$q_{net(F)} = \gamma D_f (N_q - 1) + q_{net(P)} \frac{B_F}{B_P}$$

（三）依 Terzaghi 承載力理論

條狀基礎淨承載力 $q_{net} = cN_c + q(N_q - 1) + \frac{1}{2}B\gamma N_\gamma$

土壤摩擦角 $\phi = 0$，$N_q = 1$，$N_\gamma = 0$，得 $q_{net} = c_u N_c$，

若滑動面為飽和黏土，採用不排水剪力強度參數 $c = c_u$，則不需進行地下水位修正。

【說明】飽和黏土層進行承載力分析時，因加載初期因不排水，外加負載由孔隙水承擔，激發超額孔隙水壓力，有效應力沒有變化，剪力強度最低，之後超額孔隙水壓力隨時間消散，致有效應力逐漸增加，抗剪強度提高，故短期不排水多為黏土層承載力最危險階段（安全係數最低），採用不排水剪力強度參數（$\phi_u = 0$，$c = c_u$）進行分析。

四、回答下列開挖支撐（Braced cut）相關問題：

（一）說明為何進行支撐開挖側向土壓力多以 Peck（1969）視側壓力分布圖估算側向土壓力而非主動與靜止側向土壓力。（15 分）

（二）以 Terzaghi 理論推導當開挖底部黏土層厚度大於開挖寬度 B 且開挖長度遠大於寬度時，其抗隆起安全係數。（10 分）

參考題解

（一）依建築物基礎構造設計規範說明，內撐式支撐設施通常在分層開挖後逐層架設支撐，因而擋土設施之側向變位亦隨開挖之進行而逐漸增加，但擋土設施所受之側向壓力，同時受牆背之土層特性、支撐預力、開挖程序與快慢、支撐架設時程等諸因素影響，使牆背之側向土壓力呈不規則分佈，而與一般擋土牆設計採用之主動土壓力，有明顯之不同，亦與靜止側向土壓力明顯不同。

（二）Terzaghi 之隆起檢核係以開挖面底面為新承載面（類似基礎面下土壤），當堅硬底層距開挖底部 $D > B/\sqrt{2}$，滑動弧可完全發展，隆起發生於擋土壁外寬度 $B_1 = B/\sqrt{2}$ 處，其向下隆起驅動力（類似基礎面上外加負載）與新承載面承壓能力比例（力量比例）為安全係數。設開挖深度 H，地面外加負載 q，開挖面上土壤單位重 γ、不排水剪力強度 c_{u1}，開挖面底下不排水剪力強度 c_u

依 Terzaghi 承載力理論，條狀基礎淨承載力 $q_{net} = cN_c + q\left(N_q - 1\right) + \frac{1}{2}B\gamma N_\gamma$

黏土層，$N_q = 1$，$N_\gamma = 0$，$N_c = 5.7$，$q_{net} = c_u N_c$

承壓能力：$c_u N_c B_1$

隆起驅動力：$qB_1 + \gamma H B_1 - c_{u1}H$

得隆起安全係數：$FS = \frac{5.7c_u B_1}{qB_1 + \gamma H B_1 - c_{u1}H} \geq 1.5$

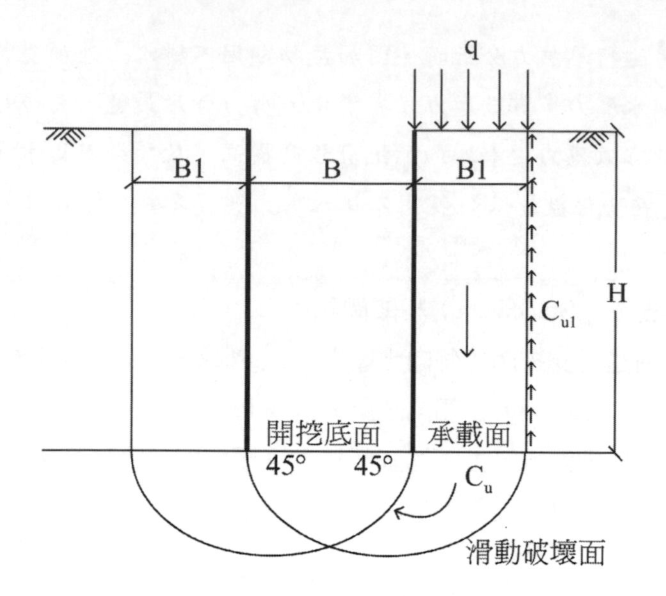
q
B1
B
B1
H
C_{u1}
開挖底面
承載面
45°
45°
C_u
滑動破壞面

107年 公務人員高等考試三級考試試題／渠道水力學

一、請以比力（specific force）之基本定義，詳細推導比力曲線方程式並繪出其圖形。（20分）

參考題解

（一）比力之定義：某斷面上每一單位重量流體所受之力，即渠流動量所引起之力與因重量所引起之靜水壓力之和，常以 F 或 M 表之。

（二）比力曲線方程式：

考慮一水平渠道，渠段短，摩擦阻抗可忽略不計，即：

$\theta = 0$，$F_f = 0$，$\beta_1 = \beta_2 = 1$，則：

由動量方程式：$P_1 - P_2 = \rho Q(V_2 - V_1) \rightarrow \gamma \overline{y_1} A_1 - \gamma \overline{y_2} A_2 = \rho Q\left(\frac{Q}{A_2} - \frac{Q}{A_1}\right)$

$$\rightarrow \frac{Q^2}{gA_1} + \overline{y_1}A_1 = \frac{Q^2}{gA_2} + \overline{y_2}A_2\text{，即 } F = M = \frac{Q^2}{gA} + \bar{y}A$$

單位渠道寬度時，$F = M = \frac{q^2}{gy} + \frac{1}{2}y^2$ ... 此即為比力曲線方程式

（三）比力曲線圖如下：

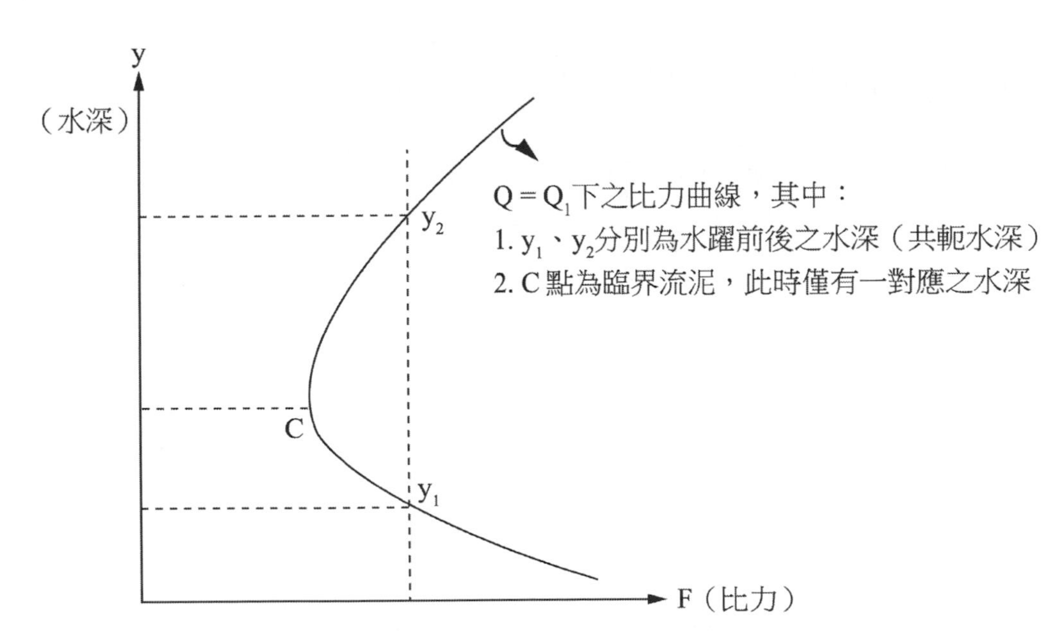

二、請詳述發生水躍成因及水躍型式之分類法為何？水躍現象於人工渠道及自然河道中扮演何種角色？另請推導於水平底床上發生水躍前、後之共軛水深與能量損失方程式。（20分）

參考題解

（一）水躍成因：當水流由高速的超臨界流進入亞臨界流時，部分動能轉變為位能，則造成水位升高之現象，即為水躍。

（二）水躍分類依水躍前福祿數之大小區分，可分為五種型式：

1. 波狀水躍：水躍前福祿數 1~1.7
2. 弱水躍：水躍前福祿數 1.7~2.5
3. 振擺水躍：水躍前福祿數 2.5~4.5
4. 穩定水躍：水躍前福祿數 4.5~9
5. 強烈水躍：水躍前福祿數 > 9

（三）水躍於自然及人工渠道中，可用於消能，避免對渠道或河床進行過度沖刷。

（四）求水躍前後能量損失方程式：

假設渠道為單位寬度

1. 因水躍前後比力相同，即 $M_1 = M_2 \rightarrow \frac{q^2}{gy_1} + \frac{1}{2}y_1{}^2 = \frac{q^2}{gy_2} + \frac{1}{2}y_2{}^2$

$$\rightarrow \frac{q^2}{g}\left(\frac{1}{y_1} - \frac{1}{y_2}\right) = \frac{1}{2}(y_2{}^2 - y_1{}^2) \rightarrow \frac{q^2}{gy_1y_2}(y_2 - y_1) = \frac{1}{2}(y_2 - y_1)(y_2 + y_1)$$

$$\rightarrow \frac{q^2}{g} = \frac{1}{2}y_1y_2(y_2 + y_1) \rightarrow \frac{v_1^2}{2g} = \frac{y_2}{4}\left(\frac{y_2}{y_1} + 1\right) \ldots（1）$$

2. 由能量方程式：$\Delta E = \left(y_1 + \frac{v_1^2}{2g}\right) - \left(y_2 + \frac{v_2^2}{2g}\right)$

$$= (y_1 - y_2) + \frac{1}{2g}(v_1^2 - v_2^2)$$

$$= (y_1 - y_2) + \frac{v_1^2}{2g}\left[1 - \left(\frac{v_2}{v_1}\right)^2\right]$$，將（1）式及$y_1v_1 = y_2v_2$

代入上式

$$\rightarrow (y_1 - y_2) + \frac{1}{4}\frac{1}{y_1y_2}（y_1 + y_2）（y_2^2 - y_1^2）$$

$$= (y_2 - y_1)\left[-1 + \frac{1}{4y_1y_2}（y_1 + y_2）^2\right] = \frac{(y_2 - y_1)^3}{4y_1y_2}$$，得證

三、已知一條具有梯形斷面之渠道是由三個長度相當長之 A、B 及 C 渠段（由上游往下游方向）所構成。三個渠段之底床寬度均為 $B_d = 4.0$ m、兩側邊坡坡度均為 1：1，惟對應之底床坡度分別為 $S_A = 0.0004$、$S_B = 0.009$ 及 $S_C = 0.004$，曼寧糙率係數 $n_A = 0.015$、$n_B = 0.012$ 及 $n_C = 0.015$。於渠道流量 Q = 22.5 cms 條件下，試分析：

（一）各渠段之正常水深 y_n 及臨界水深 y_c 為何？（12 分）

（二）試繪製各渠段之水面剖線。（8 分）

參考題解

（一）求解正常水深及臨界水深：

1. 解正常水深，由曼寧公式 $Q = AV, V = \frac{1}{n} \times R^{\frac{2}{3}} \times S_0^{\frac{1}{2}}$，$R = \frac{A}{P} = \frac{(4+y_n)y_n}{2\sqrt{2}y_n+4}$

（1）渠段 A：

$$22.5 = (4+y_n)y_n \times \frac{1}{0.015} \times \left[\frac{(4+y_n)y_n}{2\sqrt{2}y_n+4}\right]^{\frac{2}{3}} \times 0.0004^{\frac{1}{2}} \rightarrow \text{試誤得} y_n = 2.25m$$

（2）渠段 B：

$$22.5 = (4+y_n)y_n \times \frac{1}{0.012} \times \left[\frac{(4+y_n)y_n}{2\sqrt{2}y_n+4}\right]^{\frac{2}{3}} \times 0.009^{\frac{1}{2}} \rightarrow \text{試誤得} y_n = 0.81m$$

（3）渠段 C：

$$22.5 = (4+y_n)y_n \times \frac{1}{0.015} \times \left[\frac{(4+y_n)y_n}{2\sqrt{2}y_n+4}\right]^{\frac{2}{3}} \times 0.004^{\frac{1}{2}} \rightarrow \text{試誤得} y_n = 1.18m$$

2. 計算 y_c：當福祿數 = 1 時，有臨界水深，即 $Q^2T = gA^3$ ...（1）

其中 $T = 4 + 2y_c$，$A = [(4+2y_c)+4] \times \frac{y_c}{2} = (4+y_c)y_c$

將 T、A 代入（1）式：$(22.5)^2(4+2y_c) = 9.81 \times [(4+y_c)y_c]^3$

試誤法解得 $y_c = 1.32m$

（二）水面線如下圖所示：

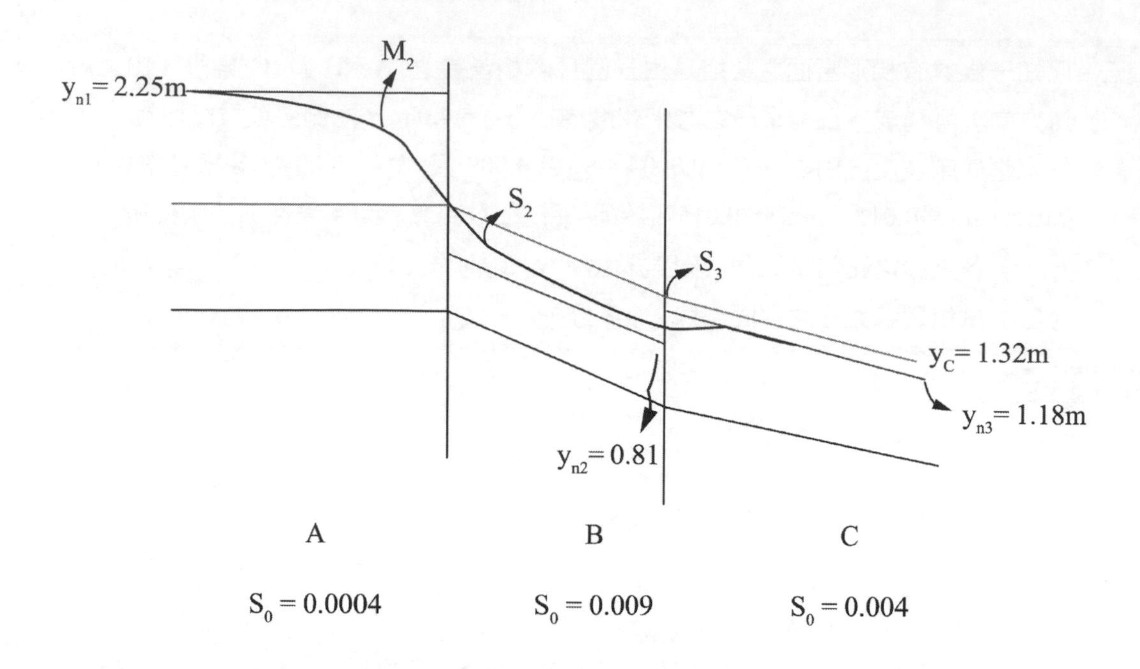

四、為興建一座寬頂堰式之固床工於河道寬度為 $B_d = 998$ m、底床坡度為 $S = 0.003$、曼寧糙率係數為 $n = 0.035$ 之河床上，已知水流流量為 $Q = 8100$ cms。茲為進行定床之水工模型斷面試驗而採用長度比尺為 $L_r = 1/50$ 時，請說明：（每小題 10 分，共 20 分）

（一）模型試驗用之相似律及來流平均流速 V_m（m/s）為何？

（二）模型試驗用之單寬流量 q_m（cms/m）及上游側之堰頂水頭 H_m（cm）為何？〔請以自由堰流公式（假設流量係數 $C_d = 0.542$）計算〕

參考題解

由寬頂堰公式：

$$q = \frac{2}{3}C_d\sqrt{2g}H_1^{\frac{3}{2}} \rightarrow \left(\frac{8100}{998}\right) = \frac{2}{3}\times(0.542)H_1^{\frac{3}{2}}$$

→ 解得 H_1(堰頂水頭) $= 2.95m$，又 $H_1 = 1.5y_c$

→ 故臨界水深 $y_c = 1.97m$，代入 $v = \sqrt{gy_c} = 4.37$（$\frac{m}{s}$）

（一）由福祿數相似：

$$(F_r)_m = (F_r)_P \rightarrow \frac{v_m}{\sqrt{gl_m}} = \frac{v_p}{\sqrt{gl_p}}，v_m = \sqrt{\frac{l_m}{l_p}}v_p = \sqrt{\frac{1}{50}}\times 4.37 = 0.618\left(\frac{m}{s}\right)$$

（二）求模型之單寬流量及上游側之堰頂水頭：

1. 單寬流量：

$$\text{由}\frac{q_m}{q_P}=\frac{\frac{2}{3}C_d\sqrt{2g}H_m^{\frac{3}{2}}}{\frac{2}{3}C_d\sqrt{2g}H_P^{\frac{3}{2}}}=\frac{H_m^{\frac{3}{2}}}{H_P^{\frac{3}{2}}}=\left(\frac{H_m}{H_P}\right)^{\frac{3}{2}}$$

$$\rightarrow q_m=q_P\times\left(\frac{H_m}{H_P}\right)^{\frac{3}{2}}=8.116\times\left(\frac{1}{50}\right)^{\frac{3}{2}}=0.02295\left(\frac{cms}{m}\right)$$

2. 上游側之堰頂水頭：

$$\text{由}\frac{H_m}{H_P}=\frac{l_m}{l_p}=\frac{1}{50}\rightarrow H_m=\frac{1}{50}\times H_P=\frac{2.95}{50}\times 100=5.9cm$$

五、（一）如何運用一維及二維水理數值模式於跨越寬廣溪流之橋梁墩基沖刷深度計算？（15 分）

（二）請說明應考慮那些沖刷因素。（5 分）

參考題解

（一）一維及二維水理模式於跨越寬廣溪流之橋梁墩基沖刷深度計算：

1. 一維水理模式以斷面計算為主，橋墩處則以通水斷面改變為考量，用以探討一般沖刷（短期與長期河床質移動層厚度），其優點是計算快、可考量河道整體趨勢；缺點是斷面之沖淤為每一位置平均分配沖淤量，難以比較其中差異。
2. 二維水理模式為河段地形探討，如堰流、固床工均屬二維問題，而若於橋墩，可推估每一橋墩間之短期與長期河床質移動層厚度、河槽橫斷面束縮導致之沖刷深度，優點：可考量河段地形之沖淤特性、符合工程與設計規劃時使用；缺點：計算範圍受到限制，無法對三維水流強烈之局部沖刷特性有效計算。

（二）沖刷因素：

1. 流量。
2. 流速及流況（超臨界、亞臨界、臨界流況）。
3. 基礎土壤性質。
4. 坡度。
5. 是否有迴水現象。
6. 曼寧係數及河道性質。

107年 公務人員高等考試三級考試試題／水資源工程學

一、長 400 m，寬 350 m 的集水區。有一 400 m 長之排水溝渠穿過集水區，將集水區分成寬度 50 m 之停車場及寬度 300 m 之公園兩個排水分區。停車場與公園區至排水溝渠之水流集流時間分別為 5 分鐘（min）及 40 分鐘，如下圖所示。停車場及公園之逕流係數分別為 0.90 及 0.40。排水溝渠之水流速度為 0.80 m/sec。

已知該集水區之設計雨量（i）與集流時間（t）之關係為：

$$i\,(\text{mm/hr}) = 510/\sqrt{t(\text{min})}$$

試推求集水區出口之設計流量（m^3/sec）。（20 分）

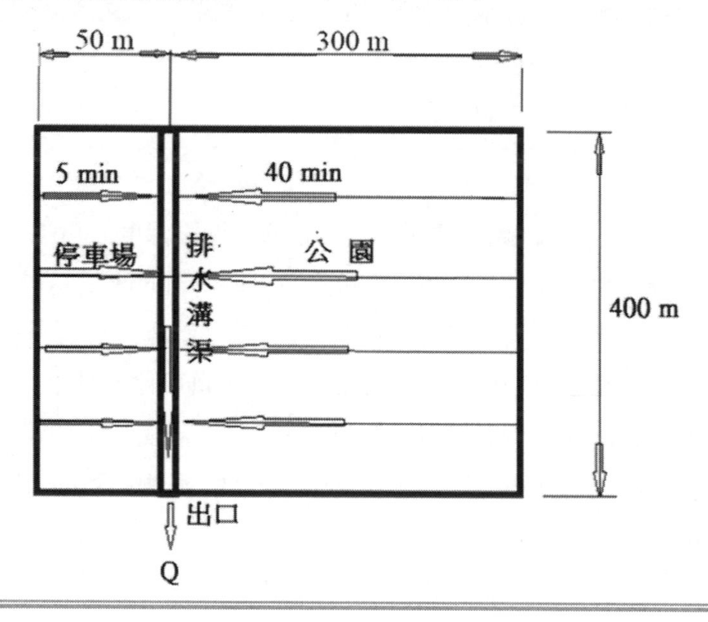

參考題解

採合理化公式：$Q_P = CIA$

（一）排水溝出流時間 t = L/V = 400/0.8 = 500（S）= 8.33 min

（二）總集流時間：

1. 停車場 = 5 + 8.33 = 13.33min
2. 公園 = 40 + 8.33 = 48.33min

如以最大流量，即取總集流時間 t 為 48.33 min，則降雨強度

$$i=\frac{510}{\sqrt{48.33}}=73.36\ (\frac{mm}{hr})$$

代入合理化公式：

1. 公園流量 $Q_1=0.4\times 73.36\times \frac{0.001}{3600}\times(400\times 300)=0.978cms$
2. 停車場流量 $Q_2=0.9\times 73.36\times \frac{0.001}{3600}\times(400\times 50)=0.3668\text{cms}$

   則總出口設計流量 $=Q_1+Q_2=1.3448cms$

二、有一梯形渠道，底寬為 10.0 m，頂寬為 24.5 m，兩側邊坡角為 30 度。過去紀錄顯示在洪水流量 400 m^3/s 之水深為 4.0 m。已知渠道之設計洪水量為 700 m^3/s。今欲在梯形渠道之頂部建構垂直防洪牆，以利輸送渠道之設計洪水量。若防洪牆之出水高度（freeboard）為 0.5 m，試計算垂直防洪牆之高度。（20 分）

參考題解

（一）當 Q = 400CMS，水深為 4M 時：

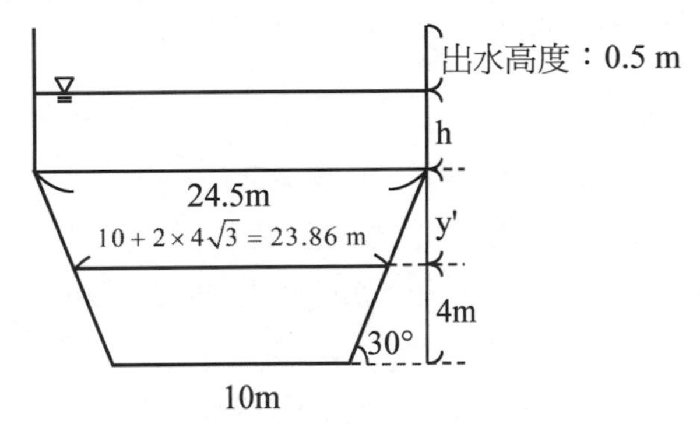

由 $Q=AV\rightarrow 400=A\times\frac{1}{n}R^{\frac{2}{3}}S^{\frac{1}{2}}\rightarrow$ 可解 $\frac{1}{n}S^{\frac{1}{2}}$ ...（1）

其中 $A=\left(4\sqrt{3}\times 2+10+10\right)\times\frac{4}{2}=67.71m^2$

$R=\frac{A}{P}=\frac{67.71}{10+8\times 2}=2.6$，將 A、R 代入（1）式可解得 $\frac{1}{n}S^{\frac{1}{2}}=3.124$

（二）當渠道全滿狀態下

$$T=24.5=10+\frac{4+y'}{\tan 30^\circ}\times 2\Rightarrow y'=0.186\text{ m}$$

則 $A=(24.5+10)\times\frac{4.186}{2}=72.2$，$R=\frac{A}{P}=\frac{72.2}{26.74}=2.7$

故滿渠狀態下流量 $Q = 72.2 \times 3.124 \times 2.7^{\frac{2}{3}} = 437.3\frac{m^3}{s}$

則多餘流量 = 700 − 437.3 = 262.7 $\frac{m^3}{s}$ 由防洪牆支應，假設防洪牆高為 h

→由 Q = AV→262.7 =(24.5h) × 3.124 × $\left(\frac{24.5\times h}{2\times h}\right)^{\frac{2}{3}}$，解得 h = 3.179m

故防洪牆高應為 h + 0.5（出水高）= 0.91m

三、某一旱作灌區，其土壤的鹽分濃度為 1000 mg/L，灌溉用水所含鹽分濃度為 380 mg/L。在耕作期間其作物需水量（consumptive use）為 750 mm，有效降雨為 600 mm。若要持續維持土壤的鹽分濃度在 1000 mg/L，試計算其所需之灌溉用水量。（20 分）

參考題解

假設本題所需之灌溉用水量為 W (mm)，則每 1 m² 土壤灌溉水量為

$W\ \text{mm} \times 1m^2 = W \times 10^{-3}m^3 = W\ \ L$（L 為公升）

帶入與離開之鹽分相等，所以

$$380\frac{mg}{L} \times W\ \ L = 1000\frac{mg}{L} \times (W + 600 - 750)L$$

$\therefore W = 242\ \ \text{mm}$

土壤的鹽分與灌溉用水所含鹽分問題，重要概念為：

（1）灌溉水會帶入其所含之鹽分，並留在土壤中。

（2）若有尾水離開農田，則尾水鹽分濃度與原土壤鹽分濃度相同。（灌溉水把土壤鹽分洗出去）。

（3）農作物吸收之水分，以及雨水可假設不含鹽分。

（4）若要持續維持土壤的鹽分濃度不變，則帶入與離開之鹽分相等，即上述（1）=（2）。

四、有一個集水區，集水面積為 100 公頃（ha），已知在一長延時降雨情況下，集水區降雨流到出口之時間（time）與對當時出口流量有貢獻之集水面積（contributing area）有下列關係：

時間, time（minute）	貢獻之集水面積 contributing area（ha）
0	0
5	3
10	9
15	25
20	51
25	91
30	100

今有一場降雨，其有效降雨之時間與降雨強度之關係如下：

時間, time（minute）	降雨強度, rainfall intensity（mm/hr）
0-5	132
5-10	84
10-15	60
25-30	36

試計算其直接逕流歷線。（20 分）

參考題解

t	0	5	10	15	20	25	30
A (m)	0	3	6	16	26	40	9

t	0~5	5~10	10~15	15~20	20~25	25~30
P (mm/hr)	132	84	60	0	0	36

(1) t (min)	(2) Q	(3) Q (ha-mm/hr)	(4) Q (m^3/s)
0	0	0	0
5	3×132	396	1.1
10	$3 \times 84 + 6 \times 132$	1044	2.9
15	$3 \times 60 + 6 \times 84 + 16 \times 132$	2796	7.77
20	$6 \times 60 + 16 \times 84 + 26 \times 132$	5136	14.27
25	$16 \times 60 + 26 \times 84 + 40 \times 132$	8424	23.4
30	$3 \times 36 + 26 \times 60 + 40 \times 84 + 9 \times 132$	6216	17.27

(1) t (min)	(2) Q	(3) Q (ha-mm/hr)	(4) Q (m^3/s)
35	$6\times36+40\times60+9\times84$	3372	9.37
40	$16\times36+9\times60$	1116	3.1
45	26×36	936	2.6
50	40×36	1440	4
55	9×36	324	0.9

$$表(4)=表(3)\,(\text{ha-mm/hr})\times10^4(\text{m}^2/\text{ha})\times\frac{1}{1000}(\text{m/mm})\times\frac{1}{3600}(\text{hr/s})$$

$$=表(3)\times2.778\times10^{-3}(\text{m}^3/\text{s})$$

五、有一河川之既有河道可容納 5 年重現期的洪水量，但每年需花費 4 百萬元做河道維修費用。一旦河川洪水量超過設計重現期洪水量時，兩岸溢淹之損失將達 600 百萬元損失。今提出興建堤防以提高設計重現期洪水之保護計畫方案，包括興建 10 年、20 年、50 年、100 年及 200 年五個替代方案，每個方案投資之年成本（包括興建及未來所有維修費用）如下表所示：

重現期（年）	年成本（百萬元）
10	30
20	40
50	50
100	65
200	75

試分析選擇之方案及選擇之理由。（20 分）

參考題解

計算平均每年之成本，成本最低者為最佳方案，計算如下：

重現期 T	年成本（百萬元）	發生溢流機率 =（1/T）	溢流損失期望值	成本總和
10	30	0.1	60	90
20	40	0.05	30	70
50	50	0.02	12	62
100	65	0.01	6	71
200	75	0.005	3	78

故可得知，T = 50 年期之方案為最佳方案。

107年 公務人員高等考試三級考試試題／營建管理與工程材料

一、為遴選有履約能力之優質廠商參與國家建設，提升公共工程品質及進度，並解決最低標決標衍生之工程延宕、採購爭議等問題，行政院公共工程委員會鼓勵機關透過最有利標方式辦理採購，故於 105 年發布「機關巨額工程採購採最有利標決標作業要點」。請詳述依據政府採購法之規定，採用最有利標決標時，擇定評選項目及子項之參考原則為何？（25 分）

參考題解

擇定評選項目及子項之參考原則，如下：

（一）依「最有利標作業手冊」：

1. 依最有利標評選辦法第 5 條、機關委託專業服務廠商評選及計費辦法第 5 條、機關委託技術服務廠商評選及計費辦法第 17 條、機關委託資訊服務廠商評選及計費辦法第 7 條及第 8 條、機關辦理設計競賽廠商評選及計費辦法第 7 條規定項目，視個案情形擇適合者訂定之。
2. 公開招標及限制性招標，評選項目及子項之配分或權重，應載明於招標文件。分段投標者，應載明於第 1 階段招標文件。選擇性招標以資格為評選項目之一者，與資格有關部分之配分或權重，應載明於資格審查文件；其他評選項目及子項之配分或權重，應載明於資格審查後之下一階段招標文件。
3. 所擇定之評選項目及子項，應（1）與採購標的有關；（2）與決定最有利標之目的有關；（3）與分辨廠商差異有關；（4）明確、合理及可行；（5）不重複擇定子項。並不得以有利或不利於特定廠商為目的（最有利標評選辦法第 6 條）。
4. 招標文件未訂明固定價格給付，而由廠商於投標文件載明標價者，應規定廠商於投標文件內詳列報價內容，並納入評選（所占比率或權重不得低於 20%）。招標文件已訂明固定價格給付者，仍得規定廠商於投標文件內詳列組成該費用或費率之內容，並納入評選（所占比率或權重得低於 20%）。
5. 採固定價格給付者，宜於評選項目中增設「創意」之項目，以避免得標廠商發生超額利潤。但廠商所提供之「創意」內容，以與採購標的有關者為限。

（二）若為巨額工程採購，另依「巨額工程採購採最有利標決標作業要點」之規定：

招標文件所定評選項目，應依個案特性擇定下列事項：

1. 工程專案組織成員及其學經歷、相關專業證照及過去承辦案件資歷。

2. 近五年內履約績效優劣情形，例如有無發生重大職業災害事件或獲得政府機關頒發有關職業安全衛生、工程品質進度優良獎項、施工查核紀錄、逾期履約或提前完工紀錄、有無減價收受等。
3. 就影響民眾生活之關鍵工程或工項，提出可提升施工安全、交通維持、減少民眾抗爭、縮短工期之措施。
4. 施工計畫及關鍵課題與因應對策，包括施工方法、施工機具、施工團隊組織、施工程序、施工動線、進度管理、界面整合、測試運轉、主要材料及設備選用、依本法第四十三條第一款使用在地建材程度、植栽工項之移植及養護計畫等。
5. 品質管理及安全衛生計畫。
6. 環境保護及節能減碳措施；人文藝術及在地環境相容程度。
7. 廠商財務狀況及目前於各公私機關（構）正履行中之契約執行情形。
8. 價格之合理性、正確性、完整性，並得視個案需要包含全生命週期成本、價值工程方案。
9. 以統包辦理之工程採購，其與設計有關之事項，例如辦理競圖。
10. 簡報及詢答。

前項第八款價格未納為評選項目者，依最有利標評選辦法第十二條第二款、第十三條或第十五條第一項第二款規定辦理。

二、請依據下列資料與數據：

（一）繪製專案的進度網圖（節點圖），計算並說明專案總工期、專案之要徑為何？（15 分）

（二）若專案整體間接成本每天 1 萬元，請計算並繪製專案在所有作業皆以最早開始時間進行下的累積成本曲線為何？（10 分）

作業項目	前置作業（邏輯關係）	工期（天）	直接成本（萬元／天）
A	C（開始-開始）	5	2
B	C（結束-開始）	6	3
C	--	4	2
D	A（開始-開始）	3	4
E	A（結束-開始）、B（結束-開始）	5	1

參考題解

（一）專案進度網圖、總工期與要徑：

1. 專案進度網圖：

專案進度網圖以節點圖繪製於下：

假設作業均不可中斷。

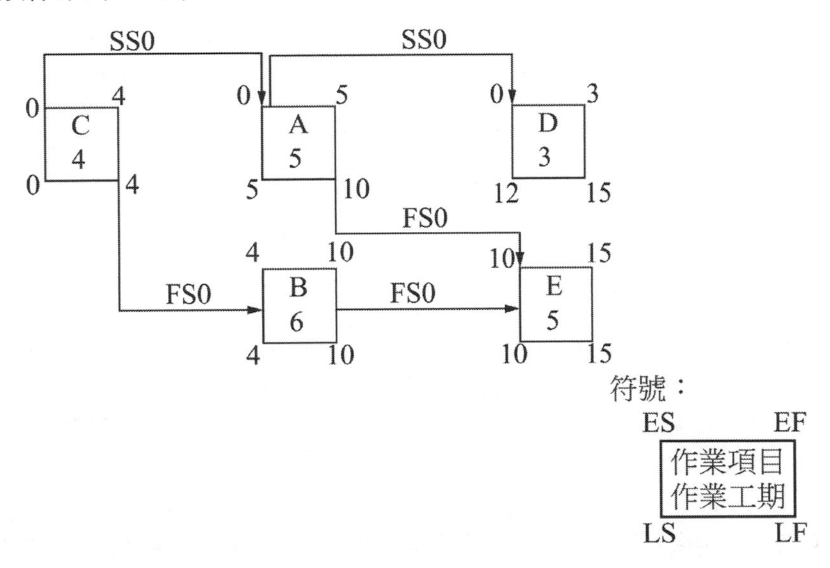

2. 總工期：15 天

3. 要徑：C → B → E

（二）最早時間之累積成本曲線：

假設成本支付在各期（單位）時間期末發生。

	作業項目	時間（天）														
		1	2	3	4	5	6	7	8	9	10	11	12	13	14	15
作業各期支付直接成本（萬元）	A	2	2.	2	2	2										
	B					3	3	3	3	3	3					
	C	2	2	2	2											
	D	4	4	4												
	E											1	1	1	1	1
各期直接成本（萬元）		8	8	8	4	5	3	3	3	3	3	1	1	1	1	1
各期間接成本（萬元）		1	1	1	1	1	1	1	1	1	1	1	1	1	1	1
各期總成本（萬元）		9	9	9	5	6	4	4	4	4	4	2	2	2	2	2
累積成本（萬元）		9	18	27	32	38	42	46	50	54	58	60	62	64	66	68

累積成本曲線圖如下：

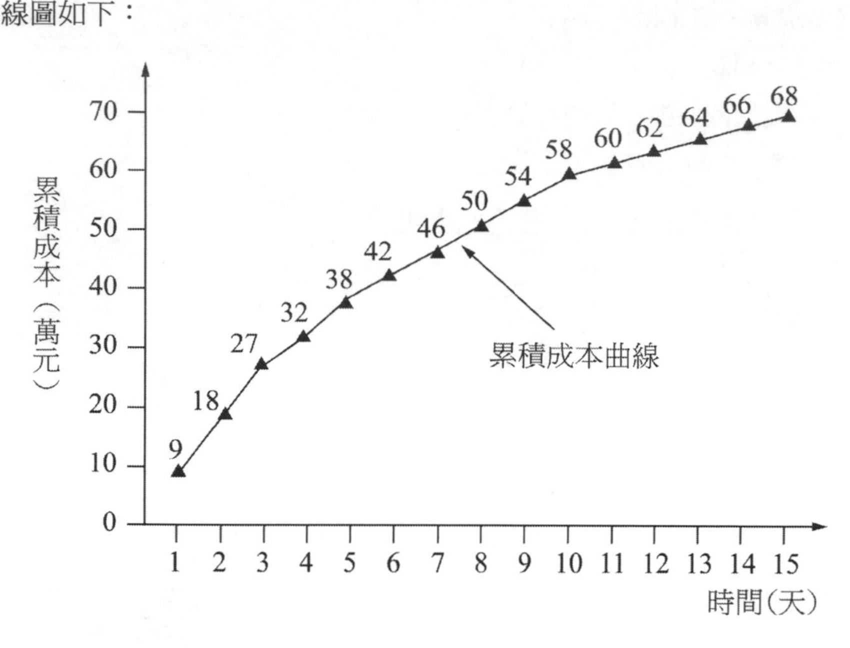

三、工程施工時材料送審是施工廠商、監造單位與業主皆關心的重要議題，因此材料樣品的提送規定，皆在施工規範中清楚律定。若你是制定施工規範者，請詳述對於施工樣品的提送，規範中要求廠商提送資料應包含的資料為何？（25 分）

參考題解

依「施工綱要規範第 01330 章（v 6.0 版）」之規定：

（一）承包商應依標準規範及特訂條款各章所規定之尺度及數量提送樣品，清楚顯示產品及材料之完整顏色範圍與功能特性，並清楚顯示出其附屬裝置。

（二）承包商應依標準規範各章之規定，安裝現場樣品及實體模型。提送之樣品應包含下列資料：

1. 樣品之編號、名稱及送審日期。
2. 材料供應商、製造商或分包商之名稱及地址。
3. 適用之契約設計圖說圖號及頁次。
4. 適用之規範章節號碼。
5. 適用之標準，如 CNS 或 ASTM 等。

四、「鋼筋」是多數營建工程會使用的重要大宗材料，請詳述國內施工查核時，鋼筋常見的缺失為何？（25 分）

參考題解

施工查核時，鋼筋常見的缺失如下：

（一）鋼筋表面：

銹蝕、油污及附著水泥漿等異物。

（二）鋼筋尺寸、數量及間距：

號數錯誤、根數不足與間距過大或過小。

（三）鋼筋排置位置：

排置位置與設計不符。

（四）鋼筋彎折點、截切及形狀：

彎折點、截切及形狀錯誤。

（五）彎鉤尺寸與形狀：

1. 彎鉤彎曲直徑不符、伸展（錨碇）長度不足。
2. 端部彎折角度不足。

（六）搭接長度或接續品質：

搭接長度不足或接續品質缺失。

（七）接續位置：

1. 接續位置不當。
2. 相鄰鋼筋未錯位接續（弱面同一斷面）。

（八）鋼筋穩固程度：

鋼筋固定綁紮或焊接間距過大或施作不良。

（九）鋼筋保護層厚度與墊塊排置：

1. 鋼筋保護層厚度超過公差。
2. 墊塊間距過大、材質、尺寸或形式不符規定。

（十）補強筋排置：

開口部或雙向版之角偶補強筋未排置或錯誤。

107年 公務人員普通考試試題／水文學概要

一、請說明下列名詞之意涵：（每小題 5 分，共 20 分）

（一）熱鋒面雨（Warm front precipitation）

（二）河川水位流量率定曲線之遲滯現象（Hysteresis）

（三）流域之無因次形狀因子（Dimensionless form factor）

（四）臨前降水引數（Antecedent precipitation index）

參考題解

（一）熱鋒面雨：

於冷暖空氣交界面，冷空氣開始撤離，熱空氣則順勢緩緩爬升至冷空氣上方，冷凝成雨，此現象稱為熱鋒面雨。

（二）河川水位流量率定曲線之遲滯現象：

在洪水來臨時，水流為非穩定流，水位與流量之關係隨時間而變，此時的水位及流量曲線會形成循環圈，稱為遲滯現象。

（三）流域之無因次形狀因子：

平均流域寬與主要河川長之比。

（四）臨前降水引數：

降雨時，一流域之逕流量與雨型、降雨之空間分佈、截留、土地使用狀況、地表坡度、降雨前土壤含水量等因素有關。則臨前降水引數（簡稱用 API）即表示降雨前土壤含水量之參數，目前皆以統計方法求得經驗公式以供應用。

二、河川流量推估過程中，河川斷面流速之測定為重要之一環。請問有那幾種河川斷面定點之流速測量方法？其基本原理為何？（20 分）

參考題解

河川斷面定點流速測量方法：

（一）面積流速積分法：先將河川斷面之等速線畫出，在將任兩等速線間之面積乘以該兩等速線之平均流速，即可得到該兩等速線間之流量。將所有等速線間的面積仿上法求得各流量後，其總和即為河川斷面之流量。

（二）中斷面法：依地形將河川斷面分成 n 個大小不同之矩形。求各矩形之面積及平均流速之乘積，將各乘積相加後之總和即為該河川斷面之流量。

（三）平均斷面法：依地形將河川斷面分成 n 個大小不同之梯形。求各梯形之面積及兩相鄰垂直測線之平均流速平均值，視為該梯形斷面積之平均流速，則將各梯形斷面積乘以各平均流速再相加之總和，即為該河川斷面之流量。

三、某流域之面積為 250 公頃，假設其集流時間為 50 分鐘，試推求繪出該流域 30 分鐘 SCS 三角形單位歷線。（20 分）

參考題解

SCS 三角形單位歷線之尖峰流量時間 (t_p)

（一）$t_p = \frac{1}{2}t_r + t_\ell = \frac{1}{2}\times 30 + 0.6\times 50 = 45\ \text{min}$

$t_b = 2.67\times t_p = 2.67\times 45 = 120\ \text{min}$

（二）$\frac{1}{2}\times Q_p \times t_b = p_e \times A$

$$\Rightarrow Q_p = \frac{2\times p_e \times A}{t_b}$$

$$\Rightarrow Q_p = \frac{2\times 0.01(\text{m})\times 250\times 10^4(\text{m}^2)}{120(\text{min})\times 60(s/\text{min})} = 6.94(\text{m}^3/s)$$

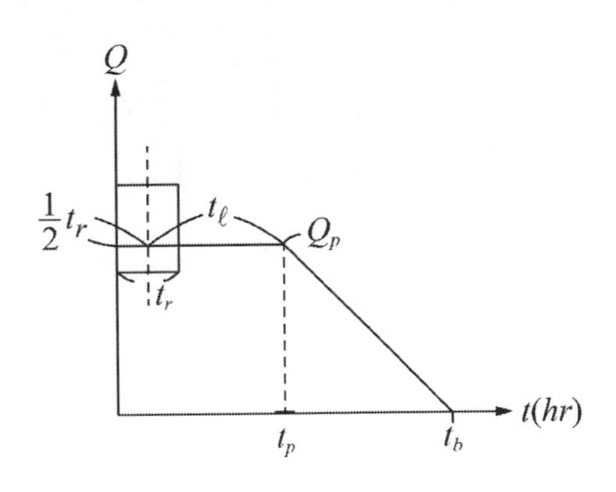

四、下圖為某一地區根據歷年紀錄所推得之不同延時暴雨時間分布圖，請繪出當 10 小時暴雨量為 400mm 時之雨量組體圖。（橫軸以 60 分鐘為 1 單位）（20 分）

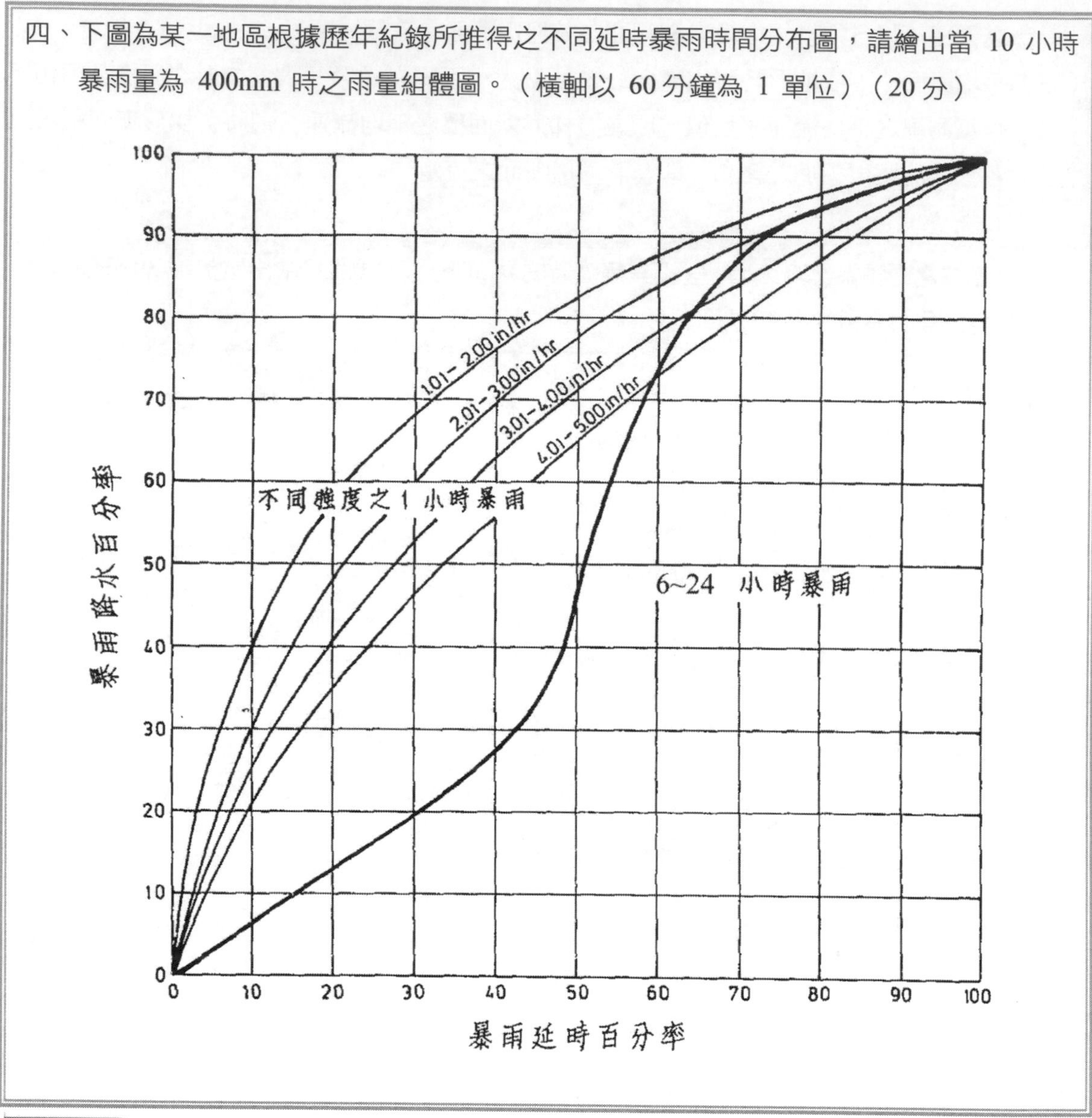

參考題解

因橫軸 60 分鐘為 1 單位（即 1 小時 1 單位），故暴雨延時百分率 10%即對應 1 小時，20%即對應 2 小時…依此類推。將曲線對應縱軸，可得累積雨量百分比，並計算各小時所佔雨量百分比，再乘以總降雨量 400mm 可得各小時雨量，即可繪出雨量組體圖，如下表及下圖：

t (hr)	累積雨量百分比	各小時降雨百分比	各小時降雨量(mm)
0	0	0	0
1	6	6	24
2	13	7	28

t (hr)	累積雨量百分比	各小時降雨百分比	各小時降雨量(mm)
3	20	7	28
4	28	8	32
5	46	18	72
6	73	27	108
7	88	15	60
8	93	5	20
9	97	4	16
10	100	3	12

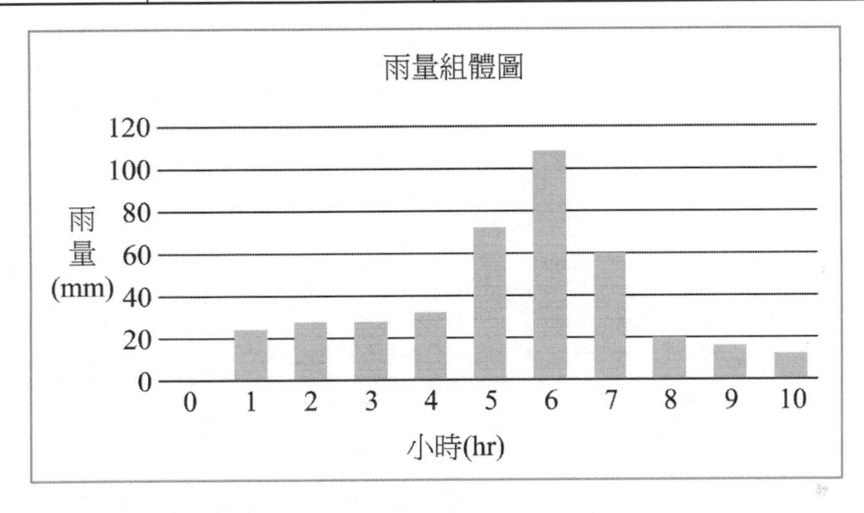

五、有一都會區集水面積為 100 公頃，集水區平均坡度為 0.007，水流最長運行距離為 860 公尺，25 年重現期之最大降雨量與降雨延時如下表：

降雨延時（分）	5	10	20	30	40	50	60
最大降雨量（公釐）	18	27	42	52	58	61	63

如果該地區最下游出口處設計一 25 年重現期的下水道，假設逕流係數為 0.6，請試推求該下水道之尖峰流量為多少？（20 分）〔提示：可利用 Kirpich formula 計算集流時間〕

參考題解

Kirpich 公式：$t_c = 0.02\times\dfrac{L^{0.77}}{S^{0.385}} = 0.02\times\dfrac{(860)^{0.77}}{(0.007)^{0.385}} = 24.56\ (\text{min})$

利用內插得 $t_c = 24.56\,(\text{min})$ 之雨量

t (min)	最大降雨量(mm)
20	42
24.56	x
30	52

$$\Rightarrow \frac{24.56-20}{30-20} = \frac{x-42}{52-42} \Rightarrow x = 46.56\,(\text{mm})$$

所以 $i = \dfrac{x}{t_c} = \dfrac{46.56}{24.56} = 1.9(\text{mm/min}) = 3.17\times10^{-5}(\text{m/s})$

$$Q_p = CiA = 0.6\times3.17\times10^{-5}(\text{m/s})\times100\times10^{4}(\text{m}^2) = 19(\text{m}^3/\text{s})$$

107年 公務人員普通考試試題／流體力學概要

一、一個 10 kg 的物塊沿著光滑斜面滑下，如圖一所示。假設在物塊和斜面間存在 0.1 mm 的間隙，其中含有 15℃的 SAE 30 機油，機油動力黏性滯度為 0.38 N · S/m^2。若在間隙內的機油速度分布呈線性，物塊與機油的接觸面積為 0.1 m^2，試問物塊的最終速度。（20 分）

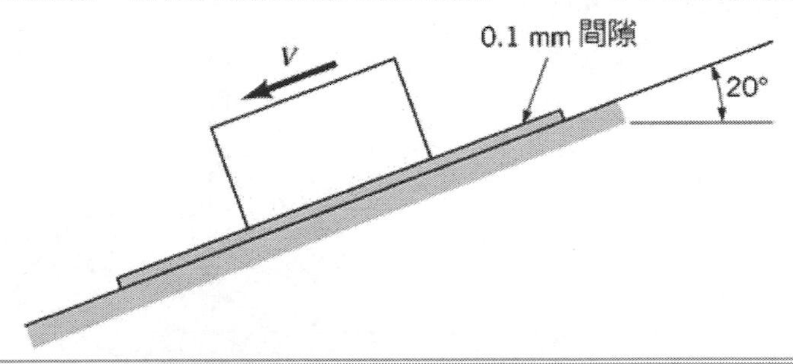

參考題解

下滑力 = mg sin 20°

摩擦力（黏滯力）= $\mu_k A\frac{u}{y}$

兩者達力平衡時有終端速度，即：

$$\text{mg}\sin 20° = \mu_k A\frac{u}{y} \rightarrow 10\times 9.81\times \sin 20° = 0.38\times 0.1\times \frac{u}{10^{-4}}$$

→解得 u = 0.088（m/s）

二、水以 34l/min 的穩定流速從水龍頭流入浴盆中，水管截面積為 0.9 m^2，浴盆形狀為矩形空間，如圖二所示，試求浴盆水位 h 隨時間的變化率。（15 分）

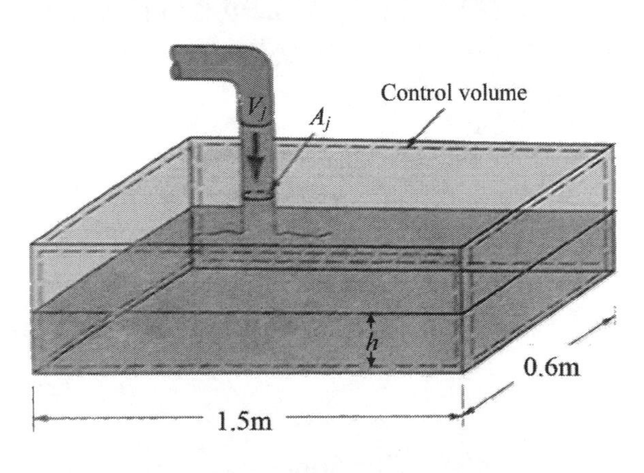

參考題解

由 $Q = AV \rightarrow 34 \times \frac{10^{-3}}{60} = 1.5 \times 0.6 \times \frac{h}{\Delta t} \rightarrow \frac{h}{\Delta t} = 6.3 \times 10^{-4}$ $\left(\frac{m}{s}\right)$

三、JP-4 燃料（比重 = 0.77）流經文氏計，如圖三所示。在直徑 15 cm 的管中，流速為 5 m/s。若黏性效應忽略不計，請問安裝在文氏計喉部的開口管中，燃料液面與喉部中心點的高度差 h 為多少？（20 分）

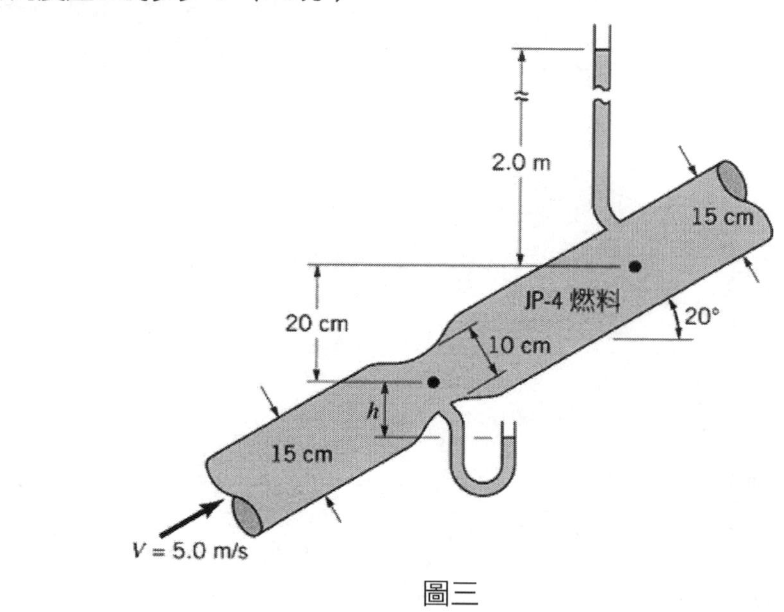

圖三

參考題解

設下處喉部點：1，上處：2

由流量相等：$\frac{1}{4}\pi \times (0.1)^2 \times V_1 = \frac{1}{4}\pi \times (0.15)^2 \times 5 \rightarrow V_1 = 11.25\left(\frac{m}{s}\right)$

由 E-E=$\frac{P_1}{\gamma} + \frac{V_1^2}{2g} + Z_1 = \frac{P_2}{\gamma} + \frac{V_2^2}{2g} + Z_2$

（一）$P_1 = P_{atm} - \gamma h$

$\Rightarrow$因為用錶壓計算，所以 $P_{atm} = 0$

$\Rightarrow P_1 = -\gamma h$

$P_2 = \gamma h = 2 \times \gamma$

（二）$Z_2 - Z_1 = 0.2\ (m)$

（三）由以上計算可得 $V_1 = 11.25 (m/s)$、$V_2 = 5 (m/s)$

⇒所以 E-E：

$$\frac{-\gamma h}{\gamma}+\frac{(11.25)^2}{2g}=\frac{2\gamma}{\gamma}+\frac{(5)^2}{2g}+0.2$$

$\Rightarrow -h=-2.98\ \text{m}$

$\Rightarrow h=2.98\ \text{m}$

四、如圖四所示，假設無摩擦、不可壓縮、一維水流經水平的 T 型連接頭，每一根管子的內徑皆為 1 m，試估算 T 型連接頭作用在水的 x 及 y 作用力分量值。（25 分）

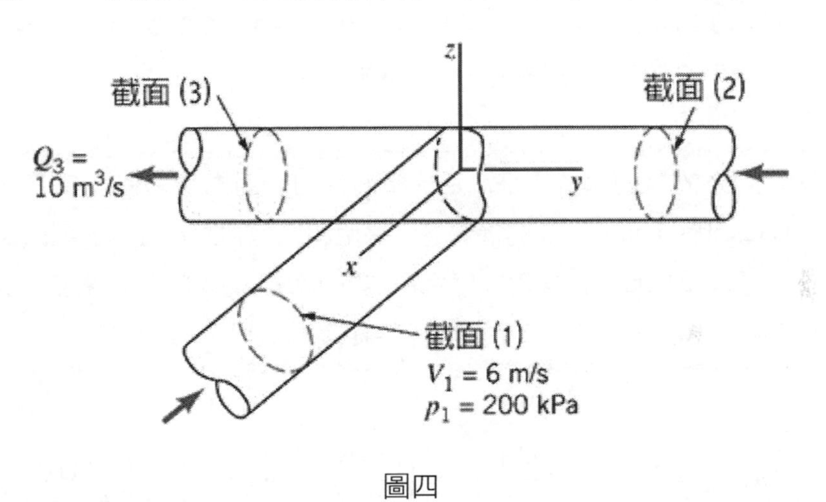

圖四

參考題解

各截面積 $A=\frac{1}{4}\pi\times(1)^2=0.7854m^2$

由$Q_{in}=Q_{out}\rightarrow Q_1+Q_2=Q_3\rightarrow 6\times 0.7854+Q_2=10$

$\rightarrow$ 解得$Q_2=5.288cms$

並可推得 $v_2=\frac{Q_2}{A}=6.73\left(\frac{m}{s}\right)$，$v_3=\frac{Q_3}{A}=12.73\left(\frac{m}{s}\right)$

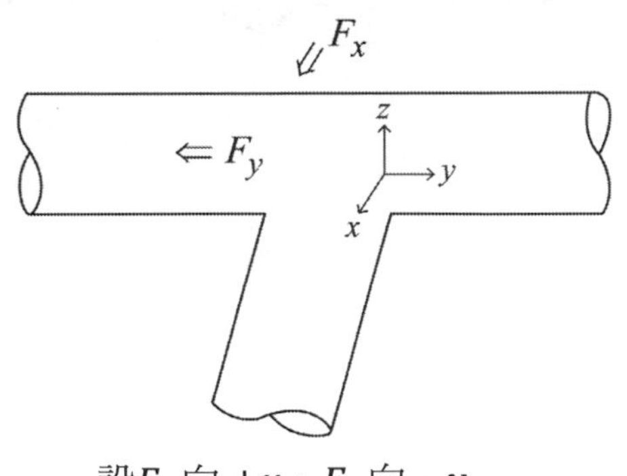

設F_x 向 $+x$，F_y 向 $-y$

$Z_1=Z_2=Z_3$

（一）分析 x 方向受力，假設其受力為 F_x，方向與水流方向相反 (+x) 如圖，則：

$F_x-\text{PA}=\rho Q(0)-\rho Q(-V)\rightarrow F_x=\rho Q(V)+PA$

$=1\times 6\times 0.7854\times(6)+200\times 0.7854$

$=185.35(KN)$，方向與流入方向相反

（二）分析 y 方向受力：

1. 取截面 1.2 之白努利方程式：

$$\frac{P_1}{\gamma}+\frac{v_1^2}{2g}=\frac{P_2}{\gamma}+\frac{v_2^2}{2g}\rightarrow\frac{200}{9.81}+\frac{6^2}{2\times 9.81}=\frac{P_2}{9.81}+\frac{6.73^2}{2\times 9.81}\rightarrow P_2=195.4kpa$$

2. 取截面 1.3 之白努利方程式：

$$\frac{P_1}{\gamma}+\frac{v_1^2}{2g}=\frac{P_3}{\gamma}+\frac{v_3^2}{2g}\rightarrow\frac{200}{9.81}+\frac{6^2}{2\times 9.81}=\frac{P_3}{9.81}+\frac{12.73^2}{2\times 9.81}\rightarrow P_3=136.97kpa$$

3. 假設 y 方向受力為向左（如圖），則由力平衡方程式（向右為正）

$$-F_y-P_2A+P_3A=\rho Q_3(-v_3)-\rho Q_2(-v_2)$$

$$\rightarrow F_y=-P_2A+P_3A-\rho Q_2(v_2)+\rho Q_3(v_3)$$

$$=-195.4\times 0.7854+136.97\times 0.7854-1\times 5.288\times 6.73+1\times 10\times 12.73$$

$$=45.82\ KN$$（與假設相同，方向向左）

五、若採用標準空氣的風洞測試，來決定飛艇的升力和阻力值。假設在滿足雷諾數相似（Reynolds number similarity）的情況下，採用和原型相同尺度的模型試驗進行測試，在對應於飛艇以 24 km/h 的速度於海水中航行，試算需求的風洞速度（空氣的運動黏性滯度為 $1.46\times 10^{-5}\ m^2/s$，海水的運動黏性滯度為 $1.17\times 10^{-6}\ m^2/s$）。（20 分）

參考題解

由雷諾數相似：$(Re)_m=(Re)_P\rightarrow\left(\frac{\rho VD}{\mu}\right)_m=\left(\frac{\rho VD}{\mu}\right)_P\rightarrow u_m=\left(\frac{\rho_P}{\rho_m}\right)\left(\frac{D_P}{D_m}\right)\left(\frac{\mu_m}{\mu_P}\right)u_p$

可解得 $u_m=\frac{1}{1.17\times 10^{-6}}\times 1.46\times 10^{-5}\times 24=299.49km/h$

107年 公務人員普通考試試題／土壤力學概要

一、請試述下列名詞之意涵：（每小題 5 分，共 25 分）

（一）最佳含水量（OMC）

（二）完全補償基礎（Fully compensated foundation）

（三）有效應力原理（Principle of effective stress）

（四）莫爾庫倫破壞準則（Mohr-Coulomb failure criterion）

（五）$\phi = 0$ 觀念（$\phi = 0$ concept）

參考題解

（本解答為詳細解，考生於考試時可斟酌減少）

（一）最佳含水量（OMC）：

進行標準普羅克特試驗（Standard Proctor Test）求得土樣於標準夯壓能量下之夯實曲線，如右圖，其可分乾側與溼側：當土壤含水量很低時，水在顆粒孔隙內所占空間少，大部分為空氣，此時土壤即使經過夯實，其乾密度值較小。隨著含水量的增加，水將扮演另一角色：潤滑作用，降低顆粒間的摩擦阻抗，隨著夯實的能量傳遞，讓土壤顆粒移動而有較緊密的效果出現，此時伴隨而生的就是原本土壤顆粒間的空氣，也隨著夯實而排出，造成總體積減少，進而讓土壤乾密度提升。一直到土壤乾密度達到最大值（稱最大乾密度），此時相對應之含水量即稱為佳含水量（O.M.C）。

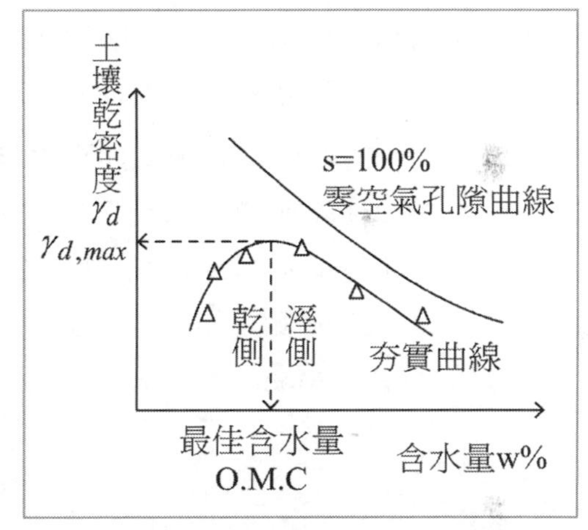

（二）完全補償基礎（Fully compensated foundation）：

當建築物構築於軟弱黏土層上方時，為減輕基礎底面承受之載重壓力，可將一部分黏土層挖除（作為地下室）後，再建築筏式基礎於上，此類似船舶浮於水中的效應，其稱浮筏式基礎或稱補償式基礎。

令加載於基礎面上之基礎總壓力為 q_T，地下開挖埋置深度為 D_f，則作用於基礎面上之淨基礎壓力為 $q_{net} = q_T - \gamma D_f$：

$$FS = \frac{q_{u,net}}{q_{net}} = \frac{c_u N_c F_{cs} F_{cd}}{q_T - \gamma D_f}$$

當 $q_T = \gamma D_f$ 時，代表建築物總載重等於挖除土壤重量，此時作用於基礎底面之淨基礎

壓力為 $q_{net} = q_T - \gamma D_f = 0$，代表此時安全係數 FS 無限大，不會發生剪力破壞，亦不會產生壓密沉陷。此稱完全補償基礎。

（三）有效應力原理（Principle of effective stress）：

依土壤力學之定義，作用在土層裡任一點之應力，可分別為總應力 σ、有效應力 σ' 與孔隙水壓力 u_w，其關係式可表示為 $\sigma = \sigma' + u_w$。有效應力來自於土壤接觸的有效力除以總面積（包括土壤顆粒間之接觸面積與孔隙面積），故有效應力的大小與接觸應力有關，而接觸應力大小又與孔隙水壓力大小有關。當總應力固定（無外來力影響），孔隙水壓力愈大，有效應力愈小，反之，孔隙水壓力愈小，有效應力愈大。

土壤的真正破壞係由有效應力控制，土壤的有效應力愈大、其抗剪強度愈高；土壤所受的有效應力愈大，土壤的壓縮性亦隨之愈大（有效應力和孔隙比有唯一關係，也就是只有有效應力會引起孔隙變化）。

（四）莫爾庫倫破壞準則（Mohr-Coulomb failure criterion）：

1. Mohr 破壞準則：Mohr（1900）發表材料破壞準則的假說（hypothesis），即當破壞面上的剪應力達到正向應力某一個函數值時 $\tau_{ff} = f(\sigma_{ff})$，此材料即達破壞。
2. 依據材料破壞時的主應力、以及破壞面上的剪應力與正向應力，以莫爾圓表示其應力狀態，並將各莫爾圓上代表破壞面上的剪應力與正向應力之座標點連線，可得剪應力的破壞包絡線，又因這些莫爾圓是在破壞下求得，此包絡線稱之為莫爾破壞包絡線（Mohr　Failure Envelope），如下圖。

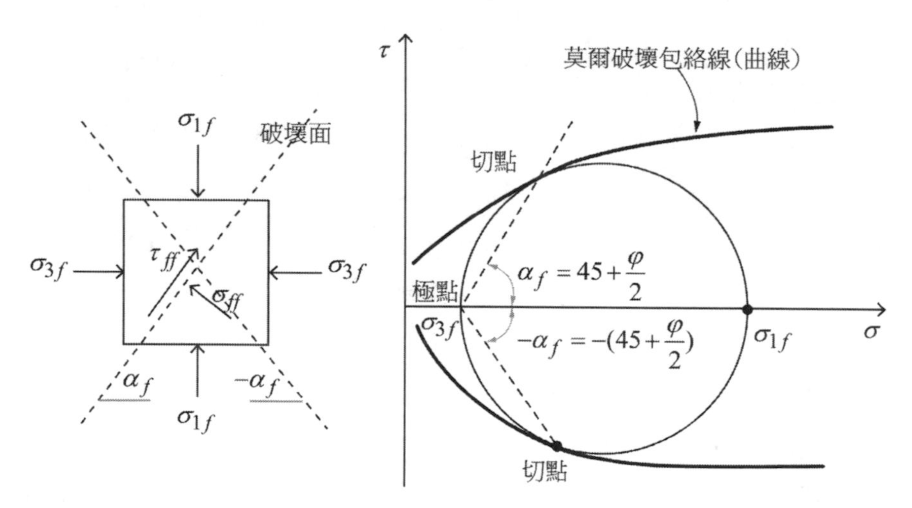

3. 又 Coulomb 強度公式 $\tau_f = \sigma\tan\varphi + c$。
4. 後人將 Mohr 破壞準則 $\tau_{ff} = f(\sigma_{ff})$ 及 Coulomb 強度公式 $\tau_f = \sigma\tan\varphi + c$ 合併加以應用，且將破壞包絡線簡化為一直線，即所謂的莫爾庫倫破壞準則（Mohr-Coulomb

Strength Criterion）：

$$\tau_{ff}=\sigma_{ff}\tan\varphi+c$$

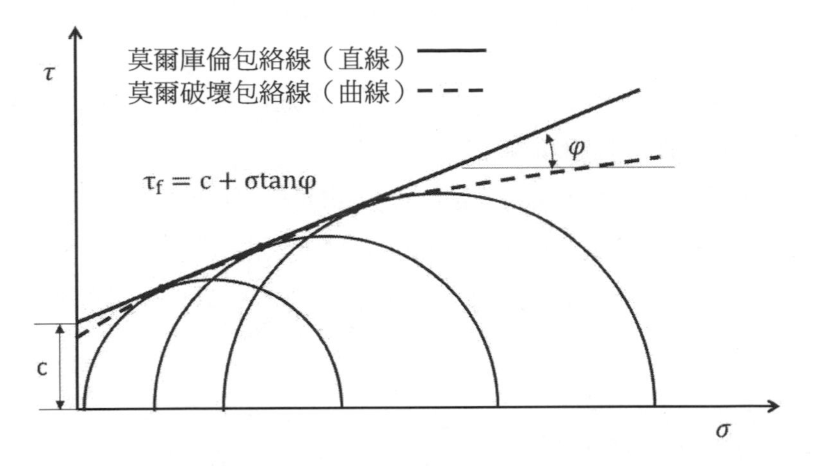

（五）$\varphi=0$ 觀念（$\varphi=0$concept）：

土壤力學所謂 $\varphi=0$ 為總應力概念，係指對於飽和黏土在受力過程自圍壓加載，乃至於軸差應力加載，均為不排水狀態，因為不排水，施加圍壓將全部由孔隙水來承受（轉成超額孔隙水壓），此階段將使得有效應力保持不變，而後再進行軸差應力至產生破壞。對同一土壤（含水量及孔隙比相同）進行 SUU 試驗，不論試驗圍壓大小，破壞所需的軸差應力皆相同，也就是莫爾圓直徑皆相同，這使得破壞包絡線變成水平 $\varphi_u=0$，而黏土的不排水剪力強度 $S_u=\Delta\sigma_{df}/2$。$\varphi=0$ 觀念可用來模擬的工址類型，其土壤是未經壓密且飽和無法排水，爾後工程迅速進行的速率（開挖或加載）快到使超額孔隙水壓來不及排除。

二、說明何謂圓錐貫入試驗（Cone Penetration Test, CPT），並列舉三項其在大地工程上之應用。（25 分）

參考題解

該試驗最初稱為荷蘭式圓錐貫入試驗（Dutch cone penetration test），係多功能的探測方法，可用以決定土壤剖面材料並估算其工程性質。此試驗又稱靜力貫入試驗，不需鑽孔即可進行，係將底面積 10 cm^2 之60° 圓錐，套筒側面積為 150cm^2，以 20mm/sec 之速度連續貫入土層中，同時量測其貫入錐頭阻抗 q_c、套筒側面摩擦阻抗 f_s，可得摩擦比 F_r，且可量測孔隙水壓力，利用這些所得數字可應用在大地工程據以間接推估黏土不排水剪力強度 S_u、土壤沉陷量 δ、相對密度 D_r、摩擦角 φ、土壤彈性係數 E 或變形模數、土壤種類、土層分布等工程性質，或更進一步推估基礎承載力、土壤液化潛能等。

三、說明統一土壤分類法（USCS）中對無機粗顆粒與細顆粒土壤分類之原則為何？需進行那些實驗？並說明其分類符號（group symbol）第一個字母如何決定？（25 分）

參考題解

（一）無機粗顆粒與細顆粒土壤分類之原則係以能否通過 #200 篩，通過 #200 篩者為細顆粒、無法通過 #200 篩者為粗顆粒。

（二）依 USCS 要得到完整的土壤粗、細粒徑分布曲線，需進行的試驗：

1. 粗粒土壤（＃200 以上）須以篩分析試驗來求得其粒徑大小分布。
2. 細粒土壤（＃200 以下之粉土與黏土）則須倚靠比重計分析試驗（Hydrometer Analysis）。
3. 液性限度（LL）試驗。
4. 塑性限度（PL）試驗。

（三）分類符號（group symbol）第一個字母之決定：

＃200 篩是粗粒料與細粒料之分水嶺：以 50%為界線。

1. 通過＃200 篩 > 50%為細粒土壤，第一個字母可能為 C、M、O；利用塑性圖之 A-Line、PL 及 LL 判別坐落塑性圖內之區域以決定分類結果：A-Line 之上為 C/O，A-Line 之下為 M/O。

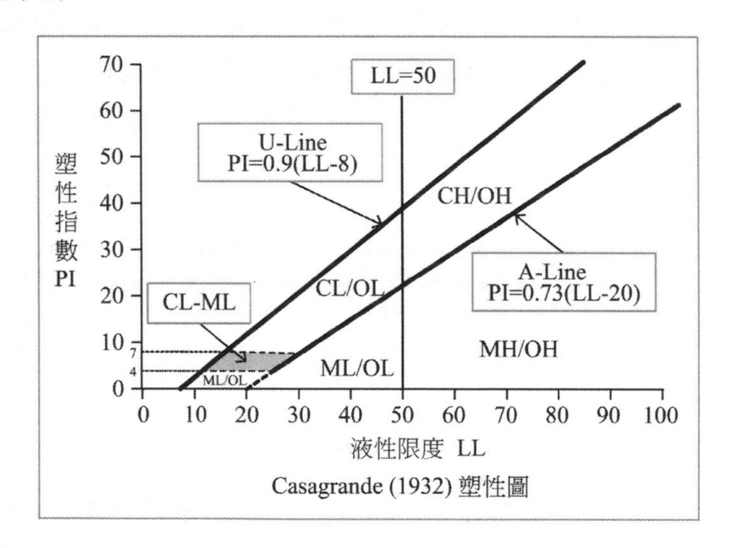

Casagrande (1932) 塑性圖

2. 通過＃200 篩 < 50%為粗粒土壤，第一個字母可能為礫石 G 或砂 S；通過＃4 篩 < 50%為礫石 G，通過＃4 篩 > 50%為砂 S，再利用細粒料含量（F%）決定字尾形容詞。

四、回答下列有關土壤強度問題：

（一）一砂土試體進行三軸飽和壓密排水試驗（SCD），試體破壞時應力狀態為：反水壓 100 kPa，圍壓 200 kPa，軸差應力為 200 kPa，繪製破壞時莫爾圓並以極點法（Pole method）求取其破壞面與水平面之夾角。（15 分）

（二）承題（一），推估此砂土之有效剪力強度參數（c', ϕ'）。（10 分）

參考題解

（一）SCD 試體破壞時：反水壓 100 kPa，圍壓 200 kPa，軸差應力為 200 kPa

則 $\sigma'_{3f} = 200 - 100 = 100\text{kPa}$

$\sigma'_{1f} = \sigma'_{3f} + \Delta\sigma_d$

$= 100 + 200 = 300\text{kPa}$

砂土試體 $c' = 0$，繪製莫爾圓如右。

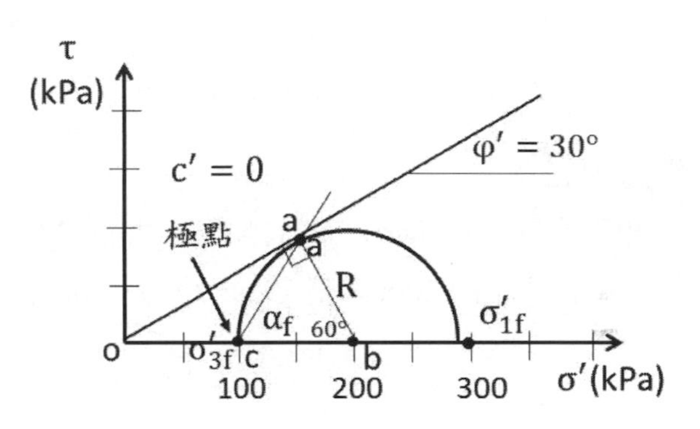

$$R = \frac{\sigma'_{1f} - \sigma'_{3f}}{2} = 100$$

$$\sigma_{avg} = \frac{\sigma'_{1f} + \sigma'_{3f}}{2} = 200$$

極點法（Pole method）：

極點在 σ'_{3f} 位置（c 點），自 c 點連接破壞切點（即 a 點），此時與水平所夾之角即為 α_f；依三角函數 $\varphi' = \sin^{-1}\frac{100}{200} = 30°$；又 Δabc 為等腰三角形（$\overline{ba} = \overline{bc}$），故破壞面與水平面之夾角 $\alpha_f = \frac{180-60}{2} = 60°$ ………………………… Ans.

（二）由上可知此砂土之有效剪力強度參數（c', φ'）：

$c' = 0$；$\varphi' = 30°$ ………………………………………………… Ans.

或由破壞面與水平面之夾角 $\alpha_f = 60° = 45° + \frac{\varphi'}{2}$

可得 $\varphi' = 30°$

107 年 公務人員普通考試試題／水資源工程概要

一、某一水庫有一穩定入流量 3.0 m^3/s，水庫之標高－表面積－出流量如下表：

標高, m	20.0	19.5	19.0	18.5
表面積, ha	210	180	165	155
出流量, m^3/s	4.40	4.30	4.20	4.10

假設該水庫有一穩定入流量 2.8 m^3/s，且蒸發及滲流可予不計，試推算該水庫水位由標高 20 m 降至 18.5 m 所需之天數。（25 分）

參考題解

已知入流量 I = 2.8cms，則依各標高討論天數：

（一）當水位由 20m 降至 19.5m 時的平均出流量為：

$$\bar{o}=\frac{4.4+4.3}{2}=4.35cms$$

另由標高 20m 降至 19.5m 時，所減少的體積可用下式表示，即

$$\Delta S=S_2-S_1=-(20-19.5)\left[\frac{(210ha+180ha)}{2}\right]=-(0.5m)(1950000)$$

$$=-975000m^3$$

再由水文方程式：$\bar{I}-\bar{O}=\frac{\Delta S}{\Delta t}\rightarrow\Delta t=\frac{\Delta S}{\bar{I}-\bar{O}}$，即 $\Delta t=\frac{-975000}{2.8-4.35}\times\frac{1}{86400}=7.28$ 天

（二）同理，標高 19.5m 降至 19m 時，

$$\Delta t=\frac{-(19.5-19)\left[\frac{(1800000+1650000)}{2}\right]}{2.8-4.25}\times\frac{1}{86400}$$

$=6.88$ 天；標高 $19.0m$ 降至 $18.5m$ 時，

$$\Delta t=\frac{-(19-18.5)\left[\frac{(1650000+1550000)}{2}\right]}{2.8-4.15}\times\frac{1}{86400}=6.86\text{ 天}$$

（三）故由 20m 降至 18.5m 所需天數即為 7.28 + 6.88 + 6.86=21.02 天

二、某一都市之供水系統是依賴抽水機抽水及蓄水池調節。該都市最大日用水量之每小時需求量（單位為公升每秒，時間為時鐘時間）如下表所示：

時間	需求量（l/s）	時間	需求量（l/s）	時間	需求量（l/s）	時間	需求量（l/s）
01：00	830	07：00	670	13：00	1020	19：00	1040
02：00	740	08：00	790	14：00	1040	20：00	1070
03：00	650	09：00	900	15：00	1050	21：00	1090
04：00	640	10：00	990	16：00	1030	22：00	1105
05：00	630	11：00	1000	17：00	1035	23：00	1070
06：00	650	12：00	1010	18：00	1040	24：00	1000

若抽水機以每日24小時不停地以固定抽水率抽水，試計算蓄水池之容量。（25分）

參考題解

如題，已知各小時之需水量（出流量O），且假設固定抽水率（入流量I），則當需水量大於抽水率時需自蓄水池取水，其容量計算：$\sum (O-I)\Delta t$，$O>I$時

假設固定抽水率為900（l/s），計算蓄水池容量如下：

小時	需水量	抽水率	水庫供給量
01:00	830	900	0
02:00	740	900	0
03:00	650	900	0
04:00	640	900	0
05:00	630	900	0
06:00	650	900	0
07:00	670	900	0
08:00	790	900	0
09:00	900	900	0
10:00	990	900	90
11:00	1000	900	100
12:00	1010	900	110
13:00	1020	900	120
14:00	1040	900	140
15:00	1050	900	150

小時	需水量	抽水率	水庫供給量
16:00	1030	900	130
17:00	1035	900	135
18:00	1040	900	140
19:00	1040	900	140
20:00	1070	900	170
21:00	1090	900	190
22:00	1105	900	205
23:00	1070	900	170
00:00	1000	900	100
		合計	2090

則蓄水池容量即為：$2090 \times 3600 = 7524000(\mathrm{L}) = 7524m^3$

三、在河川平直河段相距 1000 m 之二個斷面 A 及 B，在一次洪水事件中量測水文資料如下表：

斷面	通水面積（m^2）	潤周（m）	曼寧糙度, n	河川水位（m）
A	180	50	0.030	78.3
B	183	51	0.025	78.0

試計算該事件之洪水流量。（25 分）

參考題解

因為平直，設$S_0 = 0$

令 A 斷面為上游，B 斷面為下游，則由直接步推法：

$$\rightarrow x = \frac{E_B - E_A}{S_0 - \bar{S}_f} \ldots (1)$$

令，其中

$$E_A = y_A + \frac{Q^2}{2gA_A^2} = 78.3 + 1.573 \times 10^{-6}Q^2$$

$$E_B = y_B + \frac{Q^2}{2gA_B^2} = 78 + 1.522 \times 10^{-6}Q^2$$

且 $\bar{S_f} = \dfrac{S_{fA} + S_{fB}}{2}$，$S_{fA} = \dfrac{V^2n^2}{R_A^{\frac{4}{3}}} = \dfrac{\left(\frac{Q}{A_A}\right)^2 n^2}{R_A^{\frac{4}{3}}} = \dfrac{Q^2n^2}{A_A{}^2 R_A{}^{\frac{4}{3}}}$，其中$R_A = \dfrac{A}{P} = \dfrac{180}{50} = 3.6$

則 $S_{fA} = \dfrac{Q^2(0.03)^2}{(180)^2(3.6)^{\frac{4}{3}}} = 5.034 \times 10^{-9}Q^2$，同理 $S_{fB} = \dfrac{V^2n^2}{R_A^{\frac{4}{3}}} = \dfrac{\left(\frac{Q}{A_A}\right)^2 n^2}{R_A^{\frac{4}{3}}} = \dfrac{Q^2n^2}{A_B{}^2 R_B{}^{\frac{4}{3}}}$

$= 3.397 \times 10^{-9}Q^2$，

故 $\bar{S_f} = 4.2155 \times 10^{-9}Q^2$

將上述參數帶入（1）式，則

$1000 = \dfrac{78 + 1.522 \times 10^{-6}Q^2 - (78.3 + 1.573 \times 10^{-6}Q^2)}{-4.2155 \times 10^{-9}Q^2}$ → 解得 $Q = 268.4cms$

四、某一流域之水資源開發計畫，有十個獨立個別計畫可供開發，各計畫之平均年成本（cost）及平均年受益（benefit）示如下表：

開發計畫	平均年成本（千元）	平均年受益（千元）
A	65,000	78,000
B	52,000	59,000
C	27,000	39,000
D	59,000	91,000
E	105,000	118,000
F	68,000	90,000
G	40,000	61,000
H	71,000	70,000
I	39,000	52,000
J	70,000	81,000

試計算在預算經費 200,000 千元限制下，選擇那些計畫組合以達到最佳純益（netbenefit）？（25 分）

參考題解

依題意，需達到最大淨效益且年成本小於 200,000 千元，故其組合優先選取淨效益大者，次選淨效益／成本較高者，以符合條件，計算如下：

方案	平均年成本（千元）	平均年受益（千元）	平均年淨效益（千元）	淨效益排序	淨效益／成本
A	65000	78000	13000	4	0.20
B	52000	59000	7000	9	0.13
C	27000	39000	12000	7	0.44
D	59000	91000	32000	1	0.54
E	105000	118000	13000	4	0.12
F	68000	90000	22000	2	0.32
G	40000	61000	21000	3	0.53
H	**71000**	**70000**	**-1000**	**10**	-0.01
I	39000	52000	13000	4	0.33
J	70000	81000	11000	8	0.16

組合方案	平均年成本（千元）	平均年受益（千元）	平均年淨效益（千元）
D + F + G + C	194000	281000	87000

故最佳組合方案為 D + F + G + C。

107年 專門職業及技術人員高等考試試題／水文學

一、一般而言，水文循環之過程可以下列之示意圖表示。若圖中箭頭代表水汽或水流流動之方向。請說明此水文循環過程之水文因子及地文因子互相作用下，箭頭標示 1～10 代表的物理意涵（20 分）

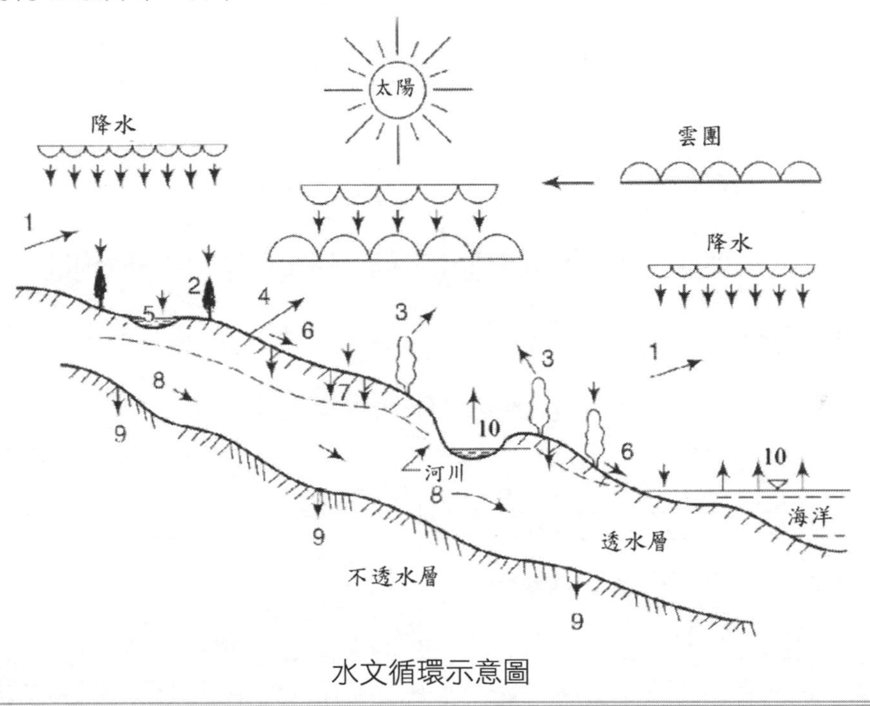

水文循環示意圖

參考題解

（一）降水蒸發（evaporation from precipitation）

（二）截留（interception）

（三）蒸散（transpiration）

（四）地面蒸發（evaporation from land）

（五）漥蓄（depression storage）

（六）地表逕流（surface runoff）

（七）入滲（infiltration）

（八）地下水流（groundwater flow）

（九）深層滲漏（deep percolation）

（十）水面蒸發（evaporation from water surface）

二、某一流域有 7 個自記式雨量站，年雨量觀測值如下表所示：

雨量站	1	2	3	4	5	6	7
年雨量(cm)	82.5	103.3	180.6	100.4	110.8	140.1	150.7

若年雨量估算平均值之最大允許誤差為 8%，請問至少需增設多少個自記式雨量站才能達到此目標？（20 分）

參考題解

此 7 個雨量站年雨量平均值 $\overline{x} = \dfrac{82.5 + 103.3 + \cdots + 150.7}{7} = 124.1\ (cm)$

$$變異數\ \sigma^2 = \frac{1}{n-1}\sum(x_i - \overline{x})^2 = 1{,}176 \quad (cm^2)$$

在 95%信心水準($\alpha = 0.05$)下，母體期望值誤差（E）與樣本數（n）關係如下：

$$\mathrm{E} = z_{\alpha/2}\frac{\sigma}{\sqrt{n}}$$

其中 $z_{\alpha/2} = z_{0.025} = 1.96$，因為 $\mu \pm 1.96\sigma$ 對應機率 = 95%

所以 $\mathrm{n} = \dfrac{\left(z_{\alpha/2}\right)^2 \sigma^2}{E^2} = \dfrac{(1.96)^2 \times 1{,}176}{(124.1 \times 0.08)^2} = 45.8$ 取 $n = 46$

所以需增設 $46 - 7 = 39$ 個自記式雨量站。

三、某一集水區有相距 125 m 之 A、B 兩水井，B 井位於 A 井地下水流動方向之正下游處，其地下水位分別為標高 80 m 及 78.4 m。已知土壤之孔隙率為 0.3，含水層土壤顆粒平均粒徑為 2 mm。今在 A 井投入追蹤劑，觀測發現追蹤劑在 24 小時後流達 B 井處，假設運動黏滯性係數 ν 為 0.01 cm^2/s，請根據這些資料推求含水層的滲透係數（Coefficient of permeability）、內在滲透率（Intrinsic permeability）及雷諾數（Reynold's number）各為多少？（20 分）

參考題解

（一）滲透係數（K）

依據達西定律（Darcy's law），地下水流平均速度（V）與含水層的滲透係數（K）之關係為

$$V=-K\left(\frac{\Delta h}{L}\right)$$

其中Δh為兩井的水頭差，L為兩井之距離。

而由觀測值亦可得流速 $V=\frac{L}{\Delta t}$

$$\therefore K=\frac{-L^2}{\Delta h\ \Delta t}=\frac{-(125\text{m})^2}{(78.4m-80m)\times 24\ \ hr}=406.9\frac{m}{hr}=406.9\frac{m}{hr}\times\frac{hr}{3600s}=0.113\frac{m}{s}$$

（二）內在滲透率

內在滲透率（Intrinsic permeability）k與滲透係數（K）之關係為

$$K=k\frac{\rho g}{\mu}=k\frac{g}{\nu}$$

其中ρ為地下水密度，μ為地下水動力黏度，ν為運動黏度，g為重力加速度。

所以內在滲透率

$$k=\frac{K\nu}{g}=\frac{0.113\frac{m}{s}\times 0.01\frac{cm^2}{s}\times\frac{m^2}{10^4cm^2}}{9.81\ \ \frac{m}{s^2}}=1.15\times 10^{-8}\ \ m^2$$

（三）雷諾數

雷諾數（Reynold's number）N_R

$$N_R=\frac{Vd}{\nu}=\frac{\left(\frac{L}{\Delta t\times \text{n}}\right)d}{\nu}=\frac{\left(\frac{125m}{24hr\times 0.3}\times\frac{hr}{3600s}\right)\times 2mm\times\frac{m}{10^3mm}}{0.01\frac{cm^2}{s}\times\frac{m^2}{10^4cm^2}}=9.65$$

四、有一10 m寬之矩形渠道，相隔 300 m 之上、下游兩斷面水深分別為3.0 m及2.8 m，而水面高程洩降為0.22 m。假設曼寧糙度係數為0.025，請利用坡度面積法推算渠道流量為多少？（20分）

參考題解

上游斷面：水力半徑 $R_u=\frac{A_u}{P_u}=\frac{10m\times 3.0m}{10m+2\times 3.0m}=1.875\ \ m$

輸送容量 $K_u=\frac{1}{n}A_uR_u^{2/3}=\frac{1}{0.025}\times(10m\times 3.0m)\times(1.875m)^{2/3}=1{,}825\ \ \frac{m^3}{sec}$

下游斷面：水力半徑 $R_d=\frac{A_d}{P_d}=\frac{10m\times 2.8m}{10m+2\times 2.8m}=1.795\ \ m$

輸送容量 $K_d = \frac{1}{n} A_d R_d^{2/3} = \frac{1}{0.025} \times (10m \times 2.8m) \times (1.795m)^{2/3} = 1,654 \ \frac{m^3}{sec}$

第一次假設能量坡度為 $S_1 = \frac{0.22 \ m}{300 \ m} = 7.33 \times 10^{-4}$，則

渠道流量 $Q_1 = \sqrt{K_u K_d S_1} = \sqrt{1,825 \times 1,654 \times 7.33 \times 10^{-4}} = 47.04 \ \frac{m^3}{sec}$

上游速度水頭 $VH_u = \frac{v_u^2}{2 \ g} = \frac{1}{2g} \times \left(\frac{Q_1}{A_u}\right)^2 = \frac{1}{2 \times 9.81} \times \left(\frac{47.04}{10 \times 3.0}\right)^2 = 0.125 \ (m)$

下游速度水頭 $VH_d = \frac{v_d^2}{2 \ g} = \frac{1}{2g} \times \left(\frac{Q_1}{A_d}\right)^2 = \frac{1}{2 \times 9.81} \times \left(\frac{47.04}{10 \times 2.8}\right)^2 = 0.144 \quad (m)$

$VH_u < VH_d$ 所以河渠為漸縮渠段。

第二次設定能量坡度為 $S_2 = \frac{0.22 \ m + (0.125m - 0.144m)}{300 \ m} = 6.70 \times 10^{-4}$，則

渠道流量 $Q_2 = \sqrt{K_u K_d S_2} = \sqrt{1,825 \times 1,654 \times 6.70 \times 10^{-4}} = 44.97 \ \frac{m^3}{sec}$

上游速度水頭 $VH_u = \frac{v_u^2}{2 \ g} = \frac{1}{2g} \times \left(\frac{Q_2}{A_u}\right)^2 = \frac{1}{2 \times 9.81} \times \left(\frac{44.97}{10 \times 3.0}\right)^2 = 0.115 \quad (m)$

下游速度水頭 $VH_d = \frac{v_d^2}{2 \ g} = \frac{1}{2g} \times \left(\frac{Q_2}{A_d}\right)^2 = \frac{1}{2 \times 9.81} \times \left(\frac{44.97}{10 \times 2.8}\right)^2 = 0.131 \quad (m)$

第三次設定能量坡度為 $S_3 = \frac{0.22 \ m + (0.115m - 0.131m)}{300 \ m} = 6.80 \times 10^{-4}$，則

渠道流量 $Q_3 = \sqrt{K_u K_d S_3} = \sqrt{1,825 \times 1,654 \times 6.80 \times 10^{-4}} = 45.31 \ \frac{m^3}{sec}$

誤差：$\frac{Q_3 - Q_2}{Q_2} = \frac{45.31 - 44.97}{44.97} = 0.0076 = 0.76\% < 1\%$

所以推估流量 $\mathrm{Q} = 45.31 \ \frac{m^3}{sec}$

五、某流域有 30 年的年雨量記錄列於下表。請利用海生（Hazen）點繪法推求：

（一）該流域 10 年回歸期（return period）之年雨量為多少？（5 分）

（二）超越或等於年雨量 200 cm 之發生機率為何？（5 分）

（三）該流域 75% 可信度（Dependable probability）之年雨量為多少？（5 分）

（四）若某些年份之年雨量相同，則排序之序位應如何決定？請舉例說明。（5 分）

年	年雨量(cm)	年	年雨量(cm)	年	年雨量(cm)
1988	249.5	1998	332.2	2008	302.5
1989	270.2	1999	201.8	2009	248.9
1990	250.0	2000	233.2	2010	236.8
1991	211.6	2001	307.7	2011	230.0
1992	230.0	2002	157.2	2012	313.9
1993	164.5	2003	168.9	2013	273.8
1994	263.0	2004	257.2	2014	192.1
1995	191.4	2005	356.8	2015	220.6
1996	286.0	2006	284.4	2016	327.8
1997	218.3	2007	324.1	2017	260.1

參考題解

年雨量排序（i）與海生（Hazen）點繪法之等於或超越機率值 W_i 關係為

$$W_i = \frac{2i-1}{2N} \ (N為總樣本數\ N = 30)$$

順位（i）	1	2	3	4	5	6	7	8	9	10	11	12	13	14	15
年雨量（cm）	356.8	332.2	327.8	324.1	313.9	307.7	302.5	286	284.4	273.8	270.2	263.0	260.1	257.2	250.0
Wi（%）	1.7	5.0	8.3	11.7	15.0	18.3	21.7	25.0	28.3	31.7	35.0	38.3	41.7	45.0	48.3
順位（i）	16	17	18	19	20	21	22	23	24	25	26	27	28	29	30
年雨量（cm）	249.5	248.9	236.8	233.2	230.0	230.0	220.6	218.3	211.6	201.8	192.1	191.4	168.9	164.5	157.2
Wi（%）	51.7	55.0	58.3	61.7	65.0	68.3	71.7	75.0	78.3	81.7	85.0	88.3	91.7	95.0	98.3

（一）10 年回歸期之年雨量

回歸期 T ＝ 10 年，所以等於或超越機率 $p = \frac{1}{T} = \frac{1}{10} = 10\%$

由上表順位第 3 及第 4 兩者數值內插 X_{10}

$$\frac{X_{10} - 327.8}{10 - 8.3} = \frac{324.1 - 327.8}{11.7 - 8.3} \quad \therefore X_{10} = 326.0\ \text{(cm)}$$

（二）超越或等於年雨量 200 cm 之發生機率

由順位第 25 及第 26 兩者內插

$$\frac{200 - 192.1}{p - 85.0} = \frac{201.8 - 192.1}{81.7 - 85.0} \quad \therefore p = 82.3\%$$

（三）75%可信度之年雨量

由上表可直接讀到超越機率 75%對應之年雨量為 218.3 cm。

（四）雨量相同則排序之序位應如何決定

雨量相同則依連續數值加以排序，例如 1992 年及 2011 年年雨量皆為 230.0 cm，則分別排序為第 20 及第 21。

107年 專門職業及技術人員高等考試試題／流體力學

一、（一）流場 $V = 3t\,i + xz\,j + ty^2\,k$ m/s，是否為壓縮流體？旋轉流體？（10 分）
（二）流場 $V = 5x^2 y\,i - (3x - 3z)\,j + 10z^2\,k$ m/s，試推算其角速度場 $\omega(x, y, z)$。（10 分）

參考題解

如題，改寫速度場 $V(u,v,w) = V(3t, xz, ty^2)$，

（一）是否為壓縮流體、旋轉流體：

1. 不可壓縮流體：

$$\nabla \times V = \frac{\partial(u)}{\partial x} + \frac{\partial(v)}{\partial y} + \frac{\partial(w)}{\partial z} = 0 \rightarrow \text{為不可壓縮流體}$$

2. 旋轉流體：

$$\nabla \times V = \begin{vmatrix} \bar{\imath} & \bar{\jmath} & \bar{k} \\ \dfrac{\partial}{\partial x} & \dfrac{\partial}{\partial y} & \dfrac{\partial}{\partial z} \\ 3t & xz & ty^2 \end{vmatrix} = (2ty - x)\bar{\imath} + 0\bar{\jmath} + z\bar{k} \neq 0 \rightarrow \text{故為旋轉流體}$$

（二）$V = 5x^2y\bar{\imath} - (3x - 3z)\bar{\jmath} + 10z^2\bar{k}$，計算渦度：

$$\nabla \times V = \begin{vmatrix} \bar{\imath} & \bar{\jmath} & \bar{k} \\ \dfrac{\partial}{\partial x} & \dfrac{\partial}{\partial y} & \dfrac{\partial}{\partial z} \\ 5x^2y & -(3x - 3z) & 10z^2 \end{vmatrix} = -3\bar{\imath} + (-5x^2 - 3)\bar{k}，$$

$$\text{故角速度} = \frac{1}{2}\cdot(\text{渦度}) = \left(-\frac{3}{2}, 0, -\frac{5}{2}x^2 - \frac{3}{2}\right)$$

二、二水庫的水管相接後再進入合併後的水管，水庫水面及出口的水管皆與空氣接觸，且水庫面積遠大於水管的斷面積，各水管的直徑、水庫水面及水管出口處之高程如下圖所示，若無能量損失，重力加速度為 g，試推算水管出口處的流量。（20 分）

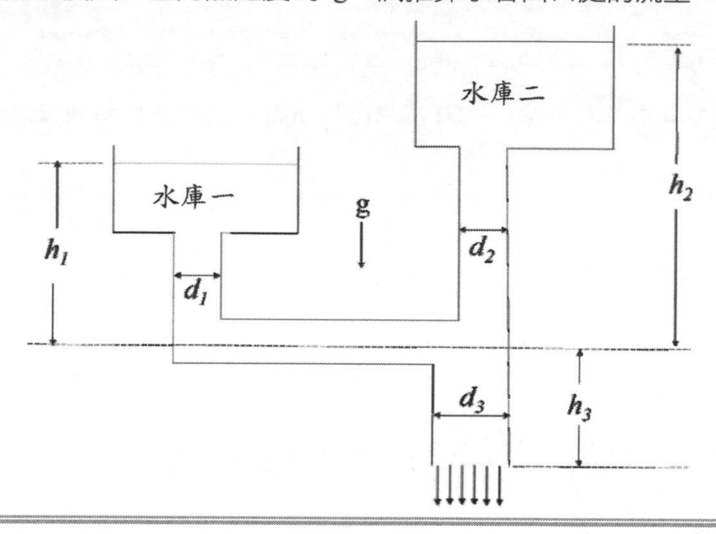

參考題解

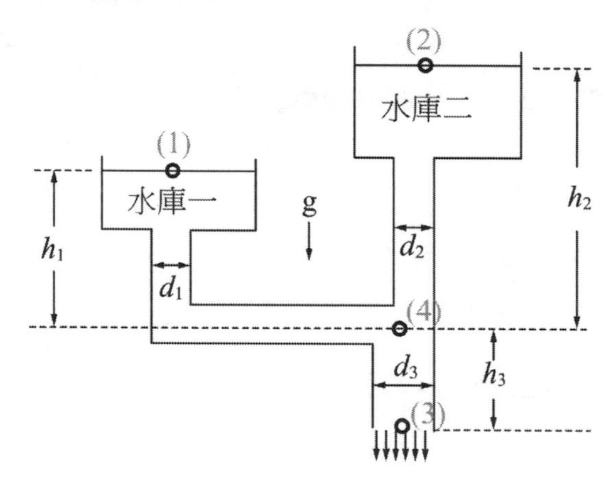

如圖，分別取點 1.2.3 與 4 之 E-E 如下：

（一）$h_1 = \dfrac{P_4}{\gamma} + \dfrac{v_4^2}{2g} \ldots$（1）

（二）$h_2 = \dfrac{P_4}{\gamma} + \dfrac{v_4^2}{2g} \ldots$（2）

（三）$\dfrac{v_3^2}{2g} = \dfrac{P_4}{\gamma} + \dfrac{v_4^2}{2g} + h_3 \ldots$（3）

聯立可得 $v_3 = \sqrt{2g(h_1 + h_3)} = \sqrt{2g(h_2 + h_3)}$

故流量 $Q = A_3 v_3 = \frac{\pi}{4}(d_3{}^2)\left[\sqrt{2g(h_2 + h_3)}\right]$

三、風力發電機的葉片直徑為 40 m，當風速為 12 m/s 時，其效率為 50%，若空氣密度為 1.22 kg/m^3，請問：（一）當風通過葉片時的平均風速為何？（10 分）（二）葉片前後的壓差有多少？（10 分）

參考題解

依題意，取風力發電機葉片為控制體積，下標 i 為進入前，下標 0 為進入後之狀態。即風速未通過葉片之速度$(V_i) = 12m/s$，進入葉片時的平均風速為 V_0

（一）如題，效率 $e = \frac{E_0}{E_i} = 50\% = 0.5 \ldots$（1）

流體輸出功率 $E_0 = F \cdot v_i$（F 為流體施予扇葉的外力），代入動量方程式：

$E_0 = \frac{1}{2}\rho A(V_0{}^2 - V_i{}^2)V_i$；而扇葉輸入給流體之功率 $E_i = \gamma Q H_i = \frac{1}{2}\rho Q(V_0{}^2 - V_i{}^2)$

$= \frac{1}{2}\rho(A\bar{V})(V_0{}^2 - V_i{}^2)$

$= \frac{1}{2}\rho A\left(\frac{V_0 + V_i}{2}\right)(V_0{}^2 - V_i{}^2)$，將 E_0、E_i及V_0代入(1)式，解得 V_0

$= 36m/s$

（二）壓差ΔP：

由動量方程式：

$$\Delta P = \frac{1}{2}\rho(V_0{}^2 - V_i{}^2) = \frac{1}{2} \times 1.22 \times (36^2 - 12^2) = 702.7\left(\frac{N}{m^2}\right)$$

四、下圖為文氏管用於量測流量，量測喉部與水管壓力的位置十分靠近，試推估流量。（20分）

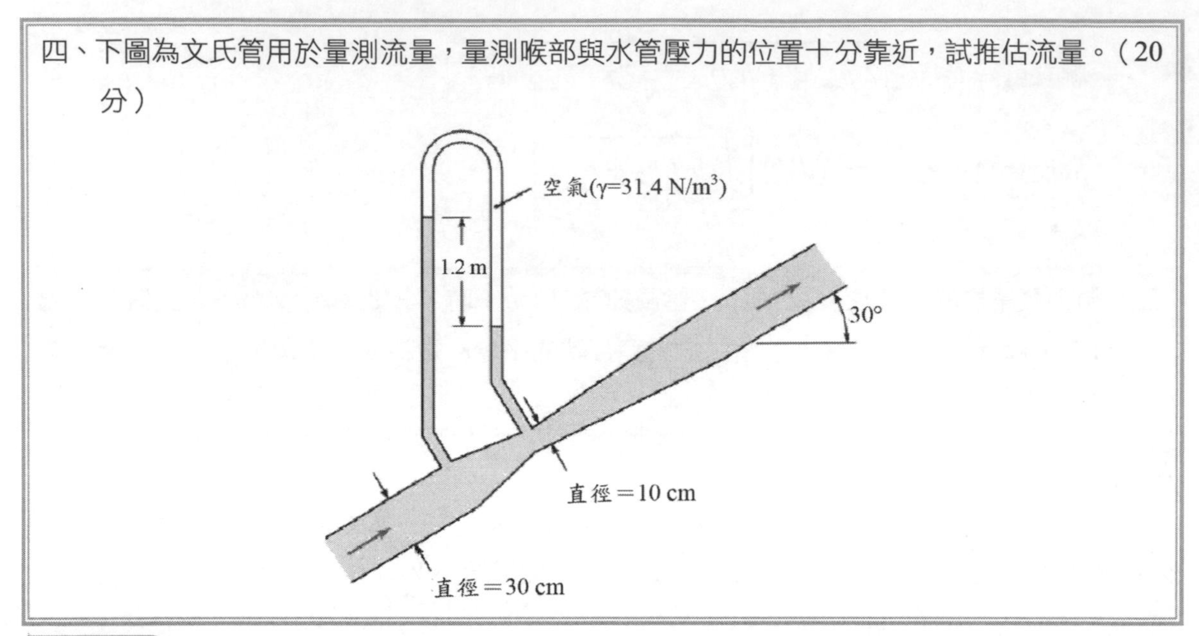

參考題解

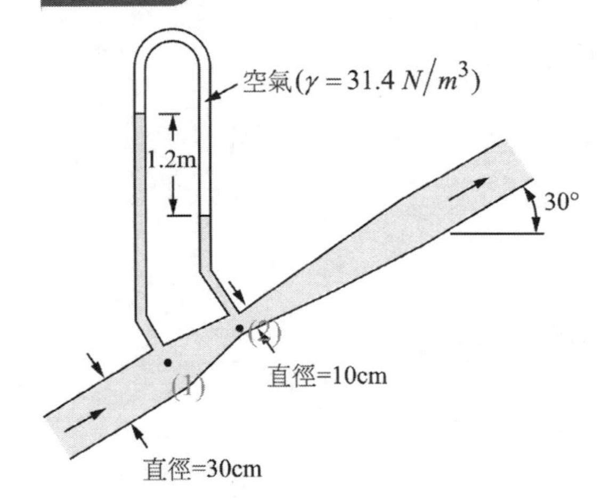

如圖，取（1）、（2）兩點之 E-E

$$\frac{P_1}{\gamma}+\frac{v_1^2}{2g}+Z_1=\frac{P_2}{\gamma}+\frac{v_2^2}{2g}+Z_2\ldots（1）$$

依題意列式如下：

（一）$Z_1 \cong Z_2$

（二）$Q_1 = Q_2 \rightarrow \frac{1}{4}\pi（0.3）^2 v_1 = \frac{1}{4}\pi（0.1）^2 v_2 \rightarrow 9v_1 = v_2$

（三）由壓力平衡：

$$P_1-\gamma_w(h+1.2)+1.2\gamma_{air}+\gamma_w h=P_2$$

$\rightarrow P_1 = P_2 + 11734.3$（N）

將上述 3 個條件代入（1）式可解得 $v_1 = 0.54$（m/s）

故流量 Q $= A_1 v_1 = \frac{1}{4}\pi$（0.3）$^2 \times 0.54 = 0.04$（cms）

五、由噴嘴射出水柱之直徑為 100 mm，其流量為 0.1 m³/s。若車子整體質量為 150 kg，當車往左移動且速度為 2 m/s 時，在無能量損失下，車子加速度為何？（20 分）

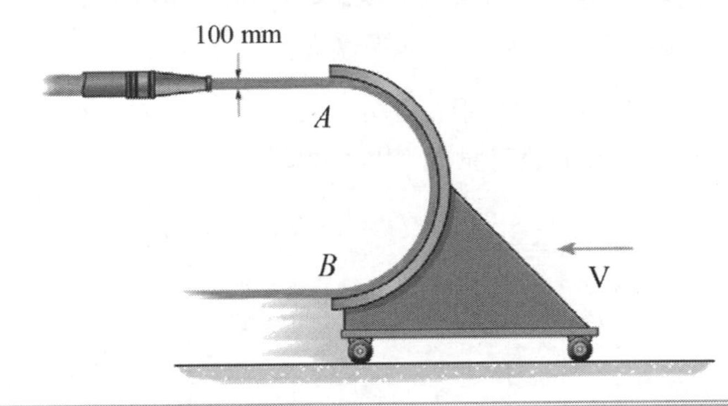

參考題解

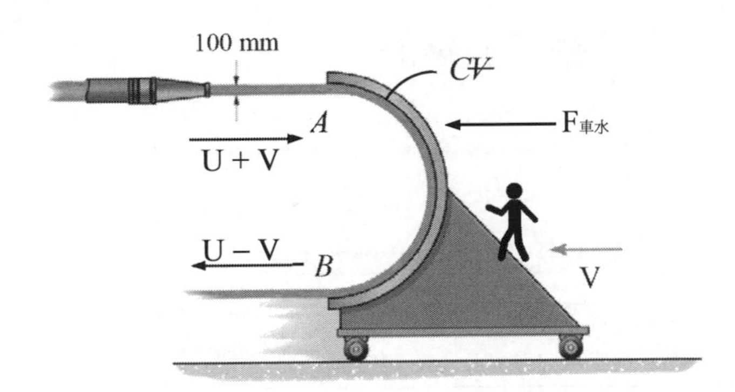

如圖，取水柱流動路線為控制體積，並將觀察者定位於移動中之車上

其中 U $= \frac{Q}{A} = \frac{0.1}{\frac{1}{4}\pi(0.1)^2} = 12.73\left(\frac{m}{s}\right)$，則由動量方程式：

$-F_{車水} = \rho Q(V_{out} - V_{in})$，其中$V_{out} = 12.73 - 2 = 10.73\left(\frac{m}{s}\right)$；$V_{in} = 12.73 + 2 = 14.73\left(\frac{m}{s}\right)$

$\rightarrow$ 解得 $F_{車水} = 2.546$（KN），向左（$F_{水車}$向右）

又令 F = ma → a $= \frac{F}{m} = \frac{2546}{150} = 16.97$（$\frac{m}{s^2}$），向右

專門職業及技術人員高等考試試題／大地工程學（包括土壤力學、基礎工程與工程地質）

一、水流通過三層土壤，如圖所示。土壤橫斷面為邊長 100 mm 之正方形。3 種土層之水力傳導係數分別為：$k_1 = 1\times10^{-4}$ m/s（土壤 1）、$k_2 = 5\times10^{-6}$ m/s（土壤 2）、$k_3 = 3\times10^{-5}$ m/s（土壤 3）。試計算下列問題：（每小題 5 分，共 15 分）

（一）水流通過三層土壤之等效水力傳導係數。

（二）計算 A 及 B 點之壓力水頭。

（三）計算水流通過三層土壤之流率（flow rate）。

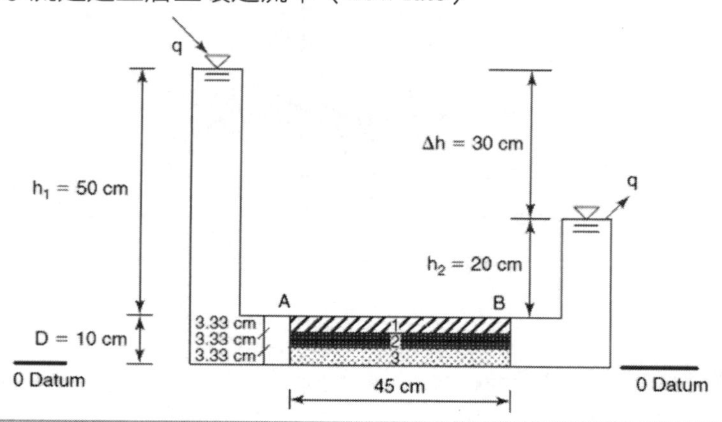

參考題解

（一）滲流方向與層面平行之 $k_e = \dfrac{k_1H_1+k_2H_2+k_3H_3+\cdots\cdots+k_nH_n}{\Sigma H_i}$

$$k_e = \frac{1\times10^{-4}\times3.33+5\times10^{-6}\times3.33+3\times10^{-5}\times3.33}{3.33+3.33+3.33}$$

$$= 4.5\times10^{-5}\text{m/s}\ldots\ldots\ldots\ldots\ldots\ldots\ldots\text{Ans.}$$

（二）計算 A 及 B 點之壓力水頭

A 點之壓力水頭：自左側來看，無水頭損失，故 $h_{p,A} = 50\text{cm}$.........Ans.

B 點之壓力水頭：自右側來看，無水頭損失，故 $h_{p,B} = 20\text{cm}$.........Ans.

（三）水流通過三層土壤之流率（flow rate），即是單位時間流量

$$q = k_e iA = 4.5\times10^{-5}\times\frac{0.3}{0.45}\times0.1\times0.1 = 3\times10^{-7}\ \text{m}^3/\text{sec}\ldots\ldots\text{Ans.}$$

二、採用未飽和黏土進行兩次壓密不排水之三軸壓縮試驗（CU 試驗），假設未飽和試體之孔隙水壓 u 等於量測孔隙水壓 u_w 與飽和度 S 之乘積（$u = S \times u_w$）。當黏土試體破壞時，可量得下列試驗結果：（每小題 5 分，共 15 分）

參數	圍壓 σ3(kPa)	軸壓 σ1(kPa)	飽和度 S(%)	量測孔隙水壓 u_w(kPa)
試驗一	20	190	60	-100
試驗二	60	450	50	-300

（一）計算試體破壞時之總應力圍壓 σ3 與軸壓 σ1 以及有效應力圍壓 σ′3 與軸壓 σ′1。

（二）繪製試體破壞時之莫爾圓（Mohr circle）（採用 τ～σ′ 座標）及破壞包絡線。

（三）求取此黏土之有效應力凝聚力 c′ 及有效摩擦角ϕ′。

參考題解

參數	圍壓 σ_3（kPa）	軸壓 σ_1（kPa）	飽和度	量測孔隙水壓 u_w（kPa）	破壞時孔隙水壓 u_f（kPa）	$\sigma'_{3,f}$	$\sigma'_{1,f}$
試驗一	20	190	60	−100	$-100 \times 0.6 = -60$	80	250
試驗二	60	450	50	−300	$-300 \times 0.5 = -150$	210	600

試驗一試體：

破壞時之總應力圍壓 $\sigma_3 = 20\text{kPa}$ 與軸壓 $\sigma_1 = 190\text{kPa}$ ……………Ans.

有效應力圍壓 $\sigma'_3 = 80\text{kPa}$ 與軸壓 $\sigma'_1 = 250\text{kPa}$ ……………………Ans.

試驗二試體：

破壞時之總應力圍壓 $\sigma_3 = 60\text{kPa}$ 與軸壓 $\sigma_1 = 450\text{kPa}$ ………….Ans.

有效應力圍壓 $\sigma'_3 = 210\text{kPa}$ 與軸壓 $\sigma'_1 = 600\text{kPa}$ …………………Ans.

利用 $\sigma'_1 = \sigma'_3 K_p + 2c'\sqrt{K_p}$

$$250 = 80 \times K_p + 2c'\sqrt{K_p} \text{……………… (1)}$$

$$600 = 210 \times K_p + 2c'\sqrt{K_p} \text{……………… (2)}$$

聯立（1）（2），可得 $K_p = 350/130 = \tan^2\left(45° + \frac{\varphi'}{2}\right)$

$\Rightarrow \varphi' = 27.28°$　　　$c' = 10.55\text{kPa}$ ……………Ans.

試體破壞時之莫爾圓（Mohr circle）（採用 τ~σ′ 座標）及破壞包絡線如下：

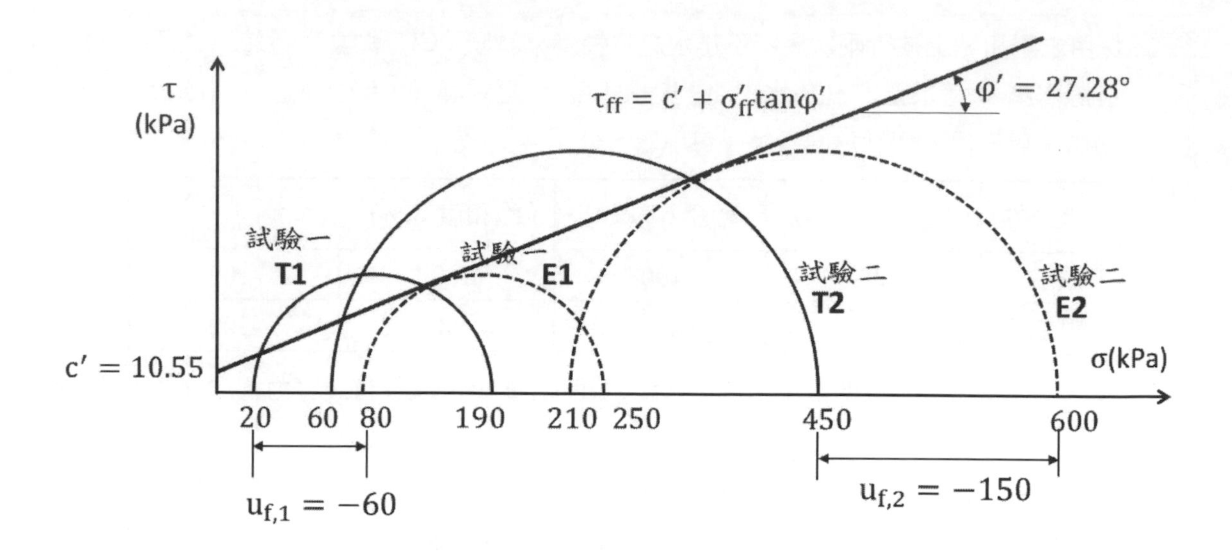

三、在堅硬的黏土層（飽和單位重 $\gamma_{sat} = 17.6\ kN/m^3$）中進行開挖（Excavation）。當開挖深度達到 7.5 m 時，黏土層產生裂縫而地下水開始向上流動。隨後，並將下方砂土層之砂土帶至開挖面。鑽孔顯示，砂土層位於地表面下 11 m 深度處黏土層之下方。試計算下列兩種情況，在開挖面外之地下水水位 d = ?（$\gamma_w = 10\ kN/m^3$）（每小題 10 分，共 20 分）

（一）黏土層產生裂縫，地下水開始向上流動時。

（二）砂土層（臨界水力坡降 $i_{cr} = 1.0$）之砂土，被上湧水帶至開挖面時（quick sand）。

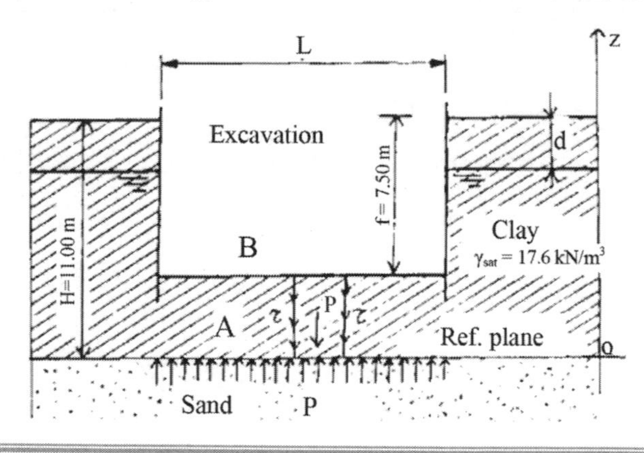

參考題解

（一）黏土層產生裂縫，地下水開始向上流動：

隆起（上舉）安全係數定義為：$FS = \gamma_t \times H_t / u_w$

臨界安全係數 1.0，$FS = \gamma_t \times H_t / u_w = \dfrac{17.6 \times (11-7.5)}{10 \times (11-d)} = 1.0$

⇒ 開挖面外之地下水水位 $d = 4.84m$ ……………………………Ans.

（二）已知臨界水力坡降 $i_{cr} = 1.0$

$$i_{A-B} = \frac{\Delta h_{total}}{L} = \frac{7.5-d}{11-7.5}$$

管湧安全分析：

臨界 $FS = \dfrac{i_{cr}}{i_{A-B}} = \dfrac{1.0}{\dfrac{7.5-d}{11-7.5}} = 1.0$

⇒ 開挖面外之地下水水位 $d = 4m$ ……………………………Ans.

四、某地區之湖泊（Lake）湖底由砂土層（Sand）組成厚度為 55.70 m，其下方為厚度 7.6 m 的黏土層（Clay）（如圖 1 所示）。隨著時間推移，湖泊消失後湖底形成台地，且由於其上河流（River）之沖刷，最終形成河谷。現在台地距離河谷底部約 45 m。河川水位在谷底下方 1.5 m 處（如圖 2 所示）。砂土層之浸水單位重 $\gamma' = 10.4\ kN/m^3$，濕土單位重 $\gamma_m = 17.6\ kN/m^3$。黏土層之比重 $G_s = 2.78$，含水量 $w = 35\%$，壓縮指數 $C_c = 0.32$，回脹指 數 $C_s = [(1/4) \sim (1/10)] \times C_c$。（每小題 10 分，共 20 分）

（一）估算黏土層或黏土層頂面之預壓密壓力（可忽略黏土層覆土壓力）。

（二）若建築物載重將造成黏土層之應力增量 $\Delta\sigma = 90\ kN/m^2$，請推估黏土層之壓密沉陷範圍值。

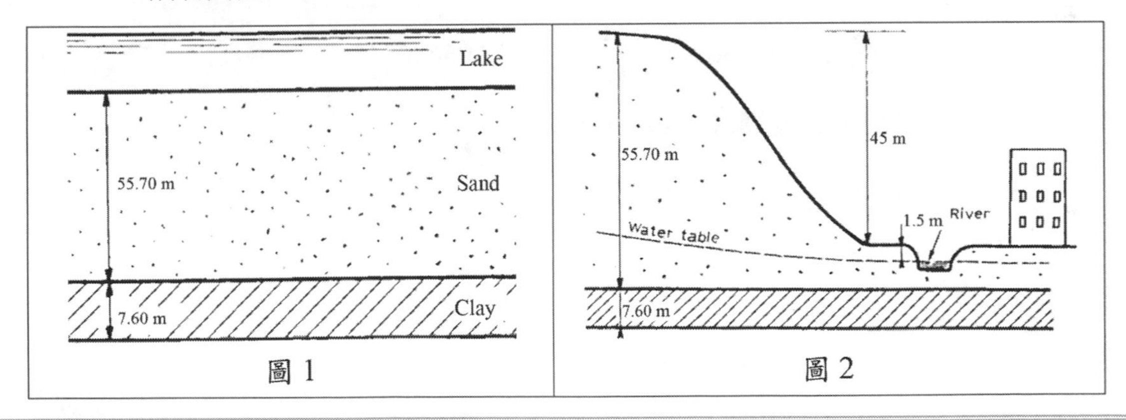

圖 1　圖 2

參考題解

（一）估算黏土層或黏土層頂面之預壓密壓力（即是初始有效應力）。

黏土層 $S \times e_0 = G_s \times w \Rightarrow e_0 = 2.78 \times 0.35 = 0.973$

黏土飽和單位重 $\gamma_{sat} = \dfrac{G_s + e_0}{1 + e_0}\gamma_w = \dfrac{2.78 + 0.973}{1 + 0.973} \times 9.81 = 18.66\text{kN/m}^3$

黏土層（取中心位置）之預壓密壓力

$\sigma'_p = \sigma'_0 = 10.4 \times 55.7 + (18.66 - 9.81) \times 3.8 = 612.91\text{kPa}$ ……………Ans.

或黏土層（取頂面位置）之預壓密壓力

$\sigma'_p = \sigma'_0 = 10.4 \times 55.7 = 579.28\text{kPa}$ ……………………………Ans.

（二）若建築物載重將造成黏土層之應力增量 $\Delta\sigma = 90\text{kN/m}^2$

此時黏土層（取中心位置）建築前之有效應力

$\sigma'_1 = 17.6 \times 1.5 + 10.4 \times (55.7 - 45 - 1.5) + (18.66 - 9.81) \times 3.8$

$= 26.4 + 95.68 + 33.63 = 155.71\text{kPa} < \sigma'_p = 612.91\text{kN/m}^2 \Rightarrow \text{OC}$

$\sigma'_1 + \Delta\sigma' = 155.71 + 90 = 245.71\text{kPa} < \sigma'_p = 612.91\text{kN/m}^2 \Rightarrow \text{OC}$

⇒ 表示黏土仍為過壓密(純過壓密)狀態

依題意：回脹指數 $C_s = [(1/4)\sim(1/10)] \times C_c$

$= [(1/4)\sim(1/10)] \times 0.32 = 0.032\sim0.08$

1. 當 $C_s = 0.032$，黏土主要壓密沉陷量 $\Delta H_c = \frac{C_s}{1+e_0} H_0 \log\frac{\sigma'_1+\Delta\sigma'}{\sigma'_1}$

$$= \frac{0.032}{1 + 0.973} \times 760 \times \log\frac{245.71}{155.71} = 2.442\text{cm}$$

2. 當 $C_s = 0.08$，黏土主要壓密沉陷量 $\Delta H_c = \frac{C_s}{1+e_0} H_0 \log\frac{\sigma'_1+\Delta\sigma'}{\sigma'_1}$

$$= \frac{0.08}{1 + 0.973} \times 760 \times \log\frac{245.71}{155.71} = 6.105\text{cm}$$

⇒黏土層之壓密沉陷範圍值 2.442~6.105cm ……………………Ans.

若取黏土層頂面位置分析【另解】:

此時黏土層頂面位置建築前之有效應力

$\sigma'_1 = 17.6 \times 1.5 + 10.4 \times (55.7 - 45 - 1.5)$

$= 26.4 + 95.68 = 122.08\text{kPa} < \sigma'_p = 579.28\text{kN/m}^2 \Rightarrow \text{OC}$

$\sigma'_1 + \Delta\sigma' = 122.08 + 90 = 212.08\text{kPa} < \sigma'_p = 579.28\text{kN/m}^2 \Rightarrow \text{OC}$

⇒ 表示黏土仍為過壓密(純過壓密)狀態

依題意：回脹指數 $C_s = [(1/4)\sim(1/10)] \times C_c$

$= [(1/4)\sim(1/10)] \times 0.32 = 0.032\sim0.08$

1. 當 $C_s = 0.032$，黏土主要壓密沉陷量 $\Delta H_c = \frac{C_s}{1+e_0} H_0 \log \frac{\sigma_1' + \Delta\sigma'}{\sigma_1'}$

$$= \frac{0.032}{1+0.973} \times 760 \times \log \frac{212.08}{122.08} = 2.957\text{cm}$$

2. 當 $C_s = 0.08$，黏土主要壓密沉陷量 $\Delta H_c = \frac{C_s}{1+e_0} H_0 \log \frac{\sigma_1' + \Delta\sigma'}{\sigma_1'}$

$$= \frac{0.08}{1+0.973} \times 760 \times \log \frac{212.08}{122.08} = 7.391\text{cm}$$

⇒黏土層之壓密沉陷範圍值 2.957~7.391cm ……………………Ans.

五、擋土牆高 5 m，支撐水平無凝聚性背填砂土，如圖所示。背填砂土之內摩擦角 $\phi = 30°$、孔隙比 $e = 0.53$、比重 $Gs = 2.7$、主動土壓力係數 $K_a = 0.308$。試計算下列（一）～（三）情況，單位寬度擋土牆之水平土壓作用力 $P_h = ?$（含靜水壓作用力 P_w，$\gamma_w = 10\ \text{kN/m}^3$）。牆背粗糙，可假設牆背之牆摩擦角 $\delta = \phi$。（每小題 5 分，共 15 分）

（一）背填土採用乾砂土時。

（二）當牆體兩側完全浸水時（如碼頭之擋水牆）。

（三）當背填土完全浸水時（如圖）。

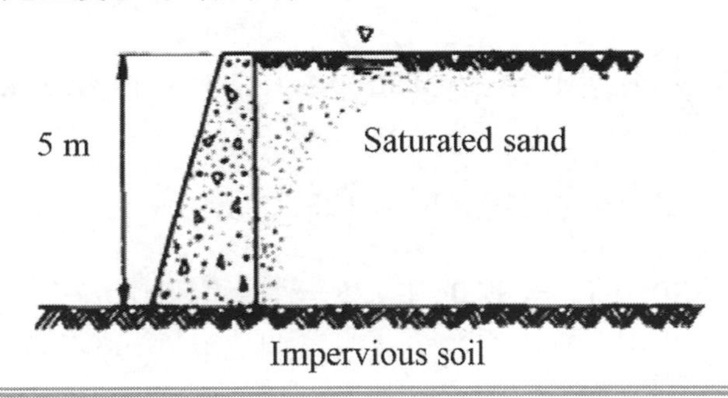

參考題解

依題意，牆背粗糙（牆背之牆摩擦角 $\delta = \varphi$），暗示需用 Coulomb 法分析，主動土壓力作用方向與牆背面之法線夾 $\delta = \varphi = 30°$

砂土：有效應力分析，如有水壓則另外計算再加總。

乾土單位重 $\gamma_d = \frac{G_s}{1+e_0}\gamma_w = \frac{2.7}{1+0.53} \times 10 = 17.65\text{kN/m}^3$

浸水單位重 $\gamma_d = \frac{G_s - 1}{1+e_0}\gamma_w = \frac{2.7-1}{1+0.53} \times 10 = 11.11\text{kN/m}^3$

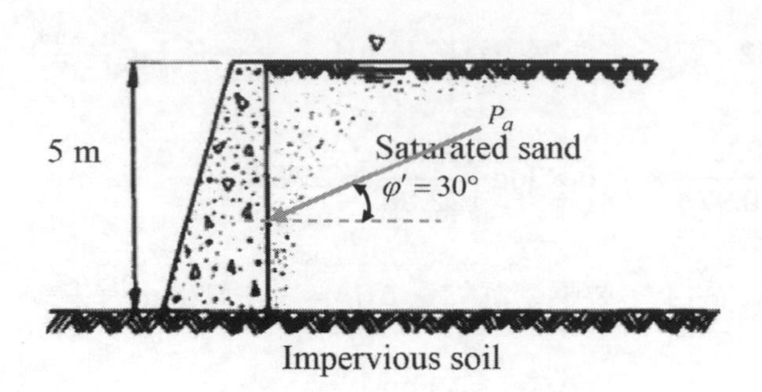

（一）背填土採用乾砂土時

主動土壓力 $P_a = \frac{1}{2} \times K_a \gamma H^2 = \frac{1}{2} \times 0.308 \times 17.65 \times 5^2 = 67.95 kN/m$

$P_h = P_a \cos 30° = 58.85 kN/m \leftarrow$ ……………………Ans.

（二）當牆體兩側完全浸水時（如碼頭之擋水牆）

主動土壓力 $P_a = \frac{1}{2} \times K_a \gamma' H^2 = \frac{1}{2} \times 0.308 \times 11.11 \times 5^2 = 42.77 kN/m$

$P_h = P_a \cos 30° = 37.04 kN/m \leftarrow$ ……………………Ans.

註：兩側水壓平衡互抵。

（三）當背填土完全浸水時

主動土壓力 $P_a = \frac{1}{2} \times K_a \gamma' H^2 = \frac{1}{2} \times 0.308 \times 11.11 \times 5^2 = 42.77 kN/m$

水壓力 $P_w = \frac{1}{2} \times \gamma_w H^2 = \frac{1}{2} \times 10 \times 5^2 = 125 kN/m$

$P_h = P_a \cos 30° + P_w = 37.04 + 125 = 162.04 kN/m \leftarrow$ ……………Ans.

六、對於地球物理探測法（Geophysical Exploration）中，有關地電阻法（Electrical Resistivity Method），回答下列問題：（每小題 5 分，共 15 分）

（一）說明地電阻之探測原理（可繪圖說明）。

（二）在地質調查中，如何運用地電阻探測成果來進行各種地質狀況判釋？

（三）在坡地整治工程中，如何配合地質鑽探及傾斜管觀測成果來進行地電阻配置？

參考題解

參考資料：「地電阻影像剖面法應用之介紹」，陳亦嘉國立臺灣海洋大學應用地球物理研究所。

（一）地電阻法是以直流電或低頻交流電來進行地下的電性調查，經常使用於工程地質及水文調查。常用的方法包括垂直地電阻法（VES）、水平地電阻法（Resistivity Horizontal profiling），以及地電阻影像剖面法（Resistivity Image profiling, RIP）。地電阻法係將電流通入地下，利用一對電流極將直流電引入地下。由於地球本身就是一個導體，引入的電流便傳導於地下，建立人工電場並形成一完整迴路。此電場則因地下物質導電性的不同，使得在地表任意兩點間的電位也隨之不同。其次，以另一對電位極測量此迴路中任意兩點間的電位差。由歐姆定律，電位差與電流之比值為電阻。電阻則與介質或導體電阻率有關。因此，由電流強度、電位差以及電位極的相對位置，經過計算後便可獲得地層的電阻率，並進而推算地層電性之構造模型。岩層的組成、岩性、孔隙率、含水量水之鹽度、溫度等因素都對岩石的電阻率有影響。Wenner Array

$$\rho_a = \frac{2\pi\Delta V}{i}\left(\frac{1}{\frac{1}{r_1}-\frac{1}{r_2}-\frac{1}{r_3}+\frac{1}{r_4}}\right)$$

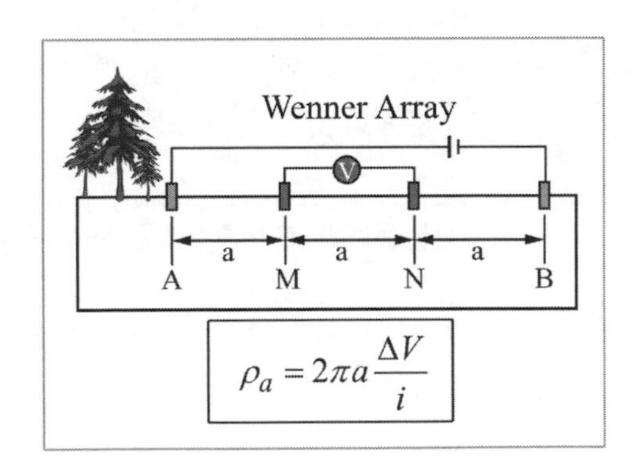

大多數的岩石能通過電流是由於填充在岩石孔隙和裂隙中的水含有電離子，在電解過程離子的流動所產生的導電現象。因此，岩石裡的孔隙率和含水量以及水之鹽度就成為電阻率的主要控制因素。一般來說，岩石電阻率會隨岩石孔隙率減少而增加，兩者之間的關係成反比。

（二）地電阻法在淺部工程及水文調查上，尤其是空洞、隧道、水壩、地下水、海水入侵以及具有空洞及含水問題的偵測與研究上被廣泛的應用，其乃利用電流無法穿過空洞而造成高電阻率異常的現象來作為判斷的依據；研究與含水有關的問題上，則是利用水為良導體的特性而呈現低電阻率異常的現象為依據。其他資源探勘、污染檢測、環境調查、工程地質應用等，也都可使用地電阻影像剖面法來進行調查與研究。然而，地電阻影像剖面法雖然應用廣泛並且具有很多優點，如快速探測、成本低、非破壞性，及便利性等，但因限於儀器特性仍有解析度及探測深度等限制；因此除了儀器本身的資料收集外，若能配合相關的地質及鑽井資料，以及使用其他地球物理方法所得結果比對，則可使資料的解釋更完整而正確。

（三）在坡地整治工程中，如已知地質鑽探及傾斜管觀測成果，應用時可以視測區地形、地物、地層狀況以及對測深與側向解析的要求，選擇合適的電極排列方式進行施測。其中，雙極排列（Pole-pole Array）因具有最大的測深能力與資料涵蓋範圍，因此當在有限測線長度要求達到最大測深與資料涵蓋範圍時，多採用雙極排列進行施測。若需要較高的側向解析能力時，則常選擇使用如溫奈排列（Wenner Array）或溫奈－施蘭卜吉排列（Wenner-Schlumberger Array）進行施測，但相對需要更長測線才具有足夠測深。可參考下表來進行地電阻配置：

各電極排列法之比較（Loke, 2004）

電極排列法	優點	缺點
Wenner	1. 對縱向的變化有不錯的解析度，適合探測水平結構（如沉積層）。 2. 訊號最強，適用於背景雜訊大的地方。有適當的調查深度。	1. 隨著電極間距的增加在水平方向有很差的收斂，所以在電極數較少時可能產生問題。 2. 不適用於狹長垂直的結構(如溝堤、洞穴)。
Dipole-Dipole	1. 電阻靈敏度在成對電極間的是最高的。 2. 對水平方向的電阻率變化有較佳之解析度;適用於狹長垂直的結構(如溝堤、洞穴)。 3. 水平收斂程度較 Wenner 佳。	1. 不適用於水平的結構（如沉積層）。 2. 訊號強度很差，故施測時須確認電極棒與地面接觸良好。
Pole-Pole	1. 有最好的水平收斂。 2. 有最深的探測深度。	1. 解析度為所有排列法中最低者。 2. 必須要將兩極(P2, C2)拉至大於 10 倍電極距以上之距離，才有較佳的資料品質，故佈線較費人力。

參考資料：取自「應用 ERT 法於崩塌地特性調查與水分變化之研究，馮正一、陳奕凱、鄭旭涵」。

107年 專門職業及技術人員高等考試試題／渠道水力學

一、蜿蜒的自然渠道由甲地流至乙地，如圖所示，因都市化緣故而被截彎取直，且渠寬減半。

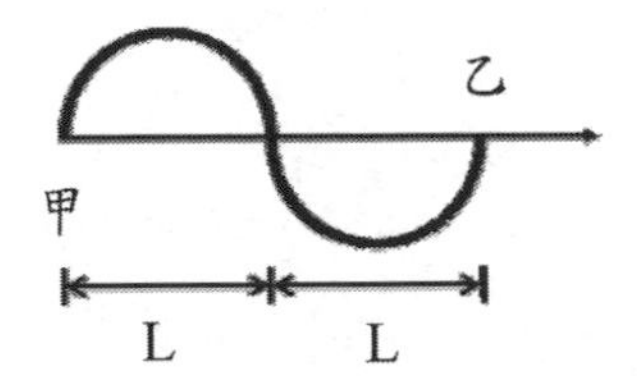

（一）若曼寧 n_0 不變，則於原設計流量 Q_0，新的直渠水深 y，將如何改變？試以原水深 y_0 的倍數來表達。設甲至乙的距離為 2L，高程差為 ΔZ，蜿蜒的自然渠道可視為兩個半圓周，渠道斷面可視為寬矩形。（5分）

〔提示：蜿蜒渠長為 πL，$S_0=\frac{\Delta Z}{\pi L}$，水力半徑 R 可視為水深 y。

$Q_0=v_0A_0$，$v_0=\frac{1}{n_0}y_0^{\frac{2}{3}}S_0^{\frac{1}{2}}$，$A_0=y_0B_0$。〕

（二）流速變為原來的幾倍？（5分）

（三）因流速加快，若欲調整曼寧 n 使其減速，而於設計流量 Q_0，保有原來的流達時間，則曼寧 n 須調大多少倍？（10分）

（四）有何可行工程手段，可令曼寧 n 增大，又符合生態水理的連續廊道需求？（5分）

參考題解

（一）令截彎取直前水深 y_0，通水面積 $A=By_0$，濕周 $P=B+2y_0, R=\frac{A}{P}=\frac{By_0}{B+2y_0}$

截彎取直後水深 y，通水面積 $A=\frac{B}{2}y$，濕周 $P=\frac{B}{2}+2y, R=\frac{A}{P}=\frac{\frac{B}{2}y}{\frac{B}{2}+2y}$

由曼寧公式 $Q=AV=A\times\frac{1}{n}\times R^{\frac{2}{3}}\times S_0^{\frac{1}{2}}$

則 $$\frac{Q_0}{Q_0}=\frac{\frac{B}{2}y\times\frac{1}{n}\times\left(\frac{\frac{B}{2}y}{\frac{B}{2}+2y}\right)^{\frac{2}{3}}\times\left(\frac{\Delta Z}{2L}\right)^{\frac{1}{2}}}{By_0\times\frac{1}{n}\times\left(\frac{By_0}{B+2y_0}\right)^{\frac{2}{3}}\times\left(\frac{\Delta Z}{\pi L}\right)^{\frac{1}{2}}}\rightarrow 1=\frac{1}{2}\left(\frac{y}{y_0}\right)^{\frac{5}{3}}\left[\frac{\frac{\Delta Z}{2L}}{\frac{\Delta Z}{\pi L}}\right]^{\frac{1}{2}}\rightarrow\frac{y}{y_0}=\left[\frac{2}{\left(\frac{\pi}{2}\right)^{\frac{1}{2}}}\right]^{\frac{3}{5}}\cong 1.324$$

（二）$\frac{V}{V_0}=\frac{\frac{1}{n}\times y^{\frac{2}{3}}\times\left(\frac{\Delta Z}{2L}\right)^{\frac{1}{2}}}{\frac{1}{n}\times y^{\frac{2}{3}}\times\left(\frac{\Delta Z}{\pi L}\right)^{\frac{1}{2}}}=\left(\frac{y}{y_0}\right)^{\frac{2}{3}}\times\left(\frac{\pi}{2}\right)^{\frac{1}{2}}\cong 1.511\rightarrow V=1.511V_0$

（三）原流達時間 $t=\frac{\pi L}{V_0}$，後流達時間 $t'=\frac{2L}{V}$，令 $t=t'$，調整後之曼寧係數為 n_2

則 $\frac{\pi L}{V_0}=\frac{2L}{V}\rightarrow\frac{V}{V_0}=\frac{2}{\pi}=\frac{\frac{1}{n_2}\times y^{\frac{2}{3}}\times\left(\frac{\Delta Z}{2L}\right)^{\frac{1}{2}}}{\frac{1}{n}\times y^{\frac{2}{3}}\times\left(\frac{\Delta Z}{\pi L}\right)^{\frac{1}{2}}}\rightarrow$ 整理得 $n_2\cong 2.374n$

（四）可採用植生渠壁，同時達到增加曼寧係數與生態水理之需求。

二、水流流經下射式閘門，並於其下游形成水躍，示如下圖。

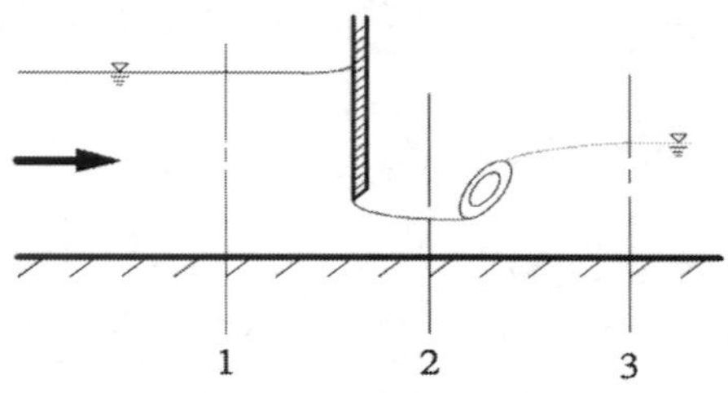

（一）繪出其相對應的比能曲線（E-y）及比力曲線（M-y）圖後，請標示斷面 1、2 及 3 之位置，並說明其理由。（15 分）

（二）試列式計算下射式閘門所受到的單寬水流沖擊力 F。並將此單寬水流沖擊力除以水流單位重 γ 後，標示於上圖的比力曲線中。（10 分）

參考題解

（一）比能及比力曲線如下圖：

比能曲線（$E = y + \frac{V^2}{2g}$）

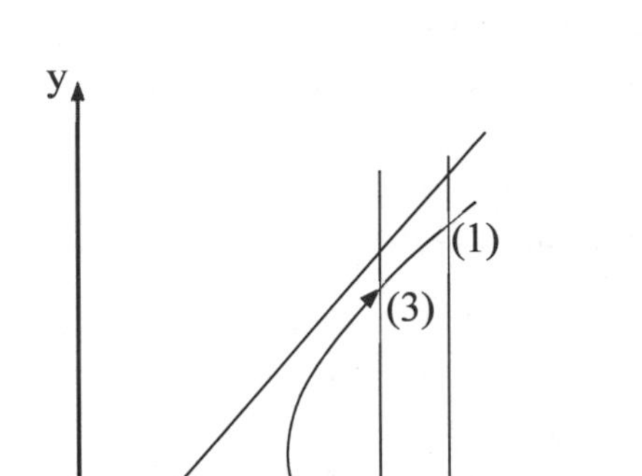

比力曲線（$F = \frac{q^2}{gy} + \frac{1}{2}y^2$）

$\Rightarrow F_1 = F_2 + F_{門}$

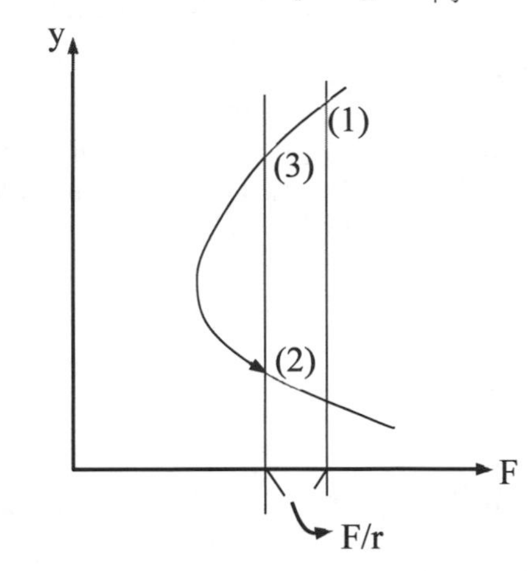

理由：

1. 比能曲線：斷面 1、2 比能不變，斷面 2、3 因水躍造成水深上升、比能下降。
2. 比力曲線：斷面 1、2 受到閘門受水流衝擊之反作用力，比力不同（1 大於 2）；斷面 2、3 水躍前後，水深變深但比力相同。

（二）取斷面 1.2 為控制體積，y 為水深，q 為單寬流量，由動量方程式：

$$\frac{1}{2}\gamma y_1^2 - F - \frac{1}{2}\gamma y_2^2 = \rho q(v_2 - v_1) \rightarrow F = \frac{1}{2}\gamma(y_1^2 - y_2^2) - \rho q^2\left(\frac{1}{y_2} - \frac{1}{y_1}\right)$$

三、一矩形渠道寬 2.5 m，流量 6.0 cms，水深 0.5 m，若欲使某斷面發生臨界流時，可於底床設計一平頂之突出物，試求其高度為多少？假設此突出物之能量損失為 0.1 倍之上游流速水頭。（25 分）

參考題解

依題意列出比能方程式：

$E = E_c + \Delta Z + h_L \rightarrow y + \frac{v^2}{2g} = E_c + \Delta Z + 0.1\frac{v^2}{2g}$，整理得 $\Delta Z = y + 0.9\frac{v^2}{2g} - E_c \ldots$（1），

其中 $E_c = 1.5y_c = 1.5\sqrt[3]{\frac{q^2}{g}} = 1.5\sqrt[3]{\frac{\left(\frac{6}{2.5}\right)^2}{9.81}} = 1.256m$；$y = 0.5, v = \frac{6}{2.5 \times 0.5}$

$= 4.8\left(\frac{m}{s}\right)$，代入（1）式可解得 $\Delta Z = 0.3m$

四、某一寬 3 m 之矩形渠道，其輸水流量為 12 cms，該渠道係由兩不同坡度之長渠段所組成，上、下游渠段坡度分別為 0.02 和 0.001，又曼寧 n 為 0.02。假設渠道的入流及出流皆為等速流，試求水躍發生位置是在上游渠道還是下游渠道？（25 分）

參考題解

已知單寬流量 $q=\frac{12}{3}=4\frac{m^2}{s}$，$y_c=\sqrt[3]{\frac{q^2}{g}}=\sqrt[3]{\frac{4^2}{9.81}}=1.18\,m$

先求兩段渠道之正常水深：

（一）上游段：

由曼寧公式：$q=vy=\left(\frac{1}{n}\times R^{\frac{2}{3}}\times S_0^{\frac{1}{2}}\right)\times y\rightarrow 4=\frac{1}{0.02}\times\left(\frac{3y_1}{3+2y_1}\right)^{\frac{2}{3}}\times(0.02)^{\frac{1}{2}}\rightarrow y_1=0.85m$

$\Rightarrow y_1<y_c\Rightarrow$ 陡坡

（二）下游段：

曼寧公式：$q=vy=\left(\frac{1}{n}\times R^{\frac{2}{3}}\times S_0^{\frac{1}{2}}\right)\times y\rightarrow 4=\frac{1}{0.02}\times\left(\frac{3y_2}{3+2y_2}\right)^{\frac{2}{3}}\times(0.001)^{\frac{1}{2}}\rightarrow y_2=2.62m$

$\Rightarrow y_2>y_c\Rightarrow$ 緩坡

（三）計算上游段之共軛水深 y_1'：

由水躍前後水深公式：$\frac{y_1'}{y_1}=\frac{1}{2}\left(-1+\sqrt{1+8F_{r1}^2}\right)$ ...（1），

其中 $F_{r1}=\frac{v_1}{\sqrt{gy_1}}=\frac{\left(\frac{4}{0.85}\right)}{\sqrt{9.81\times 0.85}}=1.63$，代回（1）式得 $y_1'=1.58m$

（四）因 $y_1'=1.58m<y_2(2.62m)$，故水躍發生於上游段。

107年 專門職業及技術人員高等考試試題／水資源工程與規劃

一、半徑 75 公分之鋼質排砂道長 50 公尺，終端接連一管閥（Tube Valve），其入口直徑與排砂道相同，若排砂道上游端水頭為 40 公尺，當管閥全開時其流量為何？假設摩擦因子為 0.011，此管閥（Tube Valve）之流量係數為 0.9，入口損失忽略不計。（25 分）

參考題解

如題，假設忽略管閥損失（次要損失）

取上游端水頭與管閥處之白努利方程式：

$$\frac{P_1}{\gamma}+\frac{v_1^2}{2g}+z_1=\frac{P_2}{\gamma}+\frac{v_2^2}{2g}+z_2+h_L \ldots（1）$$

其中：

（一）$P_1=P_2=0$(大氣壓)

（二）$v_1=0$(上游水面靜止)

（三）$z_1-z_2=40\text{m}$

（四）$h_L=f\frac{L}{D}\frac{v^2}{2g}$

代入（1）式得：$40=\frac{v_2^2}{2g}\left(1+f\frac{L}{D}\right)\rightarrow 40=\frac{v_2^2}{2g}\left(1+0.011\frac{50}{0.75\times 2}\right)\rightarrow 40=0.0697v_2^2$

得 $v_2=23.96$，$Q=0.9\times A\times v_2=0.9\times\left[\frac{1}{4}\times\pi\times(1.5)^2\right]\times 23.96=38.1$（cms）

二、一農民使用矩形束縮銳緣堰量計灌溉溝渠之流量，他希望在堰處將水分為兩部分，一部分為另一部分的 2.5 倍，如果堰頂長 1.5 公尺，水頭為 0.4 公尺，請問他應在何處放置分水板來完成分水？當水頭為 0.2 公尺時，請問量測誤差為何？（25 分）

【提示：束縮效應將使堰的有效通水寬度減少 0.1 h，其中 h 為堰上水頭。】

參考題解

（一）取堰上游與堰處之白努利方程式：

$$\frac{P_1}{\gamma}+\frac{v_1^2}{2g}+z_1=\frac{P_2}{\gamma}+\frac{v_2^2}{2g}+z_2\rightarrow v_2=\sqrt{2g\,(z_1-z_2)}=\sqrt{2g\,(H-z)}$$

流量 $Q=\int v_2 dA=\int_0^H \int \sqrt{2g(H-z)}\, bdz=\frac{2}{3}\sqrt{2g}bH^{\frac{3}{2}}$，

其中 b 為寬度(堰頂長 $-0.1H$，考慮束縮效應)，H 為水頭，

則流量 $Q=\frac{2}{3}\sqrt{2g}(1.5-0.1\times0.4)(0.4)^{\frac{3}{2}}=1.091(\text{cms})$

將該流量分為 Q_1、Q_2，且 $Q_1=2.5Q_2$、$Q_1+Q_2=1.091$，
解得 $Q_1=0.779$，$Q_2=0.312(cms)$，

令 $Q_1=0.779=\frac{2}{3}\sqrt{2g}\left(b_1-\frac{1}{2}\times0.1\times0.4\right)(0.4)^{\frac{3}{2}}\rightarrow b_1=1.063\,m$

$b_2=1.5-1.063=0.437\,m$
故分水板應置於恰可將堰分為 1.063 m 及 0.437 m 寬處。

（二）真實流量 $Q_r=\frac{2}{3}\sqrt{2g}(b-0.1H)(H)^{\frac{3}{2}}=\frac{2}{3}\sqrt{2g}(1.5-0.1\times0.2)(0.2)^{\frac{3}{2}}=0.391cms$

簡化流量 $Q=\frac{2}{3}\sqrt{2g}(b)(H)^{\frac{3}{2}}=\frac{2}{3}\sqrt{2g}(1.5)(0.2)^{\frac{3}{2}}=0.396$

故量測誤差 $=\dfrac{Q-Q_r}{Q}=1.3\%$

三、一圓形沉澱池，每天需處理 6,000,000 公升之水，如果滯留時間需要 4 小時，請決定此池之直徑。令圓柱處之池深為 2.80 公尺，並假定池底為圓錐形，且其斜度是垂直與水平之比為 1 比 8。（25 分）

參考題解

依題意，令沉澱池總體積 $\forall$ = 圓柱體積 $\forall_1$ + 圓錐體積 $\forall_2$

每日需處理 6000000 公升的水→$Q=\frac{6000m^3}{day}=250\frac{m^3}{hr}$

又滯留時間 $t=\frac{\forall}{Q}=4hr\rightarrow\forall=Q\times t=250\times4=1000m^3$

其中

圓柱體積 $\forall_1=\frac{1}{4}\pi(D)^2h$，

圓錐體積 $\forall_2 = \frac{1}{12}\pi(D)^2 h_2$，

$h = 2.8m$，$h_2 = \frac{D}{16}$（由斜度計算得）

則可列式如下：

$$1000 = \frac{1}{4}\pi(D)^2 h + \frac{1}{12}\pi(D)^2 h_2 \rightarrow 1000 = \pi D^2\left[\frac{2.8}{40} + \frac{\left(\frac{D}{16}\right)}{12}\right] \rightarrow \text{試誤法得 } D = 20M$$

四、電力公司擬建造一座 100,000 千瓦（kw）電廠，工程師估價如下：

估計項目	火力	水力
電廠（成本費 1）	$20,000,000	$48,000,000
估計壽命	25 年	50 年
稅捐及保險	7.0%	6.1%
燃料費（年）	$4,500,000	$0
人工與維護（年）	$700,000	$280,000
額外輸電設備（成本費 2）	$0	$1,000,000

若最小吸引報酬率為 10%，試問應選擇何種形式的電廠？又，每一電廠每 kw 裝置容量之年成本為若干？如果負載因子為 90% 時，每千瓦小時（kwh）之成本若干？假設輸電設備無能量損失。（25 分）

【提示：還本因子（Capital Recovery Factor）$CRF = i(1+i)^N / [(1+i)^N - 1]$】

參考題解

令 P＝現值，A＝年值，$P = A\left[\frac{(1+i)^N - 1}{i(1+i)^N}\right]$，代入利率及年限計算得 $P_{火力} = 9.077A_{火力}$，

$A_{火力} = 0.1102P_{火力}$；$P_{水力} = 9.91A_{水力}$，$A_{水力} = 0.1009P_{水力}$

（一）每一電廠每 KW 之年成本，採年值法：

1. 火力電廠 $A = 20 \times 0.1102 + 20 \times 0.07 \times 0.1102 + 4.5 + 0.7 = 7.558(10^6\text{元})$
2. 水力電廠 $A = 48 \times 0.1009 + 0.28 + 48 \times 0.61 \times 0.1009 = 8.078\ (10^6\text{元})$

   採用火力發電

（二）平均負載 90%，每 KWH 之成本：

1. 火力電廠 $= 7.558 \times \frac{1}{8760} \times \frac{1}{0.9} \times 10^6 = 958.7$ 元
2. 水力電廠 $= 8.078 \times \frac{1}{8760} \times \frac{1}{0.9} \times 10^6 = 1024.61$ 元

專門職業及技術人員高等考試試題／水利工程（包括海岸工程、防洪工程與排水工程）

一、現今解決都市排水問題，主要仰賴建置雨水下水道設施，其包括地面逕流收集系統、雨水下水道幹支線、滯洪調節池、閘門、抽水站等環節。試請列舉「地面逕流收集系統」中所包含的重要設施並簡述其功能。（20 分）

參考題解

地面逕流收集系統包含：

（一）進入口：供雨水進入地下之入口稱之。

（二）側溝：雨水由進入口進入後，流入之溝渠稱之。

（三）集水井：連結進入口之淺井稱之。

（四）連接管：連結側溝，使地面雨水由此處進入雨水下水道排水幹道。

示意圖如下：

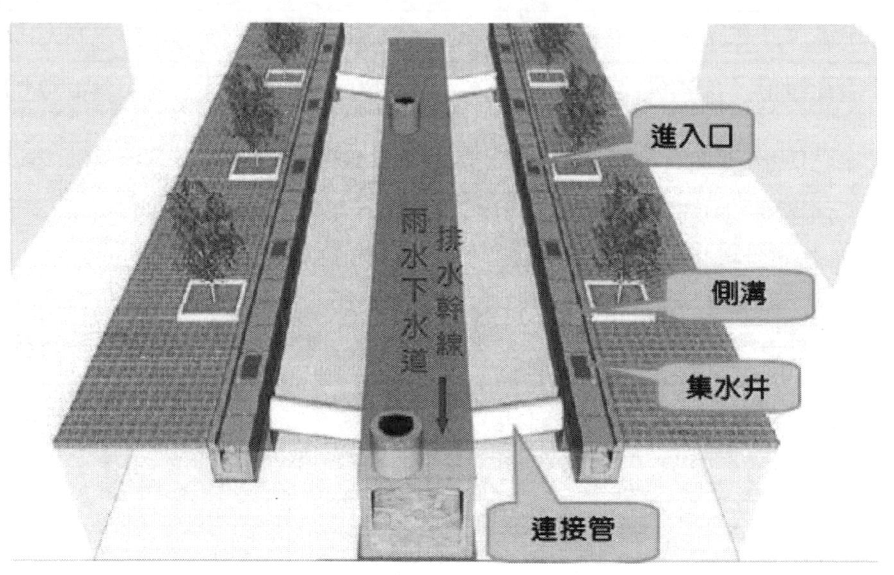

圖片來源：內政部營建署民國 99 年 7 月雨水下水道設計指南。

二、有一複合式河道，其斷面如圖所示，主河道與洪水平原的底床坡度 S_0 為 0.0005 及河道邊壁有三種不同的曼寧粗糙係數 $n_1 = 0.02$、$n_2 = 0.03$ 與 $n_3 = 0.04$。當主河道水深達 6 公尺時，假設忽略各分區通水斷面間摩擦損失，試算排洪量及判斷主河道流況為亞臨界流或超臨界流。（25 分）

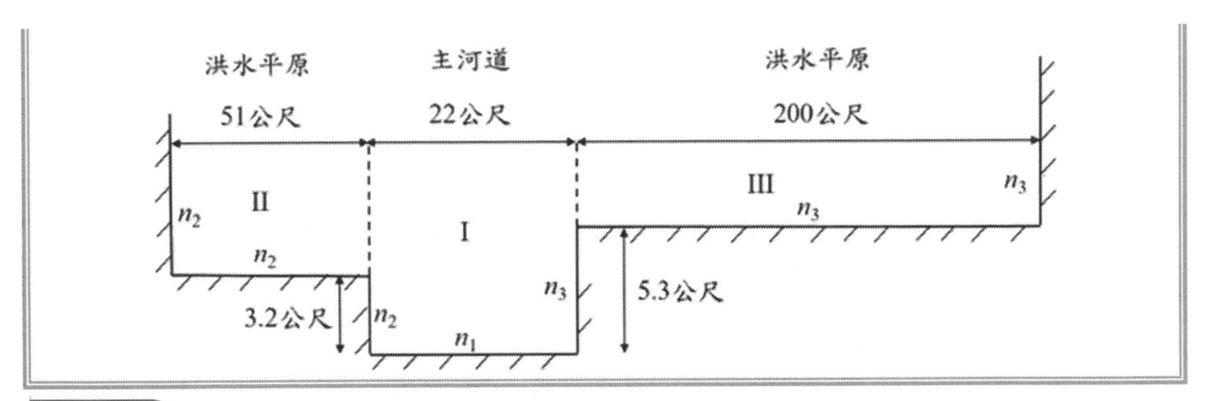

參考題解

分區計算：

（一）I區：

濕周 $P_{\text{I}} = 3.2 + 22 + 5.3 = 30.5$，通水面積 $A_{\text{I}} = 22 \times 6 = 132,$，

水力半徑 $R_{\text{I}} = \dfrac{132}{30.5} = 4.328$

曼寧公式：

$$Q = AV = A \times \frac{1}{n} \times R^{\frac{2}{3}} \times S_0^{\frac{1}{2}} = (132) \times \left[\frac{1}{0.0257} \times (4.328)^{\frac{2}{3}} \times (0.0005)^{\frac{1}{2}}\right]$$

$$= 305.01cms$$

（因忽略摩擦損失，故曼寧係數以等價糙度 $n = \dfrac{(\sum n_i^2 P_i)^{\frac{1}{2}}}{P^{\frac{1}{2}}}$

計算 $= \dfrac{\sqrt{0.03^2 \times 3.2 + 0.02^2 \times 22 + 0.04^2 \times 5.3}}{\sqrt{3.2 + 22 + 5.3}} = 0.0257$）

（二）II區：

濕周 $P_{\text{II}} = 51 + 2.8 = 53.8$，通水面積 $A_{\text{II}} = 51 \times 2.8 = 142.8$，

水力半徑 $R_{\text{II}} = \dfrac{142.8}{53.8} = 2.65$

曼寧公式：

$$Q = AV = A \times \frac{1}{n} \times R^{\frac{2}{3}} \times S_0^{\frac{1}{2}} = (142.8) \times \left[\frac{1}{0.03} \times (2.65)^{\frac{2}{3}} \times (0.0005)^{\frac{1}{2}}\right] = 203.78cms$$

（三）III區：

濕周 $P_{\text{III}} = 200 + 0.7 = 200.7$，通水面積 $A_{\text{III}} = 0.7 \times 200 = 140$，

水力半徑 $R_{\mathrm{III}}=\dfrac{140}{200.7}=0.698$

曼寧公式：

$$\mathrm{Q}=\mathrm{AV}=\mathrm{A}\times\frac{1}{n}\times R^{\frac{2}{3}}\times S_0^{\frac{1}{2}}=(140)\times\left[\frac{1}{0.04}\times(0.698)^{\frac{2}{3}}\times(0.0005)^{\frac{1}{2}}\right]=61.46cms$$

（四）由以上計算，累加得全區流量、面積並判斷流況：

流量 $\mathrm{Q}=Q_{\mathrm{I}}+Q_{\mathrm{II}}+Q_{\mathrm{III}}=305.01+203.78+61.46=570.25\ cms$

總斷面積 $\mathrm{A}=A_{\mathrm{I}}+A_{\mathrm{II}}+A_{\mathrm{III}}=142.8+132+140=414.8$

福祿數

$$F_r=\frac{\mathrm{v}}{\sqrt{g\mathrm{D}}}=\frac{\frac{Q}{A}}{\sqrt{g\frac{A}{T}}}=\frac{\frac{570.25}{414.8}}{\sqrt{9.81\times\left(\frac{414.8}{200+22+51}\right)}}=0.356\rightarrow \text{亞臨界流}$$

三、臺灣某地區五年頻率之降雨強度公式為 $\mathrm{i}=\dfrac{8000}{t+50}$（公厘／小時），其中 t 為集流時間（分鐘），試求下圖中各排水區出口之最大暴雨流量為若干（各人孔間之流經時間為 3 分鐘）？（25 分）

分區	面積（公頃）	逕流係數	流入時間（分鐘）
I	8	0.3	15
II	8	0.6	10
III	20	0.5	25
IV	10	0.8	10

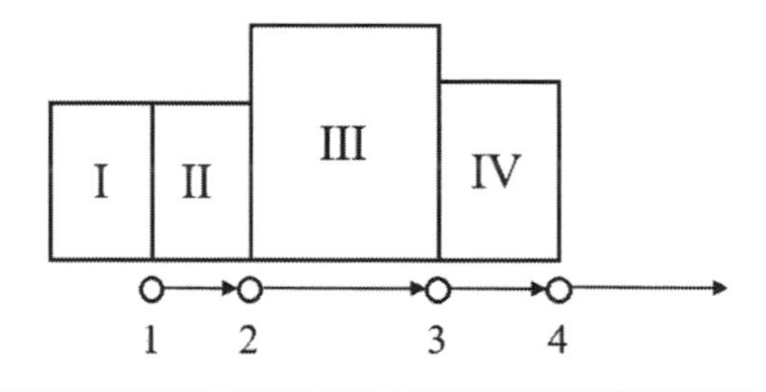

參考題解

分區計算，集流時間取最長方有最大流量

（一）I 區：（僅由集水區流至出口時間：15 分鐘）

$$I=\frac{8000}{15+50}=\frac{123mm}{hr}=\frac{0.0342mm}{s},$$

$$Q=CIA=0.3\times 0.0342\times 10^{-3}\times 8\times 10000=0.82cms$$

（二）II 區：（集流時間取 15 + 3 = 18 分）

$$I=\frac{8000}{18+50}=\frac{117.65mm}{hr}=3.268\times\frac{10^{-5}m}{s},$$

$$Q=CIA=0.45\times 3.268\times 10^{-5}\times(8+8)\times 10000=2.35cms$$

（其中逕流係數 C 採加權計算 $=\frac{\sum C_iA_i}{\sum A_i}=\frac{0.3\times 8+0.6\times 8}{8+8}=0.45$）

（三）III 區：（集流時間取 25 分）

$$I=\frac{8000}{25+50}=\frac{106.67mm}{hr},\ C=\frac{0.3\times 8+0.6\times 8+0.5\times 20}{8+8+20}=0.478,$$

$$Q=CIA=(0.478)\times 106.67\times\frac{10^{-3}}{3600}\times(8+8+20)\times 10000=5.09cms$$

（四）IV 區：（集流時間取 25 + 3 = 28 分）

$$I=\frac{8000}{28+50}=\frac{102.56mm}{hr},\ C=\frac{0.3\times 8+0.6\times 8+0.5\times 20+0.8\times 10}{8+8+20}=0.55,$$

$$Q=CIA=(0.55)\times 102.56\times\frac{10^{-3}}{3600}\times(8+8+20+10)\times 10000=7.21cms$$

四、考慮有水流場的波速關係式為 $\frac{C}{C_0}=\frac{1}{2}+\frac{1}{2}\left(1+\frac{4U}{C_0}\right)^{1/2}$，式中 U 為水流流速，$C_0$ 為深海波波速（$=\frac{g}{2\pi}T$），T 為波浪週期，C 為有水流之波速。若河口水流流速為 0.3 公尺／秒，入射波 $T=4$ 秒時，請問入射波是否會進入河口內？（10 分）

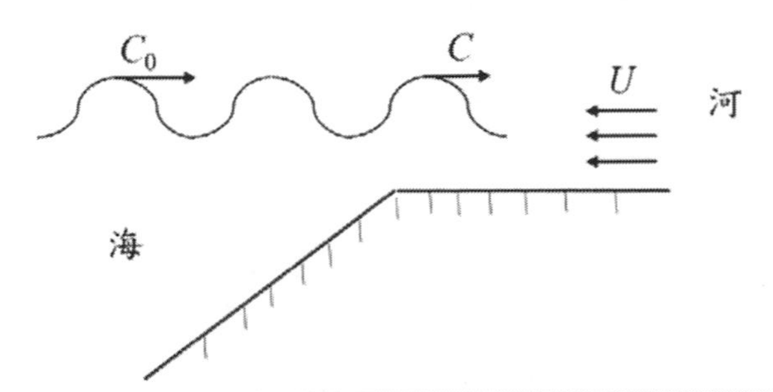

參考題解

依題意代入已知數值計算 $C_0 = \frac{gT}{2\pi} = \frac{9.81 \times 4}{2\pi} = \frac{6.245m}{s}$，$U = 0.3m/s$

由 $\frac{C}{C_0} = \frac{1}{2} + \frac{1}{2}\left(1 + \frac{4U}{C_0}\right)^{\frac{1}{2}} \rightarrow C = \frac{6.53m}{s}$

（取相對運動）令觀察者處於 C 處，則 $C_0 - C = -0.285 < 0$，故可判斷得入射波不會進入河口。

五、試述下列海岸工程專有名詞之意涵：（每小題 5 分，共 20 分）

（一）突堤效應（groin effect）

（二）沿岸流（longshore current）

（三）波浪折射（wave refraction）

（四）繫岸沙洲（tombolo）

參考題解

（一）突堤效應：因海堤等人工建構物突出於海岸，阻擋原先沿岸流、海岸飄沙路徑，造成飄沙於上游側堆積淤沙，而下游側原先有飄沙供應的地區則因為飄沙量減少，平衡機制遭受破壞，輸出大於輸入，導致海岸受蝕。

（二）沿岸流：波浪湧向海岸時，產生折射作用，或者波浪向陸成一傾斜角度推進時形成之海流稱之。

（三）波浪折射：當波浪傳播進入淺水區時，若波向線與等深線不垂直而形成偏角，則波向線將逐漸偏轉，趨向與等深線及岸線垂直之現象稱之。

（四）繫岸沙洲：當沙進入量大於排出量時，沙灘漸漸生成，最終沙將海岸與離岸堤連在一起，所形成之沙洲稱為繫岸沙洲。

特種考試地方政府公務人員考試試題／水文學

一、某測站月雨量資料以等距分為 6 組之資料（如表 1-1）與卡方（Chi-Square）機率表（如表 1-2）如下：（25 分）

表 1-1

月雨量組距（mm）	發生月數	平均值（mm）	標準差（mm）
0-50	38	25	12
50-100	20	62	22
100-150	21	105	48
150-200	18	132	75
200-250	15	192	82
>250	10	260	90

表 1-2

Degrees Of Freedom	Upper-Tail Area α						
	0.30	0.20	0.10	0.05	0.02	0.01	0.001
1	1.074	1.642	2.706	3.841	5.412	6.635	10.827
2	2.408	3.219	4.605	5.991	7.824	9.210	13.815
3	3.665	4.642	6.251	7.815	9.837	11.345	16.268
4	4.878	5.989	7.779	9.448	11.668	13.277	18.465
5	6.064	7.289	9.236	11.070	13.388	15.086	20.517
6	7.231	8.558	10.645	12.592	15.033	16.812	22.457
7	8.383	9.803	12.017	14.067	16.622	18.475	24.322
8	9.524	11.030	13.362	15.507	18.168	20.090	26.125

假設顯著程度為 0.05，試以卡方檢定檢測此測站月雨量是否符合常態分布（Normal Distribution）？（假設標準差 $S=\sqrt{\frac{\sum_{i=1}^{N}(x_i-\overline{x})^2}{N}}$ ）

註：標準常態分布機率表如附表。

附表

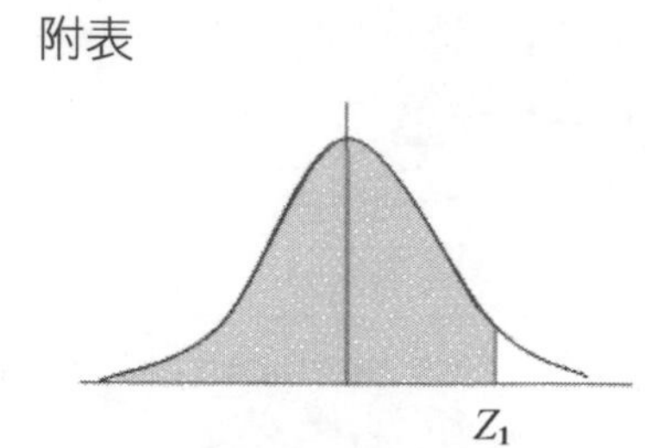

$$p(z \le z_1) = \frac{1}{\sqrt{2\pi}} \int_{-\infty}^{z_1} e^{-\frac{1}{2}z^2} dz$$

z_1	0.00	0.01	0.02	0.03	0.04	0.05	0.06	0.07	0.08	0.09
0.0	0.5000	0.5040	0.5080	0.5120	0.5160	0.5199	0.5239	0.5279	0.5319	0.5359
0.1	0.5398	0.5438	0.5478	0.5517	0.5557	0.5596	0.5636	0.5675	0.5714	0.5753
0.2	0.5793	0.5832	0.5871	0.5910	0.5948	0.5987	0.6026	0.6064	0.6103	0.6141
0.3	0.6179	0.6217	0.6255	0.6293	0.6331	0.6368	0.6406	0.6443	0.6480	0.6517
0.4	0.6554	0.6591	0.6628	0.6664	0.6700	0.6736	0.6772	0.6808	0.6844	0.6879
0.5	0.6915	0.6950	0.6985	0.7019	0.7054	0.7088	0.7123	0.7157	0.7190	0.7224
0.6	0.7257	0.7291	0.7324	0.7357	0.7389	0.7422	0.7454	0.7486	0.7517	0.7549
0.7	0.7580	0.7611	0.7642	0.7673	0.7704	0.7734	0.7764	0.7794	0.7823	0.7852
0.8	0.7881	0.7910	0.7939	0.7967	0.7995	0.8023	0.8051	0.8078	0.8106	0.8133
0.9	0.8159	0.8186	0.8212	0.8238	0.8264	0.8289	0.8315	0.8340	0.8365	0.8389
1.0	0.8413	0.8438	0.8461	0.8485	0.8508	0.8531	0.8554	0.8577	0.8599	0.8621
1.1	0.8643	0.8665	0.8686	0.8708	0.8729	0.8749	0.8770	0.8790	0.8810	0.8830
1.2	0.8849	0.8869	0.8888	0.8907	0.8925	0.8944	0.8962	0.8980	0.8997	0.9015
1.3	0.9032	0.9049	0.9066	0.9082	0.9099	0.9115	0.9131	0.9147	0.9162	0.9177
1.4	0.9192	0.9207	0.9222	0.9236	0.9251	0.9265	0.9279	0.9292	0.9306	0.9319
1.5	0.9332	0.9345	0.9357	0.9370	0.9382	0.9394	0.9406	0.9418	0.9429	0.9441
1.6	0.9452	0.9463	0.9474	0.9484	0.9495	0.9505	0.9515	0.9525	0.9535	0.9545
1.7	0.9554	0.9564	0.9573	0.9582	0.9591	0.9599	0.9608	0.9616	0.9625	0.9633
1.8	0.9641	0.9649	0.9656	0.9664	0.9671	0.9678	0.9686	0.9693	0.9699	0.9706
1.9	0.9713	0.9719	0.9726	0.9732	0.9738	0.9744	0.9750	0.9756	0.9761	0.9767
2.0	0.9772	0.9778	0.9783	0.9788	0.9793	0.9798	0.9803	0.9808	0.9812	0.9817
2.1	0.9821	0.9826	0.9830	0.9834	0.9838	0.9842	0.9846	0.9850	0.9854	0.9857
2.2	0.9861	0.9864	0.9868	0.9871	0.9875	0.9878	0.9881	0.9884	0.9887	0.9890
2.3	0.9893	0.9896	0.9898	0.9901	0.9904	0.9906	0.9909	0.9911	0.9913	0.9916
2.4	0.9918	0.9920	0.9922	0.9925	0.9927	0.9929	0.9931	0.9932	0.9934	0.9936
2.5	0.9938	0.9940	0.9941	0.9943	0.9945	0.9946	0.9948	0.9949	0.9951	0.9952
2.6	0.9953	0.9955	0.9956	0.9957	0.9959	0.9960	0.9961	0.9962	0.9963	0.9964
2.7	0.9965	0.9966	0.9967	0.9968	0.9969	0.9970	0.9971	0.9972	0.9973	0.9974
2.8	0.9974	0.9975	0.9976	0.9977	0.9977	0.9978	0.9979	0.9979	0.9980	0.9981
2.9	0.9981	0.9982	0.9982	0.9983	0.9984	0.9984	0.9985	0.9985	0.9986	0.9986
3.0	0.9987	0.9987	0.9987	0.9988	0.9988	0.9989	0.9989	0.9989	0.9990	0.9990
3.1	0.9990	0.9991	0.9991	0.9991	0.9992	0.9992	0.9992	0.9992	0.9993	0.9993
3.2	0.9993	0.9993	0.9994	0.9994	0.9994	0.9994	0.9994	0.9995	0.9995	0.9995
3.3	0.9995	0.9995	0.9995	0.9996	0.9996	0.9996	0.9996	0.9996	0.9996	0.9997
3.4	0.9997	0.9997	0.9997	0.9997	0.9997	0.9997	0.9997	0.9997	0.9997	0.9998
3.5	0.9998	0.9998	0.9998	0.9998	0.9998	0.9998	0.9998	0.9998	0.9998	0.9998
3.6	0.9998	0.9998	0.9999	0.9999	0.9999	0.9999	0.9999	0.9999	0.9999	0.9999
3.7	0.9999	0.9999	0.9999	0.9999	0.9999	0.9999	0.9999	0.9999	0.9999	0.9999
3.8	0.9999	0.9999	0.9999	0.9999	0.9999	0.9999	0.9999	0.9999	0.9999	0.9999
3.9	1.0000	1.0000	1.0000	1.0000	1.0000	1.0000	1.0000	1.0000	1.0000	1.0000

參考題解

（一）總樣本數 $N = 38 + 20 + 21 + 18 + 15 + 10 = 122$

（二）樣本平均值與標準差

表 1-1 平均值為累計雨量平均值，標準差亦為累計雨量標準差，所以

$\overline{x} = 260$（mm），$\sigma = 90$（mm）。

（三）第（4）欄位為標準常態變數，例如，當 i = 3 時，$z_3 = \frac{(150-260)}{90} = -1.22$。

（四）第（5）欄位為常態分布之累積機率，以 z_i 值查附表而得。

（五）第（6）欄位為增量機率函數。例如，當 i = 3 時，$p(x) = 0.1112 - 0.0375 = 0.0737$。

（六）第（7）欄位為期望發生數量。例如，當 i = 3 時，$E_i = 0.0737 \times 122 = 9.0$。

（七）第（8）欄位為 X^2 值。例如，當 i = 3 時，$X^2 = \frac{(O_3-E_3)^2}{E_3} = \frac{(21-9.0)^2}{9.0} = 16$，其累計值為 1,277。

（八）X^2 檢定之自由度 $\nu = 6 - 2 - 1 = 3$，顯著程度為 0.05，查表 1-2 得 $X^2_{3,0.05} = 7.815$

由於 X^2 之計算值 1,277 > 7.815，因此，此測站月雨量不符合常態分布。

（1） 組別 i	（2） 月雨量組距（mm）	（3） 發生月數 O_i	（4） z_i	（5） $P(X \leq x_i)$	（6） $p(x_i)$	（7） E_i	（8） X^2
1	0-50	38	-2.33	0.0099	0.0099	1.2	1,128
2	50-100	20	-1.78	0.0375	0.0276	3.4	81
3	100-150	21	-1.22	0.1112	0.0737	9.0	16
4	150-200	18	-0.67	0.2514	0.1402	17.1	0.05
5	200-250	15	-0.11	0.4562	0.2048	25.0	4
6	>250	10	4	1.0000	0.5438	66.3	48
合計		122			1.0000	122	1,277

二、一集水區內有 A、B、C、D 四個雨量站，已知各站之年平均降雨量如表 2，某次暴雨事件中 A 站資料遺失，試問應該以何種補遺方法估算 A 站之雨量資料比較合理，請説明原因並估算 A 站之雨量值？（25 分）

表 2

雨量站	A	B	C	D
年平均降雨量（mm）	2650.4	2326.4	2607.2	2884
暴雨事件降雨量（mm）	?	95	105.5	120

參考題解

（一）內差法：

適用於 B、C、D 站年雨量差值小於 A 站年雨量之 10%。

$$\text{B 站：} E_{BA} = \frac{|2326.4 - 2650.4|}{2650.4} \times 100\% = 12.2\% > 10\%$$

$$\text{C 站：} E_{CA} = \frac{|2607.2 - 2650.4|}{2650.4} \times 100\% = 1.6\% < 10\%$$

$$\text{D 站：} E_{DA} = \frac{|2884 - 2650.4|}{2650.4} \times 100\% = 8.8\% < 10\%$$

由於 B 站與 A 站誤差大於 10% 所以不適用。

（二）正比法：

年平均降雨量：B：C：D = 2326.4：2607.2：2884 = 1：1.12：1.24

暴雨事件降雨量：B：C：D = 95：105.5：120 = 1：1.11：1.26

所以此集水區測站之暴雨事件降雨量比例與年平均降雨量極為接近，可以使用正比法估算 A 站之事件降雨量。

$$P_A = \frac{1}{3}\left(\frac{N_A}{N_B}P_B + \frac{N_A}{N_C}P_C + \frac{N_A}{N_D}P_D\right)$$

$$= \frac{1}{3}\left(\frac{2650.4}{2326.4} \times 95 + \frac{2650.4}{2607.2} \times 105.5 + \frac{2650.4}{2884} \times 120\right)$$

$$= 108.6 \ \text{(mm)}$$

三、人工智慧（Artificial Intelligence）的發展已成為目前各種領域最熱門的議題，隨著科技與物聯網技術發展，不久將實現即時蒐集氣象、水文、地文等時間與空間之觀測大數據。在物聯網與大數據分析技術發展，在防災預警的應用中，試說明以人工智慧（如：類神經網路）取代傳統模式之優點，並繪圖說明應用人工智慧建置降雨-逕流模式之架構、輸入因子與輸出因子。（25 分）

參考題解

（一）人工智慧（如：類神經網路）取代傳統模式之優點

有別於傳統上使用的物理型模擬模式，人工智慧（如類神經網路）是一種資料導向（data driven）的統計建模技術。因此，使用類神經網路進行水文系統模擬，就不需要事先詳細解析水文系統的物理機制為何，只需要透過大量的觀測資料（例如，降雨與逕流資料）就可以直接利用類神經網路構築輸入資料（降雨）與輸出資料（逕流）之間的映射關係。這樣的特點，使得類神經網路已經被廣泛地應用於水文模擬研究中，處理許多複雜且高度非線性的問題，也取得了不錯的成效。而且，直到今日仍然有許多新穎的類神經網路架構及理論不斷的被提出，隨著電腦技術的成熟也使得類神經網路的功能更為強大，運用層面更為廣泛。

（二）架構圖

1. 倒傳遞類神經網路架構圖

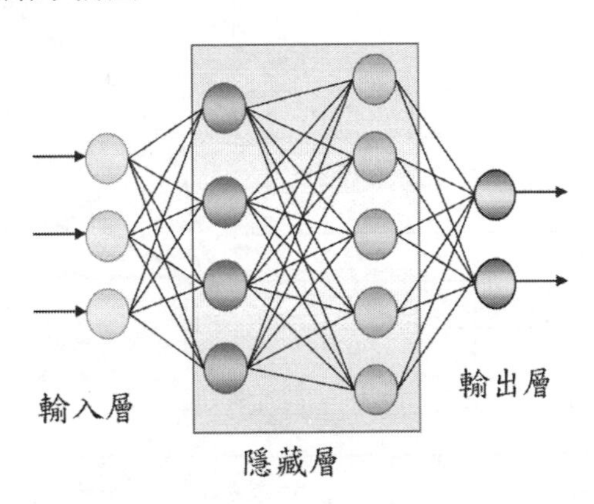

2. 輸入層

為外界輸入訊息的傳遞介面，在降雨-逕流模式中，可能需要之輸入因子包括：

（1）及時雨量資料，例如，集水區各測站降雨量。

（2）降雨型態，例如，對流降雨、颱風降雨、颱風路徑、其他氣象條件。

（3）臨前地文土壤狀況，例如，與前次降雨間隔時間、前次降雨量、前次降雨後氣象條件。

3. 隱藏層

可依問題複雜度增加隱藏層數，藉由活化函數轉換求得輸出值。

4. 輸出層

輸出隱藏層處理結果，在降雨-逕流模式中，可能需要之輸出因子包括：

（1）逕流量。

（2）淹水區域與淹水深度。

四、一小集水區分上游區 A 子集水區與下游區 B 子集水區如圖，各子集水區 0.5 小時之單位歷線如表 3-1，從 1 流至 2 的時間 1 小時，若一場暴雨及 A 與 B 子集水區之降雨強度及入滲率如表 3-2，試求在 2 之集水區出口流量歷線。（25 分）

表 3-1

時間（hr）	A 子集水區 Q（cms）	B 子集水區 Q（cms）
0	0	0
0.5	3	10
1	15	30
1.5	20	18
2	12	5
2.5	8	0
3	5	0
3.5	0	0

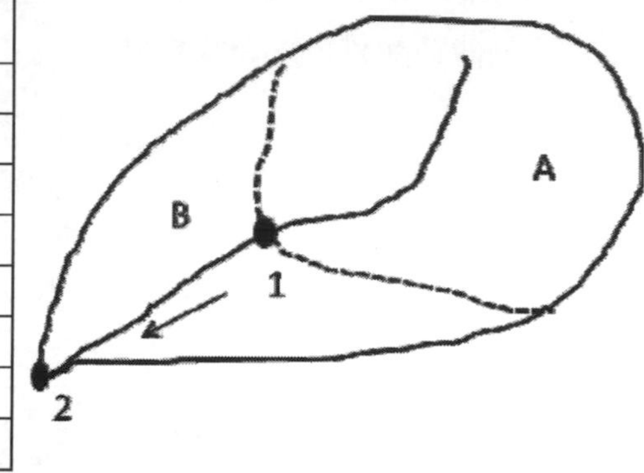

表 3-2

時間（hr）	降雨強度（cm/hr）	A 子集水區入滲率（cm/hr）	B 子集水區入滲率（cm/hr）
0-0.5	10	2	4
0.5-1	30	1	2
1-1.5	8	1	1

參考題解

每一 0.5 小時時段之有效降雨量（cm）=（降雨強度−入滲率）$\frac{cm}{hr}$ ×0.5 hr

A 子集水區：

時間 (hr)	降雨強度 (cm/hr)	A 子集水區有效降雨量 (cm)	$U_A(t)$ (cms)	$4\times U_A(t)$ (cms)	$14.5\times U_A(t-0.5)$ (cms)	$3.5\times U_A(t-1)$ (cms)	出口 1 逕流歷線 (cms)	A 子集水區流達出口 2 歷線(cms)
0	0	0	0	0	-	-	0	-
0.5	10	4	3	12	0	-	12	-
1	30	14.5	15	60	43.5	0	103.5	0
1.5	8	3.5	20	80	217.5	10.5	308	12
2			12	48	290	52.5	390.5	103.5
2.5			8	32	174	70	276	308
3			5	20	116	42	178	390.5
3.5			0	0	72.5	28	100.5	276

時間 (hr)	降雨強度 (cm/hr)	A 子集水區有效降雨量 (cm)	$U_A(t)$ (cms)	$4\times U_A(t)$ (cms)	$14.5\times U_A(t-0.5)$ (cms)	$3.5\times U_A(t-1)$ (cms)	出口 1 逕流歷線 (cms)	A 子集水區流達出口 2 歷線(cms)
4					0	17.5	17.5	178
4.5						0	0	100.5
5								17.5
5.5								0

B 子集水區，最後合併 A 子集水區逕流：

時間 (hr)	降雨強度 (cm/hr)	B 子集水區有效降雨量 (cm)	$U_B(t)$ (cms)	$3\times U_B(t)$ (cms)	$14\times U_B(t-0.5)$ (cms)	$3.5\times U_B(t-1)$ (cms)	B 子集水區流達出口 2 歷線 (cms)	A 子集水區流達出口 2 歷線 (cms)	集水區出口 2 逕流總歷線 (cms)
0	0	0	0	0	-	-	0	-	0
0.5	10	3	10	30	0	-	30	-	30
1	30	14	30	90	140	0	230	0	230
1.5	8	3.5	18	54	420	509	503	12	521
2			5	15	252	105	372	103.5	475.5
2.5			0	0	70	63	133	308	441
3					0	17.5	17.5	390.5	408
3.5						0	0	276	276
4								178	178
4.5								100.5	100.5
5								17.5	17.5
5.5								0	0

107年 特種考試地方政府公務人員考試試題／流體力學

一、一水箱底部有一個突出的半球（直徑 0.4 m），在靜止狀態下，水深 1.2 m 時，水的密度 1000 kg/m^3，半球所受的靜壓總力的水平分量和垂向方量分別為何？（20 分）

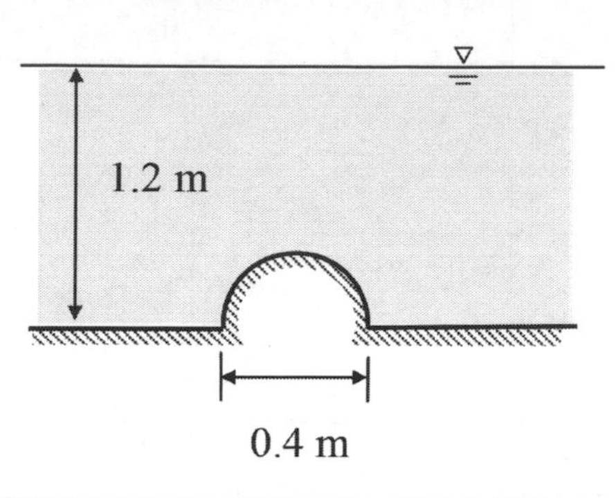

參考題解

（一）水平分量：因半球左右對稱，作用力抵消，故靜壓總力水平分量為 0

（二）垂直分量：所受靜壓力即半球上方水重 = $\gamma_{water}\forall$

$$\text{其中 } \forall = \frac{1}{4}\pi D^2 h - \frac{1}{12}\pi D^3 = \frac{1}{4}\pi D^2\left(h - \frac{1}{3}D\right) = 0.134m^3$$

故垂直分力 $F_v = 9.81 \times 0.134 = 1.315\text{KN}$（向下）

二、一輛油罐車的儲油箱（長度 8.0 m，高度 2.0 m，寬度 3.0 m）內裝有液化天然氣（密度 450 kg/m^3，靜止時液體深度 1.0 m，液面壓力為大氣壓力）。若突然煞車，減速度為 2.0 m/s^2，試求儲油箱前後壁面（非側面）因液體晃動的最大總力。（20 分）

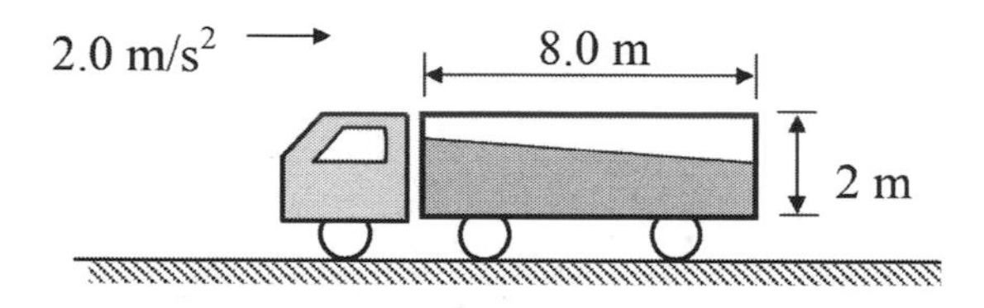

參考題解

假設減速後左側油深h_1，右側油深h_2，水面與水平線夾角θ

則 $\tan\theta = \frac{a_x}{g} \rightarrow \frac{h_1 - h_2}{8} = \frac{2}{9.81} \rightarrow h_1 - h_2 = 1.63 \ldots$（1）

且減速前後儲油體積相等：$8\times1\times3=(h_1+h_2)\times\frac{8}{2}\times3\rightarrow h_1+h_2=2\ldots$（2）

由（1）（2）解得 $h_1=1.815m, h_2=0.185m$

則前壁面受力 $=\frac{1}{2}\gamma_{oil}h_1^2\mathrm{b}=\frac{1}{2}\times0.45\times9.81\times1.815^2\times3=21.81KN$

後壁面受力 $=\frac{1}{2}\gamma_{oil}h_2^2\mathrm{b}=\frac{1}{2}\times0.45\times9.81\times0.185^2\times3=0.227KN$

三、一條圓形斷面水管的半徑 $R_2=0.10$ m，其水流流速分布：中心部分為均勻流，外緣靠近管壁處為邊界層流：

$u(r)=U_c \qquad 0\le r\le R_1$

$u(r)=\frac{4U_c}{3}\left(1-\frac{r^2}{R_2^2}\right) \qquad R_2\ge r\ge R_1$

式中 $U_c=2.0$ m/s，$R_1=0.05$ m，水的運動黏滯係數 1.0×10^{-6} m^2/sec，試計算：（每小題 10 分，共 20 分）

（一）其斷面平均流速。

（二）以圓管直徑及平均流速計算之雷諾數。

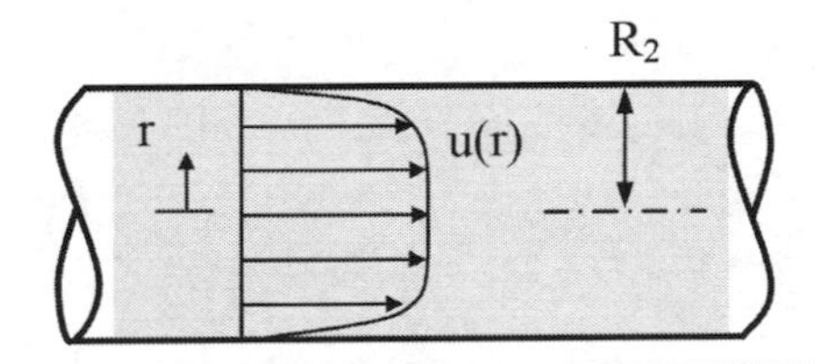

參考題解

（一）由 $\mathrm{Q}=\mathrm{AV}=\int u(r)\,dA=\int_0^{R_1}U_c\times2\pi rdr+\int_{R_1}^{R_2}\left[\frac{4}{3}U_c\left(1-\frac{r^2}{R_2^2}\right)2\pi rdr\right]$

積分並整理可得

$$\mathrm{Q}=\frac{1}{3}U_c\pi(-R_1^2+2R_2^2+\frac{2R_1^4}{R_2^2})$$

則斷面平均流速

$$\bar{V}=\frac{Q}{A}=\frac{\frac{1}{3}U_c\pi\left(-R_1^2+2R_2^2+\frac{2R_1^4}{R_2^2}\right)}{\pi R_2^2}$$，代入 $U_c=2$，$R_1=0.05$，$R_2=0.1$

得 $\bar{V}=1.25m/s$

（二）雷諾數

$$R_e=\frac{\rho\bar{V}D}{\mu}=\frac{\bar{V}D}{\gamma}=\frac{1.25\times0.2}{10^{-6}}=250000$$

四、一梯形斷面之渠道，底部寬度，兩側的角度 60°，曼寧係數 0.02，底床坡度 0.004，流量 0.2 m^3/s，試求：（每小題 10 分，共 20 分）

（一）水深 h = ?

（二）福德數（Froude no.）。

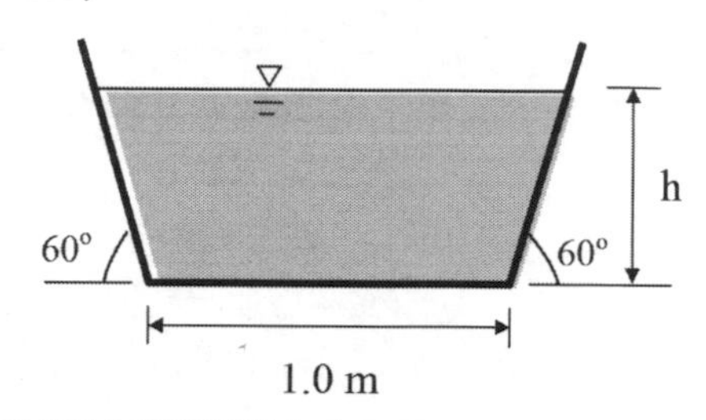

參考題解

（一）假設水深 h，則面積

$$A=\left(1+\frac{h}{\sqrt{3}}\right)h\text{，濕周}P=1+\frac{4h}{\sqrt{3}}\text{，水力半徑 }R=\frac{\left(1+\frac{h}{\sqrt{3}}\right)h}{1+\frac{4h}{\sqrt{3}}}$$

$$Q=AV,V=\frac{1}{n}R^{\frac{2}{3}}S_0^{\frac{1}{2}}\rightarrow0.2=\left(1+\frac{h}{\sqrt{3}}\right)h\times\left[\frac{1}{0.02}\times\left(\frac{\left(1+\frac{h}{\sqrt{3}}\right)h}{1+\frac{4h}{\sqrt{3}}}\right)^{\frac{2}{3}}\times(0.004)^{\frac{1}{2}}\right]$$

→ 試誤得 $y\cong0.2m$

則此時

$$A=\left(1+\frac{h}{\sqrt{3}}\right)h=0.223,P=1+\frac{4h}{\sqrt{3}}=1.462,R=\frac{\left(1+\frac{h}{\sqrt{3}}\right)h}{1+\frac{4h}{\sqrt{3}}}=0.1525,\text{V}$$

$$=0.903\text{，T}=\frac{2h}{\sqrt{3}}+1=1.231$$

（二）求福祿數 F_r

$$F_r=\frac{v}{\sqrt{g\times\frac{A}{T}}}\text{，代入 }A,V,T\text{ 得 }F_r=0.677$$

五、一顆圓球形的冰雹直徑 1.0 cm，密度 0.6 g/cm^3，阻力係數為 0.44，空氣密度 1.20 kg/m^3，動力黏滯係數 1.86×10^{-5} Pa-sec，試求：（每小題 10 分，共 20 分）

（一）此冰雹自空中墜落的終端速度。

（二）以直徑和終端速度計算之雷諾數。

參考題解

（一）當力平衡時有終端速度（即沉降速度）→$F_B + F_D(\text{阻力}) = W$ ...（1）

球體體積

$$V = \frac{1}{6}\pi D^3，F_B = \rho_{air} g \times \frac{1}{6}\pi D^3$$

$$F_D = \frac{1}{2}\rho U^2 C_D A，A = \frac{1}{4}\pi D^2，F_D = \frac{1}{8}\rho U^2 C_D \pi D^2$$

$W = \rho_{ice} g \times \frac{1}{6}\pi D^3$，將以上參數代入（1）式，整理如下：

$$\rho_{air} g \times \frac{1}{6}\pi D^3 + \frac{1}{8}\rho_{air} U^2 C_D \pi D^2 = \rho_{ice} g \times \frac{1}{6}\pi D^3 \rightarrow \frac{1}{8}\rho_{air} U^2 C_D = \frac{1}{6} Dg(\rho_{ice} - \rho_{air})$$

$$\rightarrow U = \sqrt{\frac{\frac{1}{6}Dg(\rho_{ice} - \rho_{air})}{\frac{1}{8}\rho_{air} C_D}} = 12.18\ (\frac{m}{s})$$

（二）$R_e = \frac{\rho \bar{V} D}{\mu} = \frac{1.2 \times 12.18 \times 0.01}{1.86 \times 10^{-5}} = 7858.06$

107年 特種考試地方政府公務人員考試試題／土壤力學與基礎工程

一、試回答下列問題：

（一）何謂莫爾-庫倫破壞準則（Mohr-Coulomb Failure Criterion）？何謂土壤剪力強度參數（Parameters of Shear Strength）？試列舉兩種可求得土壤剪力強度參數之常見室內試驗？（15 分）

（二）說明 AASHTO 土壤分類法之砂土、粉土與黏土之顆粒尺寸範圍。（15 分）

（三）寫出砂土之靜止、主動與被動 Rankine 土壓係數之公式。（15 分）

（四）試以孔隙比寫出砂土相對密度之定義。（5 分）

參考題解

（一）莫爾提出材料之破壞係因正向應力與剪應力的某一臨界的組合狀況，以方程式 $\tau_f = f(\sigma)$表示，莫爾破壞包絡線為一曲線形式。庫倫破壞包絡線方程式係依靜摩擦力的概念提出，為直線形式，以應力型態表示， $\tau_f = \sigma\tan\phi + c$。將莫爾的概念，搭配庫倫線性的方程式加以理想化的結合，而成莫爾-庫倫破壞準則（Mohr-Coulomb failure criterion），以有效應力 σ' 的函數表示為 $\tau_f = \sigma'\tan\phi' + c'$，破壞時莫爾圓及破壞包絡線如下圖：

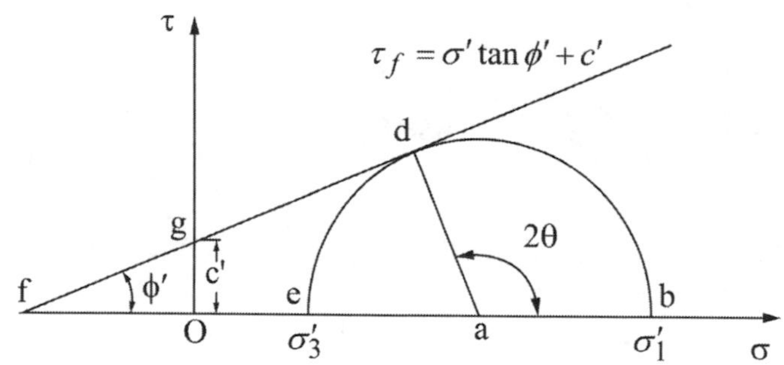

而剪力強度參數(c, ϕ, c', ϕ')為上述破壞準則中，凝聚力項和摩擦力項組成的表示式。求剪力強度參數之常見室內試驗為直剪試驗及三軸試驗（Triaxial shear test）。

（二）AASHTO 土壤分類法之砂土顆粒尺寸為通過 #10 篩（2mm），在 #200 篩（0.075mm）以上。粉土（silt）和黏土（clay）為顆粒尺寸通過 #200 篩（0.075mm）。至於粉土與黏土分界非以顆粒尺寸，係以塑性指數 $PI = 10$ 為界區隔。

（三）砂土之土壓係數：

1. 靜止土壓力係數：為經驗式推估，$K_0 = 1 - \sin\phi'$（Jaky, 1944）。

2. Rankine 主動土壓力係數 $K_a = \dfrac{1-\sin\phi'}{1+\sin\phi'} = \tan^2\left(45^\circ - \dfrac{\phi'}{2}\right)$

3. Rankine 被動土壓力係數 $K_p = \dfrac{1+\sin\phi'}{1-\sin\phi'} = \tan^2\left(45^\circ + \dfrac{\phi'}{2}\right)$

（四）相對密度 $D_r \equiv \dfrac{e_{max}-e}{e_{max}-e_{min}}$

二、如下圖之條形基腳、地層剖面與參數，試以 Terzaghi 承載力公式計算此基腳之極限承載力。（15 分）

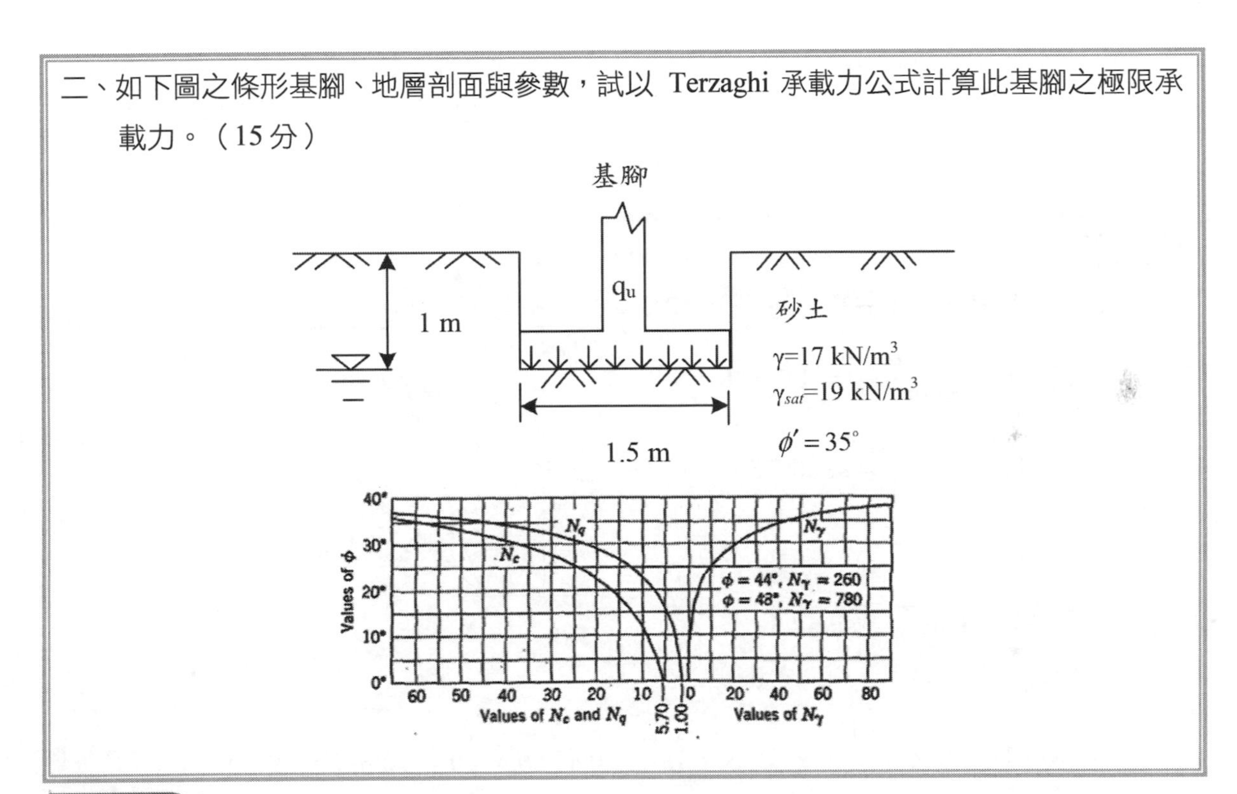

參考題解

Terzaghi 之條形基腳極限承載力 $q_{ult} = cN_c + qN_q + \frac{1}{2}\gamma BN_\gamma$

砂土：$c' = 0$，$\phi' = 35^\circ$，查圖得 $N_q = 41.44$，$N_\gamma = 45.41$

$$q = \gamma D_f = 17 \times 1 = 17\,kN/m^2$$

$$q_{ult} = qN_q + \frac{1}{2}\gamma BN_\gamma = 17 \times 41.44 + 0.5 \times (19 - 9.81) \times 1.5 \times 45.41$$

得　$q_{ult} = 1017.5\,kN/m^2$

三、如下圖之均質有限邊坡與土壤參數，邊坡角度 $\beta=70°$，假設破壞滑動面為通過坡趾之平面，試回答下列問題：

（一）破壞面之臨界破壞角 θ_{cr}。（5 分）

（二）最大臨界坡高 H_{cr}。（10 分）

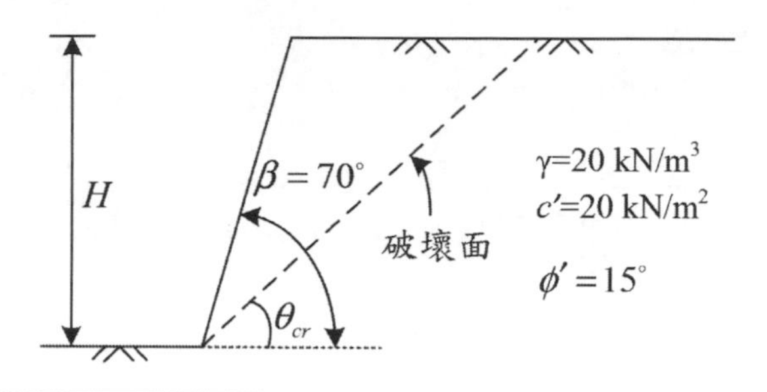

參考題解

（一）臨界破壞角 $\theta_{cr}=\frac{\beta+\phi'}{2}=\frac{70+15}{2}=42.5°$

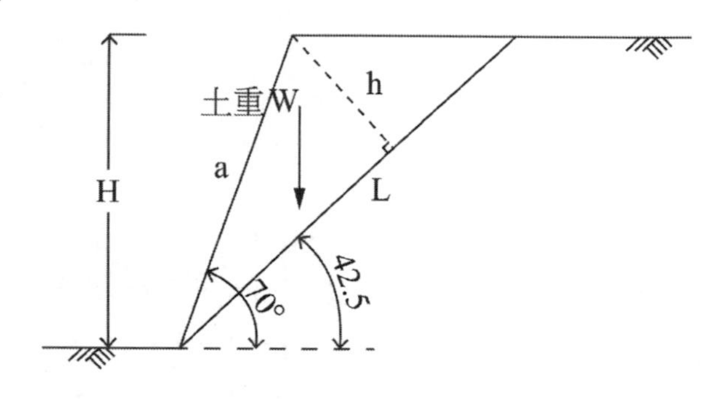

（二）如圖，$a=\frac{H}{\cos(90-70)}=1.064H$

$h=a\sin(\beta-\theta_{cr})=a\sin 27.5$

得 $h=0.491H$

由圖，$L=\frac{H}{\sin\theta_{cr}}=\frac{H}{\sin 42.5}=1.48H$

取單位寬度分析，

破壞滑動土重 $W=\frac{1}{2}Lh\gamma=\frac{1}{2}\times 1.48H\times 0.491H\times 20=7.267H^2\ kN/m$

下滑力 $F_d=W\sin\theta_{cr}=7.267H^2\times\sin 42.5=4.91H^2$

最大抵抗滑動力 $F_r=W\cos\theta_{cr}\tan\phi'+cL=7.267H^2\cos 42.5\tan 15+20\times 1.48H$

$=1.436H^2+29.6H$

安全係數 $FS=\frac{F_r}{F_d}$，當 $FS=1$，為最大臨界坡高 H_{cr}，$\frac{1.436H_{cr}^2+29.6H_{cr}}{4.91H_{cr}^2}=1$

得　$H_{cr}=8.52m$

四、試繪圖說明檢核擋土牆穩定性之四種破壞模式？（10 分），若擋土牆穩定性不足，在設計上有那些方法可改善？（10 分）

參考題解

擋土牆穩定性檢核 4 種破壞模式：

（一）牆體滑動：擋土牆底部水平抵抗力不足以抵抗牆背土體水平側向壓力時，造成擋土牆被向外推出破壞。

（二）牆體傾覆：擋土牆抗傾覆之穩定力矩不足抵抗驅使傾覆力矩時，造成擋土牆對牆趾產生傾覆破壞。

（三）基礎容許支承力：擋土牆基底下方土壤過於疏鬆、軟弱，致承載力不足或者沉陷量過大產生破壞。

（四）整體穩定性：擋土牆所在之邊坡或承載土層存在軟弱土層，而產生一整體性之滑動破壞。

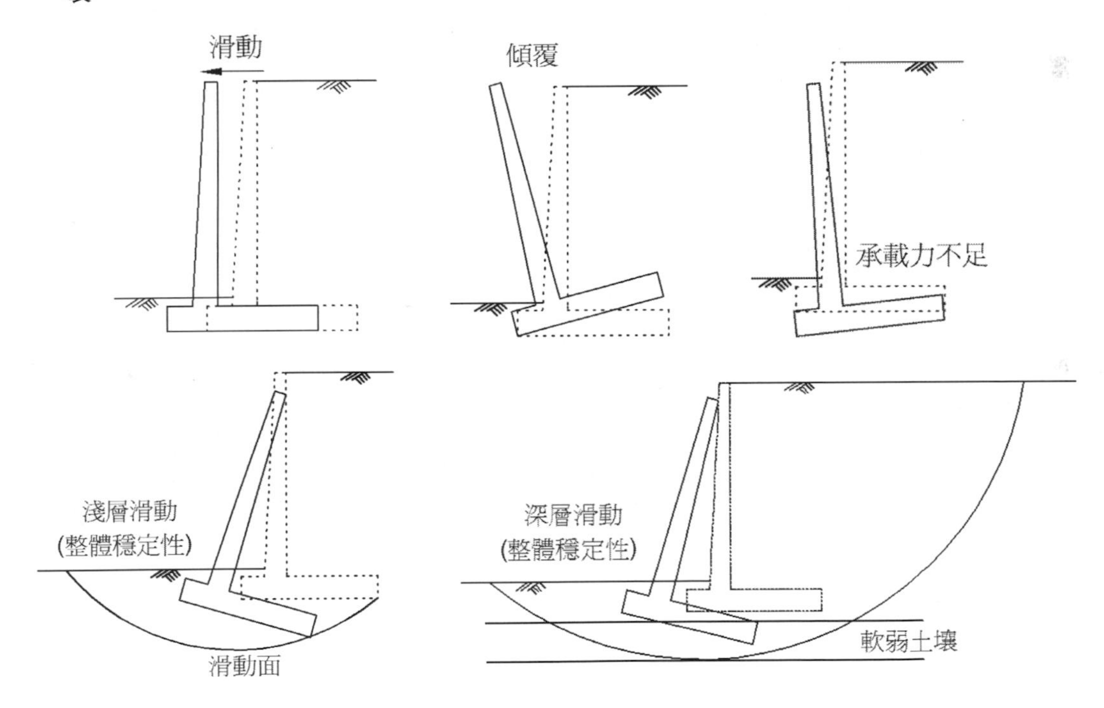

針對擋土牆穩定性不足問題，在設計上可改善方式：

（一）降低側向土壓力：降低主動土壓力，如針對牆背土壤進行改良或置換，擋土牆上方邊坡進行整坡，削坡減重、降低邊坡高度等。

（二）降低水壓力：加強排水措施，如牆頂增設截水溝截流、坡面整平、裂縫填補、保護坡面與植生，減少水入滲，或改善牆背透水材料及增設洩水孔、排水管引導水流降低水壓等。

（三）增加側向抵抗力：增加擋土牆厚度及重量、擋土牆基底設置止滑榫或樁、打設地錨、設置抗滑樁。

（四）改善土壤工程性質：擋土牆基礎土壤改良主要考量可減少沉陷量及提高承載力，如灌漿工法、土壤加勁工法；牆背後土壤改良主要考量為降低側向土壓力，改善排水，增強剪力強度，避免滑動破壞。

（五）變更基礎形式：如針對穩定性不足問題設置基樁，垂直承重基樁可改善沉陷量與增加承載力，側向承重基樁抗側移等。針對邊坡有潛在滑動面之整體不穩定，可設置地錨、抗滑樁等。

特種考試地方政府公務人員考試試題／渠道水力學

一、一矩形斷面渠道之寬度為 1 m，水深為 0.8 m，底床縱坡為 0.001，試求：（每小題 10 分，共 20 分）

（一）底床拖曳平均剪應力為多少 Nt/m^2？

（二）剪速度（shear velocity）為多少 m/s？

參考題解

$A = 1 \times 0.8 = 0.8m^2$，$P = 1 + 0.8 \times 2 = 2.6m$ ，$R = \frac{A}{P} = \frac{0.8}{2.6} = 0.3077m$

（一）平均剪應力 $\tau = \gamma R S_0 = 9.81 \times 0.3077 \times 0.001 = 3.019Nt/m^2$

（二）剪速度 $u_* = \sqrt{\frac{\tau}{\rho}} = \sqrt{\frac{3.019}{1000}} = 0.055m/s$

二、已知一矩形渠槽（寬度 $b_1 = 15$ m）以漸變段銜接一梯形斷面之渠道（寬度 $b_2 = 23$ m），若流量為 357 cms，渠槽底床較渠道底床高 0.5 m，且渠道之水深為 6.7 m，側坡比（V：H）為 1：2，假設無任何水頭損失且能量修正係數為 1.0，試求：

（一）渠槽之水深。（15 分）

（二）渠槽之斷面平均流速。（5 分）

參考題解

（一）依題意，比能方程式：$E_1 = E_2 + \Delta h$ ...（1），下標 1 為梯形渠，下標 2 為矩形渠

梯形渠計算：

$$A = (23 + 6.7 \times 2 \times 2 + 23) \times \frac{6.7}{2} = 243.9，V = \frac{Q}{A} = \frac{357}{243.9} = \frac{1.464m}{s}，$$

$$F_{r1} = \frac{V}{\sqrt{gD}} = 0.2112(\text{亞臨界流})，E_1 = 6.7 + \frac{1.464^2}{2 \times 9.81} = 6.81m，$$

代入（1）式可得 $E_2 = 6.31m$

又矩形渠 $E_C = 1.5y_C = \sqrt[3]{\frac{q^2}{g}} = 5.8m < E_2(OK)$，再由 $E_2 = 6.31 = y + \frac{Q^2}{2gA^2}$

→ 解得 $y = 5.3m$

（二）矩形渠面積 $= 5.3 \times 15 = 79.5\ m^2$，則平均流速 $v = \frac{Q}{A} = \frac{357}{79.5} = 4.5\ m/s$

三、某一寬廣渠道具有二段不同縱坡之渠段，分別為 S_1 及 S_2，假設渠道之內面工材質完全一樣，當其水深比 $\frac{y_2}{y_1}=0.5$ 時，二渠段達等速流時，請回答下列問題：（每小題 10 分，共 20 分）

（一）以曼寧公式計算之平均速度比 $\frac{v_2}{v_1}=$？

（二）以蔡斯（Chezy）公式計算之平均速度比 $\frac{v_2}{v_1}=$？

參考題解

由於渠寬 B>>>>水深，故水力半徑 R ≅ 水深 y

故曼寧公式可簡化為：$v=\frac{1}{n}y^{\frac{2}{3}}S_0^{\frac{1}{2}}$，蔡斯公式 $=C\sqrt{yS_0}$

（一）$\frac{v_2}{v_1}=\frac{\frac{1}{n}y_2^{\frac{2}{3}}S_2^{\frac{1}{2}}}{\frac{1}{n}y_1^{\frac{2}{3}}S_1^{\frac{1}{2}}}=\left(\frac{y_2}{y_1}\right)^{\frac{2}{3}}\left(\frac{S_2}{S_1}\right)^{\frac{1}{2}}=0.63\left(\frac{S_2}{S_1}\right)^{\frac{1}{2}}$

（二）$\frac{v_2}{v_1}=\frac{C\sqrt{y_2S_2}}{C\sqrt{y_1S_1}}=\sqrt{0.5\times\frac{S_2}{S_1}}=0.71\times\sqrt{\frac{S_2}{S_1}}$

四、某一觀測站觀測一水面平均寬度約 500 m 之河川，今上游突然發生洪水，在觀測站處之流量估計約 8000 cms，水位上升率約 0.5 m/hr，試以一維變量流理論估算：（每小題 10 分，共 20 分）

（一）此時距此觀測站上游 1 km 處之洪水流量約多少 cms？

（二）此時距此站下游多遠處之洪水量約為 6000 cms？

參考題解

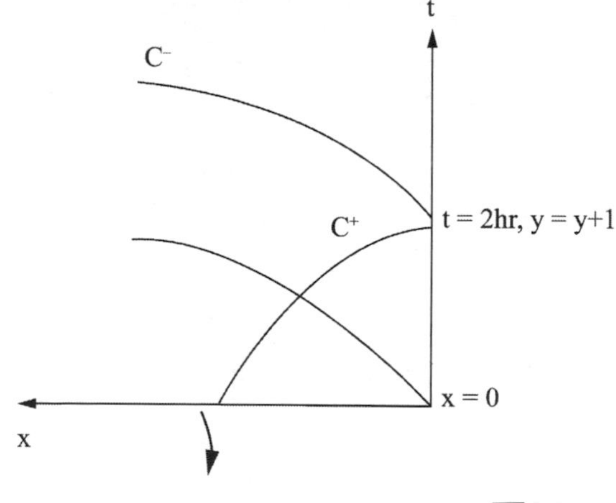

（一）如圖，已知 Q = 8000cms，假設矩形斷面，觀測站初始水深 y，則 $q=\frac{8000}{500}=\frac{16m^2}{s}$，$v_0=\frac{16}{y}$，$y_0=y$，$c_0=\sqrt{gy}$

由 C^-：$\frac{-1}{\Delta t}=v_2-\sqrt{g(y+1)}$ ...（1）

C^+：$\frac{16}{y}+2\sqrt{gy}=v_A+2\sqrt{g(y+1)}$ ...（2）未知數過多，已知太少，無法求解⋯

（二）同上，因未知數不足無法求解。

五、一梯形斷面之渠道，水深為 2.0 cms，底寬為 6 m，側坡比為 1：1，今因某種因素干擾產生一高度為 0.8 m 之正湧浪，求其湧浪之波速（celerity）為多少？（20 分）

參考題解

依題意，判斷應為正湧浪向下游前進，且題目敘述不清，假設 Q = 2CMS，水深 y = 2m

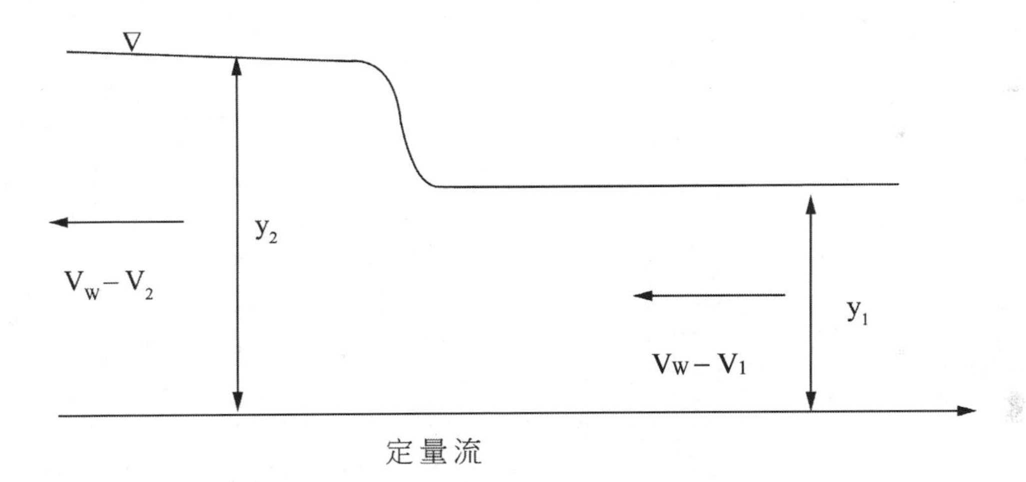

C-E：

$$Q_r=(V_w-V_2)A_2=(V_w-V_1)A_1\ \text{...（1）}$$

其中

$$P=\gamma A\bar{y}，\bar{y}=\frac{y^2}{6A}(2my+3b)=\frac{y^2}{6A}(2y+3b)，m=\frac{H}{V}$$

計算得

$$\bar{y}_1=0.917m，\bar{y}_2=1.25m，A_1=16m^2，A_2=24.61m^2，V_1=\frac{Q}{A}=0.125\ m/s$$

由 M-E：

$$\bar{y}_1\times A_1+\frac{Q^2}{g\times A_1}=\bar{y}_2\times A_2+\frac{Q^2}{g\times A_2}$$

$$\Rightarrow 14.67+\frac{Q_r^2}{9.81\times A_1}=30.84+\frac{Q_r^2}{9.81\times A_2}$$

$$\Rightarrow 16.17=\frac{Q_r^2}{9.81}\times\left(\frac{1}{A_1}-\frac{1}{A_2}\right)$$

$$=\frac{Q_r^2}{9.81}\times\left(\frac{1}{16}-\frac{1}{24.61}\right)$$

$$\Rightarrow Q_r=85.17$$

代回（1）

$$Q_r=(V_w-V_1)\times A_1$$

$$\Rightarrow 85.17=(V_w-0.125)\times 16$$

$$\Rightarrow V_w=5.45(m/s)$$

特種考試地方政府公務人員考試試題／水資源工程學

一、請試述下列名詞之意涵：（每小題 5 分，共 20 分）

（一）因砂率（trap efficiency）

（二）基載發電

（三）水錘（water hammer）

（四）水庫運轉規線（rule curve）

參考題解

（一）因砂率：當含砂水流進入水庫（或沈砂池）後，因流速減緩，而逐漸沈降至底床，至水流出水庫時，水流攜帶之沈滓已有部分沈降在水庫中。因砂效率即為沈降於水庫之沈滓量與上游水流攜帶進入水庫沈滓量之比率。

（二）基載發電：基載發電，專門提供供電網路中，最低基本電功率的發電類型。這類型的發電會 24 小時以恆定的速率連續生產能源，以供給部分或所有給定區域供電網路的最低能源需求，通常基載發電的發電成本為最低，以達到連續發電之可能。

（三）水錘：當水流於長管路中流動，此時若將管路下游之閥門快速關閉，水流之流動具有慣性之動量，因此水流之慣性動量持續往前推擠，造成管內壓力急速上升，此現象即為水錘。

（四）水庫運轉規線：水庫運轉規線運轉規線就是水庫有效蓄水量的利用運轉，應與天然流量合併運用，以供用水，訂定水庫運轉規線，並設有上限、中限、下限及嚴重下限四條運轉之水位限制。

二、為何無法利用極端值第一型分布（EVI）推估重現期為 1 年的流量？（20 分）

參考題解

由極端值第一型分佈頻率因子

$$K_T = -\frac{\sqrt{6}}{\pi}\left[0.5772 + \ln\left(\ln\frac{T}{T-1}\right)\right]$$

將重現期 T = 1 代入，則無法計算 K_T 值，故無法利用第一型分佈推估重現期為 1 年之流量。

三、一水力發電計畫，預計要投入 220 億元，水力發電計畫預計營運 50 年，預計在停止運轉後仍有資產 20 億元。若每年的資本利息為 8%，營運操作費用為 3%，但每年可售出的電力為 25 億元，試問此計畫是否可行？（20 分）

參考題解

令現值 P，年值 A，終值 F，則 $A = P\left[\frac{i(1+i)^n}{(1+i)^n-1}\right]$，$A = F\left[\frac{i}{(1+i)^n-1}\right]$

採年值法，年成本：

$$A = 220\left[\frac{0.08(1.08)^{50}}{(1.08)^{50}-1}\right] + 220\times 0.03 - 20\left[\frac{0.08}{(1.08)^{50}-1}\right](\text{殘值})$$

$$= 17.98 + 6.6 - 0.03486 = 24.55(\text{億元})$$

每年獲利 25 億元 > 成本，故本計畫可行。

四、集水區面積 100 公頃請另用下列的資料及時間-面積法（time area method）推估單位為 m^3/s 的流量逕流歷線。（20 分）

時間及產流面積（contributing area）的關係為：

時間（min）	產流面積（ha）
0	0
5	3
10	9
15	25
20	51
25	91
30	100

超滲降雨分布為：

時間（min）	平均降雨強度（mm/h）
0~5	132
5~10	84
10~15	60
15~20	36

參考題解

(1) (min) t	(2) Q	(3) (ha-mm/hr) Q	(4) (m^3/s) Q
0	0	0	0
5	$3 \cdot 132$	396	1.1
10	$3 \cdot 84 + 6 \cdot 132$	1044	2.9
15	$3 \cdot 60 + 6 \cdot 84 + 16 \cdot 132$	2796	7.77
20	$3 \cdot 36 + 6 \cdot 60 + 16 \cdot 84 + 26 \cdot 132$	5244	14.57
25	$6 \cdot 36 + 16 \cdot 60 + 26 \cdot 84 + 40 \cdot 132$	8640	24
30	$16 \cdot 36 + 26 \cdot 60 + 40 \cdot 84 + 9 \cdot 132$	6684	18.57
35	$26 \cdot 36 + 40 \cdot 60 + 9 \cdot 84$	4092	11.37
40	$40 \cdot 36 + 9 \cdot 60$	1980	5.5
45	$9 \cdot 36$	324	0.9

$$表(4) = 表(3)\,(ha-mm/hr)\times 10^4\,(m^2/ha)\times\frac{1}{1000}(m/mm)\times\frac{1}{3600}(hr/s)$$

$$= 表(3)\times 2.778\times 10^{-3}$$

五、水庫的水位-蓄水關係為 $S = 0.015\,h^2$，水位-出流量關係為 $Q = 50h^{0.5}$，其中 S 為蓄水量；h 為堰頂至水面的水深；Q 為出流量。若堰頂的高程為 202 m，試利用下列資料計算最大出流量。（20 分）

時間（h）	0	4	8	12	16	20	24	28	32
入流量（m^3/s）	30	80	120	200	160	129	100	60	30

參考題解

因本題未給初始水深 h、初始出流量 O，故自行假設初始水深 h = 1m，且蓄水量 S 之單位應為 hm^3 較為合理。

進行下列計算，其中

$$\frac{2S}{\Delta t} + O_t = \frac{2(0.015h^2)}{14400}\times 10^6 - 50h^2 = 2.08h^2 + 50h^{0.5}$$

$$\frac{2S}{\Delta t} - O_t = \frac{2(0.015h^2)}{14400}\times 10^6 - 50h^2 = 2.08h^2 - 50h^{0.5}$$

再以試誤法求得水深 h 及出流量 O，由以下計算可得最大出流量為 154.1CMS

時間(hr)	入流量 I_t(cms)	$I_t + I_{t+1}$	$\frac{2S_t}{\Delta t} - O_t$	$\frac{2S_{t+1}}{\Delta t} + O_{t+1}$	出流量 O_t(cms)	h(m)
0	30	110	-47.92		50	1(假設)
4	80	200	-54.1	62.08	58.1	1.35
8	120	320	-63.86	145.9	104.88	4.4
12	200	360	-19.54	256.14	137.84	7.6
16	160	289	32.2	340.46	**154.1**	**9.5**
20	129	229	19.6	321.2	150.8	9.1
24	100	160	-23.4	248.6	136	7.4
28	60	90	-65.8	136.6	101.2	4.1
32	30	30	-23.76	24.2	23.98	0.23

特種考試地方政府公務人員考試試題／營建管理與土木施工學（包括工程材料）

一、設有一小型工程專案，其各作業之基本資訊及進度網圖如下所示。其中，初期規劃時因資訊不足，作業 A、B 及 C 之工期未知；但得知作業 D、E 及 F 乃屬要徑作業（Critical Activities）。根據上述說明與所提供之資訊，請問專案總工期為幾天？作業 A、B、C、D 是否可能擁有總浮時（Total Float, TF）、自由浮時（Free Float, FF）及干擾浮時（Interfering Float, IF）？若最後經評估後得知作業 A 的工期為 10 天，作業 B 的工期為 5 天，作業 C 的工期為 2 天，請以最早開始時間（Early Start Time, ES）為執行原則，繪製此專案之累積直接成本曲線。（25 分）

作業基本資料表：

作業名稱	工期（天）	直接成本（萬元／天）
A	未知	5
B	未知	20
C	未知	8
D	8	12
E	15	10
F	10	15
G	4	4

進度網圖：

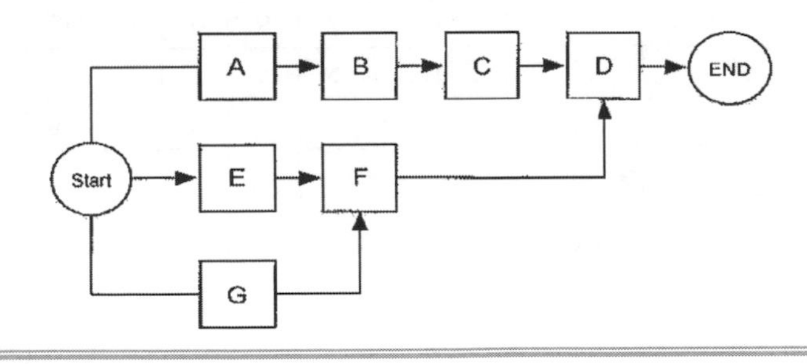

參考題解

（一）專案總工期：

專案要徑為 E→F→D，

專案總工期 $= D_E + D_F + D_D = 15 + 10 + 8 = 33$（天）

（二）作業 A、B、C、D 擁有浮時可能性：

1. 作業 A、B、C：

（1）非要徑，因此可能擁有浮時（總浮時、自由浮時及干擾浮時）。

（2）路徑無其他作業匯入與匯出，為 FS 關係，因此總浮時皆相同。

2. 作業 D：

為要徑，因此無浮時（總浮時、自由浮時及干擾浮時）。

（三）最早開始時間之累積直接成本曲線：

網圖計算如下：

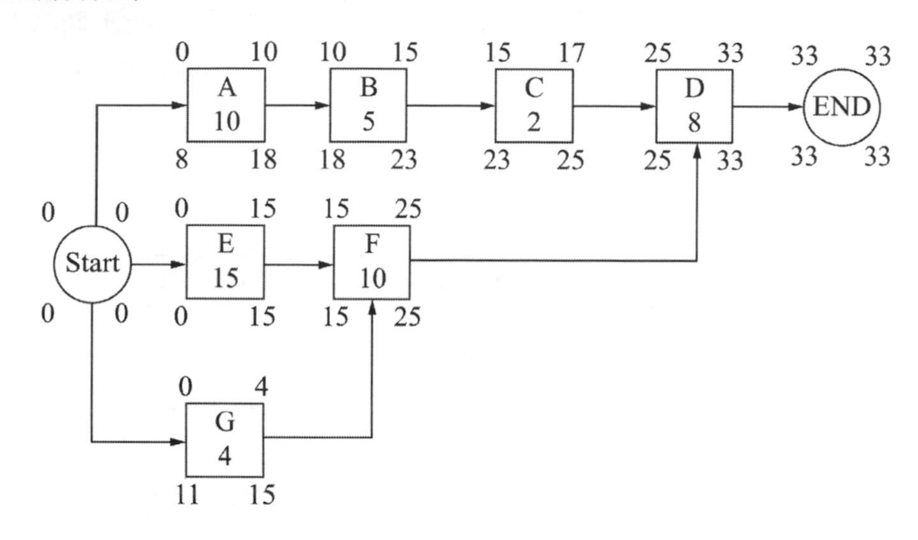

專案之累積直接成本計算如下：

假設成本支付在各期（單位）時間期末發生，列表計算於下：

	作業名稱	時間（天）																
		1	2	3	4	5	6	7	8	9	10	11	12	13	14	15	16	17
作業各期直接成本（萬元）	A	5	5	5	5	5	5	5	5	5	5							
	B											20	20	20	20	20		
	C																8	8
	D																	
	E	10	10	10	10	10	10	10	10	10	10	10	10	10	10	10		
	F																15	15
	G	4	4	4	4													
專案之各期直接成本（萬元）		19	19	19	19	15	15	15	15	15	15	30	30	30	30	30	23	23
專案之累積直接成本（萬元）		19	38	57	76	91	106	121	136	151	166	196	226	256	286	316	339	362

	作業名稱	時　　間（天）																
		18	19	20	21	22	23	24	25	26	27	28	29	30	31	32	33	
作業各期直接成本（萬元）	A																	
	B																	
	C																	
	D									12	12	12	12	12	12	12	12	
	E																	
	F	15	15	15	15	15	15	15	15									
	G																	
專案之各期直接成本（萬元）		15	15	15	15	15	15	15	15	12	12	12	12	12	12	12	12	
專案之累積直接成本（萬元）		377	392	407	422	437	452	467	482	494	506	518	530	542	554	566	578	

累積直接成本曲線圖如下：

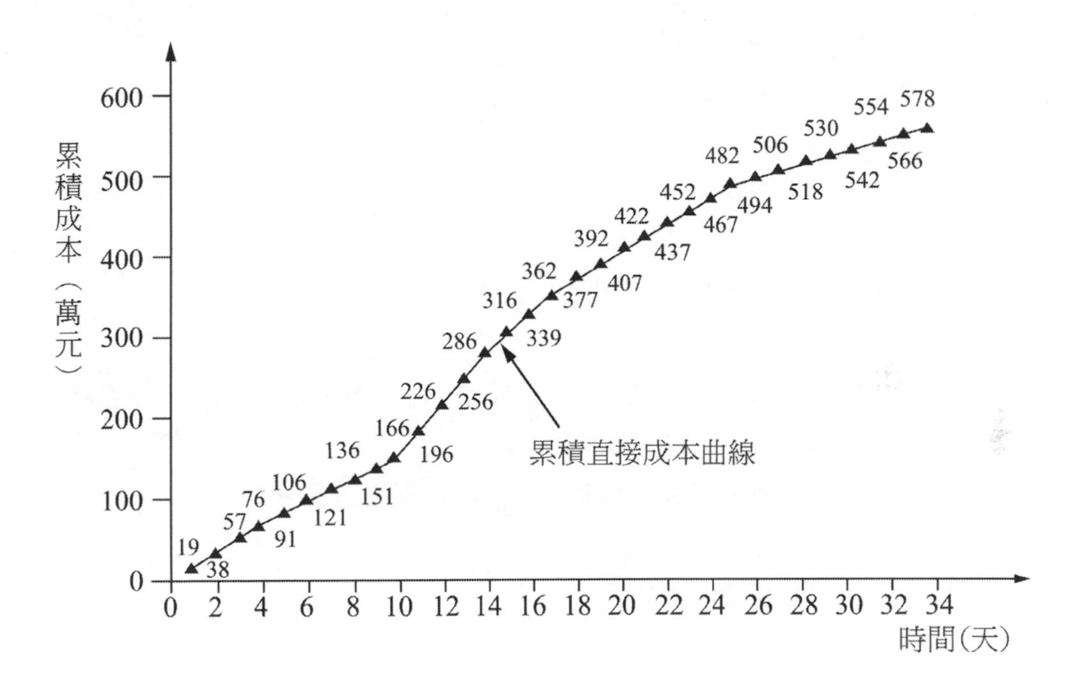

二、請說明五種在中華民國國家標準（CNS）或是美國材料試驗標準規範（ASTM）中關於粗粒料以及細粒料性質的試驗名稱及目的；此外，區分粗粒料以及細粒料的標準篩號為幾號篩？（25 分）

參考題解

（一）試驗名稱及目的：

1. CNS 486 A3005：

（1）名稱：粗細粒料篩析法。

（2）目的：

①規定以試驗篩藉篩分測定粒料顆粒粗細分佈（級配）之標準方法。

②測定粒料之級配，其結果可判定粒料顆粒粗細分佈是否合於規範之要求。

③對不同粒料產品或含粒料混合物之產製提供管控數據。

④混凝土配比設計參數。

⑤可用於推導空隙率與緊密度間關係。

2. CNS 487 A3006：

（1）名稱：細粒料密度、相對密度（比重）及吸水率試驗法。

（2）目的：

①規定多量細粒料顆粒（不含顆粒間空隙體積）之平均密度、相對密度（比重）及吸水率之標準試驗方法。

②對不同細粒料產品或混凝土之產製提供管控數據。

③混凝土配比設計參數。

④計算粒料空隙率。

3. CNS 488 A3007：

（1）名稱：粗粒料密度、相對密度（比重）及吸水率試驗法。

（2）目的：

①規定多量粗粒料顆粒（不含顆粒間空隙體積）之平均密度、相對密度（比重）及吸水率之標準試驗方法。

②對不同粗粒料產品或混凝土之產製提供管控數據。

③混凝土配比設計參數。

④可用於計算粒料空隙率。

4. CNS 490 A3009：

（1）名稱：粗粒料（37.5mm 以下）洛杉磯磨損試驗法。

（2）目的：

①規定最大粒徑為 37.5mm 以下之粗粒料，以洛杉磯磨損試驗儀測定磨損率之標準試驗方法。

②對不同粗粒料產品或混凝土之產製提供抗磨損性能管控數據。

5. CNS 1164 A3028：

（1）名稱：細粒料中有機物含量試驗法。

（2）目的：

①規定初步測定用於水泥砂漿或水泥混凝土之細粒料中有機不純物含量之標準試驗方法。

②初步判定細粒料是否符合 CNS 1240〔預拌混凝土〕中有關有機不純物允收要求。

③對細粒料中有機不純物達到有害含量，提出警示。

（二）粗粒料以及細粒料分界篩號：

1. CNS 規範：試驗篩 4.75mm CNS 386（簡稱試驗篩 4.75mm）。

2. ASTM 規範：ASTM No.4 試驗篩。

註：CNS 487 舊有名稱為「細粒料比重及吸水率試驗法」；CNS 488 舊有名稱為「粗粒料比重及吸水率試驗法」。

三、工程生命週期中，機關為保障工程之順利進行，遂產生「工程保證」的觀念。依政府採購法第 30 條第 3 項規定，訂定「押標金保證金暨其他擔保作業辦法」，以為機關辦理採購之參考。假設有一公共工程案預算金額為 15 億，某甲級營造業經公開招標、評分及格最低標程序，以 11 億 5,000 萬得標。請問該承攬廠商從投標、履約、驗收到最後之雙方權利義務終了，依據上開辦法，為保障業主權益，業主會合理要求廠商繳納那些保證金？請說明各類保證金之意義，依照各類保證金之繳納原則，各類保證金各需約繳納多少？（25 分）

參考題解

（一）保證金種類：

依工程生命週期發生次序如下：

1. 押標金：投標階段繳納。
2. 差額保證金：決標後簽約前繳納（依招標文件規定期限）。
3. 履約保證金：決標後簽約前繳納（依招標文件規定期限）。
4. 預付款還款保證：支領預付款前繳納。
5. 保固保證金：驗收合格付款前。
6. 其他經主管機關認定者：發生時間依其需求而定。

（二）各類保證金意義與繳納額度：

1. 各類保證金意義：

（1）押標金：保證得標廠商於期限內完成簽約程序。

（2）差額保證金：保證廠商標價偏低不會有降低品質、不能誠信履約或其他特殊情形之用。

（3）履約保證金：保證廠商依契約規定履約之用。

（4）預付款還款保證：保證廠商返還預先支領而尚未扣抵之預付款之用。

（5）保固保證金：保證廠商履行保固責任之用。

（6）其他經主管機關認定者：主管機關依工程特殊需求時之用。

2. 各類保證金額度：

（1）一般額度：

①押標金：

A. 得為一定金額或標價之一定比率，由機關於招標文件中擇定之。

前項一定金額，以不逾預算金額或預估採購總額之百分之五為原則；一定比率，以不逾標價之百分之五為原則。但不得逾新臺幣五千萬元。

B. 採單價決標之採購，押標金應為一定金額。

②差額保證金：

A. 總標價偏低者，擔保金額為總標價與底價之百分之八十之差額，或為總標價與本法第五十四條評審委員會建議金額之百分之八十之差額。

B. 部分標價偏低者，擔保金額為該部分標價與該部分底價之百分之七十之差額。該部分無底價者，以該部分之預算金額或評審委員會之建議 金額代之。

③履約保證金：

A. 得為一定金額或契約金額之一定比率，由機關於招標文件中擇定之。

前項一定金額，以不逾預算金額或預估採購總額之百分之十為原則；一定比率，以不逾契約金額之百分之十為原則。

B. 採單價決標之採購，履約保證金應為一定金額。

④預付款還款保證：

得依廠商已履約部分所占進度或契約金額之比率遞減，或於驗收合格後一次發還，由機關視案件性質及實際需要，於招標文件中訂明。

廠商未依契約規定履約或契約經終止或解除者，機關得就預付款還款保證尚未遞減之部分加計利息隨時要求返還或折抵機關尚待支付廠商之價金。

前項利息之計算方式及機關得要求返還之條件，應於招標文件中訂明，並記載於預付款還款保證內。

⑤保固保證金：

得為一定金額或契約金額之一定比率，由機關於招標文件中擇定之。

前項一定金額，以不逾預算金額或預估採購總金額之百分之三為原則；一定比率，以不逾契約金額之百分之三為原則。

⑥其他經主管機關認定者：

依主管機關認定，並載明於招標文件中。

（2）減收額度：

①採電子投標之廠商：

機關得於招標文件規定採電子投標之廠商，其押標金得予減收一定金額或比率。其減收額度以不逾押標金金額之百分之十為限。

②符合規定其他廠商之履約及賠償連帶保證者：

公告金額以上之採購，機關得於招標文件中規定得標廠商提出符合招標文件所定投標廠商資格條件之其他廠商之履約及賠償連帶保證者，其應繳納之履約保證金或保固保證金得予減收。

前項減收額度，得為一定金額或比率，由招標機關於招標文件中擇定之。其額度以不逾履約保證金或保固保證金額度之百分之五十為限。

③優良廠商：

A. 機關辦理採購，得於招標文件中規定優良廠商應繳納之押標金、履約保證金或保固保證金金額得予減收，其額度以不逾原定應繳總額之百分之五十為限。

B. 繳納後方為優良廠商者，不溯及適用減收規定；減收後獎勵期間屆滿者，免補繳減收之金額。

④全球化廠商：

A. 機關辦理非條約協定採購，得於招標文件中規定全球化廠商應繳納之押標金、履約保證金或保固保證金金額得予減收，其額度以不逾各原定應繳總額之百分之三十為限，不併入前條減收額度計算。

B. 繳納後方為全球化廠商者，不溯及適用減收規定；減收後獎勵期間屆滿者，免補繳減收之金額。

本題無底價、預付款與符合減收額度等資訊，假設本工程係以預算金額 15 億為核定底價，無預付款、未符合減收額度等條件，計算各類保證金額度如下：

（1）押標金：

$1{,}500{,}000{,}000 \times 5\% = 75{,}000{,}000 \leqq 50{,}000{,}000$（採用一定金額）

$1{,}150{,}000{,}000 \times 5\% = 57{,}500{,}000 \leqq 50{,}000{,}000$（採用契約金額一定比率）

押標金繳納額度為 5000 萬元。

（2）差額保證金：

1,500,000,000 × 80% − 1,150,000,000 = 50,000,000

差額保證金繳納額度為 5000 萬元。

（3）履約保證金：

1,150,000,000 × 10% = 115,000,000

履約保證金繳納額度為 1 億 1500 萬元。

（4）預付款還款保證：無。

（5）保固保證金：

1,500,000,000 × 3% = 45,000,000（採用一定金額）

1,150,000,000 × 3% = 34,500,000（採用契約金額一定比率）

保固保證金繳納額度為 4500 萬元或 3450 萬元(依招標文件規定方式而定)。

註：1. 依「押標金保證金暨其他擔保作業辦法」之規定，押標金與保證金係分別條列。因此，第 8 條條文中之保證金種類不包括押標金，但押標金亦有保證金之屬性，故題解中列入。

2. 「預付款還款保證」多以銀行開發或保兌之不可撤銷擔保信用狀、銀行之書面連帶保證或保險公司之保證保險單之方式繳納，故雖有類似保證金之效果，但名稱上僅稱「保證」。

四、水泥乃工程經常使用之材料，請問卜特蘭水泥四種主要成分為何？請就水化以及強度發展的特性分別進行說明。另請依據其凝結特性說明為何預拌混凝土（Ready-mixed Concrete）可以在遠處的預拌廠送至現場施工？（25 分）

參考題解

（一）卜特蘭水泥四種主要成分與特性：

1. 矽酸三鈣（$3CaO \cdot SiO_2$；簡寫為 C_3S）：
   水化速率快（水化熱高），強度發展快（早期強度次高，晚期強度最高）。
2. 矽酸二鈣（$2CaO \cdot SiO_2$；簡寫為 C_2S）：
   水化速率甚慢（水化熱甚低），強度發展甚慢（早期強度最低，晚期強度次高）。
3. 鋁酸三鈣（$3CaO \cdot Al_2O_3$（簡寫為 C_3A）：
   水化速率甚快（水化熱甚高），強度發展甚快（早期強度最高，晚期強度次低）。
4. 鋁鐵酸四鈣（$4CaO \cdot Al_2O_3 \cdot Fe_2O_3$；簡寫為 C_4AF）：

水化速率慢（水化熱低），強度發展慢（早期強度次低，晚期強度次最低）。

（二）預拌混凝土可以在遠處的預拌廠送至現場施工之原因：

除水泥製造時，水泥廠藉添加適量二水石膏，延遲鋁酸三鈣之水化速率外，預拌混凝土廠常藉以下方法，延遲凝結時間，降低水化熱，以利遠運施工：

1. 摻用緩凝摻料：

   採用緩凝摻料（目前以高性能減水緩凝劑（Type G）為主），遲緩鋁酸三鈣與矽酸三鈣之水化反應，延遲混凝土凝結時間。

2. 以卜作嵐材料、水淬爐石粉取代部分水泥：

   利用卜作嵐材料（飛灰為主）、水淬爐石粉之卜作嵐反應，其反應速率遠低於水泥之水化反應，以降低混凝土早期水化熱，延遲混凝土凝結時間。

3. 使用混合水泥：

   混合水泥係於水泥製造時混合規定用量之卜作嵐材料或水淬爐石粉，其作用機理原同上。

4. 拌合水中混用冰水（低溫水）：

   氣溫高時，預拌廠常於拌合水中混用冰水（低溫水），以減少坍損，同時亦可防止因環境溫度高，使混凝土凝結過快現象。

107年 特種考試地方政府公務人員考試試題／水文學概要

一、說明（一）入滲容量與實際入滲率關係，何時兩者相等？（10分）（二）潛勢能蒸發散量與實際蒸發散量之關係，何時兩者相等？（10分）

參考題解

（一）入滲容量與實際入滲率

1. 入滲容量（Infiltration capacity）是在一定的地表條件下，土壤所能達到的最大入滲率，可視為一常數。
2. 入滲率（Infiltration rate）指單位時間的入滲量（mm/hr or cm/hr），常常隨著土壤含水量的多寡而遞減。
3. 在水份充分供給情況，例如降雨強度大時，實際入滲率等於入滲容量。

（二）潛勢能蒸發散量與實際蒸發散量

1. 潛勢能蒸發散量是一定氣象條件下的最大蒸發量。
2. 實際蒸發散量為單位時間地面（包含土壤、水面、植物）蒸發散失水量（mm/day）。
3. 當水的供應無缺，短莖植物完全覆蓋地面，且實際在生長的狀況下，實際蒸發散量與大面積的開闊水體表面上的蒸發量是一致的，就等於潛勢能蒸發散量。

二、說明下列土壤物理特性：（每小題5分，共20分）

（一）孔隙率（Porosity）。

（二）田間保水容量（Field Capacity）。

（三）凋萎點（Wilting Point）。

（四）土壤水分滲漏（Percolation）與土壤物理特性關係為何？

參考題解

（一）孔隙率

孔隙率是土壤孔隙空間佔土壤體積之比例，即

$$\eta = \frac{V_a + V_w}{V_s}$$

其中η為孔隙率，Vs為土樣全部體積；Va及Vw分別為空氣、液態水份在土壤中之體積。

（二）田間保水容量

定義為土壤水分在重力水排除後，微管水之移動極緩，此時之剩餘土壤含水量。

（三）凋萎點

當土壤中的水份含量無法足夠供應植物所需時，因而使植物發生枯萎現象者，即稱為凋萎點。

（四）土壤水分滲漏與土壤物理特性關係

滲漏為水分入滲後，在不飽和帶中向下移動的過程。影響水分滲漏的土壤物理特性包括：土壤種類、粒徑、含水量、孔隙率、溫度等特性。

1. 質地愈粗以及土壤構造愈發達（粗孔隙）愈發達，則其土壤水分移動速率愈大。
2. 土壤含水量高，水分滲漏速率隨之降低。
3. 土壤溫度高，水的黏滯性降低，滲漏速度提高。

三、有一湖泊面積為 10 km^2，在 6 月下雨量為 164 mm，流入湖泊流量 1.2 m^3／秒，流出湖泊的流量為 1.1 m^3／秒，在這個月觀測到湖泊水位上升 100 mm。假設湖泊沒有側流與地下水的流入或流出，試問湖泊在這個月的蒸發量為何？（20分）

參考題解

以湖泊水體周圍為系統控制邊界，則

降雨量 + 流入量 － 流出量 － 蒸發量 = 水體變化量

$$164\ \ mm + (1.2 - 1.1)\frac{m^3}{sec} \times 30\ \ day \times \frac{86{,}400\ \ sec}{day} \times \frac{1}{10\ \ km^2 \times \frac{10^6 m^2}{km^2}} \times \frac{10^3 mm}{m} - E$$

$$= 100\ \ mm$$

上式可以解出蒸發量 E = 89.92 mm。

四、下表為一集水區下雨 10 分鐘（min）之流量歷線，已知基流量為 0.01 m^3／秒與有效雨量為 5 mm，試問：（每小題 10 分，共 20 分）

（一）集水區面積為多少公頃？

（二）如下一場 20 分鐘延時總有效雨量為 10 mm，試問流量為何？

時間（分鐘 min）	0	10	20	30	40	50	60
流量（m^3／秒）	0.01	0.11	0.11	0.21	0.01	0.01	0.01

參考題解

（一）集水區面積

時間（分鐘 min）	0	10	20	30	40	50	60
流量（m^3／秒）	0.01	0.11	0.11	0.21	0.01	0.01	0.01
直接逕流量（m^3／秒）	0	0.1	0.1	0.2	0	0	0

直接逕流體積 ＝ 有效降雨體積

假設集水區面積為 A (ha)

$$(0.1+0.1+0.2)\frac{m^3}{sec}\times 10\ \ min\times\frac{60sec}{min}=A(ha)\times 5\ \ mm\times\frac{10^4m^2}{ha}\times\frac{m}{10^3mm}$$

$\therefore A = 4.8\ \ ha$

（二）降雨流量歷線

將此場 20 分鐘延時總有效雨量為 10 mm 之降雨拆解

= 10 分鐘延時有效降雨 5mm + 10 分鐘延時有效降雨 5mm 兩場降雨。

時間（分鐘 min）	0	10	20	30	40	50	60
流量（m^3／秒）	0.01	0.11	0.11	0.21	0.01	0.01	0.01
第一場 直接逕流量（m^3／秒）	0	0.1	0.1	0.2	0	0	0
第二場 直接逕流量（m^3／秒）	-	0	0.1	0.1	0.2	0	0
基流量（m^3／秒）	0.01	0.01	0.01	0.01	0.01	0.01	0.01
總流量（m^3／秒）	0.01	0.11	0.21	0.31	0.21	0.01	0.01

五、在排水設計中常利用合理化公式來決定尖峰流量，試回答下列問題：

（一）畫圖說明降雨強度-延時-頻率曲線。（5 分）

（二）如何決定合理化公式裡的設計暴雨強度？（10 分）

（三）若希望連續兩年均發生排水不及淹水之機率不要超過 1%，試問設計暴雨應採用重現週期至少為何？（5 分）

參考題解

（一）降雨強度-延時-頻率曲線

1. 降雨強度隨著降雨延時增加而減低。
2. 相同降雨延時，重現週期愈長，降雨強度愈高。

3. 降雨強度-延時-頻率曲線。

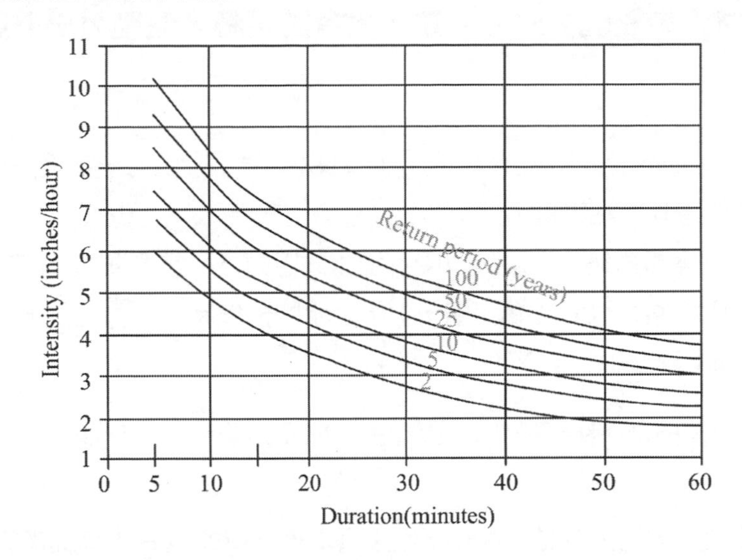

（二）合理化公式的設計暴雨強度

1. 估算集水區之集水時間，亦即集水區任一點流至出水口所需時間的最大值。
2. 將此集水時間設定為降雨延時，再依選擇之降雨重現週期，由降雨強度-延時-頻率曲線，或相關公式計算，即可得到設計暴雨強度。

（三）設計暴雨重現週期

假設符合要求之暴雨重現週期至少為 T 年，則

$$\left(\frac{1}{T}\right)^2 \leq 0.01$$

$\therefore T \geq 10$ （年）

107年 特種考試地方政府公務人員考試試題／流體力學概要

一、有一直徑 D 為 4 cm 的桌球，重 W 為 0.025 N（牛頓），由游泳池池底釋放，桌球向上浮，一下子便達其終端速度 U。

（一）試寫出桌球達終端速度時所受到池水的阻力 F（或稱拖曳力 Drag force）與阻力係數相關之公式（參考圖一），池水的密度為 ρ 。（圖中 cylinder：圓柱，sphere：圓球）（5 分）

（二）試繪圖說明達終端速度時，桌球所有的受力情形。（球體積 $V=\frac{4}{3}\pi\left(\frac{D}{2}\right)^3$ ）（5 分）

（三）根據圖一的阻力係數 C_D 圖，假設桌球達終端速度時的流況雷諾數介於 5×10^4 至 10^5，試算出終端速度 U（$\rho=1000\ kg/m^3$）。（10 分）

（四）已知當時池水的運動黏性係數 ν 為 $1\times10^{-6}\ m^2/s$，試檢查流況雷諾數是否真的介於 5×10^4 至 10^5 之間？若否，試說明應該如何修正？（5 分）

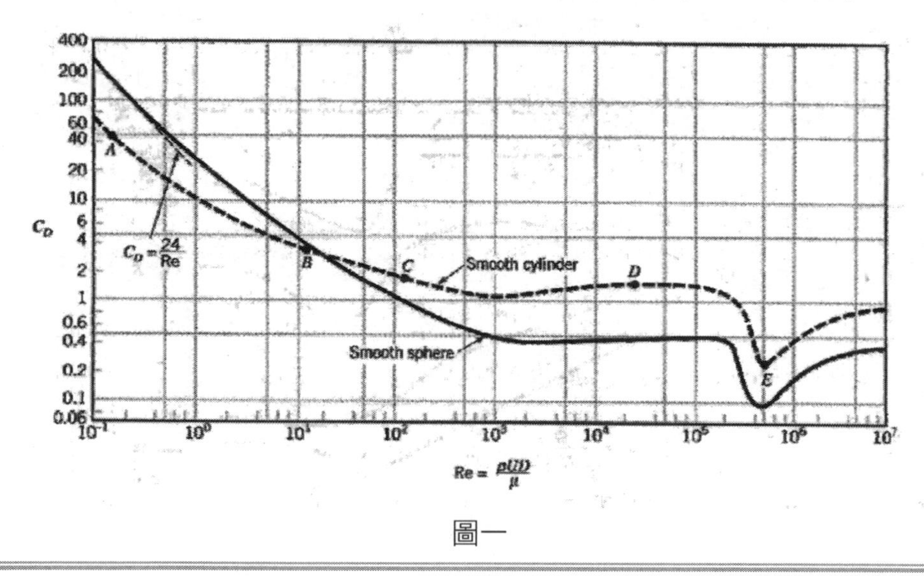

圖一

參考題解

（一）光滑圓球 $C_D=\frac{24}{Re_D}$(光滑圓球) $=\frac{F}{\frac{1}{2}\rho U^2A_D}$(定義)…（1），其中 $A_D=\frac{1}{4}\pi D^2$

由（1）可得 $F=\frac{\pi}{8}\times C_D\times\rho U^2\times D^2$

（二）如圖，當達終端速度時為力平衡狀態，即 F + B = W，其中 W = 重力，F = 阻力，B = 浮力。

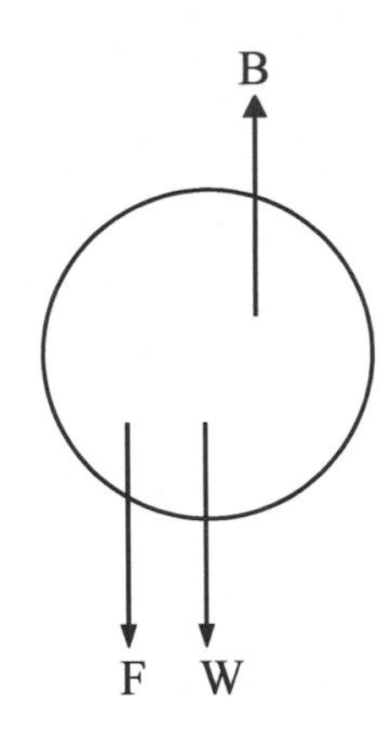

（三）查圖得知當 $R_e = 5\times10^4 \sim 10^5$時，$C_D = 0.5$，此時 $F = \frac{\pi}{8}\rho U^2 D^2 C_D$

浮力 $B = \frac{\pi}{6}\rho g D^3 = \frac{\pi}{6}\times 9810\times(0.04)^3 = 0.3287N$，

由 B = F + W：

$$0.3287 = \frac{\pi}{8}\rho U^2 \times D^2 \times C_D + 0.025 \Rightarrow 0.3287 = \frac{\pi}{8}\times(1000)\times U^2\times(0.04)^2\times 0.5 + 0.025$$

$U = 0.983$

（四）$R_e = \frac{\rho UD}{\mu} = \frac{U\cdot D}{\gamma} = \frac{0.983\times0.04}{1\times10^{-6}} = 39320 = 3.92\times10^4$

$\Rightarrow R_e$介於$5\times10^4 \sim 10^5$之間

$\Rightarrow \therefore$不用修正。

二、如圖二所示，一束水柱由下往上沖，離開圓孔噴嘴時的速度為 V_0 = 10 m/s，噴嘴口的直徑 D_0 = 2 cm 水柱垂直向上一段距離 h = 4 m 之後，可單獨支撐一塊水平圓盤（重 W）。

（一）經過 h 的向上距離後，水柱的流速由 V_0 變成 V_1，V_1 會比 V_0 大或小？理由為何？（5分）

（二）試以伯努力（Bernoulli）方程式計算 V_1 為何？並列出所需的假設。（5分）

（三）試以動量方程式計算圓盤重量 W 為多少 kg？試繪出動量方程式所依據的控制體積（Control Volume）以及各種受力。（10分）

（四）若將水平圓盤改為同樣重的碗，如圖三，其他條件不變，且碗重仍由水柱支撐，則 h 會增加或減少？理由為何？（5分）

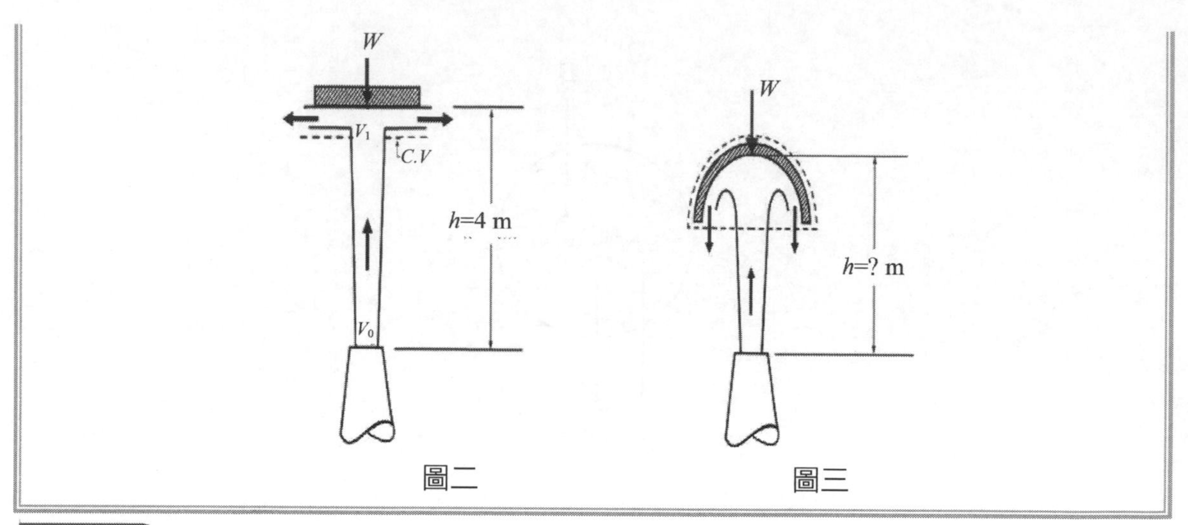

圖二　　圖三

參考題解

（一）V_1 會比 V_0 大或小

V_1 會比 V_0 小，因為水往上流動過程中，位能增加，故動能減少，所以速度降低。

（二）以伯努力（Bernoulli）方程式計算 V_1

$$z_0+\frac{V_0^2}{2g}=z_1+\frac{V_1^2}{2g}$$

$$\therefore V_1=\sqrt{V_0^2-2g(z_1-z_0)}=\sqrt{V_0^2-2gh}=\sqrt{(10)^2-2\times 9.81\times 4}=4.64\left(\frac{m}{sec}\right)$$

（三）圓盤重量 W

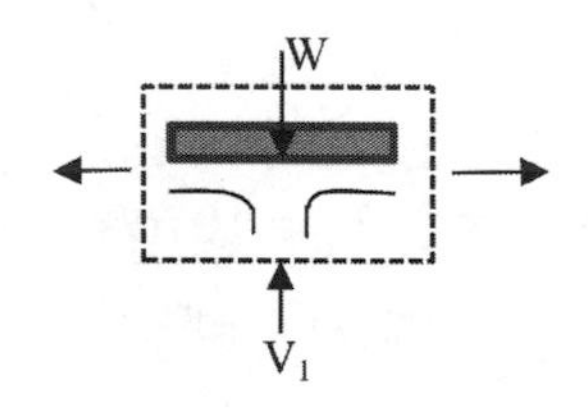

y 軸方向動量方程式：

$$-\mathrm{W}=-\rho Q V_1$$

$$\therefore \mathrm{W}=\rho(AV_1)V_1=\frac{\pi}{4}\rho D_0^2V_0V_1=\frac{\pi}{4}(1000)(0.02)^2(10)(4.64)=14.6\ \ (N)$$

（四）將水平圓盤改為同樣重的碗

y 軸方向動量方程式：

$$-\mathrm{W}=\rho Q(-V_1-V_1)$$

$$\therefore \mathrm{W}=\frac{\pi}{2}\rho D_0^2V_0V_1$$

$$\therefore 14.6 = \frac{\pi}{2}(1000)(0.02)^2(10)V_1$$

$$V_1 = 2.32\left(\frac{m}{sec}\right)$$

$$V_1 = \sqrt{V_0^2 - 2gh}$$

$$2.32 = \sqrt{(10)^2 - 2 \times 9.81 \times h}$$

$$h = 4.82(m)$$

所以 h 增加。

因為水流經碗時，產生之動量較大，所以可撐起的高度較高。

三、某一山區小鎮要評估未來的水源開發計畫，如圖四。其中包含於 A 處建一水庫，並以抽水方式引水至 B 處的山頂，再由 B 處以重力流方式輸水 至 D 處。此重力流的高程差可用來發電，若於 C 處建立水輪機組，則所發的電力，可輸送至 A 水庫的抽水機組，將庫水抽至 B 處。假設下列的效率係數百分比：水輪機 80%，發電機 90%，電力輸送線 95%，抽水機組 60%，設計流量為 0.178 cms。（圖上的 L、D、f 分別為輸水管長度、內徑以及管流損失摩擦因子）

（一）A 處至 B 處及 B 處至 D 處的管流摩擦損失分別為多少 m？（5 分）

（二）若將 A 至 B 的管流損失增加至抽水揚程的估算，且考慮抽水機組的效率 係數以及電力輸送效率，則抽水機組需消耗多少功率（KW）？（10 分）

（三）B 處至 D 處的可發電高程差若扣掉管流損失，且考慮水輪機與發電機的效率，則 C 處的發電將可獲得多少功率（KW）？是否足以提供 A 水庫的抽水機組所需？（10 分）

（四）若水流之運動黏滯係數為 10^{-6} m^2/s，則管流之雷諾數為何？（5 分）

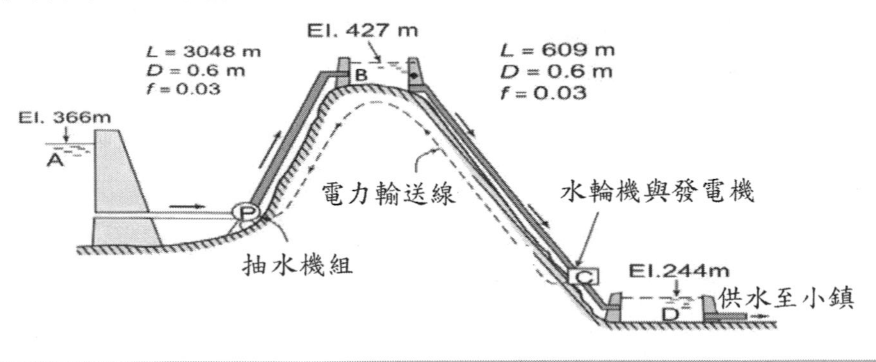

圖四

參考題解

（一）管流損失（主要損失）$= f\frac{L}{D}\frac{v^2}{2g}$，其中 $v = \frac{Q}{A} = \frac{0.178}{\frac{\pi}{4}(0.6)^2} = 0.63m/s$

$$h_{f(A-B)} = 0.03 \times \frac{3048}{0.6} \times \frac{0.63^2}{2 \times 9.81} = 3.08m$$

$$h_{f(B-D)} = 0.03 \times \frac{609}{0.6} \times \frac{0.63^2}{2 \times 9.81} = 0.616m$$

（二）由 A-B 兩點之 E-E：

$$\frac{P_A}{\gamma} + \frac{v_A^2}{2g} + Z_A + H_P = \frac{P_B}{\gamma} + \frac{v_B^2}{2g} + Z_B + h_{f(A-B)} \ldots（1），$$

其中 $P_A = P_A = P_{atm}$，$v_A = v_B = \frac{0.63m}{s}$，$Z_A = 366m, Z_B = 427m$

代入（1）式：$366 + H_P = 427 + 3.08 \rightarrow H_P = 64.08m$

如考慮抽水機組效率 60%，電力輸送線 95%，則抽水機需消耗功率

$$= \frac{\gamma Q H_P}{0.6 \times 0.95} = \frac{9.81 \times 0.178 \times 64.08}{0.6 \times 0.95} = 196.3KW$$

（三）由 B-D 兩點之 E-E：

$$\frac{P_B}{\gamma} + \frac{v_B^2}{2g} + Z_B = \frac{P_D}{\gamma} + \frac{v_D^2}{2g} + Z_D + h_{f(B-D)} + h_t \ldots（2）$$

其中 $P_B = P_D = P_{atm}$，$v_B = v_D = \frac{0.63m}{s}$，$Z_B = 427m$，$Z_B = 244m$

$h_t =$ 山頂水庫的水衝擊水輪機、發電機等之損失水頭

則（2）式：$427 = 244 + 0.616 + h_t \rightarrow h_t = 182.4m$

考慮效率，則實際可輸出功率

$= 182.4 \times 9.81 \times 0.178 \times (0.8 \times 0.9 \times 0.95)$

$= 217.8KW >$ 抽水機需消耗功率 196.3KW，可供應抽水機所需功率

（四）$R_e = \frac{\rho VD}{\mu} = \frac{VD}{\gamma} = \frac{0.63 \times 0.6}{10^{-6}} = 378000$

四、如圖五上視圖，當我們站在海邊沙灘上，常可看到數百公尺外的波浪因風向之故，其傳遞方向並非垂直於沙灘，但通常在接近沙灘時，因水深漸淺，會慢慢轉向以致於波峰或波前（wave crest）平行於沙灘，並產生碎波拍打沙灘。試以淺水波之方程式 $c=\sqrt{gh}$ ，來說明此一現象的原因。c 為波速，g 為重力加速度，h 為水深。（20 分）

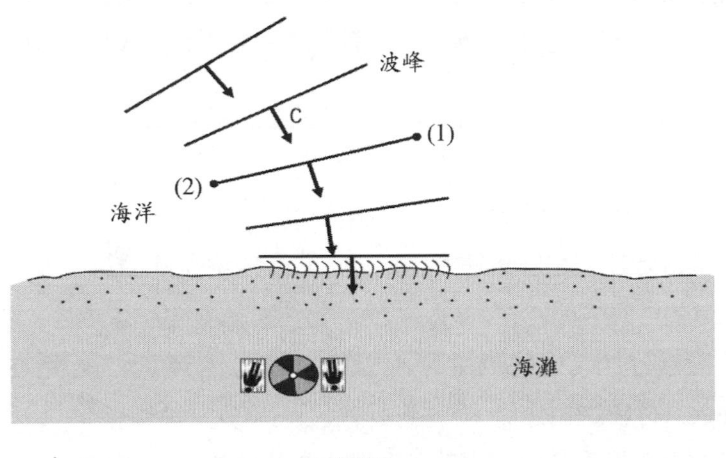

圖五

參考題解

當水深小於 1/20 波長時，稱為淺水波，波速僅與水深有關，公式為 $C=\sqrt{gh}$，式中 h 為水深，單位為公尺，由公式可知波速為定值，僅與水深有關，且波速方向恆與波峰垂直。

特種考試地方政府公務人員考試試題／土壤力學概要

一、依統一土壤分類法（USCS），對劃分礫石、砂土、粉土和黏土間界線之粒徑大小或標準篩號為何？（10 分）若依美國州公路與交通官方協會（AASHTO）分類法，又是如何？（10 分）

參考題解

（一）依統一土壤分類法（USCS）：

1. 礫石含量百分比：也就是通過 76.2mm 篩孔停留在 4 號篩（篩孔 4.75mm）材料之百分比。
2. 砂土含量百分比：也就是通過 4 號篩（篩孔 4.75mm）停留在 200 號篩（篩孔 0.075mm）材料之百分比。
3. 粉土與黏土含量百分比：也就是通過 200 號篩（篩孔 0.075mm）材料之百分比。

（二）依美國州公路與交通官方協會（AASHTO）分類法：

1. 礫石：通過開孔 75mm 的篩，而停留在美國標準 10 號篩（篩孔 2mm）之部分。
2. 砂土：通過美國標準 10 號篩（篩孔 2mm），而停留在美國標準 200 號篩（篩孔 0.075mm）之部分。
3. 粉土與黏土：通過美國標準 200 號篩之部分。

二、試說明淺基礎單位面積之承載應力公式為何？（10 分）承載應力分別和基礎在地盤內之深度及基礎本身尺寸大小有何關係？（10 分）

參考題解

（一）Terzaghi 連續條形基礎極限承載應力公式：

$$q_u = cN_c + qN_q + \frac{1}{2}\gamma BN_\gamma$$

N_c、N_q、N_γ：稱為承載力因素（bearing capacity factor）

$$N_c = \cot\varphi\left[\frac{e^{2\left(\frac{3\pi}{4}-\frac{\varphi}{2}\right)\tan\varphi}}{2\cos^2\left(\frac{\pi}{4}+\frac{\varphi}{2}\right)} - 1\right] = \cot\varphi\,(N_q - 1)$$

$$N_q = \frac{e^{2\left(\frac{3\pi}{4}-\frac{\varphi}{2}\right)\tan\varphi}}{2\cos^2\left(\frac{\pi}{4}+\frac{\varphi}{2}\right)}$$

$$N_\gamma = \frac{1}{2}\left(\frac{K_{p\gamma}}{\cos^2\varphi}-1\right)\tan\varphi$$ 其中 $K_{p\gamma}$：被動土壓力係數

（二）1. $qN_q = \gamma D_f N_q$：覆土壓力（產生壓制效果）的貢獻，基礎埋置深度 D_f 越大，則 q_u 越大。

2. $\frac{1}{2}\gamma BN_\gamma$：基礎底下土壤單位重及基礎寬度的貢獻，基礎本身尺寸 B 越大，則 q_u 越大。

三、試回答下列問題：

（一）何謂壓密？（5 分）

（二）壓密試驗可得到那些土壤參數？（10 分）

（三）壓密試驗得到之土壤參數，有何用途？（5 分）

參考題解

（一）簡而言之，超額孔隙水壓隨時間而消散（或排除）的過程，稱為壓密。

（二）試驗採用單向度壓密試驗（一般為雙向排水）可得到土壤參數如下：壓縮係數 a_v、體積壓縮係數 m_v、壓縮指數 C_c、膨脹指數 C_s、再壓指數 C_r、預壓密應力 σ'_c、壓密係數 C_v、滲透係數 $k = C_v m_v \gamma_w$ 等。

（三）壓密試驗得到之各項土壤參數可作為計算土壤最終壓密沉陷量、某時之平均壓密度或某時某位置之單點壓密度、完成某目標壓密度所需之時間、評估加速完成目標壓密度所需的外加載重、計算某時土壤滲透係數等。

四、試說明圓錐貫入試驗（CPT）和標準貫入試驗（SPT），兩者進行方式有何不同？（10 分）得到結果有何不同？（5 分）就取得土樣與否，有何不同？（5 分）

參考題解

（一）CPT 和 SPT 兩者進行方式的不同與得到結果的不同如下：

當達預定之鑽探深度時，取下鑽頭並將取樣器置於鑽孔底部，鑽桿頂端以夯錘打擊將取樣器貫入土中。夯錘標準重為 63.5kg（140 磅），且每次打擊鎚的落高為 76cm（30in）。取樣器每次貫入 15cm（6in），共貫入三次，將最後兩次累加所需之打擊數，即為該深度之標準貫入次數（standard penetration number），簡稱為 N 值。此現地之試驗過程，則稱之為標準貫入試驗（SPT），可以利用 N 值推估土壤的剪力參數，可使用之經驗公式相當多。

圓錐貫入試驗（CPT）：

最初稱為荷蘭式圓錐貫入試驗（Dutch cone penetration test），係多功能的探測方法，可用以決定土壤剖面材料並估算其工程性質。此試驗又稱靜力貫入試驗，不需鑽孔即可進行，係將底面積 $10cm^2$ 之 $60°$ 圓錐，套筒側面積為 $150cm^2$，以 20mm/sec 之速度連續貫入土層中，同時量測其貫入錐頭阻抗 q_c、套筒側面摩擦阻抗 f_s，可得摩擦比 F_r，用以研判推估相對密度、摩擦角、土壤彈性係數、土壤種類等工程性質。

（二）CPT 無法取樣，無法進行後續室內各種試驗；SPT 可進行取樣、進行各種室內試驗，求取土壤工程性質與參數。

五、何謂相對壓實度（Compaction Ratio）？（10 分）何謂壓密度（Degree of Consolidation）？（10 分）

參考題解

（一）土壤經取樣進行試驗室夯實試驗可得理論最大乾密度 $\gamma_{d,max}$，且該土壤經現地進行工地密度試驗所得之現場乾密度 γ_d，則相對夯實度（Relative Compaction）$R.C. = \gamma_d / \gamma_{d,max}$。

（二）壓密度（Degree of Consolidation）：指某時之土壤平均壓密度

$$平均壓密度\ U_{avg} = \frac{超額孔隙水壓消散面積}{超額孔隙水壓總面積} =$$

如指某個位置（單點），則稱單點壓密比 U_z

$$U_z = \frac{\Delta u_e}{u_{e,0}} = \frac{u_{e,0} - u}{u_{e,0}} = \frac{已消散的孔隙水壓}{超額孔隙水壓} = \frac{有效應力的增量}{超額孔隙水壓}$$

特種考試地方政府公務人員考試試題／水資源工程概要

一、（一）何謂安全出水量（safe yield）？（5 分）

（二）請說明里波圖（Ripple diagram），又稱累積曲線（Mass Curve），其目的與用途為何？（10 分）

（三）使用里波圖有那些假設與優缺點？（10 分）

參考題解

（一）安全出水量：在對水層（如地下水水量、水質）不產生不利的影響條件下，可從含水層抽取的地下水水量。

（二）里波圖（或累積曲線）目的與用途：可用於決定水庫欲產生一特定出水量之所需容量。

（三）里波圖之假設與優缺點：

1. 假設：

（1）需求線與累積曲線相交處，水庫為滿水。

（2）在非均勻的需求線須按年與累積曲線重合，EX.六月的累積需水量必須與六月的累積入流量相等。

2. 優缺點：

（1）優點：方便快速。

（2）缺點：須取得長期累積入流量之資料並繪圖。

二、（一）何謂最佳水力斷面（best hydraulic section）？（5 分）

（二）請問滿足三角形渠道之最佳水力斷面的條件為何？（10 分）

（三）試繪圖並推導出滿足三角形渠道之最佳水力斷面的條件？（10 分）

參考題解

（一）最佳水力斷面：

相同截面積下有最小濕周，此時有最大水力半徑與最大流量，即為最佳水力斷面。

（二）1. 三角形渠道最佳水力斷面：等腰直角三角形。

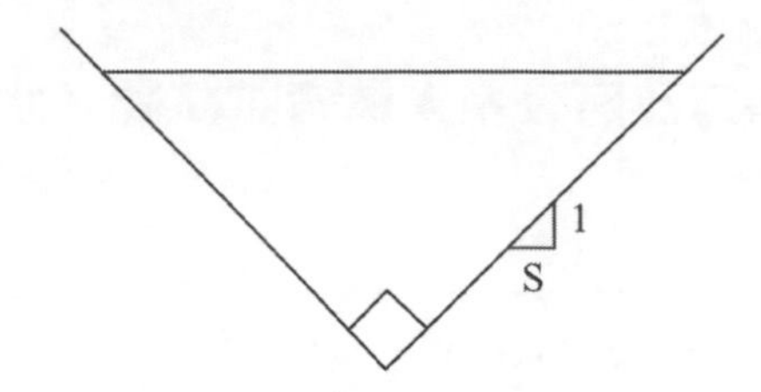

2. 推導（假設 H：V＝s：1）：

$$A = sy^2$$

$$P = 2\sqrt{1+s^2}y$$

$$P^2 = 4\left(s+\frac{1}{s}\right)A$$

濕周 P 一次微分為 0 時有最大值：$2P\frac{dP}{ds} = 4\left(1-\frac{1}{s^2}\right)A = 0 \rightarrow s = 1$，得證

三、應用對數常態分布（lognormal distribution）理論對某河川進行頻率分析，結果顯示重現期距 2 年的尖峰流量為 800 cms；重現期距 50 年的尖峰流量為 2500 cms。

（一）請問該河川重現期距 100 年的尖峰流量為何？（10 分）

（二）請問該河川在未來 25 年內不會發生超過 2000 cms 的機率為何？（15 分）

頻率因子 K ＼ 偏態係數 g	超越機率（%）									
	99	90	80	50	20	10	4	2	1	0.5
g＝0.2	-2.178	-1.258	-0.850	-0.033	0.830	1.301	1.818	2.159	2.472	2.763
g＝0.0	-2.326	-1.282	-0.842	0.000	0.842	1.282	1.751	2.054	2.326	2.576
g＝-0.2	-2.472	-1.301	-0.830	0.033	0.850	1.258	1.680	1.945	2.178	2.388

參考題解

（一）當 T＝2 年，P＝50% 時 Q＝800cms→$\log 800 = \overline{\log Q} + K_T\sigma_{\log Q}$ …（1）

T＝50 年，P＝2% 時 Q＝2500cms→$\log 2500 = \overline{\log Q} + K_T\sigma_{\log Q}$ …（2）

當 g＝0.2，解得 $\overline{\log Q} = 2.91$，$\sigma_{\log Q} = 0.2258$；g＝0， $\overline{\log Q} = 2.903$，$\sigma_{\log Q} = 0.241$

$g = -0.2, \overline{\log Q} = 2.894$，$\sigma_{\log Q} = 0.2589$

故重現期距 100 年，超越機率為 $\frac{1}{100} = 1\%$，此時之尖峰流量：

1. g＝0.2→$\log Q = 2.91 + 2.472 \times 0.2258 \rightarrow Q = 2939cms$
2. g＝0→$\log Q = 2.903 + 2.326 \times 0.241 \rightarrow Q = 2908cms$

3. g = –0.2→$\log Q = 2.894 + 2.178 \times 0.2589 \rightarrow Q = 2870cms$

（二）1. g = 0.2→$\log 2000 = 2.91 + K_T \times 0.2258 \rightarrow K_T = 1.73$，內插得 $P = 5.02\%$

P（25 年不發生）=（$1 - 0.0502$）^{25} $= 0.2759 = 27.59\%$

2. g = 0→$\log 2000 = 2.903 + K_T \times 0.241 \rightarrow K_T = 1.652$，內插得 $P = 5.27\%$

P（25 年不發生）=（$1 - 0.0527$）^{25} $= 0.2583 = 25.83\%$

3. g = –0.2→$\log 2000 = 2.894 + K_T \times 0.2589 \rightarrow K_T = 1.572$，內插得 $P = 5.54\%$

P（25 年不發生）=（$1 - 0.054$）^{25} $= 0.2405 = 24.05\%$

四、（一）何謂氧垂曲線（oxygen-sag curve）？（5 分）

（二）$D_t = \frac{K_1 L}{K_2 - K_1}\left(10^{-K_1 t} - 10^{-K_2 t}\right) + D_0 10^{-K_2 t}$ 為史垂特-菲爾普斯方程式（Streeter-Phelps equation），請說明該方程式中各符號之意義。（10 分）

（三）請問史垂特-菲爾普斯方程式是基於那些假設下推導而來？（10 分）

參考題解

（一）氧垂曲線：在河流受到有機物污染時，因微生物對有機物的氧化分解作用，水溶解氧發生變化，隨污染源到河流下游一定距離內，溶解氧由高到低，再回到原先溶氧量，此過程可繪成一條溶氧變化曲線，稱為氧垂曲線。

（二）方程式中各項符號之意義：

D_t：溶氧飽和差（$\frac{g}{m^3}$）

k_1：脫氧率（d^{-1}）

k_2：複氧率（d^{-1}）

L：水中有機物的初始需氧量（$\frac{g}{m^3}$）

D_o：初始缺氧差$\left(\frac{g}{m^3}\right)$

t：經過時間(d)，d 為天數（day）

（三）基本假設：

1. 流體流動為穩流（steady flow）。
2. 僅有單一 BOD 來源，且均勻分布於河流中。
3. 流動為柱狀流（plug flow）。

108
年度

108年 公務人員高等考試三級考試試題／流體力學

一、水流流經一水平管（內徑 $D = 15\text{cm}$），若假設摩擦因子 $f = 0.015$，體積流率為 $0.1\text{m}^3/\text{s}$，試求流經 100m 管長之壓力水頭差為多少？水之密度 ρ 為 1.0g/cm^3，重力加速度 g 為 9.81m/s^2。（20 分）

參考題解

（一）$h_f = f \times \dfrac{L}{D} \times \dfrac{V^2}{2g}$

$$= 0.015 \times \frac{100}{0.15} \times \frac{1}{2 \times 9.81} \times \left(\frac{0.1}{\frac{\pi}{4}(0.15)^2} \right)^2$$

$$= 16.32$$

（二）

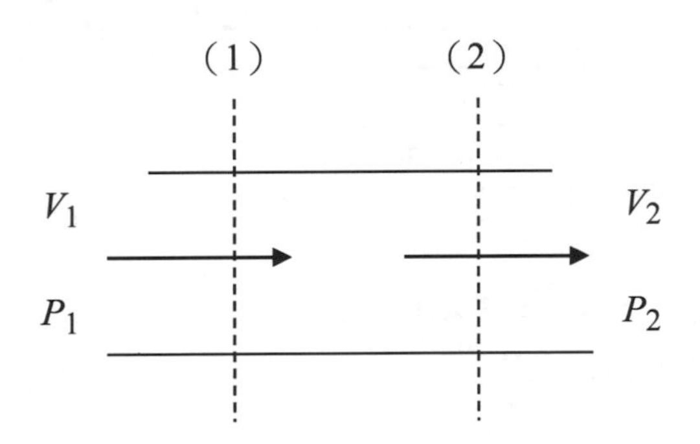

由 E-E：

$$\frac{P_1}{\gamma_w} + \frac{V_1^2}{2g} + Z_1 = \frac{P_2}{\gamma_w} + \frac{V_2^2}{2g} + Z_2 + h_L$$

$$\Rightarrow \begin{cases} V_1 = V_2 \\ Z_1 = Z_2 \end{cases}$$

$$\Rightarrow \frac{P_1}{\gamma_w} - \frac{P_2}{\gamma_w} = h_L = 16.32\ m$$

二、已知一壓縮性流體之速度場為 $\rho\vec{V} = (3x^2y\vec{i} - 2xy^3\vec{j})e^{-2t}$，其中，$\rho$ 表該流體密度，x, y 表直角座標，t 表時間。請推求當 $t = 1$ 時，通過點 $(1, 1)$ 之 $\dfrac{\partial \rho}{\partial t}$ = ？（20 分）

參考題解

由連續方程式之微分形式：$\frac{\partial\rho}{\partial t}+\nabla\cdot(\rho\vec{V})=0$

X 分量：$\frac{\partial\rho}{\partial t}+\frac{\partial}{\partial x}(3x^2ye^{-2t})=0\rightarrow\left(\frac{\partial\rho}{\partial t}\right)_x=-6xye^{-2t}$

Y 分量：$\frac{\partial\rho}{\partial t}+\frac{\partial}{\partial y}(-2xy^3e^{-2t})=0\rightarrow\left(\frac{\partial\rho}{\partial t}\right)_y=6xy^2e^{-2t}$

故當 t＝1，過點（1, 1）時之 $\frac{\partial\rho}{\partial t}=(-6e^{-2},6e^{-2})$

三、有一草地之噴水器示意如下圖，每一個噴嘴大小為 1.25 公分且每分鐘噴出 0.018 立方公尺之水量，若忽略摩擦力，試求：

（一）於噴嘴口相對於旋轉臂之出水速度為每秒多少公尺？（10 分）

（二）達到穩定旋轉時，旋轉臂之轉動速率 ω 為何？（10 分）

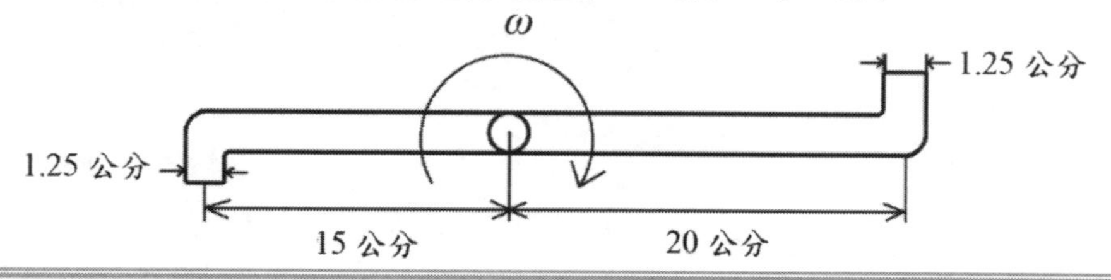

參考題解

（本題題意不明，假設本系統總流量為 0.018 立方公尺／分鐘）

（一）由題意，噴嘴口相對於旋轉臂之出水速度＝

$$\vec{V}_{水/管}=\frac{Q}{A}=\frac{0.018/60}{2\times\frac{\pi}{4}(0.0125)^2}=1.22m/s$$

（二）因忽略摩擦力，故 $\sum\vec{M}_{sys}=0$，即 $\oint(\vec{r}\times\vec{v})(\rho\vec{v}\cdot d\vec{A})=0$

其中 $\vec{v}=\vec{V}_{水/地}=\vec{V}_{管/地}+\vec{V}_{水/管}$，且將系統分為左右兩個控制體積，並另向上為正，則左邊控制體積之 $\vec{V}_{水/地}=0.15\omega-1.22$；右邊控制體積 $\vec{V}_{水/地}=-0.2\omega+1.22$，整體 $\oint(\vec{r}\times\vec{v})(\rho\vec{v}\cdot d\vec{A})=\rho Q[0.15(0.15\omega-1.22)+0.2(-0.2\omega+1.22)]=0$，故 $0.15(0.15\omega-1.22)+0.2(-0.2\omega+1.22)=0$，解得 $\omega=3.46rad/s$

四、某二維流場之速度分布如下：

$$u=\frac{1}{1+t}\text{，}v=1$$

試求此流場

（一）在 $t=1$ 時通過點 (1, 1) 之流線方程式。（10分）

（二）在 $t=1$ 時通過點 (1, 1) 之蹟線（或稱煙線）方程式。（10分）

參考題解

（一）求流線方程式：

由流線方程式：$\frac{dx}{u}=\frac{dy}{v}\rightarrow\frac{dx}{\frac{1}{1+t}}=dy$，積分可得 $\left(\frac{1}{1+t}\right)y=x+c, c$為常數

將 t = 1 時，X = Y = 1 代入上式，得 $c=\frac{-1}{2}$

將 c 代入（1）式，得流線方程式於 t = 1 時為：$y=2x-1$

（二）求煙線方程式：

已知

$$\begin{cases}u=\frac{dx}{dt}=\frac{1}{1+t}\\ v=\frac{dy}{dt}=1\end{cases}\text{，積分可得}\begin{cases}x=ln(1+t)+c_1\\ y=t+c_2\end{cases}\quad\cdots\cdots\cdots\cdots\cdots\cdots\cdots\cdots\cdots\cdots\cdots\cdots\text{（1）}$$

將$t=1$時x,y過 (1,1) 代入求常數 $c_1.c_2$

$$\rightarrow\begin{cases}1=\ln 2+c_1\rightarrow c_1=1-\ln 2=0.307\\ c_2=0\end{cases}$$

再將常數代回（1）式，可得煙線方程式$\begin{cases}x=\ln(1+t)+0.307\\ y=t\end{cases}$

五、一均勻流以層流方式流經一光滑水平平板，其流速分布為 $u(y)=U\left[\frac{3}{2}\frac{y}{\delta}-\frac{1}{2}\left(\frac{y}{\delta}\right)^{3}\right]$，式中，$U$ 表接近速度、δ 表邊界層厚度、y 為縱座標。試求：（答案以 δ 之函數表示）
（一）位移厚度。（10 分）
（二）動量厚度。（10 分）

參考題解

（一）求位移厚度 δ^*

由位移厚度定義： $\delta^* = \int_0^\delta \left(1-\frac{u}{U}\right)dy$

則本題 $\delta^* = \int_0^\delta \left\{1-\left[\frac{3}{2}\frac{y}{\delta}-\frac{1}{2}\left(\frac{y}{\delta}\right)^3\right]\right\}dy = \left[y-\frac{3}{4}\frac{y^2}{\delta}+\frac{1}{8}\frac{y^4}{\delta^3}\right]_0^\delta = \frac{3}{8}\delta$

（二）求動量厚度 θ：

由動量厚度定義： $\theta = \int_0^\delta \frac{u}{U}\left(1-\frac{u}{U}\right)dy$

則本題 $\theta = \int_0^\delta \left[\frac{3}{2}\frac{y}{\delta}-\frac{1}{2}\left(\frac{y}{\delta}\right)^3\right]\left\{1-\left[\frac{3}{2}\frac{y}{\delta}-\frac{1}{2}\left(\frac{y}{\delta}\right)^3\right]\right\}dy$

$= \int_0^\delta \left[\frac{3}{2}\left(\frac{y}{\delta}\right)-\frac{9}{4}\left(\frac{y}{\delta}\right)^2-\frac{1}{2}\left(\frac{y}{\delta}\right)^3+\frac{3}{2}\left(\frac{y}{\delta}\right)^4-\frac{1}{4}\left(\frac{y}{\delta}\right)^6\right]dy$

$= \left[\frac{3}{4}\frac{y^2}{\delta}-\frac{3}{4}\frac{y^3}{\delta^2}-\frac{1}{8}\frac{y^4}{\delta^3}+\frac{3}{10}\frac{y^5}{\delta^4}-\frac{1}{28}\frac{y^7}{\delta^6}\right]_0^\delta \cong 0.139\delta$

108年 公務人員高等考試三級考試試題／水文學

一、一非拘限含水層（unconfined aquifer）之地表以固定的水量灌溉，其入滲率為 R。如下圖，若兩側邊有溝渠保持地下水位的平衡，試證明兩溝渠之間距 L 可以下式表示：

$$L^2=\frac{4K}{R}\left[h_m^2-h_0^2+2D\left(h_m-h_0\right)\right]$$

式中，K 為滲透係數（coefficient of permeability），R 為入滲率（$m^3/s/m^2$），渠寬忽略不計。（25分）

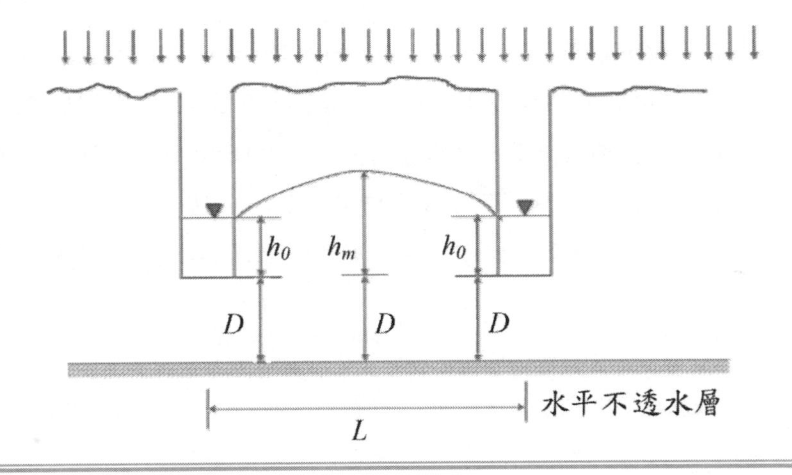

參考題解

土堤表面均勻補注量R，則定量流情況下之土堤滲流量，可用下式描述

$$\frac{d^2h^2}{dx^2}=-\frac{2R}{K}$$

其中 h 為水位高（自底部不透水層算起），上式積分得到

$$h^2=-\frac{R}{K}x^2+\mathrm{a}x+\mathrm{b}$$

式中a與b為常數，利用邊界條件 $(x=0\ ,\ h=D+h_0\quad ;x=L,\ h=D+h_0)$ 可得

$$\mathrm{a}=\frac{RL}{K}\text{，}\mathrm{b}=(D+h_0)^2$$

因此可得非限制含水層之滲流水面線為

$$h^2=(D+h_0)^2+\frac{RL}{K}x-\frac{R}{K}x^2$$

再利用水位左右對稱，$x=\frac{L}{2}$ 對應之水位為 $h=\mathrm{D}+h_m$ 代入上式

$$(D+h_m)^2=(D+h_0)^2+\frac{RL}{K}\cdot\frac{L}{2}-\frac{R}{K}\cdot\left(\frac{L}{2}\right)^2$$

$$D^2+2Dh_m+h_m^2=D^2+2Dh_0+h_0^2+\frac{RL^2}{2K}-\frac{RL^2}{4K}$$

$$\frac{RL^2}{4K}=D^2+2Dh_m+h_m^2-D^2-2Dh_0-h_0^2$$

$$L^2=\frac{4K}{R}[h_m^2-h_0^2+2D(h_m-h_0)]$$

二、假設某河川洪峰頻率分析符合甘保分布（Gumbel Distribution, Extreme Value Type I），已知重現期 50 年之洪峰流量為 2600 cms、重現期 5 年之洪峰流量為 1200 cms。

（一）假設目前防洪設施操作下，洪峰流量大於 3000 cms 則發生淹水，造成災損約 50 萬元，請問保險公司應設定多少保費才划算？（10 分）

（二）若保險公司希望在 5 年內賠償機率小於 5%，試問目前防洪設施是否可以滿足？（10 分）

參考題解

水文統計通式：

$$x_T=\mu+K_T\ \sigma$$

甘保（Gumbel）分布（極端值第一型分布）：

$$K_T=-\frac{\sqrt{6}}{\pi}\left[0.5772+\ln\left(ln\frac{T}{T-1}\right)\right]\quad\cdots\cdots\quad(0)$$

本題：

$$K_{50}=-\frac{\sqrt{6}}{\pi}\left[0.5772+\ln\left(ln\frac{50}{50-1}\right)\right]=2.59$$

$$K_5=-\frac{\sqrt{6}}{\pi}\left[0.5772+\ln\left(ln\frac{5}{5-1}\right)\right]=0.719$$

$$2600=\mu+(2.59)\sigma\quad\cdots\cdots\quad(1)$$

$$1200=\mu+(0.719)\sigma\quad\cdots\cdots\quad(2)$$

（1）－（2）得 $1400=1.871\sigma$ $\therefore\sigma=748$ （cms）代入（1）

$$\mu=2600-2.59(748)=663\ \ (cms)$$

（一）保費設定

求 3000 cms 對應之重現期距 T

$$3000 = 663 + K_T \times 748$$

$$\therefore K_T = 3.12$$

$$3.12 = -\frac{\sqrt{6}}{\pi}\left[0.5772 + \ln\left(ln\frac{T}{T-1}\right)\right]$$

$$\therefore \mathrm{T} = 98 \quad (\mathrm{yr})$$

$$保費 = \frac{500{,}000\ 元}{98\ 年} = 5102\ 元／年$$

（二）5 年內賠償機率小於 5%

5 年內發生機率小於 5%，則

$$1 - \left(1 - \frac{1}{T}\right)^5 < 5\%$$

$$\therefore \mathrm{T} > 98 \quad (yr)$$

所以恰可滿足。

三、某集水區面積 50 km²，其線性水庫蓄水常數 K＝2 小時、伽瑪函數（Gamma Function）參數 n＝2，試以 Nash's Model 推求該集水區之瞬時單位歷線（Instantaneous Unit Hydrograph, IUH）。若有一場降雨延時 2 小時，其有效降雨強度分別為 5cm/hr、8 cm/hr，試求該場降雨之直接逕流歷線（僅需列 8 小時）。（30 分）

參考題解

（一）瞬時單位歷線

第 n 個線性水庫出流量 Q_n：

$$Q_n = \frac{1}{K(n-1)!}\left(\frac{t}{K}\right)^{n-1} \cdot e^{-t/K}$$

已知 K＝2 hr，n＝2，代入上式

$$Q_n = \frac{1}{2\times(2-1)!}\left(\frac{t}{2}\right)^{2-1} \cdot e^{-t/2} = \frac{1}{4}t \cdot e^{-t/2}$$

瞬時單位歷線如下表第（2）欄位所示。

（二）降雨之直接逕流歷線

集水區面積為 50 平方公里，則

$$\text{平衡流量 } Q_e = \frac{A \times P_e}{t} = \frac{(50 \times 10^6 m^2)(0.01 \frac{m}{hr})}{\frac{3{,}600\ sec}{hr}} = 139\ \ m^3/sec$$

$$U(1,t) = \frac{1}{2}[IUH(t) + IUH\ (t-1)\ ] \times Q_e$$

降雨延時 2 小時，其有效降雨強度分別為 5cm/hr、8cm/hr 之直接逕流歷線

$Q = 5U(1,t) + 8U\ (1,t-1)$ 如下表第（7）欄位所示。

(1) t(hr)	(2) IUH(t)	(3) IUH (t-1)	(4) U (1,t)(cms)	(5) 5U (1,t)(cms)	(6) 8U (1,t-1)(cms)	(7) Q(cms)
0	0	-	0	0	-	0
1	0.152	0	10.6	53	0	53.0
2	0.184	0.152	23.4	117	84.8	201.8
3	0.167	0.184	24.4	122	187.2	309.2
4	0.135	0.167	21.0	105	195.2	300.2
5	0.103	0.135	16.5	82.5	168	250.5
6	0.075	0.103	12.4	62	132	194.0
7	0.053	0.075	8.9	44.5	99.2	143.7
8	0.037	0.053	6.3	31.5	71.2	102.7
9	0.025	0.037	4.3	21.5	50.4	71.9
10	0.017	0.025	2.9	14.5	34.4	48.9

四、有一集水區觀測站測得 12 小時內之總降雨量為 300 mm，由下游端之流量測站分析所得之流量歷線，計算出直接逕流量為 $1 \times 10^7\ m^3$。假設損失雨量以入滲量為最大，其他損失可予以忽略。試由此求出該次降雨後，第 10 小時之入滲率及 10 小時內之總入滲量。（25 分）

（假設 Horton 入滲率公式中，最終入滲率 fc = 0.25 mm/hr，衰減係數 k = 0.14/hr，集水面積為 50 km^2）

參考題解

集水區之有效降雨量

$$P_e = \frac{1 \times 10^7 m^3}{50 \times 10^6 m^2} = 0.2 \ \ m = 200 \ \ mm$$

降雨總入滲量為 $300 - 200 = 100\ (\text{mm})$，利用總入滲量計算起始入滲率

$$\mathrm{F} = f_c t + \frac{(f_0 - f_c)}{k}(1 - e^{-kt})$$

$$100 = 0.25 \times 12 + \frac{f_0 - 0.25}{0.14}(1 - e^{-0.14 \times 12})$$

$$f_0 = 16.94\left(\frac{mm}{hr}\right)$$

第 10 小時之入滲率為

$$f = f_c + (f_0 - f_c)e^{-kt}$$

$$f_{10} = 0.25 + (16.94 - 0.25)e^{-0.14 \times 10} = 4.37\left(\frac{mm}{hr}\right)$$

10 小時之總入滲量為

$$F_{10} = 0.25 \times 10 + \frac{16.94 - 0.25}{0.14}(1 - e^{-0.14 \times 10})$$

$$= 92.3 \quad (\text{mm})$$

108年 公務人員高等考試三級考試試題／渠道水力學

一、有一寬矩形渠道，其流速分布可近似為 $u = 0.6 + 0.4y$，式中 u 為流速（m/s），y 為水深（m）。當水深為 1.2m 時，試推求其動量校正係數（momentum correction coefficient）。（20分）

參考題解

動量校正係數 $\beta = \dfrac{\int v^2 dA}{\bar{V}^2 A}$，其中 $\bar{v} = \dfrac{Q}{A} = \dfrac{\int_0^{1.2}(0.6+0.4y)Bdy}{B \cdot 1.2} = 0.84\text{m/s}$

$$代入\ \beta = \frac{\int v^2 dA}{\bar{V}^2 A} = \frac{\int_0^{1.2}(0.6+0.4y)^2 Bdy}{(0.84)^2 B \cdot 1.2} = \frac{\int_0^{1.2}(0.16y^2+0.48y+0.36)dy}{(0.84)^2 \cdot 1.2}$$

$$= \frac{\left[\frac{0.16}{3}y^3 + \frac{0.48}{2}y^2 + 0.36y\right]\Big|_0^{1.2}}{0.847} = 1.02$$

二、對於梯形渠道而言，試證明正六邊形的一半為最佳水力斷面（best hydraulic section）。（20分）

參考題解

假設梯形渠底寬為 B，水平垂直比 = S:1，水深 y，則濕周 $P = B + 2\sqrt{1+s^2}y$

通水面積 $A = (B+sy)y \rightarrow B = \dfrac{A}{y} - sy$，代入 $P = \dfrac{A}{y} + y\left(2\sqrt{1+s^2} - s\right)$

依最佳水力斷面定義：當 A 為定值，而濕周 P 有最小值時，水力半徑 R 為最大

$\rightarrow$ 令 $\dfrac{dP}{ds} = 0 \rightarrow y\left(\dfrac{2s}{\sqrt{1+s^2}} - 1\right) = 0$，解得 $s = \dfrac{1}{\sqrt{3}}$，即邊角為 60°，為正六邊形

三、有一寬為 6 m 之矩形渠道，其設計流量為 100 cms。此渠道前半段之底床坡降為 0.01，後半段之底床坡降為 0.003，渠道之曼寧值為 0.015。試繪出其水面線並說明其理由。（20分）

參考題解

單寬流量 $q = \frac{100}{6} = \frac{16.7m^2}{s}$，臨界水深 $y_c = \sqrt[3]{\frac{q^2}{g}} = 3.05m$

（一）前半段：

$$A = 6y，P = 6 + 2y，R = \frac{A}{P} = \frac{6y}{6 + 2y}$$

由曼寧公式：

$$Q = AV = 100 = (A)\left(\frac{1}{n}R^{\frac{2}{3}}S_0^{\frac{1}{2}}\right) = (6y)\left[\frac{1}{0.015}\left(\frac{6y}{6+2y}\right)^{\frac{2}{3}}(0.01)^{\frac{1}{2}}\right]$$

→解得正常水深 $y_{n1} \cong 2.15m$，因 $y_{n1} < y_c$ 屬於陡坡 S

（二）後半段：

由曼寧公式：

$$Q = AV = 100 = (A)\left(\frac{1}{n}R^{\frac{2}{3}}S_0^{\frac{1}{2}}\right) = (6y)\left[\frac{1}{0.015}\left(\frac{6y}{6+2y}\right)^{\frac{2}{3}}(0.003)^{\frac{1}{2}}\right]$$

→解得正常水深 $y_{n2} \cong 3.35\text{m}$，因 $y_{n2} > y_c$ 屬於緩坡 M

（三）因水流由陡坡流至緩坡，必產生水躍，須確認水躍位置：

判別式：如陡坡正常水深 y_{n1} 之共軛水深 y_{n1}' 大於緩坡之正常水深 y_{n2}，則水躍發生在緩坡；反之，則發生在陡坡：

由水躍公式：

$$y_{n1}' = \frac{y_{n1}}{2}\left(-1 + \sqrt{1 + 8F_{r1}^2}\right)，其中 F_{r1}^2 = \frac{q^2}{gy^3} = \frac{16.7^2}{9.81 \times 2.15^3} = 2.86$$

故求得 $y_{n1}' \cong 7.69m > y_{n2}$，故可知水躍發生於緩坡

（四）故水面線繪製如下：

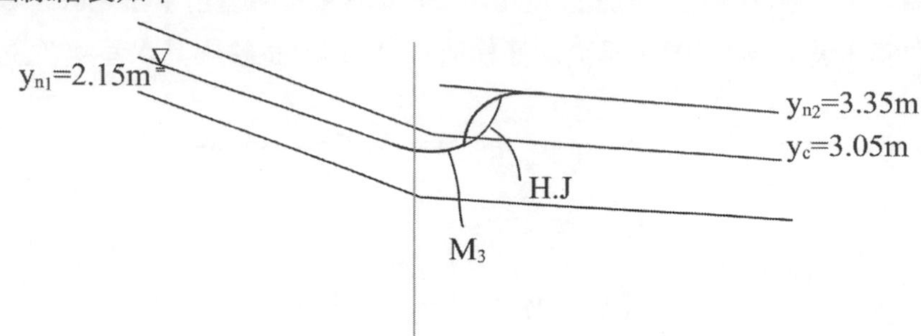

四、有一水壩，其蓄水深為 25 m，壩下游之寬廣河道為乾床狀態。當此水壩瞬間潰決，試求：（每小題 10 分，共 20 分）

（一）壩址處之水深及流速。

（二）潰壩後半小時距離壩下游 10 km 斷面處之水深及流速。

參考題解

（一）由負湧浪之水面剖線方程式：

$$\begin{cases} V(x,t) - 2C(x,t) = V_0 - 2C_0 \\ \dfrac{dx}{dt} = V(x,t) + C(x,t) \end{cases}$$

$$\rightarrow \frac{dx}{dt} = 3C(x,t) + V_0 - 2C_0 = 3\sqrt{gy(x,t)} + V_0 - 2C_0$$

$\therefore \dfrac{dx}{dt} = \dfrac{x-0}{t-0} = 3\sqrt{gy} + V_0 - 2C_0$，即 $x = \left(3\sqrt{gy} + V_0 - 2C_0\right)t$

於壩址處 $x = 0$， $V_0 = 0$ 代入上式，可解得

$$y = \frac{4}{9}y_0 = \frac{4}{9}\cdot 25 = 11.11\text{m}，V = -\frac{2}{3}c_0 = -\frac{2}{3}\sqrt{gy_0} = -\frac{2}{3}\sqrt{9.81\cdot 25}$$

$= -10.44\text{m/s}$（負號表示向下游）

（二）將 t = 1800(S)，x = –10000(m)， $V_0 = 0$ 代入 $x = \left(3\sqrt{gy} + V_0 - 2C_0\right)t$

解得該處水深 y = 7.52m，流速 V = –14.14m/s（負號表示向下游）

五、如下圖所示，假設矩形渠道閘門處局部損失及摩擦損失可忽略不計，斷面 ① 之比能 $E_1 = 1.2\ m$，斷面 ② 在自由流時之水深 $y_2 = 0.25\ m$，$\Delta z = 0.6\ m$。試求在此流況下之單寬流量及斷面 ④ 之水深。（20分）

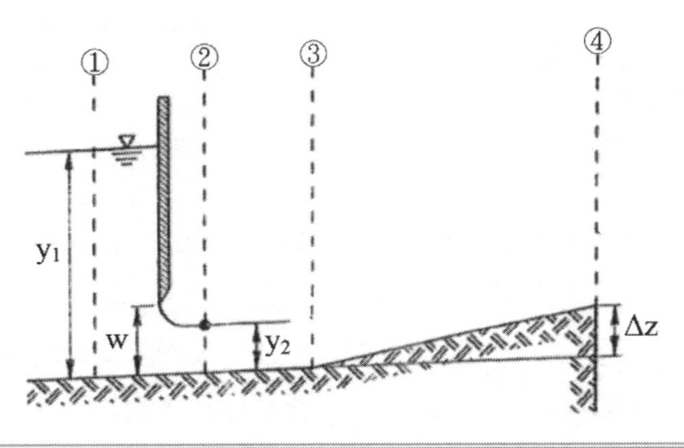

參考題解

假設無 choke 現象：

由 $E_1 = E_2 \rightarrow 1.2 = y_2 + \dfrac{q^2}{2g(y_2)^2} \rightarrow$ 解得單寬流量 $q = 1.079 m^2/s$

又 $E_2 = E_3 = E_4 + \Delta Z = 1.2 \cdots$（1），若 $E_4 < E_C$，將造成 choke

其中

$$E_C = 1.5y_c = 1.5\sqrt[3]{\frac{q^2}{g}} = 0.737m \rightarrow \text{代入（1）式得 } E_4 = 0.6 < E_C$$

→ 將造成 Choke（與假設不同），故斷面 4 之水深為 $y_c = 0.491m$

公務人員高等考試三級考試試題／水資源工程學

一、試述水力發電之方式及原理。（20分）

參考題解

水力發電之方式及原理：

（一）水庫式水力發電：以堤壩儲水形成水庫，最大輸出功率由水庫容積及出水位置與水面高度差距決定。此高度差稱揚程、落差或水頭，而水的勢能與揚程成正比。

（二）川流式水力發電：藉由河川之水力發電之形式，僅需要少量的水或不需儲存大量的水來進行發電的水力發電方式。通常會在發電廠所在溪流的上游興建一座小型水壩，以利於有足夠的水流量可進行發電，然後透過進水口、導水路，再進入壓力鋼管，將水以位能轉換動能向下衝入位在較低海拔高度的水輪機，水流進入水輪機後旋轉帶動發電機發電，後由尾水管吸出，最終排出發電廠。

（三）調整池式水力發電：調整池式水力發電為川流式水力發電與水庫式水力發電兩者的結合版，然而與上述兩種類型水力發電的不同在於，調整池式水力發電的蓄水池相較於川流式水力發電來的更大，攔水壩的規模也來的更大，並擁有蓄水的功能。調整池式水力發電可用來調節水力發電廠的用水量與河川自然流量差值，整體系統便可配合供電系統的負載需求。

（四）潮汐發電：潮汐能是指從海水面晝夜間的漲落中獲得的能量。在漲潮或落潮過程中，海水進出水庫帶動發電機發電。

（五）抽水蓄能式水力發電：抽水蓄能式水力發電為一種儲能方式，但並不是能量來源。當電力需求低時，多出的電力產能繼續發電，推動電泵將水泵至高位儲存，到電力需求高時，便以高位的水作發電之用。此法可以改善發電機組的使用率，在商業上非常重要。

參考資料：維基百科。

二、有一緊急溢洪道，如圖（a）所示。在設計護坦時須考慮水躍的長度 L，而 L 與 y_1、y_2、v_1 之關係，如圖(b)所示。已知溢洪道寬 15.25 m，溢頂之總流量為 180 cms，若 $y_1 = 0.8$ m，試求：

（一）水躍的長度（m）。（8 分）

（二）總能量損失（m）及馬力損失（功率）。（12 分）

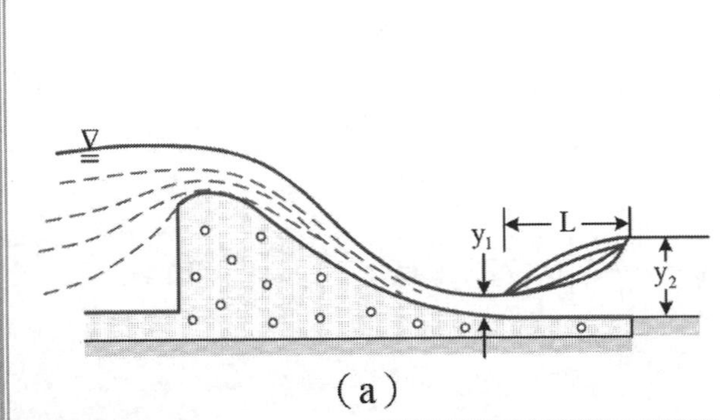

（a）

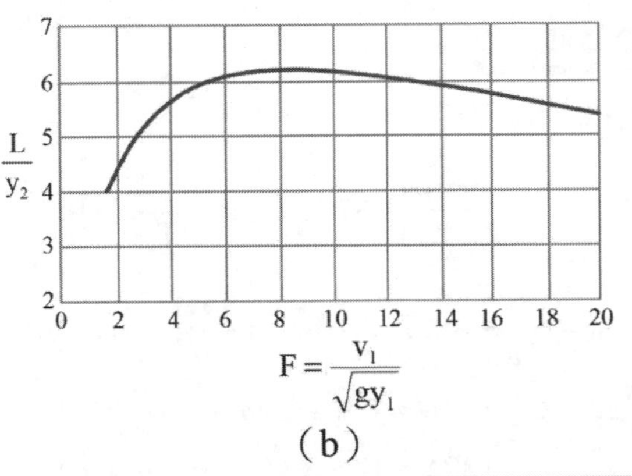

（b）

參考題解

已知 Q = 180cms，$y_1 = 0.8m, b = 15.25m$，故由 $Q = AV \rightarrow V_1 = \frac{Q}{A} = \frac{180}{0.8 \times 15.25} = \frac{14.75m}{s}$

（一）求水躍長度→須先求得福祿數再查圖

1. $F_1 = \frac{V_1}{\sqrt{gy_1}} = \frac{14.75}{\sqrt{9.81 \times 0.8}} = 5.265$

2. 由水躍公式求得水躍後水深 $y_2 = \frac{y_1}{2}\left(-1 + \sqrt{1 + 8F_1^2}\right) = 5.57\ m$

3. 查圖得 $\frac{L}{y_2} = 6.1 \rightarrow L = 5.57 \times 6.1 = 33.98\ m$

（二）總能量損失：

由 $\Delta E = \frac{(y_2 - y_1)^3}{4y_1y_2} = 6.089\ m$

功率 $= \dot{m}gh = \rho Qgh = 1 \times 180 \times 9.81 \times 6.089 = 10752\ kw$

三、某測站之年最大流量為甘保（Gumbel）分布，若已知 50 年及 100 年重現期距之流量分別為 1,148 m^3/sec 及 1,284 m^3/sec，試求：

（一）未來 5 年中發生 2 次或 2 次以上大於等於 500 m^3/sec 之機率。（10 分）

（二）現擬於該測站興建大壩，大壩施工時以圍堰保護大壩施工區，若在 3 年的施工期間只容許有 10% 的風險，試求圍堰的設計流量？（10 分）

參考題解

由 $Q = \overline{Q} + K_T\sigma$ ………（1）

其中 $K_T = \frac{-\sqrt{6}}{\pi}\left[0.5772 + \ln\ln\left(\frac{T}{T-1}\right)\right]$

$K_{50} = \frac{-\sqrt{6}}{\pi}\left[0.5772 + \ln\ln\left(\frac{50}{49}\right)\right] = 2.59$，$K_{100} = \frac{-\sqrt{6}}{\pi}\left[0.5772 + \ln\ln\left(\frac{100}{99}\right)\right] = 3.14$

依題意：$1148 = \overline{Q} + 2.59\sigma$ ………（1）

$1284 = \overline{Q} + 3.14\sigma$ ………（2）

→ 解得 $\overline{Q} = 507.5\ cms$

$\sigma = 247.3cms$

（一）令 $Q = 500$cms 代入 $Q = \overline{Q} + K_T\sigma \rightarrow 500 = 507.5 + K_T \cdot 247.3$

→ 解得 $T \cong 2.27$ 年

故 5 年內發生 2 次或 2 次以上大於等於 500cms 之機率 P

P = 1 − P（5 年內發生 1 次）− P（5 年內未發生）

$= 1 - c_1^5\left(1-\frac{1}{2.27}\right)^4\left(\frac{1}{2.27}\right) - \left(1-\frac{1}{2.27}\right)^5 = 1 - 0.216 - 0.055 = 0.729$

（二）依題意，3 年內僅有 10% 風險 = 1−P（3 年內皆未發生洪水）= 0.1，假設重現期距為 T

$\rightarrow 0.1 = 1 - \left(1-\frac{1}{T}\right)^3$ → 兩邊取對數可解得 $T = 29$ 年

$K_{29} = \frac{-\sqrt{6}}{\pi}\left[0.5772 + \ln\ln\left(\frac{29}{28}\right)\right] = 2.16$，故設計流量 $Q = \overline{Q} + K_{29}\sigma$

$= 507.5 + 2.16 \cdot 247.3 = 1041.67$ cms

四、某農場面積為 300 公頃，農場中三分之一面積設有一灌溉用蓄水池，以收集雨季之雨水，彌補乾旱季節雨水之不足。已知該農場之主要作物為玉米，試求 3 月份及 4 月份蓄水池水位變化為多少公分？（20 分）

註：（一）3 月份（計 31 天）之降雨量為 75 mm，池面蒸發量 = 130 mm，日照百分率 = 23.0%，平均溫度 = 30℃，作物係數 = 0.8。

4 月份（計 30 天）之降雨量為 80 mm，池面蒸發量 = 125 mm，日照百分率 = 20.0%，平均溫度 = 28℃，作物係數 = 1.0。

（二）可利用如下 Blaney-Criddle 修正公式計算農作物耗水量 u = KP(0.46T + 8)，其中，u：作物耗水量（mm/day）；T：溫度（℃）；K：作物係數；P = 日照百分率（%）

參考題解

依題意，玉米面積 200 公頃 = 2000000 平方公尺，蓄水池面積 100 公頃 = 1000000 平方公尺，

（一）3 月份：降雨量 P = 75mm，蒸發量 E = 130mm，作物需水量 $u = 0.8 \cdot 0.23(0.46 \times 30 + 8) = \frac{4.011mm}{day}$，月作物需水量 $= 4.011 \times 31 = 124.34mm$

採用水平衡法：

$$\mathrm{I} - \mathrm{O} = \Delta \mathrm{S} \rightarrow \frac{75}{1000} \times 1000000 - \frac{130}{1000} \times 1000000 - \frac{124.34}{1000} \times 2000000 = \Delta \mathrm{S}$$

$= -303680m^3$，故水位變化量 $\Delta h = \frac{\Delta \mathrm{S}}{A} = \frac{-303680}{1000000}$

$= -30.37cm$，即水位降低 30.37 公分

（二）4 月份：降雨量 P = 80mm，蒸發量 E = 125mm，作物需水量 $u = 1 \cdot 0.2(0.46 \times 28 + 8) = \frac{4.176mm}{day}$，月作物需水量 $= 4.176 \times 30 = 125.28mm$

採用水平衡法：

$$\mathrm{I} - \mathrm{O} = \Delta \mathrm{S} \rightarrow \frac{80}{1000} \times 1000000 - \frac{125}{1000} \times 1000000 - \frac{125.28}{1000} \times 2000000 = \Delta \mathrm{S}$$

$= -295560m^3$，故水位變化量 $\Delta h = \frac{\Delta \mathrm{S}}{A} = \frac{-295560}{1000000}$

$= -29.56cm$，即水位降低 29.56 公分

五、現有一溢洪道其設計重現期距為 25 年，亦即溢洪道的輸水容量係針對 25 年重現期距的洪水而設計的。當洪水超過設計流量時則造成災害，下表為不同程讚洪水所造成的災害，試求：

（一）此溢洪道的期望年災害損失費用（Expected annual damage）（忽略洪水重現期距高於 2000 年之災損）。（10 分）

洪水重現期距（年）	25	50	100	200	500	1000	2000
災害（千萬元）	0	100	300	380	440	480	520

（二）若擴大溢洪道容量，則其期望年災害隨之減少。以 D_T 和 D_{25} 分別為 T 年和 25 年設計重現期距時的期望年災害，兩者之關係如下式：

$$D_T = D_{25} \times e^{-0.007\,(T-25)}$$

又溢洪道由現有容量（設計重現期距為 25 年），擴建至其它較大容量時的費用如下表所示。假設年利率為 5%，溢洪道的壽命為 100 年。試求溢洪道的最佳設計重現期距。（10 分）

設計重現期距（年）	20	50	100	200	500	1000	2000
擴建費用（千萬元）	0	20	30	50	70	90	120

參考題解

（一）計算期望年災損費用如下：

洪水重現期距（年）	25	50	100	200	500	1000	2000	
發生機率	0.04	0.02	0.01	0.005	0.002	0.001	0.0005	
災害損失（千萬元）	0	100	300	380	440	480	520	合計
期望值	0	2	3	1.9	0.88	0.48	0.26	8.52

期望值 = 發生機率 × 災害損失

故期望年災損為 8.52（千萬元）

（二）計算如下，用年值法，並以淨效益法及益本比法計算。如採用淨效益法，應採 500 年重現期距；如採用益本比法，則應採用 200 年重現期距。

	C		B	B-C	B/C
設計重現期距（年）	年投資成本（千萬）	期望年災損	防洪效益（$=D_{25}-$期望年災損）		
25	0	D_{25}	0	0	
50	1	$0.839D_{25}$	$0.161D_{25}=1.372$	0.372	1.372
100	1.5	$0.592D_{25}$	$0.408D_{25}=3.476$	1.976	2.317333
200	2.5	$0.294D_{25}$	$0.706D_{25}=6.015$	3.515	**2.406**
500	3.5	$0.03597D_{25}$	$0.9640D_{25}=8.213$	**4.713**	2.346571
1000	4.5	$1.086*10^{-3}D_{25}$	$D_{25}=8.52$	4.02	1.893333
2000	6	$9.9*10^{-7}D_{25}$	$D_{25}=8.52$	2.52	1.42
			註：D_{25} 為第一小題答案=8.52		

（$A=P\times\dfrac{0.05（1.05）^{100}}{1.05^{100}-1}=0.05P$）

公務人員高等考試三級考試試題／土壤力學（包括基礎工程）

註：以下各題，若有計算條件不足，請自行作合理假設。

一、對某飽和黏土，進行一系列三次不壓密不排水試驗（UU），得到如下表之結果：（一）試繪此 UU 試驗之應力莫爾圓圖。（10 分）（二）試求此黏土之不排水剪力強度 Su 為何？（15 分）

試體編號	1	2	3
圍壓應力（kpa）	200	400	600
軸差應力（kpa）	222	218	220

參考題解

（一）設壓逆為正，僅繪莫爾圓上半部，繪題目 UU 試驗各應力莫爾圓如下：

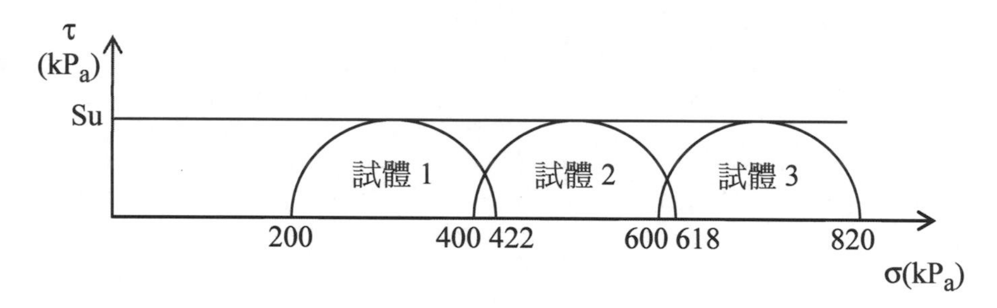

（二）不排水剪力強度為莫爾圓半徑，各試驗結果半徑差不多，取平均值

$$S_u = \frac{111 + 109 + 110}{3} = 110(KP_a)$$

二、如下圖所示，有一連續壁將構築在土層中，土層其單位重 $\gamma = 18kN/m^3$（地下水位以上和以下都是相同此單位重），剪力強度參數 c'= 0，ϕ'= 34°。這溝槽深度 H = 3.50m，穩定液的深度為 h1 = 3.35m，地下水位在溝漕底面以上 h2 = 1.85m。若穩定液側壓力 P 會抵抗潛在滑動楔形土塊 W，以保持壁體安全。潛在滑動面與水平面角 $\alpha = 45+\phi'/2$。（一）當安全係數採用 2 時，試計算穩定液單位重 γ_s 及滑動面上之正力 N 各為多少？（15 分）（二）當安全係數採用 1 時，試計算穩定液單位重 γ_s 及滑動面上之正力 N 各為多少？（10 分）

提示：$P + T*\cos\alpha - N*\sin\alpha = 0$ (1)

$W - T*\sin\alpha - N*\cos\alpha = 0$　　(2)

$P = 1/2*\gamma_s*h1^2$　　　$T = (N-U) * \tan\phi'$

$U = 1/2*\gamma_w*h2^2/\sin\alpha$　　　$\phi'_m = \tan^{-1}(\tan\phi'/FS)$

$T = (N-U)*\tan\phi'$

$\phi'_m = \tan^{-1}(\tan\phi'/FS)$

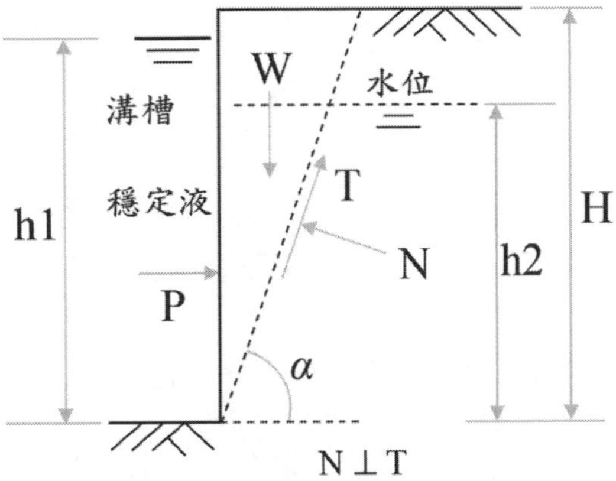

參考題解

（一）依題目提示，定義安全係數 $FS = \dfrac{\tan\phi'}{\tan\phi'_m}$，$\phi'_m$ 為滑動面發揮之摩擦角

當 FS = 2，得 $\phi'_m = \tan^{-1}\left(\dfrac{\tan\phi'}{FS}\right) = \tan^{-1}\left(\dfrac{\tan34}{2}\right) = 18.64°$

$$\alpha = 45 + \frac{\phi'_m}{2} = 54.32^\circ$$

取單位寬（1m）分析，

滑動楔形土塊重 $W = \dfrac{1}{2}\gamma\dfrac{H^2}{\tan\alpha} = \dfrac{1}{2}\times 18\times\dfrac{3.5^2}{\tan 54.32}\times 1 = 79.16\ kN$

穩定液側壓力 $P = \dfrac{1}{2}\gamma_s h1^2 = \dfrac{1}{2}\gamma_s 3.35^2\times 1 = 5.61\ \gamma_s$

滑動面上水壓力（和 N 同向）$U = \dfrac{1}{2}\gamma_w\dfrac{h2^2}{\sin\alpha} = \dfrac{1}{2}\times 9.8\times\dfrac{1.85^2}{\sin 54.32}\times 1 = 20.65\ kN$

滑動面上發揮之抗滑動力 $T = (N - U)\tan\phi'_m = (N - 20.65)\tan 18.64$

水平力平衡 $P + T\cos\alpha - N\sin\alpha = 0$，

$$P + (N - 20.65)\tan 18.64\times\cos 54.32 - N\sin 54.32 = 0$$

垂直力平衡 $W - T\sin\alpha - N\cos\alpha = 0$

$$79.16-(N-20.65)\tan 18.64\times\sin 54.32-N\cos 54.32=0$$

得滑動面上之正向力（單位寬度）$N=98.97kN$

穩定液側壓力（單位寬度）$P=65.02=5.61\gamma_s$

得穩定液單位重 $\gamma_s=11.59\ kN/m^3$

（二）當 $FS=1$，得 $\phi'_m=\phi'=34°$

$$\alpha=45+\frac{\phi'}{2}=62°$$

取單位寬（1m）分析，

滑動楔形土塊重 $W=\frac{1}{2}\gamma\frac{H^2}{\tan\alpha}=\frac{1}{2}\times 18\times\frac{3.5^2}{\tan 62}\times 1=58.62\ kN$

穩定液側壓力 $P=\frac{1}{2}\gamma_s h1^2=\frac{1}{2}\gamma_s 3.35^2\times 1=5.61\gamma_s$

滑動面上水壓力（和 N 同向）$U=\frac{1}{2}\gamma_w\frac{h2^2}{\sin\alpha}=\frac{1}{2}\times 9.8\times\frac{1.85^2}{\sin 62}\times 1=18.99\ kN$

滑動面上發揮之抗滑動力$T=(N-U)\tan\phi'=(N-18.99)\tan 34$

水平力平衡 $P+T\cos\alpha-N\sin\alpha=0$，

$$P+(N-18.99)\tan 34\times\cos 62-N\sin 62=0$$

垂直力平衡 $W-T\sin\alpha-N\cos\alpha=0$

$$58.62-(N-18.99)\tan 34\times\sin 62-N\cos 62=0$$

得滑動面上之正向力（單位寬度）$N=65.66kN$

穩定液側壓力（單位寬度）$P=43.18=5.61\gamma_s$

得穩定液單位重 $\gamma_s=7.70\ kN/m^3$

三、如下圖所示，有一黏土層 8m 厚，位於兩層砂土中間，地下水位於地表面。這黏土層的體積壓縮係數為 $0.83m^2/MN$，壓密係數為 $1.4m^2$／年。若地表增加超載重 $20kN/m^2$，（一）試計算由於壓密產生的最後壓密沉陷量為何？（10 分）（二）增加超載重兩年後沉陷量是多少？（15 分）

註：

$\Delta H=m_v*\Delta\sigma'*H$

$Tv=Cv*t/H^2$

當 $U\leq 60\%$時，　$Tv=(\pi/4)*U^2$

當 U > 60%時， Tv = 1.781 – 0.933 * log [100 (1 – U)]

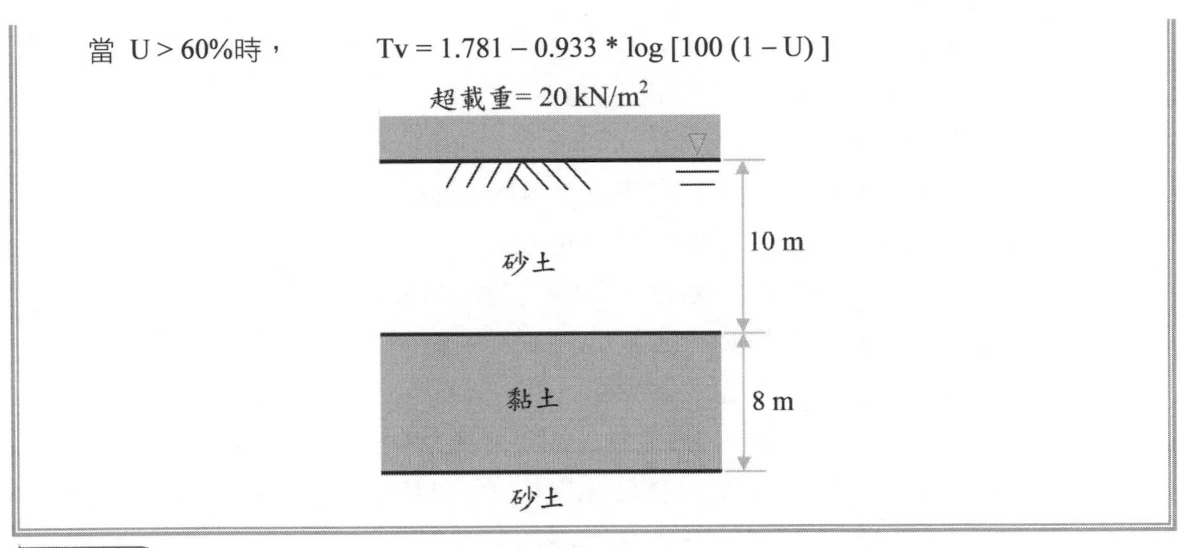

參考題解

（一）假設體積壓縮係數 m_v 在超載重造成黏土層有效應力變化區間為線性

$$\Delta H = m_v \times \Delta\sigma' \times H = \frac{0.83}{1000} \times 20 \times 8 = 0.133\ \text{m} = 13.3\ \text{cm}$$

（二）黏土層上下為砂土層，為雙向排水，最長排水路徑 $H_{dr} = H/2 = 4\ \text{m}$

壓密係數 $c_v = 1.4\ \text{m}^2/$年

增加超載重兩年後，時間因素

$$T_v = \frac{c_v t}{H_{dr}^2} = \frac{1.4 \times 2}{4^2} = 0.175$$

設此時平均壓密度 $U \le 60\%$，$T_v = \frac{\pi}{4}U^2 = 0.175$

得 $U = 47.2\%$，$U < 60\%$，OK

超載重兩年後沉陷量 $\Delta H_{2y} = 0.472 \times 13.3 = 6.28\ \text{cm}$

四、（一）試述樁載重試驗有何目的？（10分）

（二）列舉兩種加載方式，及如何施作此項試驗？（15分）

參考題解

（一）基樁載重試驗目的為求取或推估單樁於實際使用狀態或近似情況下之載重-變形關係，以獲得判斷基樁支承力或樁身完整性之資料。（基礎規範 5.7.1）

（二）加載方法依據美國材料試驗學會 ASTM D1143 及 CNS12460 規定，有多種方法，列舉及簡要說明如下（依題目僅需列舉出 2 種）：

1. 標準加載法（Standard Loading Procedure）：對於單樁，施加載重至設計載重之 2 倍（200%），分成 8 階段進行，每階段載重增量為設計載重之 25%，並得保持每一增量，直至沉陷速率小於標準或 2 小時。至最大載重，停留 12 小時（沉陷速率小於標準）或 24 小時解壓。解壓每次可移去最大載重 25%，每階停留 1 小時。
2. 固定時間之間隔施加載重法（等時距加載法）：程序如標準加載法，惟單樁加壓時以設計載重之 20% 為增量，每一增量保持 1 小時，解壓時亦同。
3. 反覆施加載重法（循環加載，cyclic loading）：將單樁施加載重至設計載重之 200% 分成 8 等分，每等分為設計載重 25%，分成多個循環加載再卸載，各循環加載最高點分別為 50%、100%、150% 及 200%。
4. 單樁固定貫入速率施加載重法（等速貫入，constant rate of penetration）：以等沉陷速率貫入土中，改變施加載重大小，以維持貫入速率，黏土及粗顆粒土壤有不同速率規定。
5. 單樁快載重試驗法（quick loading）：以設計載重的 10% ~ 15% 惟增量施加載重，每一增量保持 2.5 分鐘或其他規定，直至施加載重設備之容量或千斤頂需持續上頂才能維持試驗載重。
6. 單樁固定沉陷增量之施加載重法（沉陷控制法，settlement controlled）：每次施加載重增量以使樁產生約樁徑之1%，維持載重增量直至載重速率於每小時小於所施加載重之 1% 為止，再進行下一增量，最後達樁總沉陷量約等於樁徑之 10% 或達施加載重設備之容量。

108年 公務人員高等考試三級考試試題／營建管理與工程材料

一、財務分析在營建管理學中，常成為工程專案是否可行之評定工具之一，請依據財務分析之學理，回答下列問題：工程專案中資本成本（Cost of Capital）與投資報酬率（Rate of Return）之定義為何？（12 分）又以工程專案財務可行性觀點分析上述兩者之間關係為何？（13 分）

參考題解

（一）資本成本與投資報酬率定義：

1. 資本成本（Cost of Capital）：

工程專案中企業營運時所籌集和可運用之資金（亦即不分內外部融資之企業資金）稱為資本成本，其中包括債務成本（Cost of Debt）與權益成本（Cost of Equity）。權益成本又包括混合式證券（如特別股、可轉換公司債等）與普通股權益（包括保留盈餘與普通股現金增資）。

資本成本中以加權平均資本成本（Weighted Average Cost of Capital, WACC）最常用，其係將各項資本在企業全部資本中所占的比率為權重，加權平均計算。

2. 投資報酬率（Rate of Return）：

係指工程專案中投資所獲得的收益與成本間的百分率。收益通常包含資本收益與非資本收益。其中以單純報酬率與內生報酬率（內部報酬率）兩種最常用。

單純報酬率為總收益／投入總成本，不考慮利息衍生效益，又區分為以總投資期為其間知單純總報酬率與以年為期之單純年報酬率。

內生報酬率係考慮利息衍生效益，將分析期間所有成本與收益（報酬）換算為現值（或等額年費），總收益（總報酬）減總成本為零時之利率，即內生報酬率。

（二）資本成本與投資報酬率關係：

以工程專案財務可行性觀點分析，二者關係如下：

1. 資本成本可作為企業（公司）評估承攬工程專案的財務基準，當預期投資報酬率超過資本成本率，才具有承攬該工程專案之財務可行性。
2. 評估企業（公司）內部正在進行工程專案或經營的項目重組（加重或減低）之決策依據。只有預期投資報酬率超過資本成本率之工程專案或經營項目才有繼續維持或加重之經濟價值。
3. 透過預期投資報酬率之風險變化，可作為企業（公司）調整資本架構的依據。預期收益穩定時，可藉由增加債務成本（屬長期性與低成本性）之比重，降低權益成本（屬高成本性）比重，以減少資本成本（加權平均資本成本）。

二、主辦機關係依政府採購法第三十九條辦理採購，委託廠商辦理專案管理時，得依本法將其對規劃、設計、供應或履約業務之專案管理，委託廠商為之，其委託內容主要可為何？試以實務面舉 6 項委託內容。（25 分）

參考題解

「機關委託技術依服務廠商評選及計費辦法」第 9 條之規定：

機關委託廠商辦理專案管理，得依採購案件之特性及實際需要，就下列服務項目擇定之：

（一）可行性研究之諮詢及審查：

1. 計畫需求之評估。
2. 可行性報告、環境影響說明書及環境影響評估報告書之審查。
3. 方案之比較研究或評估。
4. 財務分析及財源取得方式之建議。
5. 初步預算之擬訂。
6. 計畫綱要進度表之編擬。
7. 設計需求之評估及建議。
8. 專業服務及技術服務廠商之甄選建議及相關文件之擬訂。
9. 用地取得及拆遷補償分析。
10. 資源需求來源之評估。
11. 其他與可行性研究有關且載明於招標文件或契約之專案管理服務。

（二）規劃之諮詢及審查：

1. 規劃圖說及概要說明書之諮詢及審查。
2. 都市計畫、區域計畫或水土保持計畫等規劃之諮詢及審查。
3. 設計準則之審查。
4. 規劃報告之諮詢及審查。
5. 其他與規劃有關且載明於招標文件或契約之專案管理服務。

（三）設計之諮詢及審查：

1. 專業服務及技術服務廠商之工作成果審查、工作協調及督導。
2. 材料、設備系統選擇及採購時程之建議。
3. 計畫總進度表之編擬。

4. 設計進度之管理及協調。
5. 設計、規範（含綱要規範）與圖樣之審查及協調。
6. 設計工作之品管及檢核。
7. 施工可行性之審查及建議。
8. 專業服務及技術服務廠商服務費用計價作業之審核。
9. 發包預算之審查。
10. 發包策略及分標原則之研訂或建議，或分標計畫之審查。
11. 文件檔案及工程管理資訊系統之建立。
12. 其他與設計有關且載明於招標文件或契約之專案管理服務。

（四）招標、決標之諮詢及審查：
1. 招標文件之準備或審查。
2. 協助辦理招標作業之招標文件之說明、澄清、補充或修正。
3. 協助辦理投標廠商資格之訂定及審查作業。
4. 協助辦理投標文件之審查及評比。
5. 協助辦理契約之簽訂。
6. 協助辦理器材、設備、零件之採購。
7. 其他與招標、決標有關且載明於招標文件或契約之專案管理服務。

（五）施工督導與履約管理之諮詢及審查：
1. 各工作項目界面之協調及整合。
2. 施工計畫、品管計畫、預訂進度、施工圖、器材樣品及其他送審資料之審查或複核。
3. 重要分包廠商及設備製造商資歷之審查或複核。
4. 施工品質管理工作之督導或稽核。
5. 工地安全衛生、交通維持及環境保護之督導或稽核。
6. 施工進度之查核、分析、督導及改善建議。
7. 施工估驗計價之審查或複核。
8. 契約變更之處理及建議。
9. 契約爭議與索賠案件之協助處理。但不包括擔任訴訟代理人。
10. 竣工圖及結算資料之審定或複核。
11. 給排水、機電設備、管線、各種設施測試及試運轉之督導及建議。
12. 協助辦理工程驗收、移交作業。
13. 設備運轉及維護人員訓練。

14. 維護及運轉手冊之編擬或審定。
15. 特殊設備圖樣之審查、監造、檢驗及安裝之監督。
16. 計畫相關資料之彙整、評估及補充。
17. 其他與施工督導及履約管理有關且載明於招標文件或契約之專案管理服務。

註：

1. 另依工程會 97 年「委託專案管理模式之工程進度及品質管理參考手冊」，係分為：(1) 可行性評估階段；(2) 規劃階段；(3) 設計階段；(4) 招標發包階段；(5) 施工監督及履約管理階段；(6) 工程接管等六大項，「機關委託技術依服務廠商評選及計費辦法」則將施工監督及履約管理階段與工程接管合併為施工督導與履約管理。
2. 建議以營建生命周期各階段，任擇 1～2 委託項目（委託內容）作答。

三、下表為瀝青混凝土粗、細混合粒料篩分析試驗結果：留篩百分率、累積留篩百分率、以及過篩百分率為篩分析的重要特性，因此請說明此混合料之性質：

（一）請計算出各篩號 (A) 到 (J) 的過篩百分率（%）。（20 分）

（二）請問此混合料依據 AI MS–2 的規定之標稱最大粒徑。（3 分）

（三）請問此混合料依據 AI MS–2 的規定之最大粒徑。（2 分）

篩號公制（英制）		留篩質量（g）	過篩百分率（%）
37.5mm	(1 1/2 in)	0.00	–
25.0mm	(1 in)	0.00	100.0
19.0mm	(3/4 in)	106.18	(A)
12.5mm	(1/2 in)	343.20	(B)
9.5mm	(3/8 in)	150.69	(C)
4.75mm	(No.4)	373.00	(D)
2.36mm	(No.8)	295.38	(E)
1.18mm	(No.16)	150.61	(F)
0.60mm	(No.30)	127.02	(G)
0.30mm	(No.50)	143.59	(H)
0.15mm	(No.100)	128.41	(I)
0.075mm	(No.200)	84.65	(J)
＜0.075mm	(<No.200)	96.19	–
總重量		1998.92	–

參考題解

（一）過篩百分率計算：

列表計算於下：

篩號公制（英制）		留篩質量（g）	留篩百分率（%）	留篩累積百分率（%）	過篩百分率（%）	備註
37.5mm	（1 1/2 in）	0.00	0.00	0.00	-	
25.0mm	（1 in）	0.00	0.00	0.00	100.0	
19.0mm	（3/4 in）	106.18	5.31	5.31	94.69	（A）
12.5mm	（1/2 in）	343.20	17.17	22.48	77.52	（B）
9.5mm	（3/8 in）	150.69	7.54	30.02	69.98	（C）
4.75mm	（No.4）	373.00	18.66	48.68	51.32	（D）
2.36mm	（No.8）	295.38	14.78	63.46	36.54	（E）
1.18mm	（No.16）	150.61	7.54	71.00	29.00	（F）
0.60mm	（No.30）	127.02	6.35	77.35	22.65	（G）
0.30mm	（No.50）	143.59	7.18	84.53	15.47	（H）
0.15mm	（No.100）	128.41	6.42	90.95	9.05	（I）
0.075mm	（No.200）	84.65	4.24	95.19	4.81	（J）
＜0.075mm	（<No.200）	96.19	4.81	100.00	-	
合計		1998.92	100.00			

（二）標稱最大粒徑：

標稱最大粒徑定義為過篩百分率 90% 以上最小篩號 ⇨ 19 mm（3/4in）。

（三）最大粒徑：

最大粒徑定義為過篩百分率 100% 以上最小篩號 ⇨ 25 mm（1 in）。

註：AI MS-2 係指美國瀝青協會（AI）制定「瀝青混凝土及其他熱拌類之配合設計方法」。

四、請以材料特性、配比設計、或施工過程的角度，來進行說明剛性或柔性路面破壞（Pavement Distress）產生的原因，包括：鹼性粒料反應（Alkali-Aggregate Reaction）、反射性裂縫（Reflective Cracking）、路面冒油（Bleeding）、車轍（Rutting）、以及面層波浪（Surface Waves）。（25 分）

參考題解

（一）鹼性粒料反應：

發生於剛性路面，主要在材料特性方面：

水泥混凝土材料中誤用活性粒料且水泥之鹼金屬含量過高，粒料中活性矽與水泥中鹼金屬（Na_2O 與 K_2O）及水反應形成水玻璃（$Na_2SiO_4 \cdot nH_2O$ 與 $K_2SiO_4 \cdot nH_2O$），水玻璃膠體產生膨脹壓力於水泥漿與骨材界面爆裂，路面形成地圖狀裂縫。反應式如下式所示：

$$\begin{matrix} Na_2O \\ K_2O \end{matrix} + Si + n \cdot H_2O \rightarrow \begin{matrix} Na_2SiO_4 \cdot nH_2O \\ K_2SiO_4 \cdot nH_2O \end{matrix}$$

(來自水泥) (來自粒料) (來自環境) (膨脹性膠體)

（二）反射性裂縫：

發生於柔性路面，主要在施工過程方面：

因施工時瀝青混凝土鋪面之下層原有裂縫或缺失未處理，延伸至上層鋪面引起。包括：

1. 舊水泥混凝土（剛性路面或橋面版）裂縫未處理，直接加鋪瀝青混凝土。
2. 舊瀝青混凝土裂縫未處理，直接加鋪。
3. 底層因含水量變化，產生變形。

（三）路面冒油：

發生於柔性路面，因材料特性、配比設計或施工不當，鋪面表層產生瀝青過多現象。其原因如下：

1. 材料特性方面：

   採用規格過軟瀝青（粘度太低或針入度太大），與環境溫度無法適用。

2. 配比設計方面：

   （1）瀝青含量過高。

   （2）空隙率太低。

3. 施工過程方面：

   （1）粘層噴佈過多（或不均）。

   （2）粘層噴佈作業中途停頓，產生滴油。

   （3）過度滾壓（滾壓能量過高），使鋪面空隙率過低。

（四）車轍：

發生於柔性路面，於車行方（車輪軌跡）之縱向表面凹陷。因材料特性、路面設計或施工不當，產生路面局部變形現象。其原因如下：

1. 材料特性方面：

   （1）採用規格過軟瀝青（粘度太低或針入度太大），與環境溫度無法適用。

（2）基層或底層材料級配不良或粘土含量過高。

2. 路面設計方面：

（1）瀝青混凝土面層承載力不足（尤其在高溫與重載時）。

（2）基層或底層承載力不足。

3. 施工過程方面：

（1）滾壓能量不足。

（2）面層養護時間不足（過早開放通車）。

（五）面層波浪：

發生於柔性路面，於完工通車後，路面產生波浪狀不規則變形。因材料特性、配比設計或施工不當，產生鋪面局部變形現象。其原因如下：

1. 材料特性方面：

（1）基層或底層材料使用具高膨性材料（如未安定化處理鋼碴等）。

（2）基層或底層材料級配不良或粘土含量過高。

（3）使用規格過軟瀝青（粘度太低或針入度太大），與環境溫度無法適用。

2. 路面設計方面：

（1）瀝青混凝土面層承載力不足（尤其在高溫與重載時）。

（2）基層或底層承載力不足。

3. 施工過程方面：

面層鋪築平整度差。

108年 公務人員普通考試試題／流體力學概要

一、有一可壓縮之流體，若不考慮其黏滯度，試問是否存在一速度位勢函數？若存在，其條件為何？若不存在，請說明理由。（25分）

參考題解

可壓縮流體，則 $\nabla \cdot \vec{v} \neq 0$

如存在速度位勢函數 $\emptyset$，則該流場為無旋流，即 $\nabla \times \vec{v} = 0$

反之，若速度位勢函數 $\emptyset$ 不存在，則該流場旋度不為 0，即 $\nabla \times \vec{v} \neq 0$。

二、欲分析一自由水面上移動之物體所受阻力之情形，今採用模型試驗以了解實體特性。由因次分析得知與福祿數及雷諾茲數皆相關，試問當模型為實體之 1/25 時，要滿足什麼條件才能由模型試驗結果來推估實體之特性。（25分）

參考題解

（一）因阻力 F_D 與黏性、尺寸及速度成正比，則 $F_D \sim \mu l V$（μ：黏性；l：尺寸；V：速度）

$$\rightarrow \frac{(F_D)_p}{(F_D)_m} = \frac{\mu_p l_p v_p}{\mu_m l_m v_m} \cdots\cdots\cdots \ (1)$$

$$\rightarrow (F_D)_p = \left(\frac{\mu_p l_p v_p}{\mu_m l_m v_m}\right) \cdot (F_D)_m$$

（二）由F_r相似

$$(F_r)_p = (F_r)_m \text{，可整理得 } \frac{v_p}{v_m} = \sqrt{\frac{l_p}{l_m}} \cdots\cdots\cdots \ (2)$$

（三）由R_e相似

$$(R_e)_p = (R_e)_m \rightarrow \frac{\rho_p v_p l_p}{\mu_p} = \frac{\rho_m v_m l_m}{\mu_m} \rightarrow \frac{\mu_p}{\mu_m} = \frac{\rho_p}{\rho_m} \times \frac{v_p}{v_m} \times \frac{l_p}{l_m} \cdots\cdots\cdots \ (3)$$

（四）將（2）.（3）兩式代入（1）式，可整理得 $(F_D)_p = \frac{\rho_p}{\rho_m} \times \left(\frac{v_p}{v_m}\right)^2 \times \left(\frac{l_p}{l_m}\right)^2 \cdot (F_D)_m = \frac{\rho_p}{\rho_m} \times \left(\frac{l_p}{l_m}\right)^3 \cdot (F_D)_m$

故需再得知 $\frac{\rho_p}{\rho_m}$ 之值，或使用相同介質試驗，即該值 = 1，方可由模型試驗結果推求實體阻力值。

三、一封閉配水池之壓力鋼管連結抽水機，抽水機下游連結一出流管（內徑＝0.18 m），示意如圖。若出流管之出水口內徑為 0.1 m，配水池內上方之壓力為 120 kPa，當地大氣壓力為 101 kPa，重力加速度採 9.81 m/s²。今於不考慮任何能量損失之條件下，求抽水機所需之功率為多少？（25 分）

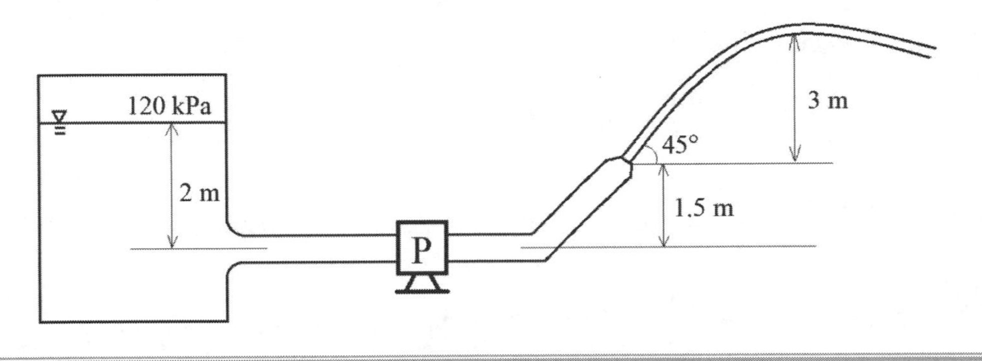

參考題解

（一）令抽水機高度所處位置為高度基準點（H＝0），取配水池上方靜止水面（1），及末端噴出最高點（2）代入白努利方程式：

$$\frac{P_1}{\gamma}+\frac{v_1^2}{2g}+Z_1+H_P=\frac{P_2}{\gamma}+\frac{v_2^2}{2g}+Z_2 \rightarrow \frac{120}{9.81}+0+2+H_P$$

$$=\frac{101}{9.81}+0\text{（最高點速度為 0）}+(1.5+3)$$

→解得 $H_P=0.56m$

（二）再取配水池上方靜止水面（1），及末端噴出初接觸空氣之點（3），代入白努利方程式：

$$\frac{P_1}{\gamma}+\frac{v_1^2}{2g}+Z_1+H_P=\frac{P_3}{\gamma}+\frac{v_3^2}{2g}+Z_3 \rightarrow \frac{120}{9.81}+0+2+0.56=\frac{101}{9.81}+\frac{v_3^2}{2g}+1.5$$

$$\rightarrow \text{解得} v_3=\frac{7.67m}{s}, Q=AV=\frac{1}{4}\pi(0.1)^2\times 7.67=0.06cms$$

（三）假設機械效率=1，則抽水機功率$\dot{W}_P=\rho QgH_P=1000\times 0.06\times 9.81\times 0.56=329.62W$。

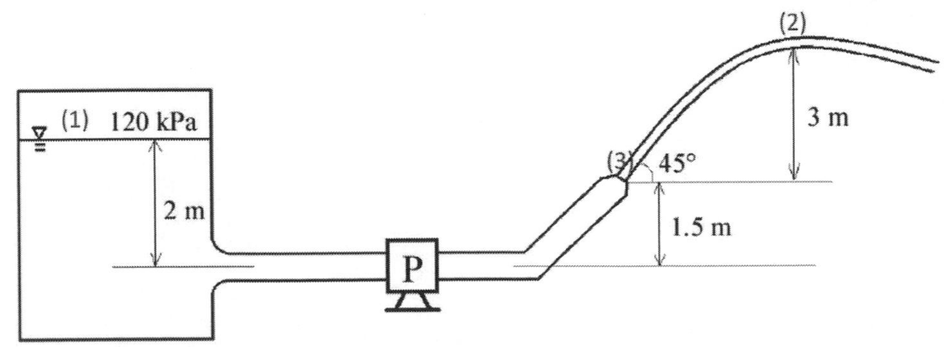

四、已知一梯形斷面之渠道，通水斷面積 A= 100 m^2，側坡傾角 θ = 45°，縱坡 S_0 = 0.001，假設曼寧糙度 n = 0.014，求其輸水之最大流量為多少 cms？（25 分）

參考題解

依題意，即求梯形之最佳水力斷面，於最佳水力斷面之狀態下，渠道有最大流量
梯形渠道最佳水力斷面其條件為：

$$b = 2y\tan\frac{\theta}{2} = 2y\tan\frac{45°}{2} = 0.83y, R = \frac{y}{2}$$

已知面積 $A = \dfrac{y(2y + b + b)}{2} = 100m^2$ → 解得 $y = 7.39m, b = 6.12m$

由曼寧公式：$Q = A \cdot V = A \cdot \left(\dfrac{1}{n} R^{\frac{2}{3}} S_0^{\frac{1}{2}}\right) = 539.86cms$，其中 $R = \dfrac{y}{2} = 3.695m$

108年 公務人員普通考試試題／水文學概要

一、一集水區面積 450 km^2，雨量站共有 1～6 站，該集水區之徐昇氏多邊形（Thiessen Polygons）如圖，相對應面積如表一所示，6 站雨量站之年雨量如下表二所示，試以徐昇氏法（Thiessen Method）計算各雨量站之徐昇氏權重與該集水區之平均年雨量？請說明圖中 a、b、c、d、g 如何求得？（20 分）

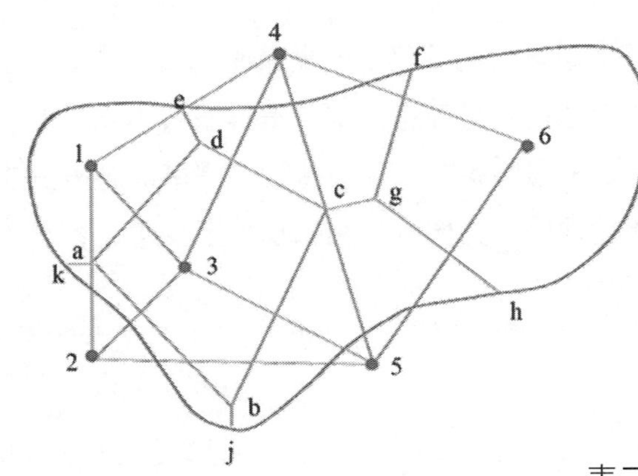

表一

多邊形	面積（km^2）
kade	60
kabj	10
abcd	90
edcgf	70
jbcgh	80
fgh	140

表二

雨量站	1	2	3	4	5	6
年雨量（mm）	1152	850	1250	1405	1390	1780

參考題解

（一）圖中 a、b、c、d、g 如何求得

1. a 為△123 之外心（即△三邊之垂直平分線交點）
2. b 為△235 之外心
3. c 為△345 之外心
4. d 為△134 之外心
5. g 為△456 之外心

（二）各雨量站之徐昇氏權重

$$雨量站之徐昇氏權重 = \frac{雨量站控制面積}{集水區總面積}$$，所以

雨量站	1	2	3	4	5	6
徐昇氏權重	0.133	0.022	0.2	0.156	0.178	0.311

（三）集水區之平均年雨量

集水區之平均年雨量

$$= \sum_{i=1}^{6} （年雨量）_i \times （徐昇氏權重）_i$$

$$= 1152 \times 0.133 + 850 \times 0.022 + 1250 \times 0.2 + 1405 \times 0.156 + 1390 \times 0.178 + 1780 \times 0.311$$

$$= 1442 \ (\mathrm{mm})$$

二、某一水工結構物之壽命為 10 年，該結構物以重現期 5 年之一日暴雨為設計依據，若該結構物在壽命期限內發生 2 次（含）以上超過其設計量，則會提早損壞，試求損壞之風險為何？為降低該水工結構物在壽命期前損壞率，試求須將設計標準提高多少才能減少 30%之風險？若在原設計下（5 年重現期）強化水工結構物，至少可以容忍超過幾次以上才能減少 30%之風險？（30 分）

參考題解

（一）損壞之風險

每年發生超過設計量之機率 $p = \frac{1}{T} = \frac{1}{5}$

壽命期限（10 年）內發生 2 次（含）以上之機率 = 1 −（發生 0 次機率 + 發生 1 次機率）

$$p_1 = 1 - \left[\left(1 - \frac{1}{5}\right)^{10} + C_1^{10}\left(1 - \frac{1}{5}\right)^{9}\left(\frac{1}{5}\right)^{1}\right] = 0.624$$

（二）設計標準提高

減少 30% 之風險，所以發生機率 $p_2 = p_1 - 30\% = 0.624 - 0.3 = 0.324$

$$p_2 = 1 - \left[\left(1 - \frac{1}{T}\right)^{10} + C_1^{10}\left(1 - \frac{1}{T}\right)^{9}\left(\frac{1}{T}\right)^{1}\right] = 0.324$$

試誤法得 T = 8.7（yr）

（三）容忍超過幾次以上才能減少 30% 之風險

試誤法：

容忍 2 次，亦即發生 3 次（含）以上才損壞

$$p_3 = 1 - \left[\left(1 - \frac{1}{5}\right)^{10} + C_1^{10}\left(1 - \frac{1}{5}\right)^{9}\left(\frac{1}{5}\right)^{1} + C_2^{10}\left(1 - \frac{1}{5}\right)^{8}\left(\frac{1}{5}\right)^{2}\right] = 0.322$$

$$< 0.324 \quad \mathrm{OK}$$

強化水工結構物使其在10年內可容忍2次暴雨量超過5年重現期距之暴雨量。

三、為了估算某地區之地下水流向，今有三個地下水觀測井A、B、C，A與B距離為1000 m，B與C距離為1000 m，且B井在A井之正南方，C井在B井之正西方，下表說明各井之地表高程及地下水位距離地表面之深度，試求地下水的流向，並畫圖表示水流方向。（20分）

井編號	地表高程（m）	地下水位距地表深度（m）
A	197	20
B	190	10
C	188	12

參考題解

（一）計算觀測井地下水位

井編號	井座標	地表高程（m）	地下水位距地表深度（m）	地下水位（m）
A	（1000,1000）	197	20	177
B	（1000,0）	190	10	180
C	（0,0）	188	12	176

（二）地下水流向

1. 由觀測井位置及其地下水位數值，繪製等水位線。
2. 地下水流向由高水位流向低水位，且與各等水位線垂直。
3. 由下圖可知，本題下水流向為：往西北偏西。

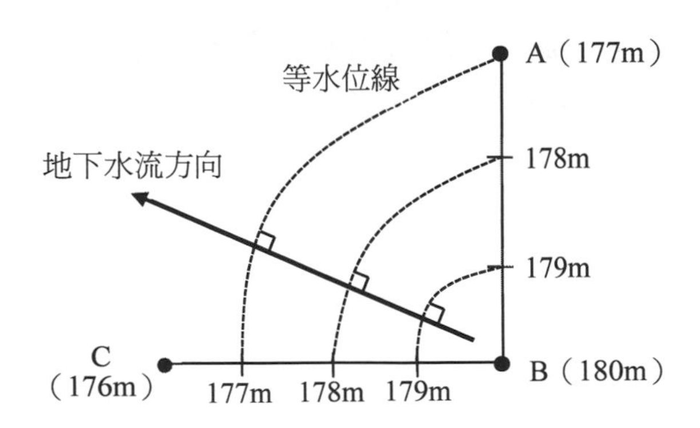

四、試回答下列問題：（每小題 10 分，共 30 分）

（一）試以簡圖說明河川上游與下游在洪水期間之流量歷線差異，並說明原因。

（二）在水文循環過程中試說明有那些因子為降雨至逕流形成過程中的損失因子。

（三）試以簡圖說明水庫之水位分區。

參考題解

（一）洪水期間河川上游與下游流量歷線差異

由於一般河道有傳遞作用及貯蓄作用，所以下游歷線基期（t_{bd}）較上游（t_{bu}）長，且下游洪峰流量（Q_{pd}）會較上游（Q_{pu}）低，洪峰在歷線中出現時間（t_{pd}）較上游（t_{pu}）晚。（如下圖）

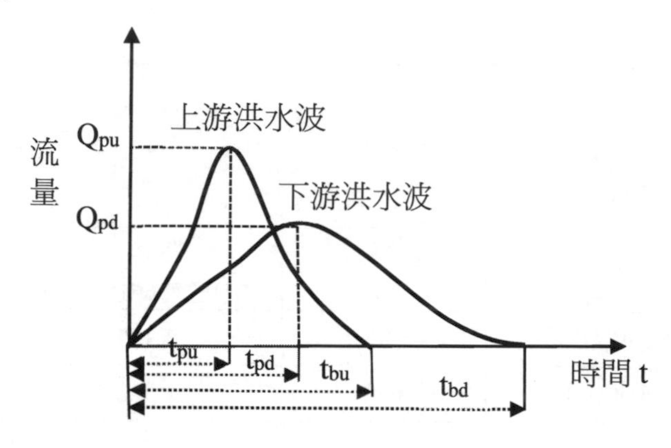

（二）降雨損失因子，包括：

1. 蒸發（evaporation）：雨水吸收能量，水氣從水面或其他含水物質表面逸出。
2. 蒸散（Evapotranspiration）：植物生長期水分從葉面和枝幹蒸發進入大氣。
3. 截留（interception）：降雨在接觸地面土壤之前，受植物、建築物、柏油、水泥物等的阻擋，減少水降落土壤的量。
4. 窪蓄（depression storage）：雨水在窪地滯留性的蓄水。
5. 入滲（infiltration）：水由地面進入地下。

（三）水庫之水位分區：

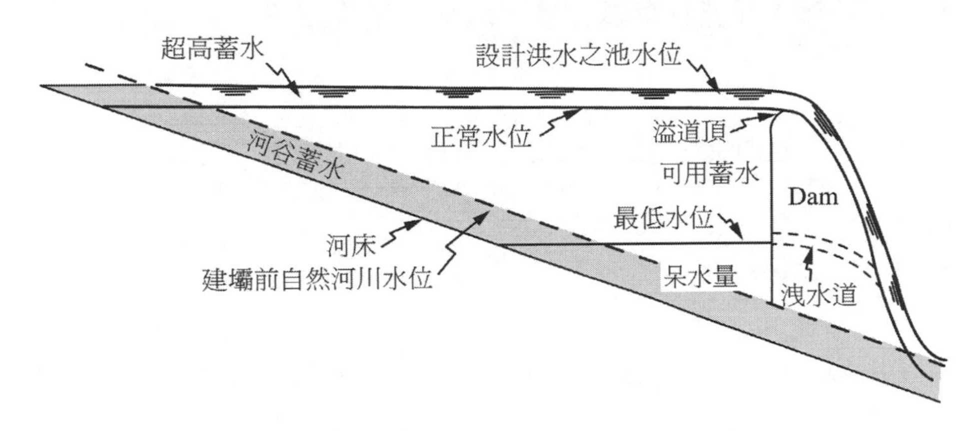

1. 正常水位（normal pool level）：

   水庫在平常操作情況下所升到的最大高程，大多數水庫之正常池水位以排洪道頂或排洪道閘門頂部高程訂定。

2. 最低水位（minimum pool level）：

   池面在正常情況下洩降的最低高程，此依水位可由壩之最低出水口高程訂出。

3. 可用蓄水（useful storage）：

   最低水位與正常水位之間的蓄水體積稱之。多目標水庫之可用蓄水可依據所採用的運轉計畫再細分為保持蓄水（conversation storage）和防洪蓄水（flood-mitigation storage）

4. 呆水量（dead storage）：

   保存在最低水位以下的水稱之。

108年 公務人員普通考試試題／水資源工程概要

一、試舉三種水庫容量的決定方法，並試述其分析方法和優缺點。（20分）

參考題解

（一）累積曲線法（Mass curve）

1. 分析方式：

（1）以逐月河川有效流量累積值為縱座標，以時間為橫座標，繪製累積流量曲線A。

（2）繪製累積需水量直線 B。

（3）於累積流量曲線頂點 P，作切線平行累積需水量直線，交累積流量曲線於 Q 點。

（4）則 PQ 區域間之最大縱距即為所需蓄水量。

2. 優缺點：

（1）優點：作圖即可求得蓄水容量，快速便利。

（2）缺點：所求得之水庫容量將受繪圖精度與河川累積流量資料正確性影響。

（二）尖峰序列法（Sequent-peak algorithm）

1. 分析方式：假設入流量 Q 與取水量 D 有週期循環性，P_1 、P_2分別為兩個循環週期$\sum(Q-D)$之最大值；T_1 、T_2則為其最小值，則所需之蓄水量 S = MAX（$P_1 - T_1, P_2 - T_2$）

2. 優缺點：

（1）優點：計算取兩週期資料（一般為兩年），取得容易且計算方便。

（2）缺點：如遇連續乾旱或豐雨之年份，則蓄水量將失真。

（三）統計分析法

1. 分析方法：以河川逕流量，求得一系列蓄水量資料，並按大小順序排列，再以 weibull 法點繪資料於甘保機率紙上，一般採 20 年一次之枯水年作為決定有效蓄水量之基準。

2. 優缺點：

（1）優點：可採外插法求得 20 年以上之蓄水量，增加參考依據。

（2）缺點：所需資料量龐大，資料量如不足將失真。

二、有一梯形斷面排水路，假設其容許最大流速 V= 0.60 m/s，側坡 Z = 1.5（垂直 1：水平 1.5），糙率 n = 0.025，渠底坡度 s = 1/2500。在輸送流量為 Q = 4.5 m^3/s 時：
（一）試設計該水路之底寬 b(m)與水深 d(m)。（8 分）
（二）在無流速限制條件下，請以最佳水力斷面觀點，設計該水路之底寬 b(m) 與水深 d(m)。（8 分）
（三）評述其設計斷面之差異性。（4 分）

參考題解

由幾何關係可知面積 $A=(b+1.5d)d$；濕周 $P=b+2\sqrt{d^2+(1.5d)^2}\cong b+3.6d$

水力半徑 $R=\dfrac{A}{P}=\dfrac{(b+1.5d)d}{b+3.6d}$

（一）令 V = 0.6m/s，Q = 4.5cms，則：

1. 面積 $A=(b+1.5d)d=\frac{Q}{V}=7.5m^2$ ………（1）

2. 由曼寧公式 $v=\frac{1}{n}R^{\frac{2}{3}}S_0^{\frac{1}{2}}=0.6$ ………………（2）

兩式聯立求解得 b = 8.84, d = 0.75m

（二）梯形渠道之最佳斷面：$b=2d\tan\frac{\theta}{2}$，$R=\frac{d}{2}$，其中$\theta=\tan^{-1}\frac{1}{1.5}=33.69°$，代入得 $b=2d\tan\frac{\theta}{2}\cong 0.606d$

$A=(b+1.5d)d=(0.606d+1.5d)d=2.106d^2$

由曼寧公式$Q=AV=(2.106d^2)\left[\frac{1}{0.025}\left(\frac{d}{2}\right)^{\frac{2}{3}}\left(\frac{1}{2500}\right)^{\frac{1}{2}}\right]=4.5$

→ 解得 $d\cong 1.72$m

$b\cong 1.04$m

（三）如限制斷面流速，可防範渠道產生沖蝕，惟於同一流量下所使用之工料（混凝土、鋼筋量）將大於最佳水力斷面，最佳水力斷面則為最省工料之渠道設計。

三、某水位站流量年最大值 Q 之機率分布為常態分布（normaldistribution），其平均值（期望值）為 1200m^3/sec、標準偏差為 540m^3/sec，試求該流量重現期距為 100 年之設計流量（Q_{100}）為何？假設某水工構造物依 Q_{100} 而設計，且其設計年限（design life）為 50 年，則該水工構造物之風險（risk）為若干？（20 分）

標準常態分布累積機率表

Z	0	0.842	1.282	1.645	2.05	2.326
F(Z)	0.5	0.8	0.9	0.95	0.98	0.99

參考題解

（一）由 $Q = \bar{Q} + Z\sigma$，其中超越機率 $= 1 - F(Z) = 1 - 0.99 = 0.01$，

所對應 Z 值由表查得為 2.326，代入即得 $Q_{100} = 1200 + 2.326 \times 540 = 2456.04\text{cms}$

（二）風險＝於設計年限（50 年）內發生重現期距（100 年）流量之機率

=1 − P（50 年內皆未發生重現期距之流量）$= 1 - (1 - 0.01)^{50} \cong 0.395$

四、請列舉灌溉系統內常見之工程設施名稱。（20 分）

參考題解

灌溉工程常見設施可分為輸水、控制、保護及雜項四大類，列舉如下：

（一）輸水類：

1. 倒虹吸管
2. 渡槽
3. 漸變段
4. 落差工
5. 瀉槽
6. 涵洞
7. 管道
8. 隧道

（二）控制類：

1. 分水工
2. 斗門
3. 節制工
4. 廢水道
5. 閘門
6. 閥

（三）　保護類：

1. 溢洪道
2. 排水涵洞
3. 排水入口
4. 排砂道
5. 筏道
6. 沉砂池
7. 砂礫阱

（四）雜項類：

1. 計量設備 EX 巴歇爾量水槽
2. 橋梁
3. 揚水機站
4. 水池

參考資料：水利工程 姜呈吾著。

五、今擬利用圓形混凝土管輸送流量，試比較圓形渠道水深恰為直徑時之滿管流量 Q_1 與圓形渠道水深以最佳水力斷面觀點設計流量 Q_2 之比值，亦即 Q_2 / Q_1 之值為何？已知糙率 n 及縱坡 s 固定。（20 分）

參考題解

（一）先行推導當圓形渠道有最佳水力斷面時，此時渠道之水深及流量

< pf > 假設 n 及 s 為常數，令 $\frac{dQ}{dy} = 0 \rightarrow \frac{d}{dy}\left(AR^{\frac{2}{3}}\right) = 0 \rightarrow \frac{d}{dy}\left(\frac{A^5}{P^2}\right) = 0 \ldots$（1）

令圓心角2θ，水深 y，半徑 r，直徑 D，則當水深為 y 時，

通水面積 $A = \frac{1}{2}r^2 2\theta - \frac{1}{2} \times 2r\sin\theta \cdot r\cos\theta = \frac{D^2}{8}$（$2\theta - \sin 2\theta$）

濕周 P = Dθ

由（1）式：

$$\frac{d}{dy}\left(\frac{A^5}{P^2}\right) = 0 \rightarrow 5P\frac{dA}{d\theta} - 2A\frac{dP}{d\theta} = 0$$

$$\rightarrow 5D\theta\frac{D^2}{8}(2 - 2\cos 2\theta) - 2\frac{D^2}{8}(2 - 2\sin 2\theta)D = 0$$

$$\rightarrow 3\theta - 5\theta\cos 2\theta + \sin 2\theta = 0$$

→ 由試誤法解得 $\theta \cong 151.17°$

故 $\frac{y}{D} = \frac{1-\cos\theta}{2} = 0.938$，此時 $y = 0.938D, A = \frac{D^2}{8}$（$2\theta - \sin 2\theta$）$\cong 0.765D^2$

$P = D\theta \cong 2.638D$，$R \cong 0.29D$

此時流量 $Q = AV = (0.765D^2)\left[\frac{1}{n}(0.299D)^{\frac{2}{3}}s^{\frac{1}{2}}\right] = \frac{1}{n}s^{\frac{1}{2}} \times 0.342D^{\frac{8}{3}} \ldots Q_2$

（二）滿管圓管流量

由曼寧公式 $Q = AV = A \cdot \left(\frac{1}{n}R^{\frac{2}{3}}S_0^{\frac{1}{2}}\right) = \left(\frac{1}{4}\pi D^2\right)\left[\frac{1}{n}\left(\frac{D}{4}\right)^{\frac{2}{3}}s^{\frac{1}{2}}\right] = \frac{1}{n}s^{\frac{1}{2}} \times 0.311D^{\frac{8}{3}} \ldots Q_1$

（三）故兩者之比值 $\frac{Q_2}{Q_1} = 1.1$

108年 公務人員普通考試試題／土壤力學概要

註：以下各題，若有計算條件不足，請自行作合理假設。

一、有一飽和土樣濕重 20 N，烘乾後乾土重 17 N，比重 $G_s = 2.70$，試計算：（每小題 5 分，共 25 分）

（一）含水量 w

（二）孔隙比 e

（三）乾土單位重

（四）統體單位重

（五）有效單位重

參考題解

（一）含水量w

飽和土樣濕重 20N、烘乾後乾土重 17N

$\Rightarrow W_w = 20 - 17 = 3N$，$W_s = 17N$

含水量 w（%）$= W_w/W_s = 3/17 = 0.1765 = 17.65\%$........Ans.

（二）孔隙比 e

$\Rightarrow S \times e = G_s \times w$

$\Rightarrow 1 \times e = 2.7 \times 0.1765 = 0.4765 \Rightarrow e = 0.4765$...........Ans.

（三）乾土單位重

$$\gamma_d = \frac{G_s\gamma_w}{1+e} = \frac{2.7 \times 9.81}{1+0.4765} = 17.94kN/m^3 \text{......................Ans.}$$

（四）統體單位重即濕土單位重，此土壤為飽和

$$\gamma_t = \frac{G_s + Se}{1+e}\gamma_w = \frac{2.7 + 1 \times 0.4765}{1+0.4765} \times 9.81 = 21.1kN/m^3 \text{........Ans.}$$

（五）有效單位重

$$\gamma' = \frac{G_s - 1}{1+e}\gamma_w = \gamma_{sat} - \gamma_w = 21.1 - 9.81 = 11.29kN/m^3 \text{........Ans.}$$

二、某黏土地層 10 m 厚，自此黏土層中間取出試體，進行室內單向度壓密試驗，模擬現場受力情況，壓密壓力由 200 kpa 增至 400 kpa，其孔隙比由 1.50 減為 1.40。設初始孔隙比也是 1.50。

（一）試求此黏土層之最終壓密沉陷量為何？（15 分）

（二）其體積壓縮係數為何？（10 分）

參考公式：$\Delta H/H = \Delta e / (1 + e_0)$

$\Delta H = m_v * \Delta\sigma' * H$

參考題解

（一）最終壓密沉陷量 ΔH

$\Delta H/H = \Delta e/（1 + e_0）$

$$\Rightarrow \Delta H = \frac{\Delta e}{1 + e_0} \times H = \frac{1.5 - 1.4}{1 + 1.5} \times 10 = 0.4\text{m}\ldots\ldots\text{Ans.}$$

（二）體積壓縮係數 m_v

已知 $\Delta H = m_v \times \Delta\sigma' \times H$

$\Delta\sigma' = 400 - 200 = 200\text{kPa}$

$\Rightarrow m_v = \Delta H/(\Delta\sigma' \times H) = 0.4/（200 \times 10） = 2 \times 10^{-4}\ \text{m}^2/\text{kN}\ldots\ldots\text{Ans.}$

三、對某砂土進行壓密不排水試驗（CU），圍壓為 300 kpa，破壞時之軸差應力為 200 kpa，孔隙水壓力為 100 kpa，已知砂土凝聚力 c'= 0：

（一）試繪出應力莫爾圓與破壞包絡線。（10 分）

（二）求此砂土之不排水摩擦角及排水摩擦角各為何？（15 分）

參考題解

（一）應力莫爾圓與破壞包絡線

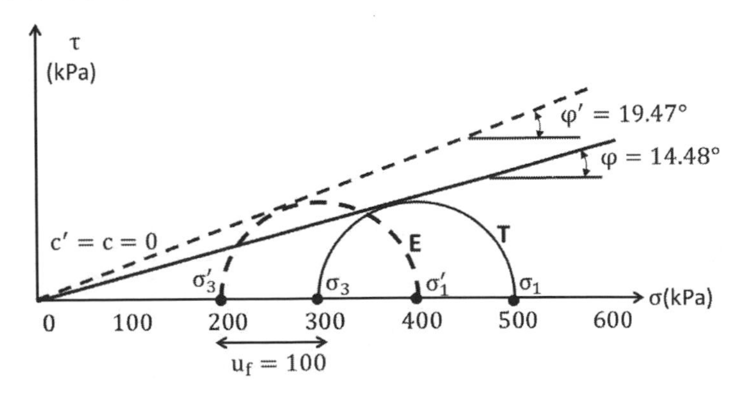

（二）砂土之不排水摩擦角及排水摩擦角

壓密不排水試驗，砂土$c' = c = 0$

總應力$\sigma_1 = \sigma_3 K_p + 2c\sqrt{K_p} \Rightarrow 300 + 200 = 300 \times K_p + 0$

$\Rightarrow K_p = \tan^2\left(45° + \frac{\varphi}{2}\right) = \frac{5}{3} \Rightarrow$ 不排水摩擦角 $\varphi = 14.48°$……Ans.

有效應力$\sigma_1' = \sigma_3' K_p' + 2c'\sqrt{K_p'} \Rightarrow 300 + 200 - 100 =$ （$300 - 100$）$\times K_p'$

$\Rightarrow K_p' = \tan^2\left(45° + \frac{\varphi'}{2}\right) = 2 \Rightarrow$ 排水摩擦角$\varphi' = 19.47°$……Ans.

四、（一）試列舉深開挖工程中，逆打工法（Top-down）三項特性或優點。（15 分）

（二）試列舉深開挖工程中，順打工法（Bottom-up）三項特性或優點。（10 分）

參考題解

參考資料：以下參考（並修改）自台北市土木技師公會期刊“逆打與順打之影響比較－以台北信義計畫區某基地為例，張家齊、鄭清江”。

	逆打工法	順打工法
優點(特色)	1. 結構體上下同時施作，省時，開挖暴露高度短，安全性高較不受天候影響。 2. 已施作之樑或樓版可作為擋土支撐，代替 H 型鋼支撐安全性高。 3. 結構體與開挖同時施作，可增強擋土穩定性。 4. 適用於基地面積大、不規則、有高低差、側壓力不平衡、開挖深度較深，及有鄰損之虞之工程。 5. 地上與地下結構同時進行施工，縮短工期地下施工噪音減小。	1. 工程順序為一般現場工程師所熟知，所需工期雖較逆打工法來的長、但出錯機率較低。 2. 工程費用低，品質易控制、無施工界面問題。 3. 結構之整體性較佳，不會在頂板或各樓板與牆、柱頭處留下接縫，並且地下室牆面施工縫所設止水帶之施作也較好控制。 4. 開挖支撐及出土等施工方便與迅速。

	逆打工法	順打工法
缺點	1. 混凝土於施工縫澆置費時，也影響強度，接縫施工品質控制較不容易。 2. 地下室工作環境不良，需增加通風及照明設備，改善工作環境以提昇工作效率及確保人員安全。 3. 需增加樁基及逆打鋼柱，土方挖運較困難，致工程費較高昂。施工困難度高，有二次接合部份易造成不良。 4. 開挖空間狹窄工率會降低。 5. 大梁預拱度計算要考慮支承載重樓層較複雜。	1. 開挖時地下連續壁之變形較大，發生地震時之災變引起率也較大。 2. 地下室開挖暴露時間長抽水時間也較久。易有鄰損地下災變工安事件及雨季無法作業，危險度高、環保問題多如噪音較大。 3. 地下安全支撐多，限制作業空間，溫差造成應力，材料吊放易碰撞。 4. 當開挖深度大，鋼支撐及連續壁壁體易變形，適用一般各種開挖情況，若深度過深可能危險性較高。

108 年 專門職業及技術人員高等考試試題／水文學

一、某一測站長期降雨資料頻率分析結果符合對數皮爾遜第三型分布（Log-Person Type III distribution，偏態係數（skewness coefficient）為零之 10 年與 100 年重現期之頻率因子 K_T 分別為 1.282 與 2.326）；再以 Horner 公式建立不同重現期之降雨強度-延時關係之參數如下表：

重現期參數	5 年	10 年	25 年	50 年	100 年	200 年
a	1369.5	1905.1	3329.1	5923.8	12141.6	27384.4
b	20.3	32.2	60.0	96.7	151.7	224.6
c	0.6878	0.7053	0.7488	0.8034	0.8761	0.9603

Horner 公式：$I_t = \dfrac{a}{(t+b)^c}$

（一）利用上表數據繪製此測站之時雨量超越機率圖。（10 分）

（二）推求當初在以對數皮爾遜第三型分布進行頻率分析時，所分析雨量資料延時為 1 小時之降雨強度平均值與標準偏差。（10 分）

參考題解

【參考九華講義-水文學 P. 177 及例題 9-20】

（一）時雨量超越機率圖

將 Horner 公式中 t 以 60 (min)代入，可得小時降雨強度及時雨量，再繪製時雨量超越機率圖。

重現期參數 T	5 年	10 年	25 年	50 年	100 年	200 年
超越機率 $P = \frac{1}{T}$	0.2	0.1	0.04	0.02	0.01	0.005
It = 60min (mm/hr)	67.1	78.4	92.3	102.1	111.4	120.4
時雨量(mm)	67.1	78.4	92.3	102.1	111.4	120.4

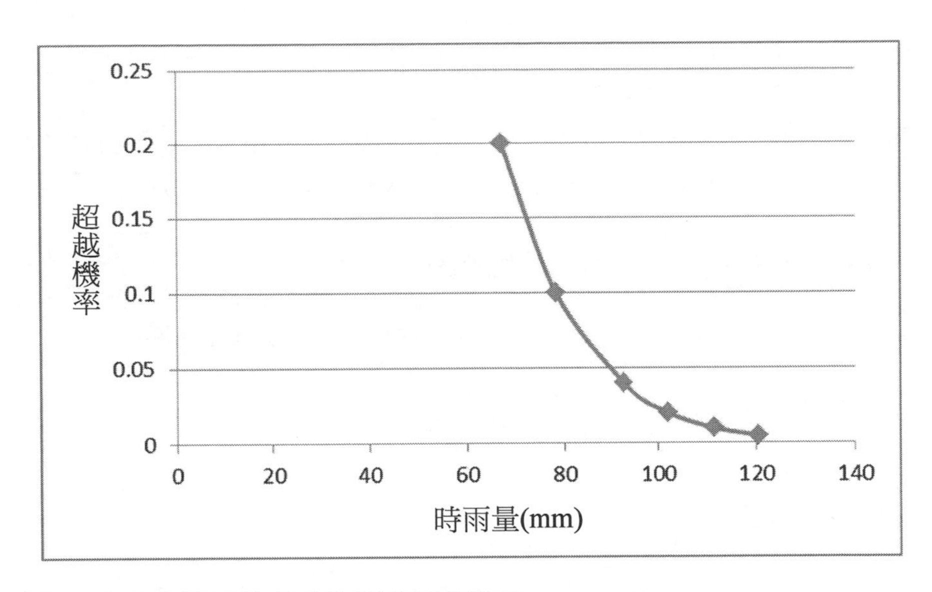

（二）延時為 1 小時之降雨強度平均值與標準偏差

對數皮爾遜第三型分布不同重現期距降雨強度

$$\log I = \mu_{logI} + K\sigma_{logI}$$

代入 10 年及 100 年重現期距數據

$$\log(78.4) = \mu_{logI} + 1.282 \times \sigma_{logI} \cdots\cdots\cdots\cdots\cdots ①$$

$$\log(111.4) = \mu_{logI} + 2.326 \times \sigma_{logI} \cdots\cdots\cdots\cdots\cdots ②$$

②式－①式

$$0.1526 = 1.044 \times \sigma_{logI}$$

$$\therefore \sigma_{logI} = 0.1462$$

代入 ① 或 ② 可得 $\mu_{logI} = 1.707$

延時為 1 小時之降雨強度平均值 $\mu_I = (10)^{1.707} = 50.9 \ \left(\frac{mm}{hr}\right)$

標準偏差 $\sigma_I = (10)^{0.1462} = 1.40\left(\frac{mm}{hr}\right)$

二、某一水庫觀測淨輻射（net radiation, Rn）為 400 W/m^2、包文比（Bowen Ratio）為 0.6，忽略水流移動之熱交換影響，若水庫鄰近氣象站之蒸發皿觀測值為 12 mm/day，試計算蒸發皿係數。提示：1 公克之水蒸發需要 2,454 焦耳（joule）。（20 分）

參考題解

【參考九華講義-水文學 P. 40 及例題 4-4】

進入水體能量通量＝淨輻射能通量（為陽光輻射能進入水體減去水體熱輻射散失能量）

$$Q_i = 400\frac{W}{m^2} = 400\frac{J}{sec \cdot m^2}$$

而離開水體能量通量＝水體以熱對流或傳導方式散失熱通量(Q_h)＋水蒸發所需熱通量(Q_e)
（此處水體熱輻射散失能量已經與陽光輻射進入水體能量抵銷，故不列入）

假設水庫蒸發速率為 $E\left(\frac{m}{sec}\right)$，則蒸發所需熱通量$Q_e$，可寫為：

$Q_e = \rho_w \; L_e \; E$（其中ρ_w為水密度，L_e為水蒸發潛熱，E 為水蒸發速率）

$$= 1{,}000\frac{kg}{m^3} \times 2{,}454\frac{J}{g} \times E\left(\frac{m}{sec}\right) \times \frac{10^3 g}{kg}$$

$$= 2.454 \times 10^9 \; E\frac{J}{sec \cdot m^2}$$

而包文比（Bowen Ratio）$B = \frac{Q_h}{Q_e}$

$$\therefore Q_h = B \times Q_e = 0.6 \times 2.454 \times 10^9 E\frac{J}{sec \cdot m^2}$$

假設水體溫度不變，則進出水體之能量通量相等。
又依據提示：忽略水流移動之熱交換影響，所以

$$Q_i = Q_e + Q_h$$

$$400\frac{J}{sec \cdot m^2} = (1 + 0.6) \times 2.454 \times 10^9 E\frac{J}{sec \cdot m^2}$$

$$\therefore E = 1.019 \times 10^{-7}\left(\frac{m}{sec}\right)$$

$$= 1.019 \times 10^{-7}\left(\frac{m}{sec}\right) \times \frac{86{,}400sec}{day} \times \frac{10^3 mm}{m}$$

$$= 8.80\frac{mm}{day}$$

$$蒸發皿係數 = \frac{水體實際蒸發量}{蒸發皿測得蒸發量} = \frac{8.80\frac{mm}{day}}{12\frac{mm}{day}} = 0.73$$

三、某一集水區土地利用 40%為建地、40%為草地、20%為農地，集水區內 A 類土壤占 50%，B 類土壤占 50%，有一場降雨共下了 10 cm，請以 SCS curve number 方法計算此場暴雨之逕流量。（20 分）

提示：SCS curve number 公式：有效降水 $P_e = \frac{(P-0.2S)^2}{P+0.8S}$，

P 為降水量，集水區最大蓄水量（公制）：$S = \frac{2540}{CN} - 25.4$，$CN$ 值如下表：

土壤類型	土地利用類型				
	農地	草地	林地	建地	裸土
A	63	39	30	98	68
B	75	61	58	98	79

參考題解

【參考九華講義-水文學 P. 51 及例題 5-33】

集水區各種土地利用類型之最大蓄水量，分區有效降雨量：

土壤使用	A 農地	B 農地	A 草地	B 草地	A 建地	B 建地
CN 值	63	75	39	61	98	98
最大蓄水量 Si(cm)	14.92	8.47	39.73	16.24	0.52	0.52
P=10cm，分區有效降雨(Pei, cm)	2.24	4.11	0.10	1.98	9.40	9.40
面積占比 rAi(%)	10	10	20	20	20	20

集水區總有效降雨（逕流量）(cm)

$$P_e = \sum P_{ei} \times r_{Ai}$$

$$= 2.24 \times 10\% + 4.11 \times 10\% + 0.10 \times 20\% + 1.98 \times 20\% + 9.40 \times 20\% + 9.40 \times 20\%$$

$$= 4.811 \text{ (cm)}$$

四、某入滲試驗場地，土壤孔隙率為 0.4，實驗開始時之土壤飽和度為 0.5，入滲濕峰吸力 ψ（wetting front suction）為未知，假設實驗數據符合 Green-Ampt 入滲模型，量測得到之入滲速率與累積入滲量如下表：

時間 (min)	10	30	60	90	120
入滲速率 (cm/hr)	13.88	13.05	12.65	12.47	12.37
累積入滲量 (cm)	5.76	10.28	16.71	23.00	29.21

推求試驗場地之水力傳導係數 K 與入滲濕峰吸力 ψ。（20 分）

Green-Ampt 模型公式：

入滲速率公式：$f = K\left(\frac{\psi \cdot \Delta\theta}{F} + 1\right)$；

累積入滲量公式：$f\text{-}\psi \cdot \Delta\theta \cdot \ln = \left(1 + \frac{F}{\psi \cdot \Delta\theta}\right) = K \cdot t$

參考題解

【參考九華講義-水文學 P. 51】

將入滲速率公式兩邊乘以$F(t)$，整理為

$$f(t) \cdot F(t) = K \cdot \Psi \cdot \Delta\theta + K \cdot F(t)$$

令$f(t) \cdot F(t) = y$，$K \cdot \Psi \cdot \Delta\theta = a$，$F(t) = x$ 則上式可寫成直線方程式

$$y = a + Kx$$

利用實驗數據進行直線迴歸求 K 與 Ψ。

時間 (min)	10	30	60	90	120
入滲速率 (cm/hr) f(t)	13.88	13.05	12.65	12.47	12.37
累積入滲量(cm) $F(t) = x$	5.76	10.28	16.71	23.00	29.21
$f(t) \cdot F(t) = y$	79.95	134.15	211.38	286.81	361.33

$$\bar{x} = \frac{1}{5}(5.76 + 10.28 + 16.71 + 23.00 + 29.21) = 16.992$$

$$\bar{y} = \frac{1}{5}(79.95 + 134.15 + 211.38 + 286.81 + 361.33) = 214.724$$

$$SS_{xx} = \sum(x_i - \bar{x})^2$$
$$= (5.76 - 16.992)^2 + (10.28 - 16.992)^2 + \cdots + (29.21 - 16.992)^2$$
$$= 356.664$$

$$SS_{xy} = \sum(x_i - \bar{x})(y_i - \bar{y})$$
$$= (5.76 - 16.992)(79.95 - 214.724) + \cdots + (29.21 - 16.992)(361.33 - 214.724)$$
$$= 4279.862$$

$$\mathrm{K} = \frac{SS_{xy}}{SS_{xx}} = \frac{4279.862}{356.664} = 12.0 \ \left(\frac{cm}{hr}\right)$$

$$a = \bar{y} - K \cdot \bar{x} = 214.724 - 12.0 \times 16.992 = 10.82$$

$$\Delta\theta = 0.4 - 0.4 \times 0.5 = 0.2$$

$$\mathrm{K} \cdot \Psi \cdot \Delta\theta = a$$

$$\therefore \Psi = \frac{a}{K \cdot \Delta\theta} = \frac{10.82}{12.0 \times 0.2} = 4.51 \ (cm)$$

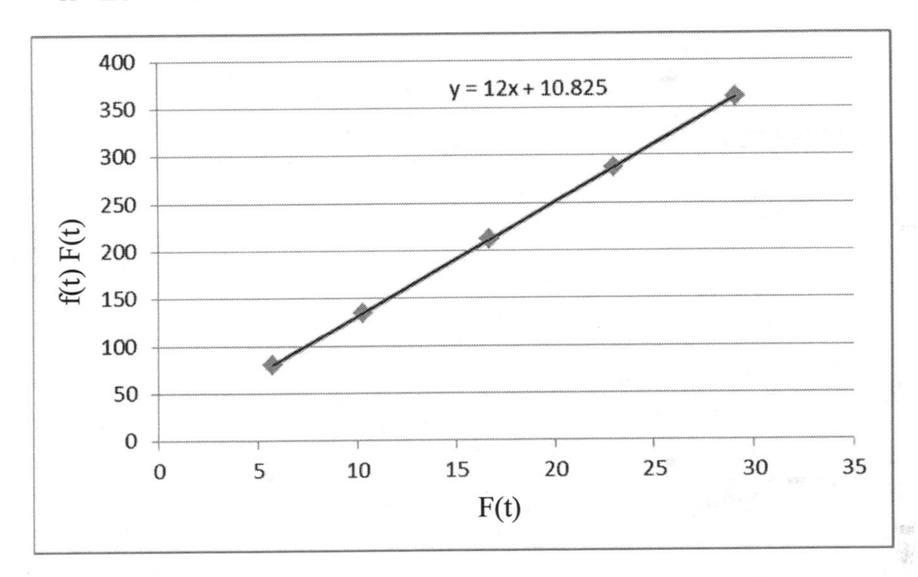

五、有一受壓含水層厚度為 30 m，水文地質鑽井資料顯示包含二種不同材質，厚度分別為 10m 與 20m，抽水量固定為 300 liter/min，經 100 min 抽水後，在距抽水井 10m 之觀測井，測得水位洩降為 6 m，經過 1,000 min 抽水後，觀測井水位洩降為 10 m，若已知 10 m 厚度材質水力傳導係數為 20 m 厚度材質水力傳導係數之 5 倍，試計算二種材質之水力傳導係數（m/day）。（20 分）

提示：泰斯方程式（Theis formula）洩降 $Z = \frac{Q}{4\pi T}W(u)$，井函數 $W(u) \cong [-0.5772 - \ln u]$，式中 $u = \frac{r^2 S}{4Tt}$

參考題解

【參考九華講義-水文學 P. 88+89 及例題 6-20】

抽水井與含水層示意圖：

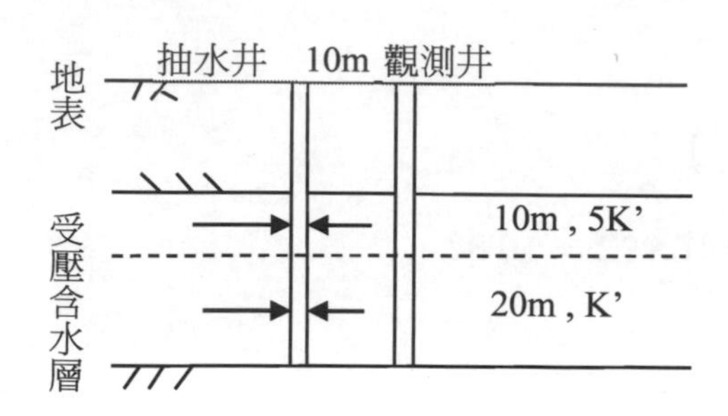

$$Z=\frac{Q}{4\pi T}\left[-0.5772-\ln\left(\frac{r^2S}{4Tt}\right)\right]$$

上式轉換為以 10 為底之對數，可得

$$Z=\frac{2.3Q}{4\pi T}log\left(\frac{2.25Tt}{r^2S}\right)$$

將兩個不同時段的洩降資料代入上式可得

$$\Delta Z=Z_2-Z_1=\frac{2.3Q}{4\pi T}log\left(\frac{t_2}{t_1}\right)$$

$$\therefore 10m-6m=\frac{2.3\times 0.3\frac{m^3}{min}}{4\pi T}log\left(\frac{1{,}000min}{100\ \ min}\right)$$

$$\therefore T=0.01373\left(\frac{m^2}{min}\right)$$

$$\text{含水層綜合 }K=\frac{T}{b}$$

$$=\frac{0.01373\left(\frac{m^2}{min}\right)}{30\ \ m}=4.577\times 10^{-4}\left(\frac{m}{min}\right)$$

$$=4.577\times 10^{-4}\left(\frac{m}{min}\right)\times\frac{1{,}440\ \ min}{day}=0.659\frac{m}{day}$$

假設 20 m 厚度材質水力傳導係數為K'，則 10 m 厚度材質水力傳導係數為$5K'$。

水平流含水層綜合 $K=\frac{20\times K'+10\times 5K'}{20+10}=0.659\left(\frac{m}{day}\right)$

所以 20 m 厚度材質水力傳導係數 $K'=0.282\ \left(\frac{m}{day}\right)$

而 10 m 厚度材質水力傳導係數則為 $5\times 0.282=1.41\left(\frac{m}{day}\right)$

108年 專門職業及技術人員高等考試試題／水資源工程與規劃

一、某堤防工程以 50 年重現期為設計標準，其總工程費為 2,000 萬元，其工程在改善前不同重現期淹水損失如下表。降低淹水損失為其直接效益，間接效益以直接效益之 10% 估算。假設該工程經濟壽命期 20 年，年運轉維護費用為工程費用之 5%及年利率 5%情況下，在不計其他衍生效益與成本條件下，本工程之益本比約為多少？（20 分）

重現期（年）	1	2	5	10	25	50
淹水損失（萬元）	20	200	350	450	600	800

【提示：還本因子（capital recovery factor）$CRF=\left(\dfrac{i\times(1+i)^n}{(1+i)^n-1}\right)$】

參考題解

（一）依題意，先計算成本 C，採年值法，還本因子

$$\text{CRF}=\frac{0.05\times(1.05)^{20}}{(1.05)^{20}-1}=0.08$$

年運轉維護費用 $=2000\times0.05=100$（萬）

年工程費平均分攤成本 $=2000\times\text{CRF}=2000\times0.08=160$（萬）

故總平均年成本為 $100+160=260$（萬）

（二）計算效益 B（即淹水損失），計算如下表：

(1)	(2)	(3)	(4) = (2) × (3)	(5) = 110% × (4)
重現期	發生機率	損失（萬）	平均年損失（萬）	減災效益（萬）
1	1	20	20	22
2	0.5	200	100	110
5	0.2	350	70	77
10	0.1	450	45	49.5
25	0.04	600	24	26.4
50	0.02	800	16	17.6
			合計	302.5

（三）故本工程之益本比 $\text{B/C}=\dfrac{302.5}{260}=1.16$

> 二、一般常在流路中設置靜水池（stilling basin），請回答以下問題：
> （一）靜水池之設計目的或功能為何？（8 分）
> （二）靜水池設計時常引用美國墾務局（USBR）之研究成果，簡述 USBR 第 I、II、III、IV 型靜水池適用之水理條件及流況分別為何？（12 分）

參考題解

（一）靜水池之設計目的或功能：靜水池之廣泛定義為水力消能設施，如固定於消能結構之水池。通常靜水池設置於溢洪道與下游河道之間，藉著靜水池之功能，將上游排下來之大量動能與位能，藉著水躍與紊流之作用，消耗於靜水池中，並藉著水躍跳離靜水池之基礎，避免破壞其結構。若以水躍消能，則靜水池之設計必須考慮到水躍位置、尾水條件及水躍形態。除以水躍在靜水池消能外，亦可利用洩水道為之。

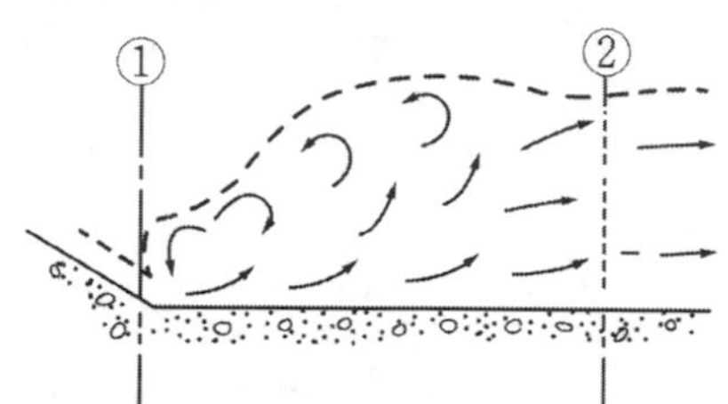

參考資料：摘自國家教育研究院學術詞彙。

（二）美國墾務局各型靜水池說明如下：

1. 第 I 型靜水池：平底之靜水池，不具有射檻（Chute Blocks）、池檻（Floor Block）s 及終檻（End Sills），因其長度甚長故一般較少使用。
2. 第 II 型靜水池：為平底但具有射檻（Chute Blocks）及鋸齒狀終檻（Dentated Sills），長度可較第 I 型靜水池縮短 30%，應用於高溢水道及福祿數大於 4.5 之流況。

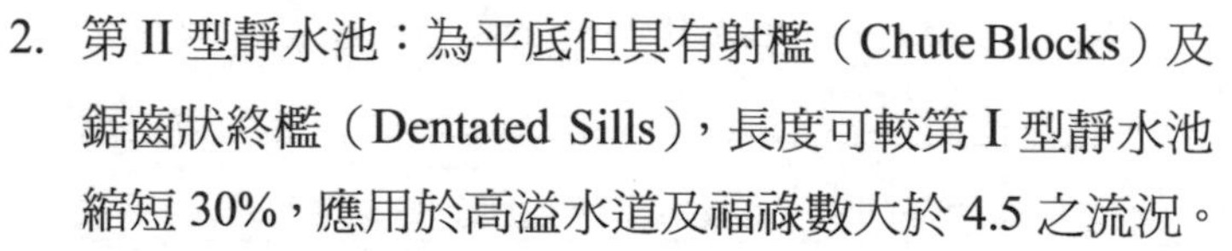

3. 第 III 型靜水池：為平底具有射檻、池檻及條狀終檻之靜水池，池長可較第 I 型靜水池縮短 60%。適用於流速小於 15m/s，福祿數大於 4.5 之小溢水道及渠道或出水口。

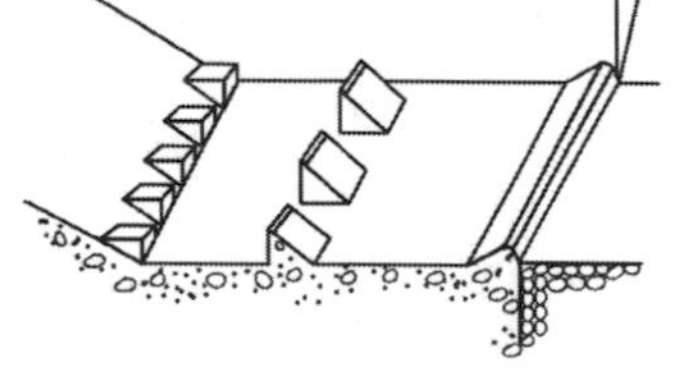

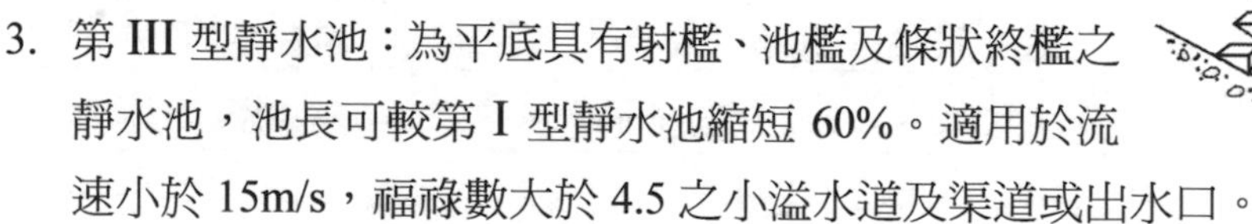

4. 第 IV 型靜水池：為平底具有射檻及終檻之靜水池，適用於福祿數介於 2.5 至 4.5，水流流速較低之流況。

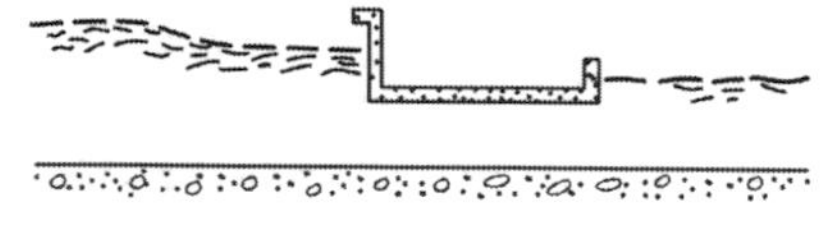

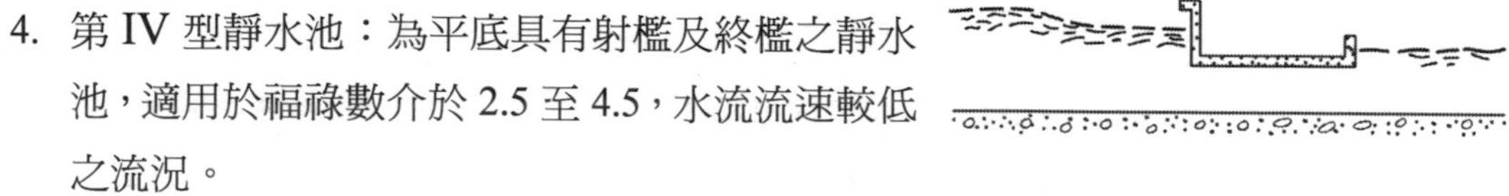

參考資料：參考自 BUSR (1984). Hydraulic Design of Stilling Basins and Energy Dissipators；洪有才，灌溉系統構造物設計與實例-跌水工設計。

三、農業灌溉時常設計農水路以補充作物不足需水量，請回答以下問題：

（一）說明何謂農業迴歸水（return flow），其來源為何？（10 分）

（二）灌區需水量為 $2.0m^3/sec$ 及農水路到達灌區輸水損失為 40%時，設計一梯形斷面農水路，且選擇較生態之乾砌石工法（曼寧係數值為 0.033），如設計坡度為 0.001 及採最佳水力斷面設計時，繪出此農水路斷面設計尺寸及示意圖。（10 分）

（三）水路側坡採乾砌石渠材（曼寧係數值為 n_1 及潤周為 P_1），渠底為硬質土不封底（曼寧係數值為 n_2 及潤周為 P_2），如何推估此複合斷面之等效曼寧係數值？（5分）

參考題解

（一）農業迴歸水之定義及來源：農田灌溉期間，經由灌排水路、田間地表水流或地下滲漏，於下游溝渠湧出之可再利用之水量。

參考資料：摘自農業工程研究中心，「石岡壩南幹渠道可再利用迴歸水源調查」，1996 年。

（二）農水路斷面設計尺寸與示意圖

1. 如題，灌區需水量為 2CMS，且因輸水損失 40%，故設計農水路斷面流量為 $2/(1-0.4)=3.3$CMS，且已知 $n=0.033, S=0.001$

2. 因採最佳水力斷面設計（梯形），故令側坡角$\theta=60°$，上寬 $T=2y\csc 60°$

   下寬 $b=2y\tan\frac{\theta}{2}=2y\tan 30°$，水力半徑 $R=\frac{y}{2}$

3. 將上述參數帶入曼寧公式

4. $Q=AV=\left[\frac{(b+T)y}{2}\right]\left(\frac{1}{n}\times R^{\frac{2}{3}}\times S_0^{\frac{1}{2}}\right)$，

   可解得水深 $y=1.54m$，尺寸及示意圖如右

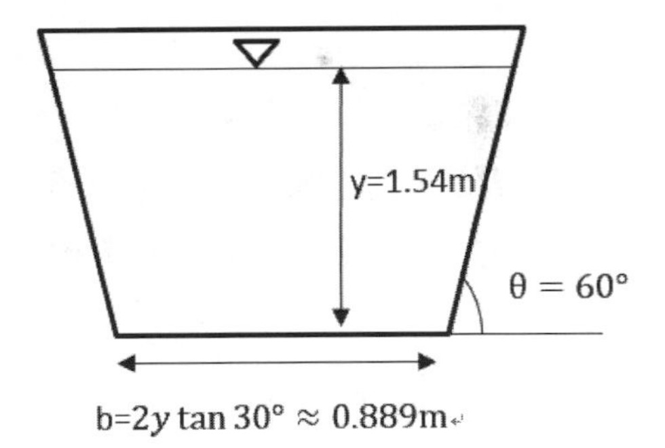

（三）等價糙度計算

假設各副斷面之平均流速與全斷面之平均流速相等，由曼寧公式可推得等價糙度

$$n=\frac{\left(\sum n_i^{\frac{3}{2}}P_i\right)^{\frac{2}{3}}}{P^{\frac{2}{3}}}$$

四、某預定水資源開發地點（如下圖中 E 點）並無任何流量資料時，如採用下列條件進行流量資料之推補，請分別說明其方法為何？

（一）當下游 A 點有完整流量資料時。（5 分）

（二）當集水區內 B、C 及 D 點有完整之降雨量資料時。（5 分）

（三）當集水區內無流量及雨量資料時。（5 分）

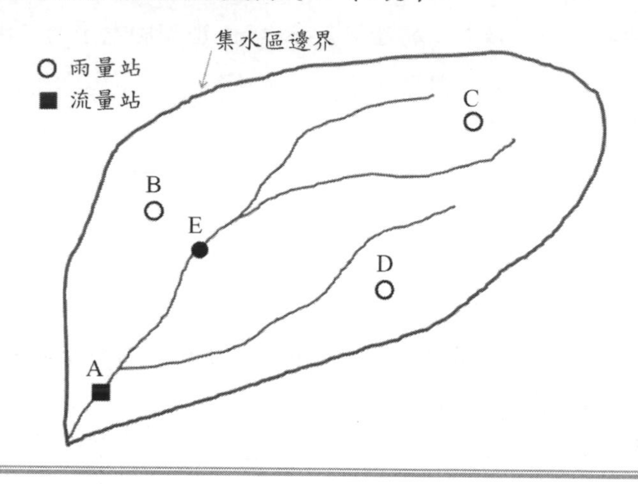

參考題解

（一）可將 A 點之流量資料配合河道水文演算法（如馬斯金更法）或河道水力演算法（包含連續方程式及動量方程式）求得上游 E 點之流量資料。

（二）1. 利用 B.C.D 點之雨量資料進行 E 點雨量資料之補遺（如內插法、正比法、四象限法）。

2. 配合單位歷線及補遺之雨量資料求得 E 點逕流歷線，即流量資料。

（三）當集水區內無流量及雨量資料時，可利用鄰近有流量資料之集水區建立該集水區之單位歷線，稱為合成單位歷線，一般常用之方法有 SCS 法及 Snyder 法。

五、某滯洪池水位高程與水域面積如下表，其矩形放流口與溢洪口底部高程分別為 10.5m 及 13.5m，試求：

（一）此滯洪池有效滯洪體積約為多少？（10 分）

（二）如矩形放流口寬 0.3m 及高 0.2m，其放流量以孔口流公式計算（流量係數值 0.6），當滯洪池自滿庫水位高程 13.5 m 排放至 10.5 m 所需時間為幾小時？（10 分）

水位高程（m）	10.0	10.5	11.0	11.5	12.0	12.5	13.0	13.5	14.0
水域面積（ha）	0.50	0.55	0.61	0.68	0.76	0.85	0.95	1.06	1.18

參考題解

（一）計算高程自 10.5 至 13.5m 之平均體積總和＝平均面積×高（0.5m）

（二）孔口流公式：$Q = C_d\sqrt{2gH}A$，其中 H 為與 10.5（放流口高度）之高差

且已知 $C_d = 0.6, A = 0.3 \times 0.2 = 0.06$ 代入上式得 $Q = 0.1595\sqrt{H}$

（三）計算有效滯洪體積及放流所需時間如下表：

水位高程 (m)	10	10.5	11	11.5	12	12.5	13	13.5	合計
水域面積 (ha)	0.5	0.55	0.61	0.68	0.76	0.85	0.95	1.06	
平均體積	-	2900	3225	3600	4025	4500	5025	2650	23275
流量		0	0.112784	0.1595	0.195347	0.225567	0.252192	0.276262	
平均流量		0.056392	0.136142	0.177423	0.210457	0.238879	0.264227		
排放時間 (s)		51425.95	23688.54	20290.45	19125.05	18837.96	19017.75		152385.7

故有效滯洪體積＝23275m^3

所需排放時間為 152385.7 秒≈42.33 小時

專門職業及技術人員高等考試試題／大地工程學（包括土壤力學、基礎工程與工程地質）

一、假設土壤之剪力強度遵循莫耳-庫倫（Mohr-Coulomb）破壞準則。現於實驗室中進行一砂土之直剪試驗，已知試體受剪破壞時，破壞面上之有效正向應力σ_{ff}'及剪應力τ_{ff}分別為 40.9kPa 及 23.6kPa。

（一）請繪製破壞莫耳圓，並求該砂土之有效摩擦角ϕ'，及試體破壞時之最大剪應力τ_{max}與方向（請標示與水平面之夾角）。（10分）

（二）試求該砂土破壞時，最大主應力σ_{1f}'及最小主應力σ_{3f}'之大小與方向（請標示與水平面之夾角）。（10分）

參考題解

題型解析	難易程度：中等、常見之直剪試驗題型
108 講義出處	土壤力學 8-10 節，P.225 例題 8-1 類似題 99%

（一）砂土試體直剪破壞：$c = 0$，$\tau_{ff} = \sigma_{ff}'\tan\varphi'$

砂土之有效摩擦角$\varphi' = \tan^{-1}\dfrac{\tau_{ff}}{\sigma_{ff}'} = \tan^{-1}\dfrac{23.6}{40.9} = 30°$ ……… Ans.

A 點座標：(40.9，23.6)，則 $\overline{OA} = \sqrt{40.9^2 + 23.6^2} = 47.22$

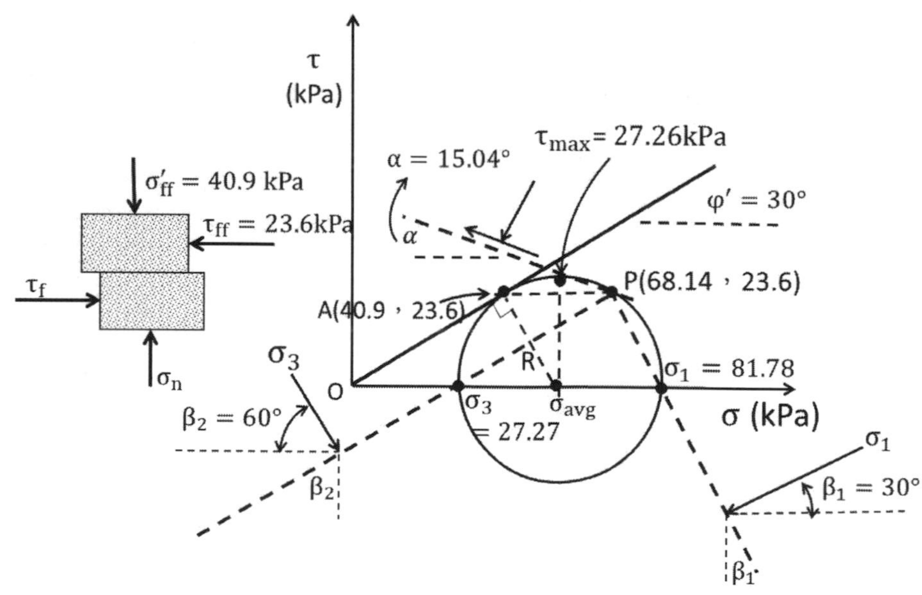

$\Rightarrow$圓的半徑 $R = \overline{OA} \times \tan 30° = 27.26$

$\Rightarrow$圓心橫軸座標 $\sigma_{avg} = 47.22/\cos 30° = 54.52$

以此圓心、半徑 R 畫圓（A 點會形成圓的切點），再由 A 點畫一平行作用力面之線（水平面），交圓於一點 P，P 點縱座標為 23.6，橫坐標 $=\sigma_{avg}+(\sigma_{avg}-40.9)=54.52+54.52-40.9=68.14$。求得極點 P 座標後，自 P 點連接莫爾圓頂點。如圖。

$\tau_{max}=R=27.26\text{kPa}$ ……… Ans.

τ_{max} 點破壞面與水平夾角 $\alpha=\tan^{-1}\dfrac{27.26-23.6}{68.14-54.52}=15.04°$ …… Ans.

（二）最大主應力 $\sigma_1=\sigma_{avg}+R=54.52+27.26=81.78\text{kPa}$ ……… Ans.

如圖，最大主應力 σ_1 作用力方向與水平面之夾角 β_1

$$\beta_1=\tan^{-1}\frac{81.78-68.14}{23.6}=30° \text{ ……… Ans.}$$

最小主應力 $\sigma_3=\sigma_{avg}-R=54.52-27.26=27.26\text{kPa}$ ……… Ans.

如圖，最小主應力 σ_3 作用力方向與水平面之夾角 β_2

$$\beta_2=\tan^{-1}\frac{68.14-27.26}{23.6}=60° \text{ ……… Ans.}$$

二、如下圖所示，有一飽和高透水性之砂土層無限邊坡，坡度為 β；土壤飽和單位重為 γ_{sat}，浸水單位重為 γ'，有效摩擦角為 ϕ'；地表下有與坡面夾角為 α 之滲流流動，地下水位位於邊坡表面呈滿水位狀態，水單位重為 γ_w。

（一）請推導該邊坡穩定之安全係數 FS 計算式。（15 分）

（二）若 $\gamma_{sat}=19.6\ \text{kN/m}^3$，$\gamma_w=9.8\ \text{kN/m}^3$，$\phi'=30°$，$\beta=\tan^{-1}(0.5)$，$\alpha=\tan^{-1}(0.3)$，試求該邊坡穩定之安全係數 FS。（5 分）

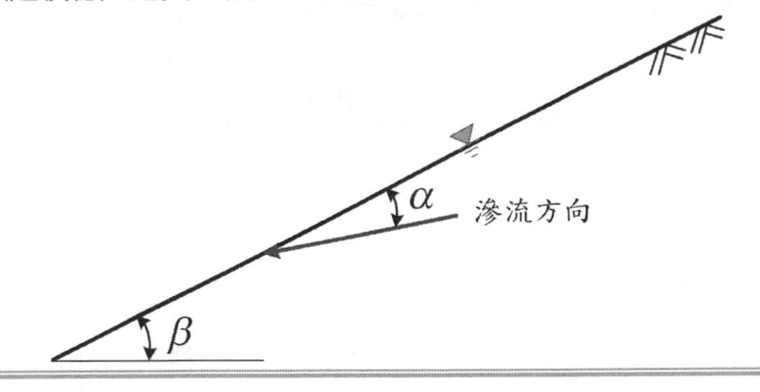

參考題解

題型解析	難易程度：中等偏難、少見之滲流不平行坡面之邊坡穩定題型
108 講義出處	基礎工程 3-5-6 節，P.3-11 內容一模一樣

（一）

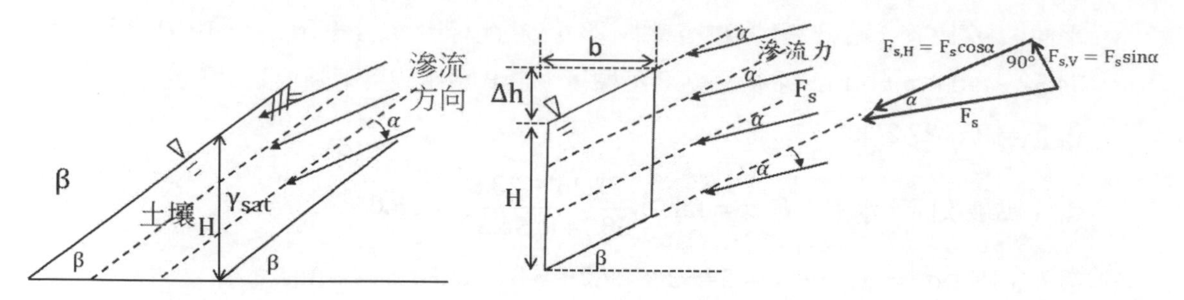

1. 平行坡面單位滲流力 $j = i \times \gamma_w$，此滲流分離體體積 $V = b \times H \times 1$，故作用在此分離體體積之平行坡面方向之滲流力 $F_{s,H} = F_s\cos\alpha = j \times V = i\gamma_w bH$。

2. 又平行坡面之水力坡降 $i = \frac{\Delta h}{b/\cos\beta} = \tan\beta\cos\beta = \sin\beta$

   ⇒平行坡面之滲流力 $F_{s,H} = F_s\cos\alpha = i\gamma_w bH = \gamma_w bH\sin\beta$

   ⇒ $F_s = \gamma_w bH\sin\beta/\cos\alpha$

3. 垂直坡面之滲流力 $F_{s,V} = F_s\sin\alpha$

$$= (\gamma_w bH\sin\beta/\cos\alpha)\ \sin\alpha = \gamma_w bH\sin\beta\tan\alpha$$

4. 考慮滲流力作用，即代表計算時已扣除靜水壓力，故皆以有效應力計算：

$$W' = \gamma' H \times b \times 1 = \gamma' Hb$$

   滑動面上之正向力

$$N = W'\cos\beta - F_{s,V} = W'\cos\beta - F_s\sin\alpha$$

$$= \gamma' Hb\cos\beta - (\gamma_w bH\sin\beta/\cos\alpha)\sin\alpha = \gamma' Hb\cos\beta - \gamma_w bH\sin\beta\tan\alpha$$

   ⇒ 抗剪強度 $\tau_f = c + \sigma'_n\tan\varphi = c + \frac{N}{A}\tan\varphi$

$$= c + \frac{\gamma' Hb\cos\beta - \gamma_w bH\sin\beta\tan\alpha}{\frac{b}{\cos\beta} \times 1}\tan\varphi$$

$$= c + (\gamma' H\cos^2\beta - \gamma_w H\sin\beta\cos\beta\tan\alpha)\tan\varphi$$

   下滑驅動力 $V = W'\sin\beta + F_s\cos\alpha$

$$= \gamma' Hb\sin\beta + \gamma_w bH\sin\beta = \gamma_{sat} bH\sin\beta$$

   ⇒ 驅動剪應力 $\tau_d = \frac{V}{A} = \frac{\gamma_{sat} bH\sin\beta}{\frac{b}{\cos\beta} \times 1} = \gamma_{sat} H\sin\beta\cos\beta$

5. $FS = \frac{\tau_f}{\tau_d} = \frac{c + (\gamma' H\cos^2\beta - \gamma_w H\sin\beta\cos\beta\tan\alpha)\tan\varphi}{\gamma_{sat} H\sin\beta\cos\beta}$

$$= \frac{c}{\gamma_{sat} bH\sin\beta\cos\beta} + \frac{(\gamma' - \gamma_w\tan\beta\tan\alpha)}{\gamma_{sat}} \times \frac{\tan\varphi}{\tan\beta} \text{............Ans.}$$

（二）$\gamma_{sat} = 19.6\text{kN/m}^3$，$\gamma_w = 9.8\text{kN/m}^3$，$\varphi' = 30°$，$\beta = \tan^{-1}(0.5)$，$\alpha = \tan^{-1}(0.3)$：

$$FS = \frac{c}{\gamma_{sat} bH\sin\beta\cos\beta} + \frac{(\gamma' - \gamma_w\tan\beta\tan\alpha)}{\gamma_{sat}} \times \frac{\tan\varphi}{\tan\beta}$$

$$= \frac{0}{\gamma_{sat} bH\sin\beta\cos\beta} + \frac{(19.6 - 9.8 - 9.8 \times 0.5 \times 0.3)}{19.6} \times \frac{\tan 30°}{0.5}$$

$$= 0.49 \text{............Ans.}$$

三、有一海岸旁之橋墩基礎長 L = 30 m，寬 B =10 m，擬建於河床下 5 m 深（D_f）之黏土地層內。由鑽探及室內試驗求得飽和黏土層之含水量 w = 35%，比重 Gs = 2.7，墩基下方黏土層之單壓強度 q_u = 300 kPa，墩身周圍黏土層之平均單壓強度 q_u = 240 kPa；另外，觀測得知河床之最高潮位 H_w = 6 m。若橋墩（含墩體自重）之設計垂直載重 Q =150 MN，沿墩身摩擦阻力之附著力係數（adhesion factor）α= 0.5，承載力因數 $N_c = 5[1 + 0.2(D_f/B)][1 + 0.2(B/L)]$，其中 $D_f \leq 2.5B$。

（一）試求橋墩基礎之極限垂直支承力 Q_u。（10 分）

（二）試求橋墩基礎抵抗垂直支承力破壞之安全係數。（10 分）

參考題解

題型解析	難易程度：中等、常見之基礎承載力題型
108 講義出處	基礎工程 6-4 節，P.6-8

使用α 法為總應力法，與地下水位無關

（一）墩身周圍黏土層之平均單壓強度 $q_u = 240\text{kPa} \Rightarrow c_u = 120\text{kPa}$

墩基下方黏土層之單壓強度 $q_u = 300\text{kPa} \Rightarrow c_u = 150\text{kPa}$

$$Q_u = Q_s + Q_p$$

$$\Rightarrow Q_s = \sum \alpha c_u A_s$$

$$= 0.5 \times 120 \times 2 \times (30 \times 5 + 10 \times 5) = 24000\text{kN}$$

$Q_p = c_u N_c^* A_b$，其中$N_c^* = 5\ [1 + 0.2(Df/B)][1 + 0.2(B/L)]$

當$\frac{Df}{B} = \frac{5}{10} = 0.5 < 2.5$，則$\frac{Df}{B} = 0.5$

$\Rightarrow N_c^* = 5[1 + 0.2 \times 0.5][1 + 0.2(10/30)]$

$\Rightarrow Q_p = c_{u2}N_c^*A_b = 150 \times N_c^* \times 10 \times 30 = 264000\ \text{kN}$

$\Rightarrow$ 極限承載力$Q_u = Q_s + Q_p$

$= 24000 + 264000 = 288000\ \text{kN}$............Ans.

（二）設計垂直載重$Q_a = 150\text{MN} = 150000\text{kN}$

橋墩基礎抵抗垂直支承力破壞之安全係數FS

$FS = Q_u/Q_a = 288000/150000 = 1.92$ N.G............Ans.

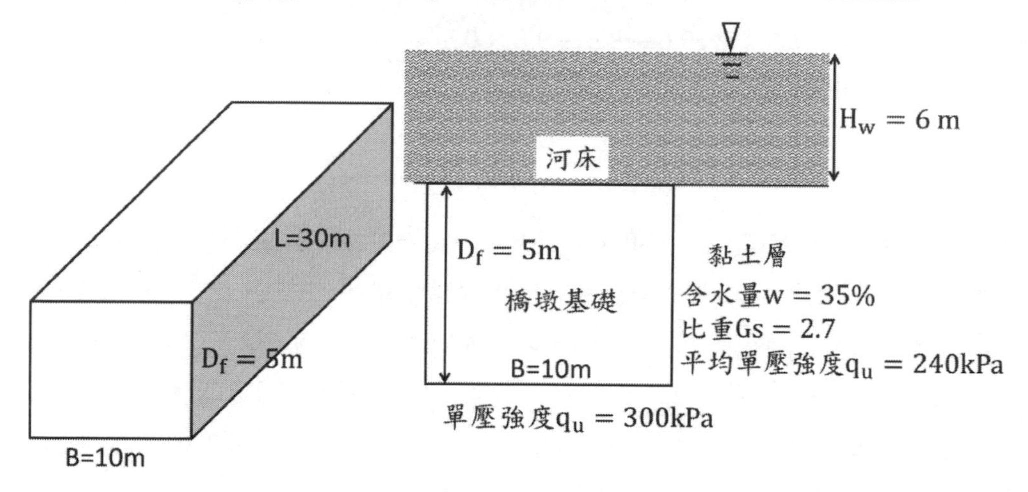

四、國內近二十年來，從民國 88 年之九二一集集地震、99 年桃源地震，到 105 年及 107 年之美濃地震與花蓮地震，均發生嚴重程度不等之土壤液化震害，造成生命財產的威脅及損失。

（一）請就前述地震，列舉實例分別說明水平地盤及傾斜地盤之土壤液化破壞模式，以及發生不同破壞模式之地質條件。（10 分）

（二）請說明鄰近河岸或海岸之既有線形路堤結構物，有那些可行的工程對策可防止基礎土壤發生液化而導致路堤發生破壞？（10 分）

參考題解

題型解析	難易程度：簡單、常見之地震液化論說文題型
108 講義出處	土壤力學 9-2-3 節、基礎工程附錄

（一）1. 水平地盤：

水平地盤中常會造成噴砂、地盤沉陷（液化後土壤承載力減弱，使地層嚴重下陷或傾斜，造成液化減壓）等現象，使房舍下陷與傾斜以及地下管線斷裂或上浮等破壞。

2. 傾斜地盤：

在傾斜地盤中因土壤發生液化、土壤失去強度且在重力作用而產生側潰甚至流動現象，由高程較高的地方往低的一方發生側向變位，其可能造成橋墩傾斜下陷與落橋、擋土牆、堤防及河岸邊結構物崩塌傾覆、道路與地面開裂或塌陷與地下管線斷裂或上浮等破壞。

（1）側向擴展：指地面坡度小於 3~5 度的液化地層移動。

（2）流潰：指地面坡度大於 3~5 度的液化地層移動。土壤液化若是發生在有坡度的地方或是河岸邊，附近的地面常會出現數道幾近平行於堤岸的主要裂縫，並伴隨著許多連接主要裂縫的細小裂縫，稱之為側潰。許多重大的地震事件伴隨有地盤側潰的現象。

（二）防止基礎土壤發生液化而導致路堤發生破壞的可行工法

1. 採用樁基礎貫穿可能發生液化的土層範圍：

基樁與土壤間具有摩擦力，樁頭也有承載力，只要基樁數量、尺寸與長度足夠，就可以承擔路堤重量。一旦地震發生基礎土壤液化現象，則路堤不致於產生下陷或傾斜。

2. 灌漿地盤改良：

針對深度較淺、範圍較小的高液化潛勢區，在路堤興建前灌漿改良地盤，提前將液化危險因子去除。

3. 動力夯實法：

於路堤興建前，利用吊車將重物吊至高處後釋放，使其自由落體墜下，錘擊欲改良的地面，壓縮土壤的孔隙，減小日後發生液化的可能性或災害程度，此工法適合深度 10 公尺以內的土壤改良。

4. 擠壓砂樁工法：

將砂料置入套管以衝擊或振動的方式打入疏鬆砂土層，形成緊實之砂樁，並擠壓砂樁周圍土壤，減小土壤的孔隙，降低土壤液化發生的可能性。

五、臺灣位於活躍的造山帶上，岩層常受擠壓變形而產生波狀、盆狀或鐘形之岩石褶皺(fold)：

（一）向斜（synform syncline）與背斜（antiform anticline）褶皺有何不同？請繪圖說明之。（10 分）

（二）請就水壩之壩軸平行或垂直於褶皺軸二種情況，分別繪圖說明褶皺對壩基及水庫蓄水之影響。（10 分）

參考題解

題型解析	難易程度：簡單、常見之工程地質論說文題型
108 講義出處	工程地質 3.2.11 節，P.38 工程地質 7.2.2 節，P.80

（一）地形褶皺常分成向斜、背斜兩種類型

1. 背斜（Anticline）

   標準背斜的褶皺兩翼岩層傾向相背，像正八字，在型態上，岩層向上高凸如山嶺。若由岩層年代相對新老關係，則褶皺核心部岩層年代相對較老，當由兩翼而外，岩層年代逐漸變新。

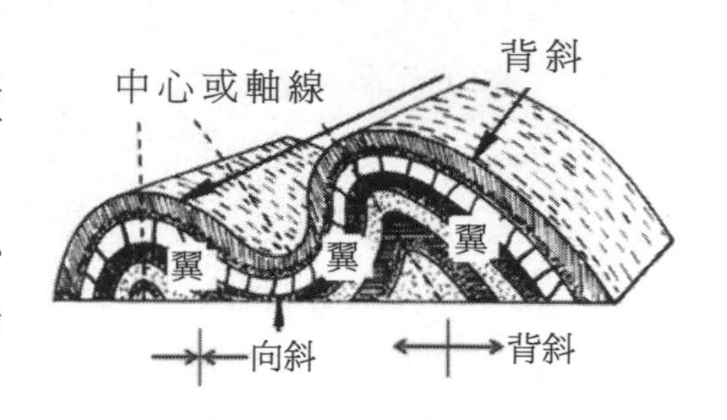

2. 向斜（Syncline）

   標準向斜的褶皺兩翼岩層的傾向是相向，像倒八字，在型態上，岩層向上低凹如山谷。再由岩層年代的新老關係，則於褶皺核心部的岩層年代相對較新，而由兩翼而外，岩層年代逐漸變老。

（二）褶皺對壩基及水庫蓄水之影響

褶皺	向斜 壩址位於向斜的上游處	背斜 壩址位於背斜的上游處
褶皺軸部與壩基軸線重疊	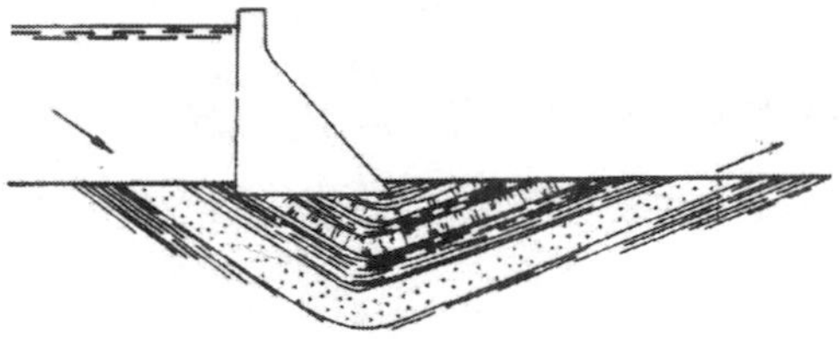 1. 向斜兩翼岩層傾角較緩時，水可能沿著層面向下游滲漏。 2. 當向斜兩翼岩層傾角較高時，水密性及承載力較佳，是為良好的壩址。	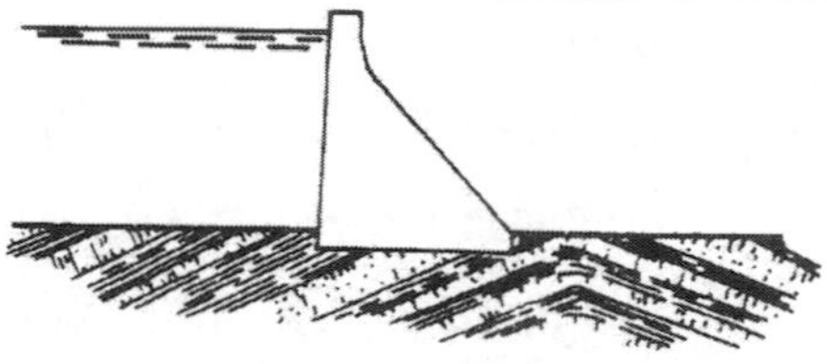 1. 背斜兩翼岩層傾角較緩時，壩基在承受壩體的自重與水平推力的雙重作用下，可能造成層面與層面之間承載力不足而產生剪力破壞的滑動面。 2. 當背斜兩翼岩層傾角較高時，則其水密性及承載力佳，是為良好的壩址。

褶皺	向斜 壩址位於向斜的上游處	背斜 壩址位於背斜的上游處
	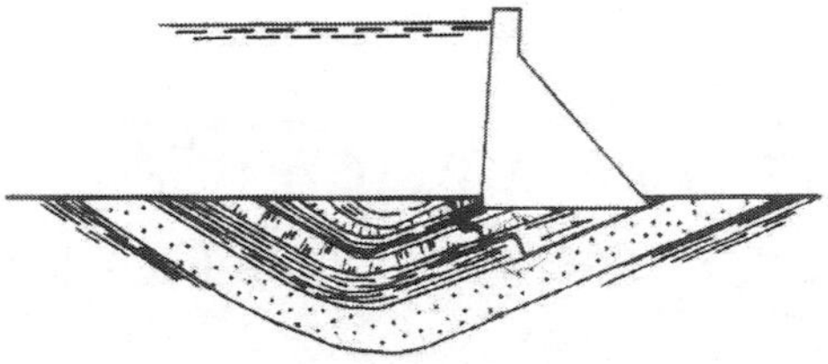	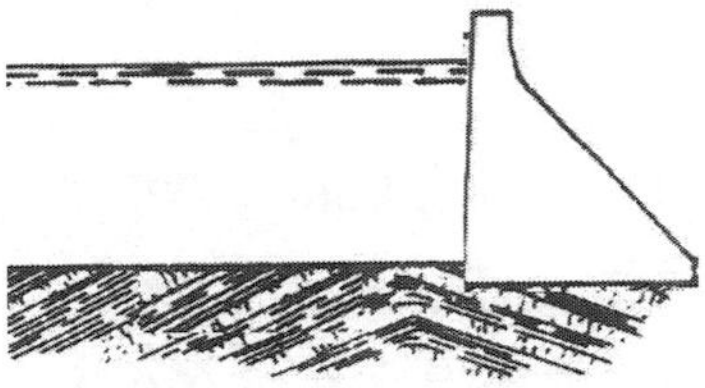
	1. 向斜兩翼岩層傾角較緩時，蓄水後壩體將承受極大側向壓力，壩基在承受壩體的自重與水平推力的雙重作用下，可能造成層面與層面之間承載力不足而產生剪力破壞的滑動面。 2. 當向斜兩翼岩層傾角較高時，甚至接近垂直，則其水密性及承載力佳，是為良好的壩址。	1. 背斜兩翼岩層傾角較緩時，易漏水。 2. 當背斜兩翼岩層傾角較高時，則其水密性及承載力佳，是為良好的壩址。
褶皺軸部與壩基軸線垂直	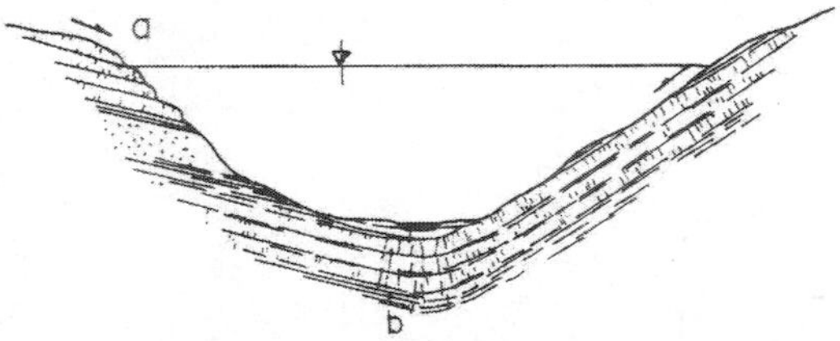	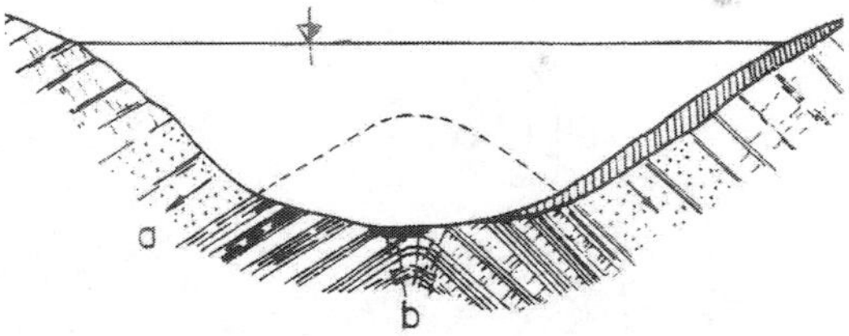
	1. 河道沿著向斜軸部前進，因河道底部為向斜軸部破碎帶，此破碎帶連通壩體上下游，易造成滲漏。 2. 向斜兩翼岩層均向水庫方向傾斜，均有順向坡滑動破壞之可能。	1. 河道沿著背斜軸部前進，水庫的水將沿河道底部為背斜軸部破碎帶，此破碎帶連通壩體上下游，易造成滲漏。 2. 另水易有可能沿背斜兩翼向外滲漏，故此種地質條件屬於滲漏嚴重。

108年 專門職業及技術人員高等考試試題／渠道水力學

一、已知一直徑為 1.5m 之圓形管涵，其底床坡降為 0.01，輸送流量為 4.0 m^3/s，管壁之曼寧糙度值為 0.013。請問（一）此水流之正常水深為多少？（15分）（二）此流況為超臨界流或亞臨界流？（10分）

參考題解

參考資料：污水下水道工程設計指針與解說。

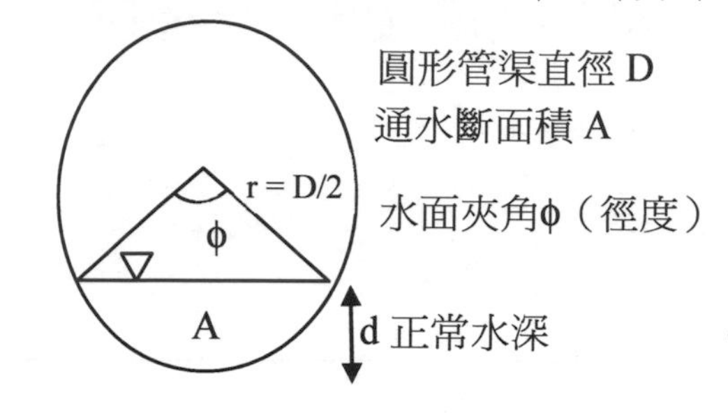

（一）$d=\frac{1}{2}D\left(1-\cos\frac{\phi}{2}\right)$

$$V=\frac{1}{n}R^{\frac{2}{3}}S^{\frac{1}{2}}=\frac{1}{n}S^{\frac{1}{2}}\left[\frac{A}{P}\right]^{\frac{2}{3}}=\frac{1}{n}S^{\frac{1}{2}}\frac{1}{2^{\frac{4}{3}}}\left[D\frac{\phi-\sin\phi}{\phi}\right]^{\frac{2}{3}}$$

$$A=\frac{D^2}{8}(\phi-\sin\phi)$$

$$P=\frac{D}{2}\phi$$

$$R=\frac{A}{P}=\frac{D}{4}\frac{(\phi-\sin\phi)}{\phi}$$

求解 d：正常水深

代入曼寧公式$Q=\frac{1}{n}AR^{\frac{2}{3}}\cdot S^{\frac{1}{2}}$

已知 D = 1.5m , S = 0.01 , Q = 4cms , n = 0.013

$$4=\frac{1}{0.013}\cdot\left[\frac{1.5^2}{8}\left(\frac{\phi-\sin\phi}{1}\right)\right]\times\left[\frac{1.5}{4}\frac{(\phi-\sin\phi)}{\phi}\right]^{\frac{2}{3}}\times(0.01)^{\frac{1}{2}}$$

⇒求解得 $\phi = 3.29567425$

正常水深 $d = 0.8077$ m

D：圓形管涵直徑 (m)

Q：輸送流量 m^3/s (cms)

n：曼寧糙度值

A：通水斷面積 (m^2)

R：水利半徑 (m)

P：溼周 (m)

S：底床坡降

（二）$Fr = \dfrac{V}{\sqrt{gy}} = 1.465 > 1$ 為超臨界流

二、有一矩形渠道，其岸壁設有一段側溢流堰。已知渠道寬為 20ft，渠底坡降為 0.0052，側溢流堰上游端之渠道流量為 400 ft^3/s，其曼寧糙度值為 0.015；側溢流堰下游端之水深為 0.8ft，且因側溢流致使渠道流量減為 200 ft^3/s，其曼寧糙度值為 0.03。試繪出側溢流堰段及其上、下游渠道之水面線並說明其理由。（25 分）

參考題解

上游渠道因側溢流堰擴大斷面造成跌水；隨著側溢流堰斷面水面線逐漸下降；到側溢流堰下游端之水深 0.8ft；而後隨下游渠道流量降成一半低及水深低於 y_c 水躍發生。

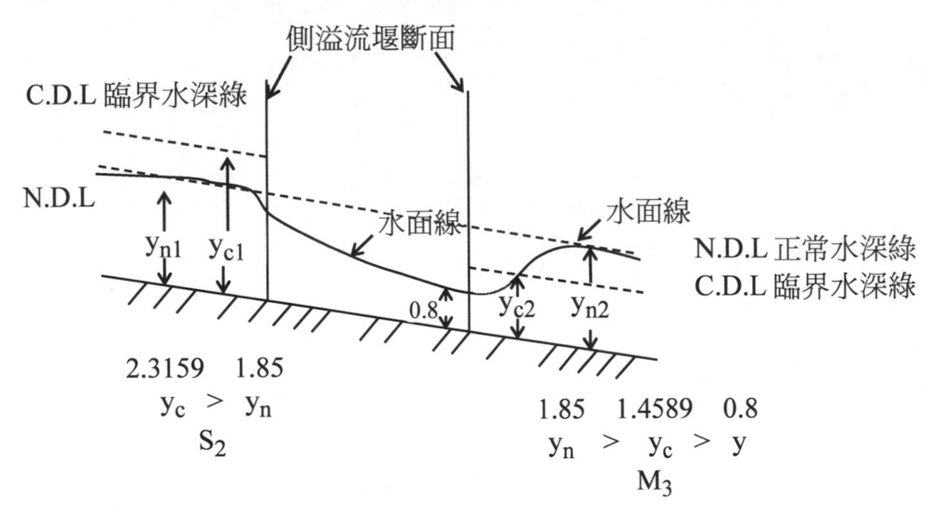

先由曼寧公式求得 y_c 及 y_n 再判斷水面線

上游①

由單寬流量 $q_1=\frac{Q}{B}=\frac{400}{20}=20\left(\frac{cfs}{f}\right)$

k = 1.49, n = 0.015 $S_o=0.0052$

設寬底堰：$R=\frac{y\cdot B}{2y+B}=y$

單寬曼寧公式$q_1=\frac{K}{n}y_1^{\frac{5}{3}}\cdot S_D^{\frac{1}{2}}$

帶入得 $20=\frac{1.49}{0.015}\cdot y_1^{\frac{5}{3}}\cdot(0.0052)^{\frac{1}{2}}$

求解得正常水深 $y_1\fallingdotseq 1.85ft=y_{n1}$

臨界水深$y_{c1}=\left(\frac{q_1^2}{g}\right)^{\frac{1}{3}}=\left(\frac{20^2}{32.2}\right)^{\frac{1}{3}}=2.3159ft$

下游②

$q_2=\frac{Q}{B}=\frac{200}{20}=10\left(\frac{cfs}{f}\right)$

k = 1.49, n = 0.03, $S_0=0.0052$

$q_2=\frac{K}{n}y_2^{\frac{5}{3}}\cdot S_D^{\frac{1}{2}}$

$10=\frac{1.49}{0.03}\cdot y_2^{\frac{5}{3}}\cdot(0.0052)^{\frac{1}{2}}\Rightarrow y_2\fallingdotseq 1.85ft=y_{n2}$

$y_{c2}=\left(\frac{q_2^2}{g}\right)^{\frac{1}{3}}=\left(\frac{10^2}{32.2}\right)^{\frac{1}{3}}=1.4589ft$

三、某一梯形渠道，其底床坡降為 0.0004，曼寧糙度值為 0.035，設計流量為 200 m³/s。上游斷面之底寬為 15m，邊壁之水平垂直比為 3：1；緩變至下游 100m 處斷面之底寬為 10m，邊壁之水平垂直比為 2：1 其水深為 7 m。試以標準步推法（standard-step method）推求上游斷面處之水深。（25 分）

參考題解

為標準步推法之題型，利用公式求解上游斷面處之水深 y

$$Z_1+y_1+\frac{V_1^2}{2g}=Z_2+y_2+\frac{V_2^2}{2g}+h_f+h_e$$

假設 $h_e = 0$

已知 Q = 200cms, n = 0.035, $S_0 = 0.0004$，$h_e = 0$，L = 100m

y1　H : V = 3 : 1　15

$y_2 = 7$　H : V = 2 : 1　10

$$H_1 = Z_1 + y_1 + \frac{V_1^2}{2g} = 0.04 + 7.02 + 0.032 = 7.092$$

$$H_2 = Z_2 + y_2 + \frac{V_2^2}{2g} + h_f = 0 + 7 + 0.072 + h_f = 7.072 + 0.0286$$

$$V_2 = \frac{Q}{A_2} = 1.19\,m/s \quad R_2 = \frac{A_2}{P_2} = 4.07$$

$$S_{f2} = \frac{n^2 V_2}{R_2^{\frac{4}{3}}} = \frac{0.035^2 \times 1.19^2}{(4.07)^{\frac{4}{3}}} = 0.000267$$

$$A_1 = (3y_1 + 15) \times y_1 = 3y_1^2 + 15y_1$$

$$R_1 = \frac{A_1}{P_1} = \left[\frac{3y_1^2 + 15y_1}{y_1 \times 2 \times \sqrt{10} + 15}\right]$$

$$S_{f1} = \frac{n^2 V_1^2}{R_1^{\frac{4}{3}}}$$

$$S_{\bar{f}} = \frac{S_{f1} + S_{f2}}{2}$$

$$L = \frac{E_1 - E_2}{S_0 - S_{\bar{f}}}$$

$H_1 = H_2 \Rightarrow 7.092 = 7.072 + 0.02$ 經由標準步推法得上下游能量平衡

$\Rightarrow$y = 7.02m

L (1)	Z (2)	Y (3)	A (4)	V (5)	$\frac{V^2}{2g}$	H	$R^{\frac{4}{3}}$	S_f	h_f
0	0	7	168	1.19	0.072	7.072	6.49	0.000267	
0+100	0.04	7.02	253	0.79	0.032	7.092	6.9	0.00011	0.02

四、如下圖所示，在一水平夾角為 θ之矩形渠道上發生水躍，假設水躍處之邊界摩擦力可忽略不計，水躍前後之共軛水深（conjugate depths）為 d_1 及 d_2，水躍長度為 L，試推導共軛水深比（d_2/d_1）之關係式。（25 分）

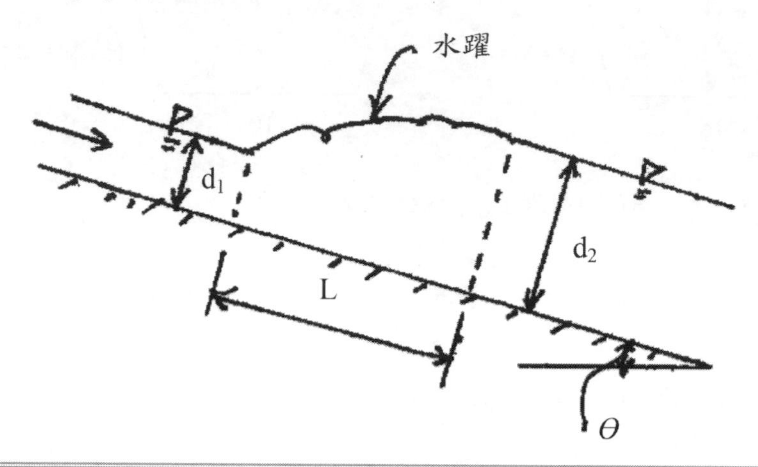

參考題解

求解斜坡水躍

假設靜水壓力分佈，且取單位寬度分析

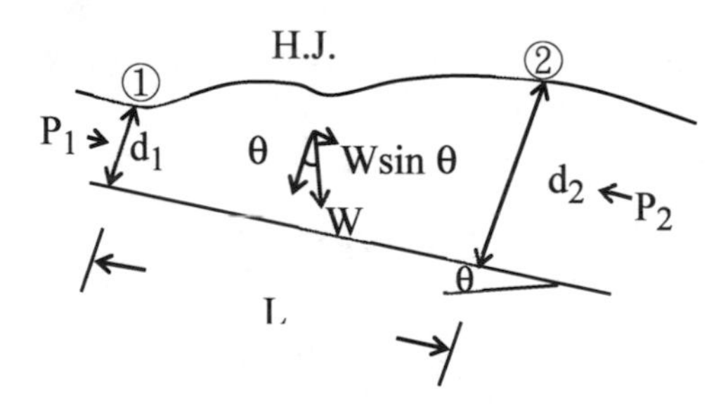

M.E. $P_1 - P_2 + W\sin\theta = M_2 - M_1$ ………………………… （1）式

其中 $P_1 = \frac{1}{2}rd_1^2 \cdot \cos\theta$，$P_2 = \frac{1}{2}rd_2^2\cos\theta$

$W = \frac{1}{2}rLK(d_1 + d_2)$，K 為形狀及斜坡修正因子

$M_2 = B_2\ell qV_2$，$M_1 = B_1\ell qV_1$（取 $B_1 = B_2 = 1$）

C.E.

$q = V_1d_1 = V_2d_2 \Rightarrow V_1 = \frac{q}{d_1}$，$V_2 = \frac{q}{d_2}$…………………… （2）式

（2）式帶入（1）式 $\frac{1}{2}r\cos\theta\left(d_1^2-d_2^2\right)+\frac{1}{2}rL\cdot K\sin\theta\left(d_1+d_2\right)=\ell q^2\left[\frac{1}{d_2}-\frac{1}{d_1}\right]$

$$\Rightarrow\frac{1}{2}\cos\theta\left(d_1^2-d_2^2\right)+\frac{1}{2}LK\sin\theta\left(d_1+d_2\right)=\frac{q^2}{gd_1^3}\times d_1^3\times\frac{d_1-d_2}{d_1\times d_2}$$

$$\Rightarrow\left[\frac{d_2}{d_1}\right]^2+\frac{d_2}{d_1}=\frac{2F_{r1}^2}{\cos\theta-\dfrac{K\cdot L\cdot\sin\theta}{d_2-d_1}}\qquad F_{r1}^2=\left[\frac{q^2}{gd_1^3}\right]$$

$$\Rightarrow\left[\frac{d_2}{d_1}\right]^2+\frac{d_2}{d_1}-2G^2=0\Rightarrow\frac{d_2}{d_1}=\frac{1}{2}\left(-1+\sqrt{1+8G^2}\right)\ ;G=f\left(F_{r1},\theta\right)$$

108 年 專門職業及技術人員高等考試試題／流體力學

一、如下圖所示，矩形水門寬 2.00 m（垂直紙面方向），可繞鉸旋轉。試求作用在水門水壓力之水平分量之大小及方向為何？垂直分量之大小及方向為何？恰可開啟水門之力 F 為何？可忽略摩擦及水門重量。（20 分）

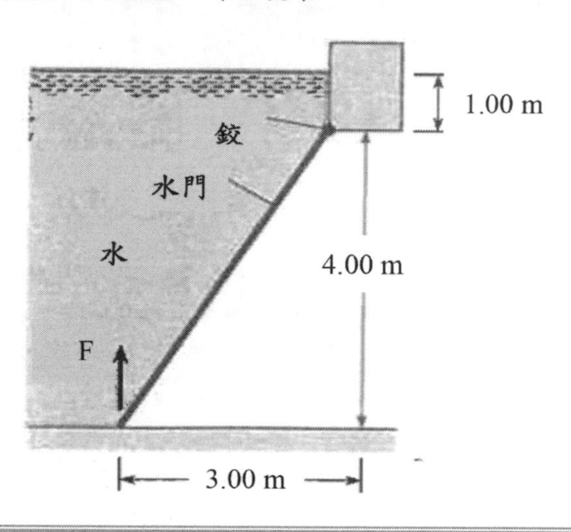

參考題解

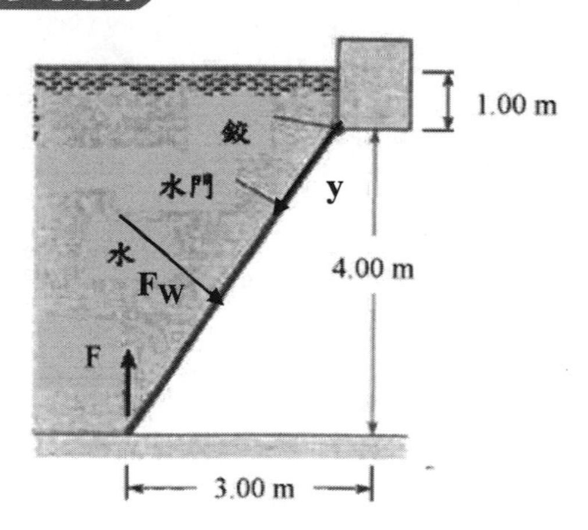

（一）如上圖，設定 y 座標平行水門，且起點為鉸，水壓力F_W垂直水門

則 $F_W = \int PdA = \int_0^5 \gamma(1 + y\cos 37°)2dy = 293.97\text{kN}$

水平分量 $F_{WX} = F_W \cos 37° = 234.77kN$

垂直分量 $F_{Wy} = F_W \sin 37° = 176.92kN$

（二）恰可開啟水門→F 對水門造成之力矩與水壓力造成之力矩大小相等

$$故\ 3F = \int ydF = \int_0^5 y\gamma(1 + y\cos 37°)2dy \rightarrow F = 299.38kN$$

二、如下圖所示，U 型管，管內流體為汞（比重 13.6），外管直徑為內管直徑 d 之 2.00 倍。U 型管繞軸等速旋轉一段時間後，液面高程維持不變。若 ℓ 為 20.0 cm，試求旋轉之角速度為何？（20 分）

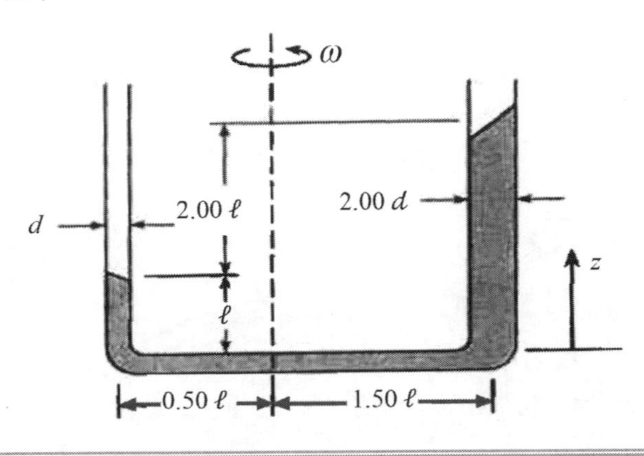

參考題解

經旋轉後之水面遵守尤拉方程式之拋物面

$$\frac{P_1}{\gamma_1} + Z_1 - \frac{r_1^2\omega^2}{2g} = \frac{P_2}{\gamma_2} + Z_2 - \frac{r_2^2\omega^2}{2g} \rightarrow 整理得\ \omega(P_1 = P_2 = P_{atm}, \gamma_1 = \gamma_2)$$

$$= \sqrt{\frac{2g(Z_2 - Z_1)}{r_2^2 - r_1^2}} = \sqrt{\frac{2 \times 9.81 \times (2 \times 0.2)}{0.3^2 - 0.1^2}} = 9.9(\frac{rad}{s})$$

三、如下圖所示，水流量為 0.200 m³/s，彎管入口處之壓應力為 100 kPa。上管直徑 30.0 cm，下管直徑 15.0 cm。彎管內之水體積為 0.100 m³，彎管重量 500 N，重力在負 z 方向。假設伯努力方程式適用，試求固定彎管之力量，其水平分量及垂直分量之大小及方向分別為何？（20 分）

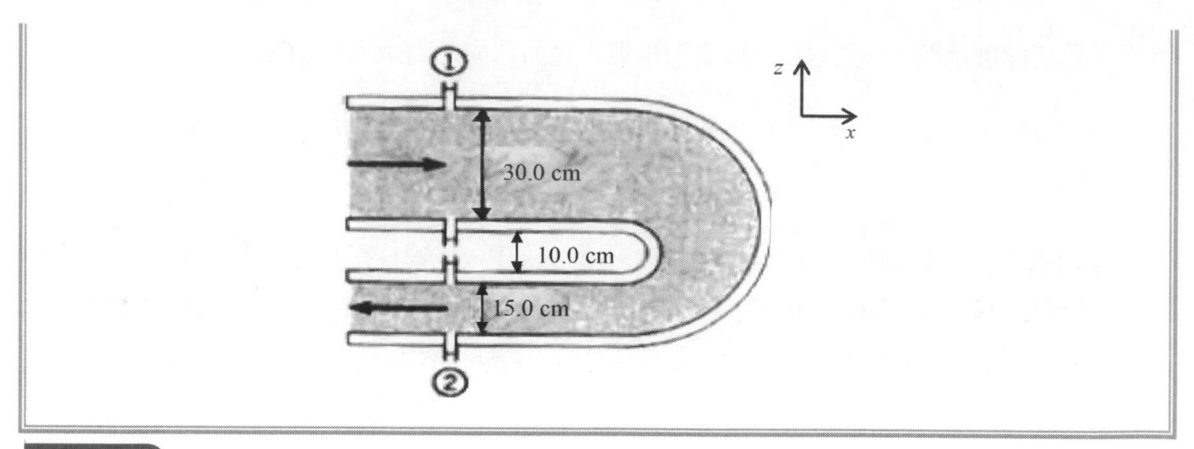

參考題解

（一）如下圖，取入口處及出口處之中間點為(1).(2)兩點，帶入白努利方程式

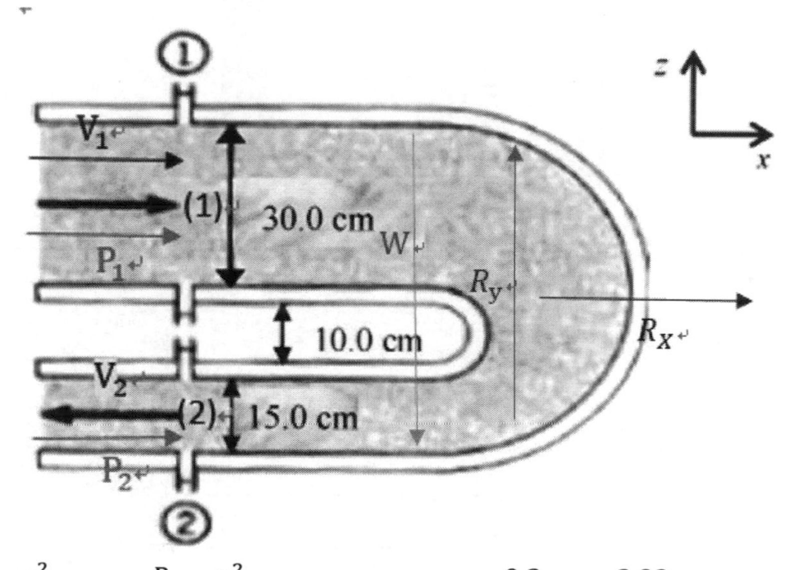

$\frac{P_1}{\gamma}+\frac{v_1^2}{2g}+Z_1=\frac{P_2}{\gamma}+\frac{v_2^2}{2g}+Z_2$，其中 $v_1=\frac{0.2}{\frac{1}{4}\pi(0.3)^2}=\frac{2.83m}{s}$，

$v_2=\frac{0.2}{\frac{1}{4}\pi(0.15)^2}=\frac{11.32m}{s}$，$P_1=100kPa$，代入解得$P_2\approx 43.1kPa$

（二）求水平分量 R_X及垂直分量R_y

1. 由水平方向之動量方程式（取向右為正）

$\sum F_X=\rho Q(V_{out}-V_{in})\rightarrow P_1A_1+P_2A_2+R_X=\rho Q(-V_2)-\rho Q(V_1)$

$\rightarrow 100\times 10^3\times\frac{\pi}{4}(0.3)^2+43.1\times 10^3\times\frac{\pi}{4}(0.15)^2+R_X$

$=1000\times 0.2(-11.32-2.83)\rightarrow$ 解得$R_X=-10.66kN$

（負號表示與假設相反，故方向向左，大小為 10.66kN）A

2. 由垂直向力平衡方程式

$R_y = W_{水} + W_{管} \rightarrow R_y = 0.1 \times 1000 \times 9.81 + 500 = 1481N$

四、流體中，有一個旋轉圓球，它的昇力 F 是球之半徑 D、自由流之流速 V、流體密度 ρ、流體動力黏度 μ、球表面糙度 ϵ（因次為長度）、球旋轉角速度 ω 等之函數。試以 ρ、V 及 D 為重複變數，進行因次分析，並寫出其無因次之函數式。（20 分）

參考題解

依題意，昇力 F = f (D, V, ρ, μ, ε, ω)

其中各項參數因次如下：

D = 直徑，因次[L]，V = 流速，因次[L/T]，ρ = 流體密度，因次$\left[\frac{M}{L^3}\right]$，ε = 表面糙度，因次[L]，ω = 角速度，因次$\left[\frac{1}{T}\right]$

依白金漢 π 定理，取重覆變數 ρ、V、D

令$\pi_1 = \rho^a V^b D^c F \rightarrow \left(\frac{M}{L^3}\right)^a \left(\frac{L}{T}\right)^b (L)^c \frac{ML}{T^2} = M^0 L^0 T^0$，解得$a = -1, b = -2, c = -2$

$\rightarrow \pi_1 = \frac{F}{\rho V^2 D^2}$

$\pi_2 = \rho^a V^b D^c \mu \rightarrow \left(\frac{M}{L^3}\right)^a \left(\frac{L}{T}\right)^b (L)^c \frac{M}{LT} = M^0 L^0 T^0$，解得$a = -1, b = -1, c = -1$

$\rightarrow \pi_2 = \frac{\mu}{\rho V D}$

$\pi_3 = \rho^a V^b D^c \varepsilon \rightarrow \pi_3 = \frac{\varepsilon}{D}$

$\pi_4 = \rho^a V^b D^c \omega \rightarrow \left(\frac{M}{L^3}\right)^a \left(\frac{L}{T}\right)^b (L)^c \left(\frac{1}{T}\right) = M^0 L^0 T^0$，解得$a = 0, b = -1, c = 1$

$\rightarrow \pi_4 = \frac{D\omega}{V}$

故$\frac{F}{\rho V^2 D^2} = f\left(\frac{\mu}{\rho V D}, \frac{\varepsilon}{D}, \frac{D\omega}{V}\right)$

五、兩水池水位差為 10.0 m，送水管長 300 m，流量 2.00 m^3/s，忽略次要損失。管壁糙度 $\epsilon = 4.60 \times 10^{-5}$ m，動力黏度 $\mu = 1.12 \times 10^{-3}$ N·s/m^2。試求管徑 D 為何？（20 分）

提示：式中 $\frac{1}{\sqrt{f}} = -1.8\log\left[\left(\frac{\epsilon}{3.7D}\right)^{1.11} + \frac{6.9}{\text{Re}}\right]$。式中 f 為摩擦因子，Re 為雷諾數。

參考題解

由白努利方程式：$\frac{P_0}{\gamma} + \frac{v_0^2}{2g} + Z_0 = \frac{P_1}{\gamma} + \frac{v_1^2}{2g} + Z_1 + h_L \to h_L = \Delta Z = 10m$

又主要損失 $h_L = f\frac{L}{D}\frac{V^2}{2g} = f\frac{L}{D}\frac{Q^2}{2gA^2} = f\frac{L}{D}\frac{Q^2}{2g\frac{\pi^2}{16}D^4} = 10$，代入 $Q.L$ 整理得 $\frac{f}{D^5} \approx 0.1$ ...(1)

採試誤法，假設 f = 0.03，D = 0.786m 代入

$\frac{1}{\sqrt{f}} = -1.8\log\left[\left(\frac{\epsilon}{3.7D}\right)^{1.11} + \frac{6.9}{Re}\right]$ ...(2)（不合）……重覆上述步驟可得當 f = 0.0116，

D = 0.65 時恰可滿足(1).(2)，故管徑 D = $\sqrt[5]{\frac{0.0116}{0.1}} \approx 0.65$M

專門職業及技術人員高等考試試題／水利工程（包括海岸工程、防洪工程與排水工程）

一、防洪措施是指防止或減輕洪水災害損失的各種手段和對策，它包括防洪工程措施及防洪非工程措施。試說明何謂防洪工程措施，並至少舉出三種防洪工程措施，分別深入說明其達到防止或減輕洪水災害損失的原理。（20分）

參考題解

（一）防洪工程措施：為控制和抗禦洪水以減免洪災損失而修建的各種工程措施。

（二）1. 堤岸防洪：興築堤防以防止洪水入侵，為最直接之防洪方式。

2. 河槽防洪：針對既有河槽做整建，包含：

（1）截彎取直：將部分蜿蜒之河道進行截彎取直工程，增加其坡度及流速，縮短排洪時間。

（2）河槽整理：針對舊有河槽進行清淤、除草及修築等作業，增加其通水面積，縮短排洪時間。

3. 水庫防洪：增建或整建水庫，使其增加滯洪容量或加速排洪（如整修溢洪道），使下游民眾可有足夠時間抵禦洪汛。

二、近年來都市淹水問題嚴重，為了改善都市淹水的問題，海綿城市（Sponge city）及低衝擊開發（Low impact development, LID）兩種工程手段常被提出來討論甚至落實於執行。試說明何謂海綿城市及何謂低衝擊開發，並說明它們能夠改善都市淹水問題的理論基礎以及相關限制。（20分）

參考題解

（一）海綿城市：如海棉一般，城市具有保水、淨水之功能，於下雨時可減緩洪汛並提升水質，於缺水時又可將該蓄水重新使用。而後延伸如生態及永續經營之概念。

（二）低衝擊開發：透過保護且減少開發之方式，從水源源頭保護，進而達成便於管理水源之方式稱之。

（三）理論基礎及相關限制

1. 海綿城市：

（1）理論基礎：採用透水性材料，結合植物及微生物等，達到保水、蓄水及淨水之功能，常應用於屋頂、廣場等空間。

（2）相關限制：經費龐大且相關限制嚴格，包含屋頂荷載、防水、坡度、空間條件等等。

2. 低衝擊開發：

（1）理論基礎：利用公共空間儲存水源，並結合生態綠美化、透水性設施（路面、排水管、陰井等等），使水源滲流，供日後利用。

（2）相關限制：包含相關法令未健全、經費較昂貴、土地使用等問題

三、天然河道常會有彎曲河段，河道的彎曲會影響水流。試回答下列 2 個問題：（一）河道彎曲段凹岸及凸岸的水深、流速及河床沖淤特性；（二）假如河道為定床矩形河道，河寬為 B，平均流速為 U，河道彎曲段的曲率半徑為 R，試分析河道彎曲段凹岸及凸岸水深之差異（彎道水面超高量）與河道特性及平均流速之關係。（20 分）

參考題解

（一）凹岸水深淺、流速快，因此為侵蝕坡；反之，凸岸水深較深、流速慢，為淤積狀態。

（二）彎道水面超高量 $y_1 - y_2 = \frac{U^2 B}{gR}$，$y_1 =$ 凸岸水深，$y_2 =$ 凹岸水深

平均流速越高則將導致水面超高越高，侵淤狀況越失衡。

四、海岸防護之目的在於防止波浪及暴潮之危害，以確保海岸地區之安全。海岸防護方法很多，可歸納成不同之類別。試説明海岸防護方法之可能類別，並至少舉出三種海岸防護方法，分別深入説明其達到防止或減輕海岸災害之原理。（20 分）

參考題解

（一）護岸工程：在河口、海岸地區，對原有岸坡採取砌築加固的措施，以防止波浪、水流之侵襲及淘刷並防止土壓力、地下水滲透壓力作用造成岸坡崩坍。（工程方法）

（二）海岸監測：定期監測海岸線是否退縮，以了解現況並採取相關對策。（非工程方法）

（三）保攤工程：防止灘面泥沙被波浪、水流淘刷之方法。如採用建築物：如丁壩、順壩、護坦、護坎等或植物、人工沙灘等防護措施。（工程與非工程方法兼具）

（四）相關法規建立：以預防之方式，針對海岸開發進行限制，從根本改善海岸問題。（非工程方法）

五、在海岸或海洋中從事活動，常需要先瞭解波浪的特性。試說明何謂波浪的波數（Wave number）、波浪的角頻率（Angular frequency）及波浪的分散關係式（Wave dispersion relation）。請寫出波浪的分散關係式及深水波波速（Wave celerity）與水深之關係式。（20 分）

參考題解

（一）波數：波長的倒數，常以 k 表示，$k = 2\pi / L$，物理意義為波之密度，即沿波傳方向單位長度內波的數目。

（二）角頻率：週期之倒數乘以 2π，常以 ω 表示，即角頻率 $\omega = 2\pi/T$。

（三）波浪分散關係式、深水波波速與水深之關係式

1. 波浪分散關係式：

$\sigma^2 = gktanh(kh)$，$\sigma = \dfrac{2\pi}{T}$為波浪頻率，$g =$ 重力加速度，$k = \dfrac{2\pi}{L}$為週波數

2. 深水波波速：

當水深(d)大於一半波長(L)時，即 $d / L > 0.5$，稱為深水波，其波速 $C = \sqrt{\dfrac{gL}{2\pi}}$

特種考試地方政府公務人員考試試題／營建管理與土木施工學（包括工程材料）

一、建築物基礎施工時，可能因故造成擋土壁局部出現漏洞，地下水不斷湧入地下室帶入砂土時，進而造成路面下陷。請說明上述基礎開挖問題的緊急應變處置方法？（25 分）

參考題解

擋土壁面局部出現漏洞，地下水不斷湧入地下室帶入砂土，其成因為擋土壁管湧與擋土壁破壞兩方面，其緊急應變處置方法，分述於下：

（一）共同緊急應變處置方面：

1. 立即停止開挖作業，現場人員全力針對災變進行緊急應變處置。
2. 工區四周設立禁止通行標誌，非搶救人員不得進入。
3. 基地周圍有維生管線時，應通知相關主管單位派員檢查，若有損壞現象，應關閉管線進行修補。
4. 加設與補換（原設置損壞，且有必要時繼續使用）相關監測設施，提高監測頻率，加強安全監測至復工（或基礎施工完成）為止。
5. 派遣人員巡視基地四周鄰房及道路之損壞狀況，若有沉陷或淘空現象，考慮先進行填塞灌漿，防止二次災害發生。

（二）分項緊急應變處置方面：

1. 擋土壁管湧方面：

（1）管湧處緊急止滲處理：

依滲水程度，處置如下：

①擋土壁面單純滲水：在滲水點以無收縮水泥進行表面封孔處理（滲水量大時，採封模後以無收縮水泥砂漿灌漿處理），並埋設導水管（包覆濾層）導水。

②擋土壁面滲水帶砂：以砂包圍堵滲漏點。

③破洞大且滲漏嚴重：以取現地土壤回填管湧處，防止破洞之擴大。

（2）在擋土壁外側進行低壓灌漿，並嚴密監控灌漿壓力與灌漿量。

（3）低壓灌漿無效時：緊急灌水或回填級配砂石。

2. 擋土壁破壞方面：

（1）緊急於基地發生擋土壁破壞之區域回填級配砂石。

（2）於回填區域進行掛網噴漿或鋪設大型帆布，以穩定坡面。

（3）於擋土壁破壞處施打臨時性擋土壁（鋼版樁或鋼管排樁等），並與原有未破壞之擋土壁相連接，接合處進行止水處理。

二、生產力為營建專案管理之基礎績效指標，請依據生產力相關概念與學理，逐一回答下列問題：
（一）請說明生產力之定義與其在進度規劃時之使用方式？（12分）
（二）某定尺鋼筋組立作業，總數量為100公噸，依據過去調查統計，定尺鋼筋組立作業工率為1.4人日／公噸。若鋼筋工班有20人，請估算該定尺鋼筋組立作業需耗時多少日？（假設正常施作，不加班）（13分）

參考題解

（一）生產力之定義與其在進度規劃時之使用方式：

1. 生產力定義：

$$生產力=\frac{生產價值}{投入資源}$$

2. 生產力在進度規劃時之使用方式：

依配合之下包各工班以往相近工址條件所建立生產力數據（營建工程以作業工率最常用）、工人調度之難易與契約工期等，共同決定該作業工人數與作業需時。

對於工人生產力之評估方法，以抽樣調查較為客觀，亦較為常用，依調查抽樣方式與對象區分為：

（1）工作抽樣法：

於現場抽樣觀察計算作業效率，量測有效作業時間佔實際作業時間比例。

（2）馬錶計時法：

量測完成工項每單位所需循環時間，並統計工人數，以計算實際作業工率。

（二）每一標準樓層的鋼筋組立時間：

鋼筋作業需時 ＝ 鋼筋組立數量／（工人數 × 作業工率）

＝100 /（20 × 1.4）＝3.57（日）

三、混凝土為關鍵性土木營建材料之一，請依據混凝土之檢驗標準作業程序與管控等相關學理與實務，逐一回答下列與混凝土材料進場後管制作業相關問題：
（一）混凝土材料施工時之檢查項目？（12分）
（二）新拌混凝土之檢驗時機與項目？（13分）

參考題解

（一）混凝土材料施工時之檢查項目

混凝土材料施工時（包括施工前材料送審與施工中材料試驗）之檢查項目，詳如下表：

項目			備註
水泥等膠結材料	水泥	物理性質與化學成分	
	爐石粉	物理性質與化學成分	
	飛灰	物理性質與化學成分	
粗細粒料		篩分析	承包商自主品管（僅查核試驗紀錄）
		表面水率	承包商自主品管（僅查核試驗紀錄）
		有害物質(土塊及易碎顆粒、小於 0.075mm 材料含量)	
		健度	
		磨損率	僅粗粒料
		粒料鹼質潛在反應	1. 粗細粒料同一料源，可擇一檢測 2. 使用低鹼水泥免作
		氯離子含量	
化學摻料		物理性質與化學成分	
拌合水		氯離子含量	承包商自主品管（僅查核試驗紀錄）
		PH 值	承包商自主品管（僅查核試驗紀錄）
混凝土配比		配比試拌試驗	僅於「施工前材料送審」階段辦理

（二）新拌混凝土之檢驗時機與項目

項目	時機	備註
混凝土坍度	每 $100m^3$、每 $450m^2$ 與每天至少一次。	
混凝土坍流度、流下性（漏斗法)、障礙通過性		高流動性混凝土、自充填混凝土
新拌混凝土溫度		
新拌混凝土氯離子含量	澆置作業前(第 1 車)、每 $100m^3$ 至少一次。	
混凝土圓柱抗壓試體製作	每 $100m^3$、每 $450m^2$ 與每天至少一組。	

四、請依據進度網圖與要徑法（CPM）等相關學理，逐一回答下列問題：

（一）請說明相較於箭線圖（AOA），節點圖（AON）之優點為何？（12分）

（二）請依據下列進度網圖資料，計算專案工期與列出要徑作業。（13分）

作業名稱	先行作業	作業需時
A	-	25
B	A	70
C	A	40
D	B	35
E	D	20
F	B,C	45
G	E,F	50

參考題解

（一）節點圖（AON）之優點：

相較於箭線圖（AOA），節點圖（AON）之優點如下：

1. 作業間關係表示方式清楚。
2. 網圖建構明確。
3. 延時條件與重複性作業訊息表示簡潔。
4. 無虛業（作業數少），網圖複雜度（CN）較低。
5. 排程檢討，網圖修正較易。

（二）專案工期與要徑作業計算：

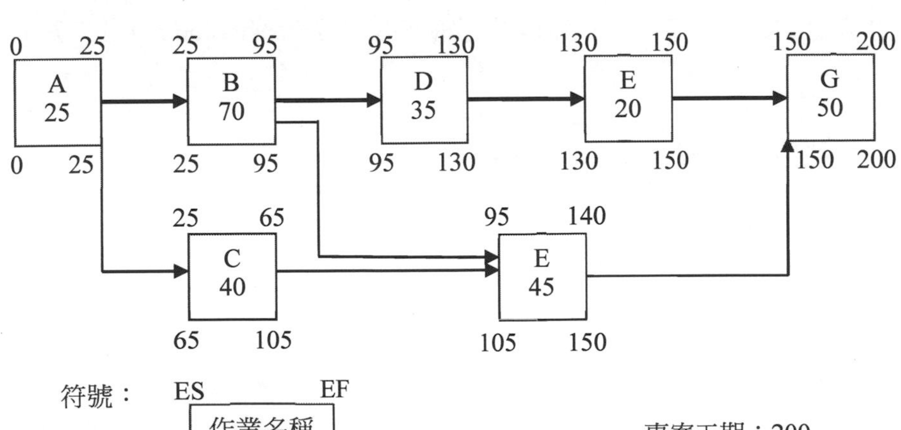

專案工期：200

要徑作業：A→B→C→E→G

108年 特種考試地方政府公務人員考試試題／土壤力學與基礎工程

一、試說明下列名詞之意涵：（每小題 4 分，共 20 分）

（一）有效應力（effective stress）

（二）土壤液化（liquefaction）

（三）相對密度（relative density）

（四）過壓密比（overconsolidation ratio）

（五）滲透係數（hydraulic conductivity）

參考題解

（一）有效應力（effective stress）

土壤中之有效應力等於垂直向總應力減去孔隙水壓力，即

$$\sigma' = \sigma_v - u_w = \sigma_v - (u_{ss} + u_s + u_e)$$

（二）土壤液化（liquefaction）

指飽和砂土受到地震力或震動力作用，砂土顆粒因而產生緊密化的趨勢，但因作用力係瞬間發生，顆粒間的孔隙水來不及排除，此時外來的地震力或震動力將由孔隙水來承受，因而激發超額孔隙水壓，使砂土有效應力降低，當砂土的有效應力變為零時，土壤抗剪強度亦變為零（$\tau = \sigma'\tan\varphi' = 0 \times \tan\varphi' = 0$），此時的砂土呈連續性變形、類似流砂（Quick Sand）現象，砂土顆粒完全浮在水中，宛如液體，稱之液化。

（三）相對密度（relative density）

通常以相對密度（Relative Density, D_r）（或另稱密度指數 Density Index）表示粒狀土壤緊密程度：

$$D_r(\%) = \frac{e_{max} - e}{e_{max} - e_{min}} = \frac{\gamma_{d,max}(\gamma_d - \gamma_{d,min})}{\gamma_d(\gamma_{d,max} - \gamma_{d,min})}$$

e_{max}：土壤最疏鬆狀態下之孔隙比，此孔隙比為最大值

e_{min}：土壤最緊密狀態下之孔隙比，此孔隙比為最小值

e：待評估土壤之孔隙比

（四）過壓密比（overconsolidation ratio）

過壓密比$OCR = \sigma'_c/\sigma'_v$

σ'_v：目前所受的有效應力

σ'_c：稱預壓密應力，也是土層曾經受過的最大應力

OCR > 1.0 過壓密土壤

OCR = 1.0 正常壓密土壤

OCR < 1.0 壓密中土壤

（五）滲透係數（hydraulic conductivity）

滲透係數又稱水力傳導係數。在均質均向條件下，滲透係數定義為單位水力坡度的單位流量，表示流體通過孔隙骨架的難易程度，表達式為：$\kappa = k\rho g/\eta$，式中k為孔隙介質的滲透率，它只與固體骨架的性質有關，κ 為滲透係數；η 為動力粘滯性係數；ρ 為流體密度；g為重力加速度

二、欲了解某工址土壤可壓密程度，茲以取樣器取得 500 ml 之土樣，稱其重量為 900 克，經烘乾後之重量為 850 克。土樣之飽和度為 27%，試問土粒之比重為何？另將此土樣置於夯實模內，其在最疏鬆狀態時之體積為 640 ml，相對密度為 70%，試求其在最緊密狀態時之體積為何？（20 分）

參考題解

（一）$V = V_v + V_s = 500\text{cm}^3$

$W_m = W_s + W_w = 900\text{g}$

$W_s = 850\text{g} \Rightarrow W_w = 900 - 850 = 50\text{g} \Rightarrow V_w = 50/1 = 50\text{cm}^3$

飽和度$S = V_w/V_v = 27\% \Rightarrow V_v = V_w/27\% = 50/0.27 = 185.185\text{cm}^3$

$\Rightarrow V_s = 500 - V_v = 500 - 185.185 = 314.815\text{cm}^3$

$\Rightarrow \gamma_s = W_s/V_s = 850/314.815 = 2.70\text{g/cm}^3$

$\Rightarrow G_s = \gamma_s/\gamma_w = 2.70/1 = 2.70$ …………Ans.

（二）$e = V_v/V_s = 185.185/314.815 = 0.5882$

$e_{max} = V_{v,max}/V_s =（640 - 314.815）/314.815 = 1.0329$

$$D_r(\%) = 70\% = \frac{e_{max} - e}{e_{max} - e_{min}} \times 100\%$$

$$\Rightarrow \frac{e_{max} - e}{e_{max} - e_{min}} = \frac{1.0329 - 0.5882}{1.0329 - e_{min}} = 0.7 \Rightarrow e_{min} = 0.3976$$

$\Rightarrow e_{min} = V_{v,min}/V_s =（V - 314.815）/314.815 = 0.3976$

$\Rightarrow$ 最緊密狀態 $V = 439.985\text{cm}^3 = 439.985\text{ml}$……………………Ans.

三、在以下的流網中，土壤之滲透係數與單位重分別為 5.2×10^{-6} m/s 和 19.8 kN/m^3。請求出⑴在下游端之滲流量，⑵在壩趾處 A 點（圓點處）之孔隙水壓，⑶臨界水力坡降。（20分）

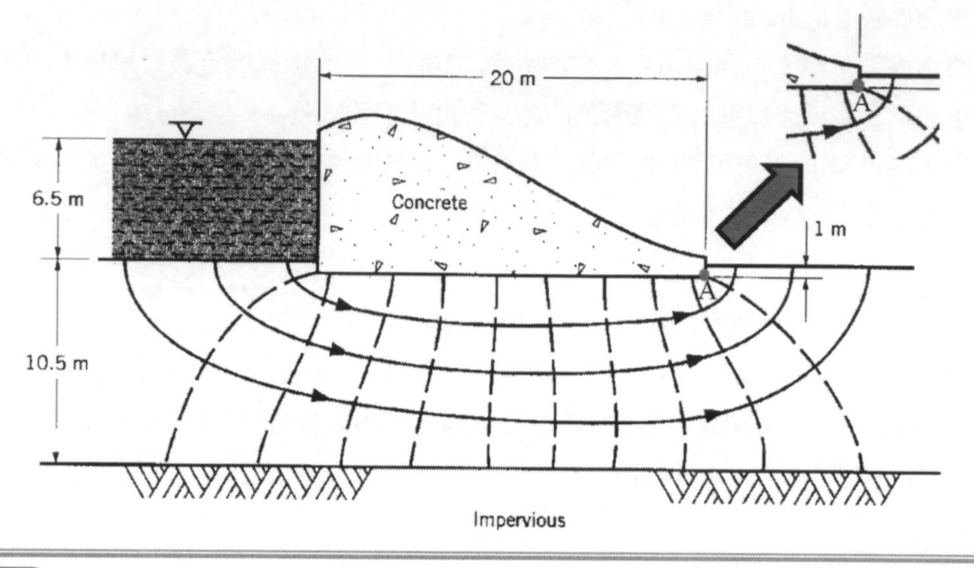

參考題解

（一）流線網圖之流槽數 $N_f = 4$，等勢能間格數 $N_q = 11$

$$\Delta h_{total} = 6.5m$$

$$q = k \times \frac{N_f}{N_q} \times \Delta h_{total} = 5.2 \times 10^{-6} \times \frac{4}{11} \times 6.5 = 1.23 \times 10^{-5} \ \ m^3/sec/m$$

$$= 1.06m^3/day/m \ldots\ldots\ldots\ldots\ldots\ldots\ldots \text{Ans.}$$

（二）壩趾處 A 點（圓點處）之孔隙水壓

$$u_w = u_s + u_{ss} = \left(1 + 6.5 \times \frac{1}{11}\right) \times 9.81 = 15.61kN/m^2 \ldots\ldots\ \text{Ans.}$$

$$或 u_w = u_s + u_{ss} = \left(1 + 6.5 - 6.5 \times \frac{10}{11}\right) \times 9.81 = 15.61kN/m^2$$

（三）臨界水力坡降

$$i_{cr} = \frac{\gamma'}{\gamma_w} = \frac{19.8 - 9.81}{9.81} = 1.018 \ldots\ldots\ldots\ldots\ldots\ldots\ldots \text{Ans.}$$

四、一個橋墩的基礎預計將建置在一砂土層中，此砂土層 15 公尺厚，地下常水位在地表下 3 公尺。砂土之單位重為 18.8 kN/m^3，飽和單位重為 20.8 kN/m^3，以及有效摩擦角為 34 度。若此橋墩之基礎形式為矩形淺基礎，長、寬及厚度分別為 4、2 與 1 公尺，基礎底部埋設在地表下 1 公尺處，則此淺基礎之容許承載力為何？（20分）

參考題解

砂土 $c = 0$

矩形基礎 $q_u = \left(1 + 0.3\frac{B}{L}\right)cN_c + qN_q + \left(0.5 - 0.1\frac{B}{L}\right)\gamma BN_\gamma$

$B = 2m$、$L = 4m$、$D_f = 1m$

地下水在地表下 3m，恰位於基礎版下 2m（=1B=2m）⟹不進行地下水修正

另查相關書籍 $\varphi' = 34°s$

$Nc = 42.16$， $Nq = 29.44$，$N\gamma = 41.06$（題目未給，非常不合理）

$$q_n = \left(1 + 0.3\frac{B}{L}\right)cN_c + q（N_q - 1） + \left(0.5 - 0.1\frac{B}{L}\right)\gamma BN_\gamma$$

$$= 0 + 18.8 \times 1 \times (29.44 - 1) + \left(0.5 - 0.1\frac{2}{4}\right) \times 18.8 \times 2 \times 41.06$$

$$= 534.67 + 694.74 = 1229.41kPa$$

$\Rightarrow q_a = q_n/FS = 1229.41/3 = 409.8kPa$

$\Rightarrow$ 容許承載力 $Q_a = q_a \times B \times L = 409.8 \times 2 \times 4 = 3278.4kN$……..Ans.

五、在實驗室以一過壓密黏土做傳統三軸壓密排水試驗，在壓密完成，施予軸差應力的過程中，試體維持在 100 kPas 之有效圍壓（Effective Confining Pressure）。試驗結果發現其應力應變為線性關係，故此黏土為一等向性完全彈性材料（Isotropic Perfectly Elastic Material）。在剪切一開始，試體受到一個 $\Delta\varepsilon_a = 0.9\%$的軸應變增量後，所量測到的軸差應力增量為 90 kPa，以及體積應變增量為 $\Delta\varepsilon_v = 0.3\%$。

（一）請畫出此試體所經歷之應力路徑。（10分）

（二）在這個狀態下，請求出此黏土之剪力模數（Shear Modulus），楊式模數（Young's Modulus），統體模數（Bulk Modulus），與波松比（Poisson's Ratio）。（10分）

參考題解

（一）$p-q$應力路徑

	$p'=\frac{\sigma'_v+\sigma'_h}{2}$	$q'=\frac{\sigma'_v-\sigma'_h}{2}$
圍壓階段	$p'=\frac{100+100}{2}=100$	$q'=\frac{100-100}{2}=0$
軸差應力階段	$p'=\frac{190+100}{2}=145$	$q'=\frac{190-100}{2}=45$

$\sigma'_1=\sigma'_3K'_p+2c'\sqrt{K'_p} \quad \Rightarrow \quad 190=100K'_p+0$

$\Rightarrow K'_p=\frac{190}{100}=\tan^2\left(45°+\frac{\varphi'}{2}\right)\Rightarrow \varphi'=18.08°$

$\tan\alpha=\sin\varphi'\Rightarrow K_f$線 $\alpha=\tan^{-1}\sin\varphi'=17.24°$

畫出此試體所經歷之應力路徑如下：

有效應力之應力路徑：$O\rightarrow A\rightarrow B$ ……………………Ans.

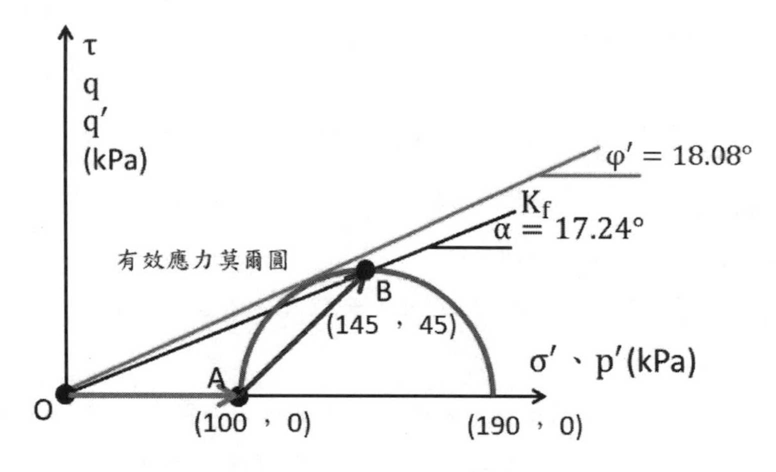

（二）

$\Delta\varepsilon_1=\Delta\varepsilon_a=0.9\%=\frac{1}{E}[\Delta\sigma_1-\nu（\Delta\sigma_2+\Delta\sigma_3）]$

其中$\Delta\sigma_1=90\text{kPa}$，$\Delta\sigma_2=\Delta\sigma_3=0$

$\Rightarrow 0.9\%=\frac{1}{E}[90-\nu（0+0）]$

$\Rightarrow E=90/0.9\%=1\times10^4\text{kN/m}^2$……………………Ans.

體積戸田應變增量為$\Delta\varepsilon_v=0.3\%$

使用近似解：$\Delta\varepsilon_v=0.3\%=\Delta\varepsilon_1+\Delta\varepsilon_2+\Delta\varepsilon_3$，其中$\Delta\varepsilon_2=\Delta\varepsilon_3$

$\Rightarrow 0.3\% = 0.9\% + 2\Delta\varepsilon_2$

$\Rightarrow \Delta\varepsilon_2 = \Delta\varepsilon_3 = -0.3\%$

$\Rightarrow$ 波松比 $\nu = |\Delta\varepsilon_2/\Delta\varepsilon_1| = 0.3/0.9 = \frac{1}{3}$................................Ans.

$\Rightarrow$ 剪力模數 $G = \frac{E}{2（1+\nu）} = \frac{1\times10^4}{2（1+1/3）} = 3.75\times10^3 kN/m^2$......Ans.

$\Rightarrow$ 統體模數 $K = \frac{E}{3（1-2\nu）} = \frac{1\times10^4}{3（1-2\times1/3）} = 1\times10^4 kN/m^2$...Ans.

108年 特種考試地方政府公務人員考試試題／水文學

一、請回答下列問題：（每小題 5 分，共 20 分）

（一）何謂正常年雨量（normal annual rainfall）？臺灣冬季易降雨之區域落在臺北、基隆、宜蘭一帶，原因為何？

（二）今有二規劃壩址可供選擇，其一可建低壩，另一可建高壩，若二者蓄水容積相近，試問宜選擇建高壩或低壩之壩址？理由為何？

（三）地震將引致地下水位變動，若今擬以地下水位異常變動數據分析地震之前兆現象，則蒐集之地下水位原始數據（raw data）中宜剔除何種效應之影響後再分析？

（四）單位歷線法（unit hydrograph method）在應用上對實際降雨延時之取用限度為何？若超過該限度可如何更改該單位歷線之單位降雨延時？

參考題解

【參考九華講義-水文學 第 3 章、第 7 章】

（一）正常年雨量、臺灣冬季易降雨之區域

1. 正常年雨量指超過連續 30 年的年雨量的平均值。
2. 臺灣冬季易降雨之區域落在臺北、基隆、宜蘭一帶是因為這些區域位於東北季風的迎風面，潮濕的東北季風容易因此區域地形抬升而降雨，也稱地形雨。

（二）高壩或低壩的選擇

選擇低壩之壩址。其原因有：

1. 低壩工程技術較為簡單，成本較低。
2. 低壩安全性較高。
3. 低壩上游水位提昇較小，上下游環境阻絕較低，生態衝擊較小。

（三）地下水位原始數據剔除之效應

地下水位原始數據可能受地下抽水、大氣壓力、水溫、降雨量、及地球潮汐等非構造因子的影響，所以應剔除這些效應之影響再分析。

（四）單位歷線法降雨延時之取用限度

單位歷線法在應用上對實際降雨延時之取用限度為 ±25%，例如降雨延時 2 小時的單位歷線可用在延時 1.5~2.0 小時之暴雨。

若超過該限度，可以將原單位歷線，利用稽延法或 S 歷線法求取不同降雨延時的單位歷線。

二、某河段利用在上、下游建置之兩測站校驗其水位－流量紀錄，校驗結果如下表所示，試以固定落差法推估當主水位站水位仍為 12.00 m，輔助水位站水位為 11.37 m 時之流量？（20分）

主水位站水位(m)	輔助水位站水位(m)	主水位（流量）站流量（cms）
12.00	11.65	9.50
12.00	11.02	15.20

提示：$\dfrac{Q}{Q_0}=\left(\dfrac{F}{F_0}\right)^K$　Q_0 表示某固定落差 F_0 之對應流量

參考題解

【參考九華講義-水文學 第8章】

主輔兩水位站落差 F＝主水位站水位－輔助水位站水位

$F_1=12.00\ \text{m}-11.65\ \text{m}=0.35\ \text{m}$，$Q_1=9.50$（cms）

$F_2=12.00\ \text{m}-11.02\ \text{m}=0.98\ \text{m}$，$Q_2=15.20$（cms）

分別代入水位差與流量關係式

$$\frac{9.50}{Q_0}=\left(\frac{0.35}{F_0}\right)^k \qquad (1)$$

$$\frac{15.20}{Q_0}=\left(\frac{0.98}{F_0}\right)^k \qquad (2)$$

兩式相除，$\dfrac{(1)}{(2)}\ \rightarrow \dfrac{9.50}{15.20}=\left(\dfrac{0.35}{0.98}\right)^k$

$\therefore \text{k}=0.456$

$F_3=12.00\ \text{m}-11.37\ \text{m}=0.63\ \text{m}$

$$\frac{Q_3}{Q_0}=\left(\frac{0.63}{F_0}\right)^{0.456} \qquad (3)$$

$$\frac{(3)}{(1)}\ \rightarrow \frac{Q_3}{9.50}=\left(\frac{0.63}{0.35}\right)^{0.456}$$

$\therefore Q_3=12.42$（cms）

三、某擬開發之新市鎮面積有 20 km^2，其中住宅區有 9 km^2，商業區有 7 km^2，4 km^2 為綠地，已知各區之逕流係數如下表，假設雨水由該新市鎮之最遠端到達擬規劃興建之下水道入口需時 10 *min*，而下水道長為 3000 *m*，其設計流速為 1.5 *m/sec*，若雨量強度 *i* 可按下式計算：*i*（*mm/hr*）=1851/[t（*min*）+19]$^{0.7}$，試以合理法公式推求下水道出口之尖峰流量（*cms*）？（20 分）

地目	住宅區	商業區	綠地
逕流係數	0.4	0.7	0.2

提示：$Q_P = C \times i \times A \quad C = \dfrac{\Sigma(c_i \times a_i)}{A}$

參考題解

【參考九華講義-水文學 第 7 章】

集流時間 $t_c = 10 \ min + \dfrac{3{,}000 \ m}{1.5 \dfrac{m}{sec} \times \dfrac{60sec}{min}} = 43.33 \ min$

令降雨延時 t = 集流時間(t_c)，則

暴雨強度 $i\left(\dfrac{mm}{hr}\right) = \dfrac{1851}{[t(min) + 19]^{0.7}} = \dfrac{1851}{[43.33 + 19]^{0.7}} = 102.6 \ \left(\dfrac{mm}{hr}\right)$

集水區平均逕流係數 $C = \dfrac{\sum(c_i \times a_i)}{A} = \dfrac{0.4 \times 9 + 0.7 \times 7 + 0.2 \times 4}{20} = 0.465$

尖峰流量 $Q_p = C \times i \times A$

$$= 0.465 \times 102.6 \frac{mm}{hr} \times 20km^2 \times \frac{m}{10^3 mm} \times \frac{hr}{3{,}600sec} \times \frac{10^6 m^2}{km^2}$$

$$= 265.05 \frac{m^3}{sec}$$

四、滲透係數 *K* 為 35 m/day 之某拘限含水層（confined aquifer）厚 30 m，鑿有一直徑 20 cm 之抽水井，水井經長期抽水達穩定之 3 m 洩降（drawdown）及 300 m 之影響半徑（radius of influence），試問其抽水量為若干？若水井直徑擴大一倍，即直徑改為 40 cm，影響半徑同為 300 m，同樣達穩定之 3 m 洩降，其抽水量變為若干？該抽水量增加了多少%？（20 分）

提示：$Q = \dfrac{2.72T(H - h_w)}{\log_{10} \dfrac{R}{r_w}}$ 洩降 $H\text{-}h_w$ 影響半徑 R 通水係數 T 水井半徑 r_w

參考題解

【參考九華講義-水文學 第6章】

通水係數 $T=K\times b=35\frac{m}{day}\times 30m=1{,}050\frac{m^2}{day}$，影響半徑 $R=300\ m$，洩降 $H-h_w=3m$

（一）水井半徑 $r_w=\frac{20cm}{2}\times\frac{m}{100\ cm}=0.1\ m$

代入井平衡公式

$$Q=\frac{2.72T(H-h_w)}{log_{10}\frac{R}{r_w}}=\frac{2.72\times 1{,}050\frac{m^2}{day}\times 3m}{log\left(\frac{300m}{0.1m}\right)}=2{,}464\ \frac{m^3}{day}$$

（二）水井半徑 $r_w=\frac{40cm}{2}\times\frac{m}{100\ cm}=0.2\ m$

代入井平衡公式

$$Q=\frac{2.72T(H-h_w)}{log_{10}\frac{R}{r_w}}=\frac{2.72\times 1{,}050\frac{m^2}{day}\times 3m}{log\left(\frac{300m}{0.2m}\right)}=2{,}698\ \frac{m^3}{day}$$

抽水量增加了 $\frac{2{,}698-2{,}464}{2{,}464}\times 100\%=9.50\%$

五、某計畫區擬規劃一水資源工程，該計畫區之年最大暴雨，據歷史紀錄統計分析得其平均值為 254 mm，標準差為 64 mm，若此工程規劃僅能承受 400 mm 之年最大暴雨，試利用甘倍爾極端值分布 I 型（Gumbel extreme value type I）推估可能等於或大於該 400 *mm* 暴雨發生之機率？又在 10 年中至少有 1 年會發生等於或大於該 400 mm 暴雨之風險（risk）為何？（20分）

提示：$p(x)=1/T_p=1-e^{-e^{-b}}$　　$b=\frac{x-\bar{x}+0.45\sigma}{0.7797\sigma}$　　$risk=1-(1-p(x))^N$

參考題解

【參考九華講義-水文學 第9章】

水文統計通式：

$$x_T=\mu+K_T\ \sigma$$

若年最大暴雨$x_T=400\ mm$，則其對應之

$$K_T = \frac{x_T - \mu}{\sigma} = \frac{400 - 254}{64} = 2.281$$

而甘倍爾極端值分布 I 型（Gumbel extreme value type I）

$$K_T = -\frac{\sqrt{6}}{\pi}\left[0.5772 + \ln\left(ln\frac{T}{T-1}\right)\right]$$

所以

$$2.281 = -\frac{\sqrt{6}}{\pi}\left[0.5772 + \ln\left(ln\frac{T}{T-1}\right)\right]$$

解得$T = 33.7$ （年）

（一）任一年發生機率

$$\mathrm{p(x)} = \frac{1}{T} = \frac{1}{33.7} = 0.0297$$

（二）在 10 年中至少有 1 年會發生等於或大於該 400 mm 暴雨之風險

$$\begin{aligned} risk &= 1 - \left(1 - p（x）\right)^N \\ &= 1 - (1 - 0.0297)^{10} \\ &= 0.2603 \end{aligned}$$

特種考試地方政府公務人員考試試題／水資源工程學

一、請試述下列名詞之意涵：（每小題5分，共20分）
（一）橫向排水（transverse drainage）
（二）比速（specific speed）
（三）缺水指數（shortage index）
（四）可靠發電量（firm power）

參考題解

（一）橫向排水：即與縱斷面方向垂直之排水。（資料來源：水土保持技術規範）

（二）比速：比速是用來預測旋輪機械（泵浦 pump，渦輪機 turbine）在一給定轉速，輸出功率和水頭下，欲得最有效率操作狀況時，能提供選用何種型態之機械的參數。（資料來源：國家教育研究院）

（三）缺水指數：缺水指數為美國路軍工兵團（1975）所創，以缺水率的平方做為評估缺水程度對社會經濟影響之評估準則，其方程式如下：

$$\mathrm{SI}=\frac{100}{N}\sum_{i=1}^{N}\left(\frac{DF_i}{D_i}\right)^2$$，其中$N=$統計年數，$DF_i=$年缺水量，$D_i=$年計畫用水量

（資料來源：經濟部水利規劃試驗所）。

（四）可靠發電量：發電廠或輸電系統確保可提供之電力（資料來源：維基百科）。

二、請說明都市給水系統的規劃步驟（10分）及給水（water supply）工程之內容及相關設施。（10分）

參考題解

（一）規劃步驟：

1. 估計未來人口數量並研究當地狀況以決定供應水量。
2. 勘定水質適宜之水源。
3. 建置必要之蓄水設施及設計自水源輸水至社區所需之構造物。
4. 求出用水之物理、化學及生物特性，並建立水質標準。
5. 設計可滿足水質要求之水處理設施。
6. 規劃並設計配水系統，包含配水池、抽水站、高處蓄水、幹管佈置及消防栓位置等。

（二）給水工程之內容及相關設施：包含水源、蓄水、輸水、處理、輸水與蓄水、配水等項目，說明如下：

1. 水源：如河、湖及水庫等設施。
2. 蓄水：如水庫、壩等。
3. 輸水：自蓄水處輸水至處理場之設施，如管線等。
4. 處理：用已改善水質之設施，如淨水廠。
5. 輸水與蓄水：用已輸送已處理之水至中間蓄水設施及配水點。
6. 配水：用來配水至與給水系統相連之個別用戶。

資料來源：水資源工程學，曉園出版社。

三、有一壩體之比重（specific gravity）為 2.63，已知壩基礎之摩擦係數為 0.53，出水高（Freeboard）為 2.5 m，傾覆（Overturning）安全係數要大於等於 2.0，滑動（Sliding）安全係數要大於等於 1.5，假設壩基上揚力（Uplift force）為三角型分布，因於壩址（Toe）處施設 30m 長之排水設施（如下圖），上揚力採全部水壓力（Hydrostatic pressure）之 60%計算，不考慮冰載重、地震力及風浪之影響，試分析此壩會否傾覆及滑動？（10 分）偏心距 e 為何（m）？並請說明其值之高低與壩體安全性、經濟性有何關聯？（10 分）

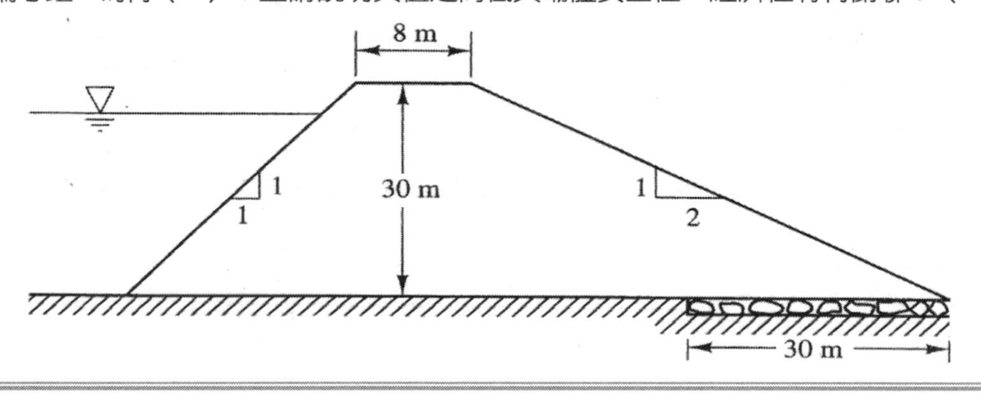

參考題解

（一）本壩體所受之力包含：水壓力F_W（水平向水壓造成）、上揚力 U（垂直向水壓造成）、壩體自重 W，其值與其與壩址所造成之力矩計算如下：

1. 水壓力：

$$F_W = \frac{1}{2}\gamma_w h_w^2 = \frac{1}{2} \times 9.81 \times (30-2.5)^2 = 3709.4\ (\frac{KN}{M})$$

$$力矩 = F_W \times 27.5 \times \frac{1}{3} = 34002.8\ (\frac{KN}{M} - M, 順時針)$$

2. 上揚力

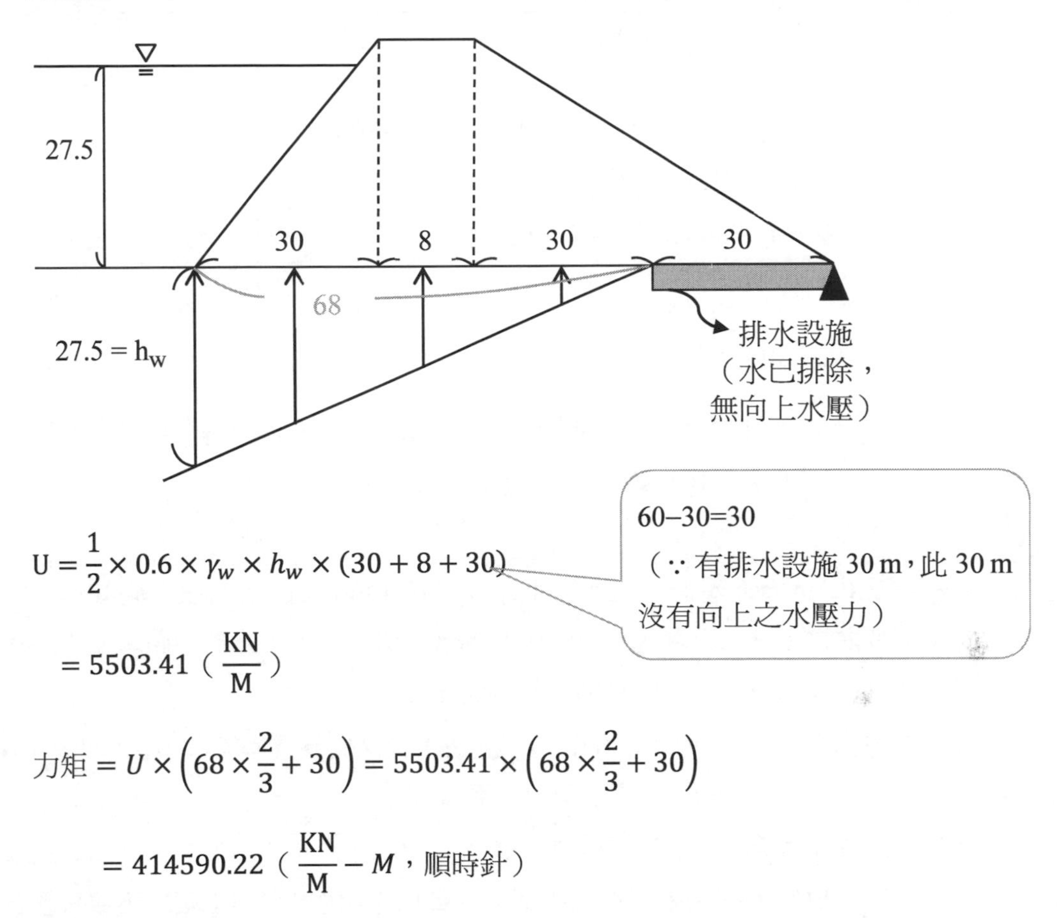

$$U = \frac{1}{2} \times 0.6 \times \gamma_w \times h_w \times (30 + 8 + 30)$$

$$= 5503.41\ \left(\frac{KN}{M}\right)$$

$$力矩 = U \times \left(68 \times \frac{2}{3} + 30\right) = 5503.41 \times \left(68 \times \frac{2}{3} + 30\right)$$

$$= 414590.22\ \left(\frac{KN}{M} - M，順時針\right)$$

3. 壩體自重

$$W = \gamma_C \times \forall = 2.63 \times 9.81 \times \left[\frac{1}{2} \times (8 + 98) \times 30\right] = 41022.5\ \left(\frac{KN}{M}\right)$$

$$力矩 = W \times X_R = 2230803.6\ \left(\frac{KN}{M} - M，逆時針\right)$$

$$其中 X_R = \frac{W_1 \times L_1 + W_2 \times L_2 + W_3 \times L_3}{W}$$

$$= \frac{2.63 \times 9.81 \times \left[\frac{1}{2} \times 30 \times 30 \times (98 - 20) + 8 \times 30 \times (60 + 4) + \frac{1}{2} \times 60 \times 30 \times 40\right]}{41022.5} = 54.38M$$

（二）計算傾覆、滑動之安全係數及偏心距

1. 由計算結果，得傾覆安全係數 $FS = \frac{M_r}{M_d} = \frac{2230803.6}{34002.8+414590.22} = 4.97 > 2$（OK）

2. 滑動安全係數FS $= \dfrac{f_s \times (W-U)}{F_W} = \dfrac{0.53\times(41022.5-5503.41)}{3709.4} = 5.07 > 1.5$（OK）

3. 偏心距 e

（1）垂直向合力$R_v = \text{W} - \text{U} = 41022.5 - 5503.41 = 35519.09$

（2）合力作用距壩址位置

$$= \frac{\text{安定力矩} - \text{傾覆力矩}}{R_v} = \frac{2230803.6 - (34002.8 + 414590.22)}{35519.09} = 50.18$$

（3）偏心距 $e = 50.18 - \dfrac{98}{2} = 1.18$

（4）偏心距值越大，壩體底部受力越不均勻，安全性及經濟性均降低，一般控制於$\frac{1}{6}B$內，B為壩體底部長度。

四、引一流量 0.2 m^3/sec 灌溉 1.5 公頃（ha）之農田，經灌溉 9 小時後，得知田間土壤有效深度 2 m 內之土壤水分含量平均增加 5.0%（重量比%），且於田區末端測得其尾水逕流量（Tail water runoff）為 1500 m^3，試求該農田：

（一）逕流率（tail water runoff rate）（6 分）及深層滲漏率（deep percolation rate）？（6 分）（已知該田區土壤假比重為 1.5）

（二）若已知該農田土壤電導度值（EC）為 2000 μs/cm（25°C），試問灌溉水電導度值（EC）應控制在多少 μs/cm（25°C）範圍內，農田土壤才不致有鹽份累積現象？（8 分）

參考題解

（一）求逕流率及深層滲漏率

1. 逕流率：

逕流水深 $h = \dfrac{Q}{A} = \dfrac{1500\times1000}{1.5\times10000} = 100mm$，故逕流率 $= \dfrac{h}{t} = \dfrac{100}{9} = 11.11mm/hr$

2. 深層滲漏率：

已知重量比Q_ω增加 5%，且$Q_\omega \times A_S = Q_V$，其中$A_S$為假比重，$Q_V$為體積百分比，故$Q_V = 5 \times 1.5 = 7.5\%$

故滲漏水深 $=2000 \times 0.075 = 150$mm

深層滲漏率 $= \dfrac{150}{9} = 16.67mm/hr$

（二）計算灌溉水臨界 EC 值：

1. 計算總灌溉水深 $= \frac{Q \times t}{A} = \frac{0.2 \times 3600 \times 9}{1.5 \times 10000} \times 1000 = 432\text{mm}$

2. 逕流水深 $= \frac{\forall}{A} = \frac{1500}{1.5 \times 10000} \times 1000 = 100mm$

3. 假設灌溉水 EC 值 = X，則令農田土壤 EC = 2000 = $\frac{(432-100) \times X + 150 \times 2000}{432-100}$

→ 解得$X = 1096.4\mu s/cm$

五、下表所列為一開發計畫中各計畫單元之成本及效益資料。成本在每一位址為互斥（Mutually exclusive）。假定計畫壽命為 50 年，利率為 5%，試將各計畫單元或組合依經濟成效優先次序排列之。（20 分）

計畫單元	興建成本（元）	年運轉成本（元）	年效益（元）
1A	1,200,000	60,000	160,000
1B	1,000,000	55,000	120,000
2A	1,600,000	90,000	200,000
2B	800,000	30,000	110,000
1A、2B			270,000
1B、2B			230,000

（註：成本回收係數 CRF = $\frac{i(1+i)^n}{(1+i)^n - 1}$ ）

參考題解

（一）計算還本因子 CRF = $\frac{0.05(1.05)^{50}}{(1.05)^{50}-1} = 0.0548$

（二）採年值法計算，列表排序各方案如下：

		C			B				
計畫單元	興建成本（元）	興建成本年值（元）	年運轉成本（元）	總成本 C	年效益（元）	B-C	B/C	B-C 排序	B/C 排序
1A	1200000	65760	60000	125760	160000	34240	1.272265	4	3
1B	1000000	54800	55000	109800	120000	10200	1.092896	6	6
2A	1600000	87680	90000	177680	200000	22320	1.125619	5	5
2B	800000	43840	30000	73840	110000	36160	1.489707	3	1
1A、2B	2000000	109600	90000	199600	270000	70400	1.352705	1	2
1B、2B	1800000	98640	85000	183640	230000	46360	1.25245	2	4

108年 特種考試地方政府公務人員考試試題／流體力學

一、如下圖所示之離合器系統，通過兩個直徑 30.0 cm 的碟片之間，3.00 mm 厚的油膜，其動力粘度為 0.380 N · s/m^2，來傳遞扭矩。傳動軸轉速為 1450.0 rpm，驅動軸轉速為 1398.0 rpm。試求傳動之扭矩為何？（20分）

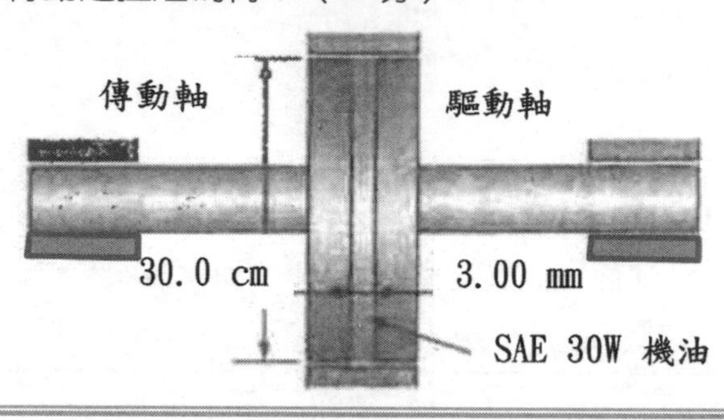

參考題解

假設機油為均值，且傳動軸及驅動軸之轉速恆定

令傳動之扭矩為 $T=\int rdF \ldots(1)$，並取相對速度使一碟片轉速 = 0，另一碟片轉速為 $\omega_1-\omega_2$

其中$dF=$ 機油剪應力造成之黏力 $=\tau_{Oil}dA=\left(\mu\frac{V}{h}\right)(2\pi rdr)$，其中 $V=(\omega_1-\omega_2)r, h$

為垂直液面方向之油膜厚度 $=3mm$，代回(1)式

$$\rightarrow T=\frac{2\pi\mu(\omega_1-\omega_2)}{h}\int_0^{0.15} r^3dr=\frac{\pi\mu(\omega_1-\omega_2)}{2h}r^4, r=0.15m \text{ 代入}$$

其中 $\omega_1-\omega_2=1450-1398=52rpm=52\times\frac{2\pi}{60}=5.445rad/s$

$$\rightarrow T=\frac{\pi\times0.38\times5.445}{2\times3\times10^{-3}}(0.15)^4\cong0.55N\cdot m$$

二、如下圖所示，二維不可壓縮恆定層流，在兩平板之間水平流動。下平板為固定板，上平板在水平方向以等速 V 移動。兩平板之間距為 h。x 向壓應力梯度為常數。試由那維史托克方程式，推導 x 向流速 u，在 y 向之分布式。（20分）

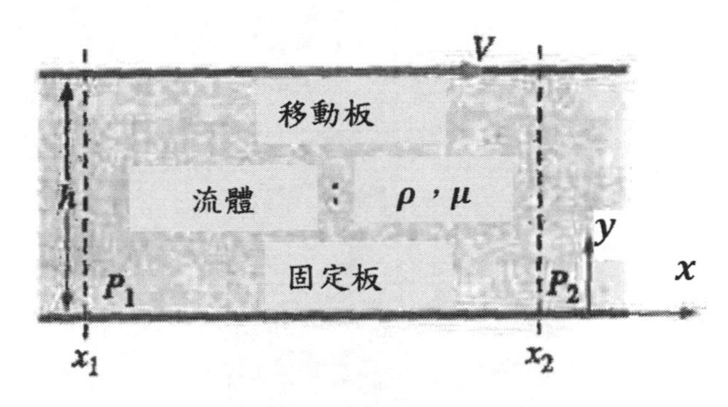

參考題解

將 X 分量之 navier-stoke, s equation 展開

$$\rho\left(\frac{\partial u}{\partial t}+u\frac{\partial u}{\partial x}+v\frac{\partial u}{\partial y}+w\frac{\partial u}{\partial z}\right)=-\frac{\partial P}{\partial x}+\rho g\sin\theta+\mu\left(\frac{\partial^2 u}{\partial x^2}+\frac{\partial^2 u}{\partial y^2}+\frac{\partial^2 u}{\partial z^2}\right)\ldots(1)$$

其中：

$\frac{\partial u}{\partial t}=0$(穩態)，$\frac{\partial u}{\partial x}=\frac{\partial u}{\partial z}=\frac{\partial^2 u}{\partial x^2}=\frac{\partial^2 u}{\partial z^2}=0$(完全展開流)，$v=w=0$(二維流)，

$\sin\theta=0$(水平)，$u=u(y)$

代回(1)式可整理為：$0=-\frac{\partial P}{\partial x}+\mu\frac{d^2u}{dy^2}\ldots(2)$，假設$P=P(x)$，則$\frac{\partial P}{\partial x}=\frac{dP}{dx}$

$$\because u=u(y)，\therefore\frac{\partial^2 u}{\partial y^2}=\frac{d^2 u}{dy^2}$$

將 $\frac{\partial P}{\partial x}=\frac{dP}{dx}$ 代入(2)式並積分兩次，得$u(y)=\frac{y^2}{2\mu}\frac{dP}{dx}+c_1y+c_2\ldots(3)$

將邊界條件：$u(0)=0$；$u(h)=V$ 代入(3)式

解得$c_2=0$，$c_1=\frac{V}{h}-\frac{h}{2\mu}\frac{dP}{dx}$

帶回(3)式得$u(y)=\frac{1}{2\mu}\frac{dP}{dx}(y^2-hy)+\frac{V}{h}y$

三、如下圖所示，自製比重計，質量為 20.0× 10^{-3} kg，直徑為 1.00 cm，先放入水中，做下記號。然後再放入某液體，結果比重計上浮 0.500 cm。試求此液體之比重為何？（20 分）

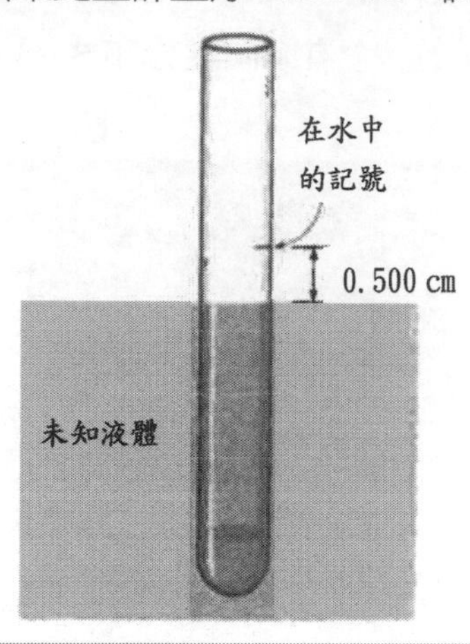

參考題解

由比重計自重 W 及浮力 B 力平衡：

（一）放入水中：（假設在水中排開體積之高度為 h）

$$mg = \rho_w \forall_{排開液體} \rightarrow 20 \times 10^{-3} \times g = 1000 \times \frac{\pi}{4}(0.01)^2 h \times g$$

$$解得\ h = 0.255m = 25.46cm$$

（二）放入某液體，排開體積高度變為 25.46 – 0.5 = 24.96cm

$$由力平衡：20 \times 10^{-3} \times g = \rho_{液} \times \frac{\pi}{4}(0.01)^2 \times 0.2496 \times g$$

$$解得\rho_{液} = 1020kg/m^3$$

$$比重=\frac{\rho_{液}}{\rho_{水}}=\frac{1020\ (kg/m^3)}{1000\ (kg/m^3)}=1.02$$

四、二維不可壓縮恆定流，其 x 向及 y 向流速依次為 u = 1.10 + 2.80 x + 0.65 y、v = 0.98 – 2.10 x – 2.80 y。流速之單位為 m/s，x 及 y 的單位均為 m。試求在（x = –2.00 m，y = 3.00 m）處，流體質點在 x 向之加速度 a_x 為何？（20 分）

參考題解

依題意，改寫 $\vec{V} = (1.1 + 2.8x + 0.65y)\vec{\imath} + (0.98 - 2.1x - 2.8y)\vec{\jmath}$

加速度 $\vec{a}=\frac{D\vec{V}}{Dt}=\frac{\partial\vec{V}}{\partial t}+(\vec{V}\cdot\nabla)\vec{V}=0+u\frac{\partial\vec{V}}{\partial x}+v\frac{\partial\vec{V}}{\partial y}$

$=(1.1+2.8x+0.65y)(2.8\vec{\imath}-2.1\vec{\jmath})+(0.98-2.1x-2.8y)(0.65\vec{\imath}-2.8\vec{\jmath})$

將 X = –2, y = 3m 代入上式，得$\vec{a}=(-2.55)(2.8\vec{\imath}-2.1\vec{\jmath})+(-3.22)(0.65\vec{\imath}-2.8\vec{\jmath})$

$=-9.233\vec{\imath}+14.371\vec{\jmath}$，故 x 向加速度$a_x=-9.233m/s^2$

五、如下圖所示，水由圓管流出至大氣，管徑 10.0 cm，流速 3.00 m/s。水管注滿水後，水與水管之總質量為每公尺 12.0 kg，試求作用在管底（A 點）之彎矩，其大小及方向分別為何？（20 分）

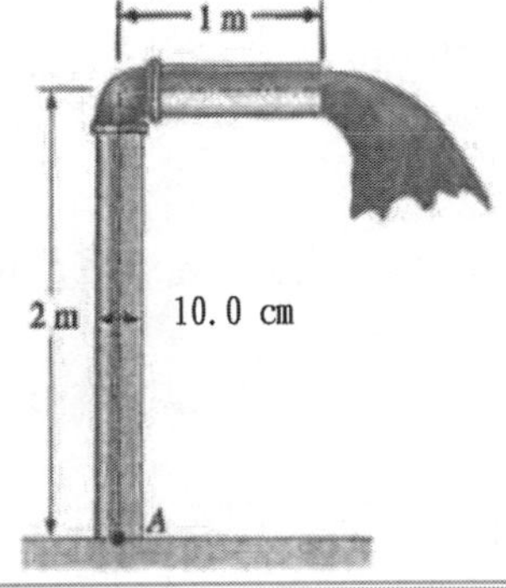

參考題解

管截面積 $A=\frac{1}{4}\pi D^2=\frac{1}{4}\pi\times0.1^2=7.854\times10^{-3}m^2$

流量 $Q=AV=7.85\times10^{-3}\times3=0.02356cms$

$\dot{m}=\rho Q=1000\times0.02356=23.56kg/s$

水平管之水與水管之總重量$W=12\times1\times9.81=118N$

取控制體積如圖，假設底板對控制體積在 A 點造成的反作用力矩為 M_A（逆時針），則由系統力矩方程式：

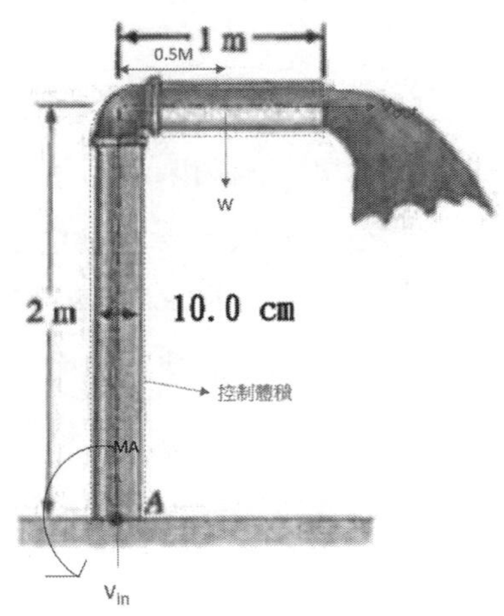

$$\sum M_{sys}=\sum r\dot{m}V_{out}-\sum r\dot{m}V_{in}$$

$M_A-w\times r_1=-r_2\dot{m}V_{out}\rightarrow M_A=118\times0.5-2\times23.56\times3$

$=-82.36N\cdot m$

負號代表與假設方向相反，故M_A為順時針方向，大小 82.36N · m

108年 特種考試地方政府公務人員考試試題／渠道水力學

一、試說明下列名詞之意涵：（每小題 5 分，共 25 分）
（一）能量修正係數α（Energy correction factor）
（二）正常水深（Normal depth）
（三）巴歇爾水槽（Parshall flume）
（四）潰壩波（Dam-break wave）
（五）臥箕溢洪道（Ogee spillway）

參考題解

（一）由於渠道斷面不均匀之流速分佈，以致渠流單位重之動能，即速度水頭，通常比根據 $\frac{V^2}{2g}$ 所計算之值要來得大，因此在使用能量方程式時，其真正之速度水頭均以 $\alpha\frac{V^2}{2g}$ 表示之，此係數 α 即為能量修正係數。其公式如下：

$$\alpha=\frac{\int v^3 dA}{V^3 A}\simeq\frac{\sum v^3\Delta A}{V^3 A}$$

式中，v 為通過 dA 斷面之流速；V 為全面積之斷面平均流速

（二）如果一個明渠是均匀流，則其阻力與重力平衡，水面線平行於渠底線，亦即摩擦坡度等於渠底坡度。由於每個斷面之水面線與渠底線平行，故渠底到水面線之深度一致，而稱為正常水深。正常水深為渠道之形狀、糙度、流量之函數；在定流量下，正常水深由渠道形狀、坡度、邊界阻力決定。

（三）為一種臨界水深流量測定槽，是由巴歇爾在 1920 年設計的。
此種流量測定裝置之喉部幾何形狀可迫使臨界水深在此發生。此種設計有使槽中不會產生死水區之優點。

（四）於壩體潰決時，庫內水體宣洩而下，壩址上游水位陡降，下游水位陡升，流態變化梯度，形成特有的水流波動現象，稱為潰壩波。

（五）又稱溢流溢洪道，多建於堰壩上，屬壩體之一部份，設計使水位高過某一高程時即溢流。壩頂之式為臥箕狀，當溢流過銳堰後，壩面常有設計一反曲點連接下游護坦即消能設施。

二、試說明何謂第一水力指數 M（First hydraulic exponent），說明如何計算第一水力指數 M 值，然後計算一條對稱梯形渠道的第一水力指數 M 值，此梯形渠道底寬為 2.5 m，水深為 2.0 m，渠道邊坡坡度為 45 度。（25 分）

參考題解

已知斷面因子 Z 之定義 $Z = A\sqrt{A/T}$ ，其中 A 為通過水斷面積，T 為渠流水面寬度。

其中 Z 為水深 y 之函數，故可表示如下：

$Z^2 = cy^M$　c：為係數 y：水深

M 即為第一水力指數

由 $Z^2 = cy^M$ 取對數係微分，$\dfrac{d(\ell nZ)}{dy} = \dfrac{M}{2y} = \left(\dfrac{3T}{2A} - \dfrac{1}{2T}\cdot\dfrac{dT}{dy}\right) \Rightarrow M = \dfrac{y}{A}\left(3T - \dfrac{A}{T}\dfrac{dT}{dy}\right)$

臨界流水力指數之一般式

H:V = 1:1

$T = 2.5 + 2y \Rightarrow y = 2\text{代入} \Rightarrow T = 6.5$ ，$A = \dfrac{2.5 + (2.5 + 2y)}{2} \times 2 = 5 + 2y = 9$

$$M = \frac{y}{A}\left(3T - \frac{A}{T}\frac{dT}{dy}\right) = \frac{2}{9}\left(3\times 6.5 - \frac{9}{6.5}\times 2\right)$$

$$= \frac{2}{9}(19.5 - 2.77)$$

$$= 3.718$$

三、有一條非對稱梯形渠道，渠床坡度 $S_0 = 0.0004$，渠底寬度 $B = 10.0$ m，正常水深 $y_0 = 3.0$ m，渠道左右兩側邊坡坡度參數（水平垂直比）分別為 $m_1 = 1.0$ 及 $m_2 = 2.0$，渠道邊坡與底床具有不同的粗糙度，它們的曼寧糙度係數 n 值分別為左側邊坡 $n_1 = 0.025$，底床 $n_2 = 0.015$，右側邊坡 $n_3 = 0.035$。試尸計算此渠道曼寧係數 n 的代表值、計算此渠流的水力半徑 R、及使用曼寧公式計算此渠流的流量 Q。（25 分）

參考題解

由等價糙率 $n = \dfrac{\left(\sum n_\lambda^{\frac{3}{2}} P_i\right)^{\frac{2}{3}}}{P^{\frac{2}{3}}}$

$n_1 = 0.025 \qquad P_1 = 3\sqrt{2}$

$n_2 = 0.015 \qquad P_2 = 10$

$n_3 = 0.035 \qquad P_3 = 3\sqrt{5}$

$$n = \frac{\left[0.025^{\frac{3}{2}} \times 3\sqrt{2} + 0.015^{\frac{3}{2}} \times 10 + 0.035^{\frac{3}{2}} \times 3\sqrt{5}\right]^{\frac{2}{3}}}{\left(3\sqrt{2} + 10 + 3\sqrt{5}\right)^{\frac{2}{3}}}$$

n = 0.02423967

$$R = \frac{A}{P} = \frac{(3+10+6+10)\times\left(\frac{3}{2}\right)}{\left(3\sqrt{2}+10+3\sqrt{5}\right)} = 2.0762886$$

$Q = \frac{1}{n} AR^{\frac{2}{3}} \cdot S^{\frac{1}{2}}$，N = 0.0242，r = 2.076，S = 0.0004，A = 43.5

$$Q = \frac{1}{0.0242} \times (43.5) \times (2.076)^{\frac{2}{3}} \times (0.0004)\frac{1}{2}$$

流量 Q≒58.5cms

四、有一條等寬矩形渠道，渠寬為 3.0 m，渠道由上游往下游方向可以區分成 A、B 及 C 等 3 個渠段，各渠段的渠床坡度 S_0 及曼寧粗糙係數 n 值不相同。渠段 A：$S_0 = 0.0004$、$n = 0.015$；渠段 B：$S_0 = 0.009$、$n = 0.012$；渠段 C：$S_0 = 0.0008$、$n = 0.015$。假如各渠段的長度足夠長，各渠段可以完全發展漸變流水面線。當渠流流量為 21.0 cms 時，試先計算各渠段的臨界水深 y_c 及正常水深 y_0，然後繪出各渠段漸變流水面線並註明水面線型態的名稱。（25 分）

參考題解

已知渠寬 B = 3 m，流量 Q = 21 cms

單寬流量 $q = \frac{Q}{B} = \frac{21}{3} = 7\, cms/m$

臨界水深 $y_c = \sqrt[3]{\frac{q^2}{g}} = \sqrt[3]{\frac{7^2}{9.81}} = 1.7094$

水面線：

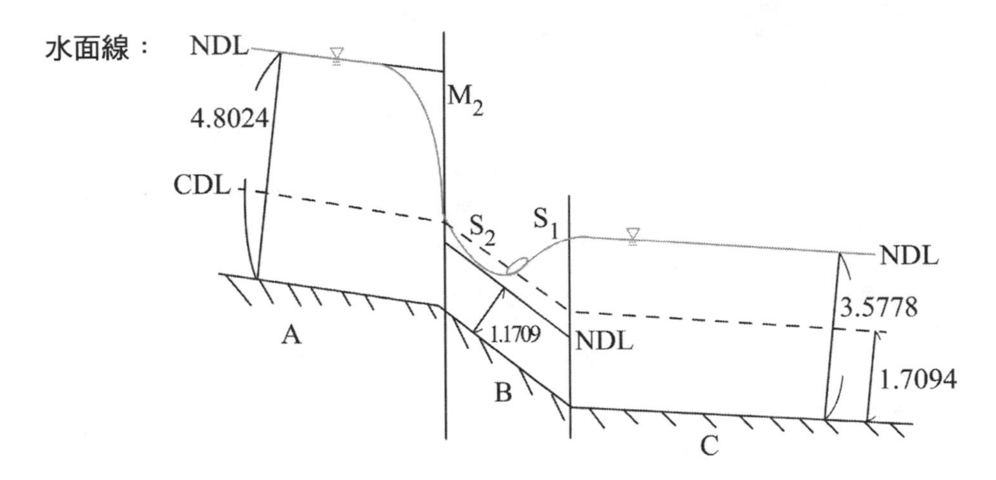

渠段 A 之正常水深由單寬流量之曼寧公式求得如下：

$$g=\frac{1}{n}R^{\frac{2}{3}}\cdot S^{\frac{1}{2}}\cdot y_n$$

$$=\frac{1}{n}\cdot\left(\frac{A}{P}\right)^{\frac{2}{3}}\cdot S^{\frac{1}{2}}\cdot y_n \qquad A=3y_n,\quad P=3+2y_n$$

$$=\frac{1}{n}\cdot\left(\frac{3y_n}{3+2y_n}\right)^{\frac{2}{3}}\cdot S^{\frac{1}{2}}\cdot y_n\cdots\cdots(1)$$

S = 0.0004, n = 0.015 代入(1)求得 $y_{An}=4.8024\,\text{m}$

渠段 B 同上 S = 0.009, n = 0.012 代入(1)求得 $y_{Bn}=1.1709\,\text{m}$

渠段 C 同上 S = 0.0008, n = 0.015 代入(1)求得 $y_{Cn}=3.5778\,\text{m}$

繪製水面線：

$y_c=1.7094$

$y_{An}=4.8024\rightarrow y_{An}>y_c\Rightarrow$緩坡(M)

$y_{Bn}=1.1709\rightarrow y_{Bn}<y_c\Rightarrow$陡坡(S)

$y_{Cn}=3.5778\rightarrow y_{Cn}>y_c\Rightarrow$緩坡(M)

$y_{Bn}\rightarrow y_{cn}$ (S → M)

⇒需考慮水躍發生在 S or M

⇒由比力決定→水躍發生在比力小處

比力：$F=\bar{y}\times A+\dfrac{Q^2}{g\times A}$

$$\Rightarrow F_B = \frac{1}{2}\times 1.1709\times(1.1709\times 3)+\frac{21^2}{9.81\times(1.1709\times 3)}=14.85$$

$$F_C = \frac{1}{2}\times 3.5778\times(3.5778\times 3)+\frac{21^2}{9.81\times(3.5778\times 3)}=23.39$$

$F_B < F_C \Rightarrow$ $\therefore$B 處發生水躍

特種考試地方政府公務人員考試試題／土壤力學概要

一、何謂土壤壓密？（10分）並請說明 Terzaghi 單向度壓密理論。（15分）

參考題解

（一）材料力學或結構力學探討材料受壓變形的過程，稱壓縮，其主要假設是受力一次完成。土壤力學探討土壤的壓縮變形，同樣假設土壤受外力是一次完成，但在土壤顆粒間真正的受力（即有效應力）卻是受超額孔隙水壓力的消散程度所影響（尤其是黏土），超額孔隙水壓力的消散需要考慮的是與排水路徑、時間有關，這個過程就叫壓密。

（二）Terzaghi 單向度壓密理論

1. 假設：

（1）土壤為均質且完全飽和。

（2）水的排出方向是在土層的頂面和底面。

（3）達西定律適用，$v = ki$。

（4）土壤顆粒與水均為不可壓縮。

（5）壓縮和水流皆是單向度的。

（6）小載重增量的作用基本上沒有產生厚度的變化（亦即小應變），且滲透係數 k 及土壤壓縮係數a_v皆維持固定。

（7）體積的變化Δe和有效應力$\Delta\sigma'$之間存在有唯一的線性關係，也就是說$de = -a_v d\sigma'$，且作用應力增加期間假設a_v為一常數。這假設暗示不會發生二次壓縮（Secondary Compression）

2. 依據上述假設推導出單向度壓密方程式：

$$\frac{\partial u_e}{\partial t} = c_v \frac{\partial^2 u_e}{\partial^2 z}$$

其中壓密係數 $c_v = \dfrac{k}{\rho g}\dfrac{1+e_0}{a_v} = \dfrac{k}{m_v \gamma_w}$

定義深度因子 $Z = \dfrac{z}{H_{dr}}$，最長排水路徑 $H_{dr} = \dfrac{H}{n}$

定義時間因子 $T_v = \dfrac{C_v t}{H_{dr}^2}$

代入單向度壓密方程式整理以下列方式表示：$\dfrac{\partial u_e}{\partial T_v}=\dfrac{\partial^2 u_e}{\partial^2 Z}$

二、請利用流線網理論推導 $Q=kH\dfrac{N_f}{N_q}$。（25 分）

其中 Q 為滲流流量，k 為滲透係數，H 為水頭差，N_f 及 N_q 分別為流槽數與等勢能間格數。

參考題解

$k_x=k_z=k$

滲流量 $Q=N_f\times kiA=N_f\times k\times\dfrac{H}{N_q\times b}\times(a\times 1)$

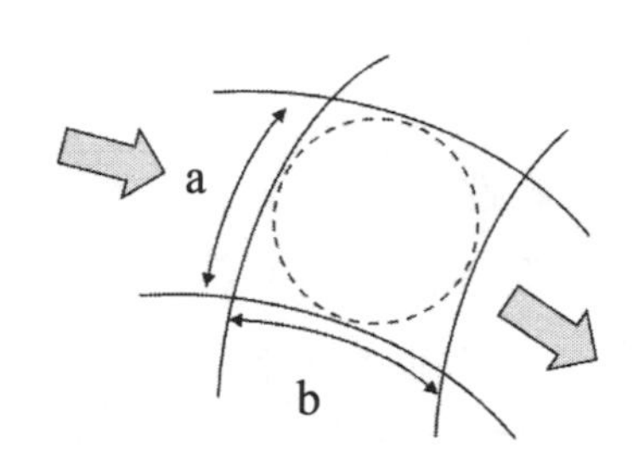

其中 $i=\dfrac{H/N_q}{b}=\dfrac{H}{N_q\times b}$

$A=a\times 1$

$Q=N_f\times kiA=N_f\times k\times\dfrac{H}{N_q\times b}\times(a\times 1)$

$=k\times\dfrac{N_f}{N_q}\times H\times\dfrac{a}{b}$（∵ 曲邊正方形，$a\cong b$）

$=kH\dfrac{N_f}{N_q}$，常用單位 $m^3/day/m$

三、下圖為土壤中固體、水及空氣含量示意圖，圖中左側符號 V 表示為體積量，右側符號 W 表示為重量，試以下圖所註符號說明下列各名詞之意涵：（25 分）

（一）孔隙率 n、（二）孔隙比 e、（三）含水量 ω、（四）飽和度 S、（五）乾土單位重 r_d

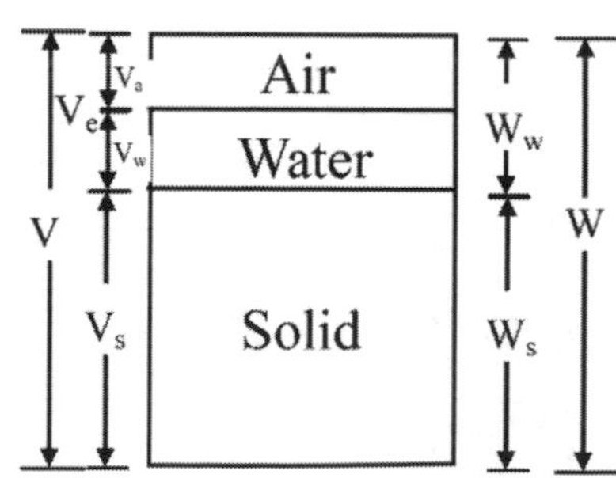

參考題解

（一）定義孔隙率 $n = \frac{V_e}{V} = \frac{V_a+V_w}{V}$

（二）定義孔隙比 $e = \frac{V_e}{V_s} = \frac{V_a+V_w}{V_s}$

（三）含水量 $w = \frac{W_w}{W_s} \times 100\%$

（四）定義飽和度 $S = \frac{V_w}{V_e} = \frac{V_w}{V_a+V_w} \times 100\%$

（五）乾土單位重 $\gamma_d = \frac{W_s}{V} = \frac{V_s \times \gamma_s}{V_s+V_e} = \frac{G_s \times \gamma_w}{1+\frac{V_e}{V_s}} = \frac{G_s}{1+e}\gamma_w$

四、已知某地層地下水位以上砂土層之單位重 $\gamma_t = 1.8t/m^3$，請繪出深度與總應力、有效應力及水壓之關係圖。又當地下水位升至地表長時間後，繪出點A的總應力、有效應力與水壓之關係圖。（10分）如欲在此處進行高精密廠房建置工作時，請說明所需進行之相關調查與對應之基礎設計與施工內容。（15分）

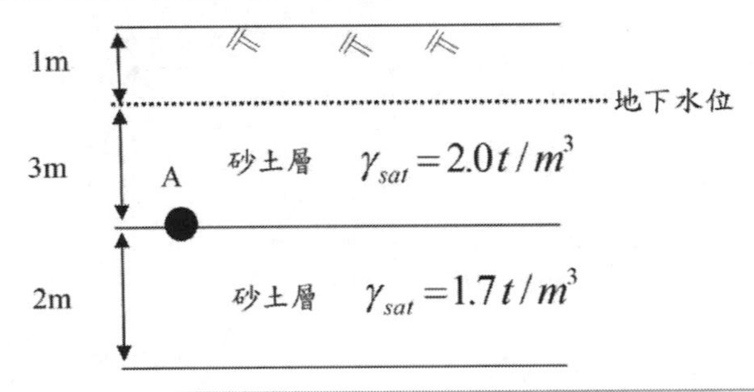

參考題解

（一）初始

深度 m	總應力t/m^2	水壓t/m^2	有效應力t/m^2
0	0	0	0
1	$1.8 \times 1 = 1.8$	0	1.8
4 （A點）	$1.8 + 2 \times 3 = 7.8$	$1 \times 3 = 3$	4.8
6	$7.8 + 1.7 \times 2 = 11.2$	$3 + 1 \times 2 = 5$	6.2

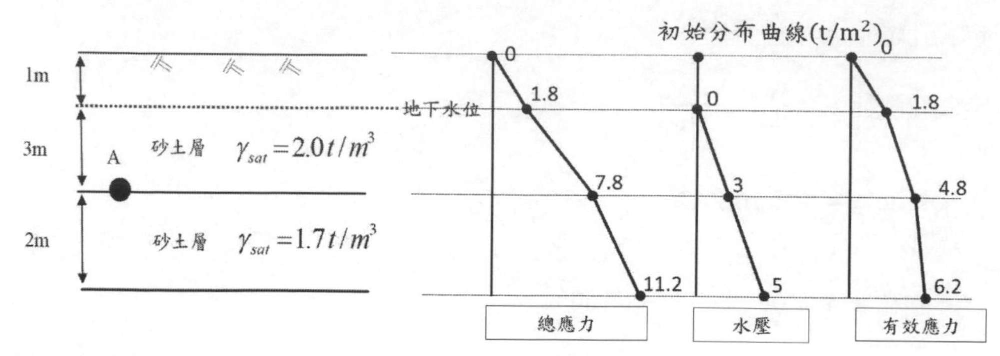

地下水位升至地表長時間後，代表現存都是靜水壓

深度 m	總應力t/m^2	水壓t/m^2	有效應力t/m^2
0	0	0	0
1	$2\times1=2$	$1\times1=1$	1.0
4 （A 點）	$2+2\times3=8$	$1+1\times3=4$	4.0
6	$8+1.7\times2=11.4$	$4+1\times2=6$	5.4

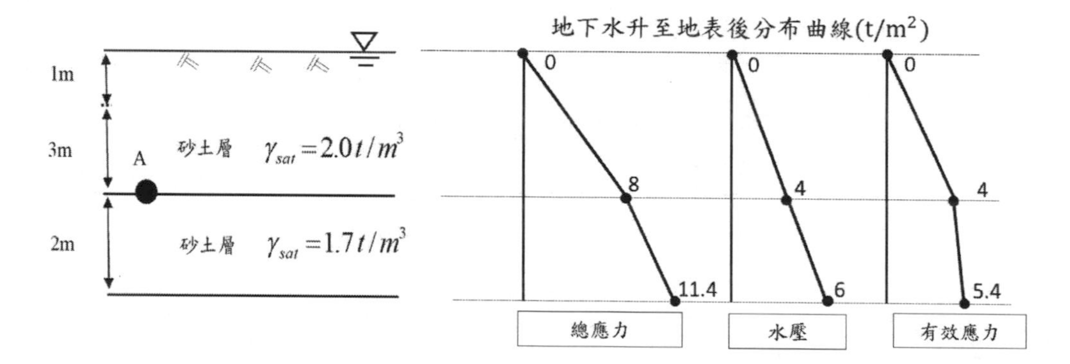

（二）進行高精密廠房建置工作時所需進行之相關調查與對應之基礎設計與施工內容

1. 調查工作：進行地質鑽探並取樣進行試驗分析，瞭解基地範圍內之土壤基本參數、指數與分類、以及滲透性、壓密相關指數與係數、土壤的剪力參數等。同時須進行調查大地應力方向與當地應力分布狀況。
2. 基礎設計：高精密廠房會要求較高的耐震力，在基礎設計時可考慮較常使用的隔震工法、制震工法等。因地下水位極高，且為砂層，必須考慮液化的可能性，對應之設計可考慮以基樁作為基礎；或結合地質改良進行基礎設計。施工時之開挖擋土工法應一併進行評估分析。
3. 基礎施工：考慮地下水位極高，施工前應先將地下水位降低，但需考慮鄰近是否有建築物。另外開挖時需注意是否有砂湧現象。

特種考試地方政府公務人員考試試題／水文學概要

一、請回答下列問題：（每小題 10 分，共 30 分）

（一）入滲係數（infiltration coefficient）與入滲指數（infiltration index）有何不同？

（二）何謂水頭（water head）？何謂歷線（hydrograph）？

（三）井平衡公式中（well equilibrium equation），「平衡（equilibrium）」之定義為何？又水文系統中所謂分佈系統（Distributed System）之意義為何？

參考題解

【參考九華講義-水文學 第 5、6、7 章】

（一）入滲係數與入滲指數

1. 入滲係數＝某流域入滲量（F）／降水量（P）。
2. 入滲指數：指推求暴雨時段集水區平均入滲率（mm/hr or cm/hr）的一種指標。

入滲係數是入滲量與降雨量之比例，而入滲指數是一平均入滲速率。

（二）水頭、歷線

1. 水頭：

水頭是單位重量液體（水）具有的能量，包括壓力水頭和速度水頭。

壓力水頭 h 是單位重量液體具有的重力位能 z（位置水頭）與靜壓力水頭 P/γ 之和，即

$$h = z + P/\gamma$$

式中 z 為液體相對基準面的鉛直高度；P 為靜壓；γ 為單位體積液體的重量。

速度水頭 $v^2/2g$ 是單位重量流體具有的動能，g 為重力加速度。

2. 歷線：

歷線是水文量隨時間變化的歷程。若以時間為橫坐標，水文量為縱座標，所繪出之曲線即為歷線。常見之歷線有降雨歷線、流量歷線等。

（三）井平衡公式中「平衡」、水文系統中分佈系統

1. 井平衡公式中「平衡」是指抽水井之水位達到穩定，不隨時間而變化。
2. 分布式水文模型（Distributed Hydrologic Model），基於 70 年代出現的 3S（RS/GPS/GIS）技術，大量數字地圖有效的提供了建立分布式水文模型的可能，考慮水文現象或變量（variable）和要素（parameter）空間分布的水文模型，具有分散輸入、集中輸出的特點。分布式水文模型考慮了降雨／蒸發蒸散／土壤滲透與飽和

特性／地形等各因素的空間變化，乃至時間變化。分布式物理模型也通常稱為白箱模型。

二、某集水區可劃分如下 A、B、C、D 之子集水區，由各子集水區水流到達集流點 G 之時間如下表所示，今若有一強度 i 為 0.5 cm/hr、延時為 5hr 之均勻降雨降於全集水區上，逕流係數 C 假定皆為 0.8，試利用合理法公式推求集流點處之流量歷線（cms）？（25 分）

子集水區	A	B	C	d
面積（ha）	100	200	300	100
到達集流點 G 之時間（hr）	1	2	3	4

提示：$Q_P = C \times i \times A$

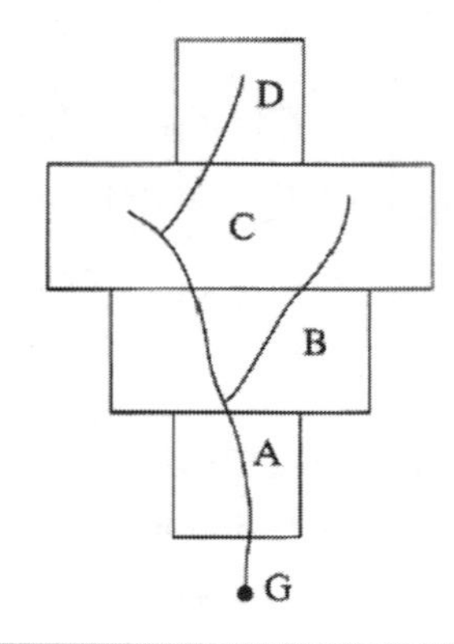

參考題解

【參考九華講義-水文學 第 7 章】

子集水區 A 之流量

$$Q_{pA} = \mathrm{C} \times \mathrm{i} \times \mathrm{A}_A$$

$$= 0.8 \times 0.5\frac{cm}{hr} \times 100\ \ ha \times \frac{m}{100\ \ cm} \times \frac{hr}{3600sec} \times \frac{10^4 m^2}{ha}$$

$$= 1.11\ \ \frac{m^3}{sec}$$

同理，子集水區 B、C、D 之流量

子集水區	A	B	C	D
流量（cms）	1.11	2.22	3.33	1.11

集流點 G 處之流量歷線

(1) t(hr)	(2) 集流區域	(3) 流量歷線(cms)
0	0	0
1	A	1.11
2	A + B	3.33
3	A + B + C	6.66
4	A + B + C + D	7.77
5	A + B + C + D	7.77
6	B + C + D	6.66
7	C + D	4.44
8	D	1.11
9	0	0

三、某一土樣做定水頭滲透試驗得以下資料：

土樣直徑＝10.45 *cm*	土樣長度＝10 *cm*	定水頭差＝20 *cm*	測定水溫＝28 ℃
測定開始時刻＝14:30	測定結束時刻＝14:50	獲取之水體積＝118 cm^3	

試求在水溫 28℃時之滲透係數（coefficient of permeability）K（m/min）值？（20 分）

提示：$K=\dfrac{V_{ol}L}{tAH}$

V_{ol} ：表在 t 時間內流經之水體積　H：定水頭差　L：土樣長度　A：表土樣截面積

參考題解

【參考九華講義-水文學 第 5 章】

土樣截面積 $A=\dfrac{1}{4}\times\pi\times(10.45\ \ cm)^2=85.77cm^2$

試驗時間 $t=20\ \ \text{min}$

滲透係數 $K=\dfrac{V_{ol}\ L}{tAH}$

$$=\frac{118cm^3\times 10\ \ cm}{20\ \ min\times 85.77cm^2\times 20\ \ cm}$$

$$=0.0344\frac{cm}{min}$$

$$= 0.0344\frac{cm}{min} \times \frac{m}{100cm}$$

$$= 3.44 \times 10^{-4}\frac{m}{min}$$

四、某集水區為從事易淹水地區水患治理計畫，今由 75 年之年洪峰流量（*cms*）歷史數據作水文統計分析，其結果表示如下表：試以 *Log-Pearson III* 型分佈推估復現期 T_r 為 100 年之洪峰流量 Q_{100}（*cms*）？（25 分）

對數數據	
平均值	4.2921
標準偏差	0.1290
偏態係數	-0.1240

復現期 T_r=100*yr*	
偏態係數	*K* 值（*type III deviate*）
-0.1	2.252
-0.2	2.178

提示：$\log x = \overline{\log x} + K\sigma_{\log x}$

參考題解

【參考九華講義-水文學 第 9 章】

內插偏態係數 CS = –0.1240 之 K 值（復現期 Tr 為 100 年）

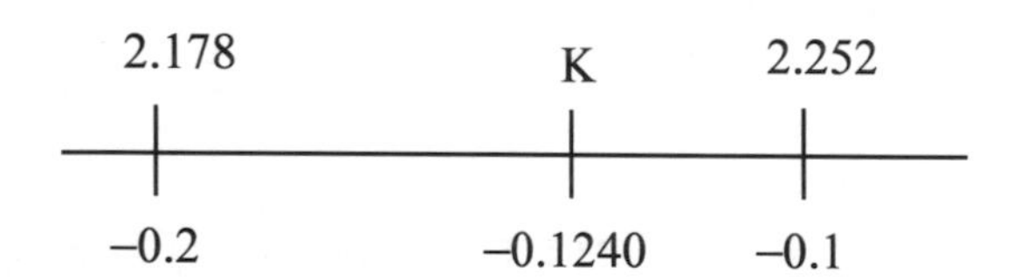

$$\frac{K - 2.178}{-0.1240 - (-0.2)} = \frac{2.252 - 2.178}{-0.1 - (-0.2)}$$

$\therefore$ K = 2.2342

$$\log x = \overline{logx} + K\sigma_{logx}$$

$$= 4.2921 + (2.2342)(0.1290)$$

$$= 4.5803$$

復現期 T_r 為 100 年之洪峰流量 Q_{100} (cms)

$Q_{100} = 10^{4.5803} = 38{,}045$ (cms)

特種考試地方政府公務人員考試試題／水資源工程概要

一、請回答下列問題：（每小題 10 分，共 20 分）

（一）何謂越域引水（Interbasin diversion）及離槽水庫（Off-channel reservoir）？其於水資源管理之意義何在？試申述之。

（二）試述拱壩之力學作用，及其所採用之型式及適用之壩址。

參考題解

（一）越域引水及離槽水庫

1. 越域引水：由其他流域引水至當地蓄水設施（如水庫）之方式稱之。
2. 離槽水庫：水庫壩體未建設於河川主槽上，而設於離主槽不遠之支流上，配合引水設施，導引河川主槽之水進入水庫稱之。
3. 水資源管理之意義：因壩址位置難尋，且河床可能挾帶大量淤砂，如採用傳統在槽水庫之方式將導致水庫壽命下降。故改採離槽水庫甚至越域引水之方式自其他水系引水，延長水庫壽命並提升效率，惟此種方式工程經費昂貴且應有完善之後續營運管理，包含引水設施維護及壩體維護等。

（二）拱壩之力學作用及所採用形式與適用之壩址

1. 力學作用：壩體兩端支撐在河谷兩側壩座上，藉拱作用及懸臂作用，分別將水庫壓力傳送至兩岸壩墩及壩基岩體上。
2. 拱壩形式分為定心（定徑）與變心（變徑）兩種，其中定心型拱壩通常具有垂直上游面，且多半設計拱腹曲線與拱背曲線同心；變心型拱壩則從頂部到底部有遞減之拱背半徑。定心型壩適合 U 形狹谷；變心型壩則適合 V 形狹谷。
3. 拱壩適合之壩址：峽谷。

二、已知一新市鎮開發前與開發後降雨深度 10 mm 之 1hr 單位歷線如下圖所示，其開發前與開發後之平均滲透率分別為 5 mm/hr 及 3 mm/hr，試求：

（一）排水面積（ha）。（4 分）

（二）開發前及開發後之 2hr 單位歷線 U（2, t）及尖峰逕流量之差異。（10 分）

（三）開發前及開發後之逕流係數。（6 分）

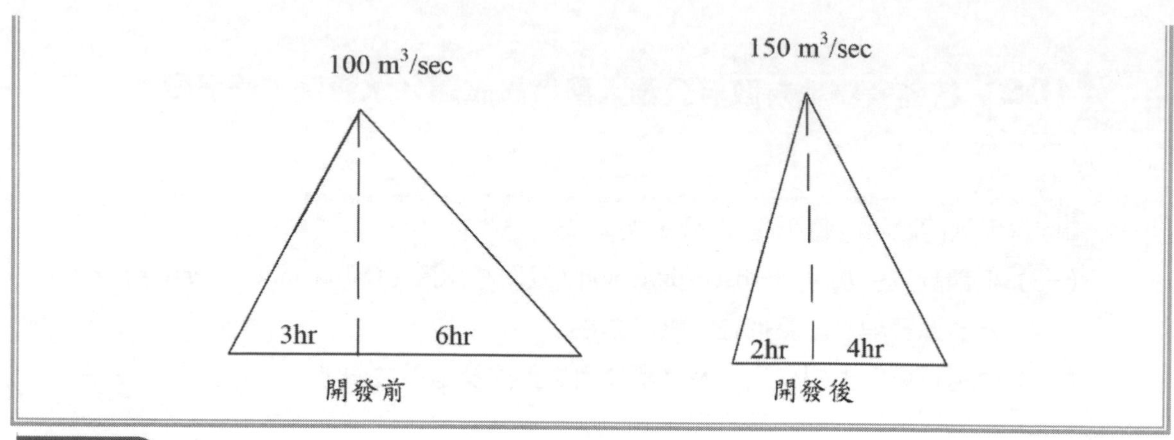

參考題解

（一）求排水面積 $A = \dfrac{\text{逕流體積}\forall}{\text{超滲降雨（單位歷線=1cm）}}$

1. 逕流體積 $\forall = \dfrac{100 \times 9 \times 3600}{2} = 1620000m^3$

2. 因逕流體積等於流域面積乘以超滲降雨水深，故$1620000m^3 = (A) \times 1cm \rightarrow A = \dfrac{1620000}{0.01} = 16200ha$

（二）因本題未提供降雨時間及降雨量等資料，故僅計算開發前後之 U（2, t）作比較：

1. 開發前：

(1)	(2)	(3)	(4)	(5)
t(hrs)	U(1, t)	S(t)	S(t-2)	u(2, t)
0	0	0		0
1	33.3	33.3		16.65
2	66.7	100	0	50
3	100	200	33.3	83.35
4	83.3	283.3	100	**91.65**
5	66.7	350	200	75
6	50	400	283.3	58.35
7	33.3	433.3	350	41.65
8	16.7	450	400	25
9	0	450	433.3	8.35
10		450	450	0
11		450	450	0
12		450	450	0

2. 開發後：

(1)	(2)	(3)	(4)	(5)
t(hrs)	U(1, t)	S(t)	S(t-2)	u(2, t)
0	0	0		0
1	75	75		37.5
2	150	225	0	112.5
3	112.5	337.5	75	131.25
4	75	412.5	225	93.75
5	37.5	450	337.5	56.25
6	0	450	412.5	18.75
7		450	450	0
8		450	450	0
9		450	450	0
10		450	450	0
11		450	450	0
12		450	450	0

（三）求逕流係數 $C=\dfrac{R（逕流量）}{P（降雨量）}$，（假設無降雨損失，即降雨量＝入滲量＋地表逕流）

1. 都市化前：（t = 0~1 小時）

（1）地表逕流 R = 1cm = 10 mm

（2）入滲量 = 5mm/hr × 1 = 5 mm

（3）降雨量 P = 10 + 5=15 mm

（4）逕流係數 $C=\dfrac{10}{15}=0.67$

2. 都市化後：（t = 0~1 小時）

（1）地表逕流 R = 1cm = 10 mm

（2）入滲量 = 3mm/hr × 1 = 3 mm

（3）降雨量 P = 10 + 3 = 13 mm

（4）逕流係數 $C=\dfrac{10}{13}=0.769$

三、設有一輪區灌溉面積 50 ha，整田水深為 180 mm，整田日數為 20 天，本田一次灌溉水深為 36 mm，灌溉期距為 6 天，輸水損失為 15%，試求渠道之設計容量為何方能滿足此灌區之用水需求？（10 分）已知該渠道為混凝土材料，糙率 n 值為 0.014，側邊坡度比為 1：2（垂直：水平），渠底坡降 S = 1/3000，試以最佳水力斷面設計該渠道之底寬與水深。（10 分）

參考題解

（一）計算設計容量

$$Q_{設計}=\frac{\left(Q_{本}+Q_{整}\right)}{（1-輸水損失）}$$

$$其中Q_{本}=(50\times 10000)\times 180\times\frac{10^{-3}}{20\times 86400}=0.052\frac{m^3}{s}$$

$$Q_{本}=(50\times 10000)\times 36\times\frac{10^{-3}}{6\times 86400}=0.0347\frac{m^3}{s}$$

$$故Q_{設計}=\frac{\left(Q_{本}+Q_{整}\right)}{（1-輸水損失）}=\frac{0.052+0.0347}{(1-0.15)}=0.102\frac{m^3}{s}$$

（二）以梯形最佳水力斷面設計渠道

1. 已知側邊坡度比為 1：2（垂直：水平）→側邊角$\theta=\tan^{-1}\left(\frac{1}{2}\right)=26.56°$
2. 其中梯形最佳水力斷面之底寬 $b=2y\tan\frac{\theta}{2}=0.472y$；水面寬 $T=2y\csc\theta=4.473y$
3. 承上，計算通水面積 $A=\frac{y}{2}\times(b+T)=2.4725y^2$，濕周 $P=2\sqrt{5}y+b=\left(2\sqrt{5}+0.472\right)y=4.9441y$

   水力半徑 $R=\frac{A}{P}=\frac{2.4725y^2}{4.9441y}=0.5y$

4. 由曼寧公式：

$$Q=0.102=AV=A\times\left(\frac{1}{n}R^{\frac{2}{3}}S_0^{\frac{1}{2}}\right)=2.4725y^2\times\left[\frac{1}{0.014}(0.5y)^{\frac{2}{3}}\left(\frac{1}{3000}\right)^{\frac{1}{2}}\right]$$

   → 解得$y=0.33m$

代回 $b=0.472y\cong 0.16m$；$T=4.473y\cong 1.48m$

四、為保護洪水平原上若干住家之安全興建一臨時性防洪圍堤，已知該堤牆之設計流量足以防禦 20 年洪水，又四年後該處住家即遷移他處，試求：（每小題 4 分，共 20 分）

（一）在未遷移期間內，堤牆安全之機率。

（二）在四年內，堤牆會被沖毀之機率。

（三）堤牆在前三年安全，第四年被破壞的機率。

（四）在四年內，堤牆只會被沖毀一次之機率。

（五）在四年內至少會被沖毀三次的機率。

參考題解

依題意，洪水重限期 T = 20 年，沖毀機率 $P = \frac{1}{T} = 0.05$

（一）P（四年內安全）$= (1-0.05)^4 = 0.8145$

（二）P（四年內被沖毀）= 1 − P（四年內安全）=1 − 0.8145 = 0.1855

（三）P（前三年安全，第四年被沖毀）=（$1-0.05$）$^3 \times 0.05 = 0.04287$

（四）P（四年內只被沖毀一次）= $C_1^4\ (0.95)^3(1-0.95) = 0.1715$

（五）P（四年內至少被沖毀三次）= P（四年內被沖毀三次）+ P（四年內至少沖毀四次）

其中 P（四年內被沖毀三次）= $C_3^4\ (0.95)^1(1-0.95)^3 = 4.75 \times 10^{-4}$

P（四年內至少沖毀四次）= $C_4^4\ (0.95)^0(1-0.95)^4 = 6.25 \times 10^{-6}$

故　P（四年內至少被沖毀三次）= $4.75 \times 10^{-4} + 6.25 \times 10^{-6} = 4.8125 \times 10^{-4}$

五、有一都市給水計畫，須開發水源，有以下二方案。甲方案為興建一座大型水庫，將淹沒 600 公頃之農地，但具有 20×10^6 元之現值效益。乙案為興建一座較小型的水庫並開發地下水，水庫之淹沒面積為 300 公頃，此方案之現值效益為 15×10^6 元。若農地生產作物，每年可獲得效益 2,000 元／公頃，試問應選擇那一方案？為什麼？假設年利率 i = 6%，經濟壽命 n = 50 年。（20 分）

（註：成本回收係數 $CRF = \frac{i(1+i)^n}{(1+i)^n - 1}$）

參考題解

計算 $CRF = \frac{0.06(1.06)^{50}}{(1.06)^{50}-1} = 0.0634$，採年值法，其中年成本 = 面積（公頃）× 每年獲得效益（元／公頃），列表如下：

	B（現值）（10^6）	B（年值）（10^6）	C（年值）（10^6）	B–C（10^6）	B/C
甲方案	20	1.2688	1.2	0.0688	1.057333
乙方案	15	0.9516	0.6	0.3516	1.586

因乙方案之淨效益及效益／成本比均優於甲方案，故應選擇乙方案。

108年 特種考試地方政府公務人員考試試題／流體力學概要

一、如下圖所示，圓柱形木塊，底部直徑 60.0 cm，重 500 N，沿一斜坡等速滑下，速度為 1.50 m/s。斜坡表面有一層油膜，其動力粘度為 5.40×10^{-3} N · s/m^2，厚度為 10.0×10^{-3} mm。試求斜坡與水平之夾角 θ 為何？（20 分）

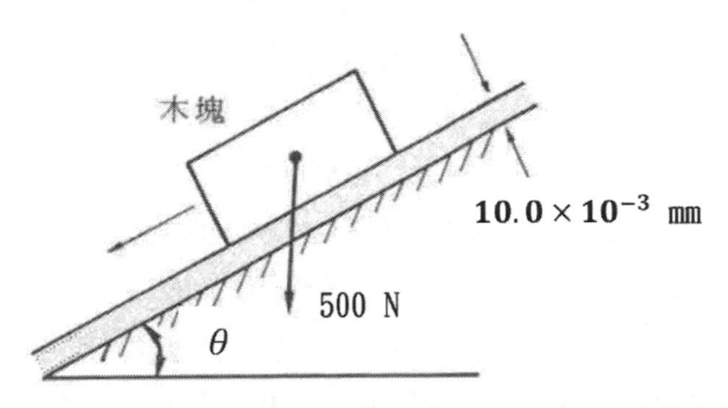

參考題解

$$mg\sin\theta = \mu \times \frac{\partial u}{\partial y} \times \pi r^2$$

$$\Rightarrow 500 \times \sin\theta = 5.4 \times 10^{-3} \times \frac{1.5-0}{10 \times 10^{-3} \times 10^{-3}} \times \pi \left(\frac{0.6}{4}\right)^2$$

$\Rightarrow$ θ =6.57°

二、如下圖所示，均質矩形水門 AB，寬（垂直紙面方向）10.0 m，重 W =1.00 MN，可繞 B 旋轉。F 為靜水壓力。不計摩擦，試求恰能開啟水門之力 R 為何？（20 分）

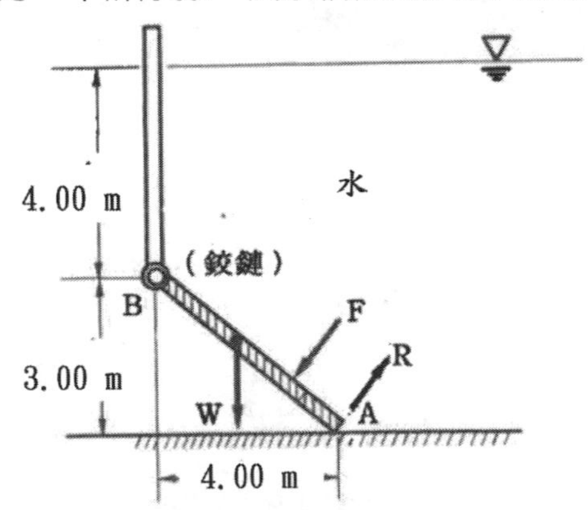

參考題解

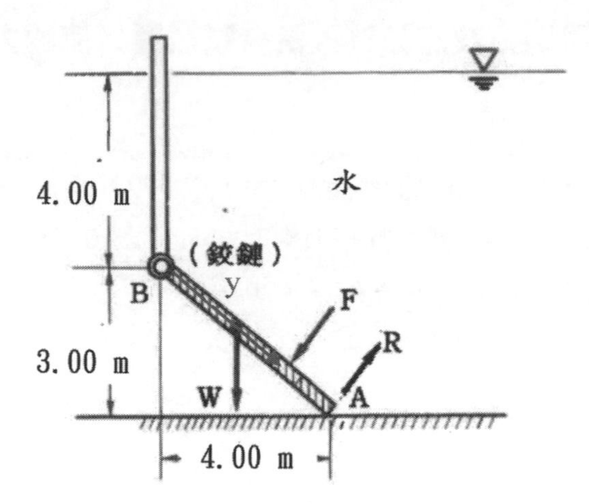

取 B 為支點及座標軸如圖所示，其中水壓力F 造成力矩（逆時針）$=\int(PdA)y$，水門重造成力矩（逆時針）$=W\times\frac{5}{2}\cos 37°$

由力矩平衡：$R\times 5=\int_0^5 y\times\gamma\,(4+y\sin 37°)\,wdy+W\times 2.5\cos 37°$

→解得 R = 1872.3KN

三、如下圖所示，管流經噴嘴將水射出至大氣。D 為管徑，P 為壓應力，V 為流速。試求接頭處，所有螺栓所承受之總水平拉力為何？（20 分）

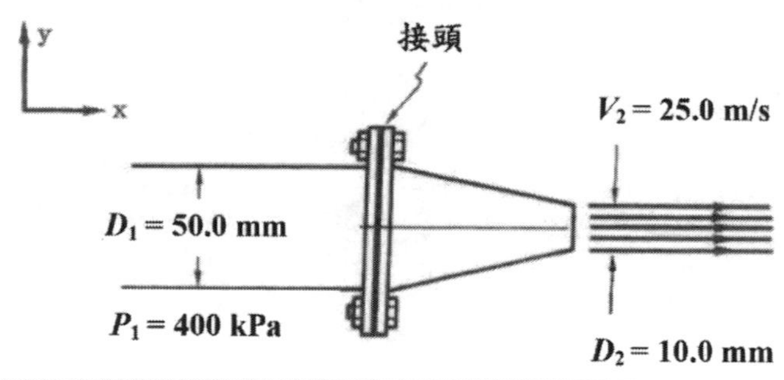

參考題解

取左側粗管為 1，右側噴嘴為 2

左側粗管截面積$A_1=\frac{1}{4}\pi(0.05)^2=1.963\times 10^{-3}m^2$

右側噴嘴截面積 $A_2=\frac{1}{4}\pi(0.01)^2=7.85\times 10^{-5}m^2$

由連續方程式：$Q=AV=A_1V_1=A_2V_2\rightarrow 1.963\times 10^{-3}V_1=7.85\times 10^{-5}\times 25\rightarrow$ 得$V_1=1m/s$

由能量方程式 E－E：$\frac{P_1}{\gamma}+\frac{V_1^2}{2g}=\frac{P_2}{\gamma}+\frac{V_2^2}{2g}\rightarrow\frac{400}{9.81}+\frac{1}{2\times 9.81}=\frac{P_2}{9.81}+\frac{25^2}{2\times 9.81}$

$\rightarrow P_2=88KPa$

再由動量方程式 M－E：$P_1A_1-P_2A_2-F=\rho Q(V_2-V_1)$

$\rightarrow 400\times 1.963\times 10^{-3}-88\times 7.85\times 10^{-5}-F$

$=1.963\times 10^{-3}(25-1)\rightarrow$ 解得水平拉力 $=731.2N$

四、有一泵，其功率 P，為流體密度ρ，角速度ω，葉輪直徑 D，流量 Q，以及動力粘度 μ 等之函數。試以 ρ、ω 及 D 為重複變數進行因次分析，並寫出無因次變數群之函數式。（20 分）

參考題解

依題意，功率 $P=f(\rho,\omega,D,Q,\mu)$，取重複變數 $=\rho,\omega,D$

各參數因次：$P\sim\left[\frac{ML^2}{T^3}\right]$，$\rho\sim\left[\frac{M}{L^3}\right]$，$\omega\sim\left[\frac{1}{T}\right]$，$D\sim[L]$，$Q\sim\left[\frac{L^3}{T}\right]$，$\mu\sim\left[\frac{M}{LT}\right]$

令 $\pi_1=\rho^a\omega^bD^cP\rightarrow\left[\frac{M}{L^3}\right]^a\left[\frac{1}{T}\right]^b[L]^cP=M^0L^0T^0$

$\rightarrow$ 解得 $a=-1$，$b=-3$，$c=-5$，故$\pi_1=\frac{P}{\rho\omega^3D^5}$

令 $\pi_2=\rho^a\omega^bD^cQ\rightarrow\left[\frac{M}{L^3}\right]^a\left[\frac{1}{T}\right]^b[L]^cQ=M^0L^0T^0$

$\rightarrow$ 解得 $a=0$，$b=-1$，$c=-3$

故 $\pi_2=\frac{Q}{\omega D^3}$

令 $\pi_3=\rho^a\omega^bD^c\mu\rightarrow\left[\frac{M}{L^3}\right]^a\left[\frac{1}{T}\right]^b[L]^c\mu=M^0L^0T^0$

$\rightarrow$ 解得 $a=-1$，$b=-1$，$c=-2$

故 $\pi_3=\frac{\mu}{\rho\omega D^2}$

$\Rightarrow\pi_1=f(\pi_2,\pi_3)$

$\Rightarrow\frac{P}{\rho\cdot\omega^3\cdot D^5}=f\left(\frac{Q}{\omega\cdot D^3},\frac{\mu}{\rho\cdot\omega\cdot D^2}\right)$

五、如下圖所示，油管裝上泵，用來輸送油。入口之管徑 $D_1 = 70.0$ mm，壓應力 $P_1 = -30.0$ kPa。出口之管徑 $D_2 = 50.0$ mm，壓應力 $P_2 = 120$ kPa。油之比重為 0.760，流量 $Q = 30.0 \times 10^{-3}$ m^3/s。忽略能量損失及入出口高程差。試求泵之最小馬力為何？提示 1 馬力=746 W。（20分）

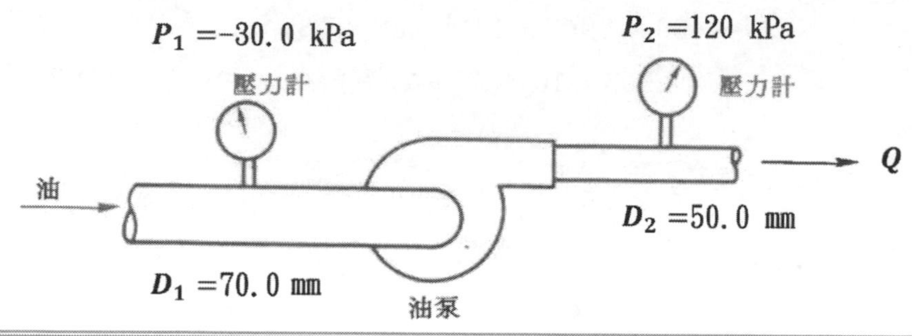

參考題解

由連續方程式 $Q = AV = A_1V_1 = A_2V_2 = 30 \times 10^{-3} \dots (1)$，其中 $A_1 = \frac{1}{4}\pi(0.07)^2$，

$A_2 = \frac{1}{4}\pi(0.05)^2$，代入 1 式可解得 $V_1 = \frac{7.8m}{s}$，$V_2 = 15.28m/s$

$\gamma = 0.76\rho g = 0.76 \times 1 \times 9.81 = 7.46KN/m^3$

由能量方程式 E－E：$\frac{P_1}{\gamma} + \frac{V_1^2}{2g} + H_P = \frac{P_2}{\gamma} + \frac{V_2^2}{2g} \rightarrow \frac{-30}{7.46} + \frac{7.8^2}{2 \times 9.81} + H_P = \frac{120}{7.46} + \frac{15.28^2}{2 \times 9.81}$

$\rho_{油} = 0.76 \cdot \rho_{水} = 0.76 \times 1000(kg/m^3) = 760(kg/m^3)$

→解得 $H_P = 28.92(m)$，故泵之最小馬力 $W_P = \rho Qg\dot{H}_P = 760 \times 30 \times 10^{-3} \times 9.81 \times 28.92$

$= 6468.48 = 8.67$ 馬力

109
年度

公務人員高等考試三級考試題解／流體力學

一、一光滑表面的球體在靜止的水中釋放沉降，該球體比重為 1.02，直徑為 30 公分，若阻力係數（drag coefficient）為 0.5。

（一）試計算球體的終端速度。（20 分）

（二）若球體表面是粗糙的，其終端速度會較光滑球面者大或小？為什麼？（5 分）

參考題解

（一）由力平衡方程式：$W = B + F_D$ ...（1）

其中 $W = \rho_s g\forall = \rho_s g\left(\frac{\pi}{6}D^3\right)$

$B = \rho_w g\forall = \rho_w g\left(\frac{\pi}{6}D^3\right)$

另由阻力係數定義 $C_D = \dfrac{F_D}{\frac{1}{2}\rho v_t^2 A_D} \rightarrow F_D = \frac{1}{2}C_D\rho_w v_t^2 A_D$，其中$A_D = \frac{1}{4}\pi D^2$

代入（1）式可解得終端速度 $V_t = \sqrt{\dfrac{\frac{4}{3}Dg(\rho_s-\rho_w)}{C_{D\rho_w}}} = 0.396m/s$

此時雷諾數 $R_e = \dfrac{\rho VD}{\mu} = \dfrac{1000\times 0.396\times 0.3}{1.1\times 10^{-3}} = 108000$

（二）因粗糙球體表面易形成紊流，造成阻力變小（阻力係數C_D降低），故終端速度上升。（可由上題結果： $V_t = \sqrt{\dfrac{\frac{4}{3}Dg(\rho_s-\rho_w)}{C_{D\rho_w}}}$ 得知）

二、某一大型風渦輪機擬在大型風洞中進行模型實驗，設現場風速為 50 km/h，模型的幾何比例尺為 1：15，因風洞尺度夠大，且為降低空氣的壓縮性效應，故用相同的原型風速來進行模型試驗。

（一）若原型風機的轉速為 5 rpm，試決定試驗模型的風機轉速？（10 分）

（二）若測量出模型的風機輸出功率為 2.22 kW，試計算原型的風機輸出功率？（15 分）

參考題解

由雷諾數（R_e）之相似性可得：$\left(\frac{VD}{\nu}\right)_p = \left(\frac{VD}{\nu}\right)_m \to V_pD_p = V_mD_m \to \frac{V_p}{V_m} = \frac{D_m}{D_p} \ldots$（1）

（一）求模型轉速 ω_m：由 $V_m = V_p \to \omega_m l_m = \omega_p l_p \to \omega_m = \omega_p \frac{l_p}{l_m} = 5 \times \frac{15}{1} = 75rpm$

（二）功率 W = $2\pi T\omega \sim T\omega$（T = 轉矩），

$$故\ \frac{W_p}{W_l} = \frac{T_p\omega_p}{T_l\omega_l} = \frac{F_pl_p\omega_p}{F_ml_m\omega_m} = \frac{m_pa_pl_p\omega_p}{m_ma_ml_m\omega_m} = \frac{(\rho_pl_p^3)\left(\frac{l_p}{t_p^2}\right)l_p\omega_p}{(\rho_ml_m^3)\left(\frac{l_m}{t_m^2}\right)l_m\omega_m}$$

$$= \frac{l_p^3v_p^2\omega_p}{l_m^3v_m^2\omega_m}，代入（1）式 = \frac{l_p\omega_p}{l_m\omega_m} = 1，故 W_p = W_l = 2.22kw$$

三、如下圖所示，渠道中設置一閘門，渠道寬度為 4 m，上游水深維持在 6 m，下游水深維持在 20 cm，假設不計摩擦及能量損失，試求水流作用於該閘門的力量。（25 分）

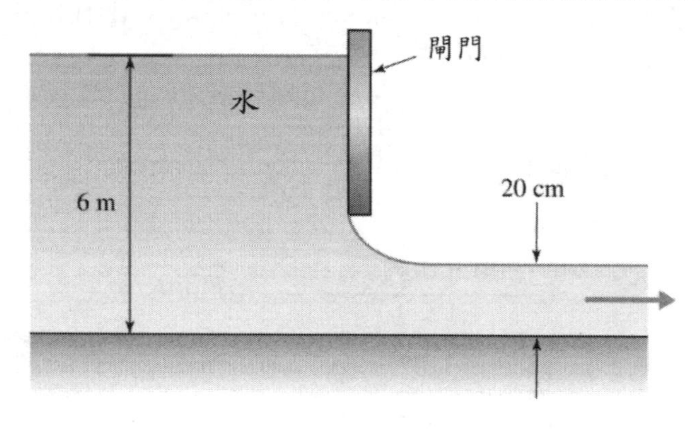

參考題解

假設自水面往水下深度為 y，則水造成水閘門之力 F = $\int PdA$，其中 P = 水壓力 $= \gamma y$；$dA =$ 微小閘門面積 $= wdy$，故可列式：

$$F = \int_0^{5.8}(\gamma y) \times wdy = \gamma w \times \frac{1}{2}y^2 = 9.81 \times 4 \times \frac{1}{2} \times (5.8^2 - 0^2) = 660KN$$

四、二維尤拉方程式（Euler equation）表示如下：

$$-\frac{\partial p}{\partial x}=\rho(\frac{\partial u}{\partial t}+u\frac{\partial u}{\partial x}+w\frac{\partial u}{\partial z})$$

$$-\rho g-\frac{\partial p}{\partial z}=\rho(\frac{\partial w}{\partial t}+u\frac{\partial w}{\partial x}+w\frac{\partial w}{\partial z})$$

其中 u 與 w 分別表示在 x 與 z 二個方向的速度分量，g 為重力加速度，p 為壓力，ρ 為流體密度，t 為時間。若考慮流場為穩定流（steady）、非旋性（irrotational）且流體具不可壓縮性，試推導出柏努利方程式（Bernoulli equation）為：$\frac{p}{\rho}+\frac{1}{2}\left(u^2+w^2\right)+gz=$ 常數。（25 分）

參考題解

因穩定流故 $\frac{\partial}{\partial t}=0$，重新改寫題中尤拉方程式為 $\rho\left(\vec{V}\cdot\nabla\right)\vec{V}=-\nabla P+\rho\vec{g}$ ...（1）

且對流加速度可經由向量恆等式得 $\left(\vec{V}\cdot\nabla\right)\vec{V}=\nabla\left(\frac{V^2}{2}\right)-\vec{V}\times\left(\nabla\times\vec{V}\right)$ ...（2）

將（2）式代入（1）式可得：

$$\rho\left[\nabla\left(\frac{V^2}{2}\right)-\vec{V}\times\left(\nabla\times\vec{V}\right)\right]=-\nabla P-\rho g\nabla z=-\nabla(P+\rho gz)\ ...\ (3)$$

將（3）式沿流線方向微量長度 $d\vec{s}$ 做投影，則

$$\left[\nabla\left(\frac{V^2}{2}\right)-\vec{V}\times\left(\nabla\times\vec{V}\right)\right]\cdot d\vec{s}=-\nabla\left(\frac{P}{\rho}+gz\right)\cdot d\vec{s}$$

其中由流線定義知 $d\vec{s}$ 與 $\vec{V}$ 平行，且 $\vec{V}\times\left(\nabla\times\vec{V}\right)$ 垂直 $\vec{V}$，故 $\left[\vec{V}\times\left(\nabla\times\vec{V}\right)\right]\cdot d\vec{s}=0$

代回（3）式得 $\nabla\left(\frac{P}{\rho}+\frac{V^2}{2}+gz\right)\cdot d\vec{s}=0$ ...（4）

又因 $d\vec{s}=dx\vec{i}+dz\vec{k}$，且 $\nabla\emptyset=\frac{\partial\emptyset}{\partial x}\vec{i}+\frac{\partial\emptyset}{\partial z}\vec{k}$

則

$(\nabla\emptyset)\cdot d\vec{s}=\frac{\partial\emptyset}{\partial x}dx+\frac{\partial\emptyset}{\partial z}dz$，故(4)可改寫為 $d\left(\frac{P}{\rho}+\frac{V^2}{2}+gz\right)=0$，

因本題 $V=f(u,w)$，故積分上式後可得 $\frac{P}{\rho}+\frac{(u^2+w^2)}{2}+gz=$ 常數，故得證

公務人員高等考試三級考試題解／水文學

一、有一水庫集水區的上游集水面積為 100 km^2，其雨量站測得一場 12 小時暴雨的總降雨量為 300 mm，由水庫入流量站分析計算出直接逕入流量為 $2\times10^7 m^3$。假設損失雨量僅需考慮入滲量，忽略其他損失。試問該場暴雨的總入滲量為何？試問該集水區的初始入滲率（f_0）為何？假設三星期後又有一場 12 小時暴雨，其總降雨量為 120 mm，試問水庫的直接逕入流量為何？（假設 Horton 入滲率公式之最終入滲率 fc 為 0.25 mm/hr，衰減係數 k 為 0.14 /hr）（25 分）

參考題解

【參考九華講義-水文學 例題 5-6】

（一）總入滲量

總降雨量 $V_p = 300\ \text{mm} \times 100\ km^2 \times \dfrac{m}{10^3 mm} \times \dfrac{10^6 m^2}{km^2} = 3\times 10^7 m^3$

該場暴雨的總入滲量 $V_i = V_p - V_r = 3\times10^7 m^3 - 2\times10^7 m^3 = 1\times10^7 m^3$

（二）初始入滲率（f_0）

總入滲深度 $\mathrm{F} = \dfrac{V_i}{A} = \dfrac{1\times10^7 m^3}{100\ km^2} \times \dfrac{km^2}{10^6 m^2} = 0.1\ m = 100\ mm$

Horton 累積入滲量公式：

$$\mathrm{F} = f_c t + \frac{(f_0 - f_c)}{k}(1 - e^{-kt})$$

$$100\ \text{mm} = 0.25\frac{mm}{hr} \times 12hr + \frac{(f_0 - 0.25)\frac{mm}{hr}}{0.14\frac{1}{hr}}\left(1 - e^{-0.14\frac{1}{hr}\times 12hr}\right)$$

$$\therefore f_0 = 16.94\frac{mm}{hr}$$

（三）直接逕入流量

總入滲深度 $\mathrm{F} = 100\ \text{mm}$（假設降雨及入滲條件同前）

所以有效降雨量 $P_e = 120\ mm - 100\ mm = 20\ mm$

直接逕入流量 $V_r = P_e \times A = 20\ mm \times 100\ km^2 \times \dfrac{m}{10^3 mm} \times \dfrac{10^6 m^2}{km^2} = 2\times10^6\ m^3$

二、有一城市某兩時刻之地面溫度分別為 25℃及 30℃，壓力均為 101.3 kPa，且氣溫垂直遞減率（Lapse rate）為 6.5℃/km，則在 2 km 高的飽和大氣柱中，請分別計算該兩時刻之可降水量。（25 分）

參考題解

【參考九華講義-水文學 例題 3-36】

• 利用氣溫垂直遞減率推估高處溫度：$T_z = T_0 + L_r(z - z_0)$，$L_r = -0.0065\dfrac{K}{m}$

• 再由氣溫推求該高度氣壓 $P_z = P_0\left(\dfrac{T_z}{T_0}\right)^{\frac{-gM}{RL_r}}$（Pa）

其中 $g = 9.81\ \dfrac{m}{s^2}$，$M = 0.029\dfrac{kg}{mole}$，$R = 8.314\ \dfrac{N \cdot m}{mole\ K}$，$L_r = -0.0065\dfrac{K}{m}$

• 並由氣溫推求飽和水氣壓 $e_s = 611\ \exp\left(\dfrac{17.27T}{237.3 + T}\right)$（此處 T 的單位為℃）

• 接著求飽和溼度空氣之比濕度 $H_s \approx 0.622\dfrac{e_s}{P}$

• 整體空氣柱內單位面積之雨水總質量 $W = \dfrac{-1}{g}\sum \overline{H_S}\ \Delta P\ \left(\dfrac{kg}{m^2} = \dfrac{L}{m^2} = \dfrac{10^{-3}m^3}{m^2} = mm\right)$

（一）地面溫度為 25℃

（1）高度	（2）溫度		（3）壓力	（4）飽和水氣壓	（5）比濕度	（6）平均比濕度	（7）ΔP/g	（8）$-\overline{H_S}\ \Delta P/g$
m	C	K	Pa	Pa	Hs	$\overline{H_S}$		kg/m²
0	25	298	101300	3169	0.01946			
						0.01822	-570.54	10.395
500	21.8	294.8	95703	2613	0.01698			
						0.01584	-561.37	8.892
1000	18.5	291.5	90196	2130	0.01469			
						0.01370	-518.96	7.110
1500	15.3	288.3	85105	1739	0.01271			
						0.01180	-510.19	6.020
2000	12.0	285	80100	1403	0.01089			
							Σ=	32.417

所以可降水量為 32.4 mm。

（二）地面溫度為 30℃

(1) 高度	(2) 溫度		(3) 壓力	(4) 飽和水氣壓	(5) 比濕度	(6) 平均比濕度	(7) ΔP/g	(8) $-\overline{H_S}\ \Delta P/g$
m	C	K	Pa	Pa	Hs	$\overline{H_S}$		kg/m²
0	30	303	101300	4244	0.02606			
						0.02448	-561.37	13.742
500	26.8	299.8	95793	3525	0.02289			
						0.02141	-552.70	11.833
1000	23.5	296.5	90371	2896	0.01993			
						0.01865	-511.42	9.538
1500	20.3	293.3	85354	2383	0.01737			
						0.01618	-503.16	8.141
2000	17.0	290	80418	1938	0.01499			
							Σ=	43.254

所以可降水量為 43.3 mm。

三、某集水區面積 500 公頃的新社區開發案，設計防洪保護標準重現期 50 年的洪峰流量為 40 cms，重現期 2 年的洪峰流量為 10 cms。假設洪峰流量分布符合極端值第一型（Extreme value type I），

$$K_T = -\frac{\sqrt{6}}{\pi}\left[0.5772 + \ln\left(\ln\frac{T}{T-1}\right)\right]$$

（一）試求重現期 100 年之洪峰流量。（10分）

（二）若集水區集流時間 40 分鐘，逕流係數 0.4。一場延時 100 分鐘的暴雨帶來 10 cm 有效降雨，試問造成的洪峰流量有多大？重現期是多少？會超過防洪保護標準嗎？（15分）

參考題解

【參考九華講義-水文學 例題 9-6】

（一）重現期 100 年之洪峰流量

水文統計通式：

$$x_T = \mu + K_T\ \sigma$$

甘保（Gumbel）分布（極端值第一型分布）：

$$K_T = -\frac{\sqrt{6}}{\pi}\left[0.5772 + \ln\left(ln\frac{T}{T-1}\right)\right]$$

本題：

$$K_{50} = -\frac{\sqrt{6}}{\pi}\left[0.5772 + \ln\left(ln\frac{50}{50-1}\right)\right] = 2.592$$

$$K_2 = -\frac{\sqrt{6}}{\pi}\left[0.5772 + \ln\left(ln\frac{2}{2-1}\right)\right] = -0.164$$

$40 = \mu + (2.592)\sigma$　　（1）

$10 = \mu + (-0.164)\sigma$　　（2）

（2）－（1）得 $30 = 2.756\sigma$　$\sigma = 10.89$（cms）代入（1）

$\mu = 40 - 2.592(10.89) = 11.77$（$cms$）

$$K_{100} = -\frac{\sqrt{6}}{\pi}\left[0.5772 + \ln\left(ln\frac{100}{100-1}\right)\right] = 3.14$$

$x_{100} = 11.77 + 3.14 \times 10.89 = 46.0\ (cms)$

（二）洪峰流量、重現期

降雨強度 $I = \frac{10\ cm}{100\ min} = 0.1\frac{cm}{min}$

合理化公式（降雨延時大於集流時間）（因為 10 cm 為有效降雨，所以此處令 C = 1.0）

洪峰流量 $Q = CIA = 1.0 \times 0.1\frac{cm}{min} \times 500\ \ ha \times \frac{m}{100cm} \times \frac{min}{60sec} \times \frac{10^4 m^2}{ha}$

$= 83.33$（cms）

$83.33 = 11.77 + K_T \times 10.89$

$\therefore K_T = 6.571$

$$6.571 = -\frac{\sqrt{6}}{\pi}\left[0.5772 + \ln\left(ln\frac{T}{T-1}\right)\right]$$

$\therefore T = 8143$（yr）

會超過防洪保護標準。

四、某城市生態池的最大蓄水容量為 4000 m^3，滿水深度為 2 m，池底鋪設防止滲漏黏土，衰減係數 k 值介於 1.4～5/hr 之間，黏土初始入滲率為 6.6 mm/hr，最終入滲率為 1.5 mm/hr，假設池面蒸發量為 5 mm/day，該生態池最少須維持 1000 m^3 的生態水量（約 1 m 水深），試問生態池由蓄滿水至最低生態水量約需幾天時間？已知很長一段時間未下雨，現有一場 2 小時的暴雨，總雨量為 60 mm，其造成生態池的入流量歷線如下表，假設生態池最大排水量為 0.4 cms，試問生態池會蓄滿溢出嗎？（25 分）

時間（分）	0~30	30~60	60~90	90~120	120~150	150~180
流量（cms）	0.5	1	1	1	1	0.5

參考題解

【參考九華講義-水文學 例題 5-44】

（一）由蓄滿水至最低生態水量約需幾天時間

假設生態池最初為快速注滿，池水位降低由池面蒸發與池底入滲共同造成

池面蒸發速率 $E = 5\dfrac{mm}{day} \times \dfrac{day}{24\ hr} = 0.208\ \dfrac{mm}{hr}$

池底入滲量由 Horton 入滲式估算

假設生態池由蓄滿水至生態水量（水位降低 H 毫米）需要 t 小時，則

$$\mathrm{H} = f_c\ t + \frac{(f_0 - f_c)}{k}\ (1 - e^{-kt}) + E \times t$$

1. k = 1.4 / hr

$$1\mathrm{m} \times \frac{10^3 mm}{m} = 1.5 \times t + \frac{(6.6 - 1.5)}{1.4}(1 - e^{-1.4\times t}) + 0.208 \times t$$

$$1{,}000 - 3.64 = 1.708\mathrm{t} - 3.64e^{-1.4\times t}$$

Try & error

$$\mathrm{t} = 583\ (\mathrm{hr}) = 583\mathrm{hr} \times \frac{day}{24hr} = 24.3\ day$$

2. k = 5.0 / hr

$$1\mathrm{m} \times \frac{10^3 mm}{m} = 1.5 \times t + \frac{(6.6 - 1.5)}{5.0}(1 - e^{-5.0\times t}) + 0.208 \times t$$

$$1{,}000 - 1.02 = 1.708\mathrm{t} - 1.02e^{-5.0\times t}$$

Try & error

$$t = 584\ (hr) = 584hr \times \frac{day}{24hr} = 24.3\ \ day$$

生態池由蓄滿水至生態水量約需 24.3 天時間。

（二）生態池蓄滿溢出？

假設降雨前生態池水深 1 公尺，蓄水量 1000 m^3。

忽略降雨入流期間，生態池水面蒸發、池底滲漏與降雨直接落入生態池水量。

時間（分）	0~30	30~60	60~90	90~120	120~150	150~180
入流量（cms）	0.5	1	1	1	1	0.5
排水量（cms）	0.4	0.4	0.4	0.4	0.4	0.4
淨入流量（cms）	0.1	0.6	0.6	0.6	0.6	0.1
蓄水量（m^3）	1000~1180	1180~2260	2260~3340	3340~4420	4420~5500	5500~5680

所以生態池大約在第 90~120 分鐘間超過其蓄水量（4000m^3），發生滿水溢出。

109年 公務人員高等考試三級考試題解／渠道水力學

一、有一對稱梯形渠道，如圖 1 所示，渠底寬 $B = 2.0$ m，渠岸邊坡比值 $m = 1.0$，渠床坡度 $S_0 = 0.0004$，曼寧粗糙係數 $n = 0.018$。當渠流為均勻流，流量 $Q = 5.0$ cms 時，試求此渠流的臨界水深 y_c、正常水深 y_0、水力深度 D、水力半徑 R、平均流速 V_0、平均渠床剪應力 τ_0、福祿數 F_{r1} 及比能 E，並計算此渠流的交替水深 y_2（Alternate Flow Depth）及其所對應之福祿數 F_{r2}。（25分）

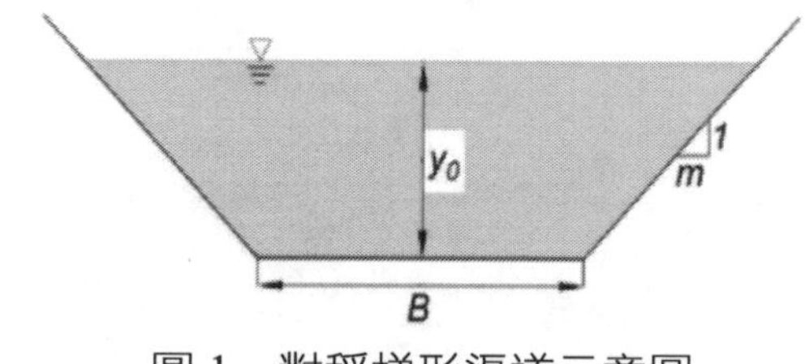

圖 1　對稱梯形渠道示意圖

參考題解

梯形：

$$B = 2m$$

$$T = B + 2y_0 = 2 + 2y_0$$

$$A = (2 + 2 + 2y_0) \times y_0 \times \frac{1}{2} = (2 + y_0) \times y_0$$

$$a = \sqrt{2}y_0$$

$$P = 2 + 2\sqrt{2}y_0$$

$$R = \frac{A}{P} = \frac{(2 + y_0) \times y_0}{2 + 2\sqrt{2}y_0}$$

（一）求臨界水深，$y_0 = y_C$

$$Fr = \frac{V}{\sqrt{\dfrac{gD\cos\theta}{\alpha}}}$$ ，設 $\theta = 0$，$\alpha = 1$，所以，$Fr = \dfrac{V}{\sqrt{gD}}$

因為臨界流，所以 Fr = 1，$Fr^2 = 1 = \frac{V^2}{gD} = \frac{Q^2}{g\frac{A}{T}A^2} = \frac{Q^2T}{gA^3} = \frac{5^2 \times (2+2y_C)}{9.81 \times [(2+y_C) \times y_C]^3} = 1$

$$= \frac{(2+2y_C)}{[(2+y_C) \times y_C]^3} = 0.39$$

經由試誤法可以得到，$y_C = 0.75(\mathrm{m})$　(#)

（二）正常水深y_0

$$Q = \mathrm{VA} = \frac{1}{n} \times R^{\frac{2}{3}} \times S^{\frac{1}{2}} \times (2+y_0) \times y_0$$

$$= \frac{1}{0.018} \times \left[\frac{(2+y_0) \times y_0}{2+2\sqrt{2}y_0}\right]^{\frac{2}{3}} \times 0.0004^{\frac{1}{2}} \times (2+y_0) \times y_0 = 5$$

$$= \left[\frac{(2+y_0) \times y_0}{2+2\sqrt{2}y_0}\right]^{\frac{2}{3}} \times (2+y_0) \times y_0 = 4.5$$

經由試誤法可以得到，$y_0 = 1.47(\mathrm{m})$　(#)

◎整理：

$\mathrm{T} = \mathrm{B} + 2y_0 = 2 + 2y_0 = 2 + 2 \times 1.47 = 4.94$

$A = (2+2+2y_0) \times y_0 \times \frac{1}{2} = (2+y_0) \times y_0 = (2+1.47) \times 1.47 = 5.1$

$a = \sqrt{2}y_0 = \sqrt{2} \times 1.47 = 2.08$

$P = 2 + 2\sqrt{2}y_0 = 2 + 2\sqrt{2} \times 1.47 = 6.16$

$R = \frac{A}{P} = \frac{(2+y_0) \times y_0}{2+2\sqrt{2}y_0} = \frac{(2+1.47) \times 1.47}{2+2\sqrt{2} \times 1.47} = 0.83$

（三）$D = \frac{A}{T} = \frac{5.1}{4.94} = 1.03(\mathrm{m})$　(#)

（四）由上方整理可知 $R = 0.83(\mathrm{m})$　(#)

（五）$V_0 = \frac{Q}{A} = \frac{5}{5.1} = 0.98(m/s)$　(#)

（六）$\tau_0 = \gamma_w \times R \times S_0 = 9.81 \times 0.83 \times 0.0004 = 3.26 \times 10^{-3}(KN/m^2)$　(#)

（七）$Fr_1 = \frac{V}{\sqrt{\frac{gD\cos\theta}{\alpha}}}$，設 θ = 0，α = 1，所以，$Fr_1 = \frac{V}{\sqrt{gD}} = \frac{0.98}{\sqrt{9.81 \times 1.03}} = 0.31$　(#)

（八）$E = y + \frac{V^2}{2 \times g} = 1.47 + \frac{0.98^2}{2 \times 9.81} = 1.52(m)$　　(#)

（九）因為 $y_0 > y_c$，所以交替水深 $y_2 < y_c$，且 E 相同

$V = \frac{Q}{A}$代入 E

所以 $E_2 = y_2 + \frac{V_2^2}{2 \times g} = y_2 + \frac{Q^2}{2 \times g \times A^2}$

$= y_2 + \frac{1}{2 \times 9.81} \times [\frac{5}{(2 + y_2) \times y_2}]^2 = 1.52$

經由試誤法可以得到，$y_2 = 0.45(\mathrm{m})$　　(#)

（十）$Fr_2 = \frac{V}{\sqrt{\frac{gD\cos\theta}{\alpha}}}$，設 $\theta = 0$，$\alpha = 1$，所以，$Fr_2 = \frac{V}{\sqrt{\mathrm{gD}}}$

$\mathrm{V} = \frac{Q}{A} = \frac{5}{(2 + y_2) \times y_2} = \frac{5}{(2 + 0.45) \times 0.45} = 4.54$

$D = \frac{A}{T} = \frac{(2 + y_2) \times y_2}{2 + 2y_2} = \frac{(2 + 0.45) \times 0.45}{2 + 2 \times 0.45} = 0.38$

$Fr_2 = \frac{V}{\sqrt{\mathrm{gD}}} = \frac{4.54}{\sqrt{\mathrm{g} \times 0.38}} = 2.35$　　(#)

二、有一座溢洪道，如圖 2 所示，堰高為 P，堰上水頭為 H，水的動力黏滯係數為μ，水的密度為ρ，水的表面張力係數為σ，重力加速度為 g。溢洪道單位寬度流量 q 與前面所提到的參數有關，即 $q = (g, P, H, \mu, \rho, \sigma)$，試用無因次$\pi$定理分析推導溢洪道流量關係式。（25分）

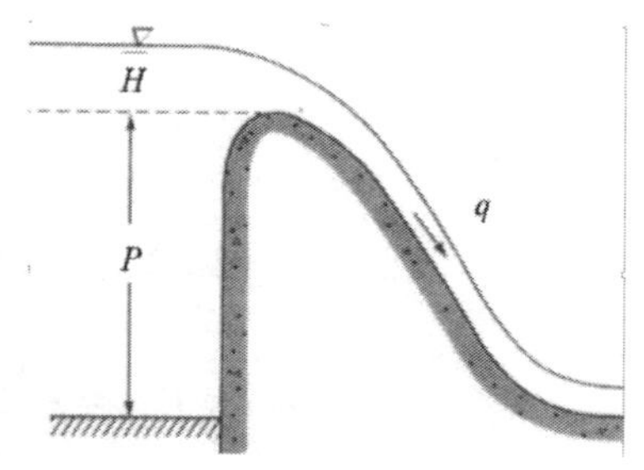

圖 2　溢洪道示意圖

參考題解

以單位表示：

$q = (m^2/s) = L^2 \times T^{-1}$

$g = (m/s^2) = L \times T^{-2}$

$P = (m) = L$

$H = (m) = L$

$\mu = \left(\frac{kg}{m \times s}\right) = M \times L^{-1} \times T^{-1}$

$\rho = (kg/m^3) = M \times L^{-3}$

$\sigma = (N/m) = M \times T^{-2}$

7 個單位，選擇 ρ、g、H 為重複變數，所以 7 – 3 = 4，共有 4 個無因次參數

所以，$\rho^a \times g^b \times H^c = M^a \times L^{-3a} \times L^b \times T^{-2b} \times L^c$

$= M^a \times T^{-2b} \times L^{-3a+b+c}$

（一）$\pi_1 = q \times \rho^a \times g^b \times H^c = M^0 \times T^0 \times L^0$

$= L^2 \times T^{-1} \times M^a \times T^{-2b} \times L^{-3a+b+c}$

$= M^a \times T^{-2b-1} \times L^{-3a+b+c+2}$

$a = 0$

$-2b - 1 = 0$，所以 $b = -\frac{1}{2}$

$-3a + b + c + 2 = 0$，$c = -\frac{3}{2}$

$\pi_1 = q \times g^{-\frac{1}{2}} \times H^{-\frac{3}{2}}$，所以 $\pi_1 = \frac{q}{\sqrt{g \times H^3}}$

（二）$\pi_2 = P \times \rho^a \times g^b \times H^c = M^0 \times T^0 \times L^0$

$= L \times M^a \times T^{-2b} \times L^{-3a+b+c}$

$= M^a \times T^{-2b} \times L^{-3a+b+c+1}$

$a = 0$

$-2b = 0$，所以 $b = 0$

$-3a + b + c + 1 = 0$，所以 $c = -1$

$\pi_2 = P \times H^{-1}$，所以 $\pi_2 = \frac{P}{\mathrm{H}}$

（三）$\pi_3 = \mu \times \rho^a \times g^b \times H^c = M^0 \times T^0 \times L^0$

$= M \times L^{-1} \times T^{-1} \times M^a \times T^{-2b} \times L^{-3a+b+c}$

$= M^{a+1} \times T^{-2b-1} \times L^{-3a+b+c-1}$

$a + 1 = 0$，所以 $a = -1$

$-2b - 1 = 0$，所以 $b = -\frac{1}{2}$

$-3a + b + c - 1 = 0$，所以 $c = -\frac{3}{2}$

$\pi_3 = \mu \times \rho^{-1} \times g^{-\frac{1}{2}} \times H^{-\frac{3}{2}}$，所以 $\pi_3 = \frac{\mu}{\rho \times \sqrt{g \times H^3}}$

（四）$\pi_4 = \sigma \times \rho^a \times g^b \times H^c = M^0 \times T^0 \times L^0$

$= M \times T^{-2} \times M^a \times T^{-2b} \times L^{-3a+b+c}$

$= M^{a+1} \times T^{-2b-2} \times L^{-3a+b+c}$

$a + 1 = 0$，所以 $a = -1$

$-2b - 2 = 0$，所以 $b = -1$

$-3a + b + c = 0$，所以 $c = -2$

$\pi_4 = \sigma \times \rho^{-1} \times g^{-1} \times H^{-2}$，所以 $\pi_4 = \frac{\sigma}{\rho \times g \times H^2}$

所以

$\pi_1 = f(\pi_2\ ,\ \pi_3\ ,\ \pi_4)$

所以，$\frac{q}{\sqrt{g \times H^3}} = f\left(\frac{P}{\mathrm{H}}\ ,\frac{\mu}{\rho \times \sqrt{g \times H^3}}\ ,\frac{\sigma}{\rho \times g \times H^2}\right)$ (#)

三、閘孔出流是指水流經由閘門底部開口流出之現象。假設矩形渠道上設有一閘門，如圖3所示，閘門寬度與矩形渠道寬度相同，閘門上游水深為 H_1、水頭為 H_0，閘門開口高度為 a，閘孔出流後最低水深為 y_2，閘孔出流收縮係數 $C_c = y_2 / a$。假如閘孔出流能量損失為 αH_1，能損係數 $0 \le \alpha < 0.3$，試使用水流連續方程式及能量方程式推導閘孔單位寬度流量 q 與 H_1 及相關參數之關係式。當 H_1=3.0 m、a = 0.2 m、$C_c = y_2 / a = 0.6$ 及 $\alpha = 0.1$，試計算閘孔單位寬度流量 q 及閘孔出流後水深 y_2 處之流速 V_2 及水流福祿

數 F_{r2}。（25分）

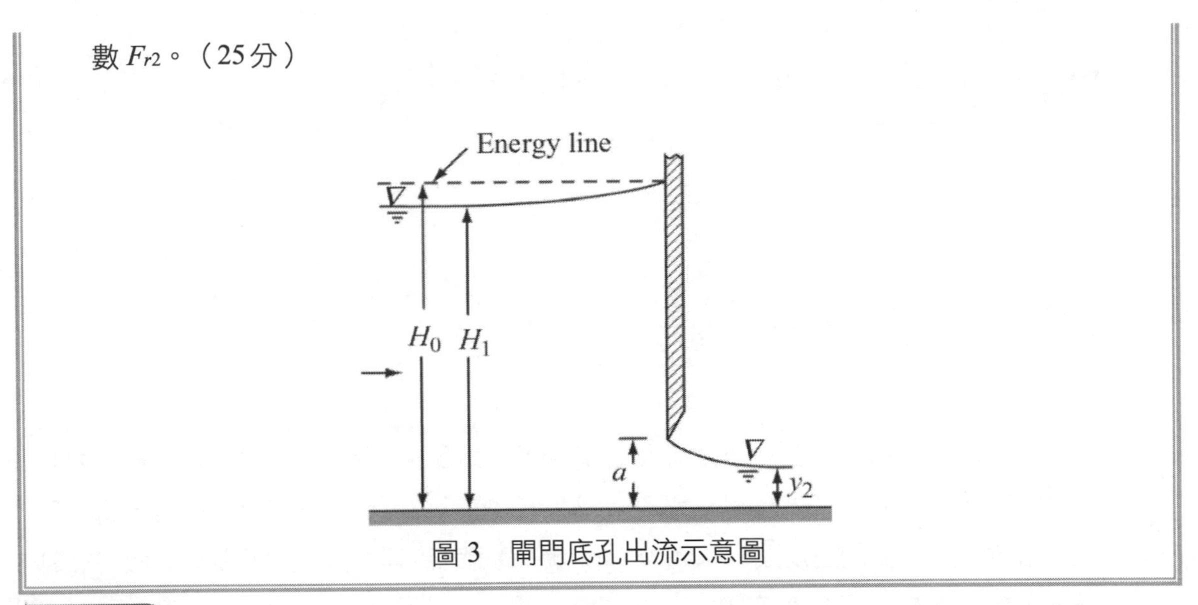

圖3　閘門底孔出流示意圖

參考題解

（一）$C-E$ ： $q = y_2 \times V_2 = H_1 \times V_1$

$E-E$ ： $H_0 - \alpha H_1 = y_2 + \frac{V_2^2}{2 \times g}$

所以 $H_1 + \frac{V_1^2}{2 \times g} - \alpha H_1 = y_2 + \frac{V_2^2}{2 \times g}$

因為 $V_1 = \frac{q}{H_1}$， $V_2 = \frac{q}{y_2}$

所以 $(1-\alpha)H_1 + \frac{q^2}{2 \times g \times H_1^2} = y_2 + \frac{q^2}{2 \times g \times y_2^2}$ ...(1)式　(#)

（二）$H_1 = 3$，$a = 0.2$，$C_C = \frac{y_2}{a} = 0.6$，$\alpha = 0.1$

$y_2 = 0.6 \times a = 0.6 \times 0.2 = 0.12(m)$　(#)

（三）y_2代入(1)式

$(1-0.1) \times 3 + \frac{q^2}{2 \times 9.81 \times 3^2} = 0.12 + \frac{q^2}{2 \times 9.81 \times 0.12^2}$

$q = 0.85(m^2/s)$　(#)

（四）$q = y_2 \times V_2$

所以 $0.85 = 0.12 \times V_2$，$V_2 = 7.08(m/s)$　(#)

（五）$Fr_2 = \frac{V}{\sqrt{\frac{gD\cos\theta}{\alpha}}}$ ，設 $\theta = 0$，$\alpha = 1$，所以，$Fr_2 = \frac{V}{\sqrt{gD}}$

$$D = \frac{A}{T} = \frac{B \times y}{B} = y$$

所以 $Fr_2 = \frac{V}{\sqrt{g \times y}} = \frac{7.08}{\sqrt{9.81 \times 0.12}} = 6.53$　(#)

四、有一條 4.0 m 寬的矩形渠道，渠道下游設有閘門，如圖 4 所示。閘門全開時，渠道內有均勻水流，流量 $Q = 12.0$ cms，水深 $y = 2.0$ m。當下游閘門突然完全關閉時，瞬間形成一個向上游移動的正湧浪（Positive Surge），試用水流連續方程式及動量方程式計算此湧浪的高度 Δy 及移動速度 V_w。（25分）

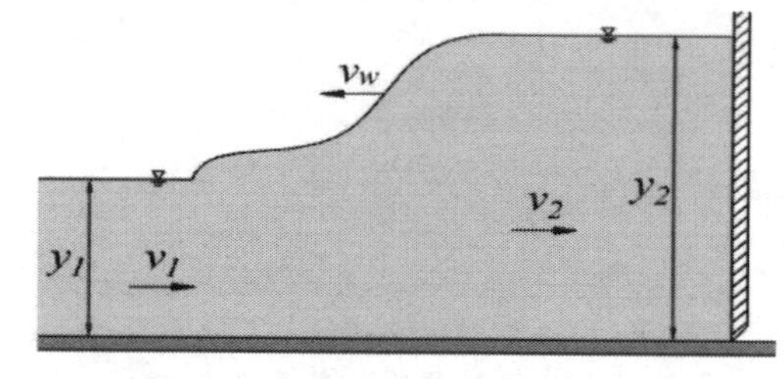

圖 4　閘門關閉上移正湧浪示意

參考題解

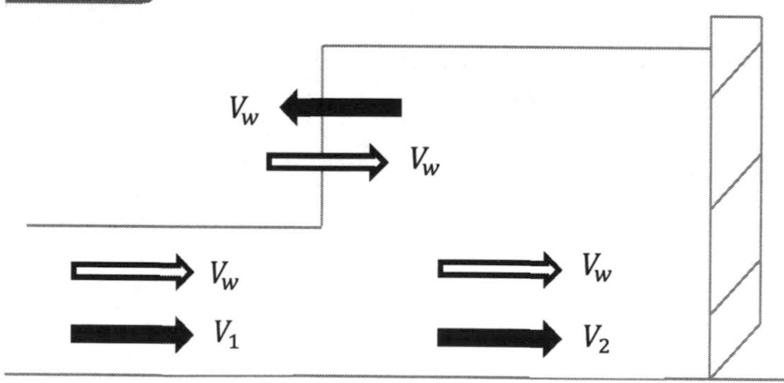

由上圖可知，加入V_w（向右），使成定量流

完全關閉 $V_2 = 0$ ， $B = 4m$ ， $Q = 12\ cms$ ， $y_1 = 2m$

因此 $V_1 = \frac{12}{2 \times 4} = 1.5$

$C - E$ ： $q = (V_w + V_1) \times y_1 = (V_w + V_2) \times y_2 = V_w \times y_2$

所以$V_w = \frac{V_1 \times y_1}{y_2 - y_1} = \frac{1.5 \times 2}{y_2 - 2} = \frac{3}{y_2 - 2} \ldots$(1)式

$M-E$：$\frac{1}{2} \times \gamma_w \times y_1 \times y_1 \times B - \frac{1}{2} \times \gamma_w \times y_2 \times y_2 \times B$

$= \rho \times Q \times [(V_w + V_2) - (V_w + V_1)] \ldots$(2)式

（一）求Δy

將V_2、B、 y_1、$Q = q \times B$ 代入(2)式，所以

$M-E$ ： $\frac{1}{2} \times g(y_1^2 - y_2^2) = q \times (-V_1)$

即為 $\frac{1}{2} \times 9.81(2^2 - y_2^2) = \frac{12}{4} \times (-1.5)$，則$y_2 = 2.22$

所以$\Delta y = y_2 - y_1 = 2.22 - 2 = 0.22(m)$ (#)

（二）求V_w

$y_2 = 2.22$ 代入(1)式

$V_w = \frac{3}{2.22 - 2} = 13.64(m/s)$ (#)

公務人員高等考試三級考試題解／水資源工程

一、試述土石壩之適用條件及優缺點？（25分）

參考題解

（一）土石壩之適用條件：鄰近具有足夠土石材料，且該地之岩石基礎較差，不宜建置拱壩及重力壩等鋼筋混凝土壩體時。

（二）土壩之優缺點：

1. 優點：建造快速（鄰近土石區，取料快速）、造價相對低廉、不受土質基礎限制等。
2. 缺點：因土石壩須嚴格防止管湧與滲漏，故需監控孔隙水壓、注意上下游是否塌陷影響排水、溢洪道排水能力是否正常，故養護成本較其他壩體為高。

二、何謂分開落差式（divided-fall）水電開發？其優點為何？請繪圖展示並說明二種分開落差式水力發電系統之布置。（25分）

參考題解

（一）何謂分開落差式水電開發及其優點：

1. 分開落差式水力發電：水由蓄水處（如壩）分別流經渠道、隧道或壓力鋼管等長距離輸水至電廠進行發電。
2. 優點：採用此配置時，由於水流穩定輸送至電廠，故水輪機將以較佳效率運作。

（二）落差式水力發電系統之布置如下：

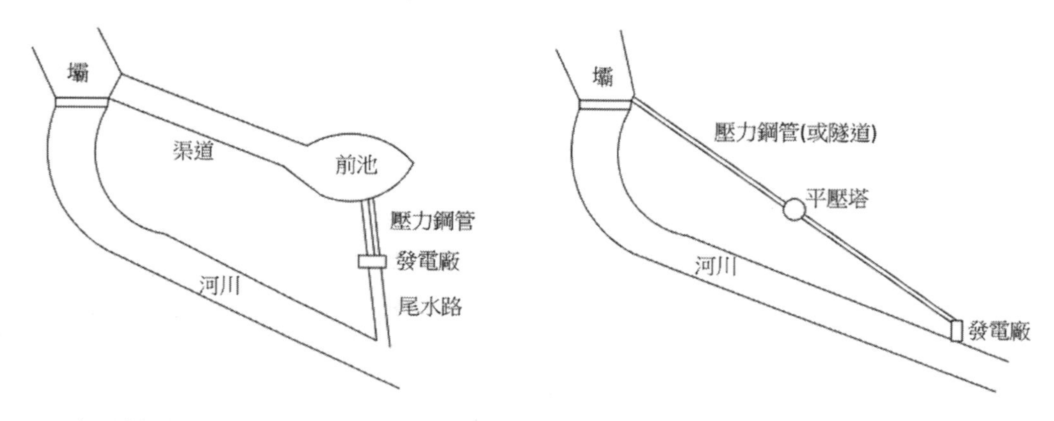

1. 由壩體蓄水，由渠道運送至前池，在流經壓力鋼管、發電廠，最後隨尾水路流入河川之配置（適用於含砂量較大之河川）

2. 由壩體蓄水，由壓力鋼管或隧道流至平壓塔，再流經壓力鋼管、發電廠，最後流入河川之配置。（適用於地理條件較適合佈置壓力鋼管或隧道之區域）

三、請說明水資源工程經濟分析之步驟與事項。（25分）

參考題解

（一）詳列各種方案之初期花費、每年養護費用與年限及殘值等。

（二）計算各方案將帶來之效益。

（三）依照建置計畫的方案，考量資金的多寡，選擇決定方案之方式（包含時間-採用年值法或現值法；資金考量-淨效益最大（資金充裕）、資金有限（益本比最大）等方法）

四、一道路下的涵洞能通過 5.1 m^3/s 的流量，涵洞長度為 30 m，坡度為 0.004。如果最大允許頭水位是在涵洞入口底部以上 3.4 m，涵洞的出口為自由流，假設涵洞的入口為正方形，入口損失係數為 0.5。請問這涵洞應選擇多大尺寸的波紋管（其曼寧 n 值可取 0.022）？又涵洞內的水流流況為何？（25分）

參考題解

（一）依題意，因本題出口為自由流，且未提供孔口流量係數等資料，故本題為滿管流，由白努利方程式、曼寧公式：

$$h_L = h_e + h_f + h_v = \left(K_e + 1 + \frac{n^2 L \cdot 2g}{R^{\frac{4}{3}}}\right)\frac{Q^2}{2g\left(\frac{\pi}{4}D^2\right)^2} \cdots \text{（1）}$$

其中

$$h_L = 30 \times 0.004 + 3.4 - D, K_e = 0.5, n = 0.022, L = 30m, R = 0.25D, Q = 5.1cms$$

代回（1）式可由試誤法解得 D = 1.28m

（二）將 D = 1.28m 代入曼寧公式→ $5.1 = A \times \frac{1}{0.022}\ (0.25 \times 1.28)^{\frac{2}{3}} \times (0.004)^{\frac{1}{2}}$ → 解得 $A = 3.79m^2$，故可知正常水深 $y_n > D$→ 出口控制且下游自由流之流況

公務人員高等考試三級考試題解／土壤力學（包括基礎工程）

一、如何進行黏土的三軸壓密不排水試驗（CU Test）？如何由試驗結果，分別得到土壤之不排水及排水剪力強度參數？（25 分）

參考題解

題型解析：申論題	難易程度：簡單入門題型
109 講義出處：土壤力學 8.6（P.243）	

（一）三軸壓密不排水 CU 試驗進行各階段之應力加載：

1. 進行三軸壓密不排水 CU 試驗，第 1 階段施加圍壓且將排水閥門打開（排水才可壓密，故稱 C。此階段不會產生超額孔隙水壓），圍壓常採均向（isotropically）方式進行（$\sigma_1=\sigma_2=\sigma_3$），故而有時也簡稱 CIU 試驗，（consolidated isotropically）。
2. 第 1 階段：施加圍壓階段，常稱為初始圍壓。此時因排水閥門打開、不會產生超額孔隙水壓，故初始應力狀態$\sigma_1=\sigma_1'=\sigma_3=\sigma_3'=\sigma_c$。
3. 第 2 階段：施加軸差應力（$\Delta\sigma_d$）（通常於垂直向），此時排水閥需關閉且加載應力速率相對於 CD 試驗為快，因排水閥門關閉故產生超額孔隙水壓，因此 CU 試驗重點在於量測試體孔隙水壓的變化。
4. 此試驗可得剪力強度參數：總應力c、φ、有效應力的c'、φ'。
5. 可量測破壞時的超額孔隙水壓 u_f，進而求得孔隙水壓力參數A 或 D。

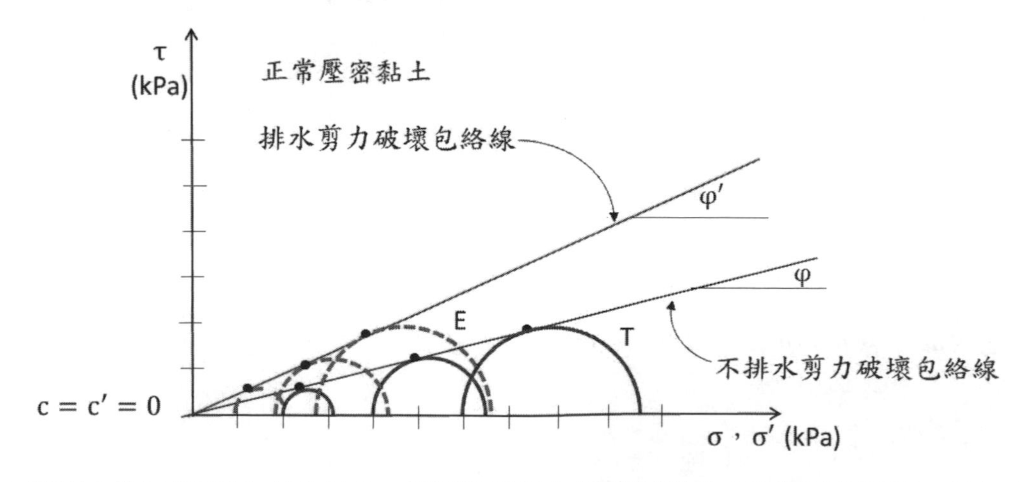

（二）利用上述說明試驗（至少需 2 組試驗數據）最終得到黏土破壞時的圍壓、軸差應力、及破壞時量測到的孔隙水壓：

1. 計算破壞時的最大、最小主應力及最大、最小有效主應力。

$$\sigma_{1,f} = \sigma_{3,f} + \Delta\sigma_{d,f}，\sigma'_{1,f} = \sigma'_{3,f} + \Delta\sigma_{d,f}$$

$$\sigma'_{1,f} = \sigma_{1,f} - u_f，\sigma'_{3,f} = \sigma_{3,f} - u_f$$

2. 將所得的最大、最小主應力及最大、最小有效主應力（2 組數據可分別解得 2 個未知數）代入以下式子，可分別求得不排水剪力強度參數c、φ及排水剪力強度參數c'、φ'。

$$\sigma_1 = \sigma_3 \times \tan^2\left(45° + \frac{\varphi}{2}\right) + 2c \times \tan\left(45° + \frac{\varphi}{2}\right)$$

$$\sigma'_1 = \sigma'_3 \times \tan^2\left(45° + \frac{\varphi'}{2}\right) + 2c' \times \tan\left(45° + \frac{\varphi'}{2}\right)$$

3. 正規來說，一般同一土壤至少取 3 組試體在不同圍壓下進行三軸試驗，所得數據會再以最小平方法（線性回歸）求取該土壤的不排水剪力強度參數c、φ及排水剪力強度參數c'、φ'。以上所附之圖為正常壓密黏土的試驗結果。

二、某一 2m × 2m 寬之正方形基腳，置於地表下 0.8 m 處，基腳正中心同時承受垂直載重 1500kN和一個彎矩載重 300kN-m，如圖一所示，且地下水在極深處。

（一）試求此單向偏心彎矩載重及垂直載重導致贅餘力（Resultant force）之偏心距 e_B 為何？並計算基礎因此贅餘力而承受最大（q_{max}）和最小（q_{min}）的承載應力各為何？（10 分）

（二）基礎下的土壤參數如圖一所示，當$\phi' = 34°$時，其承載力因子 $N_c = 52.6$，$N_q = 36.5$，$N_\gamma = 39.6$，求可承擔的極限承載力（q_u）為何？（15 分）（提示：有效寬度 $B' = (B - 2 \times e_B)$）

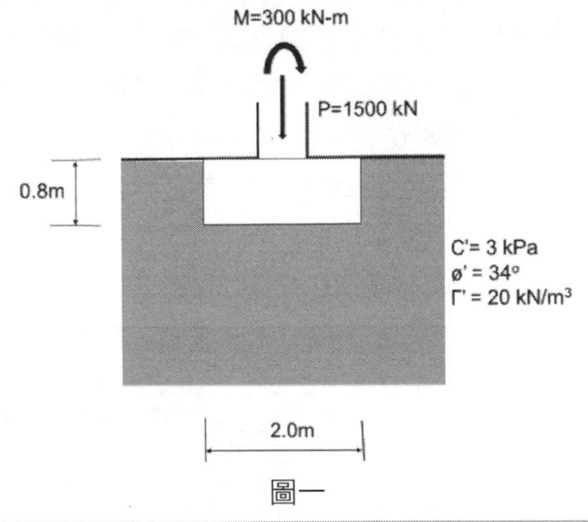

圖一

參考題解

題型解析：偏心基礎極限承載力	難易程度：中等題型。
109 講義出處：基礎工程 4.8（P.130） 類似題：例題 4-9、4-10、5-13、14、5-15、109 土木高考模擬考第一次（3）及第二次（3）	

（一）偏心距e_B

$$e_B = \frac{M}{P} = \frac{300}{1500} = 0.2m \ldots\ldots Ans.$$

當 $e_B = 0.2 \le \frac{B}{6}\ (=\frac{2}{6})$

$$q_{max} = \frac{P}{BL}\left(1+\frac{6e_B}{B}\right) = \frac{1500}{2\times2}\left(1+\frac{6\times0.2}{2}\right) = 600kN/m^2 \ldots\ldots Ans.$$

$$q_{min} = \frac{P}{BL}\left(1-\frac{6e_B}{B}\right) = \frac{1500}{2\times2}\left(1-\frac{6\times0.2}{2}\right) = 150kN/m^2 \ldots\ldots Ans.$$

（二）極限承載力（q_u）

方形基礎 $q_u = 1.3cN_c + qN_q + 0.4\gamma BN_\gamma$

有效寬度 $B' = B - 2\times e_B = 2 - 2\times0.2 = 1.6m$

$$q = 0.8\times20 = 16kN/m^2$$

$$q_u = 1.3cN_c + qN_q + 0.4\gamma BN_\gamma$$

$$= 1.3\times3\times52.6 + 16\times36.5 + 0.4\times20\times1.6\times39.6$$

$$= 205.14 + 584 + 506.88 = 1296.02kN/m^2 \ldots\ldots Ans.$$

三、某基地土層剖面，自地表面開始，包含 5 m 的砂土，其下面是 13 m 厚的黏土，地下水在地表面以下 2.8 m。地下水位以上的砂土單位重是 $19kN/m^3$，水位以下的砂土飽和單位重是 $20kN/m^3$。黏土之飽和單位重是 $15.7kN/m^3$，有效摩擦角是 35°，過壓密比是 2.0。試計算地表面以下 11.0 m 深處的垂直總應力、垂直有效應力、水平總應力、水平有效應力各為何？（25 分）

（提示：$Ko=(1-\sin\phi')\times(OCR)^{\sin\phi'}$）

參考題解

題型解析：計算土壤中某位置之垂直與水平向應力	難易程度：簡單入門題型
109 講義出處：基礎工程 1.1（P.1） 類似題：例題 1-8（P.23）、108 題型班講義例題 1-6（P.基工-6）	

將文字轉換成圖形如下：

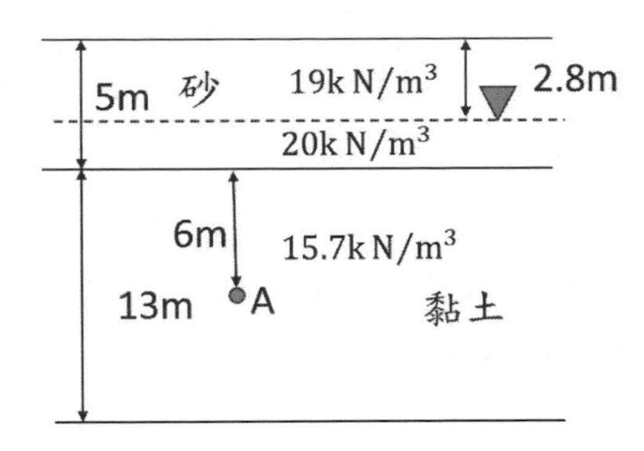

地表面以下 11.0m 深處（如 A 點）

$$K_0 = (1 - \sin\varphi')(OCR)^{\sin\varphi'} = (1 - \sin 35°)(2.0)^{\sin 35°} = 0.6346$$

垂直總應力 $\sigma_v = 19 \times 2.8 + 20 \times 2.2 + 15.7 \times 6 = 191.4kN/m^2$.........Ans.

垂直有效應力 $\sigma'_v = 19 \times 2.8 + 20 \times 2.2 + 15.7 \times 6 - 9.81 \times 8.2$

$= 110.96kN/m^2$...........Ans.

水平有效應力 $\sigma'_h = K_0\sigma'_v = 0.6346 \times 110.96 = 70.42kN/m^2$............Ans.

水平總應力 $\sigma_h = \sigma'_h + u_w = 70.42 + 9.81 \times 8.2 = 150.86kN/m^2$......Ans.

四、某 20 m 長之實心混凝土樁，樁徑 60 cm，打進兩層飽和黏土中，如圖二所示。樁身摩擦力採用總應力α方法計算，設當不排水剪力強度 Su = 70kPa 時，α = 0.55；當 Su = 200kPa 時，α = 0.48。另樁底承載應力因子 Nc = 9.0。在分別考慮樁身摩擦力及樁底之極限承載力之貢獻後，計算該樁總極限承載力為何？（25 分）

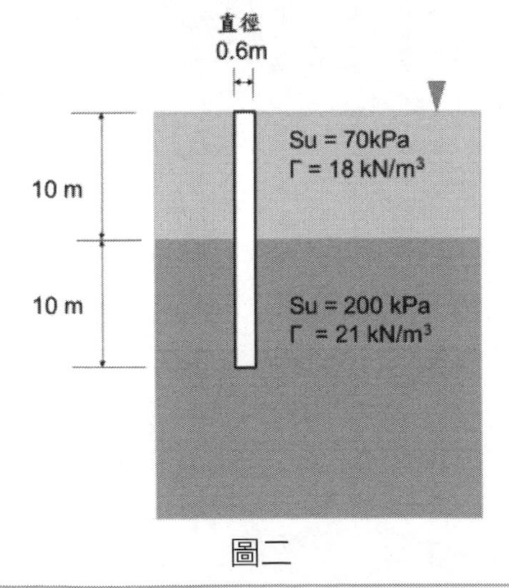

圖二

參考題解

題型解析：基樁承載力計算	難易程度：簡單入門題型。
109 講義出處：基礎工程 P.139 類似題：例題 6-3、6-4、6-7	

α法：

當不排水剪力強度 $S_u = 70\text{kPa}$，$\alpha = 0.55$

當不排水剪力強度 $S_u = 200\text{kPa}$，$\alpha = 0.48$

$\Rightarrow Q_s = \sum \alpha c_u A_s$

$= 0.55 \times 70 \times (\pi \times 0.6 \times 10) + 0.48 \times 200 \times (\pi \times 0.6 \times 10)$

$= 725.71 + 1809.56 = 2535.27\text{kN}$

$\Rightarrow Q_p = c_u N_c^* A_b$，其中基樁 $N_c^* = 9$

$\Rightarrow Q_p = c_{u2} N_c^* A_b = 200 \times 9 \times \dfrac{\pi \times 0.6^2}{4} = 508.94\ \text{kN}$

$\Rightarrow$ 總極限承載力 $Q_u = Q_s + Q_p = 2535.27 + 508.94 = 3044.21\ \text{kN}$……Ans.

109年 公務人員高等考試三級考試題解／營建管理與工程材料

一、當工程產生履約爭議時須以調解等方式處置，請詳述工程在施工階段常發生那些爭議及其因應對策？（25 分）

參考題解

爭議項目	因應對策
漏項	1. 依工程會所定之工程採購契約範本、採購契約要項等作為業主訂約之參考。 2. 締約前，業主應訂定公平合理之契約，明定雙方之權利義務以供遵循，如就漏項或數量不足符合一定條件者（如已經監造單位確認、數量不足逾 5%等）。 3. 履約中，廠商如發現漏項或數量不足情事，應請業主或監造單位釋疑，如業主先要求施作，廠商應蒐集相關施作驗收紀錄及往來書函，據以依契約規定辦理變更追加。 4. 雙方就爭議部分，應於工務協調會等會議上進行協商，廠商應要充分了解自身權益，才能做任何和解與拋棄權利之承諾。
契約變更	1. 新增工作項目價格，通常依鑑定、訪價、實支等方式決定。 2. 原契約已有單價（或其分析表之各子項）之工作項目，原則上依該價格，或加上物價調整因素。 3. 業主應就變更設計工作項目另外依比例給付乙式計價及利管稅。於工期併同展延案件，業主亦有可能另外按工期給付部分之乙式計價報酬或利管稅。 4. 如業主設計錯誤，並應賠償承包商其他損失（民法 509 條）。
履約工期	1. 施工進度落後事由若不可歸責於承包商，應可請求展延工期。 2. 工期展延之計算方式以影響要徑天數為準。 3. 工期展延事由發生當時，可能有非要徑工程變更為要徑之情形。 4. 通常可以經檢核之要徑工程實際施作天數，或合理工率工期之推估，計算可展延天數。 5. 展延工期影響要徑之判斷，應以展延前最新修正網圖（或實際執行之時程安排）為準。
價金給付與調整	**【參考九華講義-營管 P. 8-5】** 1. 總價契約 採契約價金總額在結算給付之部份： （1）工程之個別項目實作數量較契約所定數量增減達 5%以上時，其逾 5%之部分，依原契約單價以契約變更增減契約價金。未達 5%者，契約價

爭議項目	因應對策
	金不予增減。 （2）工程之個別項目實作數量較契約所定數量增加達 30%以上時，其逾 30%之部分，應以契約變更合理調整契約單價及計算契約價金。 （3）工程之個別項目實作數量較契約所定數量減少達 30%以上時，依原契約單價計算契約價金顯不合理者，應就顯不合理之部分以契約變更合理調整實作數量部分之契約單價及計算契約價金。 2. 實作數量契約 採實際施作或供應之項目及數量給結算給付之部份： （1）工程之個別項目實作數量較契約所定數量增加達 30%以上時，其逾 30%之部分，應以契約變更合理調整契約單價及計算契約價金。 （2）工程之個別項目實作數量較契約所定數量減少達 30%以上時，依原契約單價計算契約價金顯不合理者，應就顯不合理之部分以契約變更合理調整實作數量部分之契約單價及計算契約價金。
驗收不符	1. 驗收不合格：驗收結果與契約、圖說、貨樣規定不符者，應通知廠商限期改善、拆除、重作、退貨或換貨。 2. 廠商不於前款期限內改正、拒絕改正或其瑕疵不能改正，或改正次數逾 ____ 次仍未能改正者，機關得採行下列措施之一： （1）自行或使第三人改正，並得向廠商請求償還改正必要之費用。 （2）終止或解除契約或減少契約價金。 3. 因可歸責於廠商之事由，致履約有瑕疵者，機關除依前 2 項規定辦理外，並得請求損害賠償。

二、為能提昇工程品質，公共工程委員會規定查核金額以上之工程，廠商應提報整體品質計畫，送機關核備後確實執行，請說明整體品質計畫之內容，以及品管人員之工作重點為何？（25 分）

參考題解

【參考九華講義-營管 P. 6-13】

（一）整體品質計畫之內容：

依公共工程委員會「公共工程施工品質管理作業要點」規定如下：

機關辦理公告金額以上工程，應於招標文件內訂定廠商應提報品質計畫。品質計畫得視工程規模及性質，分整體品質計畫與分項品質計畫二種。整體品質計畫應依契約規定提報，分項品質計畫得於各分項工程施工前提報。整體品質計畫之內容，除機關及監造單位另有規定外，應包括：

1. 查核金額以上工程：管理責任、施工要領、品質管理標準、材料及施工檢驗程序、自主檢查表、不合格品之管制、矯正與預防措施、內部品質稽核及文件紀錄管理系統等。
2. 新臺幣一千萬元以上未達查核金額之工程：品質管理標準、材料及施工檢驗程序、自主檢查表及文件紀錄管理系統等。
3. 公告金額以上未達新臺幣一千萬元之工程：材料及施工檢驗程序及自主檢查表等。工程具機電設備者，並應增訂設備功能運轉檢測程序及標準。
4. 分項品質計畫之內容，除機關及監造單位另有規定外，應包括施工要領、品質管理標準、材料及施工檢驗程序、自主檢查表等項目。

【參考九華講義-營管 P.6-25】

（二）品管人員之工作重點：

依公共工程委員會「公共工程施工品質管理作業要點」規定如下：

1. 依據工程契約、設計圖說、規範、相關技術法規及參考品質計畫製作綱要等，訂定品質計畫，據以推動實施。
2. 執行內部品質稽核，如稽核自主檢查表之檢查項目、檢查結果是否詳實記錄等。
3. 品管統計分析、矯正與預防措施之提出及追蹤改善。
4. 品質文件、紀錄之管理。
5. 其他提升工程品質事宜。

三、混凝土材料基本性質中，「細度」、「吸水率」及「細度模數」皆是影響混凝土品質相當重要的元素，請詳加說明其意義、試驗方法及重要性質為何？（25 分）

參考題解

	意義	試驗方法	重要性質
細度	水泥細度試驗，採用布蘭氏氣透儀測定不同水泥之比表面積，藉由細度大小表示水泥顆粒粗細程度。	1. 量測壓實水泥層之假容積：水泥層之假容積＝（氣透筒中無水泥時水銀重量田－氣透筒中有水泥時水銀重量）／水銀密度。 2. 將細度 Ss 之標準水泥 10 克置於 100 cc 之瓶中激烈搖動兩分鐘使水泥鬆散，試驗時所需標準水泥重量＝水泥層假容積×（1－水泥層孔細率），水泥層孔細率＝0.5。 3. 孔版置於氣透筒內，再將一濾紙置於金屬孔板上，量測實驗所需標準水泥並倒入氣透筒內，另依濾紙置於水泥層上，然後以柱塞壓實，直到柱環與氣透筒頂端接觸為止。	比較各種水泥之品質。

<table>
<tr><th></th><th>意義</th><th>試驗方法</th><th>重要性質</th></tr>
<tr><td></td><td></td><td>4. 將氣透筒緊套於 U 型壓力計之頂端，以油脂塗於接觸處以防漏氣。
5. 徐徐抽出 U 型壓力計一側之空氣，使液面升到最高刻度時關閉氣閥。
6. 當液面降至第二刻度時，開始計時，等到液面降至第三刻度時，停止計時，紀錄溫度及所量測獲得之時距 Ts。
7. 量稱試驗所需水泥量，重複上述氣透儀實驗並量測獲得時距 T。</td><td></td></tr>
<tr><td>吸水率</td><td>量測粗骨材比重之容積比重、視比重及其吸水率。</td><td>1. 藉分樣器或四分法獲得試樣，秤取適量試樣並記錄重量為 W1：
<table>
<tr><td>粗骨材最大粒徑(in)</td><td>1/2</td><td>3/4</td><td>1</td><td>3/2</td><td>2</td><td>5/2</td><td>3</td><td>7/2</td><td>4</td><td>9/2</td><td>5</td><td>6</td></tr>
<tr><td>試樣最少重量(Kg)</td><td>2</td><td>3</td><td>4</td><td>5</td><td>8</td><td>12</td><td>18</td><td>25</td><td>40</td><td>50</td><td>75</td><td>125</td></tr>
</table>
2. 將粗骨材置於 105~115℃溫度下烘乾至恆重，在室溫冷卻至 1~3 小時後，量稱試樣並記錄重量為 W2，然後將此試樣浸入室溫之水中約 24 小時。
3. 將粗骨材試樣自水中取出，置於一具吸水性之布上徐徐滾動，除去試體表面水膜，其中較大粒徑之粗骨材需分別擦拭，以達到面乾內飽和狀態，量稱並記錄此時試體重量為 W3。
4. 鐵絲籠置於水桶中且掛於電子稱下，先將電子稱歸零，再將面乾內飽和之粗骨材試樣倒入鐵絲籠內，置鐵絲籠於水桶中並懸掛於電子 35 稱下，量稱粗骨材試樣於水中重量並記錄為 W4。</td><td>作為控制混凝土強度之依據。</td></tr>
<tr><td>細度模數</td><td>由篩分析決定粗細骨材之級配曲線，進而獲得骨材之最大粒徑及其細度模數。</td><td>細度模數 FM（Fineness Modulus）＝各標準篩上之殘留累積百分率總和/100（3″、3/2″、3/4″、3/8″、＃4.＃8、＃16、＃30、＃50、＃100）。</td><td>作為混凝土配比設計之依據。</td></tr>
</table>

四、為達到循環經濟的目標，宜充分使用再生資源材料。而電弧爐煉鋼爐碴為電弧爐煉鋼製程中所產的副產物，請詳述電弧爐煉鋼爐碴之種類、性質、使用者品控方法及如何檢測？（25分）

參考題解

（一）種類／性質

1. 氧化碴

   係指經電弧爐煉鋼過程，於氧化期所排出之熱熔碴，經冷卻後則為氧化碴。

2. 氧化碴瀝青混凝土

   係指以氧化碴取代部分天然粒料，再按配合設計所定之配合比例與瀝青膠泥充分拌和均勻後，分一層或數層鋪築於已整理完成之底層、基層、路基或經整修後之原有面層上，滾壓至所規定之壓實度而成者。

（二）性質

電弧煉鋼爐碴係以廢鋼鐵為原料，通電產生電弧冶煉，生產的週期較長，分成氧化期和還原期，並分期出碴，分別稱為氧化碴和還原碴。氧化碴中氧化鈣含量會較低，氧化亞鐵含量會較高，而還原碴剛好相反。在礦物組成方面，氧化碴其礦物組成以橄欖粒料、薔薇輝粒料為主；而還原碴其礦物組成以 C3S（矽酸三鈣）、C2S（矽酸二鈣）及 RO（二價金屬氧化物固熔體）為主。

（三）使用者品控方法

現行氧化碴應用於瀝青混凝土鋪面的方式，係將氧化碴替代天然粒料使用，但由於氧化碴與天然粒料兩者比重差異極大，故在瀝青混凝土配合設計方面須以體積法進行修正，方可獲得正確之瀝青混凝土體積。另氧化碴表面有多孔的特性，可能導致瀝青混凝土之最佳瀝青含量較高。若氧化碴粒料品質控制得宜，並依據正確方法進行混合料配合設計，則氧化碴瀝青混凝土之性質與傳統瀝青混凝土相同，施工方法與使用成效亦一致。

（四）如何檢測

氧化碴再利用產品品質規格檢驗標準：

<table>
<tr><th>項次</th><th colspan="3">檢驗項目</th><th>品質標準</th></tr>
<tr><td rowspan="9">1</td><td rowspan="9">物理性質</td><td rowspan="5">粗粒料</td><td>級配</td><td>CNS 15314 或依需求另定</td></tr>
<tr><td>粒料中軋碎
顆粒率（%）</td><td>傳統混合料：≧ 40（1 破碎面）
開放級配摩擦層混合料：≧ 90（1 破碎面）
≧ 75（2 破碎面）</td></tr>
<tr><td>磨光性</td><td>預定交通量下具抗磨作用</td></tr>
<tr><td>健度</td><td>硫酸鈉：≦ 12%
硫酸鎂：≦ 18%</td></tr>
<tr><td>洛杉磯磨損率</td><td>面層：≦ 40%
底層：≦ 50%</td></tr>
<tr><td rowspan="4">細粒料</td><td>級配</td><td>CNS 15309 或依需求另定</td></tr>
<tr><td>細度模數變異</td><td>≦ 0.25</td></tr>
<tr><td>塑性指數</td><td>≦ 4.0（適用於通過 425 μm 試驗篩部分）</td></tr>
<tr><td>健度</td><td>硫酸鈉：≦ 15%
硫酸鎂：≦X 20%</td></tr>
<tr><td>2</td><td colspan="3">膨脹比</td><td>< 0.5%</td></tr>
</table>

109年 公務人員普通考試題解／流體力學概要

一、高樓的某窗戶，在颱風時承受 144 km/h 的風速作用，其風場流線示意如圖一所示，窗戶面積為 0.9 m×1.8 m，試計算窗戶所承受的風作用力。設空氣密度為 1.27 kg/m³。（25分）

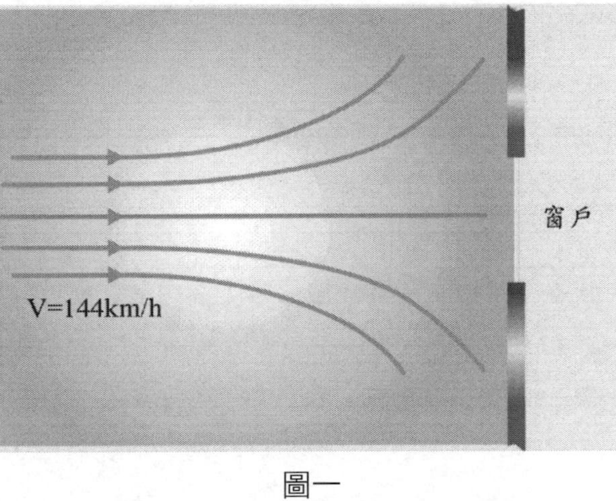

圖一

參考題解

風作用力即阻力，假設阻力係數 $C_D = 1.9$（視作二維平板）

則 $F = \frac{1}{2}\rho C_D U^2 A = \frac{1}{2} \times 1.27 \times 1.9 \times 40^2 \times (0.9 \times 1.8) = 3127.2N = 3.12KN$

其中 U = 144km/h = 144 × 1000 / 3600 = 40 m/s

二、如圖二，穩定水流（steady water flow）流經漸縮圓管，假設沿著管中心流線的速度呈線性變化，A 及 B 處的速度分別為 $V_A = 6$ m/s 及 $V_B = 18$ m/s。試求 A、C 及 B 三處的加速度。（25分）

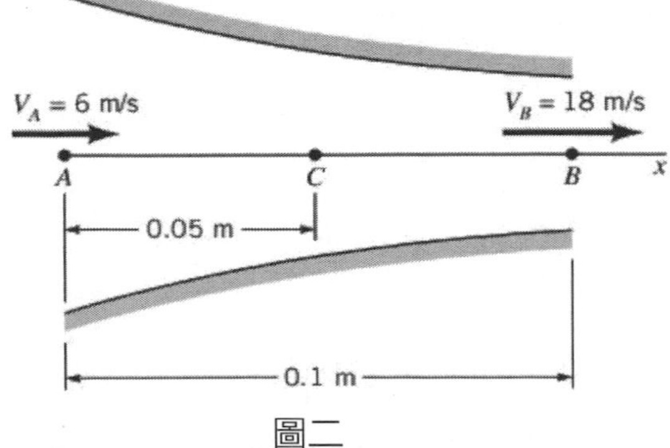

圖二

參考題解

依題意，假設速度場 V（x）= ax + b⋯（1）

將 $V_A(x=0)=6$，$V_B(x=0.1)=18$代入（1）式解得 a = 120，b = 6，即 V（x）= 120x + 6

而加速度場為：

$$a(x)=\frac{DV}{Dt}=\frac{\partial V}{\partial t}+V\frac{\partial V}{\partial x}=(120\mathrm{x}+6)\cdot 120$$

故 A.B.C 三處之加速度分別為：

$$a_A=(120\times 0+6)\times 120=720m^2/s$$

$$a_B=(120\times 0.05+6)\times 120=14400m^2/s$$

$$a_C=(120\times 0.1+6)\times 120=2160m^2/s$$

三、如圖三，水流自水庫經水管及渦輪發電機後流入河川，水管的管徑為 0.75m，管中的水流量為 2.5 m^3/s，水庫的水面與河川水面的高差為 30 m，管中水流的總能損係數 K_L 為 2，假若渦輪發電機的功率輸出效率為 88%，試計算渦輪發電機的輸出功率。（25分）

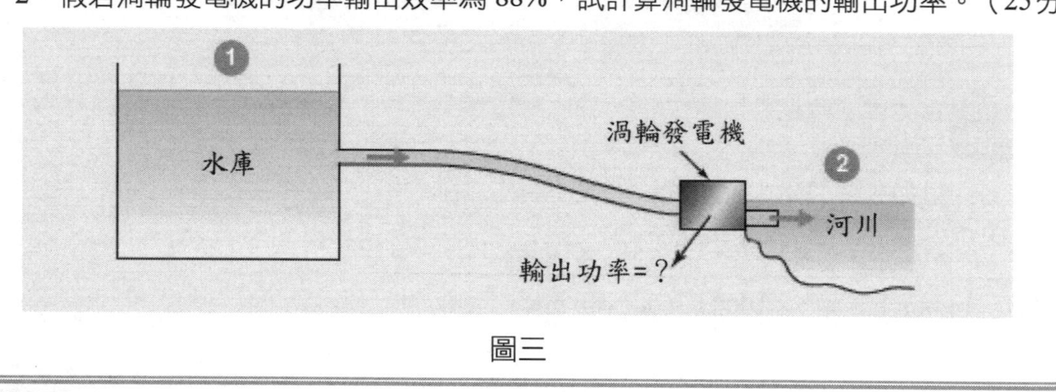

圖三

參考題解

依題意列出 1.2 兩點之白努利方程式：

$$\frac{P_1}{\gamma}+\frac{v_1^2}{2g}+Z_1=\frac{P_2}{\gamma}+\frac{v_2^2}{2g}+Z_2+H_T+h_L\ldots（1）$$

其中$P_1=P_2=$大氣壓力$=0$（考慮相對壓力），$v_1=v_2=0$（考慮靜止水面流速可忽略），

$$Z_1-Z_2=30m, h_L=K_L\frac{v^2}{2g}$$

故（1）可整理為：$Z_1-Z_2=K_L\dfrac{v^2}{2g}+H_T\ldots$（2）

其中 $v=\frac{Q}{A}=\frac{2.5}{\frac{1}{4}\pi(0.75)^2}=\frac{5.66m}{s}$，代回(2)式 $\rightarrow 30=2\times\frac{5.66^2}{2\times 9.81}+H_T$

$\rightarrow H_T=26.73m$，考慮效率 88%，則發電機輸出功率 $=\gamma Q\left(\frac{26.73}{0.88}\right)=298KW$

四、某一離岸風力發電機的圓柱基座需承受海流及波浪的聯合作用，今以 1：16 的模型比例尺在實驗室進行水工模型試驗。若原型海流的速度為 4 m/s，波浪週期為 8 秒，而波高為 4 m。假設原型與模型的水比重相同。

（一）試決定模型試驗所需設定的海流速度、波浪週期及波高。（15 分）

（二）若於模型試驗中量測到某瞬間作用於圓柱的力量為 10 N，則其對應原型的瞬間作用力為若干？（10 分）

參考題解

本題數完全沉浸之流動，故可依雷諾數相似解答

（一）由雷諾數 R_e 相似：

1. $\left(\frac{\rho VL}{\mu}\right)_P=\left(\frac{\rho VL}{\mu}\right)_m\rightarrow V_PL_P=V_mL_m$，$V_m=V_P\frac{L_P}{L_m}=4\times\frac{16}{1}=\frac{64m}{s}$

2. 由 $\frac{V_P}{V_m}=\frac{L_m}{L_P}\rightarrow\frac{\left(\frac{L_P}{T_P}\right)}{\left(\frac{L_m}{T_m}\right)}=\frac{L_m}{L_P}\rightarrow T_m=T_P\times\left(\frac{L_m}{L_P}\right)^2=8\times\left(\frac{1}{16}\right)^2=0.03125$（$S$）

3. 由 $\frac{L_m}{L_P}=\frac{1}{16}\rightarrow L_m=\frac{1}{16}L_P=0.25m$

（二）所產生之力主要由流體黏滯性所產生，故 $F\sim\mu LV$

則 $\frac{F_P}{F_m}=\frac{(\mu LV)_P}{(\mu LV)_m}=\frac{V_PL_P}{V_mL_m}=\frac{L_mL_P}{L_PL_m}=1$，故 $F_P=F_m=10N$

公務人員普通考試題解／水文學概要

一、請說明市區滯洪池之功能與低衝擊開發（Low Impact Development, LID）的概念與方法。（25 分）

參考題解

【參考九華講義-水文學 例題 7-53】

（一）滯洪池功能

1. 調節逕流：

   滯洪池調節逕流機能係在一定期限內以其設施容量暫時儲存上游來水，並以滯洪口控制出流量使水慢慢排去，可延遲洪水波到達下游時間，並削減洪峰流量。一般而言，滯洪設施僅為控制出流量之水工結構物，在雨停後不久即將池中蓄水完全排除，並無減少逕流體積的功能。也就是說，市區滯洪池在大雨來襲時，可以提供儲水空間，暫時儲存來不及宣洩的水量，啟動調節洪水、延緩洪峰出現時間、增加入滲能力、降低下游低勢地區水患災害。

2. 景觀遊憩：

   滯洪池絕大多數為人造建築，除了一般收納洪水功能外，兼具城市景觀美化功能。在天候良好的季節，亦可充當遊憩場域，例如公園、運動場等。

3. 生態保育：

   市區滯洪池常為低窪濕地，常成為生態湖泊提供生物做為棲息或繁殖地點。

（二）低衝擊開發的概念與方法

1. 低衝擊開發概念：

   主要是透過生態工法，如：土壤和植被的入滲、蓄流和蒸發等等大自然本身的功能來降低暴雨所產生的逕流量。與傳統的管末處理方法不同之處，使用源頭管理和其他設計來控制暴雨所產生的逕流量和污染，其設計必須因地制宜，如考慮土壤性質、面積大小、交通狀態等其他開發型態。低衝擊開發策略的三大原則包括：①盡可能減少開發地區之不透水表面的面積；②盡量保持原有的水文狀態；③盡量充分利用入滲能力、增加集流時間，以達到降低開發行為對水質水量衝擊的目標。

2. 低衝擊開發方法常見有：

   綠色基礎設施（Green Infrastructure）包含：植生屋頂覆蓋（Vegetated roof covers）、雨水儲集（Rainwater Harvesting）、透水性鋪面（Permeable Pavement）、雨水花園

（Rain Garden）、植物草溝（Vegetated Swales）、花槽（Planter）以及生態滯留池（Bio-retention）、窪地濕地（Swale Systems）等。

二、降雨逕流為水文重要機制與水資源分析工具，請說明近年廣用於水文分析的數據驅動方法（Data-driving methods）於建立集水區降雨逕流預報模式的主要步驟及其優缺點？（25 分）

參考題解

（一）主要步驟

數據驅動模型基本上不考慮水文過程的物理機制，而以建立輸入與輸出數據之間的最優數學關係為目標的黑匣子方法。非線性時間序列分析模型，類神經模型，模糊數學方法和灰色系統模型等的引入，以及水文數據獲取能力和計算能力的發展，數據驅動模型在水文預報中受到了廣泛的關注。

主要步驟：

1. 對流域徑流規律進行分析，並初始化數據。其中，流域徑流規律分析包括流域相關性及特徵分析，流域徑流序列週期及趨勢分析，水文年劃分及水庫調度分期和流域梯級典型年的選擇等。
2. 建立並初始化徑流預報模型。
3. 重新建立徑流預報模型，檢驗模型精度是否最優，並輸出徑流預報結果。

（二）優缺點

優點：

1. 可以建構非線性的模型。
2. 有良好的推廣性，對於未知的輸入亦可得到正確的輸出。
3. 可以接受不同種類的變數作為輸入，適應性強。
4. 可應用的領域相當廣泛。

缺點：

1. 計算量大，相當耗費電腦資源。
2. 可能解有無限多組，無法得知哪一組的解為最佳解。
3. 模式建立的訓練程中無法得知需要多少種類及數量的數據才足夠，需以試誤的方式得到適當的數據種類與數量。
4. 缺乏歷史數據的流域，無法憑空建立預測模型。

三、流域的高山與平地面積約占 70%及 30%，其年雨量平均值分別為 3000 與 1500 mm，標準偏差分別為 800 與 400 mm，假設年雨量為常態分布，試問該流域平均年雨量（由小到大）的前 20%、50%、90%分別為何？該流域平均年雨量小於 1870 mm 的機率為何？（25 分）
（提示：常態分布的標準變量 Z；Z≦–0.84，P＝0.2；Z≦0，P＝0.5；Z≦1，P＝0.8413；Z≦1.285，P＝0.9；Z≦2，P＝0.9772）

參考題解

【參考九華講義-水文學 例題 9-2】

（一）前 20%、50%、90%雨量

流域年降雨量平均值

$\mu = r_1\mu_1 + r_2\mu_2 = 70\% \times 3000\ \text{mm} + 30\% \times 1500\text{mm} = 2550\ \text{mm}$

流域年降雨量變異數與標準差

$\sigma^2 = r_1^2\sigma_1^2 + r_2^2\sigma_2^2$

$= (0.7)^2(800)^2 + (0.3)^2(400)^2 = 328000$

$\therefore \sigma = 573\ (\text{mm})$

1. 前 20%

$Z \le -0.84\ , P = 0.2$

$\therefore Z = \frac{X-\mu}{\sigma} = \frac{X-2{,}550}{573} = -0.84 \qquad \rightarrow X = 2{,}069\ (mm)$

2. 前 50%

$Z \le 0\ , P = 0.5$

$\therefore Z = \frac{X-\mu}{\sigma} = \frac{X-2{,}550}{573} = 0 \qquad \rightarrow X = 2{,}550\ (mm)$

3. 前 90%

$Z \le 1.285\ , P = 0.9$

$\therefore Z = \frac{X-\mu}{\sigma} = \frac{X-2{,}550}{573} = 1.285 \qquad \rightarrow X = 3{,}286\ (mm)$

（二）流域平均年雨量小於 1,870 mm 的機率

$Z = \frac{X-\mu}{\sigma} = \frac{1{,}870-2{,}550}{573} = -1.187$

$P = 0.117$ （請自行另外查常態分佈機率表）

四、某流域 1 公分有效降雨及 3 小時延時所形成的單位歷線 U(3,t)如下表：

時間（hr）	0	1	2	3	4	5	6	7	8	9	10
U(3,t)（cms）	0	2	7	17	33	42	39	25	11	4	0

試求該集水區之面積？假設該集水區下了兩場各為 3 小時之連續雨，其第一場雨的降雨強度為 3 cm/hr，第二場雨之降雨強度為 4 cm/hr，且已知入滲指數 ϕ 指數為 1 cm/hr，河川基流量為 40 cms，試計算該集水區由於該場降雨所形成之逕流歷線？若該流域最大排水量為 500 cms，試問這暴雨會造成溢流嗎？（25 分）

參考題解

【參考九華講義-水文學 例題 7-90】

（一）集水區之面積

1 公分有效降雨（P_e）之逕流體積（V）

$$V = (2+7+17+33+42+39+25+11+4)\frac{m^3}{sec}\times 1hr\times\frac{3{,}600sec}{hr}$$

$$= 648{,}000\ m^3$$

集水區面積 $A=\frac{V}{P_e}=\frac{648{,}000\ m^3}{1\ cm}\times\frac{100cm}{m}=64.8\times 10^6\ m^2=64.8\ km^2$

（二）降雨所形成之逕流歷線

第一場雨有效降雨量 $=(3-1)\frac{cm}{hr}\times 3hr = 6\ cm$

第二場雨有效降雨量 $=(4-1)\frac{cm}{hr}\times 3hr = 9\ cm$

河川基流量為 40 cms

時間（hr）	U（3, t）（cms）	6×U（3, t）（cms）	9×U（3, t-3）（cms）	Q_b（cms）	Q（cms）
0	0	0	-	40	40
1	2	12	-	40	52
2	7	42	-	40	82
3	17	102	0	40	142
4	33	198	18	40	256
5	42	252	63	40	355
6	39	234	153	40	427
7	25	150	297	40	487
8	11	66	378	40	484
9	4	24	351	40	415
10	0	0	225	40	265
11			99	40	139
12			36	40	76
13			0	40	40
14				40	40

（三）溢流

由（二）可知流域尖峰流量為 487 cms，並未超過 500 cms，所以暴雨並不會造成溢流。

公務人員普通考試題解／水資源工程概要

一、請說明：（每小題 15分，共 30分）

（一）何謂溢流溢洪道？其適用情況為何？

（二）請列出兩種決定替代方案最適開發尺度的經濟評價準則，並說明其適用情況？

參考題解

（一）SOL：溢洪道有如壩之安全閥，具有排放大部分洪水容量之功能。其中溢流溢洪道則設計使水流可由壩體頂部流出，此種溢洪道適用於重力壩、拱壩與撐牆壩，但針對壩體較大者須留意穴蝕現象。

（二）SOL：決定替代方案之經濟評價準則包含淨效益（B-C）、益本比及遞增益本比三種，適用情況如下：

1. 淨效益（B-C）：依資源充分利用之觀點，若資金充裕則應以淨效益最大化為考量。
2. 益本比（B/C）：若考慮資金有限，可依單位資金投入獲得最高產出價值為優先考量進行方案選擇。
3. 遞增益本比（$\Delta B/\Delta C$）：可用於檢驗開發計畫，擴充此項功能是否符合經濟原則。

二、道路為何需要設置橫向排水構造物？通常有那幾種型式？適用的情況為何？（20分）

參考題解

（一）考量道路地層分布、地下水流向、地下水量等因素下，無法由縱向排水或排水容量不足時，需考慮橫向排水。

（二）橫向排水構造物包含箱涵、管涵、通水隧道及渡槽等。

（三）適用情形如下：

1. 箱涵：通常用於排水量較大之道路，可依排水量規劃箱涵之尺寸大小及長度及地質狀態進行施工，常見之箱涵材料以鋼筋混凝土為主。
2. 管涵：排水量較小時常用，可直接選擇適合尺寸之管涵（通常為 RCP 材質）進行埋設及接管，施工較箱涵為快速。
3. 通水隧道：考量地質、排水量或排水深度等各方面因素，不適合採用箱涵或管涵之橫向排水時，將採通水隧道排水。

4. 渡槽：如不適宜由地下排水時，則採用渡槽以架空方式由空中排水，於台灣中南及東部較為常見。

三、在含沙量高之河川興建水庫對下游河道之沖淤有何影響？如何改善水壩下游河道之沖刷？（25分）

參考題解

（一）因水庫會攔阻大量泥沙，故若於含沙量高之河川上游興建水庫，將導致下游泥沙來源減少，加劇河道沖刷。

（二）可考慮以下方式減少河道沖刷：

1. 河岸採用植生工法，種植水土保持作物，加強泥沙固結力，減緩河道沖刷。
2. 使用工程方法整治河川，如建置跌水或改善斷面，增加曼寧係數、減少水力半徑使流速降低，減緩沖刷力道。

四、某城鎮的每日平均小時（時均）用水量發生在上午 9 時，尖峰小時用水發生於上午 12 時，用水量為時均用水量的 1.8 倍，早上 7 時及晚間 7 時為次要尖峰用水時段，用水量為時均用水量的 1.3 倍及 1.4 倍，夜間最小用水量發生在上午 3 時，為時均用水量的 0.25 倍，日間最小用水量發生在下午 4 時，在前述各時間點之間的小時用水量可視為線性變化。如果淨水場定量處理自來水，一日可提供 12 萬 CMD 水量，請問需要設置多大容量的清水調節池以穩定供水？（25分）

參考題解

依題意，每小時可提供水量（I）= 12000 / 24 = 5000 M^3

並由所知條件採線性方式計算各小時之用水量（O），並由試誤法推算下午 4 時之用水量為 3000（條件：用水量和＝需水量和，即 12000 M^3）

又調節池體積 $\forall = \int (O - I)\, dt$

故可計算得調節池體積 ∀= 18448M^3（如下表）

t	O（需水量）	I（入流量）	調節池供給量	備註
1	2687.5	5000	**(2,312.50)**	
2	1968.75	5000	**(3,031.25)**	
3	**1250**	5000	**(3,750.00)**	
4	2562.5	5000	**(2,437.50)**	

t	O（需水量）	I（入流量）	調節池供給量	備註
5	3875	5000	**（1,125.00）**	
6	5187.5	5000	187.50	
7	**6500**	5000	1,500.00	
8	5750	5000	750.00	
9	**5000**	5000	0.00	
10	6333.33	5000	1,333.33	
11	7666.66	5000	2,666.66	
12	**9000**	5000	4,000.00	
13	7500	5000	2,500.00	
14	6000	5000	1,000.00	
15	4500	5000	**（500.00）**	
16	3000	5000	**（2,000.00）**	試誤法
17	4333.33	5000	**（666.67）**	
18	5666.66	5000	666.66	
19	**7000**	5000	2,000.00	
20	6281.25	5000	1,281.25	
21	5562.5	5000	562.50	
22	4843.75	5000	**（156.25）**	
23	4125	5000	**（875.00）**	
24	3406.25	5000	**（1,593.75）**	
總計	120000	120000	18,447.90	

109年 公務人員普通考試試題解／土壤力學概要

一、依統一土壤分類法（USCS）規則，代表礫石、砂土、粉土和黏土之符號各為何？它們之間之粒徑大小或標準篩號界線各為何？（25分）

參考題解

題型解析：統一土壤分類法	難易程度：簡單入門題型
109 講義出處：土壤力學 2.2.2(P.19)、3.10(P.45) 類似題：例題 3-9、3-12、3-14	

土壤種類	符號	粒徑大小或標準篩號界線
粉土	M	通過＃200 篩(0.075mm) $\geq$ 50% 且在 Casagrande 塑性圖之A − line下方或 PI<4
黏土	C	通過＃200 篩(0.075mm) $\geq$ 50% 且在 Casagrande 塑性圖之A − line上方且 **PI>7**
砂	S	通過＃200 篩(0.075mm) < 50% 且通過＃4 篩(4.75mm) $\geq$ 50% 粒徑範圍0.075mm~4.75mm
礫石	G	通過＃200 篩(0.075mm) < 50% 且通過＃4 篩(4.75mm) < 50% 粒徑範圍4.75mm~76.2mm

二、某一段新店溪之水深為 3 m，溪底河床由砂土組成，其飽和單位重為 20 kN/m^3，由河床底之砂土頂點算起 5 m深處（即自水表面算起 8 m深處），試計算其垂直總應力、垂直有效應力及孔隙水壓各為何？（25分）

參考題解

題型解析：土壤中的應力	難易程度：簡單入門題型
109 講義出處：土壤力學 5.1(P.84) 類似題：例題 5-1、5-3、5-4、5-5	

將文字轉換成圖形如下：

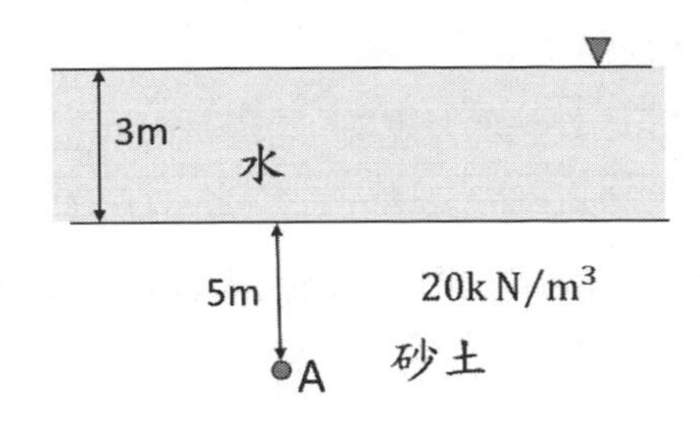

地表面以下 8m 深處（如 A 點）

垂直總應力 $\sigma_v = 9.81 \times 3 + 20 \times 5 = 129.43\ kN/m^2$................Ans.

孔隙水壓 $u_w = u_{ss} = 9.81 \times 8 = 78.48\ kN/m^2$.........................Ans.

垂直有效應力 $\sigma_v' = \sigma_v - u_w = 129.43 - 78.48 = 50.95\ kN/m^2$.....Ans.

三、試說明超額孔隙水壓（excess pore water pressure）和靜態水壓（hydrostatic pore water pressure）產生原因有何不同？並舉一產生負值超額孔隙水壓之例子。（25 分）

參考題解

題型解析：土壤中的應力	難易程度：觀念論述、中等題型
109 講義出處：土壤力學 5.1(P.84)	

（一）靜態水壓（hydrostatic pore water pressure），u_{ss}：指的是靜止狀態下之水壓力，此時土壤中不存在滲流壓力（土壤中無總水頭差）、亦不存在因地表載重改變（或抽水）對應產生的超額孔隙水壓力。

（二）超額孔隙水壓（excess pore water pressure），u_e：對於不透水土層（如黏土或粉土層），其顆粒間之孔隙小、水分子無法自由進出，故承受外加地表荷重時，短期因水分子來不及排出，瞬間荷重由水來承受，故而激發產生超額孔隙水壓，長期後則會因水分子漸漸排出後，產生之超額孔隙水壓慢慢變小，而原有外加荷重將轉變成由土壤顆粒來承受，即有效應力會漸漸增加。或是黏土、砂土進行三軸試驗時，施加軸差應力階段，在不排水的條件下，產生剪脹現象進而激發超額孔隙水壓力。

（三）產生負值超額孔隙水壓之例子：過壓密黏土或緊密砂土進行三軸壓密不排水試驗，破壞時試體將產生負的超額孔隙水壓力。或是黏土進行無圍壓縮試驗破壞時，亦會產生負的超額孔隙水壓力。

四、擋土牆高 6 m，背填砂土單位重 17 kN/m³，凝聚力 C' = 0，摩擦角 ϕ = 37°，地下水位在牆基底下極深處。背填土之地表為水平面。

（一）試依據蘭金（Rankine）土壓力理論，計算作用在擋土牆上的主動土壓力為何？（15分）

（二）假設擋土牆可以完全不動及變形，則作用在擋土牆上的推力為何？（10分）

參考題解

題型解析：Rankine 土壓力計算	難易程度：簡單入門題型。
109 講義出處：基礎工程 P.3 類似題：例題 1-2 至例題 1-9	

（一）主動土壓力

$$K_a = \tan^2\left(45° - \frac{\varphi'}{2}\right) = \tan^2\left(45° - \frac{37°}{2}\right) = 0.2486$$

$$\sigma_a = 17 \times 6 \times 0.2486 = 25.36\ \text{kN/m}^2$$

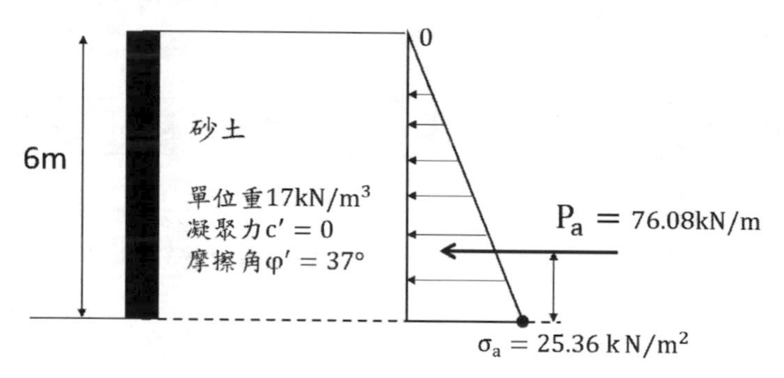

（二）擋土牆上的推力

$$P_a = \frac{1}{2} \times 25.36 \times 6 = 76.08\ \text{kN/m}(\longleftarrow) \cdots\cdots\cdots \text{Ans.}$$

合力作用位置$\bar{y} = 6/3 = 2\text{m} \cdots\cdots\cdots$ Ans.

專門職業及技術人員高等考試題解／水文學

一、某河川規劃一重要水利工程設施，其設計壽命為 100 年，該設施以年最大流量為設計依據。根據該河川長期的流量紀錄顯示，其期望值為 1000 cms，標準偏差 500 cms。請分別以常態機率分佈及甘保（Gumbel）機率分佈，推估重現期 100 年之流量為何？若該結構物在設計壽命期限內之風險率設為 10%，則其設計流量分別為何（cms）？試問該水工結構物可通過 3000 cms 流量的考驗嗎？（20 分）

$$\text{Gumbel 分佈：} K_T = -\frac{\sqrt{6}}{\pi}\left\{0.5772 + ln\left[ln\left(\frac{T}{T-1}\right)\right]\right\}$$

常態分佈：

T	10	50	100	500	1000	2000
K_T	1.28	2.06	2.33	2.88	3.09	3.28

參考題解

【參考九華講義-水文學 第 9 章及例題 9-55】

（一）重現期 100 年之流量

1. 常態機率分佈

$T = 100$，由表可知$K_T = 2.33$

$$x_T = \mu + K_T\sigma$$
$$= 1000 + 2.33 \times 500 = 2165(cms)$$

2. 甘保（Gumbel）機率分佈

$$K_T = -\frac{\sqrt{6}}{\pi}\left\{0.5772 + ln\left[ln\left(\frac{100}{100-1}\right)\right]\right\} = 3.14$$

$$x_T = \mu + K_T\sigma$$
$$= 1000 + 3.14 \times 500 = 2570(cms)$$

（二）風險率 10%之設計流量

假設 100 年中風險率 10%之對應流量之重現期距為 T 年，則

$$1 - \left(1 - \frac{1}{T}\right)^{100} = 10\%$$

$\therefore$ T = 950（年）

1. 常態機率分佈

由 $T=500$ 及 $T=1000$ 年數據內插，得$K_T = 3.07$

$$x_T = \mu + K_T\sigma$$
$$= 1000 + 3.07 \times 500 = 2535(cms)$$

$2535\ cms < 3000\ cms$　所以無法通過考驗。

2. 甘保（Gumbel）機率分佈

$$K_T = -\frac{\sqrt{6}}{\pi}\left\{0.5772 + ln\left[ln\left(\frac{950}{950-1}\right)\right]\right\} = 4.90$$

$$x_T = \mu + K_T\sigma$$
$$= 1000 + 4.90 \times 500 = 3450(cms)$$

$3450\ \text{cms} > 3000\ \text{cms}$　所以可以通過考驗。

二、何謂安全出水量？影響地下水補注的重要因子有哪些並說明？（20 分）

參考題解

【參考九華講義-水文學 第 6 章】

（一）安全出水量

每年由地下水水庫取出而不致造成不良影響(例如貯存量減少、地層下陷或水質惡化）之水量，亦即地下含水層於正常情形下可流出之水量，稱為安全出水量。

（二）影響地下水補注的重要因子

降雨為地下水補注來源，水從降雨落到地面，再從地面入滲到地下，最後到達地下水系統中成為地下水。地下水補注能力指的是水從地面一路到達地下水系統中的能力，因此主要影響的因素包含：

1. 出露於地表的岩石或土壤種類，顆粒大或孔隙大的地表材質容易透水，石頭或砂的材質透水性高，泥質則透水性差不易入滲。
2. 土地使用與覆蓋狀態，建築與柏油路等鋪面不易透水，天然林地或野地容易透水。
3. 有地質構造區域，例如有裂隙或是斷層破碎帶，水容易入滲。
4. 河灘地有地面水體且通常易透水，河流區域常受到侵蝕有裂隙裸露面，且多礫石或砂質堆積，水體容易入滲。

三、某集水區降下一場延時為 3 小時之複合暴雨，其第 1、2、3 小時之降雨量分別為 0.9 cm、2 cm、1.3 cm，且已知入滲 φ 指數為 0.5 cm/hr，所造成的直接逕流如下表所示：

時間 t (hr)	0	1	2	3	4	5	6	7	8
流量 Q (cms)	0	20	195	650	920	640	235	40	0

試求降雨延時為 3 小時的單位歷線？若有一場 3 小時之均勻降雨，降雨量為 11.5 cm，試問該暴雨的洪峰發生在第幾小時？洪峰量為何？（20 分）

參考題解

【參考九華講義-水文學 第 7 章及例題 7-105】

（一）3 小時單位歷線

假設 1 小時單位歷線 U(1, t)如下表第(3)欄位，利用線性疊加方式使其與已知流量相等，可得 1 小時單位歷線如表中第(8)欄位。第(2)欄位有效降雨量 = 降雨量 − 0.5 cm(入滲)

(1) 時間 t (hr)	(2) 有效降雨量 (cm)	(3) U(1,t) (cms)	(4) 0.4U(1,t) (cms)	(5) 1.5U(1, t-1) (cms)	(6) 0.8U(1, t-2) (cms)	(7) 直接逕流量 (cms)	(8) U(1, t) (cms)
0	0	Q_0	$0.4Q_0$	-	-	0	0
1	0.4	Q_1	$0.4Q_1$	$1.5Q_0$	-	20	50
2	1.5	Q_2	$0.4Q_2$	$1.5Q_1$	$0.8Q_0$	195	300
3	0.8	Q_3	$0.4Q_3$	$1.5Q_2$	$0.8Q_1$	650	400
4		Q_4	$0.4Q_4$	$1.5Q_3$	$0.8Q_2$	920	200
5		Q_5	$0.4Q_5$	$1.5Q_4$	$0.8Q_3$	640	50
6		Q_6	$0.4Q_6$	$1.5Q_5$	$0.8Q_4$	235	0
7				$1.5Q_6$	$0.8Q_5$	40	
8					$0.8Q_6$	0	
9							

$0.4Q_0 = 0$ $\quad$ $Q_0 = 0$

$0.4Q_1 + 1.5Q_0 = 20$ $\quad$ $Q_1 = 50$

$0.4Q_2 + 1.5Q_1 + 0.8Q_0 = 195$ $\quad$ $Q_2 = 300$

$0.4Q_3 + 1.5Q_2 + 0.8Q_1 = 650$ $\quad$ $Q_3 = 400$

$0.4Q_4 + 1.5Q_3 + 0.8Q_1 = 920$ $\quad$ $Q_4 = 200$

$0.4Q_5 + 1.5Q_4 + 0.8Q_3 = 640$ $\quad$ $Q_5 = 50$

$0.4Q_6 + 1.5Q_5 + 0.8Q_4 = 235$ $\quad$ $Q_6 = 0$

利用 U(1, t)稽延法求 U(3, t)，如下表第(6)欄位。

(1)時間 t (hr)	(2) U(1, t) (cms)	(2) $\frac{1}{3}$U(1, t) (cms)	(3) $\frac{1}{3}$U(1, t-1) (cms)	(5) $\frac{1}{3}$U(1, t-2) (cms)	(6) U(3, t) (cms)	(7) 10U(3, t) (cms)
0	0	0	-	-	0	0
1	50	16.7	0	-	16.7	167
2	300	100	16.7	0	116.7	1167
3	400	133.3	100	16.7	250	2500
4	200	66.7	133.3	100	300	3000
5	50	16.7	66.7	133.3	216.7	2167
6	0	0	16.7	66.7	83.4	834
7			0	16.7	16.7	167
8				0	0	0

（二）暴雨洪峰時間與流量

3 小時之均勻降雨，降雨量為 11.5 cm，所以有效降雨量為 10 cm。利用（一）之 3 小時單位歷線 U (3,t)，予以放大成為 10 cm 有效降雨，其流量歷線如上表第(7)欄位。洪峰發生在第 4 小時，洪峰量 3000 cms。

四、某河川之入流量歷線如下表所示，已知此河川的特性為 X = 0.2，K = 2 日，Δt = 1 日。試推導馬斯金更法（Muskingum method），並以此方法估算河川出流量，繪製入流量歷線及出流量歷線圖。試問洪峰稽延（Peak lag）與洪峰消減（Peak attenuation）？（20 分）

日期	入流量(cms)
8 月 15 日	54
8 月 16 日	80
8 月 17 日	121
8 月 18 日	198
8 月 19 日	237
8 月 20 日	180
8 月 21 日	100

參考題解

【參考九華講義-水文學 第 8 章及例題 8-41】

（一）馬斯金更法推導

馬斯金更法將河道內的洪水貯蓄體積劃分為稜形貯蓄與楔形貯蓄兩個部份。

稜形貯蓄 S = KQ

楔形貯蓄 S = KX (I − Q)

所以貯蓄方程式為

$$S = KQ + KX\,(I - Q)$$

若河道中水流之變化接近於線性關係，則可將水流連續方程式表示為間斷時距的表示式，因此貯蓄方程式可表為

$$\Delta S = S_2 - S_1 = K(Q_2 - Q_1) + KX[(I_2 - I_1) - (Q_2 - Q_1)]$$

其中 I_1、I_2、O_1、O_2 分別為前後時刻河道上游入流量與下游出流量；S_1 與 S_2 分別為前、後時刻河道之貯蓄量；Δt 為前、後時刻之時間差距。

將上式帶入水文方程式 $I - Q = \frac{dS}{dt} = \frac{\Delta S}{\Delta t}$ 可得

$$\frac{I_1 + I_2}{2} - \frac{Q_1 + Q_2}{2} = \frac{K(Q_2 - Q_1) + KX[(I_2 - I_1) - (Q_2 - Q_1)]}{\Delta t}$$

將上式展開

$$(K - KX + 0.5\Delta t)Q_2 = (-KX + 0.5\Delta t)I_2 + (KX + 0.5\Delta t)I_1 + (K - KX - 0.5\Delta t)Q_1$$

再將上式改寫為

$$Q_2 = C_0 I_2 + C_1 I_1 + C_2 Q_1$$

其中，$C_0 = \frac{-KX + 0.5\Delta t}{K(1 - X) + 0.5\Delta t}$

$$C_1 = \frac{KX + 0.5\Delta t}{K(1 - X) + 0.5\Delta t}$$

$$C_2 = \frac{K(1 - X) - 0.5\Delta t}{K(1 - X) + 0.5\Delta t}$$

（二）出流歷線

$Q_2 = C_0 I_2 + C_1 I_1 + C_2 Q_1$　k = 2 day，X = 0.2，Δt = 1 day

$$C_0 = \frac{-KX + 0.5\Delta t}{K(1 - X) + 0.5\Delta t} = \frac{-2 \times 0.2 + 0.5 \times 1}{2 \times (1 - 0.2) + 0.5 \times 1} = 0.0476$$

$$C_1 = \frac{KX + 0.5\Delta t}{K(1 - X) + 0.5\Delta t} = \frac{2 \times 0.2 + 0.5 \times 1}{2 \times (1 - 0.2) + 0.5 \times 1} = 0.4286$$

$$C_2 = \frac{K(1-X) - 0.5\Delta t}{K(1-X) + 0.5\Delta t} = \frac{2 \times (1-0.2) - 0.5 \times 1}{2 \times (1-0.2) + 0.5 \times 1} = 0.5238$$

$$\therefore Q_2 = C_0 I_2 + C_1 I_1 + C_2 Q_1 = 0.0476 I_2 + 0.4286 I_1 + 0.5238 Q_1$$

t(day)	I_1	$0.0476\ I_2$	$0.4286\ I_1$	$0.5238\ Q_1$	Q_2 (cms)
8/15	54	3.81	23.14	28.29	54（假設＝I_1）
8/16	80	5.76	34.29	28.93	55.24
8/17	121	9.42	51.86	36.13	68.98
8/18	198	11.28	84.86	51.02	97.41
8/19	237	8.57	101.58	77.08	147.16
8/20	180	4.76	77.15	98.07	187.23
8/21	100	0	42.86	94.27	179.98
8/22	0				137.13

洪峰稽延＝1 天（8/19 稽延至 8/20），洪峰消減 = 237 − 187.23 = 49.77(cms)

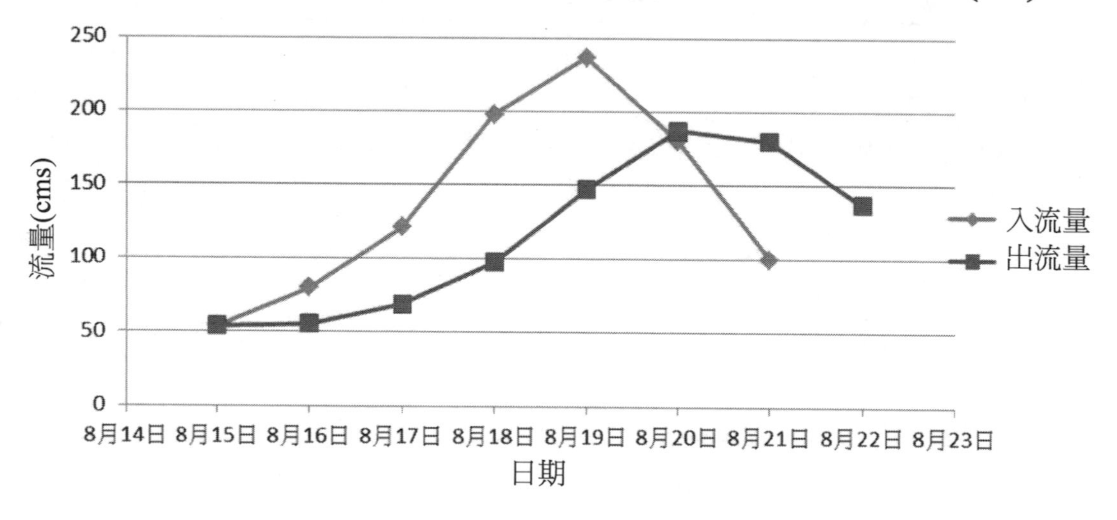

五、降雨-逕流（rainfall-runoff process）係水文循環中最重要的機制，廣用於河川流量或水庫進流量的推估或預測，試以物理或概念機制模式，如單位歷線法（Physical-based or Conceptual-based models, such as Unit Hydrograph）及數據驅動模式，如類神經網路（Data-driven models, such as Artificial Neural Networks），分別說明兩種模式應用於預測河川流量之方法及其優缺點。（20 分）

參考題解

【參考九華講義-水文學 第 7 章】

（一）物理或概念機制模式

1. 方法

物理或概念性水文模式是透過對降雨-逕流物理過程的概念化，利用一些已知的的物理概念和經驗關係來建立降雨量及逕流量之演算連結。由於這類模式對氣象及流域水文資料要求相對簡單，同時又具有一定的物理理論基礎和模擬精度，在目前應用較為廣泛。

2. 優缺點

優點：

（1）充分了解和掌握其內在的客觀機制規律，透過合理的技術途徑和科學的方法預測。

（2）預估模式之參數及數據要求相對簡單。

（3）各項參數可以依據空間及時間實際情況加以調整，以獲得更精確估計。

缺點：

（1）隨著氣候變遷及人類活動的因素，各項參數出現複雜及非線性動力特性。

（2）各項參數隨空間及時間的變化實際情況，常無法精確掌握。

（二）數據驅動模式

1. 方法

數據驅動模型基本上不考慮水文過程的物理機制，而以建立輸入與輸出數據之間的最優數學關係為目標的黑匣子方法。非線性時間序列分析模型，類神經模型，模糊數學方法和灰色系統模型等的引入，以及水文數據獲取能力和計算能力的發展，數據驅動模型在水文預報中受到了廣泛的關注。

主要步驟：

（1）對流域徑流規律進行分析，並初始化數據。其中，流域徑流規律分析包括流域相關性及特徵分析，流域徑流序列週期及趨勢分析，水文年劃分及水庫調度分期和流域梯級典型年的選擇等。

（2）建立並初始化徑流預報模型。

（3）重新建立徑流預報模型，檢驗模型精度是否最優，並輸出徑流預報結果。

2. 優缺點

優點：

（1）可以建構非線性的模型。

（2）有良好的推廣性，對於未知的輸入亦可得到正確的輸出。

（3）可以接受不同種類的變數作為輸入，適應性強。

（4）可應用的領域相當廣泛。

缺點：

（1）計算量大，相當耗費電腦資源。

（2）可能解有無限多組，無法得知哪一組的解為最佳解。

（3）模式建立的訓練程中無法得知需要多少種類及數量的數據才足夠，需以試誤的方式得到適當的數據種類與數量。

（4）缺乏歷史數據的流域，無法憑空建立預測模型。

專門職業及技術人員高等考試題解／水資源工程與規劃

一、請列舉水資源工程規劃上，明渠常用之四種量水設施。並敘述流量如何計算及量測之優缺點。（20 分）

參考題解

（一）量水堰（Weirs）

1. 流量計算

   以特定形狀、尺寸之堰板安裝於渠道中，測定水頭高度，進而計算出流量。

2. 優點

   （1）量水正確，誤差在 5%以內。

   （2）簡單易造，耐用，可兼以調整水位。

   （3）如落差大，可為跌水目的，並可與分水工聯用。

   （4）無蘚苔及浮流物之阻塞。

3. 缺點

   （1）如水頭珍貴，則因水頭損失大，不合算。

   （2）堰池易淤積，橫收縮處常積淤沙而影響精度。

   （3）對於接近流速敏感。

   （4）潛堰時不精確。

（二）量水槽（Flume）

1. 流量計算

   以巴歇爾量水槽為例，是在渠道內，將通水斷面以漸變段使其收縮經一狹窄喉段後，再經一放寬之漸變段，使水流在槽內發生臨界水深。並透過已經建立之水深-水量關係，以水深得知水量。

2. 優點

   （1）精度在 2~5%內。

   （2）安裝適宜則損失水頭為跌水溢堰的四分之一。

   （3）潛流時精度不減，且損失水頭更小，唯施測較不易。

   （4）槽中無淤沙淤澱之害。

   （5）量水範圍很廣，可由 0.001~60 CMS 或更大。

   （6）自由流，潛流均可使用。

（7）不受淤沙、雜草淤塞，且接近流速對精度影響小。

（8）可配以自記裝置。

3. 缺點

（1）建築費恆較量堰或孔口高昂。

（2）施工必須優良之技術。

（3）必須設於渠道直線段，且不能與水門聯用。

（4）自由流時出口流速很大，槽下游必需有防沖設施。

（三）孔口（Orifice）

1. 流量計算

孔口係指水流由一蓄水池經一極短孔道流出，由於在孔口處水流斷面急速收縮，可得到流量與水頭之關係式。一般而言，若下游流況為自由流，則流量與其有效水頭之平方根成正比。

2. 優點

（1）渠道較小，落差不大時甚佳，且可與閘門聯用。

（2）造價不貴且方便。

（3）精密量測可使用標準訂水頭可調節孔口水門。

（4）小渠引水入田之處尤宜。

（5）渠道上水門經檢定亦可作為量水孔口用。

3. 缺點

（1）孔口常因雜物淤塞而影響精度及壽命。

（2）必需時常清理。

（四）商用量水計

1. 流量計算

利用雷達流速及水位測量，超音波流速及水位測量等方式計算流量或水體總體積。

2. 優點

（1）方便，且精度通常極佳。

（2）可直接計算水總體積，無須經由流量計算水體積。

3. 缺點

（1）價格昂貴。

（2）需常保養校正。

（3）水流含泥沙時易淤塞。

二、有一水庫最初容量為 $50\times10^6\ m^3$，平均年入流量為 $10\times10^8\ m^3$，每年沉滓入流量為 5×10^5 公噸，假設沉滓沉積物之平均比重為 1200 kg/m³：（每小題 10 分，共 20 分）

（一）試算水庫最初容量的 50%淤滿沉滓時所需年數（已知水庫囚砂率 E_T (%)與容量－年入流量比值(C/I)之函數如下式）。

$$E_T = 100\left[1-\frac{1}{1+75\frac{C}{I}}\right]$$

（二）為確保水庫蓄水功能，擬進行水庫清淤作業，請問水庫清淤之方式為何？

參考題解

（一）50%淤滿沉滓時間

每年河渠流入水體積 $I = 10\times10^8 m^3 = 1{,}000\ Mm^3$

每年進入水庫泥砂體積 $V_s = \dfrac{5\times10^5 ton\times\dfrac{10^3 kg}{ton}}{1200\dfrac{kg}{m^3}} = 0.417\times10^6 m^3 = 0.417 Mm^3$

囚砂效率 $E_T = 100\left[1-\dfrac{1}{1+75\dfrac{C}{I}}\right]$

水庫容積淤積 50%所需之時間約為 82.0 年。

(1) 水庫容積 Mm³	(2) 平均容積(C) Mm³	(3) 囚砂率 E_T (%)	(4) 每年進入泥砂 體積(Mm³)	(5) 每年淤積泥砂 體積(Mm³)	(6) 淤積泥砂 5 Mm³ 所需時間（年）
50-45	47.5	78.1	0.417	0.326	15.3
45-40	42.5	76.1	0.417	0.317	15.8
40-35	37.5	73.8	0.417	0.308	16.2
35-30	32.5	70.9	0.417	0.296	16.9
30-25	27.5	67.3	0.417	0.281	17.8
合計					82.0

（二）水庫清淤方式

水庫清淤主要有陸上機械開挖，浚渫船（抽泥船）水力抽泥，及興建排砂隧道等三個方式。

1. 陸上機械開挖：

主要方法為挖土機開進水庫蓄水區進行水庫清淤工作。這個方法的限制是要水位很低，挖土機才開得進去。另外挖出來的土需要卡車才能載運。

2. 浚渫船（抽泥船）水力抽泥：
在水庫裡以船舶直接將泥抽上來。這個方法的限制是不能在水庫太乾的時候抽，因為如果水太淺連船都沒辦法開。抽出來的爛泥要經過沉澱讓泥沙與水分離，需要運送及存放。

3. 排砂隧道：
於颱風時期以自然洪水力量，順利帶出泥砂最有效，利用颱風時期洪水攜帶至下游，可大量清淤外，亦有還砂於河的功效。但因為早期水庫興建時，幾乎沒有考量到排砂問題，所以沒有設計排砂隧道。故目前臺灣只有新建的湖山水庫有排砂隧道。對於早期興建的水庫，目前皆在進行水庫設施改造，讓水庫能有排砂功能，如石門水庫原電廠隧道改建為排砂隧道（電廠防淤隧道），於 102 年度蘇力及潭美颱風期間開啟排砂達 101 萬噸；但這種方法的限制是當洪水發生時才能使用。

三、因受極端氣候之影響，長延時、強降雨發生之頻率有增加之趨勢，減免洪災發生之損失可謂是水利工程師之當務之急，請說明洪災消減之步驟及防洪方法（工程方法及非工程方法）為何？（20 分）

參考題解

（一）洪災消減之步驟

1. 針對水庫或河川上游集水區部分，以兼顧治理與管理、加強生態保育與環境景觀維護等理念，達成避（減）災、保土蓄水、土地合理利用目標。
2. 針對水庫庫區部分，以提升水庫減洪蓄水功能、提高排砂清淤速度及增加蓄水容量。
3. 河川下游易淹水低窪地區之區域排水改善、環境營造、規劃調查研究及維護管理等工作。
4. 提昇各河川區域水情預測、監控功能及防救災指揮調度能力。

（二）防洪方法

1. 工程上的防洪方法：
堤防、水庫、河道疏濬、疏洪道、都市排水設施。
2. 非工程上的防洪方法：
（1）洪水平原管制，管制人為的開發活動。
（2）建立防洪預警、疏散制度，實施防洪保險制度。
（3）都市透水性路面的設置，綠地的保存，濕地、窪地的保留。

四、離心抽水機汲水口處管直徑 D 為 250 mm，測得壓力為 -1 N/cm²，在排水出口處管徑為 200 mm，測得壓力為 20 N/cm²，汲水口與排出口之高程差為 2 m，若抽排水量為 0.06 m³/sec（若有條件不足處可自行假設），試求：（每小題 5 分，共 20 分）

（一）離心抽水機之理論功率為若干 KW？

（二）若離心抽水機之水力效率為 90%，則水流經過離心抽水機之能量損失水頭為若干公尺？

（三）若離心抽水機之機械效率為 80%，則該離心抽水機所需功率為若干 KW？

（四）若離心抽水機連接之電動機之機械效率為 95%，則其用電量為若干 KW？

參考題解

（一）理論功率

令汲水口為斷面 1，排出口為斷面 2，則

$$v_1=\frac{Q}{A_1}=\frac{0.06\dfrac{m^3}{sec}}{\dfrac{1}{4}\pi(0.25m)^2}=1.22\frac{m}{sec}\text{，}v_2=\frac{Q}{A_2}=\frac{0.06\dfrac{m^3}{sec}}{\dfrac{1}{4}\pi(0.20m)^2}=1.91\frac{m}{sec}$$

$$P_1=-1\frac{N}{cm^2}=-1\frac{N}{cm^2}\times\frac{10^4cm^2}{m^2}\times\frac{kN}{10^3N}=-10\frac{kN}{m^2}$$

$$P_2=20\frac{N}{cm^2}=20\frac{N}{cm^2}\times\frac{10^4cm^2}{m^2}\times\frac{kN}{10^3N}=200\frac{kN}{m^2}$$

能量方程式：

$$\frac{P_1}{\gamma}+z_1+\frac{v_1^2}{2g}+h_A-h_L=\frac{P_2}{\gamma}+z_2+\frac{v_2^2}{2g}$$

其中 h_A 為水由抽水機所獲得之水頭（水馬力）

假設忽略摩擦等能量損失($h_L=0$)，則

$$h_A=\frac{P_2-P_1}{\gamma}+z_2-z_1+\frac{v_2^2-v_1^2}{2g}$$

$$=\frac{(200+10)\dfrac{kN}{m^2}}{9.81\dfrac{kN}{m^3}}+2m+\frac{[(1.91)^2-(1.22)^2]\dfrac{m^2}{sec^2}}{2\times9.81\dfrac{m}{sec^2}}=23.5\ \ m$$

抽水機之理論功率 P

$$\text{P}=\gamma\text{Q}h_A=9.81\frac{kN}{m^3}\times0.06\frac{m^3}{sec}\times23.5\ \ m=13.83kN\cdot m=13.83\ \ kW$$

（二）能量損失水頭

$$h_{LW}=\frac{h_A}{\eta_W}-h_A=\frac{23.5m}{90\%}-23.5m=2.61\ m$$

（三）離心抽水機所需功率

抽水機所需功率

$$P_p=\frac{P}{\eta_W\eta_p}=\frac{13.83\ kW}{90\%\times 80\%}=19.21\ kW$$

（四）用電量

$$P_e=\frac{P}{\eta_W\eta_p\eta_e}=\frac{13.83\ kW}{90\%\times 80\%\times 95\%}=20.22\ kW$$

五、有 7 個水資源計畫（非互斥性）正列入考慮，各計畫預估的年成本、年效益如下表所示：

專案	平均年成本（千元）	平均年效益（千元）
A	65,000	78,000
B	52,000	59,000
C	27,000	39,000
D	105,000	118,000
E	68,000	90,000
F	39,000	52,000
G	70,000	81,000

若預算限制年成本為(1)$69,000（千元）及(2)$120,000（千元），將選擇那些計畫執行？並試說明其理由。（20 分）

參考題解

（一）計算方案淨效益

在不超過預算限制年成本下，選出平均年淨效益最高之專案組合。

平均年淨效益 = 平均年效益 – 平均年成本

（二）方案比較

1. 預算限制年成本為$ 69,000（千元）

專案	平均年成本（千元）	平均年效益（千元）	平均年淨效益（千元）
A	65,000	78,000	13,000
B	52,000	59,000	7,000
C	27,000	39,000	12,000

專案	平均年成本（千元）	平均年效益（千元）	平均年淨效益（千元）
E	68,000	90,000	22,000
F	39,000	52,000	13,000
C+F	66,000	91,000	25,000

所以選擇專案 C 與專案 F 同時執行，因為此時其平均年淨效益達 25,000（千元），為可行方案中最高。

2. 預算限制年成本為$120,000（千元）

專案	平均年成本（千元）	平均年效益（千元）	平均年淨效益（千元）
A	65,000	78,000	13,000
B	52,000	59,000	7,000
C	27,000	39,000	12,000
D	105,000	118,000	13,000
E	68,000	90,000	22,000
F	39,000	52,000	13,000
G	70,000	81,000	11,000
A+B	117,000	137,000	20,000
A+C	92,000	117,000	25,000
A+F	104,000	130,000	26,000
B+C	79,000	98,000	19,000
B+E	120,000	149,000	29,000
B+F	91,000	111,000	20,000
B+C+F	118,000	150,000	32,000
C+E	95,000	129,000	34,000
C+F	66,000	91,000	25,000
C+G	97,000	120,000	23,000
E+F	107,000	142,000	35,000
F+G	109,000	133,000	24,000

所以選擇專案 E 與專案 F 同時執行，因為此時其平均年淨效益達 35,000（千元），為可行方案中最高。

專門職業及技術人員高等考試題解／大地工程學（包括土壤力學、基礎工程與工程地質）

一、圖 1 為橫跨寬度 150 m 溪河之混凝土重力壩，沿著流水向長 30 m 之剖面圖及滲流網格；該壩埋置於滲透性係數 $k = 3 \times 10^{-5}\ cm/sec$之砂質粉土透水層中，壩底之埋置深度為 1.8 m，而砂質粉土透水層之下方為不透水層；當上游水位面高程為 EL.14.4 m、下游水位面高程為 EL.0 m 時：（每小題 10 分，共 20 分）

（一）試求該壩每日之滲流量（單位m^3/day）。

（二）試求作用在壩底面之總上揚力（total uplift force）（單位kN）。

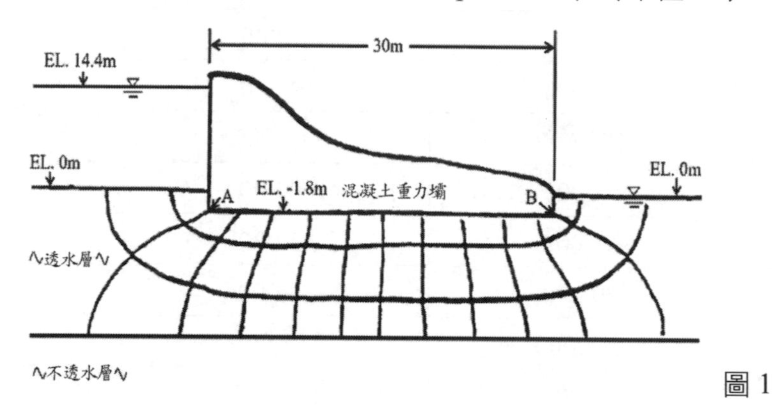

圖 1

參考題解

題型解析	國考常出現之流線網應用分析題型
難易程度	計算量不大、中等偏易
講義出處	109（一貫班）土壤力學 6.5（P.111） 類似例題 6-13（P.135）、6-27（P.152）、6-29（P.153）

視本題圖形**頭、尾處之等勢能間格為整數，且流槽也為整數**

（一）流線網圖之流槽數 $N_f = 3$，等勢能間格數 $N_q = 12$　　$\Delta h_{total} = 14.4m$

$$Q = q \times L = k \times \frac{N_f}{N_q} \times \Delta h_{total} \times L$$

$$= 3 \times 10^{-5} \times 10^{-2} \times \frac{3}{12} \times 14.4 \times 150 = 1.62 \times 10^{-4}\ m^3/sec$$

$$= 13.9968 \cong 14m^3/day \ldots\ldots\ldots\ Ans.$$

（二）作用在壩底面之總上揚力（假設應力為梯形分布）

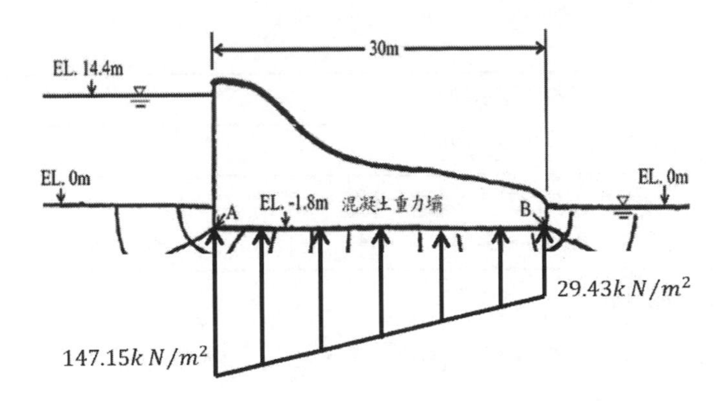

$$u_{w,A} = u_s + u_{ss} = \left(14.4 + 1.8 - 14.4 \times \frac{1}{12}\right) \times 9.81 = 147.15kN/m^2$$

$$u_{w,B} = u_s + u_{ss} = \left(1.8 + 14.4 \times \frac{1}{12}\right) \times 9.81 = 29.43kN/m^2$$

作用在壩底面之總上揚力U：（假設應力為梯形分布）

$$U = \frac{147.15 + 29.43}{2} \times 30 \times 150 = 397305\ kN \ldots\ldots\ldots\ldots\ldots Ans.$$

二、如圖 2 所示正方形土壤微小單元承受各種應力之作用，當中水平面承受之正向應力σ為$320\ kPa$、剪應力 τ 為$0\ kPa$，垂直面承受之正向應力σ為$160\ kPa$、剪應力 τ 為$0\ kPa$。試回答下列問題：（每小題 10 分，共 20 分）

（一）基於圖 2 所示土壤微小單元所承受的各種不同應力之作用，試繪製莫爾圓（Mohr circle）之極點，並求極點（pole）對應的正向應力 σ 與剪應力 τ。

（二）試求作用在「與 +σ 軸夾 45°角之 AB 平面上」之正向應力 σ 與剪應力 τ。

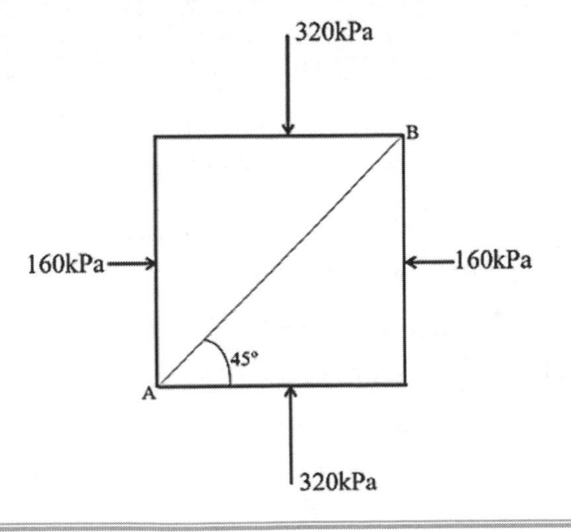

圖 2

參考題解

題型解析	為莫爾圓與極點之應用題型
難易程度	題型設計簡單、算是送分題
講義出處	109（一貫班）土壤力學 5.5（P.86） 類似例題 5-8（P.97）、5-11（P.103）

（一）極點 Pole 位置如下圖所示。

a 點座標：(320，0)，b 點座標：(160，0)，圓心 c 座標：(240，0)

⇒圓的半徑 R = (320 − 160)/2 = 80

⇒極點對應的正向應力與剪應力：$(\sigma，\tau) = (160kPa，0kPa)$ …… Ans.

（二）與$+\sigma$軸夾45°角之 AB 平面上之正向應力 σ 與剪應力 τ：

如下圖，$(\sigma，\tau) = (240\ \ kPa，80\ \ kPa)$ ……… Ans.

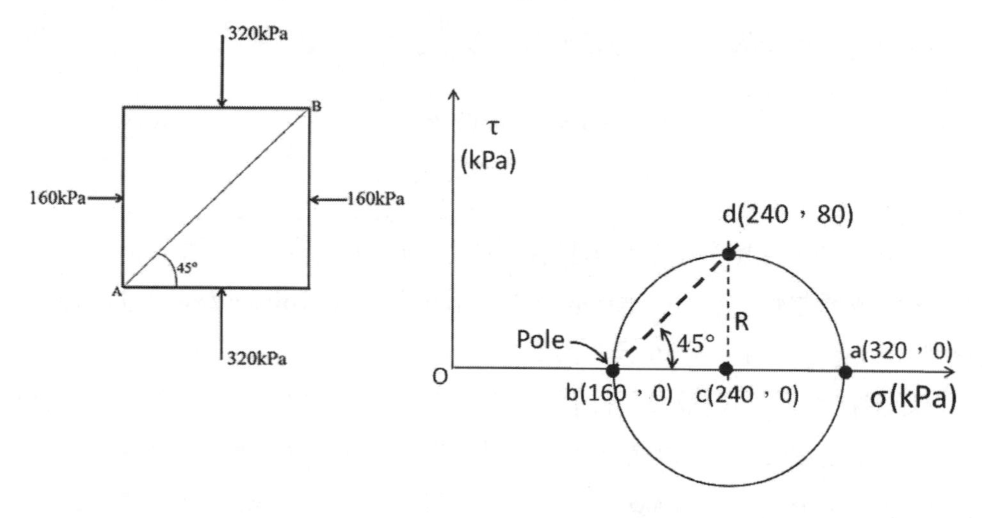

三、寬度$B = 2m$之長條型基礎埋置在凝聚力$c = 0\ kPa$、內摩擦角$\varphi = 30°$、單位重$\gamma = 18\ kN/m^3$之砂質粉土中，當地下水位面之影響不計，而埋置深度$D_f = 1.5\ \ m$、地震之加速度係數$k_h = 0.24$、$k_v = 0.12$時，試回答下列問題：（每小題 10 分，共 20 分）

（一）當靜態的安全係數$FS = 3.0$、基礎所受壓力$q_{applied}$達到基礎靜態的容許承載力$q_{allow,s}$時，試求該基礎之地震承載力安全係數。

（二）在計算所得基礎地震承載力安全係數下，試述結構物基礎會產生何種變化？

附件：基礎靜態極限承載力$q_{ult,S} = \gamma D_f N_{qS} + 0.5B\gamma N_{\gamma S}$；基礎地震極限承載力$q_{ult,E} = \gamma D_f N_{qE} + 0.5B\gamma N_{\gamma E}$；當$\varphi = 30°$時，$N_{qS} = 18.4$、$N_{\gamma S} = 22.4$，Richard 等人提供

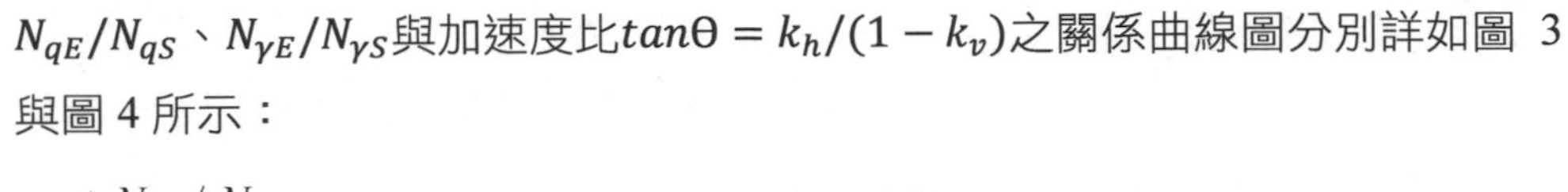
N_{qE}/N_{qS}、$N_{\gamma E}/N_{\gamma S}$與加速度比$tan\theta = k_h/(1-k_v)$之關係曲線圖分別詳如圖 3 與圖 4 所示：

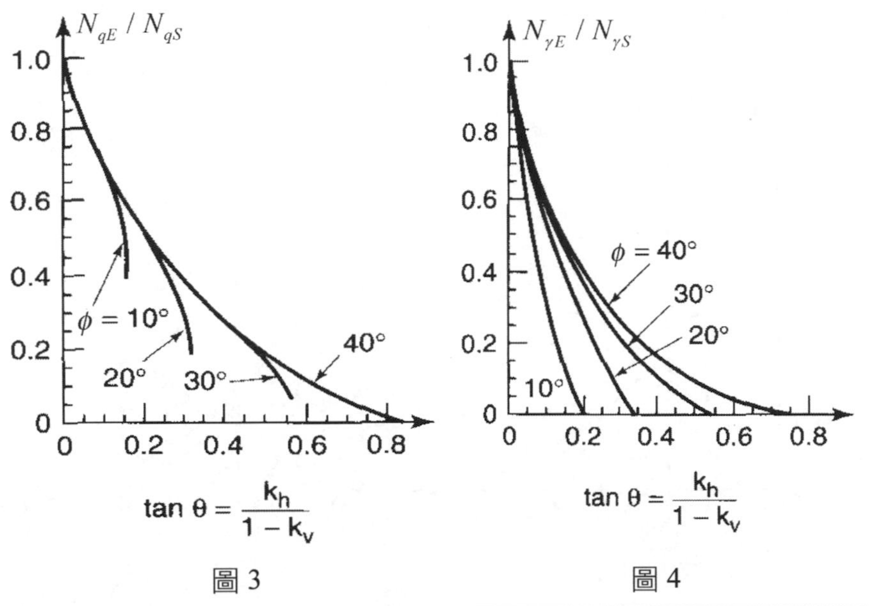

圖 3　　　　圖 4

參考題解

題型解析	為淺基礎地震極限承載力分析題型
難易程度	此為新題型、少見艱深之結合地震力計算承載力。推測應為出題老師想測試考生的程度，但出現在水利技師考題實在是令人難以理解。
講義出處	109（一貫班）基礎工程 4.3.2（P.124） Braja M. Das “Shallow Foundations Bearing Capacity and Settlement”（P.271）

（一）基礎靜態極限承載力$q_{ult,s} = \gamma D_f N_{qS} + 0.5B\gamma N_{\gamma S}$

$$q = 18 \times 1.5 = 27kPa$$

依題意，基礎所受壓力$q_{applied}$ =容許承載力$q_{allow,s}$

$$q_{applied} = q_{allow,s} = \frac{q_{ult,S} - q}{FS} + q = \frac{\gamma D_f(N_{qS} - 1) + 0.5B\gamma N_{\gamma S}}{FS} + q$$

$$= \frac{18 \times 1.5 \times (18.4 - 1) + 0.5 \times 2 \times 18 \times 22.4}{3} + 27 = 318kPa$$

$$tan\theta = k_h/(1 - k_v) = 0.24/(1 - 0.12) = 0.273$$

查圖 $N_{qE}/N_{qS} = 0.425$、$N_{\gamma E}/N_{\gamma S} = 0.25$

$$N_{qE} = 0.425 \times N_{qS} = 0.425 \times 18.4 = 7.82$$

$$N_{\gamma E} = 0.25 \times N_{\gamma S} = 0.25 \times 22.4 = 5.6$$

基礎地震極限承載力$q_{ult,E} = \gamma D_f N_{qE} + 0.5B\gamma N_{\gamma E}$

$= 18 \times 1.5 \times 7.82 + 0.5 \times 2 \times 18 \times 5.6 = 311.94kPa$

該基礎之地震承載力安全係數 $FS = q_{ult,E}/q_{applied}$

$= 311.94/318 = 0.98 \ldots\ldots\ldots Ans.$

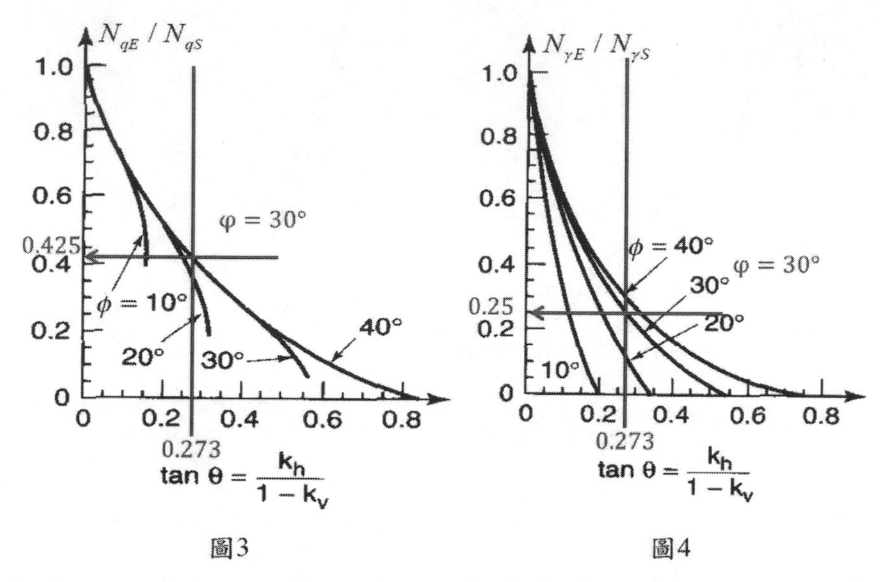

圖3　　　　　　圖4

（二）在計算所得基礎地震承載力安全係數下，結構物基礎會產生變化：

第一小題計算結果顯示，基礎之地震承載力不足將產生剪力破壞，如下圖所示之地震破壞滑動面，其與靜態破壞面不同；同時也對應產生因地震引致的沉陷量如下式：

$$S_e = 0.174 \frac{V^2}{A_g} \left| \frac{k_h^*}{A} \right|^{-4} tan\alpha_{AE}$$

—— Seismic failure surface
----- Static failure surface

圖片來源：Braja M. Das" Shallow Foundations Bearing Capacity and Settlement"

四、目前各國政府頒布之土壤液化潛勢分佈圖，均依據土壤液化發生在抵抗土壤液化安全係數$F_L < 1.0$之定義條件下，當中$F_L = CSRRL/CSRE$、$CSRRL$為抵抗液化之週期應力比、$CSRE$為設計地震下之週期應力比；並定義 F_L 越小於 1.0，土壤液化潛勢越高。試依據上述資料回答下列問題：（每小題 10 分，共 20 分）

（一）一般而言，地震中土壤液化噴砂現象與火山爆發岩漿噴出現象相似；試述實際出現的兩種土壤液化類型。

（二）基於傳統的土壤液化及土壤液化潛勢之定義，試述可能衍生的問題（回答二種即可）。

參考題解

題型解析	屬土壤動力（液化評估）申論題型
難易程度	此為近年來技師界相關熱門業務，考試引導讀書準備方向，亦有何不可。
講義出處	土壤動力

以下答案僅供參考

（一）兩種土壤液化類型：

1. 液化：

發生於水平地盤，常會造成噴砂、地盤沉陷（液化後土壤承載力減弱，使地層嚴重下陷或傾斜，造成液化減壓）等現象，使房舍下陷與傾斜以及地下管線斷裂或上浮等破壞。

2. 側潰（Lateral spreading）：

發生於傾斜地盤，在傾斜地盤中因土壤發生液化、土壤失去強度且在重力作用而產生側潰甚至流動現象，由高程較高的地方往低的一方發生側向變位，其可能造成橋墩傾斜下陷與落橋、擋土牆、堤防及河岸邊結構物崩塌傾覆、道路與地面開裂或塌陷與地下管線斷裂或上浮等破壞。

（1）側向擴展：指地面坡度小於 3~5 度的液化地層移動。

（2）流潰：指地面坡度大於 3~5 度的液化地層移動。土壤液化若是發生在有坡度的地方或是河岸邊，附近的地面常會出現數道幾近平行於堤岸的主要裂縫，並伴隨著許多連接主要裂縫的細小裂縫，稱之為側潰。許多重大的地震事件伴隨有地盤側潰的現象。

（二）基於傳統的土壤液化及土壤液化潛勢之定義，可能衍生的問題：

液化的主要機制是反覆剪應力產生的額外孔隙水壓急速升高，導致無凝聚性飽和砂土有效應力急遽下降，以致土壤失去應有承載力而發生大變形，造成砂質地盤上或地下構造物之損壞。傳統工程界對於土壤液化潛能之評估，以簡易經驗評估法最為常用，多數經驗評估法是累積許多地震發生之液化案例，與大量現場、室內試驗之研究成果而得的經驗公式。雖然工程經驗評估法有其方便快速之優點，但出現問題有：

1. 分析結果可能與現地狀況不一致。
2. 安全係數計算值不足以完全反應土壤液化發生之實況。
3. 傳統液化評估通常必須以地質鑽探結果作為基礎資料，但如欲進行大區域的土壤液化潛能或危害度分區研究，在經費有限的條件下，無法進行全面的地質鑽探工作。
4. 目前從許多地震帶國家所發生的土壤液化現象研究顯示土壤液化僅在構造地震中局部發生。構造地震之主要效應為局部化變形衍生的剪裂帶錯動，次要效應為剪裂帶錯動誘發之全面的地振動。也就是實際可能產生土壤液化的範圍僅出現在剪裂帶錯動的主要效應區，而非因剪裂帶錯動誘發之全面的地振動(次要效應)所影響的全部範圍。

五、對於不連續面而言：（每小題 10 分，共 20 分）

（一）除了層理面以外，試述其他五種不連續面之名稱。

（二）試述自然邊坡經常沿著不連續面滑動破壞的原因。

參考題解

題型解析	屬近年工程地質常考標的、課程提醒重點範圍
難易程度	簡易中論之解釋名詞題型
講義出處	108（一貫班）工程地質 3.1（P.31）

（一）例舉五種不連續面之名稱：

1. 節理（Joint）：岩體受大地應力作用或其他地質作用，進而於岩體中產生裂隙，但沿此破裂面兩側並無明顯的相對位移，此破裂面稱之為節理（Joint）。
2. 劈理（Cleavage）：指岩石因變質作用與變形所造成岩石規則排列且密集的裂面。當岩石受到輕至中度變質作用時，由於應變導致礦物重新定向性的排列（因此常具異向性），所形成的界面是為劈理。
3. 片理（Schistoisty）：當岩石受到高度變質作用時，礦物重新作定向性的排列，所形成的界面稱之為片理。
4. 頁理（Sheeting）：頁岩中所含之片狀雲母、黏土礦物，在沉積時以平行或接近平行方式定向性排列，在黏土變為頁岩時，此一薄層狀界面即為頁理面。

5. 斷層（Fault Zone）：斷層是一種破裂性的變形，兩側岩層延著破裂面（斷層面）發生相對移動，或上下或前後或左右。

（二）自然邊坡經常沿著不連續面滑動破壞的原因如下：

不連續面（Discontinuities）又稱弱面（Weak Planes），係因岩石中存在界面進而將岩石材料斷開，中斷其空間、時間及材料力學性質等的連續性。自然邊坡經常沿著不連續面滑動破壞的原因如下：

1. 降雨或地下水上升：導致有效應力降低、伴隨剪力強度遞減，且側向力增加，導致邊坡沿弱面產生滑動。
2. 風化作用：弱面常存在相對於上下岩層其剪力強度較低之材料，經風化作用導致剪力強度減低，導致邊坡沿弱面產生滑動。
3. 地震力造成有效應力降低、伴隨剪力強度遞減，且引致側向力增加，導致邊坡沿弱面產生滑動。
4. 坡趾開挖或沖蝕：導致邊坡失去側向支撐力、坡面產生張力裂縫，遇雨滲入導致弱面抗剪強度驟減，下滑推力增加，導致邊坡沿弱面產生滑動。

專門職業及技術人員高等考試題解／渠道水力學

一、一座三角形斷面渠道如圖所示，渠道水深 y_0、頂寬 b。渠道中水深 y 所對應的速度分布（velocity distribution）$V = k_1\sqrt{y}$，k_1 為常數。試計算此渠道之斷面平均速度（average velocity），及其能量修正係數 α（kinetic energy correction factor）與動量修正係數 β（momentumcorrection factor）。（25 分）

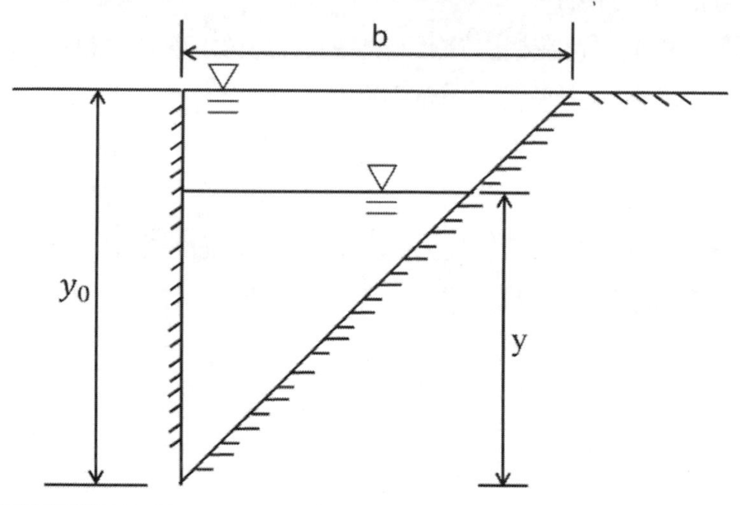

參考題解

$A = \dfrac{1}{2} \times y_0 \times b$，$dA = b(y) \times dy$

設 $b(y) = ay + c \Rightarrow$ 邊界條件：$(0,0)$、(y_0, b)

$$\Rightarrow \begin{cases} 0 = 0 + c \rightarrow c = 0 \\ b = a \times y_0 + c \rightarrow a = \dfrac{b}{y_0} \end{cases}$$

$$\Rightarrow \therefore b(y) = \frac{b}{y_0} y$$

$$\Rightarrow \therefore dA = \frac{b}{y_0} y \times dy$$

(一) $\overline{V}=\dfrac{Q}{A}=\dfrac{\int dQ}{\frac{1}{2}\times y_0\times b}=\dfrac{\int_0^{y_0}V\times dA}{\frac{1}{2}\times y_0\times b}=\dfrac{\int_0^{y_0}V\left[b(y)\times dy\right]}{\frac{1}{2}\times y_0\times b}=\dfrac{2\int_0^{y_0}\left(k_1\times\sqrt{y}\right)\left(\frac{b}{y_0}y\times dy\right)}{y_0\times b}$

$$=\frac{2k_1}{{y_0}^2}\int_0^{y_0}y^{\frac{3}{2}}\times dy=\frac{2k_1}{{y_0}^2}\times\frac{2}{5}\times {y_0}^{\frac{5}{2}}=\frac{4}{5}k_1\sqrt{y_0}$$

(二) $\alpha=\dfrac{\int_0^{y_0}V^3\times dA}{\overline{V}^3\times A}=\dfrac{\int_0^{y_0}\left(k_1\times\sqrt{y}\right)^3\left(\frac{b}{y_0}y\times dy\right)}{\left(\frac{4}{5}k_1\sqrt{y_0}\right)^3\times\left(\frac{1}{2}\times y_0\times b\right)}=\dfrac{\frac{{k_1}^3\times b}{y_0}\int_0^{y_0}y^{\frac{5}{2}}\times dy}{0.256\times {k_1}^3\times {y_0}^{\frac{5}{2}}\times b}=\dfrac{\frac{1}{y_0}\times\frac{2}{7}\times {y_0}^{\frac{7}{2}}}{0.256\times {y_0}^{\frac{5}{2}}}=1.12$

(三) $\beta=\dfrac{\int_0^{y_0}V^2\times dA}{\overline{V}^2\times A}=\dfrac{\int_0^{y_0}\left(k_1\times\sqrt{y}\right)^2\left(\frac{b}{y_0}y\times dy\right)}{\left(\frac{4}{5}k_1\sqrt{y_0}\right)^2\times\left(\frac{1}{2}\times y_0\times b\right)}=\dfrac{\frac{{k_1}^2\times b}{y_0}\int_0^{y_0}y^2\times dy}{0.32\times {k_1}^2\times {y_0}^2\times b}=\dfrac{\frac{1}{y_0}\times\frac{1}{3}\times {y_0}^3}{0.32\times {y_0}^2}=1.04$

$ans:\overline{V}=\frac{4}{5}k_1\sqrt{y_0}$ ， $\alpha=1.12,\ \beta=1.04$ (#)

二、一座梯形渠道之光滑砌面（n = 0.01875），其側面斜坡之水平垂直比為 1：1，其底床坡度為 0.0004。若此渠道在正常水深（normal depth）2.50 m 時，能夠輸送 80 m^3/s 之流量。試決定此一渠道之底部寬度。（25 分）

參考題解

設底寬 = b

已知

$$n=0.01875$$
$$S=0.0004$$
$$y_n=2.5\ (m)$$
$$Q=80\ (m^3/s)$$
$$T=b+2\times y_n=b+2\times 2.5=b+5$$
$$a=2.5\times\sqrt{2}=3.54$$

$$A=(b+b+5)\times 2.5\times\frac{1}{2}=1.25\times(2b+5)=2.5b+6.25$$

$$Q=AV\Rightarrow 80=A\times\frac{1}{n}R^{\frac{2}{3}}S^{\frac{1}{2}}\Rightarrow 80=(2.5b+6.25)\times\frac{1}{0.01875}\times\left(\frac{2.5b+6.25}{b+2\times 3.54}\right)^{\frac{2}{3}}\times\sqrt{0.0004}$$

$$\Rightarrow 80=1.07\times\frac{(2.5b+6.25)^{\frac{5}{3}}}{(b+7.08)^{\frac{2}{3}}}\Rightarrow \text{試誤法：}b=16.28$$

$ans: b=16.28(m)(\#)$

三、一矩形渠道水深 1.5 m 之均勻流況，若渠道中有一底部光滑隆起高 0.20 m，且造成水位略降 0.15 m 之情況，如圖所示。假設忽略能量損失，試推估其單位寬度流量。（25 分）

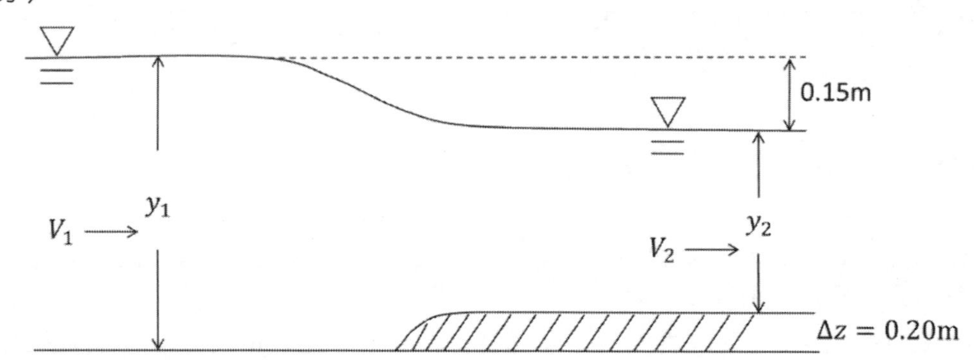

參考題解

（一）由圖可知，該渠道並未 choke

$$y_2=1.5-0.15-0.2=1.15$$

$$q=y_1\times v_1=y_2\times v_2$$

$$\Rightarrow\therefore\begin{cases}v_1=\dfrac{q}{y_1}\\ v_2=\dfrac{q}{y_2}\end{cases}$$

（二）$E_1=E_2+\Delta Z$

$$\Rightarrow y_1+\alpha_1\frac{v_1^2}{2g}=y_2+\alpha_2\frac{v_2^2}{2g}+\Delta Z$$

$$設\alpha_1=\alpha_2=1 \Rightarrow y_1+\frac{q^2}{2g\times y_1^2}=y_2+\frac{q^2}{2g\times y_2^2}+\Delta Z$$

$$\Rightarrow 1.5+\frac{q^2}{2\times 9.81\times 1.5^2}=1.15+\frac{q^2}{2\times 9.81\times 1.15^2}+0.2$$

$$\Rightarrow 0.15=q^2\left(\frac{1}{2\times 9.81\times 1.15^2}-\frac{1}{2\times 9.81\times 1.5^2}\right)$$

$$\Rightarrow q=3.07\left(m^2/s\right)$$

$$ans: q=3.07\left(m^2/s\right)(\#)$$

四、一座寬淺渠道寬 80 m、3 m水深、n = 0.035、平均坡度 0.0005，若其下游有一低堰（low weir）抬升水位 1.5 m。試推估渠流因此堰造成的緩漸流況（the Gradually-Varied flow）屬於何種型態？迴水長度為何？（25分）

參考題解

$n=0.035$

$S_0=0.0005$

$b=80m$

$y_1=3m$

$y_2=3+1.5=4.5$

設為矩形寬

∵寬廣渠道：

$$b=80\text{ m}\gg y \Rightarrow R=\frac{80\times y}{80+2\times y}=\frac{80\times y}{80}=y \Rightarrow R=y=3(m)$$

$$q=\frac{1}{n}\times R^{\frac{2}{3}}\times S^{\frac{1}{2}}\times\left(1\times y_1\right)=\frac{1}{0.035}\times 3^{\frac{2}{3}}\times 0.0005^{\frac{1}{2}}\times\left(1\times 3\right)=3.987(m^2/s)$$

$$y_c=\sqrt[3]{\frac{q^2}{g}}=\sqrt[3]{\frac{3.987^2}{9.81}}=1.175(m)$$

（一） $y_2>y_1>y_c \Rightarrow \therefore$ 為 M_1 水面型態

（二） $E=y+\alpha\frac{v^2}{2g}$

$$設\alpha=1 \Rightarrow E=y+\frac{v^2}{2g}$$

1. $E_1 = y_1 + \frac{v_1^2}{2g} = y_1 + \frac{q^2}{2g \times y_1^2} = 3 + \frac{3.987^2}{2 \times 9.81 \times 3^2} = 3.09(m)$

2. $E_2 = y_2 + \frac{v_2^2}{2g} = y_2 + \frac{q^2}{2g \times y_2^2} = 4.5 + \frac{3.987^2}{2 \times 9.81 \times 4.5^2} = 4.54(m)$

3. $S_{f,1} = 0.0005 = 5 \times 10^{-4}$

4. $S_{f,2}$：

$$v_2 = \frac{q}{y_2} = \frac{1}{n} \times R_2^{\frac{2}{3}} \times S_{f,2}^{\frac{1}{2}}$$

$$R_2 = y_2 \Rightarrow \frac{3.987}{4.5} = \frac{1}{0.035} \times 4.5^{\frac{2}{3}} \times S_{f,2}^{\frac{1}{2}}$$

$$\Rightarrow S_{f,2} = 1.29 \times 10^{-4}$$

5. $\overline{S_f} = \frac{S_{f,1} + S_{f,2}}{2} = \frac{5 \times 10^{-4} + 1.29 \times 10^{-4}}{2} = 3.15 \times 10^{-4}$

6. $L = \frac{E_2 - E_1}{S_0 - \overline{S_f}} = \frac{4.54 - 3.09}{5 \times 10^{-4} - 3.15 \times 10^{-4}} = 7837.84(m)$

ans：$M1$型態，迴水長度：7837.84 (m)(#)

專門職業及技術人員高等考試題解／流體力學

一、掩埋於地下的汽油貯存桶發生裂縫，使水滲入達到某一深度，如圖所示，而汽油的比重（specific gravity）SG = 0.66。試求：（每小題 10 分，共 20 分）

（一）汽油與水的介面處之壓力值。

（二）貯存桶底部之壓力值。

壓力值請使用單位 kN/m^2 來表示，並以錶壓力（gauge pressure）作答。（水的比重量為 9.8 kN/m^3）

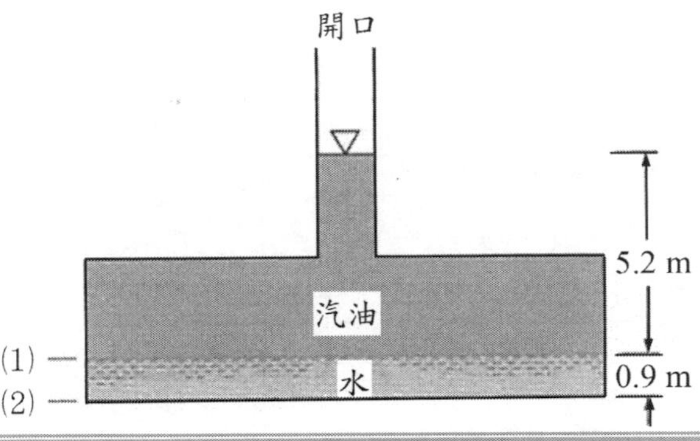

參考題解

（一）介面處之壓力

靜止流體壓力

$$P_1 = \gamma_o h_o$$

$$= 0.66 \times 9.8\frac{kN}{m^3} \times 5.2m = 33.63\frac{kN}{m^2}$$

（二）貯存桶底部之壓力

$$P_2 = \gamma_o h_o + \gamma_w h_w$$

$$= 0.66 \times 9.8\frac{kN}{m^3} \times 5.2m + 9.8\frac{kN}{m^3} \times 0.9m = 42.45\frac{kN}{m^2}$$

二、給定二維流場之速度分量(u, v)，分別為

$$u = 2.3x + 0.6y \qquad v = -2.1x - 2.3y$$

試問：（每小題 5 分，共 20 分）

（一）此流場是否為不可壓縮流？

（二）請問此一流場是否為穩態流場？

（三）此流場是否為非旋轉流？

（四）試求出流場中加速度向量分佈。

參考題解

（一）不可壓縮流？

$$\nabla \cdot \vec{V} = \frac{\partial u}{\partial x} + \frac{\partial v}{\partial y} = 2.3 - 2.3 = 0$$

因為$\nabla \cdot \vec{V} = 0$，故此流場為不可壓縮流。

（二）穩態流場？

$$\frac{\partial \vec{V}}{\partial t} = \frac{\partial u}{\partial t} + \frac{\partial v}{\partial t} = \frac{\partial(2.3x + 0.6y)}{\partial t} + \frac{\partial(-2.1x - 2.3y)}{\partial t} = 0$$

因為$\frac{\partial \vec{V}}{\partial t} = 0$，所以此流場為穩態流場。

（三）非旋轉流？

$$\nabla \times \vec{V} = \begin{vmatrix} \vec{i} & \vec{j} & \vec{k} \\ \frac{\partial}{\partial x} & \frac{\partial}{\partial y} & \frac{\partial}{\partial z} \\ u & v & w \end{vmatrix}$$

$$= \begin{vmatrix} \vec{i} & \vec{j} & \vec{k} \\ \frac{\partial}{\partial x} & \frac{\partial}{\partial y} & \frac{\partial}{\partial z} \\ 2.3x + 0.6y & -2.1x - 2.3y & 0 \end{vmatrix}$$

$$= \left[\frac{\partial}{\partial x}(-2.1x - 2.3y) - \frac{\partial}{\partial y}(2.3x + 0.6y)\right]\vec{k}$$

$$= [-2.1 - 0.6]\vec{k}$$

$$= -2.7\vec{k} \neq 0$$

故此流場為旋性流。

（四）加速度向量分佈

$$\vec{a}=\frac{D\vec{V}}{Dt}=\frac{\partial\vec{V}}{\partial t}+(\vec{V}\cdot\nabla)\vec{V}$$

$$a_x=\frac{\partial u}{\partial t}+u\frac{\partial u}{\partial x}+v\frac{\partial u}{\partial y}$$

$$=0+(2.3x+0.6y)(2.3)+(-2.1x-2.3y)(0.6)=4.03x$$

$$a_y=\frac{\partial v}{\partial t}+u\frac{\partial v}{\partial x}+v\frac{\partial v}{\partial y}$$

$$=0+(2.3x+0.6y)(-2.1)+(-2.1x-2.3y)(-2.3)$$

$$=4.03y$$

三、在寬廣的兩平行板間，已知二維黏性流動之速度分佈為拋物線形，如圖所示，即

$u=U_c\left[1-\left(\frac{y}{h}\right)^2\right]$ 且 $v=0$，其中 U_c 為常數。請推導其對應的：（每小題 10 分，共 20 分）

（一）流線函數

（二）速度勢

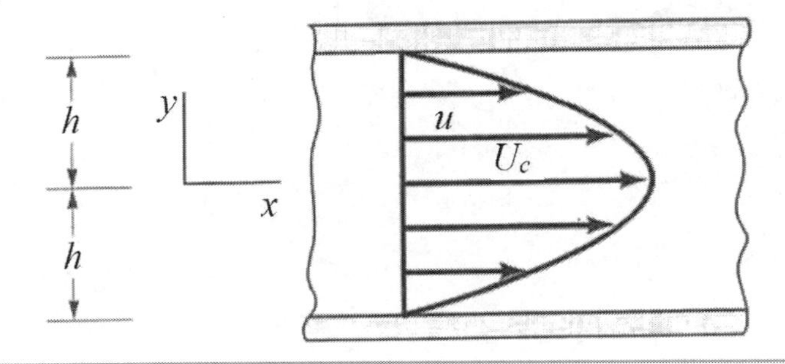

參考題解

（一）流線函數

流線函數Ψ之定義為

$$u=\frac{\partial\Psi}{\partial y}=U_c\left[1-\left(\frac{y}{h}\right)^2\right]=U_c-\frac{U_c}{h^2}y^2 \quad (1)$$

$$v=-\frac{\partial\Psi}{\partial x}=0 \quad (2)$$

對(1)式積分

$$\Psi = U_c y - \frac{U_c}{3h^2} y^3 + f(x)$$

上式對 x 微分

$$\frac{\partial \Psi}{\partial x} = f'(x)$$

比較上式及(2)式，可知

$$f(x) = 0$$

所以流線函數為

$$\Psi = U_c y - \frac{U_c}{3h^2} y^3$$

（二）速度勢

$$\nabla \times \vec{V} = \begin{vmatrix} \vec{i} & \vec{j} & \vec{k} \\ \frac{\partial}{\partial x} & \frac{\partial}{\partial y} & \frac{\partial}{\partial z} \\ u & v & w \end{vmatrix} = \begin{vmatrix} \vec{i} & \vec{j} & \vec{k} \\ \frac{\partial}{\partial x} & \frac{\partial}{\partial y} & \frac{\partial}{\partial z} \\ U_c\left[1 - \left(\frac{y}{h}\right)^2\right] & 0 & 0 \end{vmatrix}$$

$$= \left[-\frac{\partial}{\partial y}\left\{U_c\left[1 - \left(\frac{y}{h}\right)^2\right]\right\}\right]\vec{k} = \left[-\frac{2U_c y}{h^2}\right]\vec{k} \neq 0$$

故此流場為旋性流。

速度勢 Φ 不存在。

四、如圖所示，水柱以均勻速率 $V_1 = 4$ m/s 自噴嘴噴出，水平的噴向一個葉片（vane），並以$\theta = 30°$ 角轉向。請計算在不考慮重力與黏滯效應之條件下，維持葉片固定所需之支撐力。（20 分）

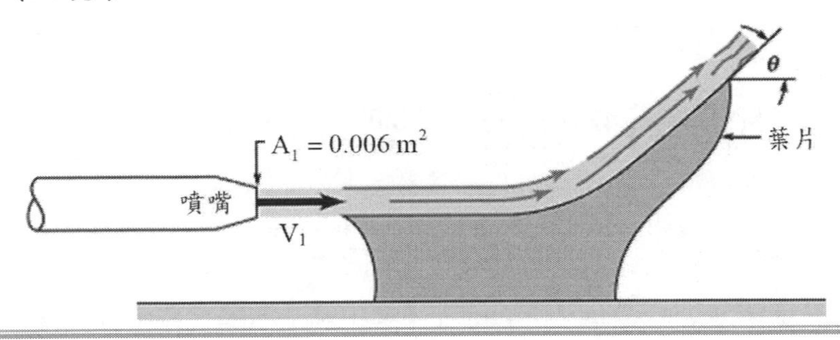

參考題解

（一）取下圖虛線內為控制體積

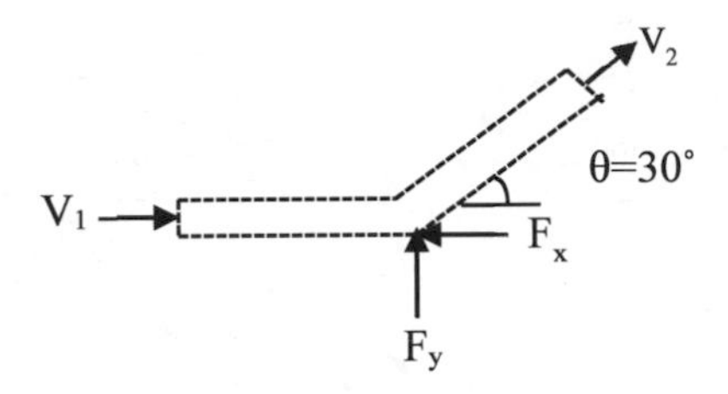

（二）由連續方程式可知

$$V_1 = V_2 = 4\frac{m}{sec} = V$$

（三）由 x 及 y 方向上之動量方程式可得

$$-F_x = \dot{m}(V_2 cos30° - V_1) \qquad (1)$$

$$F_y = \dot{m}(V_2 sin30° - 0) \qquad (2)$$

由（1）式

$$F_x = \rho AV^2(1 - cos30°)$$

$$= 1{,}000\frac{kg}{m^3} \times 0.006m^2 \times \left(4\frac{m}{sec}\right)^2 (1 - cos30°)$$

$$= 12.86 \ \text{N} \ (\leftarrow)$$

由（2）式

$$F_y = \rho AV^2 sin30°$$

$$= 1{,}000\frac{kg}{m^3} \times 0.006m^2 \times \left(4\frac{m}{sec}\right)^2 \times sin30° = 48.0 \ \text{N}(\uparrow)$$

維持葉片固定所需之支撐力 F

$$F=\sqrt{F_x^2+F_y^2}=\sqrt{(12.86)^2+(48.0)^2}=49.7(N)$$

方向往左上方，與水平夾角

$$\varphi=tan^{-1}\left(\frac{F_y}{F_x}\right)=tan^{-1}\left(\frac{48.0}{12.86}\right)=75.0°$$

五、考慮一水平無摩擦底床且矩形斷面渠道，如圖所示，渠道中河水由右往左流動，渠道中單位寬度流量為 $q = 8.0\ m^3/s \cdot m$，在渠道中發生水躍現象，在水躍位置的前後水深分別為 $y_1 = 0.50$ m 與 $y_2 = 4.75$ m，請計算此一水躍現象所造成的能量損失 H_L。（20 分）

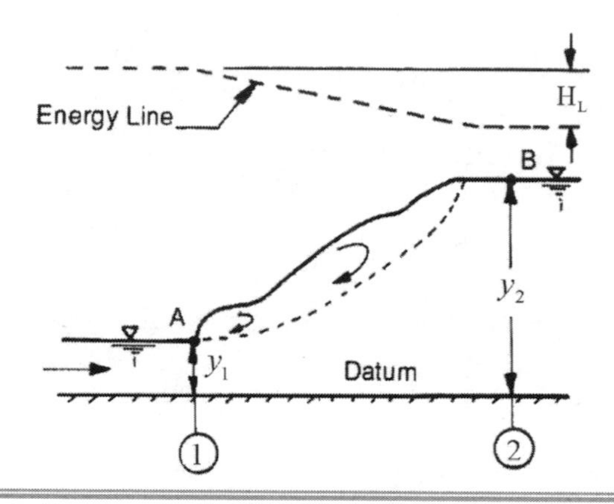

參考題解

由連續方程式

$$Q=A_1v_1=A_2v_2$$

$$\rightarrow Q=by_1v_1=by_2v_2$$ 其中 b 為渠道寬度

$$\rightarrow v_1=\frac{Q}{by_1}，v_1^2=\left(\frac{Q}{by_1}\right)^2$$

$$\rightarrow v_2=\frac{Q}{by_2}，v_2^2=\left(\frac{Q}{by_2}\right)^2$$

由動量方程式

$$F_1-F_2=\rho Q(v_2-v_1)$$

$$\frac{1}{2}\gamma by_1^2-\frac{1}{2}\gamma by_2^2=\rho Q\left(\frac{Q}{by_2}-\frac{Q}{by_1}\right)$$，$\gamma=\rho g$ 代入

$$(y_1^2 - y_2^2) = \frac{2Q}{gb}\left(\frac{Q}{by_2} - \frac{Q}{by_1}\right) = \frac{2Q^2}{gb^2}\left(\frac{1}{y_2} - \frac{1}{y_1}\right)$$

$$\therefore \frac{Q^2}{2gb^2} = \frac{(y_1^2 - y_2^2)}{4\left(\frac{1}{y_2} - \frac{1}{y_1}\right)} = \frac{(y_1 - y_2)(y_1 + y_2)}{4\left(\frac{y_1 - y_2}{y_1 y_2}\right)} = \frac{y_1 y_2 (y_1 + y_2)}{4}$$

由能量方程式

$E_1 = E_2 + h_L$　其中h_L為因水躍所產生的水頭損失。

以液面之上下游($P_1 = P_2$)而言，能量方程式可寫成

$$\frac{v_1^2}{2g} + y_1 = \frac{v_2^2}{2g} + y_2 + h_L$$

$$\therefore\ h_L = (y_1 - y_2) + \frac{1}{2g}(v_1^2 - v_2^2)$$

$$= (0.5 - 4.75) + \frac{1}{2g}[(16)^2 - (1.684)^2]$$

$$= 8.65(m)$$

所以水躍現象所造成的能量損失 h_L

$h_L = 8.65\ m$

PS.這題題目有提供流量數據，所以這樣計算。因為一般的水躍能量損失公式

$h_L = \frac{(y_2 - y_1)^3}{4y_1 y_2}$的前提是忽略渠底摩擦能量損失，才能透過動量方程式推倒而來。

專門職業及技術人員高等考試題解／水利工程（包括海岸工程、防洪工程與排水工程）

一、如圖 1 的高雄市彌陀海岸，有一系列海岸工程（漁港除外）。

（一）此海岸工程主要有那些？（至少舉出三項）（8 分）

（二）其目的是想解決什麼樣的海岸問題？（8 分）

（三）此問題是如何造成的？其短、中、長期發生原因為何？（9 分）

圖 1

參考題解

（一）此海岸包含人工峽灣、離岸堤、堤防等海岸工程

（二）上述之海岸工程主要為了解決海岸線逐日往後退（陸地）退縮之問題

（三）當泥沙之流出大於流入即會產生海岸線退縮之問題；

1. 短期可能因海岸線過度開發造成。
2. 中期則可能因防風林被砍伐，導致泥沙受風侵蝕造成。
3. 長期則可能因氣候變遷導致全球暖化、海平面上升等因素造成。

二、因應氣候變遷以及豐枯懸殊的短延時集中降雨，已有提出建構「韌性城市（resilient cities）」的理念。（每小題 10分，共 20分）

（一）試說明其定義。

（二）其與海綿城市、總合治水、綠色基礎設施等概念有何相近及相左之處？

參考題解

（一）韌性城市之定義：具有應對外部自然災害之能力，城市空間及基礎建設規劃留有餘裕，在災害來臨後能夠承受、消化、適應、再造與復甦。

（二）其與海綿城市、總合治水、綠色基礎設施之概念相近及相左之處：

1. 海綿城市：
   （1）相近之處：城市均留有餘裕可承受因豪大雨造成之洪泛。
   （2）相左之處：相較於韌性城市為預留空間（蓄水），海綿城市則傾向建設可蓄水之設施（如透水性鋪面等）。
2. 總合治水：
   （1）相近之處：兩者均可治水。
   （2）相左之處：韌性城市之範圍更加廣泛，包含其他災害，非僅僅治水而已。
3. 綠色基礎建設：
   （1）相近之處：兩者均有永續經營之概念。
   （2）相左之處：綠色基礎建設僅包含再生建材，回收再利用等觀念，對防災之需求有限；韌性城市則強調防災再生概念。

三、試述何為「基於自然的解決方案」(Nature-based Solutions, NBS)？並舉實例說明。（15 分）

參考題解

（一）NBS 之定義：「可有效、能調適的應對社會挑戰，同時提供人類福祉和生物多樣性效益，為永續管理和恢復自然或改造的生態系統的保護行動」。

（二）實例：

1. 人造濕地：為改善某地區已遭受汙染之土地，採人造濕地用以過濾受汙染之水流，以改善當地土壤品質。
2. 還地於河，不與河爭地： 於河溪治理規劃原本有一處要興建堤防，由於該區域長年位於洪氾區內，不利於耕作，經檢討原本施作堤防工程費用比徵收土地還高，因此可以徵收土地作為排洪及滯洪空間，放寬河道還地於河，可作為上游水庫排砂之囚砂區，也可兼滯洪效果。

四、水利法通過「逕流分擔與出流管制」並已開始實施，請說明：（每小題10分，共20分）
（一）其定義為何？
（二）對於土地開發者有何影響？

參考題解

（一）「逕流分擔與出流管制」定義：將原先全部由水路承納的逕流量，藉由集水區內水道與土地共同來分擔，並針對出流量進行管控，以減輕淹水災害所帶來的損失，即為逕流分擔與出流管制之定義。

（二）因應逕流分擔與出流管制，將要求開發單位於土地開發利用或變更使用計畫時，擬具**排水規劃書及排水計畫書**送區域排水主管機關審查核定後方可辦理開發。開發單位應於排水規劃書及排水計畫書內，規劃設計減洪設施以承納因開發所增加之逕流量，避免增加開發基地鄰近地區淹水風險，及下游銜接水路負擔。

五、（一）若洪泛區位於集水區的中下游，則規劃滯洪池的點位應放在集水區的上游、中游或下游？理由？（7分）
（二）繪示意圖，分「在槽式」及「離槽式（側溢式）」兩種滯洪池，表達滯洪池設置前後的流量時間歷線，並標示所滯洪的體積。（13分）

參考題解

（一）一般滯洪池因佔地面積較大，而都市（下游）端用地取得不易，故多規劃設置於上游，由上游控制水量，達到減少洪水量、控制洪泛之效果。

（二）依題意可繪製兩者之流量時間歷線如下：

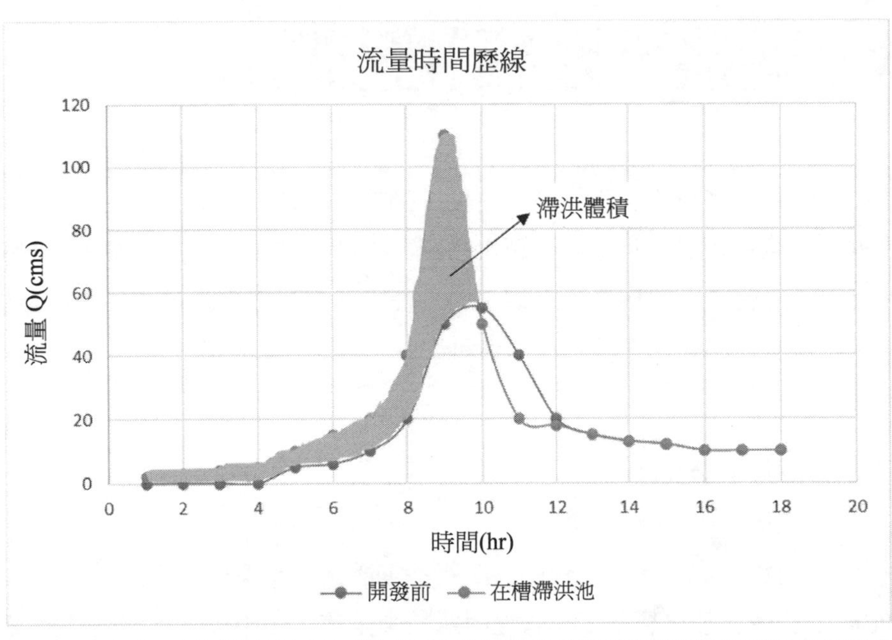
流量時間歷線
120
100
80
60
40
20
0
流量 Q(cms)
0
2
4
6
8
10
12
14
16
18
20
時間(hr)
滯洪體積
開發前
在槽滯洪池

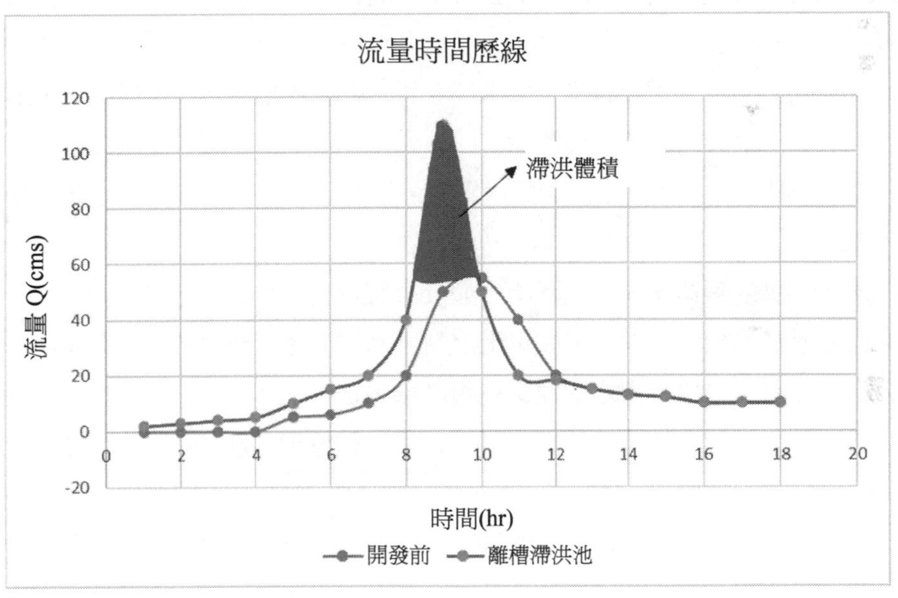
流量時間歷線
120
100
80
60
40
20
0
-20
流量 Q(cms)
0
2
4
6
8
10
12
14
16
18
20
時間(hr)
滯洪體積
開發前
離槽滯洪池

109年 特種考試地方政府公務人員考試題解／營建管理與土木施工學（包括工程材料）

一、營造業法中，除了專任工程人員（主任技師或主任建築師）外，工地主任是個相當重要的角色，目前也是一種政府認可之證照。依照營造業法及施行細則，具何種學經歷的人可以（經受訓一定時數）考取工地主任？承攬那四種性質（工程金額或規模）之工程需設置工地主任？工地主任需負責那些工作？（25分）

參考題解

（一）工地主任應具備學經歷：

依「營造業法」第 31 條規定：

應符合下列資格之一，並另經中央主管機關評定合格或取得中央勞工行政主管機關依技能檢定法令辦理之營造工程管理甲級技術士證，由中央主管機關核發工地主任執業證者，始得擔任：

1. 專科以上學校土木、建築、營建、水利、環境或相關系、科畢業，並於畢業後有二年以上土木或建築工程經驗者。
2. 職業學校土木、建築或相關類科畢業，並於畢業後有五年以上土木或建築工程經驗者。
3. 高級中學或職業學校以上畢業，並於畢業後有十年以上土木或建築工程經驗者。
4. 普通考試或相當於普通考試以上之特種考試土木、建築或相關類科考試及格，並於及格後有二年以上土木或建築工程經驗者。
5. 領有建築工程管理甲級技術士證或建築工程管理乙級技術士證，並有三年以上土木或建築工程經驗者。
6. 專業營造業，得以領有該項專業甲級技術士證或該項專業乙級技術士證，並有三年以上該項專業工程經驗者為之。

本法施行前符合前項第五款資格者，得經完成中央主管機關規定時數之職業法規講習，領有結訓證書者，視同評定合格。

取得工地主任執業證者，每逾四年，應再取得最近四年內回訓證明，始得擔任營造業之工地主任。

（二）需設置工地主任之工程：

1. 依「營造業法」第 30 條規定：

營造業承攬一定金額或一定規模以上之工程，其施工期間，應於工地置工地主任。

前項設置之工地主任於施工期間，不得同時兼任其他營造工地主任之業務。

第一項一定金額及一定規模，由中央主管機關定之。

2. 第一項一定金額及一定規模，另依「營造業法施行細則」第 18 條規定：

本法第三十條所定應置工地主任之工程金額或規模如下：

（1）承攬金額新臺幣五千萬元以上之工程。

（2）建築物高度三十六公尺以上之工程。

（3）建築物地下室開挖十公尺以上之工程。

（4）橋樑柱跨距二十五公尺以上之工程。

（三）工地主任需負責工作項目：

依「營造業法」第 32 條規定：

營造業之工地主任應負責辦理下列工作：

1. 依施工計畫書執行按圖施工。
2. 按日填報施工日誌。
3. 工地之人員、機具及材料等管理。
4. 工地勞工安全衛生事項之督導、公共環境與安全之維護及其他工地行政事務。
5. 工地遇緊急異常狀況之通報。
6. 其他依法令規定應辦理之事項。

營造業承攬之工程，免依第三十條規定置工地主任者，前項工作，應由專任工程人員或指定專人為之。任其所承攬工程之工地事務及施工管理。

二、政府採購法（參該法第 101~103 條）對於「不良廠商」之懲處，有經過一定程序會將其刊登政府採購公報並「停權」一定期間的規定。請問，停權是指停止廠商那些權？請舉出五款會被停權之事由並標明犯該事由會被停權多久？（25分）

參考題解

（一）停權之處分內涵：

1. 依「政府採購法」第 102 條第 3 項之規定：

   機關依前條通知廠商後，廠商未於規定期限內提出異議或申訴，或經提出申訴結果不予受理或審議結果指明不違反本法或並無不實者，機關應即將廠商名稱及相關情形刊登政府採購公報。

2. 另依「政府採購法」第 103 條第 1 項之規定：

依前條（第 102 條）第三項規定刊登於政府採購公報之廠商，於下列期間內，不得參加投標或作為決標對象或分包廠商。

（二）停權處分之期限：

依「政府採購法」第 101 條與第 103 條之規定：

1. 自刊登之次日起三年（但經判決撤銷原處分或無罪確定者，應註銷之）。
   （1）容許他人借用本人名義或證件參加投標者。（原條文第一款）
   （2）借用或冒用他人名義或證件投標者。（原條文第二款）
   （3）擅自減省工料，情節重大者。（原條文第三款）
   （4）以虛偽不實之文件投標、訂約或履約，情節重大者。（原條文第四款）
   （5）受停業處分期間仍參加投標者。（原條文第五款）
   （6）對採購有關人員行求、期約或交付不正利益者。（原條文第十五款）
   （7）犯第八十七條至第九十二條之罪，經第一審為有罪判決者（處有期徒刑者）。（原條文第六款）
2. 刊登之次日起一年（但經判決撤銷原處分或無罪確定者，應註銷之）。
   （1）破產程序中之廠商。（原條文第十三款）
   （2）歧視性別、原住民、身心障礙或弱勢團體人士，情節重大者。（原條文第十四款）
   （3）犯第八十七條至第九十二條之罪，經第一審為有罪判決者（判處拘役、罰金或緩刑者）。（原條文第六款）
3. 於通知日起前五年內未被任一機關刊登者，自刊登之次日起三個月；已被任一機關刊登一次者，自刊登之次日起六個月；已被任一機關刊登累計二次以上者，自刊登之次日起一年（但經判決撤銷原處分者，應註銷之）。
   （1）得標後無正當理由而不訂約者。（原條文第七款）
   （2）查驗或驗收不合格，情節重大者。（原條文第八款）
   （3）驗收後不履行保固責任，情節重大者。（原條文第九款）
   （4）因可歸責於廠商之事由，致延誤履約期限，情節重大者。（原條文第十款）
   （5）違反第六十五條規定轉包者。（原條文第十一款）
   （6）因可歸責於廠商之事由，致解除或終止契約，情節重大者。（原條文第十二款）

註：子題（二）建議依 108.5.22 修正「政府採購法」規定（詳題解），任擇 5 款作答。

三、循環經濟的核心內涵是生命週期、資源再利用，公共工程落實循環經濟作法，積極推動再生粒料運用於公共工程，分別說明焚化爐底碴、轉爐石及瀝青混凝土刨除料等三種再生粒料之基本性質、特性及適用範圍。（25分）

參考題解

（一）焚化爐底碴

1. 基本性質：

項目	範圍		與天然常重粒料比較
	粗粒料	細粒料	
比重	1.8~2.4	1.5~2.3	低
吸水率	3~9%	8~18%	高
磨損率	35~45%	—	高
健度（硫酸鈉）	2~8%	4~12%	高
小於#200篩物質含量	—	2.4~16.8%	高
水溶性氯離子含量	0.1~0.13%（水洗處理< 0.04%）		高
重金屬溶出	檢出		高
戴奧辛總毒性當量濃度	檢出		高
異味	有（水洗處理後未檢出）		高

2. 特性：

（1）多孔隙之輕量材料。

（2）均質性差。

（2）高比表面積。

（3）惰性穩定。

（4）壓實性低、無塑性。

（5）重金屬含量偏高。

3. 適用範圍：

依行政院環保署101.10.17修正「垃圾焚化廠焚化底渣再利用管理方式」之規定：

（1）第一類型及第二類型產品：

可作為道路級配粒料底層及基層、基地填築及路堤填築、控制性低強度回填材料、混凝土添加料、瀝青混凝土添加料、磚品添加料及水泥生料添加料，並不得用於臨時性用途（第二類型產品用於混凝土添加料，僅限無筋混凝土添加料用途)。

(2) 第三類型產品:

限大量(一萬公噸或五千立方公尺以上)集中使用於基地填築、路堤填築及填海造島(陸),使用前底渣產生地主管機關應提報再利用計畫,經中央主管機關核准。

(二) 轉爐石

1. 基本性質:

項目	範圍(粗粒料)	與天然常重粒料比較
比重	3.2~3.5	高
吸水率	1.9~2.6%	稍高
容積密度	2100~2500 Kg/m^3	高
硬度(莫氏)	7~8	高
磨損率	13~18%	低
健度(硫酸鈉)	0.9~1.3%	低
膨脹率	0.1~5.7%	高
重金屬溶出	未檢出	相近
CBR 值	150~200%	甚高
內磨擦角	40~50°	高

2. 特性:

(1) 比重大,密度高。

(2) 強度高、堅硬且耐磨損。

(3) 含高量 CaO 與 MgO,與水作用,易產生膨脹(需經安定化處理後使用)。

(4) 稜角率高,破裂面多。

(5) 具親油性。

(6) 含鐵成分高

3. 適用範圍:

瀝青混凝土用粒料、非結構性混凝土用粒料(如消波塊、護坡塊、人工魚礁、地磚等用途)、道路基底層、回填材料、地盤改良材(礫石樁、擠壓砂樁及軟弱地盤土方置換等)與鐵路道碴等工程材料。

註:轉爐石為一貫作業煉鋼產物,目前國內均來自中鋼集團之中鋼公司與中龍鋼鐵公司,且均以商品方式出售(註冊商標為 AMA、DSC-AC 與 CHC-AC 等三種)。

（三）瀝青混凝土刨除料：

1. 基本性質：

（1）再生瀝青混凝土粒料（RAP）：

因粒料表面附著之老化瀝青材料，比重稍低於天然粒料外，其他性質與天然粒料相同。

（2）再生級配粒料（RAM）：與天然級配粒料相同。

2. 特性：

（1）再生瀝青混凝土粒料（RAP）：

①表面附著之老化瀝青粘度較同級新瀝青高（針入度較低）。

②粒料本身與表面附著之老化瀝青，性質變異大。

（2）再生級配粒料（RAM）：性質變異大。

3. 適用範圍：

（1）再生瀝青混凝土粒料（RAP）：

經級配調整後，再加入再生劑（視需要）與新瀝青材料，加熱拌合成再生瀝青混凝土。

（2）再生級配粒料（RAM）：

直接或經級配調整後，作為適用規格之道路基底層級配粒料。

四、營造業面臨嚴重缺工問題，部分營造產業積極推動預鑄工法，以建築物結構體為例，請說明：何謂預鑄工法及其施工程序？預鑄工法之優缺點？（25分）

參考題解

（一）定義：

結構單元在工廠或工地預先澆置，硬固成型且達到設計強度後，吊裝組合而成。

（二）施工程序：

1. 預鑄混凝土單元製作（預鑄廠或工地預鑄場）。
2. 假設工程及基礎工程施作。
3. 搬運及組立機械。
4. 結構單元組立及安裝作業。
5. 結構單元吊裝作業。
6. 接合部施工。
7. 接合部防水處理。

（三）優缺點：

1. 優點：

（1）工期短。

（2）品質管制容易，品質佳。

（3）不受天候影響。

（4）施工架（鷹架）及支撐可省略。

（5）工人需求可減至最少。

（6）利用鋼模，可多次使用。

2. 缺點：

（1）需起重設備。

（2）常需焊接工。

（3）輸送重量及體積受限制。

（4）安裝施工要求精度高。

（5）接縫及防水需特別注意。

特種考試地方政府公務人員考試題解／土壤力學與基礎工程

一、在三軸壓密不排水試驗中，一飽和砂土試體在圍壓$82.8\ kN/m^2$下進行壓密，接著在不排水剪切的過程中，試體達到破壞的軸差應力為$62.8\ kN/m^2$，其破壞時試體的水壓為$46.9\ kN/m^2$。請求得該砂土之有效摩擦角。（25 分）

參考題解

題型解析／難易程度	簡易入門之三軸壓密不排水試驗分析計算題型
109 講義出處	土壤力學 8.6（P.243）。類似例題 8-3（P.257）、8-4（P.258）、8-5（P.259）、例題 8-9（P.265）

飽和砂土試體 $\Rightarrow c' = 0$

$$\sigma_1' = \sigma_3' K_p + 2c'\sqrt{K_p'}\text{，}K_p' = \tan^2\left(45° + \frac{\varphi'}{2}\right)$$

$$\sigma_1' = 82.8 + 62.8 - 46.9 = 98.7\ \ kPa$$

$$\sigma_3' = 82.8 - 46.9 = 35.9\ \ kPa$$

$$\Rightarrow 98.7 = 35.9 \times K_p' \Rightarrow K_p' = 2.7493 \Rightarrow \varphi' = 27.81°\text{................Ans.}$$

二、有一個 4.5 公尺厚之回填土壤（單位重$21\ kN/m^3$）將被安置在工地現場，用以加速現地土壤的壓密。回填土層下方之黏土，厚度 15 公尺，單位重$20\ kN/m^3$，地下水位在其表面，黏土層下方之土壤為緊密砂。工地現場亦佈設了數組水壓計，以記錄壓密之過程，一支位在黏土層 6 公尺處之水壓計，在回填土佈設 1 年後之讀數為$90\ kN/m^2$，請計算該處之土壤有效應力及壓密度。（25 分）

參考題解

題型解析／難易程度	中等應用之單點壓密分析計算題型
109 講義出處	土壤力學 7.7.3（P.165）。類似例題 7-12（P.183）、7-18（P.193）、7-28（P.216）

預壓密應力$q = \Delta u_e = 21 \times 4.5 = 94.5kPa$

黏土層 6 公尺處	總應力kPa	水壓力kPa	有效應力kPa
初始狀態	$20 \times 6 = 120$	$9.81 \times 6 = 58.86$	61.14
加載瞬間	$120 + 94.5 = 214.5$	$58.86 + 94.5 = 153.36$	61.14
佈設 1 年後	214.5	90	$214.5 - 90 = w124.5$

佈設 1 年後 6 m 處之土壤有效應力$= 124.5kPa$..................*Ans.*

佈設 1 年後 6 m 處之土壤壓密度U_z：

初始$\Delta u_{e,0} = 94.5\text{kPa}$　　　殘餘$\Delta u_{e,1年} = 90 - 58.86 = 31.14\ \text{kPa}$

$$壓密度U_z = \frac{\Delta u_{e,0} - \Delta u_{e,1年}}{\Delta u_{e,0}} = \frac{94.5 - 31.14}{94.5} \times 100\% = 67.05\%.....\text{Ans.}$$

$$或壓密度U_z = \frac{153.36 - 90}{94.5} \times 100\% = 67.05\%......................\text{Ans.}$$

三、一個方形的淺基礎如下，地下水位在地表處，請計算在承載力安全係數為 3 的情況下，該基礎所允許承載之軸力 P。（25 分）

$N_c = 37.2$；$N_q = 22.5$；$N_\gamma = 20.1$

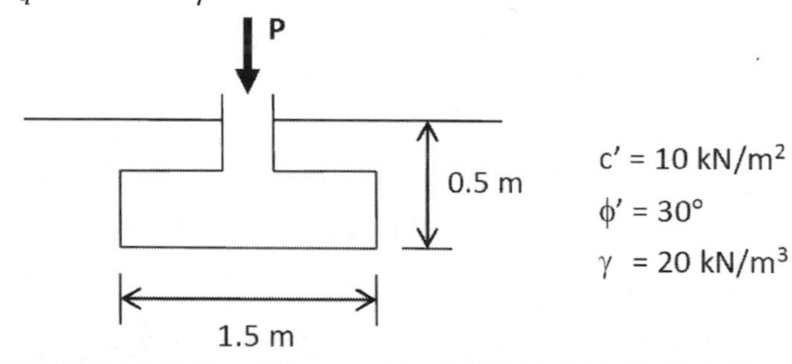

參考題解

題型解析／難易程度	簡單入門之淺基礎極限承載力分析計算題型
109 講義出處	基礎工程 4.4（P.125）。類似例題 4-2（P.138）、4-4（P.139）、4-16（P.154）

$$方形基礎q_{ult} = 1.3c'N_c + \sigma'_{zD}N_q + 0.4\gamma'BN_\gamma$$

$$\Rightarrow q_{net} = 1.3c'N_c + \sigma'_{zD}(N_q - 1) + 0.4\gamma'BN_\gamma$$

$$= 1.3 \times 10 \times 37.2 + (20 - 9.81) \times 0.5 \times (22.5 - 1) + 0.4 \times (20 - 9.81) \times 1.5 \times 20.1$$

$$= 483.6 + 109.54 + 122.89 = 716.03\text{kPa}$$

$$\Rightarrow q_a = \frac{q_{net}}{FS} = \frac{716.03}{3}\text{kPa}$$

$\Rightarrow$ 允許軸力 $P = q_a \times A = \dfrac{716.03}{3} \times 1.5 \times 1.5 = 537.02\ \text{kN} \ldots\ldots\text{Ans.}$

四、有一個長、寬為 1.5 公尺之方形淺基礎，厚 0.4 公尺，將承載350 kN之軸力。基礎所在土層之單位重為18 kN/m³，請用所附之圖表，計算在此淺基礎角落下方 1.5 公尺處，垂直應力之增量。（25 分）

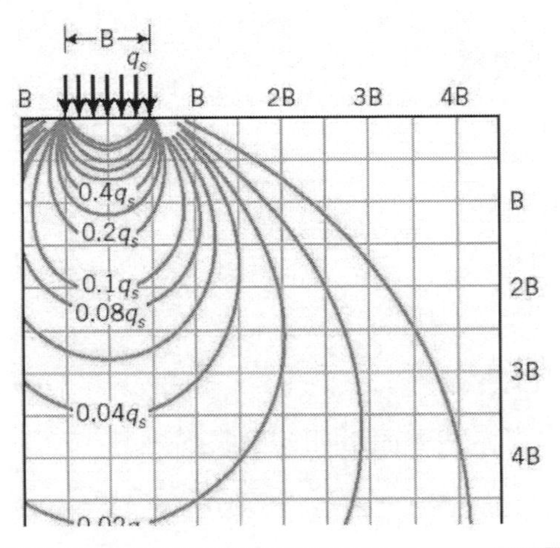

參考題解

題型解析／難易程度	冷門、簡易之利用應力球根圖形求取應力增量題型
109 講義出處	土壤力學 5.4（P.85）。類似例題 7-14（P.186）

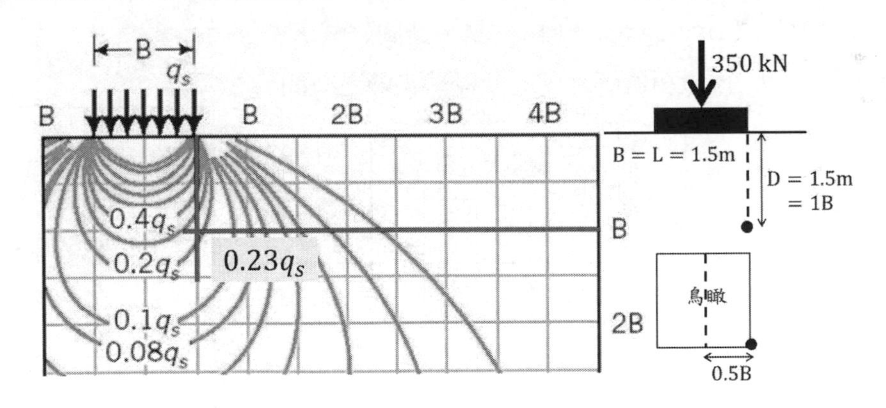

$$q_s = \frac{350}{1.5 \times 1.5} = 155.56\ kPa$$

深度 = 1.5m = 1B，水平距離 = 0.5B

查圖得$\Delta\sigma = 0.23q_s = 35.78\text{kPa}\ldots\ldots\ldots\ldots\ldots\ldots\text{Ans.}$

特種考試地方政府公務人員考試題解／水文學

一、試繪圖並說明下列問題：

（一）一場暴雨之降雨-逕流歷線關係圖，並標示其中之各種關係（例如：降雨與洪峰）。（10 分）

（二）基流量型態有那幾種？（15 分）

參考題解

【參考九華講義-水文學 第 7 章】

（一）降雨-逕流歷線關係圖

1. 歷線結構

A-B：逕流未達水文測站

B-D：逕流已達水文測站，流量加大至尖峰

D-H：退水段

C-D-E：峰段

E-F：地表水退水

F-G：地表下逕流退水

G-H：地下水退水

2. 雨量組體圖（Hydrograph）：降雨量～時間之關係

稽延時間 t_l：雨量組體圖之中心至歷線尖峰之時間

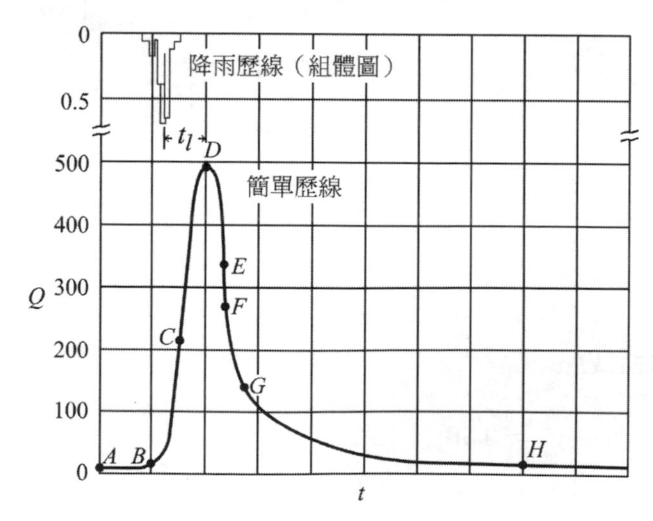

（二）基流量型態

1. 由歷線前之退水曲線底點 A 拉一水平直線至歷線後之退水曲線 B，AB 下方即為基流。
2. 順著前退水曲線向後延伸，交尖峰時刻線於 C，再連接 CD。CD 長＝N 日，且 N（day）可以下經驗式求出。

   $N = 0.8A^{0.2}$，A：流域面積（km^2）
3. 利用退水曲線式法，在地下水退水曲線轉折點 F 以切線反延伸至歷線反曲點 E 下，再連接 CE。
4. 連接 AF。
5. 連接 AC，再連接 CB。

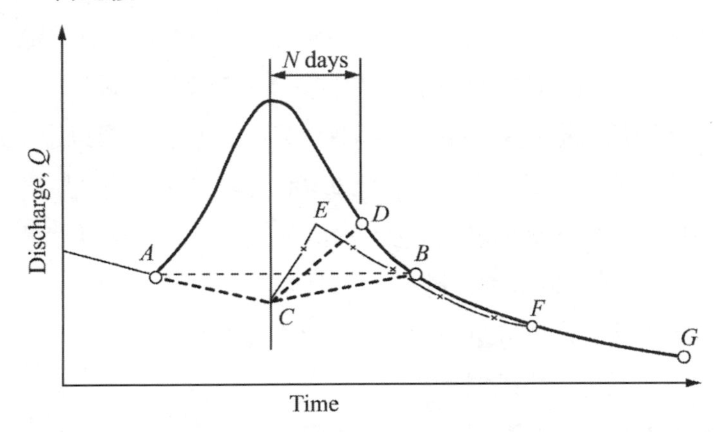

二、請敘述臺灣河川的主要水文特徵及河川治理時須蒐集整理的基本資料。（25 分）

參考題解

【參考九華講義-水文學 第 1 章】

（一）臺灣河川的主要水文特徵

1. 台灣北部、東北部區域年平均降雨量常超過 3000 毫米，年平均蒸發量在 750-900 毫米間，逕流係數在 0.7 以上。北起林口臺地南至高雄地區，年平均降雨量多在 2000 毫米以下，年平均蒸發量達 850 毫米，尤其在秋冬季節蒸發更旺盛，以致逕流係數多在 0.5 以下。高屏溪以南河川則因西南季風影響降雨較豐，年平均降雨量達 2300-3400 毫米，逕流係數約 0.7。花東地區年平均降雨量達 2300-2900 毫米，逕流係數小於 0.7。
2. 台灣河川年平均流量與流域年平均降水量關係不高，而與流域面積有高度相關性。單位面積流量（比流量）以東北部及北部較大（多在 300 萬立方公尺／平方公里以上)，西北臺地與中部區域最小。

3. 北部及東北部流域全年降水量與流量呈平均分配，中部、南部及東部區域的月流量則多呈不平均分配。最大月流量多發生於6-9月之間。北部及東北部區域的流量在6月、9月各有一高峰，分別為梅雨及颱風雨所造成。中部區域亦屬雙峰區域，降水量與逕流量均集中在6-9月，其中8月受颱風及熱雷雨影響，河川流量最大。南部區域降雨量與流量的各月分配相當懸殊，8月為豐水期，水量極大。但冬季降雨量與逕流量幾近於零，且河川枯水期甚長，大多數為典型之荒溪。東部流域屬單峰地區，雨量與流量明顯集中於夏季。
4. 台灣河川洪枯流量懸殊，河川係數大。颱風期間，暴雨急促且量大，增加河川治理與水資源開發利用之困難。平時及乾季，河川流量枯少，可利用水量相當有限，為典型的荒溪型河川。各河川最枯流量均發生於11-4月冬春之際，北部與東部區域為4月之春季，西部區域為冬季，中部區域則為1-3月間。
5. 台灣河川含沙量與輸砂量大為另一特性。單位面積輸砂量以東部河川的13,000公噸／平方公里最大，南部次之，北部6,500公噸／平方公里最小。侵蝕及輸砂量大與地質不穩定，易受風化侵蝕，及河川上游比降大，沖刷力強有關。

（二）河川治理時須蒐集整理的基本資料

1. 水文資料（雨量、水位流量、地下水位等）蒐集
2. 集水區及排水系統蒐集或調查
3. 排水設施調查（排水路斷面及構造物測量）
4. 地形資料蒐集（或測量）
5. 土壤及地質資料蒐集
6. 人口、產經及土地利用情形蒐集
7. 洪災蒐集或調查
8. 關係者之意向調查
9. 生態環境調查
10. 排水水質調查

三、詳細說明單位歷線法之假設與如何利用單位歷線法於推估集水區洪峰流量。近年有諸多人工智慧（Artificial Intelligence），如機器學習（Machine Learning）的研究顯示人工智慧可根據過去的案例萃取輸入與輸出的關聯性，試說明人工智慧如何建立降雨-逕流預報模式。並評析單位歷線法與人工智慧預報模式之優缺點。（25分）

參考題解

【參考九華講義-水文學 第 7 章】

（一）單位歷線法之假設

1. 於降雨延時內，有效降雨強度為均勻；
2. 降雨於空間上分佈均勻；
3. 對同一延時有效降雨所產生之直接逕流歷線的基期為一定；
4. 不同強度降雨所產生之逕流量，可以正比方式進行估算，並用線性疊加方式計算總逕流量；
5. 集水區之水文特性為非時變性。

（二）利用單位歷線法於推估集水區洪峰流量

由於非時變性的假設，所以認定水文環境不會隨時間發生明顯的改變，因此可以藉由集水區過去水文紀錄，推測該地區目前可能發生的水文情況。更由於線性的假設，可以藉由已知的單位歷線，以線性正比疊加之方式，推求該集水區之直接逕流歷線。應用單位歷線法配合有效降雨量所得之直接逕流歷線，若再加上河川基流量，則可得到河川的洪水流量歷線（total runoff hydrograph），其中最大流量即為尖峰流量。

（三）人工智慧建立降雨-逕流預報模式

人工智慧模型基本上不考慮水文過程的物理機制，而以建立輸入與輸出數據之間的最優數學關係為目標的黑匣子方法。非線性時間序列分析模型，類神經模型，模糊數學方法和灰色系統模型等的引入，以及水文數據獲取能力和計算能力的發展，人工智慧模型在水文預報中受到了廣泛的關注。

主要步驟：

1. 對流域徑流規律進行分析，並初始化數據。其中，流域徑流規律分析包括流域相關性及特徵分析，流域徑流序列週期及趨勢分析，水文年劃分及水庫調度分期和流域梯級典型年的選擇等。
2. 建立並初始化徑流預報模型。
3. 重新建立徑流預報模型，檢驗模型精度是否最優，並輸出徑流預報結果。

（四）單位歷線法與人工智慧預報模式之優缺點

1. 人工智慧預報模式

優點：

（1）可以建構非線性的模型。

（2）有良好的推廣性，對於未知的輸入亦可得到正確的輸出。

（3）可以接受不同種類的變數作為輸入，適應性強。

（4）可應用的領域相當廣泛。

缺點：

（1）計算量大，相當耗費電腦資源。

（2）可能解有無限多組，無法得知哪一組的解為最佳解。

（3）模式建立的訓練程中無法得知需要多少種類及數量的數據才足夠，需以試誤的方式得到適當的數據種類與數量。

（4）缺乏歷史數據的流域，無法憑空建立預測模型。

2. 單位歷線法

優點：

（1）充分了解和掌握其內在的客觀機制規律，透過合理的技術途徑和科學的方法預測。

（2）預估模式之參數及數據要求相對簡單。

（3）各項參數可以依據空間及時間實際情況加以調整，以獲得更精確估計。

缺點：

（1）隨著氣候變遷及人類活動的因素，各項參數出現複雜及非線性動力特性。

（2）各項參數隨空間及時間的變化實際情況，常無法精確掌握。

四、某一新開發之工業區，開發面積為 200 公頃（長 2 km*寬 1 km），為能順利排水，在工業區中央道路下面規畫一下水道長 900 公尺，下水道管內水流流速為 1.5 m/sec，下水道之設計排洪流量為 30 cms，假設逕流係數 C 為 0.5，雨水到達下水道之時間為 5 min，採用降雨強度-延時公式 $I=\frac{7133}{t+46.14}$（I：mm/hr, t：min），試問下水道在此一設計降雨強度情況之尖峰流量為何？請問下水道會溢流嗎？有什麼辦法可以降低該暴雨下在開發工業區所造成之下水道尖峰流量？（25 分）

參考題解

【參考九華講義-水文學 第 7 章】

（一）尖峰流量、溢流

集流時間 $t_c=5\ min+\frac{900\ m}{1.5\frac{m}{sec}}\times\frac{min}{60\ sec}=15\ min$

令集流時間等於降雨延時，$t_c=t$

所以降雨強度 $I=\frac{7133}{t+46.14}=\frac{7133}{15+46.14}=116.7\frac{mm}{hr}$

利用合理化公式求尖峰流量

$$Q_p = \text{CIA}$$

$$= 0.5 \times 116.7 \frac{mm}{hr} \times 200 \ \ ha \times \frac{hr}{3600 \ \ sec} \times \frac{m}{10^3 mm} \times \frac{10^4 m^2}{ha}$$

$$= 32.4 \ \ \frac{m^3}{sec}$$

$32.4 \ \frac{m^3}{sec} > 30 \frac{m^3}{sec}$ 所以可能會溢流。

（二）降低尖峰流量方法

1. 低衝擊開發概念：

   主要是透過生態工法，如：土壤和植被的入滲、蓄流和蒸發等等大自然本身的功能來降低暴雨所產生的逕流量。與傳統的管末處理方法不同之處，使用源頭管理和其他設計來控制暴雨所產生的逕流量和污染，其設計必須因地制宜，如考慮土壤性質、面積大小、交通狀態等其他開發型態。低衝擊開發策略的三大原則包括：

   （1）盡可能減少開發地區之不透水表面的面積；

   （2）盡量保持原有的水文狀態；

   （3）盡量充分利用入滲能力、增加集流時間，以達到降低開發行為對水質水量衝擊的目標。

2. 低衝擊開發方法常見有：

   綠色基礎設施（Green Infrastructure）包含：植生屋頂覆蓋（Vegetated roof covers）、雨水儲集（Rainwater Harvesting）、透水性鋪面（Permeable Pavement）、雨水花園（Rain Garden）、植物草溝（Vegetated Swales）、花槽（Planter）以及生態滯留池（Bio-retention）、窪地濕地（Swale Systems）等。

109年 特種考試地方政府公務人員考試題解／水資源工程學

一、欲估計某湖泊之蒸發水量，於湖旁設置蒸發皿及雨量計進行觀測，為使蒸發皿於每日觀測時維持固定水深，需添加水量，且降雨量之紀錄如下表所示，若於觀測的第 1 日測得湖泊水面面積為 0.8 km^2，假設湖泊面積於幾日內變動極為微小，且湖泊蒸發量等於蒸發皿蒸發量之 0.8 倍，請估計下表觀測期間的湖水蒸發體積。（20 分）

日期	第 1 日	第 2 日	第 3 日	第 4 日	第 5 日	第 6 日	第 7 日
蒸發皿添加水量 (mm)	3	2.9	0.5	3.8	3.9	1.9	3.6
降雨量 (mm)	0.1	0	3.2	0	0	1.1	0

參考題解

觀測期間蒸發皿蒸發量：

$$E_p = 3 + 0.1 + 2.9 + 0.5 + 3.2 + 3.8 + 3.9 + 1.9 + 1.1 + 3.6 = 24 \ (mm)$$

湖水蒸發量：

$$\mathrm{E} = C_p E_p = 0.8 \times 24 \ \ mm = 19.2 \ \ mm$$

湖水蒸發體積：

$$\mathrm{V} = \mathrm{E} \times \mathrm{A} = 19.2 \ \ mm \times 0.8 km^2 \times \frac{m}{10^3 mm} \times \frac{10^6 m^2}{km^2} = 15{,}360 \ \ m^3$$

二、有一水力發電廠之有效發電落差為 90 m，平常發電負載為 10,000 kW，但每日有 3 小時之尖峰負載為 13,000 kW，若欲建造一調整池儲存發電用水，用以負擔尖峰時段增加之發電量所需，假設發電裝置之效率為 100%，請計算調整池之容量。（20 分）

參考題解

水力發電功率 P：

$$\mathrm{P} = \eta\gamma Q h$$

$$\therefore Q_{avg} = \frac{P_{avg}}{\eta\gamma h} = \frac{10{,}000 \ \ kW}{100\% \times 9.81 \frac{kN}{m^3} \times 90m} = 11.33 \frac{m^3}{sec}$$（平常時段水流量）

$$Q_p = \frac{P_p}{\eta\gamma h} = \frac{13{,}000 \ \ kW}{100\% \times 9.81 \frac{kN}{m^3} \times 90m} = 14.72 \frac{m^3}{sec}$$（尖峰時段水流量需求）

調整池之容量 V

$$V = \Delta Q \times t_p = (14.72 - 11.33)\frac{m^3}{sec} \times 3\ \ hr \times \frac{3600sec}{hr} = 36{,}612\ \ m^3$$

三、假設有一積雨雲厚度為 12 km，雲中的水汽密度為 0.8 g/m³，若水汽全部凝結形成降雨落至地面，請推求降雨深度。（20 分）

參考題解

單位面積上之可降水量 W_p

$$W_p = \int_0^z \rho_v dz$$

$$= \rho_v \times Z$$

$$= 0.8\frac{g}{m^3} \times 12km \times \frac{10^3 m}{km} \times \frac{kg}{10^3 g}$$

$$= 9.6\frac{kg}{m^2}$$

$$= 9.6\frac{kg}{m^2} \times \frac{m^3}{10^3 kg} \times \frac{10^3 mm}{m}$$（將水質量轉為水體積）

$$= 9.6\ \ mm$$

四、在一坡度極緩（可視為水平）的矩形渠道設置一座下射式閘門，渠道及閘門開口寬度均為 $B = 1.8$ m，在閘門打開至某開度時，於閘門上、下游一段距離之水流平穩處，量得上游水深 $y_1 = 2.8$ m、下游水深 $y_2 = 0.8$ m，若閘門處之能量損失為上游速度水頭的 15%，請估計渠道流量。（20 分）

參考題解

取上游水面 1 與下游水面 2，依能量守恆定律

$$\frac{P_1}{\gamma} + y_1 + \frac{v_1^2}{2g} - 0.15 \times \frac{v_1^2}{2g} = \frac{P_2}{\gamma} + y_2 + \frac{v_2^2}{2g}$$

自由水面 $P_1 = P_2 = 0$

連續方程式 $y_1 V_1 = y_2 V_2 \quad \rightarrow V_2 = \frac{y_1}{y_2} V_1 = \frac{2.8\ \ m}{0.8\ \ m} \times V_1 = 3.5 V_1$

以上代入能量守恆方程式

$$2.8 + 0.85 \times \frac{v_1^2}{2g} = 0.8 + \frac{(3.5V_1)^2}{2g}$$

$$\therefore V_1 = 1.86 \ \left(\frac{m}{sec}\right)$$

渠道流量

$$Q = A_1 \times V_1 = B \times y_1 \times V_1 = 1.8m \times 2.8m \times 1.86\frac{m}{sec} = 9.374\frac{m^3}{sec}$$

五、某流量站之年最大瞬時洪峰流量 Q (m^3/s)與重現期 T (year)之回歸關係可表示為 $Q = 80 + 25 \ln(1.1 \cdot T)$，請問未來連續 3 年均不發生最大瞬時洪峰流量超過 150 m^3/s 之機率為何？（20 分）

參考題解

$$150 = 80 + 25 \ \ ln(1.1T)$$

$$\therefore ln(1.1T) = \frac{150 - 80}{25} = 2.8$$

$$T = \frac{e^{2.8}}{1.1} = 14.9 \ \ (year)$$

任一年發生最大瞬時洪峰流量大於等於 150 m^3/s 之機率 p 為

$$p(X \geq X_T) = \frac{1}{T} = \frac{1}{14.9}$$

未來連續 3 年均不發生之機率

$$p = \left(1 - \frac{1}{14.9}\right)^3 = 0.812$$

特種考試地方政府公務人員考試題解／流體力學

一、一實驗室規劃以 1/20 縮小尺寸的模型來模擬一灌溉渠道的現地流況。該現地渠道中流體的流速和運動黏滯度（kinematic viscosity）分別為 1 m/s 及 10^{-6} m^2/s。假設雷諾數（Reynolds number）及福祿數（Froude number）的模擬相似律需符合，試計算模型所需流體的運動黏滯度應為何？（25 分）

參考題解

福祿數相等，$\frac{V_m}{\sqrt{g_m L_m}}=\frac{V_p}{\sqrt{g_p L_p}}$（下標 m 代表模型，下標 p 代表實體）

$$\therefore V_m=\sqrt{\frac{L_m}{L_p}}\times V_p=\sqrt{\frac{1m}{20m}}\times 1\frac{m}{sec}=0.224\ \frac{m}{sec}$$

雷諾數相等，$\frac{V_m L_m}{\nu_m}=\frac{V_p L_p}{\nu_p}$

$$\therefore \nu_m=\frac{V_m L_m}{V_p L_p}\times \nu_p=\frac{0.224\ \frac{m}{sec}\times 1m}{1\frac{m}{sec}\times 20m}\times 1\times 10^{-6}\frac{m^2}{sec}=1.12\times 10^{-8}\frac{m^2}{sec}$$

二、一物質 A 為立方體（250 mm × 250 mm × 250 mm），其重量為 450 N。如圖所示，放入一個含水及水銀的儲槽內。當該物質 A 達到平衡狀態時，試計算該物質浸潤在水銀下的深度 x 為何？（水銀密度：13.6 g/cm³）（25 分）

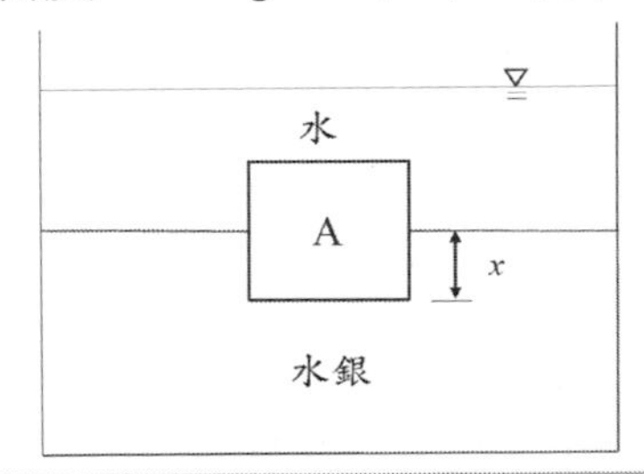

參考題解

依據阿基米得原理：

物體所受之浮力等於其排開流體之重量。

又此物體懸浮於流體中，所以其所受之浮力等於其重量。

$$450\ \mathrm{N} = 9810\frac{N}{m^3} \times (0.25 - x)m \times 0.25\ m \times 0.25\ m + 13.6 \times 9810\frac{N}{m^3} \times x\,m \times 0.25\ m \times 0.25\ m$$

$$450\ \mathrm{N} = 153.281\ \mathrm{N} - 613.125\ \ xN + 8338.5\ \ xN$$

$$\therefore x = 0.0384\ m$$

$$= 38.4\ mm$$

三、如圖所示，有一明渠水流流經一隆起的河段，其高度為 h。在此隆起的河段上游（upstream）處，其河道有固定水深 $y_0 = 3$ m 和定速度 $v_0 = 1$ m/s。假設河道單位寬度流量為定值 3 m²/s，試計算如果要維持上游該流況，h 的最大值可為何？（25 分）

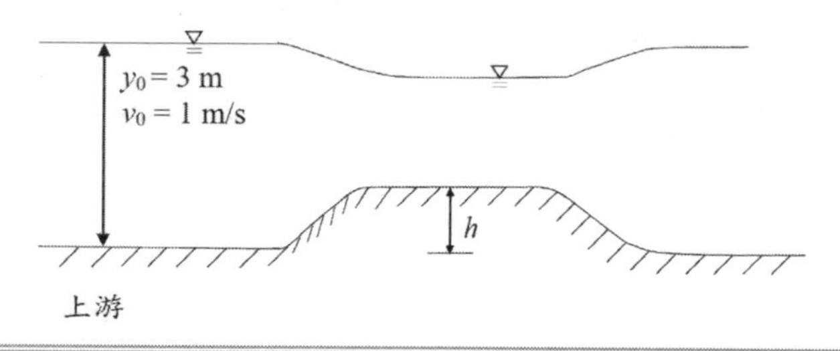

參考題解

$$h_{max} = E_0 - E_c$$

其中

h_{max} = 隆起高度最大值

E_0 = 上游段比能

E_c = 臨界流比能

$$E_0 = y_0 + \frac{v_0^2}{2g} = 3\,m + \frac{\left(1\frac{m}{sec}\right)^2}{2 \times 9.81\frac{m}{sec^2}} = 3.051\,m$$

$$y_c = \sqrt[3]{\frac{q^2}{g}} = \sqrt[3]{\frac{\left(3\frac{m^2}{sec}\right)^2}{9.81\frac{m}{sec^2}}} = 0.972\,m$$

$$E_c = y_c + \frac{q^2}{2gy_c^2} = 0.972\,m + \frac{\left(3\frac{m^2}{sec}\right)^2}{2 \times 9.81\frac{m}{sec^2} \times (0.972\,m)^2} = 1.458\,m$$

$$h_{max} = E_0 - E_c$$

$$= 3.051\,m - 1.458\,m = 1.593\,m$$

四、如圖所示，水流等速經過一雙出口（double-exit）的彎頭水管（elbow）。假設速度 $v_1 = 5$ m/s 和 $v_2 = 10$ m/s，水管內的體積為 1 m^3，直徑 D_1、D_2 及 D_3 分別為 0.5 m、0.2 m 及 0.2 m。試計算流體對彎頭水管的總水平與垂直方向作用力。（25 分）

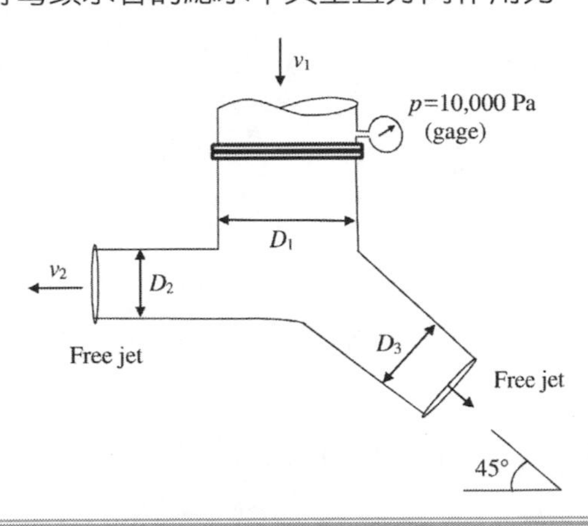

參考題解

此為一垂直放置之彎管，需考慮水體重量。

控制體積如下圖之虛線範圍：

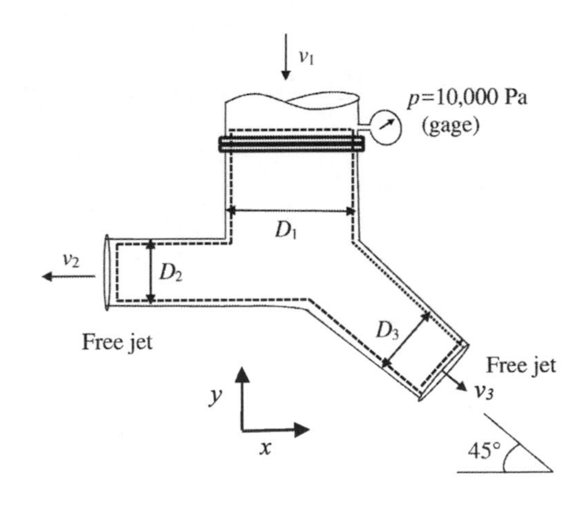

（一）質量守恆

$$Q_1 = Q_2 + Q_3$$

$$A_1 v_1 = A_2 v_2 + A_3 v_3$$

$$\frac{1}{4}\pi(0.5\,m)^2 \times 5\frac{m}{sec} = \frac{1}{4}\pi(0.2\,m)^2 \times 10\frac{m}{sec} + \frac{1}{4}\pi(0.2\,m)^2 \times v_3$$

$$\therefore v_3 = 21.25\left(\frac{m}{sec}\right)$$

（二）動量方程式

x 軸方向：

$$R_x = \rho A_3 v_3^2 cos\theta - \rho A_2 v_2^2$$

$$= 1000\frac{kg}{m^3} \times \frac{1}{4}\pi(0.2\,m)^2 \times \left(21.25\frac{m}{sec}\right)^2 cos45° - 1000\frac{kg}{m^3} \times \frac{1}{4}\pi(0.2\,m)^2 \times \left(10\frac{m}{sec}\right)^2$$

$$= 6{,}890\ \text{N}$$

（水平外力向右作用於控制體積流體，所以流體作用於彎管水平力之方向向左）

y 軸方向：

$$R_y - \rho\forall g - P_1 A_1 = -\rho A_3 v_3^2 sin\theta + \rho A_1 v_1^2$$

$$\therefore R_y = 1000\frac{kg}{m^3} \times 1\,m^3 \times 9.81\frac{m}{sec^2} + 10{,}000\frac{N}{m^2} \times \frac{1}{4}\pi(0.5\,m)^2 - 1000\frac{kg}{m^3} \times \frac{1}{4}\pi(0.2\,m)^2 \times \left(21.25\frac{m}{sec}\right)^2 sin45° + 1000\frac{kg}{m^3} \times \frac{1}{4}\pi(0.5\,m)^2 \times \left(5\frac{m}{sec}\right)^2$$

$$\therefore R_y = 6{,}651\,N$$

（垂直外力向上作用於控制體積流體，所以流體作用於彎管垂直力之方向向下）

特種考試地方政府公務人員考試題解／渠道水力學

一、在某一平直之寬淺河段規劃興建一座跨河橋樑，河寬為 50.0 m，計畫流量為 200 m³/s，水深為 4.0 m，水流為亞臨界流。為減少橋樑的長度，橋樑擬興建橫向護岸以局部束縮河段寬度。試問此計畫流量下，若橋樑之興建不影響河川上游水位變化時，其最小的河寬為何？（25 分）

參考題解

$Q=200(m^3/s)$

設代號 上游：1、下游：2

設最小河寬：b_2

設上游：$y_1=4m$ ，$b_1=50m$

束縮：$\mathrm{E}_1=\mathrm{E}_2\Rightarrow$ 若橋梁束縮到最小河寬 $\Rightarrow \mathrm{E}_1=\mathrm{E}_{c,2}$

$$E=y+\alpha\frac{v^2}{2g}\Rightarrow 設\alpha=1:E=y+\frac{v^2}{2g}$$

（一）$q_1=\dfrac{200}{50}=4$ ，$v_1=\dfrac{Q}{A}=\dfrac{200}{4\times50}=1(m/s)$

$$E_1=y_1+\frac{v_1^2}{2g}=4+\frac{1^2}{2\times9.81}=4.05=E_{c,2}$$

（二）$E_{c,2}=\dfrac{3}{2}\times y_{c,2}\Rightarrow 4.05=\dfrac{3}{2}\times y_{c,2}\Rightarrow y_{c,2}=2.7(m)$

$$\therefore y_{c,2}=2.7=\sqrt[3]{\frac{{q_2}^2}{g}}\Rightarrow q_2=1.39(m^2/s)$$

（三）$Q=q_2\times b_2\Rightarrow 200=13.9\times b_2\Rightarrow b_2=14.39(m)$

ans : 14.39 (m)(#)

二、某河川在一平直河段上，洪水過後依洪水痕跡量得在相距 2000 m 的 A、B 兩處，其最高水位分別為 50.0 m 及 46.0 m。經計算得 A、B 兩處斷面之通水面積分別為 350 m² 及 400 m²，潤週長度（wetted perimeter）分別為 125 m 及 150 m。已知該河段的曼寧糙度值為 0.015，試計算該次洪水的洪峰流量。（25 分）

參考題解

$L=2000(m)$, n=0.015

$y_A=50(m)$, $y_B=46(m)$

$A_A=350(m^2)$, $A_B=400(m^2)$

$P_A=125(m)$, $P_B=150(m)$

$R_A=\dfrac{A_A}{P_A}=\dfrac{350}{125}=2.8$, $R_B=\dfrac{A_B}{P_B}=\dfrac{400}{150}=2.67$

（一）洪峰流量以平均面積$(\overline{A})$、平均水力半徑$(\overline{R})$計算

$$\overline{A}=\frac{A_A+A_B}{2}=\frac{350+400}{2}=\frac{750}{2}=375$$

$$\overline{R}=\frac{R_A+R_B}{2}=\frac{2.8+2.67}{2}=\frac{8.47}{2}=4.24$$

（二）設河道為等速流 $\Rightarrow S_0=S_w=S_f$

$$\therefore S_f=\frac{y_A-y_B}{L}=\frac{50-46}{2000}=2\times10^{-3}$$

$$\therefore Q=VA=\frac{1}{n}\times\overline{R}^{\frac{2}{3}}\times\overline{S_f}^{\frac{1}{2}}\times\overline{A}$$

$$=\frac{1}{0.015}\times(4.24)^{\frac{2}{3}}\times\left(2\times10^{-3}\right)^{\frac{1}{2}}\times375$$

$$=2928.86$$

$ans:2928.86\left(m^3/s\right)(\#)$

三、某渠底為水平之梯形渠道，斷面底寬為 3.0 m，兩側的邊坡比（水平與垂直比）為 1：1。輸送水流流量為 20.0 m³/s，水深為 0.6 m。若下游產生水躍，試計算：

（一）下游水躍後之水深。（15 分）

（二）下游水躍後之福祿數（Froude number）。（10 分）

參考題解

設代號　上游：1、下游：2

$Q=20(m^3/s)$，$y_1=0.6(m)$，邊坡比(a): 1:1，$b=3(m)$

渠頂：$T=b+2y=3+2\times y$

面積：$A=(3+3+2y)\times y\times\frac{1}{2}=3y+y^2$

下游產生水躍：水躍後水深：y_2

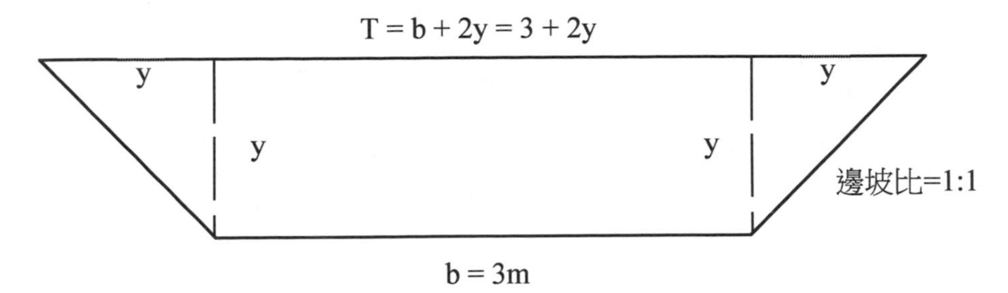

（一）1. $\because$ 水躍：$\therefore M_1=M_2$

$$而M=\bar{y}\times A+\frac{Q^2}{g\times A}$$

$$\Rightarrow\bar{y}=\frac{\int y\times dA}{A}\Rightarrow\bar{y}\times A=\int y\times dA$$

$$\Rightarrow\therefore\bar{y}\times A=\int y\times dA=\frac{1}{3}y\left(\frac{1}{2}\times y\times y\right)\times2+\frac{1}{2}y(3\times y)=\frac{1}{3}y^3+\frac{3}{2}y^2$$

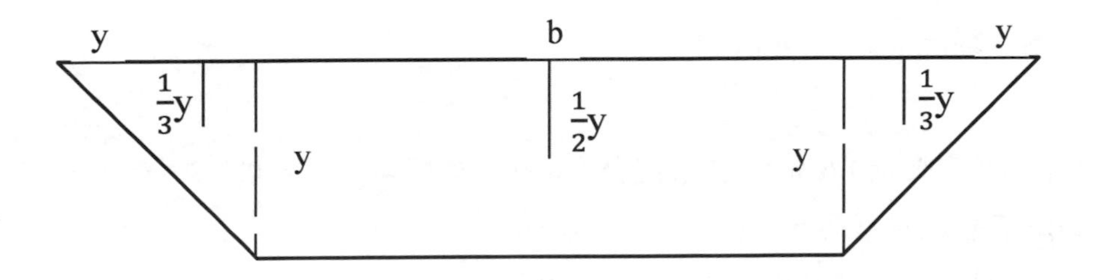

2. 上游$(y_1=0.6)$：

$$A_1=3\times0.6+0.6^2=2.16\left(m^2\right)$$

$$\therefore M_1=\overline{y_1}\times A_1+\frac{Q^2}{g\times A_1}=\frac{1}{3}y_1{}^3+\frac{3}{2}y_1{}^2+\frac{Q^2}{g\times A_1}$$

$$y_1=0.6\Rightarrow M_1=\frac{1}{3}\times0.6^3+\frac{3}{2}\times0.6^2+\frac{20^2}{9.81\times2.16}=19.49\left(m^3\right)$$

3. 下游(y_2)：

$$A_2=3\times y_2+y_2{}^2$$

$$\because M_1=M_2=19.49$$

$$\Rightarrow M_2 = \overline{y_2} \times A_2 + \frac{Q^2}{g \times A_2}$$

$$\Rightarrow 19.49 = \frac{1}{3} y_2^{\ 3} + \frac{3}{2} y_2^{\ 2} + \frac{20^2}{9.81 \times \left(3y_2 + y_2^{\ 2}\right)}$$

$\Rightarrow$ 試務法得 $y_2 = 0.6(m)$

（二）$Fr_2 = \dfrac{v_2}{\sqrt{\dfrac{g \times D_2 \times \cos\theta}{\alpha}}} \Rightarrow$ 設 $\alpha = 1, \theta = 0°$

$$\therefore Fr_2 = \frac{v_2}{\sqrt{g \times D_2}}$$

$$v_2 = \frac{Q}{A_2} = \frac{20}{3 \times 0.6 + 0.6^2} = 9.26(m/s)$$

$$D_2 = \frac{A_2}{T_2} = \frac{3 \times 0.6 + 0.6^2}{3 + 2 \times 0.6} = 0.51(m)$$

$$\Rightarrow \therefore Fr_2 = \frac{v_2}{\sqrt{g \times D_2}} = \frac{9.26}{\sqrt{9.81 \times 0.51}} = 4.14$$

ans:（一）下游水躍後水深 : $0.6(m)$

（二）下游水躍後福祿數 : 4.14 (#)

四、有一矩形水道，渠寬 1.6 m，縱向坡度為 0.0005，曼寧糙度值為 0.013，流量為 1.7 m³/s。若在渠道某位置 A 量得水深為 1.0 m，試問：

（一）水深為 0.90 m 的位置 B 應位於 A 處之上游或下游，說明其理由。（10 分）

（二）A、B 兩處之距離。（15 分）

參考題解

$S = 0.0005$, $n = 0.013$, $Q = 1.7\left(m^3/s\right)$, $b = 1.6\left(m\right)$

$y_A = 1\left(m\right)$

$$Q = VA = \frac{1}{n} R^{\frac{2}{3}} S^{\frac{1}{2}} \times A$$

$$\Rightarrow 1.7 = \frac{1}{0.013} \times \left(\frac{1.6 \times y_n}{1.6 + 2 \times y_n}\right)^{\frac{2}{3}} \times \sqrt{0.0005} \times (1.6 \times y_n)$$

$\Rightarrow$ 試誤法得 $y_n = 1.04\left(m\right)$

$$y_c=\sqrt[3]{\frac{q^2}{g}}=\sqrt[3]{\frac{\left(\frac{1.7}{1.6}\right)^2}{9.81}}=0.49(m)$$

$y_n>y_c \Rightarrow M$坡

（一）$\because \dfrac{dy}{dx}=\dfrac{S_0-S_f}{1-Fr^2}\Rightarrow\begin{cases}y_A、y_B<y_n\Rightarrow S_f>S_0\\ y_A、y_B>y_c\Rightarrow Fr<1\end{cases}$

$\therefore \dfrac{dy}{dx}=\dfrac{-}{+}<0\Rightarrow$ 水面斜率向下

$\therefore$M坡、水面斜率向下 $\Rightarrow M_2$

由以上條件：水面斜率向下、M_2、$y_A>y_B$ $\Rightarrow\therefore B$在A的下游

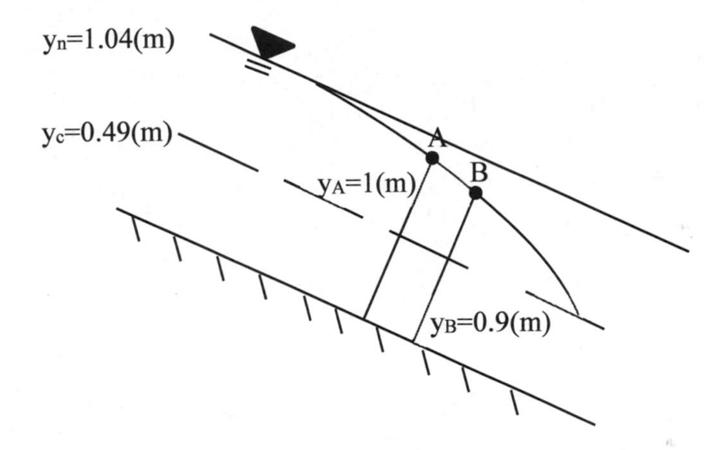

（二）$v_A=\dfrac{Q}{A_A}=\dfrac{1.7}{1.6\times1}=1.06(m/s)$

$v_B=\dfrac{Q}{A_B}=\dfrac{1.7}{1.6\times0.9}=1.18(m/s)$

$E=y+\alpha\dfrac{v^2}{2g}\Rightarrow$ 設$\alpha=1\Rightarrow E=y+\dfrac{v^2}{2g}$

1. $E_A=y_A+\dfrac{v_A^2}{2g}=1+\dfrac{1.06^2}{2\times9.81}=1.06(m)$

2. $E_B=y_B+\dfrac{v_B^2}{2g}=0.9+\dfrac{1.18^2}{2\times9.81}=0.97(m)$

3. $S_{f,A}$：

$v_A=\dfrac{1}{n}\times R_A^{\frac{2}{3}}\times S_{f,A}^{\frac{1}{2}}$

$$\Rightarrow 1.06 = \frac{1}{0.013} \times \left(\frac{1.6 \times 1}{1.6 + 2 \times 1} \right)^{\frac{2}{3}} \times S_{f,A}^{\frac{1}{2}}$$

$$\Rightarrow S_{f,A} = 5.6 \times 10^{-4}$$

4. $S_{f,B}$：

$$v_B = \frac{1}{n} \times R_B^{\frac{2}{3}} \times S_{f,B}^{\frac{1}{2}}$$

$$\Rightarrow 1.18 = \frac{1}{0.013} \times \left(\frac{1.6 \times 0.9}{1.6 + 2 \times 0.9} \right)^{\frac{2}{3}} \times S_{f,B}^{\frac{1}{2}}$$

$$\Rightarrow S_{f,B} = 7.4 \times 10^{-4}$$

5. $\overline{S_f} = \dfrac{S_{f,A} + S_{f,B}}{2} = \dfrac{5.6 \times 10^{-4} + 7.4 \times 10^{-4}}{2} = 6.5 \times 10^{-4}$

6. $L = \dfrac{E_B - E_A}{S_0 - \overline{S_f}} = \dfrac{0.97 - 1.06}{5 \times 10^{-4} - 6.5 \times 10^{-4}} = 600\ (m)$

ans:（一）B 在 A 的下游，理由如上所述

（二）600(m)　　(#)

109年 特種考試地方政府公務人員考試題解／土壤力學概要

一、一飽和狀態下土壤之孔隙比 0.7，比重 2.7，請計算這土壤在飽和度 75%時的單位重與含水量。（25 分）

參考題解

題型解析／難易程度	簡易之土壤基本參數計算，再次見證$S \times e = G_s \times w$的威力與重要性。
109 講義出處	土壤力學 1.1（P.2~3）。類似例題 1-3（P.5）、例題 1-4（P.6）、例題 1-5（P.6）

$S \times e = G_s \times w$

$\Rightarrow 0.75 \times 0.7 = 2.7 \times w \Rightarrow w = 0.1944 = 19.44\% \ldots\ldots\ldots\ldots\ldots\ldots Ans.$

$$\gamma_m = \frac{G_s + Se}{1+e}\gamma_w = \frac{2.7 + 0.75 \times 0.7}{1+0.7} \times 9.81 = 18.61 kN/m^3 \ldots\ldots\ldots\ldots Ans.$$

二、一土壤之剖面（20 公尺深）如下，請計算 A 點處之有效應力，並繪製該土層之有效應力分布。（25 分）

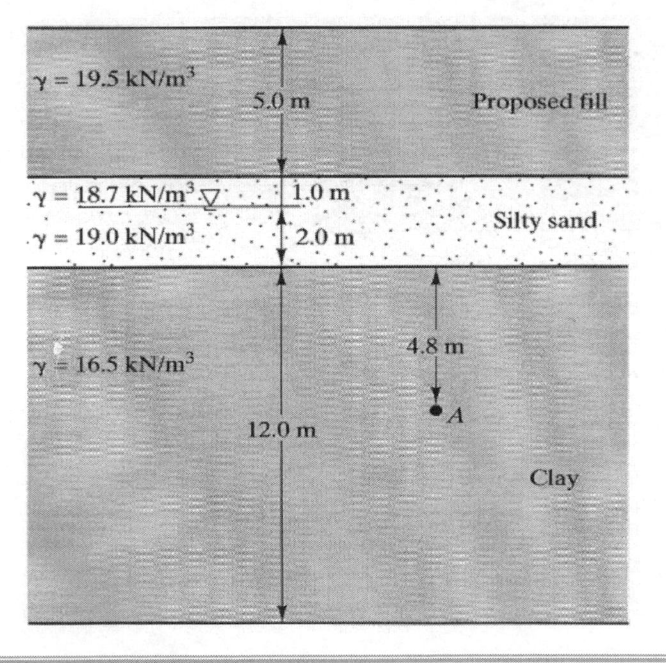

參考題解

題型解析／難易程度	簡易之土壤垂直壓力分佈計算與繪圖常見題型
109 講義出處	土壤力學 5.1（P.84）。類似例題 5-1（P.88）、例題 5-3（P.91）、例題 5-5（P.94）

深度 m	有效應力kN/m^2
0	0
5	$19.5 \times 5 = 97.5$
6	$97.5 + 18.7 \times 1 = 116.2$
8	$116.2 + 19 \times 2 - 9.81 \times 2 = 134.58$
12.8(A 點)	$134.58 + 16.5 \times 4.8 - 9.81 \times 4.8 = 166.692$
20	$166.692 + 16.5 \times 7.2 - 9.81 \times 7.2 = 214.86$

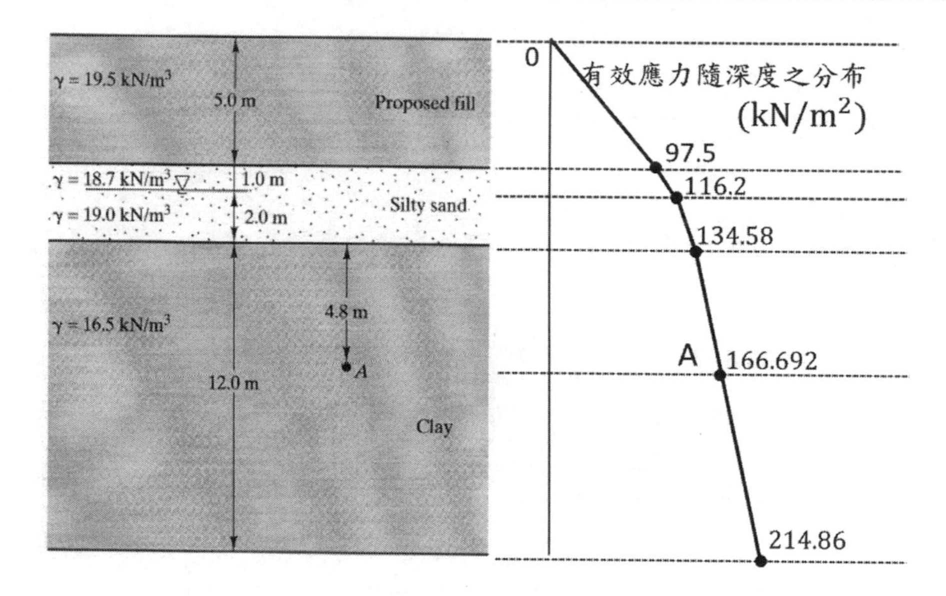

三、於工地現場有一 12 公尺厚之黏土層，其下方為砂土層。取樣該黏土送實驗室做單向度壓密試驗，獲得其壓密係數為$1 \times 10^{-3} cm^2/s$，另外，進一步地分析現場因施工加載所致之主要壓密沉陷為 1.2 公尺。請估算施工加載 5 年後之沉陷量。（25 分）

$$T_v = \frac{\pi}{4}\left(\frac{U\%}{100}\right)^2 \qquad \text{for } U = 0 \text{ to } 60\%$$

$$T_v = 1.781 - 0.933\log(100 - U\%) \qquad \text{for } U > 60\%$$

參考題解

題型解析／難易程度	中等應用之壓密分析計算題型
109 講義出處	土壤力學 7.7.3（P.165~166）。類似例題 7-13（P.185）、7-33（P.223）、例題 7-36（P.227）

$C_v = 1 \times 10^{-3}\ \ cm^2/s = 3.1536\ \ m^2/year$

$T_v = \dfrac{C_v t}{H_{dr}^2} \Rightarrow T_v = \dfrac{3.1536 \times 5}{(12/2)^2} = 0.438$

使用$T_v = 1.781 - 0.933\log(100 - U_{avg})$　　　　$U_{avg} > 60\%$

$0.438 = 1.781 - 0.933\log(100 - U_{avg})$

$\Rightarrow U_{avg} = 72.49\% > 60\%$　　　代表使用公式正確

5 年後沉陷量$= U_{avg} \times 120 = 0.7249 \times 120 = 86.99 \approx 87cm$........*Ans.*

四、一正常壓密土壤之莫爾庫倫破壞包絡線為$\tau_f = \sigma' \tan 30°$，當取得此原狀土樣在圍壓 69 kPa下，施做三軸壓密排水試驗，請預測其在剪切過程中，試體破壞時之軸差應力。（25 分）

參考題解

題型解析／難易程度	簡易入門之三軸壓密排水試驗分析計算題型
109 講義出處	土壤力學 8.5（P.239）。類似例題 8-6（P.262）、8-16（P.276）、例題 8-22（P.284）

正常壓密土壤 $\tau_f = \sigma'\tan30° \Rightarrow c' = 0$　　　$\varphi' = 30°$

$\sigma_1' = \sigma_3' K_p + 2c'\sqrt{K_p'}$，$K_p' = \tan^2(45° + \dfrac{\varphi'}{2}) = 3$

$\Rightarrow 69 + \Delta\sigma_d = 69 \times 3 \Rightarrow \Delta\sigma_d = 138\ \ \text{kPa}$.....................Ans.

特種考試地方政府公務人員考試題解／水文學概要

一、試繪圖並解釋下列現象：

（一）土壤在濕潤與乾燥過程之遲滯（Hysteresis）現象。（10 分）

（二）土壤水有那幾種？在不同季節因降雨量不同土壤水的變化。（15 分）

參考題解

【參考九華講義-水文學 第 5 章】

（一）遲滯現象

土壤在某一含水量下之土壤水分張力並非單一，而是與土壤水分含量變化的歷程有關。土壤在逐漸乾燥中的水分張力會大於逐漸濕潤中的土壤水分張力，此種現象稱之為遲滯效應（hysteresis effect）。

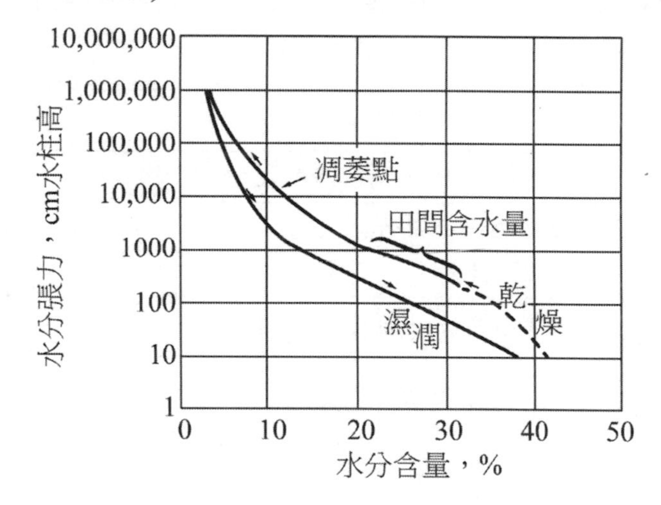

（二）土壤水種類

凡在土壤中的水均稱為土壤水。根據土壤吸附水分的力的差異，土壤水可分為吸著水（hydroscopic water）、毛管水（capillary water）和重力水（gravitational water）三大類。吸著水是土壤粒子表面吸附的一層薄薄的分子層水，其吸著力非常大，可達到 31-10000 大氣壓，故無法被植物取用，對植物而言是無效水。毛管水存在於土壤之毛細管中，可被植物根部吸收，是植物的有效水。重力水則是隨重力的作用可向下滲入地下水層中的水。

降雨量大的豐水期，土壤水中重力水比例高。降雨量減少季節，以毛管水為主。長期未降水之乾旱期，土壤水只剩下吸著水。

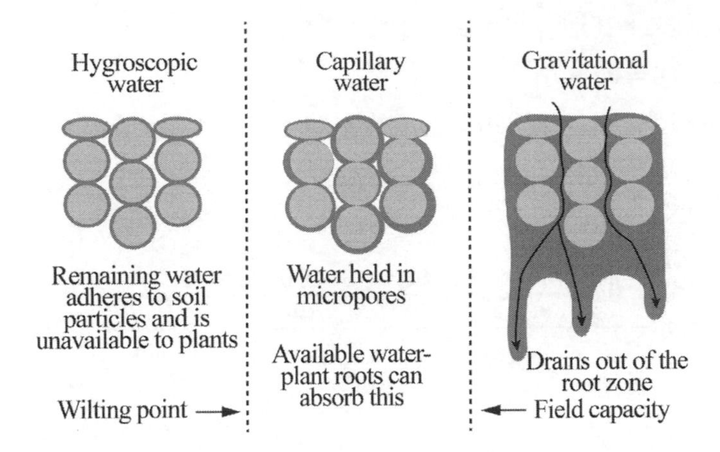

二、試說明拘限含水層（confined aquifer）與非拘限含水層（unconfined aquifer）之定義及其水理特性之差異。（25分）

參考題解

【參考九華講義-水文學 第6章】

（一）拘限含水層／非拘限含水層定義

1. 拘限含水層為拘限於上、下兩不透水層之間的地下含水層。
2. 非拘限含水層則是由地下水位線形成其上邊界。

（二）水理特性之差異

1. 非拘限含水層有自由水面，並且總水頭與水面位置相同。
2. 拘限含水層無自由水面，且在含水層的上邊界壓力水頭大於零。拘限含水層的水位線(勢能水位)經常比含水層的上層邊界還高，在這種情況下則可能產生湧泉現象，有些時候水位甚至可高出地面，如此則會產生自流井現象。

三、某一集水區，其面積為 4 km^2，平均年流量為 0.25 cms，平均年降雨量為 2500 mm，假設地下水年儲存量沒有變化，請用水平衡算出該集水區年平均蒸發散量。（25分）

參考題解

【參考九華講義-水文學 第1章】

水平衡方程式

$$I - O = \frac{dS}{dt}$$

忽略蒸發散以外之損失，在地下水年儲存量沒有變化下

$$\therefore P - E - Q = 0$$

其中，P = 平均年降雨量，E = 年平均蒸發散量，Q = 平均年逕流量

年平均蒸發散量：

$$E = P - Q$$

$$= 2{,}500\ mm - \frac{0.25\frac{m^3}{sec}\times 365\frac{day}{yr}\times\frac{86400\ sec}{day}}{4\ km^2\times\frac{10^6 m^2}{km^2}}\times\frac{10^3 mm}{m}$$

$$= 529\ mm$$

四、某流域發生連續三場延時各為 1 小時之連續降雨，其有效雨量分別為 2 cm、3 cm、1 cm 的暴雨後，河川的直接逕流歷線如下所示，求該流域 1 小時單位歷線？今有一場 1 小時之暴雨，有效雨量 10 cm 河川的基流量 10 cms，試問洪峰流量為何，洪峰發生在第幾小時？（25 分）

時間（hr）	0	1	2	3	4	5	6	7	8	9	10	11
Q（cms）	0	6	23	50	88	112	97	61	30	11	2	0

參考題解

【參考九華講義-水文學 第 7 章】

（一）1 小時單位歷線

假設 1 小時單位歷線 U（1,t）如下表第（3）欄位，利用線性疊加方式使其與已知流量相等，可得 1 小時單位歷線如表中第（8）欄位。

(1) 時間 t (hr)	(2) 有效降雨量 (cm)	(3) U(1,t) (cms)	(4) 2U(1,t) (cms)	(5) 3U(1,t-1) (cms)	(6) U(1,t-2) (cms)	(7) 直接逕流量 (cms)	(8) U(1,t) (cms)
0	0	Q_0	$2Q_0$	-	-	0	0
1	2	Q_1	$2Q_1$	$3Q_0$	-	6	3
2	3	Q_2	$2Q_2$	$3Q_1$	Q_0	23	7
3	1	Q_3	$2Q_3$	$3Q_2$	Q_1	50	13
4		Q_4	$2Q_4$	$3Q_3$	Q_2	88	21
5		Q_5	$2Q_5$	$3Q_4$	Q_3	112	18
6		Q_6	$2Q_6$	$3Q_5$	Q_4	97	11
7		Q_7	$2Q_7$	$3Q_6$	Q_5	61	5

(1) 時間 t (hr)	(2) 有效降雨量 (cm)	(3) U(1,t) (cms)	(4) 2U(1,t) (cms)	(5) 3U(1,t-1) (cms)	(6) U(1,t-2) (cms)	(7) 直接逕流量 (cms)	(8) U(1,t) (cms)
8		Q_8	$2Q_8$	$3Q_7$	Q_6	30	2
9		Q_9	$2Q_9$	$3Q_8$	Q_7	11	0
10				$3Q_9$	Q_8	2	
11					Q_9	0	

$2Q_0 = 0$ $\qquad Q_0 = 0$

$2Q_1 + 3Q_0 = 6$ $\qquad Q_1 = 3$

$2Q_2 + 3Q_1 + Q_0 = 23$ $\qquad Q_2 = 7$

$2Q_3 + 3Q_2 + Q_1 = 50$ $\qquad Q_3 = 13$

$2Q_4 + 3Q_3 + Q_2 = 88$ $\qquad Q_4 = 21$

$2Q_5 + 3Q_4 + Q_3 = 112$ $\qquad Q_5 = 18$

$2Q_6 + 3Q_5 + Q_4 = 97$ $\qquad Q_6 = 11$

$2Q_7 + 3Q_6 + Q_5 = 61$ $\qquad Q_7 = 5$

$2Q_8 + 3Q_7 + Q_6 = 30$ $\qquad Q_8 = 2$

$2Q_9 + 3Q_8 + Q_7 = 11$ $\qquad Q_9 = 0$

（二）洪峰流量，洪峰發生時間

由下表第（6）欄位可知洪峰流量 = 220 cms，發生在第 4 小時。

(1) 時間 t (hr)	(2) 有效降雨量 (cm)	(3) U(1,t) (cms)	(4) 10U(1,t) (cms)	(5) 基流量 (cms)	(6) 逕流量 (cms)
0	0	0	0	10	10
1	10	3	30	10	40
2		7	70	10	80
3		13	130	10	140
4		21	210	10	220
5		18	180	10	190
6		11	110	10	120
7		5	50	10	60
8		2	20	10	30
9		0	0	10	10

特種考試地方政府公務人員考試題解／水資源工程概要

一、若河溪中的水資源工程設施有阻斷魚類溯游之虞，可施做魚道（或稱魚梯）降低生態衝擊，請列舉及說明五項魚道設計所需考量之原則及條件。（20 分）

參考題解

魚道設計所需考量之原則及條件：

（一）魚道布置位置

必須掌握的原則為魚道通常設在岸側、堰堤與河向互相配合、以及誘魚之考量。當河寬大而水流在取水堰全寬流動時，可在兩岸均設置魚道，以增加魚類進入魚道之機會。

（二）魚道型式之選擇

依據河川特性、魚種以及水理因素，決定適當的魚道本體型式。

1. 「水池型」：階段式、潛孔式、豎孔式。
2. 「水路型」：丹尼爾式、粗石斜坡面式、舟通式型式。
3. 「操作型」：電梯式、閘門式。

（三）魚道本體細部設計

需布置適當的整體長度、坡度、休息水池長度、休息池個數等。渠道為魚道之主體，常設擾流設施，創造利於溯游環境。

（四）魚道出入口布置

1. 入口不突出堰壩

   魚道入口，盡量以不突出攔河堰或防砂壩本體下游端之方式布置，此時不論堰形與河道主流方向是否有呈現角度，魚類上溯直行至防砂壩下方會很容易左右來回找到魚道入口。魚道入口一般為河流下游，係水流流出方向，有效之魚道入口應具良好之集魚效果。

2. 設置副壩

   如果無法避免魚道入口布置太下游時，可增設副壩或淺堰以增加魚類找到入口之機會。設置副壩後，可將防砂壩下游至副壩間的水流況變成較為穩定的狀況，可避免或降低魚類被防砂壩下方水流的吸引，進而使魚類能夠上溯過副壩後，反而被魚道入口的水流所誘引，順利進入魚道，且有一定的水位可供魚類跳躍使用，特別是階段式魚道。因此，副壩布置的位置盡量靠近魚道入口。此外，設計時，要注意淺堰的水位差必須小於魚類的跳躍能力，建議小於 20 cm。最後，魚道入口的靠近河道主流方向側邊，可適當的以開口方式布置，有較強的水流可適當導引魚類前進的方向，但是水流流速不能超過魚類之突進泳速。

3. 全斷面式魚道

當無法避免魚道入口布置太下游時，亦可考慮將主堰壩修改為全斷面式的魚道，但此方式較適用於河道寬度或落差比較小，以及施工預算經費可行時。當河道具有全斷面式魚道時，可增加流速之歧異度，魚類上溯時，則具有較多樣性的選擇。在設計時，要注意全斷面式魚道之溢流水深、流速與流量，以及蓄水深度等，必須滿足魚類上溯之需求。其中，流速在台灣中、下游溪流魚道設計流速以小於 1.5 m/s 為準；蓄水深一般採用 0.6～1.0 m。

4. 魚道出入口環境條件

對於魚道出口（水流入口）的條件，在設計流量方面，壩頂與第一階隔板的高差是控制變因，通常不要超過 50 cm，若集水區保持良好，沒有泥砂堵塞問題，則 40 cm 便足夠，此部份建議由水理數值試驗、生物特性加以綜合評估。在魚道出口的地形方面，通常要設置格柵，可用固定式的混凝土結構物或簡易的鋼柵，阻擋漂流木或過大的石塊進入破壞魚道的結構。

二、河川下游某處之堤頂高程為 15.3 m，主管機關於颱洪期間，若預估未來 2 小時河川水位將到達堤頂時，則須發布一級警戒。現於上午 6 時觀測該處洪水水位為 6.9 m，且假設水位上漲率為 1.2 m/hr，請問該日何時須發布一級警戒？（20 分）

參考題解

洪水水位由 6.9 m 上漲至 15.3 m 所需之時間

$$t=\frac{(15.3-6.9)m}{1.2\,\frac{m}{hr}}=7.0\ \ hr$$

所以預估河川水位達到堤頂的時間為：6 am + 7 hr = 1 pm

而發布一級警戒的時間為：1 am − 2 hr = 11 am（上午 11 時）

三、世界觀測紀錄之最大降水深度 P（mm）與降水延時 D（hr）資料之包絡線方程式可表示為$P=500\cdot\sqrt{D}$，請以此方程式推估降雨延時為 3 日所對應之降雨強度。（20 分）

參考題解

降雨延時 $D = 3\ \text{day} \times \dfrac{24\ hr}{day} = 72\ hr$

對應之最大降水深度 $P = 500 \cdot \sqrt{D} = 500 \times \sqrt{72} = 4{,}243\ mm$

對應之降雨強度 $I = \dfrac{P}{D} = \dfrac{4{,}243\ mm}{72\ hr} = 58.9\ \dfrac{mm}{hr}$

四、有一小型水力發電裝置直接利用水路獲取落差 $H = 2.3$ m 來發電，假設不計發電過程之各項損失，且發電裝置之效率為 100%，請計算在發電流量 $Q = 0.4\ m^3/s$ 的情況下，此發電裝置是否足夠供給某公司平均每日 200 度（kWh）的用電量需求？假設一日內各時刻的用電量為固定。（20 分）

參考題解

該公司用電功率

$$P_u = \frac{200\ kWh}{24\ h} = 8.33\ kW$$

水力發電功率

$$P_s = \eta\gamma Qh = 100\% \times 9.81\frac{kN}{m^3} \times 0.4\frac{m^3}{sec} \times 2.3m = 9.03\ kW$$

所以

$$P_s = 9.03\ kW > 8.33\ kW = P_u \qquad \text{供電足夠}$$

五、為開發水資源以降低缺水風險，規劃四項水資源工程計畫方案，經後續工程經濟分析後將各方案之成本及效益列於下表，若總預算上限為 124.8 百萬元，請以合理的經濟觀點評析各方案優劣，並說明應選擇那一方案。（20 分）

方案	成本（百萬元）	效益（百萬元）
A	82.9	108.3
B	150.2	184.2
C	96.1	86.5
D	118.6	146.5

參考題解

以成本符合總預算上限（124.8 百萬元）及淨效益最高為評估準則。

方案	成本（百萬元）	效益（百萬元）	符合總預算上限	淨效益（百萬元）
A	82.9	108.3	是	25.4
B	150.2	184.2	否	-
C	96.1	86.5	是	-9.6
D	118.6	146.5	是	27.9

A 方案淨效益為 25.4 百萬元，淨效益次優。

B 方案成本超出總預算上限，不可行。

C 方案效益低於成本，淨效益為負值，不值得投資。

D 方案淨效益達 27.9 百萬元，淨效益最高。

四方案中以 D 方案淨效益最高，所以應選擇 D 方案。

109年 特種考試地方政府公務人員考試題解／流體力學概要

一、如圖所示，一個剛性（rigid）密封（sealed）的圓柱槽，內有兩個流體（水和汽油）。假設有一水流其以 10 N/s 的重量流量（weight flow）流入圓柱槽，造成上方的汽油流出。汽油的比重（specific gravity）為 0.6，試計算汽油流出的重量流量（weight flow）？假設水和汽油皆考慮為不可壓縮（incompressible）。（25 分）

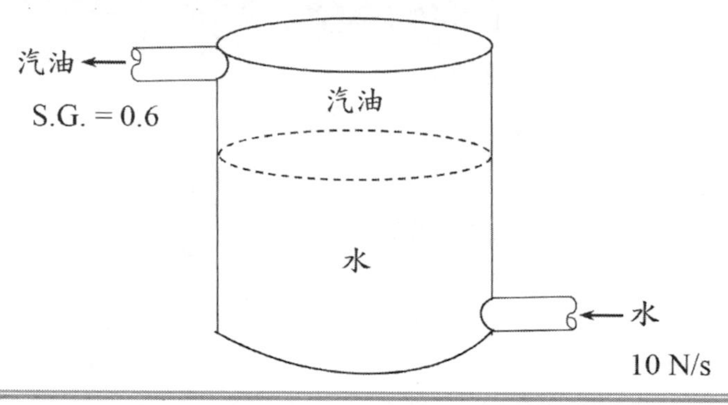

參考題解

以圓柱槽為控制體積：

質量守恆方程式：

$$\dot{m}_{gas} = \dot{m}_{water}$$

$$\rho_{gas} Q_{gas} = \rho_{water} Q_{water} \quad (1)$$

因為水和汽油皆考慮為不可壓縮，所以

$$Q_{gas} = Q_{water}$$

已知 $\dot{W}_{water} = \rho_{water}\ g\ Q_{water} = 10\frac{N}{sec}$

以上代入（1）式

汽油流出的重量流量：

$$\dot{W}_{gas} = \rho_{gas}\ g\ Q_{gas} = S.G.\times \rho_{water} g Q_{water} = 0.6 \times 10\frac{N}{sec} = 6\frac{N}{sec}$$

二、如圖所示，兩個大水槽流出的水流互相碰擊。假設忽略黏滯效應且點 A 為停滯點（stagnation point），試計算高度 h 應為何？（25 分）

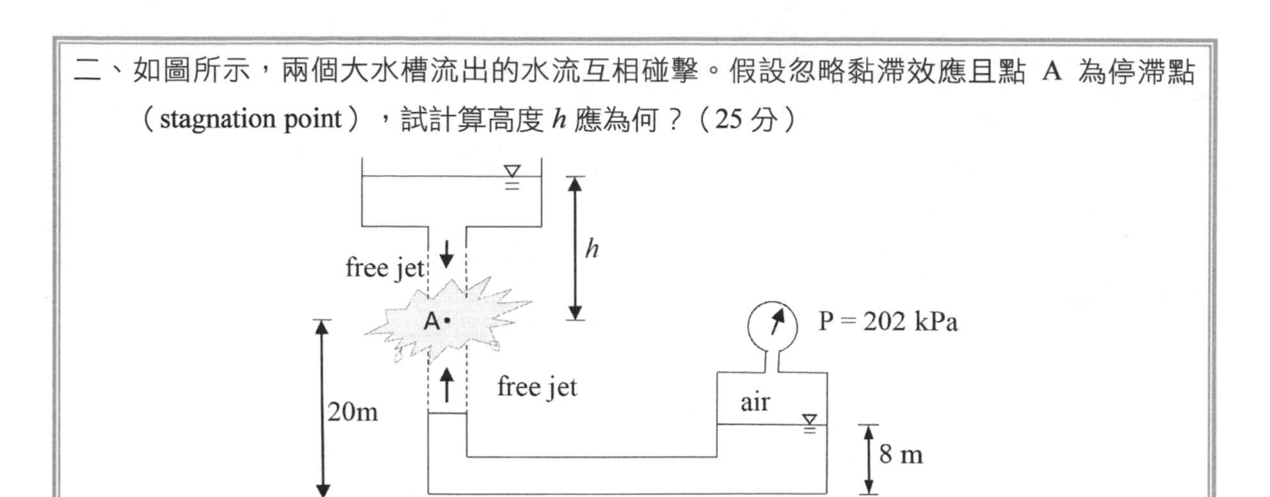

參考題解

忽略黏滯效應，所以右下方水槽液面（點 1）至 A 點之柏努力方程式：

$$\frac{P_1}{\gamma}+z_1+\frac{v_1^2}{2g}=\frac{P_A}{\gamma}+z_A+\frac{v_A^2}{2g}$$

大表面水槽 $\rightarrow v_1\approx 0$，A 點暴露在大氣中，$P_A=0$

所以水柱撞擊停止前流速，v_A

$$\frac{v_A^2}{2g}=\frac{P_1}{\gamma}+z_1-z_A=\frac{202}{9.81}+8-20=8.59\ (m)$$

往上水柱在 A 點撞擊力

$$F_{yu}=\rho A v_A^2 \quad \text{（A 為水柱斷面積）}$$

此力大小與往下水柱在 A 點撞擊力相等，所以左上水槽排出水柱在 A 點撞擊前流速相等。

左上方水槽液面（點 2）至 A 點之柏努力方程式：

$$\frac{P_2}{\gamma}+z_2+\frac{v_2^2}{2g}=\frac{P_A}{\gamma}+z_A+\frac{v_A^2}{2g}$$

大表面水槽 $\rightarrow v_2\approx 0$，點 2 及 A 點暴露在大氣中，$P_2=P_A=0$

所以 $h=z_2-z_A=\dfrac{v_A^2}{2g}=8.59\ m$

三、假設某一水力機械的輸出功率（power output）為葉輪直徑（impeller diameter）、旋轉速度（rotation rate）、流體體積流量（volume flow）、流體密度（density）及流體動力黏滯度（dynamic viscosity）的函數。試以白金漢 π 定理（Buckingham π theorem）進行因次分析，寫出其無因次關係。（25 分）

參考題解

各物理量之因次：

輸出功率：$P \sim \frac{ML^2}{T^3}$　　葉輪直徑：D~L

旋轉速度：$n \sim \frac{1}{T}$　　流體體積流量：$Q \sim \frac{L^3}{T}$

流體密度：$\rho \sim \frac{M}{L^3}$　　流體動力黏滯度：$\mu \sim \frac{M}{LT}$

6 個變數中包含基本因次（M，L，T）3 個，所以有 6 − 3 = 3 個無因次變數。

選定 ρ，n，D 為重複變數，則

（一）π_1

$$\pi_1 = \rho^a n^b D^c P$$

$$M^0L^0T^0 = \left(\frac{M}{L^3}\right)^a \left(\frac{1}{T}\right)^b (L)^c \left(\frac{ML^2}{T^3}\right)$$

M：$0 = a + 1$

L：$0 = -3a + c + 2$

T：$0 = -b - 3$

以上聯立可得

$$a = -1, \quad b = -3, \quad c = -5$$

$$\pi_1 = \frac{P}{\rho n^3 D^5}$$

（二）π_2

$$\pi_2 = \rho^a n^b D^c Q$$

$$M^0L^0T^0 = \left(\frac{M}{L^3}\right)^a \left(\frac{1}{T}\right)^b (L)^c \left(\frac{L^3}{T}\right)$$

M：$0 = a$

L：$0 = -3a + c + 3$

T：$0 = -b - 1$

以上聯立可得

$a = 0$， $b = -1$， $c = -3$

$$\pi_2 = \frac{Q}{nD^3}$$

（三）π_3

$$\pi_3 = \rho^a n^b D^c \mu$$

$$M^0 L^0 T^0 = \left(\frac{M}{L^3}\right)^a \left(\frac{1}{T}\right)^b (L)^c \left(\frac{M}{LT}\right)$$

M：$0 = a + 1$

L：$0 = -3a + c - 1$

T：$0 = -b - 1$

以上聯立可得

$a = -1$，$b = -1$，$c = -2$

$$\pi_3 = \frac{\mu}{\rho n D^2} = \frac{\mu}{\rho V D} \text{ 取倒數 } R_e = \frac{\rho V D}{\mu}$$

所以此三個無因次變數關係可寫成

$$\frac{P}{\rho n^3 D^5} = f\left(\frac{Q}{nD^3}\text{ , } Re\right)$$（其中 Re 為雷諾數）

四、有一油體其動力黏滯度（dynamic viscosity）及密度（density）各為 0.5（N．s）/m^2 及 800 kg/m^3，流經一直徑為 3 cm 之水平輸油管。假設此為一完全發展流，試計算如果在點 A（$x = 0$）和點 B（$x = 10$ m）間要維持 4×10^{-5} m^3/s 的體積流量，兩點間的壓差應為多少？（15 分）如果要維持相同的流量，但兩點間無壓差，輸油管應調整到與水平幾度夾角？（10 分）

參考題解

管流因摩擦所造成之水頭損失：（Hagen–Poiseuille equation）

$$P_A + \rho g h_A - P_B - \rho g h_B = \frac{128 \mu Q L}{\pi D^4}$$

（一）水平 A、B 兩點之壓差

$h_A = h_B$　　代入上式

$$\therefore P_A - P_B = \Delta P = \frac{128\mu QL}{\pi D^4} = \frac{128 \times 0.5\frac{N \cdot sec}{m^2} \times 4 \times 10^{-5}\frac{m^3}{sec} \times 10m}{\pi(0.03m)^4} = 10{,}060\frac{N}{m^2}$$

（二）輸油管水平夾角

兩點間無壓差，$P_A = P_B$　　代入上式

$$\therefore h_A - h_B = \Delta h = \frac{128\mu QL}{\pi D^4 \rho g} = \frac{128 \times 0.5\frac{N \cdot sec}{m^2} \times 4 \times 10^{-5}\frac{m^3}{sec} \times 10m}{\pi(0.03m)^4 \times 800\frac{kg}{m^3} \times 9.81\frac{m}{sec^2}} = 1.282\ m$$

此為 A、B 兩點垂直落差，所以夾角

$$\theta = sin^{-1}\left(\frac{1.282m}{10m}\right) = 7.4°$$

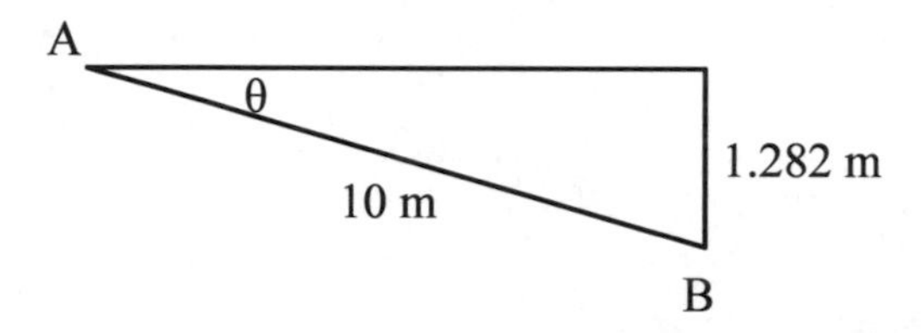

讀者回函卡

年　　月　　日

※ 請寄回讀者回函卡。讀者如考上國家相關考試，**我們會頒發恭賀獎金。**

讀者姓名：

手機：　　　　　　　　　　市話：

地址：　　　　　　　　　　E-mail：

學歷：□高中　□專科　□大學　□研究所以上

職業：□學生　□工　□商　□服務業　□軍警公教　□營造業　□自由業　□其他________

購買書名：

您從何種方式得知本書消息？

□九華網站　□粉絲頁　□報章雜誌　□親友推薦　□其他________

您對本書的意見：

內　容	□非常滿意	□滿意	□普通	□不滿意	□非常不滿意
版面編排	□非常滿意	□滿意	□普通	□不滿意	□非常不滿意
封面設計	□非常滿意	□滿意	□普通	□不滿意	□非常不滿意
印刷品質	□非常滿意	□滿意	□普通	□不滿意	□非常不滿意

※讀者如考上國家相關考試，**我們會頒發恭賀獎金**。如有新書上架也盡快通知。謝謝！

廣告回信
台北郵局登記證
台北廣字第04586號

□□□-□□

100-78

台北市中正區南昌路一段161號2樓

台北市私立九華土木建築工商短期職業補習班

收

105-109 水利工程國家考試試題詳解

編 著 者：九華土木建築補習班
校　　稿：陳九遠
發 行 者：九樺出版社
地　　址：台北市南昌路一段 161 號 2 樓
網　　址：http://www.johwa.com.tw
電　　話：(02) 2351 - 7261~4
傳　　真：(02) 2391 - 0926
定　　價：新台幣 850 元
出版日期：中華民國一一〇年八月出版
I S B N ：978-986-97475-2-3
官方客服：LINE ID：@johwa
總 經 銷：全華圖書股份有限公司
地　　址：23671 新北市土城區忠義路 21 號
電　　話：(02) 2262-5666
傳　　真：(02) 6637-3695、6637-3696
郵政帳號：0100836-1 號
全華圖書：http://www.chwa.com.tw
全華網路書店：http://www.opentech.com.tw